中国国家标准汇编

394

GB 22361～22387

（2008 年制定）

中国标准出版社　编

中国标准出版社

北　京

图书在版编目（CIP）数据

中国国家标准汇编：2008年制定．394：GB 22361～22387/中国标准出版社编．—北京：中国标准出版社，2009

ISBN 978-7-5066-5308-4

Ⅰ．中…　Ⅱ．中…　Ⅲ．国家标准-汇编-中国-2008
Ⅳ．T-652.1

中国版本图书馆CIP数据核字（2009）第074162号

中国标准出版社出版发行
北京复兴门外三里河北街16号
邮政编码：100045

网址 www.spc.net.cn
电话：68523946　68517548
中国标准出版社秦皇岛印刷厂印刷
各地新华书店经销

*

开本 880×1230　1/16　印张 38　字数 1 146 千字
2009年6月第一版　2009年6月第一次印刷

*

定价 200.00 元

ISBN 978-7-5066-5308-4

出 版 说 明

1.《中国国家标准汇编》是一部大型综合性国家标准全集。自1983年起,按国家标准顺序号以精装本、平装本两种装帧形式陆续分册汇编出版。它在一定程度上反映了我国建国以来标准化事业发展的基本情况和主要成就,是各级标准化管理机构,工矿企事业单位,农林牧副渔系统,科研、设计、教学等部门必不可少的工具书。

2.《中国国家标准汇编》收入我国每年正式发布的全部国家标准,分为“制定”卷和“修订”卷两种编辑版本。

“制定”卷收入上一年度我国发布的、新制定的国家标准,顺延前年度标准编号分成若干分册,封面和书脊上注明“20××年制定”字样及分册号,分册号一直连续。各分册中的标准是按照标准编号顺序连续排列的,如有标准顺序号缺号的,除特殊情况注明外,暂为空号。

“修订”卷收入上一年度我国发布的、被修订的国家标准,视篇幅分设若干分册,但与“制定”卷分册号无关联,仅在封面和书脊上注明“20××年修订-1,-2,-3,……”字样。“修订”卷各分册中的标准,仍按标准编号顺序排列(但不连续);如有遗漏的,均在当年最后一分册中补齐。需提请读者注意的是,个别非顺延前年度标准编号的新制定的国家标准没有收入在“制定”卷中,而是收入在“修订”卷中。

读者配套购买《中国国家标准汇编》“制定”卷和“修订”卷则可收齐上一年度我国制定和修订的全部国家标准。

3. 由于读者需求的变化,自1996年起,《中国国家标准汇编》仅出版精装本。

4. 2008年我国制修订国家标准共5946项。本分册为“2008年制定”卷第394分册,收入国家标准GB 22361～22387的最新版本。

中国标准出版社
2009年5月

目　　录

ICS 91.220
P 97

中华人民共和国国家标准

GB 22361—2008

打桩设备安全规范

Piling equipment safety requirements

2008-08-28 发布　　　　2009-04-01 实施

中华人民共和国国家质量监督检验检疫总局
中国国家标准化管理委员会　发布

前　言

本标准4.21.2和4.28为推荐性条款。其余为强制性。

本标准非等效欧洲标准EN 996:1995《打桩设备安全规范》(包括修改件A1:1999),主要差异如下:

——删去了EN 996的前言;

——在考虑到与欧洲标准技术内容相一致的情况,引用了等同采用国际标准最新版本的我国国家标准;

——删去了EN 996的资料性附录E、附录F;

——调整了标准的文本结构。

本标准附录A、附录B、附录C、附录D均是规范性附录。

本标准由中国机械工业联合会提出。

本标准由全国建筑施工机械与设备标准化技术委员会(SAC/TC 328)归口。

本标准负责起草单位:北京建研科技有限公司。

本标准参加起草单位:北京建筑机械化研究院、上海工程机械厂有限公司、北京市三一重机有限公司、浙江振中工程机械股份有限公司、河北新河新钻有限公司、江苏东达工程机械股份有限公司、文登合力机械有限公司、广东力源液压机械有限公司。

本标准主要起草人:郭传新、李静、齐建明、姜国平、曹盛夏、宋秀亭、常唐国、王凤良、陈书杰、冯士慧。

打桩设备安全规范

1 范围

1.1 本标准规定了以下用途打桩设备的安全规范：

——使用桩或其他纵向构件进行基础、连续墙或基础支护结构的施工；

——桩的拔除；

——施工排水桩或使用喷射法进行基础施工。

桩的材料可以是木材、混凝土(预制或现场灌注)或钢材(钢管或轧制的型钢等)。此外，桩可以具有互锁的特点，使相邻的桩联成一体。

1.2 本标准涉及到的与打桩设备有关的所有重大危害(参见附录A)，是在以下情况产生的：

——设备的运输；

——设备的安装和拆卸；

——设备在施工中和停工时；

——设备在施工现场桩位之间移动；

——设备的存放。

本标准规定了应采取的适当技术措施，以消除或减少因重大危害引起的风险。

1.3 打桩设备包括：

a) 桩架

由底盘(履带式、轮式、轨道式、浮动式、步履式、走管式)、立柱连接装置、立柱(直装式、悬挂式、摆动式)或其他导向装置(导向框架等)组成。

b) 沉拔桩作业装置

即冲击锤、拔桩器、振动桩锤或静力压拔桩装置等。

c) 附件

桩帽、桩盔、衬垫、送桩器、夹桩装置(或夹头)、吊桩装置、桩的导向装置、隔音罩和减振/冲装置、动力站/发电机和载人升降机或平台。

1.4 本标准也适用于连续墙施工设备，对连续墙施工设备的安全要求见附录C。

1.5 如果桩架的底盘采用的是挖掘机或起重机的底盘，则该底盘除了应符合本标准外，还应符合其本身的标准。

如果桩架配备钻孔装置进行施工，除符合4.1的稳定性要求外，也应符合钻孔作业的其他安全标准。

1.6 当在有爆燃可能的环境下作业时，除了符合本标准外，还应符合防爆燃的相关标准。

2 规范性引用文件

下列文件中的条款通过本标准的引用而成为本标准的条款。凡是注日期的引用文件，其随后所有的修改单(不包括勘误的内容)或修订版均不适用于本标准，然而，鼓励根据本标准达成协议的各方研究是否可使用这些文件的最新版本。凡是不注日期的引用文件，其最新版本适用于本标准。

GB/T 2893.1 图形符号 安全色和安全标志 第1部分：工作场所和公共区域中安全标志的设计原则(GB/T 2893.1—2004，ISO 3864-1：2002，MOD)

GB/T 3766 液压系统通用技术条件(GB/T 3766—2001，eqv ISO 4413：1998)

GB 4351.1 手提式灭火器 第一部分：性能和结构要求(GB 4351.1—2005，ISO 7165：1999，Fire fighting—Portable fire extinguishers—Performance and construction,NEQ)

GB 5226.1—2002 机械安全 机械电气设备 第1部分:通用技术条件(IEC 60204-1:2000,IDT)

GB/T 5972 起重机用钢丝绳检验和报废实用规范(GB/T 5972—2006,ISO 4309:1990,IDT)

GB 7588 电梯制造与安装安全规范(GB 7588—2003,eqv EN 81-1:1998)

GB/T 7920.6 建筑施工机械与设备 打桩设备 术语和商业规格(GB/T 7920.6—2005,ISO 11886:2002,MOD)

GB/T 8420 土方机械 司机的身材尺寸与司机的最小活动空间(GB/T 8420—2000,eqv ISO 3411:1995)

GB/T 8593.1 土方机械 司机操纵和其他显示符号 第1部分:通用符号(GB/T 8593.1—1998,eqv ISO 6405-1:1991)

GB/T 8595 土方机械 司机的操纵(GB/T 8595—2001 ,eqv ISO 10968:1995)

GB 10055 施工升降机安全规程

GB/T 13441.1 机械振动与冲击 人体暴露于全身振动的评价 第1部分:一般要求(GB/T 13441.1—2007 ,ISO 2631-1:1997, IDT)

GB/T 15706.1 机械安全 基本概念与设计通则 第1部分:基本术语和方法(GB/T 15706.1—2007,ISO 12100-1:2003,IDT)

GB/T 15706.2 机械安全 基本概念与设计通则 第2部分:技术原则(GB/T 15706.2—2007,ISO 12100-2:2003,IDT)

GB/T 16710.3 工程机械 定置试验条件下司机位置处噪声的测定

GB 16754 机械安全 急停 设计原则(GB 16754—1997,eqv ISO/IEC 13850:1995)

GB/T 16855.1 机械安全 控制系统有关安全部件 第1部分:设计通则(GB/T 16855.1—2005,ISO 13849-1:1999,MOD)

GB/T 17299 土方机械 最小入口尺寸(GB/T 17299—1998 ,idt ISO 2860:1992)

GB/T 17300 土方机械 通道装置(GB/T 17300—1998 ,idt ISO 2867:1994)

GB/T 17301 土方机械 操作和维修空间 棱角倒钝(GB/T 17301—1998,idt ISO 12508:1994)

GB/T 17771—1999 土方机械 落物保护结构 实验室试验和性能要求(eqv ISO 3449:1992)

GB/T 19924—2005 流动式起重机 稳定性的确定(ISO 4305:1991,IDT)

GB/T 19929 土方机械 履带式机器 制动系统的性能要求和试验方法(GB/T 19929—2005,ISO 10265:1998,MOD)

GB/T 20953 农林拖拉机和机械 驾驶室内饰材料燃烧特性的测定(GB/T 20953—2007,ISO 3795:1989,Road vehicles,and tractors and machinery for agriculture and forestry—Determination of burning behaviour of interior materials,MOD)

GB/T 21152 土方机械 轮胎式机器 制动系统的性能要求和试验方法(GB/T 21152—2007,ISO 3450:1996,IDT)

JG/T 81—1999 土方机械 舒适的操作区域和操作装置的可及范围(idt ISO 6682:1986)

JG/T 83—1999 土方机械 护板与护罩的定义和技术要求(idt ISO 3457:1986)

3 术语和定义

GB/T 7920.6 及下列的术语和定义适用于本标准。

3.1

打桩设备 piling equipment

沉设、拔除桩或纵向构件的机器和装置。

3.2

桩架　piling rig

包含立柱、立柱连接装置和底盘，但不包括沉拔桩作业装置和其他设备。

3.3

桩　pile elements

桩由木材、混凝土（预制或现场灌注）或钢材（钢管或轧制型钢等）构成。桩可以具有互锁特性，使相邻的桩联成一体。

3.4

底盘　carrier machine

支承、移动打桩作业装置、立柱等和桩的机器。

注：底盘可安装所需的动力系统和打桩设备控制系统，可以是改装的起重机、土方机械和其他以打桩为目的而设计或改装的机器，例如履带式、轮式、轨道式、浮动式、步履式、走管式底盘。

3.5

立柱　leader

用于安装沉拔桩作业装置的结构件。

3.6

沉拔桩作业装置　pile installation and extracting equipment

用于打入和/或拔除桩的冲击式、振动式及静压式装置。

4　安全要求和措施

设备应符合以下条款规定的安全要求和措施。但本标准未包含与设备有关的非重大危害，有关非重大危害的安全要求和措施应符合 GB/T 15706.1 和 GB/T 15706.2 的要求。

4.1　稳定性

4.1.1　稳定性应按附录 B 进行验证。稳定性的判定应考虑稳定角与稳定力矩两个参数。打桩设备的制造商/供应商应在使用手册中说明打桩设备在什么条件下可以稳定地使用，并应在交货前计算验证稳定性。

4.1.2　用于稳定性计算的机器各零部件重心和质量，应通过计算或称量来获得。

4.1.3　各零部件制造商应提供该零部件与整体稳定性计算有关的所有必要数据。

4.2　人类工效学

打桩设备应按人类工效学原则设计，尽可能降低司机和其他人员的疲劳感和心理压力。必要时应考虑为司机提供防护手套、鞋和其他个人保护装置。最小入口尺寸以及舒适的操作区域和操作装置可及范围应符合 GB/T 8420 和 JG/T 81—1999 的要求。

4.3　冷热表面和尖锐的边角

在人员有可能接触的热或冷的表面，应按 JG/T 83—1999 中 4.8 的要求，用防护罩或盖板加以防护。尖锐的边角应按 GB/T 17301 的要求倒钝。

4.4　液压和气动软管或管路

软管和管路应符合相应的液压安全国家标准。

管路、软管和接头必须满足使用压力，软管应标上其额定工作压力。

可能对司机造成伤害的管路或软管易断裂的部位，应按 JG/T 83—1999 中 4.9 的要求，安装防护罩。

4.5　动力源的隔离

4.5.1　除了 4.5.2 规定的情况外，应用隔离器将所有的动力源隔离起来，并能有效散热。隔离器应有明显标识并能锁住。

4.5.2 动力源关闭后，应将打桩设备管路中可能对人体造成危害的载荷卸掉。

4.5.3 为了保持设备状态、保护信息和内部照明等回路，在非危险状态下可以保持动力供应。但此种情况下应有保证司机安全的措施。

4.6 滑轮、卷筒和钢丝绳

4.6.1 滑轮和卷筒直径应符合以下要求：

——卷筒的节圆直径 ≥14d；

——滑轮节圆直径 ≥16d；

——辅助滑轮节圆直径 ≥12.5d；

——加压系统的滑轮节圆直径 ≥12.5d。

其中 d 是钢丝绳直径。

4.6.2 钢丝绳保留在卷筒上的安全圈数应不少于三圈。

4.6.3 卷筒侧板外缘至最外层钢丝绳的距离，应不小于钢丝绳直径的 2 倍。

4.6.4 滑轮和/或卷筒之间的钢丝绳侧向偏离角，对于不旋转或抗旋转钢丝绳应不超过 2.5°，对于其他型钢丝绳应不超过 4°。

4.6.5 钢丝绳的破断拉力不得小于以下的安全系数（见表 1）乘以提升时钢丝绳承受的最大静载荷或卷扬机的最大钢丝绳拉力。

表 1 钢丝绳安全系数

工作条件		安全系数
一般起升或拔桩		3.55
自由落锤		3.55
吊臂和立柱提升	工作时	3.55
	安装时	3.05
固定钢丝绳	工作时	3.0
	安装时	2.73
加压钢丝绳		3.0

4.6.6 端部带有钢丝绳夹的钢丝绳只允许在自由落锤中使用。钢丝绳夹具的选择和安装应符合附录 D 的要求。

4.7 卷扬机

4.7.1 概述

打桩设备中直接参与打桩过程而不用于提升人员和维护平台的卷扬机，应符合 4.7.2 的要求。

4.7.2 安全要求

卷扬机第一层钢丝绳允许承受的最大拉力，应表示在卷扬机标牌上。

卷扬机应装有：

——工作制动系统；

——停车制动系统。

当卷扬机的操纵装置未动作或动力中断时，停车制动系统应能自动起作用并防止载荷意外的反向移动。

注：制动系统可以使用共用元件，如液压驱动的卷扬机的载荷下降控制阀或下降控制装置可作为工作制动使用。

每种制动系统应至少能制动停止钢丝绳许用工作拉力 1.3 倍的载荷；司机可用工作制动系统平稳地使载荷减速、停止。

拔桩卷扬机上应装有测量系统，该系统应能显示拔桩时钢丝绳的实际拉力，并将显示仪安装在司机容易看到的地方。前述的测量系统可用在卷扬机上安装拉力限制器(如限制驱动扭矩)的方法来代替。

卷扬机应装有限位装置。在提升到达终端前,限位装置应能使卷扬机停止运转。对于最大拉力不大于 20 kN 的卷扬机,可采用机械式限位装置。

可采用当提升到达终端位置前适当位置时就发出声响的装置或可视报警系统,代替前述的限位装置。

卷扬机自由下放动作的操作,应由两个独立并同时起作用的控制件完成。该控制件必须能自动复位。

为了使冲击式打桩装置与桩保持连续接触,可采用下列方法之一:

——所用卷扬机能自由地收放悬挂打桩装置的钢丝绳;

——打桩装置能完全从其悬挂钢丝绳上脱开。

当卷扬机具有包括自由下放功能在内的多种功能时,应另外安装操作自由下放功能的控制开关。

4.8 运输和安装装置

4.8.1 为了安全的拆除、装卸和运输设备的零部件,应该设置吊点、吊耳、吊环以及吊环螺栓或其他装置(参见 5.2.4)。

4.8.2 上部可以回转的打桩设备,应安装机械式锁紧装置或限制器,以防止运输时(如在公路、轨道或海上)上部发生转动。

4.9 司机位置

打桩设备除不可能或不适合安装司机室的情况外,均应安装司机室以保证司机免受噪声、尘埃和不利气候的影响。

在有坠落物的场合进行作业的打桩设备,应设计并安装落物防护装置(FOPS)。该 FOPS 应符合 GB/T 17771—1999 中基准Ⅱ。

打桩设备在所有情况下均应配备防护顶棚。防护顶棚应符合 GB/T 17771—1999 中基准Ⅰ。

应考虑采取防护措施以防止由喷射物带来的伤害。

司机室应具备以下条件:

——在必要场合和可行的条件下,应配备适当的通风、加热或冷却系统;

——对噪声的防护应符合 4.27.1 的要求;

——对底板振动的隔离应符合 4.28 的要求;

——从司机室快速逃离的方法;

——紧急出口如果是需要击开的窗户或壁板,则应设置在正常出口的对面,并配备击开工具;

——除司机必须站立操作的情况外,均应配备司机座椅。座椅应能为司机提供舒适、稳定的工作条件,并易于调节以适应不同体重和身高的司机。座椅应有减振装置,以使振动降到最低水平;

——挡风玻璃清洗装置。

透明的门和窗应采用多层的安全玻璃或相当的材料制成。司机室内部的装饰应采用防火材料。其火焰传播的线速度应按 GB/T 20953 试验时,应小于 250 mm/min。

4.10 视野

在操作人员和/或司机的位置上应有良好的视野,即操作人员或司机在操作打桩设备时,不会给自己或其他人员造成危险。在必要时,应配备视觉辅助设施或采取其他措施。

4.11 照明

在黑暗中工作时,靠近打桩装置的作业区域应配备照度不小于 100 lx 的照明设施。

在黑暗中移动时,自行式设备应配备灯光照明,该灯光照明在设备移动方向前方 7 m 处的照度不得小于 10 lx。

4.12 起动

为防止未经允许的起动,应至少采取以下措施之一:

——可锁住的司机室；

——可锁住的点火开关；

——可锁住的蓄电池开关。

4.13 操纵

4.13.1 为保证操纵系统的操作安全、准确、快速，操纵系统的设计和布置应符合 GB/T 16855.1 规定并满足下列要求：

a) 主要的操纵装置应在舒适的操作区域内。主要的操纵装置是指用于完成主要功能(如起升和下降立柱、桩、沉拔桩作业装置；改变立柱的位置、立柱的倾斜度、回转和行走的装置)。

b) 次要的操纵装置应在正常的可及范围内。用于如发动机调速、沉拔桩作业等的操纵装置。

4.13.2 舒适的操作区域和可及范围应符合 JG/T 81—1999 的要求。

4.13.3 操作力应符合 GB/T 8595 中的要求。

4.13.4 操纵装置应按以下方式设计、制造和布置：

——功能清晰可辨；

——操纵装置的动作应与预期控制结果相对应；

——可能引起危害的操纵装置的布置、锁定和保护，尤其当司机进入或离开司机位置时，应确保其不会发生意外的动作；

——执行多种功能的操纵装置，如由多个按钮组成的操作盘，按钮的功能应能清晰识别。

4.13.5 操纵装置应按 GB/T 8593.1 的规定加上标志，并布置在能安全、快速到达的舒适位置。

4.13.6 所有主要的操纵装置[参见 4.13.1a)]在释放后应能自动复位。

4.14 跌落的防护

4.14.1 应配备安全通往司机位置和维护区域的通道系统，通道系统应符合 GB/T 17299 和 GB/T 17300 的要求。

4.14.2 如果工作区域、平台或通道在水面上或高于地面 2.5 m 时，应安装跌落防护装置，如 1 m 高的护栏。

4.14.3 当不能安装跌落防护装置时，工作区域应配备固定联接接头以便连接安全防护装置。

4.14.4 在高于地面 3 m 以上的打桩设备或辅助设备上的垂直通道和梯子，没有保护圈时应配备能安装防跌落装置的固定联接头。

4.14.5 上部工作区域应配备至少能承受 7.5 kN 载荷的锚固环，以便连接安全带。

4.14.6 用于维护的平台和工作区域应设置踢脚板，其高度不得小于 100 mm，以防止工具和零件的坠落。

4.15 载人升降机或平台

4.15.1 操作人员使用的载人升降机

操作人员使用的载人升降机应符合以下要求：

操作人员使用的载人升降机由立柱导向的轿厢(或吊笼、平台)等组成，并应安装在桩和沉拔桩工作装置罩壳之外的地方。

载人升降机的起升和下降速度应不超过 0.5 m/s。

起升钢丝绳的直径不得小于 8 mm，安全系数不得小于 10。

滑轮和卷扬机卷筒的节圆直径不得小于钢丝绳直径的 26 倍。

除上述规定外，载人升降机应符合 GB 10055 中有关人货两用施工升降机或者按 GB 7588 中有关乘客电梯的规定。

4.15.2 维护平台

维护平台是可移动的，用于维护和修理，配备在打桩设备上。

注：操作人员使用的载人升降机也可用于维护和修理。

在设计计算中，维护平台总重应包括平台自重和所载材料及人员质量。每个人员质量按 1 kN 计算；平台总重至少应按 5 kN 计算，总重的载荷系数应取 1.25。

维护平台通过钢丝绳或链条悬挂的，则悬挂钢丝绳或链条的安全系数应不小于 10。

通过液压油缸悬挂的，应安装防止活塞杆自行缩回的安全锁止阀。

用于维护平台的卷扬机应符合 4.7.2 的要求，但钢丝绳安全系数应不小于 10，卷扬机应无自由下落功能并安装钢丝绳防松器。

维护平台的起升和下降速度应不超过 0.5 m/s。

4.15.3 载人升降机或维护平台的通道

打桩设备上的防护栏和载人升降机、维护平台的通道应符合 GB/T 17300。通道应装有自动关闭装置，如果通道是门，则门不能朝外打开。

4.16 振动桩锤的悬挂装置

4.16.1 振动桩锤的悬挂装置应能有效地隔离传递到底盘上振动。

4.16.2 最大允许拉力(即拔桩力)应清晰可见地标示在振动桩锤上。

4.16.3 在弹性元件失效或断裂时，激振器和减振系统之间也应保持可靠的连接，以防止零件落下。

4.17 夹桩装置

4.17.1 振动桩锤夹头的夹桩力，在任何工况下均不得小于实际垂直激振力的 1.2 倍。

4.17.2 静力压拔桩机的最大夹桩力至少应为最大压拔桩力的 2 倍，但不超过桩本身能承受的力。

4.17.3 液压系统产生的压力至少应提供所需的最小夹桩力，并且应设置装置保证，只要夹桩装置夹紧时，液压系统就能自动保持满足最小夹桩力的压力。

4.17.4 所有的夹紧系统都应设置防止在工作过程中夹桩装置意外打开的安全装置。

4.17.5 应设置即使液压回路丧失压力也能使夹桩装置保持夹紧状态的安全装置。

4.17.6 应设置压力表显示夹桩装置液压油缸的压力。

4.17.7 使用装有液压或机械式夹桩装置的动力拔桩装置拔桩时，应用承载能力不小于夹紧力的钢丝绳或其他绳具，将桩固定到拔桩装置上。

4.18 倾斜测量系统

4.18.1 打桩设备应安装能显示立柱在两个方向上倾斜度的装置，其显示结果应在司机的可视范围内。

4.18.2 底盘上应装有显示水平面在两个方向倾斜度的指示器（如水平仪）。

4.19 电气安装

4.19.1 电力安装

打桩设备的电力安装应符合 GB 5226.1—2002 中第 4、5、6、14、15 和 16 章的规定。

电力驱动的打桩设备应装有接地保护系统。

4.19.2 蓄电池安装

蓄电池应有可靠的固定起吊点。应有保证电解液不飞溅到人体和周围设备上的措施。接线端子应符合 JG/T 83—1999 中 4.11 的规定，应在蓄电池的接线中心安装断电装置，并对该装置加以电气防护罩。

蓄电池应符合 JG/T 83—1999 中 4.10 的规定，并应有可靠的措施，保证即使在打桩设备倾翻的情况下，司机也不会受到电解液或蒸汽的伤害。

4.20 对输出能量的控制

应装有能控制冲击式打桩锤/拔桩器冲击速度的装置。

4.21 打桩设备辅助设备

4.21.1 桩和其有关的载荷在所有工作和起升状态下都应该被牢固地夹紧。

打桩设备应装有防止桩倾倒的装置或措施。

4.21.2 在需要人对用来提升桩和其有关的载荷的机构进行锁紧、打开和拆装连接等工作时，应确保人员进入的位置是安全的。

起升附件应在所有预定条件下安全工作。

4.21.3 在立柱上使用落锤打桩时，应在最低位置安装机械式挡块。

打桩作业时应在锤的正下方应采取适当的防护措施，防止人员进入危险区域。

4.22 急停装置

4.22.1 应在方便司机操作的位置设置急停装置，在必要情况下，应能迅速停止打桩设备的运转。可切断动力(如切断供油)、切断电源或采取其他手段。

4.22.2 急停装置应符合 GB 16754 的规定。

4.22.3 急停装置动作后，只有通过人工才能复位。该复位动作不能直接起动机器，而只能通过正常起动程序重新起动。

4.22.4 如果有附加的操作位置，该操作位置也应配备急停装置。

4.23 底盘的制动

底盘应装有行车制动系统、辅助制动系统和停车制动系统。制动系统性能应满足以下要求：

——轮式底盘机械应符合 GB/T 21152 的要求；

——履带式底盘机械应符合 GB/T 19929 的要求。

4.24 运动零部件的保护

4.24.1 一般规则

打桩设备的运动零部件在设计、制造和布置上应符合 GB/T 15706.1 的规定。其他情况应符合 4.24.3 的规定。

4.24.2 运动零部件

在设计、制造或安装所有传递动力的运动零部件时，应考虑接近、接触带来的危险，否则需要按照相关标准设置固定式或活动式防护装置，防止人员受到伤害。

防护装置应有足够的强度并牢固固定，不能增加任何危险。固定式防护装置用在不经常接近的场合，并通过焊接或其他只有通过工具或钥匙才能打开或拆卸的方式固定。

注 1：GB/T 15706.1 陈述了运动零件防护的一般原则。

因为服务或维护需要频繁接近时，可以安装活动式防护装置，应满足以下要求：

——任何可能情况下防护装置打开时，都应将其固定到相应的机器上。

——应安装能保持打开状态的机构。

注 2：此机构可以是锁紧、插销锁住或弹簧压紧。

——安置内燃机的隔离罩应是可锁的，要打开须用工具、钥匙或者在打桩设备司机位置上的操作。如果打开操作装置是在带有锁的封闭司机室内，则该隔离罩的活动盖板不需要锁住装置。

4.24.3 在工作过程中所涉及的运动零部件

打桩设备的设计、制造和安装，应使危险区域的手工操作减少到最低限度，并符合 5.2.6 的要求。

4.25 液压安装

液压系统应符合 GB/T 3766 以及 GB/T 15706.2 的安全要求。

起架和提升所使用的液压油缸，应安装防止活塞杆自行缩回的安全锁止阀，并有排气措施。

注：排气也可以通过在两行程终点之间运动活塞来完成。

压力超过 15 MPa 的液压软管应配备锻造的管接头。

液压软管和管路应与电力动力线隔离开，并有对发热表面和尖锐的棱角的隔离防护措施。

在正常工作中必须脱开的管路和软管接头，应装有自行密封并带有内置式单向阀。

液压油箱应装液面指示器。打桩设备在设计允许的任何坡度上工作时，油箱的油不应溢出。

4.26 防火

4.26.1 灭火器的要求

额定功率不超过 50 kW 的打桩设备，应至少配备一台灭火器，其灭火剂的质量不得少于 2 kg。

额定功率超过 50 kW 但在 200 kW 以下的打桩设备，应该配备至少一台灭火器，其灭火剂的质量不得少于 6 kg。

对于额定功率超过 200 kW 的打桩设备，应该至少配备两台灭火器，每台灭火器的灭火剂质量不得少于 6 kg。

灭火器应适合扑灭油类燃烧和电气设备产生的火灾。

如果设备中已配备了固定的灭火系统，也至少应配备一台便携式灭火器。手提式灭火器应符合 GB 4351.1 的要求。

4.26.2 灭火器的安装

灭火器应放置于临近司机且不需工具就可以从托架上取下的位置。对于遥控操作的打桩设备，应放置于清晰可见和容易装取的地方。

灭火器不应安放在靠近火灾高发区，如靠近动力部分、燃油箱，而应放置于司机和火灾高发区之间。

如果打桩设备配有一台以上的灭火器，应放置在打桩设备的不同侧面。

4.27 噪声

4.27.1 司机室内的噪声

对于装有司机室的设备，因底盘发动机运转而在司机室内产生的噪声，其测量应符合 GB/T 16710.3 的规定；底盘在全运转条件下(即发动机正常运转、不带载荷)，所测量的噪声不得超过 85 dB(A)。

4.27.2 沉拔桩工作装置运转时产生的噪声

沉拔桩工作装置运转时产生的噪声是一种特殊的危害。

当给出沉拔桩工作装置的噪声值时，应说明测量时的方法和作业状况，包括：

——测量的方向、高度和距离；

——沉拔桩工作装置的型式；

——冲击能量；

——冲击式桩锤衬垫数据；

——桩帽数据；

——桩衬垫数据；

——桩的型式、尺寸和长度；

——桩露出地面长度；

——土壤状况；

——贯入度；

——环境状况。

注 1：由于设备制造商不可控制的众多因素，给出所有作业状况限定的噪声值是不可行的。

注 2：本标准未给出如何减少噪声的信息。

4.28 振动

在打桩过程中振动对司机或工作人员全身的影响应符合 GB/T 13441.1 的规定。

4.29 标牌

4.29.1 打桩设备的标牌应至少给出以下信息资料：

——制造商的名称；

——制造年份；

——标志；

——系列或型式的名称；

——出厂编号；

——发动机(电动机)功率(kW)；

——标准配置的整机质量(kg)。

4.29.2 独立的装置如冲击式桩锤、振动桩锤必须提供单独的标牌。

4.30 警示装置和标志牌

4.30.1 警示装置

警示信号应清晰易辨别并设置在司机及相关人员视力、听力可及的地方。

应有手动的声响警告信号,以警告工作区域内的人员。此外,回转时应能自动发出音响或可视警示信号。

4.30.2 对于潜在危险的警示标志

对不明显但有潜在危险的位置,应有警示标志,警示标志和颜色应符合 GB/T 2893.1 的规定。

4.31 维护

4.31.1 制造商的设计应保证调节、维护、润滑、加油、修理、清洁和服务等作业是在安全条件下进行。

4.31.2 如果因为技术原因,使列在 4.31.1 中的一个或更多的作业不能在停机状态下进行,制造商必须说明预防措施,使工作在没有危险的情况下进行。

5 使用中需要的资料

5.1 概述

每台打桩设备应提供以下文件(单行本或合订本)

——操作手册;

——检查说明书;

——配件目录;

——维修和服务手册;

——必要时应提供运输和安装手册。

5.2 操作手册

5.2.1 应提供操作手册,操作手册编制应符合 GB/T 15706.2 的规定。

5.2.2 操作手册应放置在机器专用位置上。

5.2.3 所有有关人员安全的信息,其印刷效果应明显区别于文本中的其他部分。

5.2.4 应该包括以下的说明和数据:

——机器设备的规格;

——制造商、销售公司、分销商或批准的代理商的详情,包括名称、完整的地址和通讯方式;

——单独零部件(如桩帽)的制造商;

——打桩设备的质量;

——主要部件如立柱、冲击式桩锤、振动桩锤、夹桩装置、动力站的质量;

——当振动桩锤下方用螺栓连接一个以上的夹头时:

- 使用螺栓的型号和数量;
- 螺栓的紧固扭矩;

——对于打桩设备,按 GB/T 16710.3 测量司机耳边噪声水平是否超过 70 dB(A);

——对于打桩设备产生的噪声是否超过 85 dB(A),参见 4.27;

——司机座椅上的振动超过加权均方根加速度 0.5 m/s^2 时,测出振动的值;

——必要的人员保护设备,如隔音护耳罩。

5.2.5 使用中应有如下规定:

对于所有的设备:

——最大的工作压力;

——最高/最低的环境温度。

对于打桩设备:

——适应的最大风速，m/s；
——有效载荷条件下，由于静态质量引起的最大接地比压；
——行走和工作中的最大坡度；
——垂直和其他方向的最大拔桩能力；
——浮动船上需要的特殊措施。
对于振动沉拔桩和静压拔桩设备：
——最大夹桩力；
——悬挂系统的最大拉力；
——夹桩装置夹钳的磨损限度；
——使用静力压拔桩设备时最初压入和最终拔出的程序。
对于冲击式桩锤：
——卷扬机操作的落锤时最大下落高度。

5.2.6 应向司机和施工人员说明何处有可能出现危险，能采取什么类型的预防措施，并提供以下说明：
对于打桩设备：
——人员保护的说明；
——靠近打桩设备的危险区域范围：
- 在机器的后半部，回转半径加上 0.5 m；
- 在机器的前半部，桩的长度加上 1.0 m；
- 非工作人员离开危险区；

——打桩设备的稳定性数据；
——打桩作业在超过规定风力时，应由负责打桩作业的人员停止打桩作业，并且采取必要的措施保持设备处于稳定状态；
——在狭窄区域作业时，废气不应向工作区域方向排出。
对于振动桩锤/拔桩器：
——振动桩锤/拔桩器不得用于起升作业；
——振动桩锤在自由悬挂下并停止作业时，禁止将桩夹在振动器的夹桩器中；
——夹桩装置夹紧已进入土中的桩时，禁止振动桩锤或静力压拔桩装置脱离起重机的悬挂。但对于沉拔桩装置通过夹桩装置与有足够埋入深度的桩联结一起，确认装置不会倾倒、脱落的情况除外；
——不得超过拔桩力使用；
——安全钢丝绳应符合 4.17.7 的要求。

5.2.7 应详细说明安装和拆卸步骤及程序。

5.2.8 应对打桩设备内所有保护装置、急停装置和灭火器进行说明。

5.2.9 应提供运输、安装、起动、工作、收尾作业、拆卸和存放等所需的全部必要资料。

5.2.10 应提供试验准则。在打桩设备安装后作业前，必须由获得资格并有能力的人按该准则进行试验检查。

5.3 检测或检查

在操作手册中应注明必须执行的安全和技术检查的周期，以及制造商按安全重要程度对零件进行的分类、更换和检查次数及其磨损的检查方法。

考虑的项目如下但不限于此：
——承受冲击和振动零件的螺栓连接；
——底盘的制动系统；
——电气接地保护系统；

——急停装置；
——动力源的隔离罩，隔离防护装置；
——外露的液压/气动软管；
——下降制动系统、安全装置、安全带及连结点；
——灭火器；
——自由下放卷扬机的操作控制装置；
——倾斜度测量装置；
——起吊附件；
——用于拔桩卷扬机的载荷限制装置；
——起升载荷的限制装置；
——承受疲劳载荷的零部件；
——载人升降机/维修平台和与此有关的安全装置；
——防护罩；
——回转警示装置；
——振动桩锤和冲击式拔桩器的悬挂部分和夹桩装置；
——卷扬机制动器；
——钢丝绳(参见 GB/T 5972)；
——安装在自由落锤上的钢丝绳夹具。

5.4 配件目录

配件应有显著的标识，并注明所有与安全有关的配件在设备上的位置信息。

5.5 维护和服务手册

在维护和服务手册中应说明在维护和服务过程中要遵守的预防措施。

在维护和服务手册中应给出以下说明。

在修理或维护的过程中，如果需要运转打桩设备或打桩设备正在运转，则修理或维护工作只能在以下条件下进行：

——至少有两个人在现场，且他们都接受过安全教育；
——其中一人可从主司机位置上监视其他人员的安全；
——监视人员在任何情况下都能立即操作急停装置；
——作业区域应有适当的照明；
——应保证服务人员和司机之间的固定通讯。

只有当打桩设备完全关闭且起动设施被锁闭时，才允许单人进行维护和服务工作。

6 安全要求和措施的验证

即使验证要求的项目不明确，也应通过计算、检验和可能的试验对稳定性、制动、噪声和振动予以确认。

应对所有急停装置和安全停机的功能进行测试并由制造商提供鉴定文件、测试报告。

所有提升和下降系统应在其额定载荷下进行测试。

验证须在交付用户前实施。

附　录　A
（规范性附录）
重大危害目录

本附录包括了本标准可能涉及到的所有危害，它是通过对打桩设备的风险评估来确定的，需要采取措施来消除或减少。

表 A.1 列出了重大危害目录及相应的消除或减少危害措施的条款。

危害可能在以下情况出现：

a) 进出工地的运输过程中；

b) 在工地上安装和拆卸；

c) 在工地上作业；

d) 在工地上桩位之间移动；

e) 在工地上停止工作；

f) 设备存放于仓库内或工地上。

表 A.1　重大危害目录

序号	危 害 目 录	相 关 条 款
1	机械的危害	
1.1	挤压危害	4.7、4.9、4.16、4.17、4.21、4.24
1.2	剪切危害	4.24
1.3	切断或切割危害	4.22、4.23、4.24
1.4	障碍物危害	4.22、4.23、4.24、附录 C
1.5	拽拉或卷入危害	4.24
1.6	冲击危害	4.14、4.24
1.7	刮破或爆裂危害	4.3、4.24
1.8	摩擦和磨损的危害	4.24
1.9	高压液体喷溅的危害	4.4、4.9、4.19、4.25
1.10	零部件（机器或工具的）的飞出	4.9、4.24
1.11	稳定性（整机和单件）丧失	4.1、4.7、4.8、4.18、附录 B、附录 C
1.12	滑动、倾翻和下落物的危害	4.14、4.15
2	电气危害	
2.1	电气接触（直接或间接）	4.5、4.19
2.2	电气设备（动力线）的外部影响	4.19
3	热危害	
3.1	人员与火焰的接触以及爆炸或辐射热源而引起的烧伤、烫伤	4.3
3.2	炎热或寒冷的工作环境对健康的损坏	4.9
4	噪声的危害	
4.1	听力的丧失（失聪）	4.27

表 A.1（续）

序号	危 害 目 录	相 关 条 款
4.2	对语言通讯、声响信号等的干扰	4.30
5	振动的危害	
5.1	振动对全身的影响	4.9、4.28
6	工作过程中产生的废弃物质所引起的危害	
6.1	有害的液体和气体的吸入	4.4、4.19
6.2	火灾或爆炸的危害	4.19、4.26
7	在设计中，忽视人机工程学原理引起的危害	
7.1	不当的姿势或过分的肢体负载	4.2、4.9、4.13
7.2	不适当地考虑人体手—臂或脚—腿构造	4.2、4.9、4.13
7.3	忽略使用个人保护设备	4.2
7.4	不适当的区域照明	4.11
7.5	精神过度紧张和疲劳	4.2、4.9、4.13
7.6	人为错误	4.7、4.12、4.13、4.17
8	危害的组合	
9	动力供应的中断、机械零部件的断裂和其他功能的错乱引起的危害	
9.1	动力供应中断	4.5、4.15、4.16、4.17
9.2	机器零部件或液体的意外飞出	4.4、4.25
9.3	控制系统的失效/误操作	4.13
9.4	安装错误	4.8、4.25、附录 D
9.5	倾翻，机器稳定性的意外丧失	4.7、4.15、4.16、4.17
10	有关安全措施/手段的缺少、定位不正确引起的危害	
10.1	所有防护的型式	4.14、4.24
10.2	所有与安全有关的防护装置的型式	4.14、4.24
10.3	起动和停机装置	4.13、附录 C
10.4	安全标识和信号	4.30
10.5	所有信息或警示装置的型式	4.13、4.30、附录 C
10.6	动力供应切断装置	4.5
10.7	急停装置	4.22
10.8	为安全调节和/或维护所必须的设备和附件	4.24、4.25、4.31

附 录 B
（规范性附录）
打桩设备稳定性和接地比压的计算

B.1 概述

B.1.1 本附录给出了打桩设备稳定性计算的要求，但不包括船载打桩设备。

B.1.2 本附录也适用于带有钻孔作业装置的打桩设备(见 1.5)。

B.1.3 计算假设打桩设备是放置于坚实的水平地面上。

B.2 参数的计算

B.2.1 稳定角

稳定角 α 是最不利倾翻线所在的垂直平面与整机重心和同一倾翻线所形成的平面之间的夹角。

B.2.2 倾翻线

B.2.2.1 倾翻线的定义在 GB/T 19924—2005 的附录 A 中(见图 B.1，倾翻线为 a、b 和 c)。

B.2.2.2 对于带有支腿的履带式打桩设备，其附加的重要的倾翻线参见图 B.1。该倾翻线 d 和 e 是从外伸支腿的中心与倾翻线 c 和 a 或 b 线交点的连线。

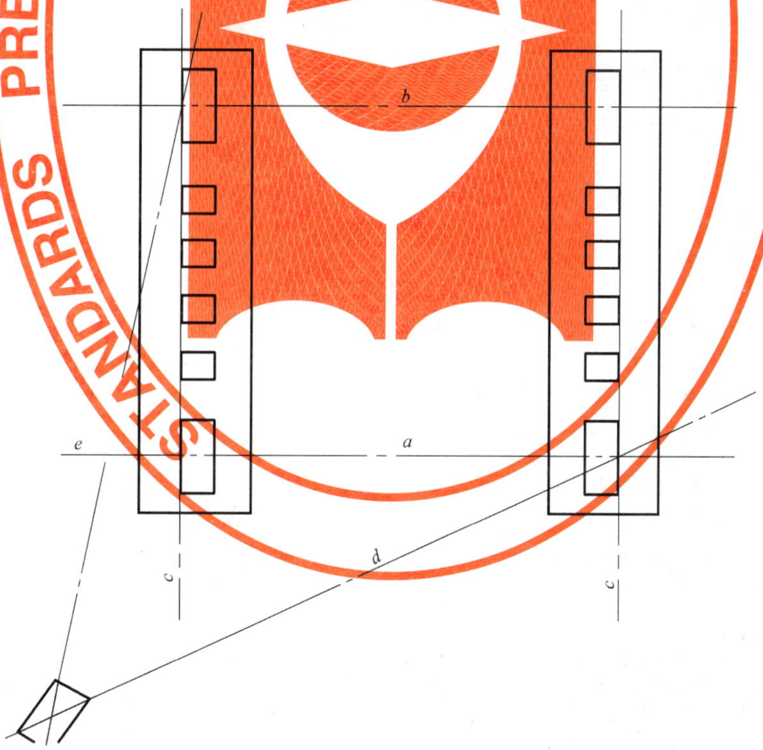

图 B.1 倾翻线

B.2.3 重心

B.2.3.1 打桩设备重心位置的确定对于稳定角的计算是必须的。

B.2.3.2 总装备重心的位置应该按整个打桩设备包括机器上的所有其他设备和附件各个重心之和来计算。

B.2.3.3 可移动零部件应考虑在最不利位置(如制造商的手册中规定的最小稳定状态)。

B.2.4 载荷系数

B.2.4.1 载荷系数可以放大或减少作用在打桩设备上的力和质量,如静力、风力、激振力、动态力或任何其他外部作用力。

B.2.4.2 使用的载荷系数的数值和说明见表B.4。

B.2.5 工作载荷

工作载荷包括起升载荷和起升附属装置的载荷,例如沉拔桩设备及其附件、桩和导向装置等。对导向装置来说,其位置并不是固定的,如回转式立柱或导向框架。

B.2.6 行走

带有工作载荷和附件载荷的整个打桩设备在工地上桩位之间移动。

B.2.7 稳定性和接地比压计算中所用符号

稳定性和接地比压计算中所用符号见表B.1。

表B.1 在稳定性和接地比压计算中所用的符号

符号	符号名称	相关条款
b	履带的宽度	
d	导向轮与驱动轮之间的距离	
e	载荷 P 的偏心距(参见图B.6)	
G_M G_L $G_{L1,2}$ G_M G_R	工作载荷的总和 突然释放载荷 各个工作载荷 整个打桩设备的重力 桩架的重力	B.2.5 B.7.2 B.2.5 B.2.3
M_A M_C M_G M_M M_{RR} M_{RT} M_S M_W	其他力矩 离心力矩 打桩设备几何尺寸改变引起的力矩 打桩设备移动引起的力矩 打桩设备的零部件在竖立时的稳定力矩 打桩设备的零部件在竖立时的倾翻力矩 静力矩,包括放大的工作载荷的力矩 风力矩	B.7.3 B.5 B.7.2 B.7.2 B.3.2 B.3.2 B.4 B.6
N_L、A_L X_R、X_L	因突然卸载而引起的动载荷的力臂 打桩设备和组合的工作载荷的力臂	B.7.2 B.4
P	作用在单边履带上的力(载荷)	
α	稳定角	B.2.1、B.3
β_1	工作载荷的载荷系数	B.4.2
β_2	离心力矩的载荷系数	B.5.4
β_3	风力矩的载荷系数	B.6.4
β_4	动态力矩和其他力矩的载荷系数	B.7.1
σ_{12}	最大/最小接地比压	

B.3 稳定性准则

如果满足以下的条件,可以认为打桩设备是稳定的。

B.3.1 计算的稳定角 α 大于或等于表 B.4 给出的数据，且所有同时产生的力矩(载荷系数考虑在内)的代数和应大于 0，就可以认为打桩设备处于稳定状态。

B.3.2 在立柱竖立或放下时，位于倾翻线内侧的打桩设备零部件所产生的稳定力矩，应大于位于倾翻线外侧的打桩设备零部件所产生的倾翻力矩的 110%。

B.4 静力矩

B.4.1 静力矩是乘上载荷系数的工作载荷和打桩设备其余的载荷产生力矩的代数和。

B.4.2 工作载荷应乘以表 B.4 给出的载荷系数 β_1。

工作载荷明确处于倾翻线内侧并产生稳定力矩时，应除以载荷系数。

B.4.3 计算静力矩时，可移动零部件应考虑在最不利位置(如制造商的手册中规定的最小稳定状态)。

B.5 离心力矩

B.5.1 对于上部可回转的打桩设备，计算时应考虑回转质量重心的离心力。

注：回转质量包括打桩设备上部回转结构的质量和工作载荷的质量。

B.5.2 对于可能产生离心力的工作载荷都应计算其离心力矩，如动臂悬挂的摆动式立柱，其相对于回转轴线的径向位置是变动的，其离心力矩应集中在结构悬挂点上。

B.5.3 超速控制装置所设定的回转速度，应限制在计算所用的回转速度之内。

B.5.4 离心力矩应该乘以表 B.4 中规定的载荷系数 β_2。

B.6 风力矩

B.6.1 风力应按 B.9 中所述的工况，按最不利的方向施加。

B.6.2 计算中，工作状态下风压应为 $p_1=0.25$ kPa(250 N/m^2)。

B.6.3 非工作状态时，应使用以下的风压计算：

——低于 20m 部分：$p_1=0.8$ kPa(800 N/m^2)；

——超过 20m 部分：$p_1=1.1$ kPa(1 100 N/m^2)。

B.6.4 计算的风力矩应乘以表 B.4 中规定的载荷系数 β_3。

B.7 动态和其他力矩

B.7.1 计算的力矩应乘以表 B.4 中规定的载荷系数 β_4。

B.7.2 动载荷

应考虑打桩设备移动或悬挂载荷突然卸载所引起的动载荷，同时也应考虑其他动载荷。

在加速度未知时，有关零部件的加速度可按表 B.2 取值。

表 B.2 不同类型运动的规定值

运动	加速度
行走加速/减速	
履带底盘——液压驱动	±0.4 m/s^2
履带底盘——机械驱动	±0.6 m/s^2
轮式底盘	±2.5 m/s^2
回转加速/减速	
所有机器	±0.70 s^{-2}
立柱倾角调节	
所有机器	±0.6 s^{-2}

悬挂载荷突然卸载会产生动载效应(见表 B.3 载荷状态 3)。向上的动态力等于释放载荷的情况，适用于类似落锤和柴油锤这样设备的冲击部分。

表 B.3 载荷状态

载荷状态	打桩设备承受的载荷
1	工作状态下的动载荷和风载荷
2	工作状态下工地上行走时的动载荷和风载荷
3	工作状态下当工作载荷突然释放和/或接触地面时的动载荷和风载荷
4	非工作状态下的风载荷
5	非工作状态下安装过程中的静载荷
6	非工作状态下装置放下条件下的静载荷

B.7.3 其他载荷

B.7.3.1 非导向载荷的倾斜钢丝绳拉力：

辅助钢丝绳上作用非导向载荷的情况下，计算时倾斜钢丝绳拉力作用线与垂直线的夹角最小取为 6°。

B.7.3.2 应考虑附加作用在桩架上的其他力，如压拔桩力。

B.8 作业条件

B.8.1 一般要求

所有工况下均应符合 B.3 所要求的稳定性准则。

计算应考虑可能同时出现的最不利情况，包括制造商在操作手册中列出的情况。

B.8.2 工作状态下作业时的最不利情况

a) 打桩设备的几何形状在最不利位置，包括立柱在最前和/或最上位置以及最大前倾、后倾或侧倾；

b) 桩被悬挂和悬置于地面两种情况下，可移动载荷处于最高位置；

c) 最不利的倾翻线；

d) 最不利的风向；

e) 对于上部回转结构，回转速度和加速度引起的离心力；

f) 调节立柱倾斜引起的力；

g) 起升或突然卸载产生的动载荷；

h) 最大的压拔桩力；

i) 非导向载荷的倾斜钢丝绳拉力。

B.8.3 工作状态下桩位间的移动

B.8.3.1 对工作状态中打桩设备在桩位之间移动，视相应的工况，应参考 B.8.2。

B.8.3.2 底盘牵引运动的加速度引起的力。

B.8.3.3 载荷的状态和打桩设备几何形状的限制应在操作手册中规定。

B.8.4 非工作状态下立柱的竖起

B.8.4.1 操作手册应规定在非工作状态下，设备、工作载荷和打桩设备的几何形状等分布情况。

B.8.4.2 计算时应采用较高的风压(参见 B.6.3)，同时应考虑 B.8.2 的情况。

B.8.5 非工作状态下安装和运输的过程中

这些状态均应进行验算。计算时应考虑 B.8.2 的情况。

B.8.6 在斜坡上行走和作业

按所规定的行走、作业以及运输时的最大允许坡度，进行稳定性计算，并满足 B.3 的准则。

B.8.7 在浮动驳船上的打桩设备

在浮动驳船或其他浮动船上的打桩设备，其稳定性应按有关规定进行计算。当打拔桩时，由浮动船的调整和倾斜所引起的角度不得超过 2.5°。当吊桩和改变位置时，则由调整和倾斜所引起的角度不得超过 5°。此外，还应考虑 B.8 所列的情况。

B.9 载荷情况

所有重要的载荷状态和相应载荷系数 β、稳定角 α，见表 B.3、表 B.4。

但表中未列出所有不利的情况，制造商应确保考虑到对稳定性的各种最不利情况。

B.10 接地比压

B.10.1 概述

包括履带底盘、轮式底盘和配备支腿的所有打桩设备，均应进行接地比压的计算。

接地比压的最大值应该在操作手册中说明。

B.10.2 履带底盘打桩设备接地比压的计算

按图 B.6 计算履带和地面之间的最大接地比压。

将总重 G_M 按最不利的位置分解到单边履带上，形成载荷 P。

表 B.4 在地面或浮动船[a] 上使用的分类

项目		相应的条款				载荷系数				稳定角
载荷状态	图例[b]	工作载荷	风力矩	离心力矩	动态/其他力矩	β_1	β_2	β_3	β_4	α
a) 工作状态——动态	图 B.2	悬挂着	B.6.2	B.5	B.7.2 B.7.3	1.1	1.1	1.1	1.1	5°
b) 工作状态，在工地/驳船上行走[c]	图 B.2	悬挂着	B.6.2	B.5	B.7.2 B.7.3	1.1	1.1	1.1	1.1	8°[d]
c) 工作状态——动态	图 B.3	释放，接触地面	B.6.2	—	B.7.2 B.7.3	1.1	—	1.1	1.1	5°
d) 非工作状态桩架竖立	—	在手册中规定	B.6.3	—	—	1.0	—	1.3		5°
e) 非工作状态(竖立过程中——静态)	图 B.4	—	—	—	—	参见 B.3.2				—
f) 非工作状态桩架放下准备运输(静态)	图 B.5	—	—	—	—	—	—	—	—	5°[e]

a 船、驳船、浮动船的稳定性应按 B.8.7 计算。

b 仅是简图并表示了有关的参数。

c 在甲板上行走应按 B.8.7 计算。

d 如果在铺筑路面或有支承钢板/木板上行走时，α 数值可降低到 5°。

e 在自行到运输车辆上的过程中，打桩设备的最小稳定角。

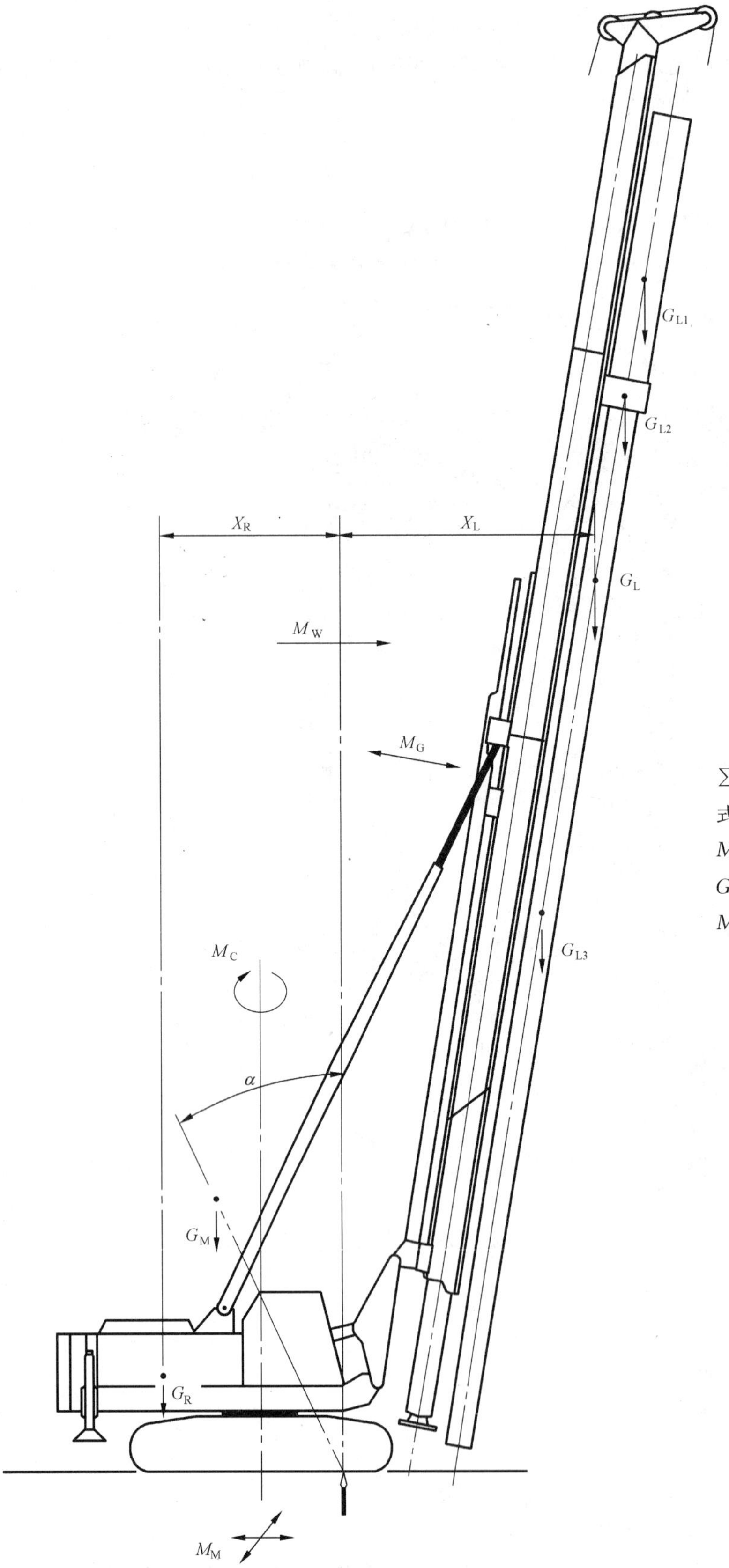

$$\sum M_S, \Phi_2 M_c, \Phi_3 M_N, \Phi_4 M_{DYN} > 0$$

式中：

$$M_S = \sum G_R X_R \& \Phi_1 G_L X_L$$

$$G_L = \sum G_{L1}, G_{L2} \text{等}$$

$$M_{DYN} = \sum M_G, M_M, M_A$$

图 B.2　载荷状态 1(工作状态,动态),载荷状态 2(工作状态,动态:行走)

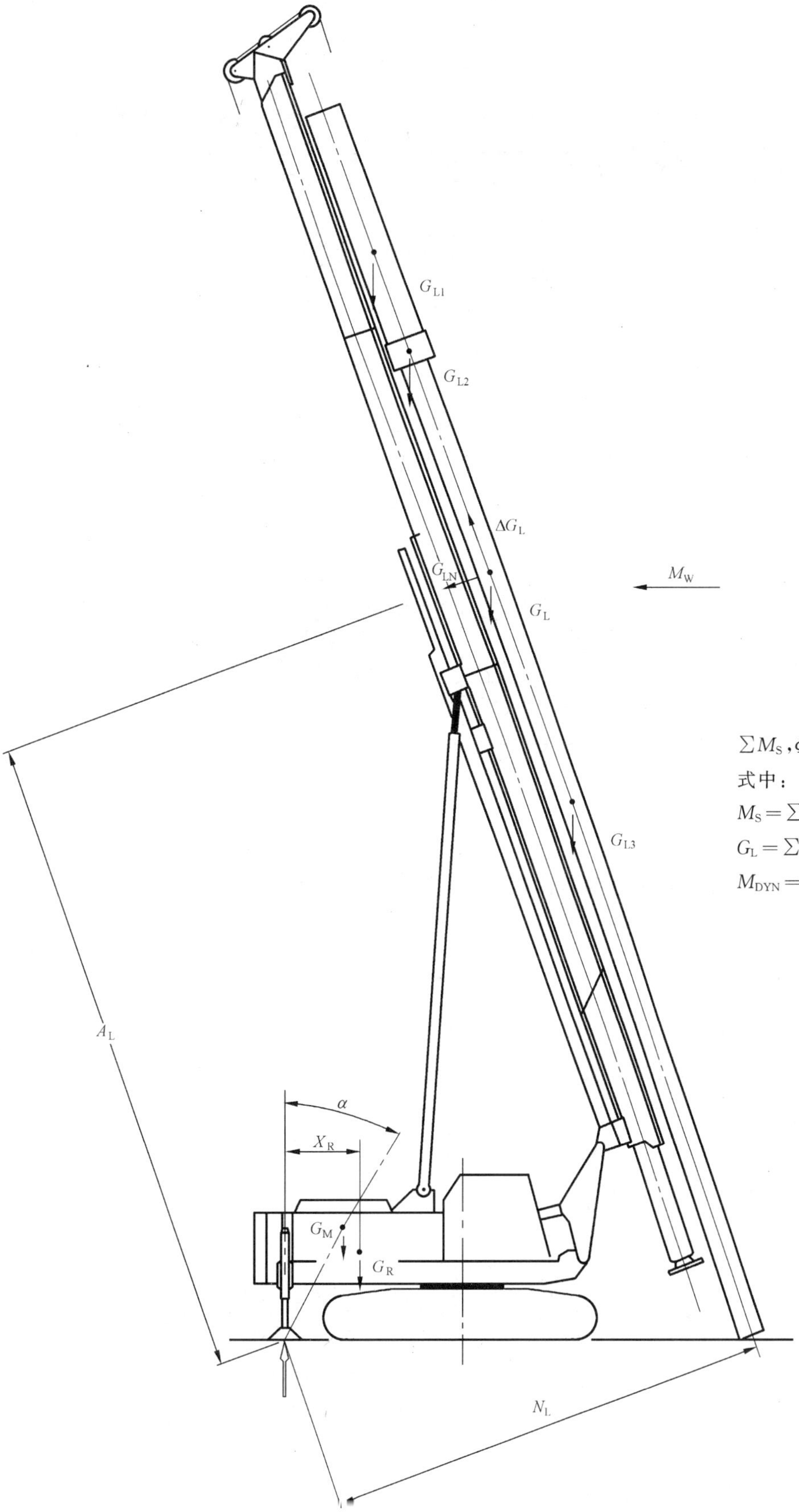

$\sum M_S, \Phi_3 M_W, \Phi_4 M_{DYN} > 0$

式中：

$M_S = \sum G_R, X_R \& \Phi_1 G_{LN}$

$G_L = \sum G_{L1}, G_{L2}$ 等

$M_{DYN} = \sum M_G \ \& \ \Delta G_L, N_L$

图 B.3 载荷状态3(工作状态,动态:载荷释放和、或接触地面)

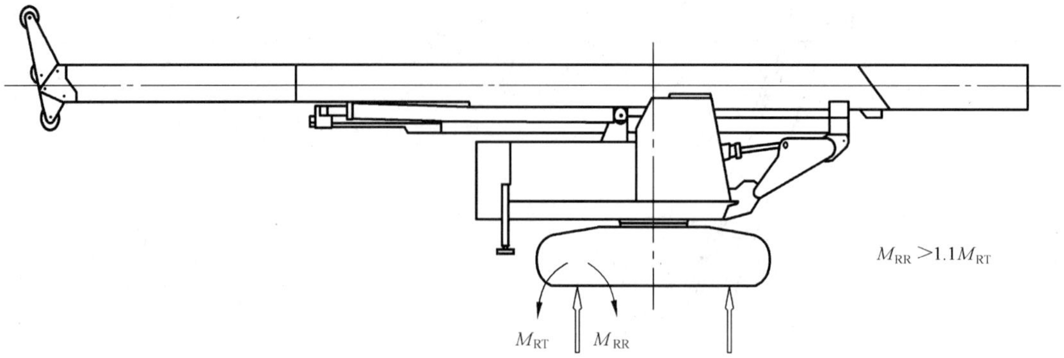

图 B.4 载荷状态 5(非工作状态,静态:竖立过程中)

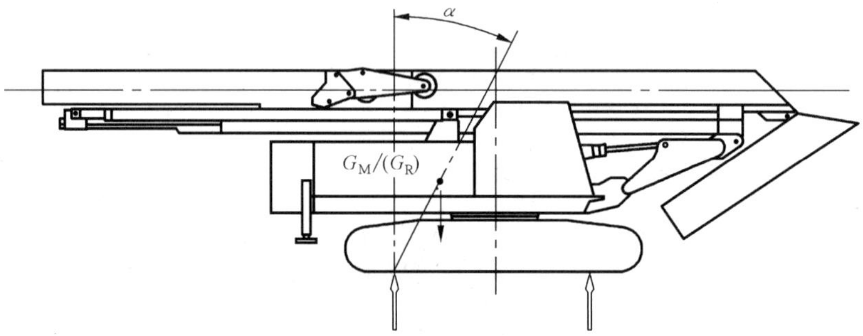

图 B.5 载荷状态 6(非工作状态,静态:桩架放下准备运输)

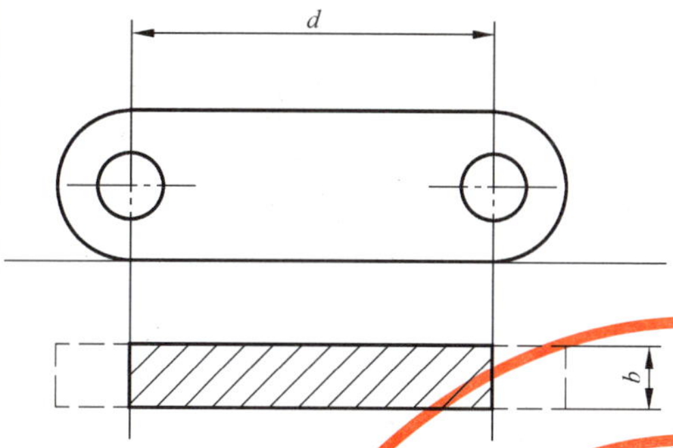

履带的接地面积

	载荷和应力图	载荷 P 的位置	接地比压
1		$e=0$ P 在中心位置	$\sigma_{1,2}=P/bd$
2	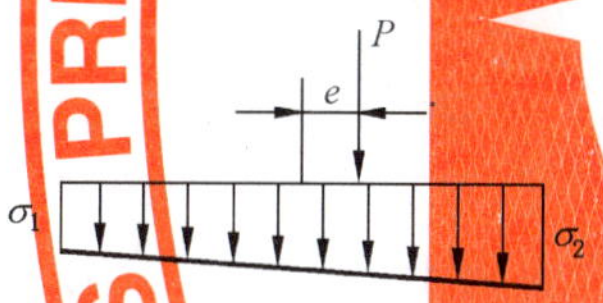	$e<d/6$	$\sigma_1=\dfrac{P(1-6e/d)}{bd}$ $\sigma_2=\dfrac{P(1+6e/d)}{bd}$
3	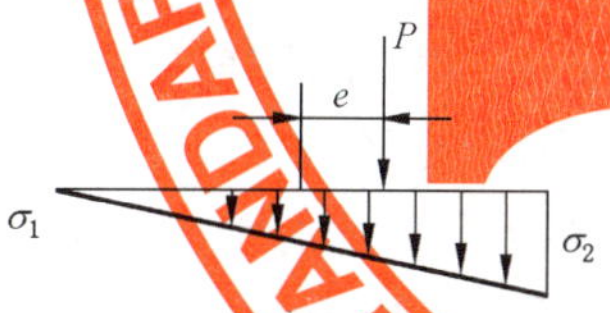	$e=d/6$	$\sigma_1=0$ $\sigma_2=2P/bd$
4	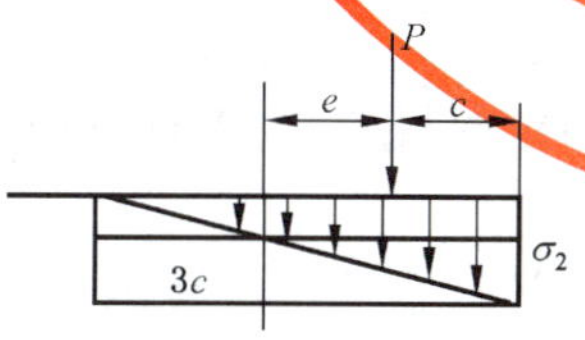	$e>d/6$，$c=d/2-e$	$\sigma_2=2P/3cb$
5	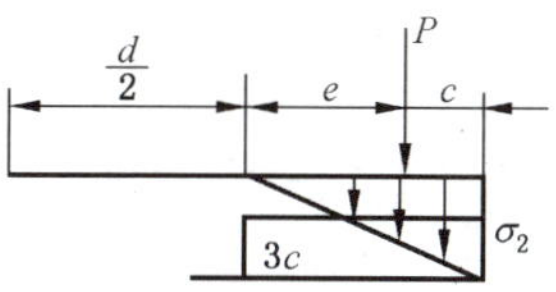	$e=d/3$	$\sigma_2=4P/bd$

图 B.6　履带最大接地比压的计算

附　录　C
（规范性附录）
连续墙施工设备安全要求

C.1　概述

本附录适用于基础工程中的连续墙施工设备。

C.2　范围

C.2.1　本附录规定了连续墙施工设备的安全要求。

连续墙施工设备包括底盘和安装用于底盘上的开挖沟槽的工作装置如抓斗、冲凿器或铣削轮等，本标准包含的连续墙施工设备的典型实例是：

——底盘挖掘动臂装有挖掘斗；

——底盘装有由钢丝绳自由悬挂和钢丝绳操作的抓斗；

——底盘装有由钢丝绳自由悬挂和液压操作的抓斗；

——底盘装有由凯氏杆导向和液压操作的抓斗；

——底盘装有回转的铣削轮。

底盘可以配备一个动臂或一个导杆。

连续墙施工设备在挖掘沟槽时，底盘通常是不移动的，但可以依靠本身的动力，在工作位置之间移动。

C.2.2　根据挖掘岩土、排出岩土、施工作业的方式和类型的不同，连续墙施工有多种方法。

沟槽是通过挖掘现有土壤或岩石而形成的，可以使用稳定液来保护支承开挖的沟槽。

土壤或岩石一般通过抓斗的斗齿或铣削轮的刀齿来破碎。在硬质土壤或岩石情况下，也可以使用冲凿器来辅助破碎。

抓斗内的切削土，通常以机械方式排出，当使用铣削轮时则通过泥浆液体循环排出。

工作装置（挖掘斗、抓斗、铣削轮等）连接到挖掘动臂上或通过钢丝绳、凯氏杆悬挂在底盘上。液压、气动和泥浆软管以及电缆可以自由悬吊或通过软管导向系统导入工作装置。

沟槽的垂直度可以通过工作装置的质量、凯氏杆导向或导向架结合附加的修正板来调整。

在挖掘完成后，特定的连续墙等结构加固元件，可以使用同一台或其他的设备安装到沟槽中，稳定液通过泥浆泵排出后加以适当处理。

C.2.3　本附录考虑了第4章所涉及到的连续墙施工设备可能引起的所有的重大危害，而规定了连续墙施工设备在设计和施工中的安全要求。这些危害是设备在按预定的目的、在可预见的条件下和按制造商规定的方法使用时可能出现的。

C.2.4　如果连续墙施工设备采用的是挖掘机或起重机的底盘，则该底盘除应符合本标准外，还应符合其本身的标准。

C.3　安全要求和措施

如果没另外说明，本标准第4、5、6章的要求适用。

C.3.1　稳定性

稳定性应该通过计算或底盘的起升能力表来验证。

连续墙施工设备在设计和使用时，在预定的工作条件下必须具有足够的稳定性。当计算设备的稳定性时，应考虑以下的条件：

a) 在装有臂架的底盘上，使用自由悬挂的抓斗时：
钢丝绳悬挂部分(挖掘工具装满土屑，土屑比重为 20 kN/m^3)的质量乘上 1.25，应不大于在最大工作幅度下底盘倾翻载荷的 75%(应考虑安装在底盘上的所有附加设备，如动力站、导向系统等)。

b) 在装有臂架的底盘上，使用自由悬挂的铣削轮时：
铣削轮包括充满液压油和泥浆的软管(泥浆的最小比重为 12.5 kN/m^3)的质量应不大于在最大工作幅度下底盘倾翻载荷的 75%(应考虑安装在底盘上的所有附加设备，如动力站、导向系统等)。

c) 当使用刚性连接到底盘上的凯氏杆或立柱导向的设备时：
稳定性应按 4.1 验证。

C.3.2 滑轮、卷筒和钢丝绳

对于仅用于起升挖掘工具的工作钢丝绳，最小的安全系数(钢丝绳最小破断载荷与卷扬机第一层钢丝绳所承受最大拉力之比)应为 2.5。仅用于起升挖掘工具的滑轮和卷筒的节圆直径，应符合下列规定：

——卷筒的节圆直径　　$\geqslant 16d$；

——滑轮节圆直径　　$\geqslant 16d$；

——辅助滑轮直径　　$\geqslant 14d$。

其中 d 为所用的钢丝绳直径。

C.3.3 卷扬机的自由下放

装有铣削轮的连续墙施工设备，其所用的卷扬机不得有自由下放功能。

C.3.4 铣削轮的停机

为了停止铣削轮工作，应在司机室外另安装一套附加的停机装置，在铣削轮起升离开沟槽时起作用。

C.3.5 臂架角度监视装置

必须安装臂架角度(臂架与水平线的夹角)监视装置，该装置的指示应让司机清晰可见，特别是臂架动作允许的最大/最小角度应明显表示。

C.3.6 运输

在运输过程中，抓斗斗瓣部分应该固定，防止意外打开或关闭。

C.4 使用手册

以下资料应包括在司机手册内：

——操作条件和使用参数(工作装置的质量、臂架长度、臂架角度、允许坡度)的详细规格；

——在斜坡上行走的说明；

——切削齿更换的说明；

——抓斗装置的操作钢丝绳，每工作 50 小时至少应检查一次；

——悬挂挖掘工具的钢丝绳，每天至少应检查一次。

附 录 D
（规范性附录）
对于落锤的钢丝绳夹具选择和安装

D.1 概述

本附录给出了适用于操作落锤的钢丝绳所用夹具的选择和安装方法。也可使用其他绳夹，但必需由夹具制造商进行充分测试，证明其至少能承受80%的钢丝绳最小破断载荷，在这种情况下可按制造商的规定进行安装。

D.2 安装

绳夹之间的距离 E 至少应为压板宽度 H 的1.5倍，但不应大于3倍（见图D.1和图D.2）。

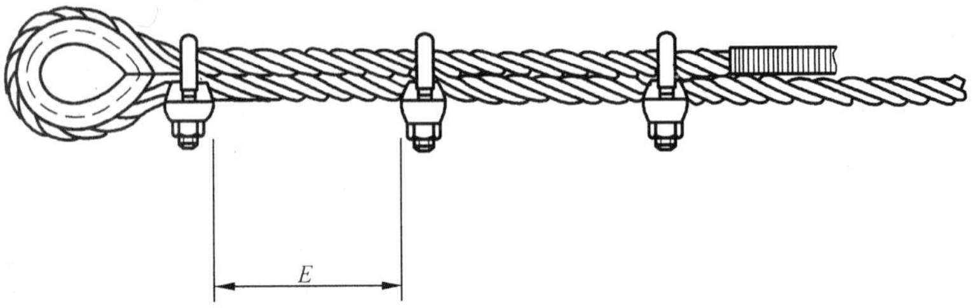

图 D.1 钢丝绳夹的正确布置方法

在绳环内使用套环时，第一个钢绳夹具应该紧靠着套环放置。压板始终要放在钢丝绳承受载荷的一侧。

D.3 绳夹的数量

推荐的使用绳夹数见表D.1。

D.4 紧固扭矩

在安装时和使用前，螺母应拧紧到表D.1所示的扭矩。

推荐的紧固扭矩用于带有支承表面的绳夹，并且螺母的螺纹涂有润滑脂。

在经过几次使用后，应再次检查扭矩，使其符合表D.1的要求。

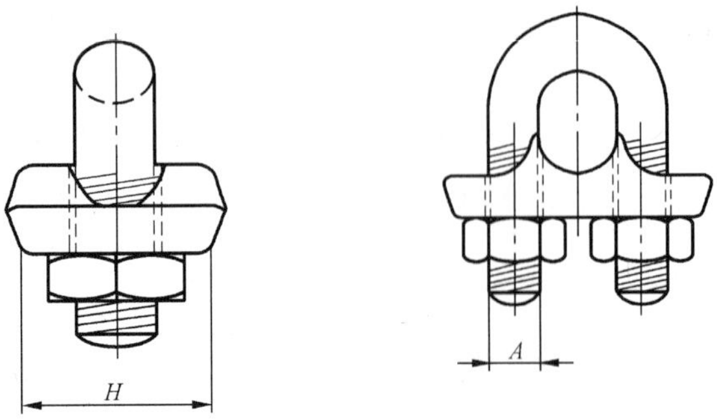

图 D.2 钢丝绳夹的外形尺寸

表 D.1　钢丝绳夹的数量和紧固扭矩

绳夹公称尺寸[a]（钢丝绳直径 d）/mm	绳夹数量	紧固螺纹规格	紧固扭矩/N·m
14	4	M12	33
16	4	M14	49
19	4	M14	68
22	5	M16	107
26	5	M20	147
30	6	M20	212
34	6	M22	296
40	6	M24	363

[a] 对于直径介于本表所列出的两个公称尺寸之间的钢丝绳，应按与其相近的较大公称尺寸来确定绳夹数量和紧固扭矩。

ICS 81.040.01
N 64

中华人民共和国国家标准

GB/T 22362—2008
代替 GB/T 15725.1～15725.2—1995,GB/T 15725.5—1995

实验室玻璃仪器 烧瓶

Laboratory glassware—Flasks

(ISO 1773:1997,NEQ)

2008-08-19 发布 2009-05-01 实施

中华人民共和国国家质量监督检验检疫总局
中国国家标准化管理委员会 发布

前　言

本标准对应于 ISO 1773:1997《实验室玻璃仪器　细口烧瓶》，与 ISO 1773:1997 的一致性程度为非等效。

本标准与 ISO 1773:1997 的主要差异：

——增加了凯氏烧瓶、蒸馏烧瓶、分馏烧瓶的规格系列；

——增加了内表面耐水性、耐酸性、耐碱性、内应力、耐热冲击性能指标；

——增加了产品外观要求；

——增加了试验方法、检验规则、包装、运输和贮存。

本标准代替 GB/T 15725.1—1995《实验室玻璃仪器　细口烧瓶》、GB/T 15725.2—1995《实验室玻璃仪器　凯氏烧瓶》和 GB/T 15725.5—1995《实验室玻璃仪器　蒸馏烧瓶和分馏烧瓶》。

本标准与 GB/T 15725.1～15725.2—1995 和 GB/T 15725.5—1995 相比主要变化是：增加了内表面耐水性能、耐酸性能（光谱测定法）、内应力双折射的光程差、耐热冲击温度和产品检验规则。

本标准的附录 A 为资料性附录。

本标准由中国轻工业联合会提出。

本标准由全国玻璃仪器标准化技术委员会(SAC/TC 178)归口。

本标准起草单位：北京玻璃仪器厂、国家轻工业玻璃产品质量监督检测中心。

本标准主要起草人：吴文玲、袁守菊、杜玉海、袁春梅。

本标准所代替标准的历次版本发布情况为：

——GB/T 15725.1—1995；

——GB/T 15725.2—1995；

——GB/T 15725.5—1995。

实验室玻璃仪器　烧瓶

1　范围

本标准规定了烧瓶的分类、结构型式、结构设计和规格尺寸、技术要求、试验方法、检验规则及标志、包装、运输和贮存。

本标准适用于实验室用玻璃烧瓶。

2　规范性引用文件

下列文件中的条款通过本标准的引用而成为本标准的条款。凡是注日期的引用文件，其随后所有的修改单(不包括勘误的内容)或修订版均不适用于本标准，然而，鼓励根据本标准达成协议的各方研究是否可使用这些文件的最新版本。凡是不注日期的引用文件，其最新版本适用于本标准。

GB/T 191　包装储运图示标志(GB/T 191—2008，ISO 780:1997，MOD)

GB/T 2828.1　计数抽样检验程序　第1部分:按接收质量限(AQL)检索的逐批检验抽样计划(GB/T 2828.1—2003，ISO 2859-1:1999，IDT)

GB/T 4548　玻璃容器内表面耐水侵蚀性能测试方法及分级(GB/T 4548—1995，eqv ISO 4802-1:1988)

GB/T 4548.2　玻璃容器内表面耐水侵蚀性能用火焰光谱法测定和分级(GB/T 4548.2—2003，ISO 4802-2:1988，IDT)

GB/T 6543　瓦楞纸箱

GB/T 6579　实验室玻璃仪器　热冲击试验方法(GB/T 6579—2007，ISO 718:1990，IDT)

GB/T 6580　玻璃耐沸腾混合碱水溶液浸蚀性的试验方法和分级(GB/T 6580—1997，eqv ISO 695:1991)

GB/T 6581　玻璃在100 ℃耐盐酸浸蚀性的火焰发射或原子吸收光谱法测定方法(GB/T 6581—2007，ISO 1776:1985，MOD)

GB/T 6582　玻璃在98 ℃耐水性的颗粒试验方法和分级(GB/T 6582—1997，eqv ISO 719:1985)

GB/T 15726　玻璃仪器内应力检验方法

GB/T 15728　玻璃耐沸腾盐酸浸蚀性的重量试验方法和分级

GB/T 16920　玻璃平均线热膨胀系数测定方法(GB/T 16920—1997，eqv ISO 7991:1987)

QB/T 2298　双线法测热膨胀系数

HG/T 3115　硼硅酸盐玻璃3.3的性能

3　产品分类

按烧瓶的结构类型和规格系列区分见表1。

表1　结构类型和规格系列　　单位为毫升

结构类型	规格系列
细口锥型烧瓶 细口圆底烧瓶和细口平底烧瓶	25，50，100，250，500，1 000，2 000，3 000，5 000 50，100，250，500，1 000，2 000，3 000，4 000，5 000，6 000，10 000，20 000
凯氏烧瓶	50，100，250，300，500，750，800，1 000

表 1（续） 单位为毫升

结构类型	规格系列
蒸馏烧瓶	50,100,250,500,1 000,2 000,3 000,5 000
克氏分馏烧瓶	50,100,250,500,1 000,2 000,3 000,5 000
维氏分馏烧瓶	500,1 000,2 000,3 000,5 000

4 结构型式、结构设计和规格尺寸

4.1 细口锥型烧瓶

4.1.1 结构类型

细口锥型烧瓶的结构类型见图 1。

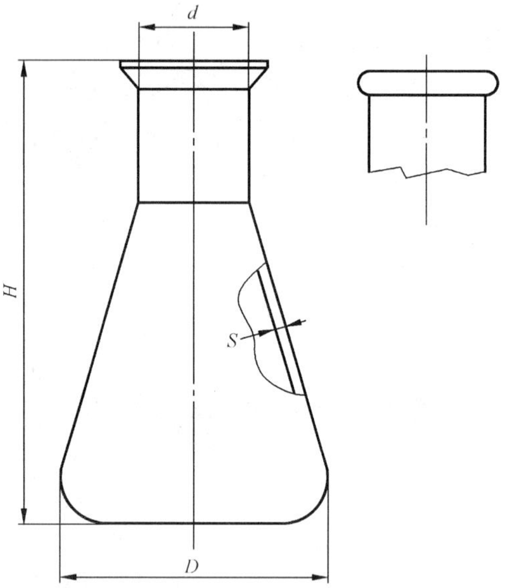

图 1 细口锥型烧瓶

4.1.2 规格尺寸

细口锥型烧瓶的规格尺寸见表 2。

表 2 细口锥型烧瓶的规格尺寸

规格/mL	瓶身外径 D/mm	瓶颈外径 d/mm	全高 H/mm	最小壁厚 S/mm
25	42.0±1.0	22.0±1.0	75.0±3.0	0.8
50	51.0±1.0	22.0±1.0	90.0±3.0	0.8
100	64.0±1.5	22.0±1.0	105.0±3.0	0.8
250	85.0±2.0	34.0±1.5	145.0±3.0	0.9
500	105.0±2.0	34.0±1.5	180.0±4.0	0.9
1 000	131.0±3.0	42.0±2.0	220.0±4.0	1.3
2 000	166.0±3.0	50.0±2.0	280.0±4.0	1.5
3 000	187.0±3.0	50.0±2.0	310.0±5.0	1.8
5 000	220.0±3.0	50.0±2.0	365.0±5.0	1.8

4.1.3 **结构设计**

4.1.3.1 **稳定性**

烧瓶放在平台上，应直立不摇晃、不转动。

4.1.3.2 **颈**

烧瓶的颈部同一截面应该呈圆形，颈的口部不应呈锥形，并适当提高强度。

4.1.3.3 **颈高**

颈高度是颈外径的 1～1.25 倍。

4.1.3.4 **底部**

烧瓶的底与壁的过渡半径是身部最大外径的 15%～20%。

4.2 **细口圆底烧瓶和细口平底烧瓶**

4.2.1 **结构类型**

细口圆底烧瓶和细口平底烧瓶的结构类型见图 2 和图 3。

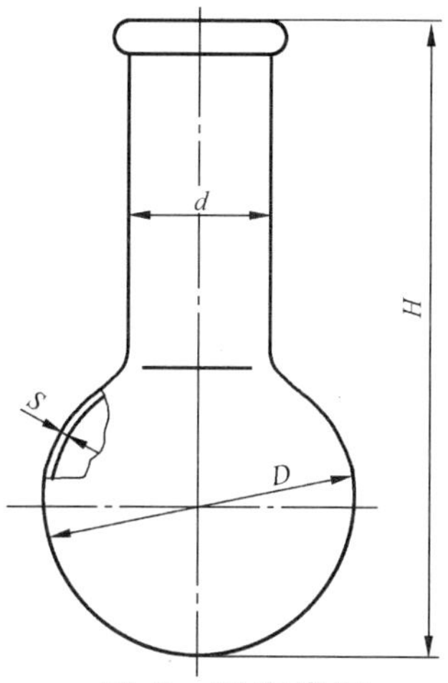

图 2 圆底烧瓶

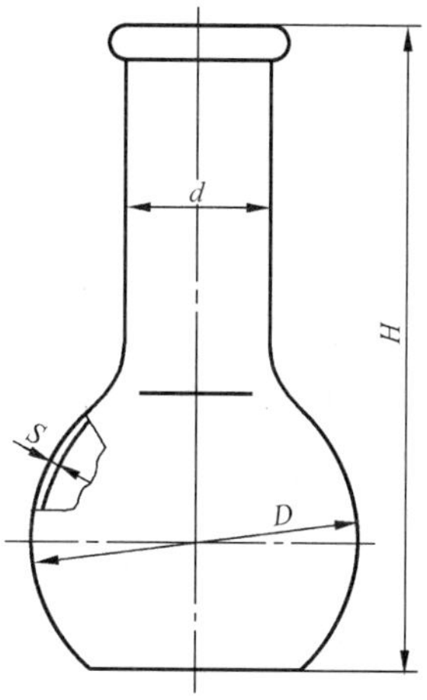

图 3 平底烧瓶

4.2.2 **规格尺寸**

细口圆底烧瓶和细口平底烧瓶的规格尺寸见表 3。

表 3 细口圆底烧瓶和细口平底烧瓶的规格尺寸

标称容量/mL	瓶球外径 D/mm	瓶颈外径 d/mm	全高 H/mm		最小壁厚 S/mm
			圆底	平底	
50	51.0±1.0	26.0±1.0	105.0±3.0	100.0±3.0	0.8
100	64.0±1.5	26.0±1.0	115.0±3.0	110.0±3.0	0.8
250	85.0±2.0	34.0±1.5	145.0±3.0	140.0±3.0	0.9
500	105.0±2.0	34.0±1.5	175.0±4.0	170.0±4.0	0.9
1 000	131.0±3.0	42.0±2.0	210.0±4.0	200.0±4.0	1.3
2 000	166.0±3.0	50.0±2.0	260.0±4.0	250.0±4.0	1.5
3 000	195.0±3.0	50.0±2.0	305.0±4.0	295.0±4.0	1.5
4 000	207.0±3.0	50.0±2.5	315.0±5.0	300.0±5.0	1.8
5 000	223.0±3.0	50.0±2.5	345.0±5.0	330.0±5.0	1.8
6 000	236.0±3.0	65.0±3.0	355.0±5.0	340.0±5.0	1.8
10 000	279.0±4.0	65.0±3.0	420.0±6.0	400.0±6.0	2.0
20 000	345.0±4.0	76.0±3.0	515.0±6.0	490.0±6.0	2.0

4.2.3 结构设计

4.2.3.1 稳定性

平底烧瓶放在平台上时，应直立不摇晃、不转动。

4.2.3.2 颈

烧瓶的颈部同一截面应该呈圆形，颈的口部不应呈锥形，并适当提高强度。

4.2.3.3 底部尺寸

平底烧瓶的底直径约为瓶身最大直径的50%。

4.2.3.4 容量

烧瓶的标称容量从表3中标称容量系列值中选定，但不少于标称烧瓶颈下部的实际容量。

4.3 凯氏烧瓶

4.3.1 结构类型

凯氏烧瓶的结构类型见图4。

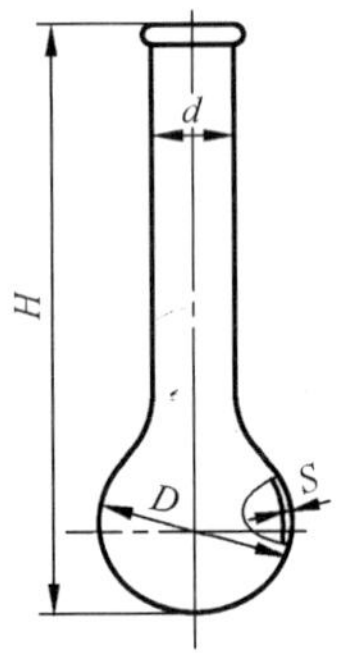

图4 凯氏烧瓶

4.3.2 规格尺寸

凯氏烧瓶的规格尺寸见表4。

表4 凯氏烧瓶的规格尺寸

标称容量/mL	瓶球外径 D/mm	瓶颈外径 d/mm	全高 H/mm	最小壁厚 S/mm
50	51.0±1.0	22.0±1.0	200.0±3.0	0.8
100	60.0±1.5	22.0±1.0	200.0±3.0	0.8
250	81.0±2.0	34.0±1.5	270.0±4.0	0.9
300	89.0±2.0	34.0±1.5	280.0±4.0	0.9
500	101.0±2.0	34.0±1.5	300.0±4.0	0.9
750	115.0±2.0	34.0±4.0	340.0±4.0	1.3
800	119.0±2.0	34.0±1.5	340.0±4.0	1.3
1 000	125.0±2.0	34.0±1.5	350.0±4.0	1.3

4.4 蒸馏烧瓶

4.4.1 结构类型

蒸馏烧瓶的结构类型见图5。

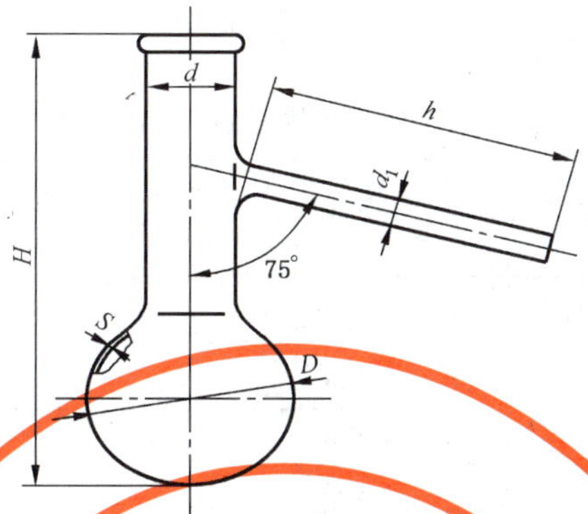

图 5 蒸馏烧瓶

4.4.2 规格尺寸

蒸馏烧瓶的规格尺寸见表 5。

表 5 蒸馏烧瓶的规格尺寸

标称容量/mL	瓶球外径 D/mm	瓶颈外径 d/mm	全高 H/mm	最小壁厚 S/mm	支管长度 h/mm	支管外径 d_1/mm
50	51.0±1.0	22.0±1.0	135.0±3.0	0.8	80.0±3.0	7.0±0.4
100	64.0±1.5	22.0±1.0	150.0±4.0	0.8	100.0±3.0	7.0±0.4
250	85.0±2.0	34.0±1.5	200.0±4.0	0.9	125.0±3.0	8.0±0.4
500	105.0±2.0	34.0±1.5	250.0±4.0	0.9	150.0±4.0	8.0±0.4
1 000	131.0±3.0	42.0±2.0	300.0±5.0	1.3	180.0±5.0	9.0±0.4
2 000	166.0±3.0	50.0±2.0	408.0±6.0	1.5	225.0±5.0	10.0±0.4
3 000	185.0±3.0	50.0±2.0	450.0±6.0	1.8	250.0±5.0	11.0±0.4
5 000	223.0±3.0	50.0±2.0	530.0±6.0	1.8	290.0±5.0	12.0±0.4

4.4.3 结构设计

4.4.3.1 烧瓶的颈部同一截面应该呈圆形，颈的口部不应呈锥形，并适当提高强度。

4.4.3.2 焊接处壁厚不应薄于瓶壁的厚度。

4.4.3.3 烧瓶的标称容量从表 5 中标称容量系列值中选定，但不少于标称烧瓶颈下部的实际容量。

4.5 克氏分馏烧瓶

4.5.1 结构类型

克氏分馏烧瓶的结构类型见图 6。

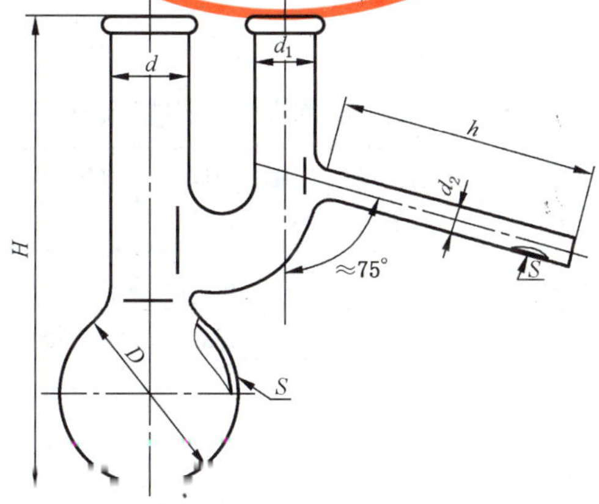

图 6 克氏分馏烧瓶

4.5.2　**规格尺寸**

克氏分馏烧瓶的规格尺寸见表 6。

表 6　克氏分馏烧瓶的规格尺寸

标称容量/mL	瓶球外径 D/mm	瓶颈外径 d/mm	全高 H/mm	最小壁厚 S/mm	克氏管外径 d_1/mm	支管长度 h/mm	支管外径 d_2/mm
50	51.0±1.0	20.0±1.0	150.0±3.0	0.8	18.0±1.0	80.0±3.0	7.0±0.4
100	64.0±1.5	23.0±1.0	190.0±4.0	0.8	20.0±1.0	100.0±3.0	7.0±0.4
250	85.0±2.0	25.0±1.0	220.0±4.0	0.9	22.0±1.0	125.0±3.0	8.0±0.4
500	105.0±2.0	30.0±1.5	270.0±4.0	0.9	25.0±1.0	150.0±4.0	8.0±0.4
1 000	131.0±3.0	36.0±1.5	350.0±5.0	1.3	30.0±1.5	180.0±5.0	9.0±0.4
2 000	166.0±3.0	46.0±2.0	410.0±6.0	1.5	35.0±1.5	225.0±5.0	10.0±0.4
3 000	185.0±3.0	50.0±2.0	450.0±6.0	1.8	40.0±2.0	250.0±5.0	11.0±0.4
5 000	223.0±3.0	56.0±2.0	500.0±6.0	1.8	45.0±2.0	290.0±5.0	12.0±0.4

4.6　**维氏分馏烧瓶**

4.6.1　**结构类型**

维氏分馏烧瓶的结构类型见图 7。

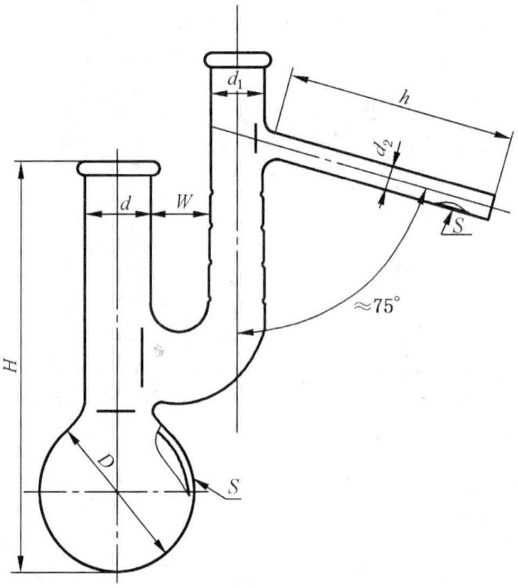

图 7　维氏分馏烧瓶

4.6.2　**规格尺寸**

维氏分馏烧瓶的规格尺寸见表 7。

表 7　维氏分馏烧瓶的规格尺寸

标称容量/mL	瓶身外径 D/mm	瓶颈外径 d/mm	全高 H/mm	最小壁厚 S/mm	维氏管外径 d_1/mm	支管长度 h/mm	支管外径 d_2/mm
500	105.0±2.0	30.0±1.5	270.0±4.0	0.9	25.0±1.0	150.0±4.0	8.0±0.4
1 000	131.0±3.0	36.0±1.5	350.0±5.0	1.3	32.0±1.5	180.0±5.0	9.0±0.4
2 000	166.0±3.0	46.0±2.0	410.0±6.0	1.5	35.0±1.5	225.0±5.0	10.0±0.4
3 000	185.0±3.0	50.0±2.0	450.0±6.0	1.8	40.0±2.0	250.0±5.0	11.0±0.4
5 000	223.0±3.0	56.0±2.0	500.0±6.0	1.8	45.0±2.0	290.0±5.0	12.0±0.4

5 技术要求

5.1 材质

烧瓶应使用 3.3 硼硅酸盐玻璃制造，并符合 HG/T 3115 规定的要求。

5.2 理化性能

烧瓶的理化性能应符合表 8 的要求。

表 8 理化性能

项　　目	规　　定	
线热膨胀系数 a(20 ℃～300 ℃)	$(3.3\pm0.1)\times10^{-6}$ ℃$^{-1}$	
98 ℃颗粒耐水性	HGB1 级	
内表面耐水性能	HC1 级	
耐酸性能(重量法)	H_1 级	
内应力　双折射光程差	≤180 nm/cm	
耐酸性能(光谱测定法)	氧化钠浸出量≤100 μg/dm^2	
耐碱性能	A_2 级	
耐热冲击温度	≤400 mL	＞400 mL
	180 ℃	150 ℃

5.3 外观要求

5.3.1 气泡

破皮气泡和薄皮气泡不应存在。直径≤0.8 mm 能目测到的气泡，在 20 mm×20 mm 的面积内不应多于 6 个，且每处间距大于 50 mm，每个产品上不应多于 6 处。直径＞0.8 mm 的气泡不应超过表 9 的规定。

表 9 气泡的要求

规格/mL	底　　部[a]		壁　　部		累计数量/个
	气泡直径[b]/mm	数量/个	气泡直径[b]/mm	数量/个	
25～150	0.8～1.5	2	0.8～1.5	4	4
200～500	0.8～1.5	2	0.8～1.5	4	6
			1.6～3.0	1	
600～2 000	0.8～1.5	3	0.8～3.0	4	8
	1.6～3.0	2	3.1～6.0	1	
3 000～5 000	0.8～1.5	4	0.8～3.0	6	10
	1.6～3.0	3	3.1～6.0	2	
	—	—	6.1～10.0	1	
6 000～20 000	0.8～1.5	4	0.8～3.0	8	12
	1.6～5.0	3	3.1～6.0	2	
	—	—	6.1～10.0	1	

[a] 底部和壁部过渡区的弧形面以下

[b] 气泡直径＝(长＋宽)÷2。

5.3.2 结石

直径≤0.5 mm能目测的结石，在10 mm×10 mm面积内不应多于1个，且每处间距大于50 mm，每个产品上总数不能超过6个。直径>0.5 mm的结石不应超过表10的规定。

表10 结石的要求

规格/mL	底部		壁部	
	结石长/mm	数量/个	结石长/mm	数量/个
25～150	≤0.5	1	≤1.0	1
200～500	≤0.5	1	≤1.5	2
600～2 000	≤0.8	1	≤2.0	2
3 000～5 000	≤1.5	1	≤3.0	3
6 000～20 000	≤1.5	1	≤5.0	3

5.3.3 节瘤

直径≤0.5 mm能目测的节瘤，在10 mm×10 mm面积内不应多于2个，且每处间距大于50 mm，每个产品上总数不应超过6处。直径>0.5 mm的节瘤不应超过表11的规定。

表11 节瘤的要求

规格/mL	底部		壁部	
	节瘤长/mm	数量/个	节瘤长/mm	数量/个
50～150	0.5～1.5	1	0.5～1.5	1
200～500	0.5～1.5	1	0.5～1.5	2
600～2 000	0.5～2.0	1	0.5～2.0	2
3 000～5 000	0.5～3.0	1	0.5～3.0	2
6 000～20 000	0.5～3.0	1	0.5～3.0	3

5.3.4 条纹

不应有严重的条纹存在，必要时进行封样。

5.3.5 划伤和擦伤

5.3.5.1 不应有划伤存在。

5.3.5.2 擦伤的长度不应超过表12的规定。

表12 擦伤的要求

规格/mL	单个长度/mm	累计长度/mm
50～150	10	30
200～500	20	80
600～2 000	30	120
3 000～6 000	30	180

5.3.6 铁锈和铁屑

不应有明显的能目测的铁锈和铁屑存在。

6 试验方法

6.1 规格尺寸

用最小分度值为0.02 mm的游标卡尺、高度尺和测厚仪测量。

6.2 理化性能

6.2.1 线热膨胀系数

按 GB/T 16920 或 QB/T 2298 规定的试验方法进行。

6.2.2 耐水性能

按 GB/T 6582 规定的试验方法进行。

6.2.3 内表面耐水性

按 GB/T 4548 或 GB/T 4548.2 规定的试验方法进行。

6.2.4 耐酸性能

按 GB/T 15728 或 GB/T 6581 规定的试验方法进行。

6.2.5 耐碱性能

按 GB/T 6580 规定的试验方法进行。

6.2.6 耐热冲击温度

按 GB/T 6579 规定的试验方法进行。

6.3 内应力

按 GB/T 15726 规定的试验方法进行。

6.4 外观

用目测法。测量工具用最小分度值为 0.02 mm 的游标卡尺及 10 倍读数的放大镜。

7 检验规则

7.1 检验分类

产品检验分为出厂检验和型式检验。检验项目见表 13。

表 13 出厂检验和型式检验项目和要求

检验项目	本标准章条编号	试验方法	出厂检验	型式检验
理化性能	5.2	6.2	—	抽检
内应力 双折射光程差	5.2	6.3	抽检	
外观要求	5.3	6.4		
规格尺寸	第 4 章	6.1		

7.2 出厂检验

7.2.1 抽样方案

采用 GB/T 2828.1 的正常检验一次抽样方案。检验水平和接收质量限(AQL)见表 14。

表 14 检验项目、检查水平及接收质量限

检验项目	检查水平(IL)	接收质量限(AQL)
理化性能	—	全部合格
耐热冲击	S-4	1.5
内应力 双折射光程差		6.5
外观要求	Ⅱ	6.1
规格尺寸		

7.2.2 组批规则

同一时间所交付的同一品种规格的产品为一批。

7.2.3 检验实施和检验结果

检验项目、检查水平及接收质量限应符合表 14 的规定。

由生产厂按表13的出厂检验项目进行抽样检验。经检验合格的批产品方可出厂，出厂时应附有合格证。经检验不合格的批，全数退回生产部门进行全数检验，剔除不合格品后可再次提交出厂检验。

7.3 型式检验

7.3.1 抽样方案

采用GB/T 2828.1的正常检验一次抽样方案。检验水平和接收质量限(AQL)见表14。

7.3.2 检验实施和检验结果

检验项目、检查水平及接收质量限应符合表14的规定。

7.3.3 有下列情况之一时，进行型式检验：

a) 新产品或老产品转厂生产的试制定型鉴定；

b) 正式生产后，如结构、材料、工艺有较大改变，可能影响产品性能时；

c) 正常生产时，应定期性进行检验，每年至少进行一次；

d) 出厂检验结果与上次型式检验有较大差异时；

e) 国家质量监督机构提出进行型式检验的要求时。

8 标志、包装、运输和贮存

8.1 标志

8.1.1 产品标志

下列标志应耐久、清楚地标在每个烧瓶上：

a) 烧瓶的标称容量，如“100 mL”(或“100”)；

b) 细口锥型烧瓶的近似容量分度表和刻度线，参见附录A；

c) 制造厂商的名称或商标；

d) 每个烧瓶上有一块宜用铅笔作标记的记号面积。

8.1.2 包装箱标志

包装箱上应有以下标识：

a) 外包装应符合GB/T 191的有关规定；

b) 产品名称、规格数量、净重、毛重、体积；

c) 制造厂名、注册商标、生产日期；

d) 制造厂址、电话等。

8.1.3 合格证和说明书

每个包装箱中应有产品合格证和说明书。

8.2 包装

用瓦楞纸箱进行包装，并符合GB/T 6543的规定。

8.3 运输

本产品可用任何运输工具运输，装卸不应抛掷，运输要有防雨雪措施。

8.4 贮存

产品包装后应在室内保存，堆码高不宜超过十层，不应与强酸、强碱、氟化物等化学物质接触。

附　录　A
（资料性附录）
细口锥型烧瓶的容量分度表

细口锥型烧瓶的容量分度，见表 A.1。

表 A.1　细口锥型烧瓶的容量分度表

单位为毫升

规格	最低分度线	最高分度线
25	10	25
50	20	50
100	40	100
250	100	250
500	200	500
1 000	400	1 000
2 000	500	2 000
3 000	1 000	3 000
5 000	1 500	5 000

ICS 85-010
Y 30

中华人民共和国国家标准

GB/T 22363—2008
代替 GB/T 2679.4—1994,GB/T 2679.9—1993

纸和纸板　粗糙度的测定(空气泄漏法) 本特生法和印刷表面法

Paper and board—Determination of roughness (air leak methods)—Bendtsen method and print-surf method

[ISO 8791-2:1990,Paper and board—Determination of roughness/smoothness (air leak methods)—Part 2: Bendtsen method, ISO 8791-4:1992,Paper and board—Determination of roughness/smoothness (air leak methods)—Part 4:Print-surf method,MOD]

2008-08-19 发布　　　　2009-05-01 实施

中华人民共和国国家质量监督检验检疫总局
中国国家标准化管理委员会　发布

前言

本标准规定了本特生法和印刷表面法测定纸和纸板粗糙度的方法，对GB/T 2679.4—1994《纸和纸板粗糙度的测定法(本特生粗糙度法)》和GB/T 2679.9—1993《纸和纸板粗糙度测定法(印刷表面法)》两项标准进行了整合。

本标准中本特生法修改采用ISO 8791-2:1990《纸和纸板　粗糙度/平滑度　第2部分:本特生法》;印刷表面法修改采用ISO 8791-4:1992《纸和纸板　粗糙度/平滑度　第4部分:印刷表面法》。

本标准本特生法与ISO 8791-2:1990相比，只做了编辑性修改，技术内容完全相同。

本标准印刷表面法与ISO 8791-4:1992相比，技术性差异是:本标准删除了ISO 8791-4:1992中5.6、5.7、9.5、9.6.1及附录A、附录C及附录E中关于可变面积流量计型粗糙度仪的有关内容。

本标准同时代替GB/T 2679.4—1994和GB/T 2679.9—1993。

本标准与GB/T 2679.4—1994相比，主要变化如下:

——修改了压力缓冲瓶容积和安装位置的规定(1994年版的5.2;本版的3.3.2);

——增加了用毛细管检查仪器流量计的规定(1994年版的5.1.2;本版的3.3.4);

——修改了测量头连接管的内径和长度(1994年版的5.1.1;本版的3.3.5);

——测量装置中增加了金属重砣(见3.3.7);

——删除了1994年版的6.3"检查测量头压环是否平整"及8.5"可压缩性及弹性的测定";

——修改了本特生测定仪的保养与维护(1994年版的附录A;本版的附录A);

——增加了空气流量的计算方法及检查校准用毛细管标定值的方法(本版的附录B.2.3和B.3)。

本标准与GB/T 2679.9—1993相比主要变化如下:

——增加了测头测量环长度的规定(本版的3.3.5);

——修改了对硬垫的要求的描述(1993年版的5.2.6;本版的4.3.4.2);

——修改了仪器测量系统的测量范围和精确度(1993年版的5.2.6;本版的4.3.6);

——修改了选择夹持压力的规定(1993年版的7.3;本版的4.7.4);

——修改了仪器的校准方法(1993年版的附录C;本版的附录D)。

本标准的附录A、附录B、附录C、附录D为规范性附录。

本标准由中国轻工业联合会提出。

本标准由全国造纸工业标准化技术委员会归口。

本标准起草单位:中国制浆造纸研究院。

本标准主要起草人:张清文。

本标准所代替标准的历次版本发布情况为:

——GB/T 2679.4—1981、GB/T 2679.4—1994;

——GB/T 2679.9—1993。

本标准委托全国造纸工业标准化技术委员会负责解释。

纸和纸板　粗糙度的测定(空气泄漏法)本特生法和印刷表面法

1　范围

本标准规定了使用本特生法和印刷表面法测定纸和纸板粗糙度的方法。

本特生法适用于本特生粗糙度值约为 50 mL/min～1 200 mL/min 的纸和纸板。不适用于测头端面会在纸的表面产生明显压痕的柔软纸张,也不适用于空气会穿透纸页的高透气性纸张,或在金属重环下不能平整放置的纸张。

印刷表面法适用于所有能与测头的保护环面形成良好密封的印刷纸和纸板。

2　规范性引用文件

下列文件中的条款通过本标准的引用而成为本标准的条款。凡是注日期的引用文件,其随后所有的修改单(不包括勘误的内容)或修订版均不适用于本标准,然而,鼓励根据本标准达成协议的各方研究是否可使用这些文件的最新版本。凡是不注日期的引用文件,其最新版本适用于本标准。

GB/T 450　纸和纸板　试样的采取及试样纵横向、正反面的测定(GB/T 450—2008,ISO 186:2002,MOD)

GB/T 10739 纸、纸板和纸浆试样处理和试验的标准大气条件(GB/T 10739—2002,eqv ISO 187:1990)

3　本特生法

3.1　术语和定义

下列术语和定义适用于本标准。

3.1.1

本特生粗糙度　Bendtsen roughness

在规定的试验条件和操作压力下,测定通过测头的环状平面与纸或纸板之间的空气流速,以毫升每分表示。

3.2　原理

将一张试样夹在一块平板和一个金属环状测量面之间,在封闭的测量面空间内通入名义压力为 1.47 kPa 的空气,测定测量面和试样间的空气流速。

3.3　试验装置

试验装置包括一台压缩机(A)、一个供给空气的压力缓冲容器(B)、一个具有压力控制装置(C)的流量计(D)和一个测头(E)(见图 1)。

附录 A 给出了本特生测定仪保养和维护的详细内容。

3.3.1　压缩机

压缩机应能产生压力约为 127 kPa 的空气。若需要,应装一个过滤器以保证空气清洁、无油。

3.3.2　压力缓冲容器

压力缓冲容器的容积应不小于 10 L,应安装在压缩机和稳压阀之间。

3.3.3　稳压阀

流量计入口处应用稳压阀来控制空气压力,大多数本特生仪器提供三个可互换的稳压砝码,将空气压力控制在 0.74 kPa±0.01 kPa、1.47 kPa±0.02 kPa 和 2.20 kPa±0.03 kPa。每个砝码上都应标有空气名义压力。然而，标准压力是 1.47 kPa，因此依据本方法测试时应使用该稳压砝码。

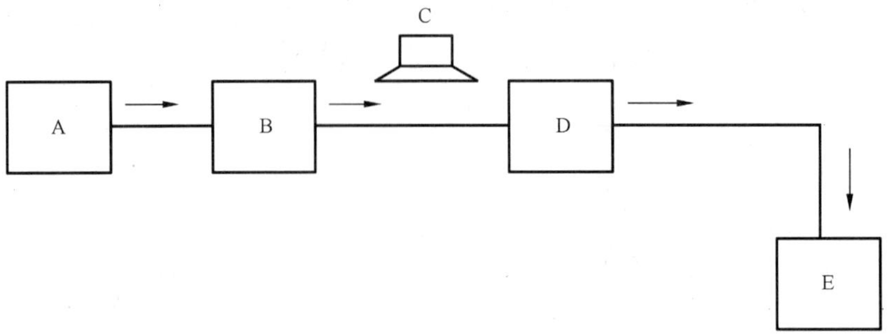

A——压缩机；

B——压力缓冲容器；

C——稳压阀；

D——流量计；

E——测头。

图 1 测量装置流程图

3.3.4 流量计

流速应用可变面积流量计进行测量。可供选择的流量计测量范围有 5 mL/min～150 mL/min 和 50 mL/min～500 mL/min，某些仪器可测 300 mL/min～3 000 mL/min。这三个可变面积流量计，应分别可读准至 2 mL/min、5 mL/min 和 20 mL/min。

注：其他测定流速的方法也可以使用，但精度应符合本方法的规定。如使用其他方法，应在测试报告中注明。

应备有一根毛细管，用于校验每个可变面积流量计的示值。毛细管量值应在相应流量计的工作范围内，且在与测头（附录 B 给出了可变面积流量计和毛细管的校准细则）相同的压差下，依据可靠的标准进行精确地校准（如皂泡计）。

3.3.5 测头

测头包括一个封闭式金属端面，最好具有防腐性。测头的下表面应光洁、平滑，内径为 31.5 mm±0.2 mm，环宽为 0.150 mm±0.002 mm，质量为 267 g±2 g。连接测头和流量计的橡胶或塑料软管，内径为 5 mm，长度应不超过 700 mm。

注：管子较长将导致流量计和测头之间产生明显的压力下降。

由于测头应通过人工的方式放在试样上，为避免在纸张表面压出凹痕，建议安装一个升降测头的机械装置。

3.3.6 平板

抛光的平板，最好是玻璃的，测定时应将测头的测量面放在上面。

3.3.7 金属重砣

重的金属环，或其他适宜形状的重砣，确保置于测头下面的试样保持平整。

3.4 试样的采取

应按 GB/T 450 采取试样。

3.5 温湿处理

应按 GB/T 10739 进行温湿处理。

3.6 试样的制备

每一测试面应至少切取 10 张试样，试样尺寸应最小为 75 mm×75 mm，并区分试样的正面和反面。测试面应无折子、皱纹、孔眼、水印，或纸和纸板不应有的其他缺陷。不应用手接触试样上被测试的位置。

3.7 试验步骤

3.7.1 试验大气

在与试样温湿处理相同的大气条件下进行试验。

3.7.2 测定

3.7.2.1 将仪器置于稳固水平的实验台上，并调整仪器至水平，保证不因振动而产生错误的读数，然后打开空气源。

3.7.2.2 确定试验所用的可变面积流量计，如果可能，选择使用 1.47 kPa 稳压砝码时读数在 80% 范围以内的流量计。建议不使用大于 1 200 mL/min 的空气流量，因为在高流量下，流量计和测头之间有足够的压力降，会导致可变面积流量计的校准失效。

调整可变面积流量计底部的阀，使气流通过选定的可变面积流量计。当空气开始流动时，轻轻地将 1.47 kPa 稳压砝码放在轴上，并使其连续而平稳地旋转。

注：在气流开始进入后，才能将稳压砝码放在轴上，而且应在空气停止流动前取下。

3.7.2.3 调整流量计出口阀，以使空气通过较小(较低)流量的出口。

3.7.2.4 用合适的毛细管替换测头，检查可变面积流量计。空气流量的读数应与校准毛细管的读数相一致，即误差在±5%以内。

3.7.2.5 将测头连接于流量计上，并将测头的测量面直接放在平板上，检查流量计的转子是否停留在流量计的底部。若不是，则按第 A.1 章检查系统的空气泄漏。

3.7.2.6 将试样放在平板上，被测量面朝上。轻轻将测头放在试样上，一定应特别小心，确保测量面不会在试样表面产生压痕。如果试样不能放平，可用金属环将其压平。在测头放下至少 5 s 后，记下转子顶部处的读数，读数精度应符合 3.3.4 要求。

3.7.2.7 以同样的方法测定余下的试样。

3.7.2.8 在全部试样测定完后，移去稳压砝码，并关闭空气源。

3.8 结果的表示

3.8.1 计算试样各面测定结果的平均值，结果保留两位有效数字。

3.8.2 分别计算所测各面结果的标准偏差和变异系数，保留一位有效数字。

3.9 试验报告

试验报告应包括以下项目：

a) 本标准的编号；
b) 试验日期、地点；
c) 完整识别试样所需的所有信息；
d) 所用仪器类型；
e) 试验温度和相对湿度；
f) 试样的数量；
g) 采用的测定压力与本标准不同时，应注明所采用的测定压力，以 kPa 表示；
h) 本特生法注明所用流量计的范围；
i) 结果的算术平均值(3.8.1)；
j) 标准偏差或变异系数(3.8.2)；
k) 任何与本标准的偏离。

4 印刷表面法

4.1 术语和定义

下列术语和定义适用于本标准。

4.1.1

印刷表面粗糙度　print-surf roughness

在规定的压力条件下，纸或纸板表面与测量环平面之间的平均缝隙。

4.2　原理

将试样放在一个金属环形平面测头和弹性衬垫之间，内环面和外环面与试样形成一个密封。在测量面两侧的压差作用下，气流在测量面和试样之间通过。通过比较流过测量面产生的压差与通过已知阻尼产生的压差来测定气流流速，以微米表示空气缝隙。

4.3　试验装置

仪器操作原理如下：

从可控压力的气源出来的气体首先通过一个气流阻尼，然后再通过测头，最后排放到大气中。用一个传感器分别测定流经气流阻尼和流经测量面的压差，这两个压差随粗糙度变化而变化，并将信号转换成以微米表示的粗糙度。这类仪器的流程图如图 2 所示。

维护仪器处于良好工作状态的程序见附录 C。

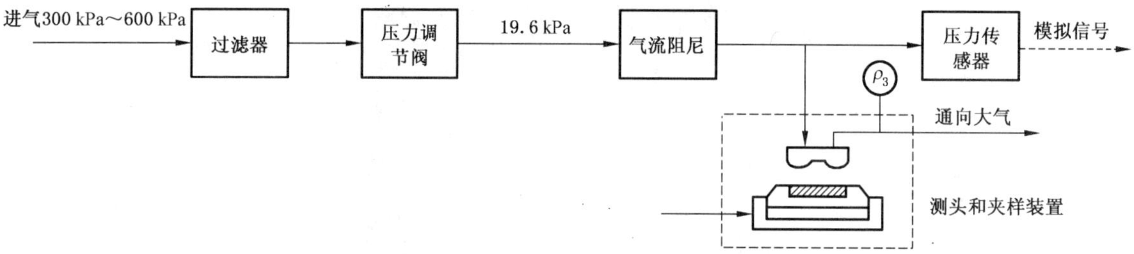

图 2　气阻型仪器流程图

4.3.1　气源

空气压力范围应在 300 kPa～600 kPa 之间，提供洁净、无油和无水滴的空气。

4.3.2　测头

由经研磨的三个同一平面不锈钢环面（见图 3 和图 4）组成。中心环面或测量面宽度应为 51 μm±1.5 μm，有效长度为 98.0 mm±0.5 mm。另外两个防护环任一点的宽度应至少不小于 1 000 μm。两环间任一点的径向距离应为 152 μm±10 μm。测量环面居于两环的中间位置，偏差应在±10 μm 以内。

三个环面应安装在密封座上，其结构可使空气从内保护面和测量面之间的缝隙进入，而从外保护面和测量面之间的缝隙排出。密封座的背面应平整，并与装有空气进出孔的接头平面形成一个配合面。

弹簧张力保护圈装在保护环的外部，当调整夹头压力时，应加上张力弹簧所施加的力（通常为 9.8 N）。

4.3.3　衬垫托

包括已知质量的钢性金属圆盘，上面有一凹槽，用于镶入一块弹性衬垫，其直径比外保护面的直径应至少大 10 mm。在初始调节夹持压力时，应考虑弹性衬垫和衬垫托的质量。

4.3.4　两个弹性衬垫

两个不同型号的衬垫，可用双面胶带固定在凹槽中。

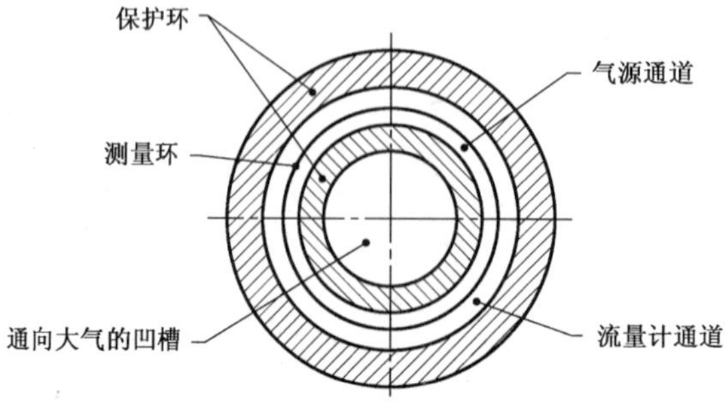

图 3　测头测量环和保护环平面图

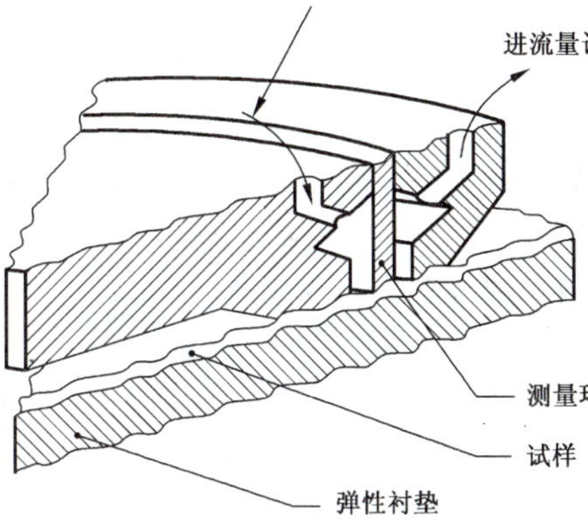

图 4　测头径向剖面图

4.3.4.1　软衬垫

具有弹性，由一层合成橡胶制成的胶版印刷垫，其厚度至少为 600 μm，粘在一纤维织物垫上组成，总厚度为 2 000 μm±200 μm。整个衬垫的表面硬度为 83 IRHO±6 IRHO(国际橡胶硬度单位)。

4.3.4.2　硬衬垫

具有弹性，通常将聚酯膜边缘粘结在软木胶印垫或类似材料上制成。有一个非常小的排气孔，以防空气密封在膜和垫之间。组成后的衬垫表面硬度为 95 IRHO±2 IRHO。

4.3.5　夹样装置

弹性衬垫的夹持压力可在 980 kPa±30 kPa 或 1 960 kPa±30 kPa 压力下任选。该压力由测量面和保护面的总面积计算得出。在某些仪器上，压力表显示为 10 kgf/cm^2 和 20 kgf/cm^2。计算压力时，应考虑将保护环的弹簧张力、弹性衬垫和衬垫托的质量包括在内。夹持速度应在 0.4 s 达到最终压力值的 90%，约 0.8 s 达到最终压力值的 99%。

注：大多数仪器有 490 kPa(5 kgf/cm^2)的第三种压力可供使用，由于保护环下有空气泄漏的可能性，本标准不推荐使用该压力。

4.3.6　测量系统

仪器利用气流阻尼、压力传感器和信号发生器测定空气泄漏。通过自动测定压差给出 0.6 μm～6.0 μm 范围内以微米表示的数字读数，精确至 0.1 μm，显示的读数是 3 s～5 s 后计算出的读数。这个装置应按附录 D 所述的方法进行校准。

4.4　试样的采取

应按 GB/T 450 采取试样。

4.5　温湿处理

应按 GB/T 10739 进行温湿处理。

4.6　试样的制备

每一测试面应至少切取 10 张试样，试样尺寸应最小为 75 mm×75 mm，并区分试样的正面和反面。

测试面应无折子、皱纹、孔眼、水印，或纸和纸板不应有的其他缺陷。

不应用手接触试样上被测试的位置。

4.7　试验步骤

4.7.1　在与试样温湿处理相同的大气条件下进行试验。

4.7.2　将仪器放在坚固、无振动的水平台面上，并调整仪器至水平。每次使用前，应先按第 C.1 章的规定检查系统是否漏气。

4.7.3　选择安装与被测材料相适应的衬垫做试验，一般硬衬垫用于印刷时用纸作衬垫的凸版印刷用纸，软衬垫用于其他方法印刷用纸及纸板。

4.7.4 可依据以下所示选择和调节夹样压力。

硬衬垫凸版印刷　　1 960 kPa±30 kPa

软衬垫凸版印刷　　1 960 kPa±30 kPa

软衬垫胶版印刷　　980 kPa±30 kPa

4.7.5 将一张测试面朝上的试样放在测头下，试样被自动夹住，记录读数。

注：某些仪器中在标记“空气”显示灯亮后大约 4 s，仪器显示粗糙度数据。同时试样被松开，数据仍保留，直至插入下一张试样。小的试样不能驱动自动夹样过程，发生这种情况时，可通过操作标有“手动开始”的按键夹持试样。

4.7.6 其他试样按 4.7.5 的步骤重复测定并计算测试面的算术平均值、标准偏差或变异系数。

4.7.7 如果需要测量另一面，则取一组新的试样，重复 4.7.5 和 4.7.6 的步骤。

4.8 精密度

在加拿大、英国和美国实验室之间，按熟练的试验程序得出下列印刷表面法典型值，以微米表示，见表 1。

表 1

项目	1 μm 时	6 μm 时
重复性	0.04～0.10	0.06～0.20
再现性	0.20～0.40	0.40～0.60

4.9 试验报告

试验报告包括以下内容：

a) 本标准编号；

b) 试验日期和试验地点；

c) 完整识别试样所需的所有信息；

d) 所用仪器类型；

e) 衬垫的类型；

f) 试验温度和相对湿度；

g) 试样的数量；

h) 注明夹持压力，以千帕表示；

i) 注明夹头压力，以千帕表示；

j) 每个测试面结果的平均值；

k) 每个测试面结果的标准偏差或变异系数；

l) 任何与本标准的偏离。

附 录 A
（规范性附录）
本特生测定试仪的保养与维护

A.1 检查空气泄漏

按 3.7.2.5 将环状测头放在平板上，用 5 mL/min～150 mL/min 流量计检查空气的泄漏。若转子未停留在流量计底部，应检查平板与测头端面是否损坏或有缺陷，并且检查管子及其连接状况。

A.2 稳压砝码

在安装稳压砝码时应特别小心，避免损伤其边缘。特别是空气进入前，不应将砝码放在轴上，且应在气流停止前将砝码取下。

检查砝码的轴向孔是否清洁。

取下测头，将仪器接到 T 形管上，并将合适的毛细管接在直通位置，再将水柱压力计连接到 T 形管的侧端。检查该点的压力，在以下空气流量时，压力值应在压力计理想读数的 5%以内。

a) 5 mL/min～150 mL/min 可变面积流量计的压力计理想读数见表 A.1。

表 A.1

空气流量/(mL/min)	10	100	150
压力计理想读数/mm	152	150	148

b) 50 mL/min～500 mL/min 可变面积流量计的压力计理想读数见表 A.2。

表 A.2

空气流量/(mL/min)	50	100	300	500
压力计理想读数/mm	152	151	149	146

c) 300 mL/min～3 000 mL/min 可变面积流量计：

当所有流量在 1 200 mL/min 以上时，压力计理想读数均为 150 mm±10 mm。

为确保该点与试样之间的压力降不太显著，连接到测头上的管子内径应为 5 mm，且长度不应超过 700 mm。

稳压砝码不应加润滑油。

A.3 浮子的转动

检查可变面积流量计内的浮子是否自由旋转，即使不能很好旋转的浮子也可以给出稳定的读数，旋转的浮子有自身清洁的作用，而且即使流量计粘附到管壁上也不太可能给出错误的读数。应检查导槽，尤其是在低流量时，它决定了转子是否能正常转动。另外，影响转子旋转良好的重要因素是机械对称性和顶部边缘的状况。

如果转子卡在可变面积流量计管子的底部或顶部的弹簧里，在气流通过管子的情况下，轻轻地拍打仪器。如果转子仍被卡住，用一个特殊的扳手松开可变面积流量计的底部和顶部的外围衬套，取下流量计顶部的金属块，并取下管子。通过调整弹簧的形状，以防止再发生卡住。底部弹簧应连接在可变面积流量计中心的水平孔中，顶部弹簧应连接在可变面积流量计中心的竖孔中。

A.4 可变面积流量计的清洗

如果可变面积流量计的管子或浮子脏了，读数会偏高，可以从管子里取出浮子，用四氯化碳或用类似的液体清洗管子和浮子，然后在空气流中干燥。

液体洗涤剂可代替四氯化碳。可将其注入管子里，用水冲洗，来回冲若干次，并用稀的洗涤剂水溶液[大约10%(体积分数)]清洗浮子。最后用蒸馏水冲洗浮子，用空气流干燥。

如管子有缺陷，应更换。

A.5 气管

定期检查气管是否老化，如果需要，则更换它。所有气管应至少一年更换一次，否则将出现故障。

A.6 毛细管

毛细管很容易变脏，因此应定期细心地用放大镜检查，若有必要，按第A.4章中规定的方法进行清洗。

附 录 B
（规范性附录）
毛细管和可变面积流量计的校准

B.1 用毛细管检查可变面积流量计

流量计似乎对磨损敏感。如果刻度读数与所接毛细管指示值的差大于5%，则应采用下列步骤：

a) 用毛细管检查可变面积流量计，通常用相邻的可变面积流量计进行；

b) 如果两者读数都偏高，则检查可变面积流量计的管子和浮子的清洁程度；若有必要，可清洗它们；

c) 如果两者读数都偏低，则检查系统的堵塞或渗漏情况，例如塑料管或橡胶管的扭曲或泄漏；

d) 若两者读数不一致，或b)和c)发现的故障不能确定原因时，则根据第B.2章校准可变面积流量计；

e) 从d)的结果可知，可变面积流量计或毛细管是否已损坏，必要时可更换。

B.2 检查可变面积流量计的标定值

可变面积流量计可以通过皂泡计校准，有几种不同的皂泡计，图B.1是一个适宜的皂泡计示意图。

B.2.1 装置和材料

B.2.1.1 皂泡计，包括：

——锥形瓶或玻璃瓶，容积1 L；

——体积计，具有100 mL、250 mL、1 500 mL的刻度指示，其他容积可以通过更换体积计获得；

——针形阀；

——内径足够大的玻璃管和橡胶管，以有效减少压力降。

注：其他的校准程序也是允许的，只要其精度不低于本附录的程序即可。

B.2.1.2 秒表。

B.2.1.3 皂液：3%～5%液体洗涤剂的蒸馏水溶液。

B.2.2 步骤

为校准可变面积流量计，从胶管或塑料管的末端口取下测头，并将接口接到皂泡计的连接口A上，调整阀门，使被校流量计与皂泡计导通。调节针形阀，以产生一个便于测定的气流，并且保证流量恒定。快速挤压体积计底部的橡皮球，使一个皂泡进入体积计的管内。记录皂泡在已知体积的刻度间移动时间，以秒表示。选择的体积计范围应保证测定时间超过30 s。在流量计量程的80%工作范围内，重复测定6个不同的气流量。记录当时的大气压力。

注：在系统的高气流量下，系统的压降会导致校准误差。为尽可能减小误差，校准用管子的长度和直径应与测定时相同。

B.2.3 计算

根据每次的测定时间和体积，计算空气流量的真值，以毫升每分表示，检查流量计的读数是否在该流量的5%以内。否则检查流量计的运转情况，若有必要，可绘制一个校准图。

如果实际的大气压力与101.3 kPa的差大于5%，按式(B.1)修正空气流量。

$$q_0 = \frac{p \times V \times 60}{102.8 \times t} = \frac{0.584pV}{t} \qquad \cdots\cdots(B.1)$$

式中：

q_0——空气流速，单位为毫升每分(mL/min)，修正至102.8 kPa(标准大气压力101.3 kPa加上

23 ℃时规定的操作压力 1.47 kPa)；

V——被计时的体积计刻度间的容积，单位为毫升(mL)；

t——时间，单位为秒(s)；

p——标准大气压与规定操作压力(1.47 kPa)之和，单位为千帕(kPa)。

B.3 检查校准用毛细管的标定值

校准装置如图 B.1 所示，取下针形阀 C，将毛细管连接在此位置上。卸下测头，将仪器按 B.2.2 所述的程序接到皂泡计上。用调节阀门使之接通合适的流量计，快速挤压体积计底部的橡皮球，测定皂泡的通过时间。按 B.2.2 和 B.2.3 所述计算气流量。

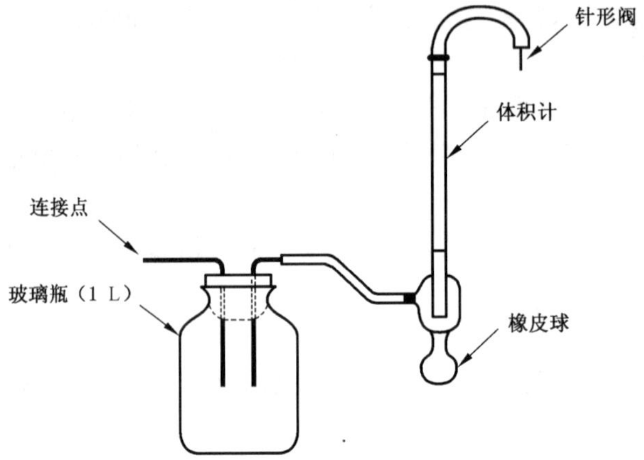

图 B.1 皂泡计

附　录　C
（规范性附录）
印刷表面粗糙度仪的维护

C.1　泄漏

按 C.1.1,C.1.2 和第 C.3 章规定对仪器进行维护,防止泄漏、衬垫表面的明显的损伤、压力计误差。在最低夹持压力下及 19.6kPa 的测头压差条件下检查泄漏。

C.1.1　当测头直接夹住软衬垫时,如果可测定出气流,则表明测头与接头之间漏气。如果漏气,可在测头背面的对应表面涂一薄层凡士林。

C.1.2　按以下方法检查测头损伤:

a)　用不掉毛、无油、柔软而干净的材料,小心擦拭测头表面;

b)　在测头和硬衬垫之间夹一片平滑的无划痕的 125 μm 厚的胶片如醋酸纤维膜,测定气流;

注 1:试验对静电吸附的灰尘甚至手印都非常敏感。如果第一次就测出了气流,则小心擦拭胶片表面并重复试验。

注 2:推荐在仪器制造厂和/或供货商处可获得适合的胶片。

c)　若在流量计的最低量程不能得到零的读数,使用 50 倍立体显微镜检查测量面以确认损伤。在气阻型仪器上,读数大于 0.8 μm 表明可能有损伤;

d)　如有明显的凹痕或划痕,应将测头返回仪器厂进行修复。

C.2　测头

经常用立体显微镜检查,确保在测量面和防护环之间的缝隙没有碎片。如有必要,应按仪器厂的建议进行清洁。

C.3　压力计

当仪器使用完毕,关闭气源时应确保两个压力计的指示均为零。

每年至少一次通过并联一个压力计或传感器的方法,检查一次压力表和传感器的准确性,校准装置应事先用砝码校准。正常地操作仪器,并记录达到的实际静压力。

将夹持压力读数转换成保护面和测量面单位面积的力。修正弹性衬垫和衬垫托的质量及防护环弹簧施加的力。将修正后的夹持压力、测量的测头压力与压力表读数同 4.3.2 和 4.3.6 中规定的调节压力进行比较。

更换有缺陷的压力表,或修理有故障的控制系统。

C.4　弹性衬垫

经常检查夹持表面,一旦发生任何可见的损伤,应按照仪器使用说明书更换衬垫。建议定期地更换衬垫,如每周一次,当读数不能为零时也应更换衬垫。

C.5　夹持压力的均匀性

在硬衬垫上放一张高质量的白纸,上面再放一张复写纸,并施加夹持压力。如果白纸上的印痕不均匀,则表明夹持压力不均匀,应由仪器厂修复。

附 录 D
（规范性附录）
使用 ISO 参比标准校准印刷表面粗糙度仪

D.1 由于气阻型仪器是通过对试样阻尼与仪器内部已知阻尼进行比较来测定粗糙度，而不是采用测定气体流量的方式，因此不能用附录 B 所述的程序校准该类仪器。

气阻型仪器应依靠 ISO 三级参比标准进行校准，参比标准是以微米表示粗糙度的具有已知阻尼的装置(模拟测头)。参比标准可以从 ISO 授权实验室得到，参比标准覆盖整个测量范围，并有三个不同的量值。

ISO 三级参比标准也可用于校准可变面积流量计型仪器，然而适用于可变面积流量计型仪器的参比标准却不适用于气阻型仪器。因此参比标准应严格地按发放实验室的说明使用。

D.2 依次将每个三级参比标准插到测量位置，操作仪器并读取读数。比较仪器读数和标定值，如果在任何一点两者之差大于 0.05 μm，应绘制一张校准图以供正常试验时使用。

注：这个方法是假定测头处于正确工作条件，而测头的机械状况应通过其他方法评价(第 C.2 章)。

ICS 85-010
Y 30

中华人民共和国国家标准

GB/T 22364—2008
代替 GB/T 2679.3—1996,GB/T 12909—1991

纸和纸板　弯曲挺度的测定

Paper and board—Determination of resistance to bending

(ISO 2493:1992, Paper and board—Determination of resistance to bending, ISO 5629:1983, Paper and board—Determination of bending stiffness—Resonance method, MOD)

2008-08-19 发布　　2009-05-01 实施

中华人民共和国国家质量监督检验检疫总局
中国国家标准化管理委员会　发布

前　言

本标准静态弯曲法修改采用 ISO 2493:1992《纸和纸板　弯曲挺度的测定》,共振法修改采用 ISO 5629:1983《纸和纸板　弯曲挺度的测定　共振法》。

本标准与 ISO 2493:1992 相比,主要差异如下:

——ISO 2493:1992 中第 9 章的"与试样宽度垂直的方向为试验方向",在本标准 4.3.3 中改为"与试样长向一致的方向为测试方向";

——增加了 4.4.2 关于泰伯仪测定时的注意事项。

本标准与 ISO 5629:1983 相比,主要差异如下:

——将 ISO 5629:1983 第 8 章的"一般试样宽度为 10 mm～25 mm",具体为本标准 5.3.3 中"试样宽度为 15 mm;高定量试样的宽度可为 25 mm";

——去掉 ISO 5629:1983 第 10 章结果表示 10.1 中的方法 A;

——将 ISO 5629:1983 中 9.1.2 和 9.2.2 合并为本标准的 5.4.1。

本标准将 GB/T 2679.3—1996《纸和纸板挺度的测定》与 GB/T 12909—1991《纸和纸板弯曲挺度的测定法(共振法)》进行整合。

本标准代替 GB/T 2679.3—1996、GB/T 12909—1991。

本标准与 GB/T 2679.3—1996 相比,主要变化如下:

——增加了前言内容;

——修改了标准文本的格式和文字;

——增加了附录 A、附录 B。

本标准与 GB/T 12909—1991 相比,主要变化如下:

——增加了前言内容;

——修改了标准文本的格式和文字。

本标准的附录 A、附录 B 均为资料性附录。

本标准由中国轻工业联合会提出。

本标准由全国造纸工业标准化技术委员会归口。

本标准起草单位:中国制浆造纸研究院。

本标准主要起草人:刘俊杰、高凤娟。

本标准所代替标准的历次版本发布情况为:

——GB/T 2679.3—1981、GB/T 2679.3—1996;

——GB/T 12909—1991。

本标准由全国造纸工业标准化技术委员会负责解释。

纸和纸板　弯曲挺度的测定

1　范围

本标准规定了纸和纸板弯曲挺度的两种测定方法——静态弯曲法和共振法。

本标准的静态弯曲法一般适用于挺度为 20 mN～10 000 mN 的纸和纸板，且仅适用于弯曲角为 7.5°或 15°的仪器。

本标准的共振法适用于多种纸和纸板，不适用于测定时会产生分层的多层纸和纸板、有明显卷曲尤其是卷曲轴在试样长边的纸和纸板、定量低于 40 g/m² 的纸。

本标准不适用于瓦楞纸板。

2　规范性引用文件

下列文件中的条款通过本标准的引用而成为本标准的条款。凡是注日期的引用文件，其随后所有的修改单(不包括勘误的内容)或修订版均不适用于本标准，然而，鼓励根据本标准达成协议的各方研究是否可使用这些文件的最新版本。凡是不注日期的引用文件，其最新版本适用于本标准。

GB/T 450　纸和纸板　试样的采取及试样纵横向、正反面的测定(GB/T 450—2008，ISO 186：2002，MOD)

GB/T 451.2　纸和纸板定量的测定(GB/T 451.2—2002，eqv ISO 536：1995)

GB/T 10739　纸、纸板和纸浆试样处理和试验的标准大气条件(GB/T 10739—2002，eqv ISO 187：1990)

3　术语和定义

下列术语和定义适用于本标准。

3.1

挺度　stiffness

使一端夹紧的规定尺寸的试样弯曲至 15°角时所需的力或力矩，以 mN 或 mN·m 表示。

3.2

弯曲长度　bending length

夹具和试样受力位置之间的恒定径向距离。

3.3

弯曲角度　bending angle

试样夹持线与作用力所形成平面的初始位置与该平面受力后所在位置的夹角。

3.4

弯曲挺度　resistance to bending

纸和纸板在弹性变形范围内受力弯曲时所产生的单位阻力矩 S，可用数学式表示，如式(1)：

$$S=\frac{E\cdot I}{b} \qquad \cdots\cdots(1)$$

式中：

E——弹性模量，即扬氏模量；

I——横截面的第二面积矩(即惯性矩)，在该平面上通过面中心的轴线与弯曲方向垂直；

b——试样宽。

4 方法A:静态弯曲法

4.1 原理

通过测定一端被夹试样弯曲至给定角度时所需要的力或力矩,该力作用在恒定的弯曲长度上。

4.2 仪器

能测定试样如3.1所规定的弯曲力或力矩的装置,适合下列规定,并且精度也符合规定的,都可以使用。

——弯曲角度为15°±0.3°(或7.5°±0.3°);

——标称的弯曲长度为50 mm,可按仪器说明书进行修正;

——夹具应适用于宽度38 mm±0.2 mm的规定;

——在弯曲15°的情况下,弯曲时间应不少于3 s,但不应超过20 s;

——读数精确至±2%。

试样的裁切装置应符合规定。

4.3 试样的采取、制备和处理

4.3.1 试样应按GB/T 450规定采取。

4.3.2 试样按GB/T 10739的规定进行处理,并在规定条件下试验。

4.3.3 试样切成长不小于70 mm、宽38.0 mm±0.2 mm的长方形。测定纵、横向挺度时,与试样长向一致的方向为测试方向。若所用仪器只能向一个侧面弯曲,最少需要10张试样,如果仪器能向两个侧面弯曲,每个方向各需要5张试样。

4.3.4 在试样的试验面上,不应有折子、皱纹、肉眼可见的损伤或其他缺陷。如果有水印,应在报告中注明。

4.4 试验步骤

4.4.1 将试样的一端夹于试样夹内,注意夹子不应夹得太紧,以免引起试样损坏和读数偏差。

4.4.2 用泰伯仪进行测定时,注意要使试样与摆的中心刻线重合,最好用小辊调距装置将试样和两个小辊之间的距离之和调节成为0.33 mm±0.03 mm。按试样的不同挺度,通过更换重砣选择测定范围,使得试样在负荷盘上的读数在20～70刻度之间。

4.4.3 使用符合4.2所规定的其他型号的仪器,应按所用仪器说明书中介绍的方法进行测定。若仪器的设计仅能向一个侧面弯曲,测定时试样正反面弯曲试验的数目应相同,每个样品应有10张试样,得到10个读数。若仪器设计可向两个侧面弯曲,试样向一个侧面弯曲至15°角时,立即读数,然后试样再经过零点位置向另一个侧面弯曲15°角,再读数,每个样品应有5张试样得到10个读数。测定后,从试样夹上取下的试样不能再使用。

4.4.4 如果试样挺度过大或弯曲至15°角时试样断裂,则可弯曲试样至7.5°角,测定结果乘以2可以得到一个近似值,但应在报告中注明。

4.5 结果表示

4.5.1 挺度值以mN·m或mN为单位,挺度测定应以两个方向弯曲试样至15°角时的算术平均值报告结果。计算结果修约至三位有效数字。

4.5.2 计算测定结果的标准偏差和变异系数。

5 方法B:共振法

5.1 原理

将试样一端夹住,在标准状态下测定其共振长度,由试样定量和共振长度计算弯曲挺度。

5.2 仪器

共振挺度采用如图1所示的共振挺度仪进行测定。

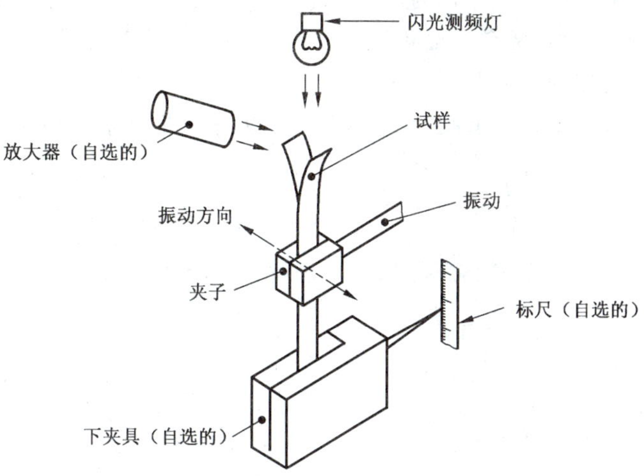

图 1　仪器总图

5.2.1　夹具系统

试样夹由两个平行的金属平板组成，这两个金属平板可以调整到指定的间隙和夹持力。可以使试样正好能从夹板间拖过，夹板的安装应使试样可以从试样夹的两端伸出，夹板的大小无关紧要，但夹板的宽应超过所测试样宽，一般在 25 mm～30 mm 之间，试样夹口的上边缘应是圆弧形，其曲率半径应小于 0.1 mm。

活动的下夹具其结构没有严格的规定，试样借助于下夹具可以从试样夹中拉进(有时需推出)。此夹具上还可以适当地连结一个测定仪，使得从刻度上能够直接读出试样的共振长度，其尺寸精度应读准至 0.1 mm。

5.2.2　试样夹振动方法

试样夹在与纸面垂直的水平面上，以 25.0 Hz±0.1 Hz 的频率，不大于 0.2 mm 的振幅振动。

5.2.3　闪光测频灯

照射试样的顶部，与试样夹以同一频率、同一相位振动。通常只要能够提供足够照度的灯亦可使用。

5.2.4　放大镜

用来观察试样自由端的振动情况。

5.3　试样的采取、制备和处理

5.3.1　试样应按 GB/T 450 规定采取。

5.3.2　试样按 GB/T 10739 的规定进行处理，并在规定条件下试验。

5.3.3　每个测定方向上应至少切取 10 张试样，试样宽度为 15 mm，高定量试样的宽度可为 25 mm。试样的长度应符合共振规定的长度和夹持深度，以及非共振区测试时应有用手拿取和与下夹具连接的长度。试样边应光滑，两个长边应平行，其平行度偏差应小于 0.1 mm。

5.4　试验步骤

5.4.1　共振长度

夹上试样，使试样从上夹口伸出足够的长度，确保试样垂直于上夹口。调节夹持力，使试样恰好能从振动夹中向下拉出。

启动仪器，小心地用活动下夹具将试样从试样夹中拉出，直至试样的自由端开始振动达到最大振幅(共振时)为止。该点的特点是在灯的照射下，自由端可见的振动轮廓线的清晰度最高。

准确测定伸出试样夹口的试样长度。

测定方法有两种，第一种是在夹口处小心地作上记号，从试样夹上取下试样，用游标卡尺或其他合适的量具测定其长度，共振长度测定值的误差应在±0.25 mm 以内。第二种方法是使用仪器上的刻度标尺直接读出共振长度，但应核实试样在测定过程中没有明显的增长，这样刻度值才能与伸出夹口的试样长度保持一致。由于可能存在两个波幅和一个波节的共振，必要时应进行检查，可进一步缩短伸出的长度，使之出现一个波幅的振动。如图2所示。

按照上述方法，在每个测定方向上测定10张试样。如果测定结果波动较大，则可以增加测定次数。

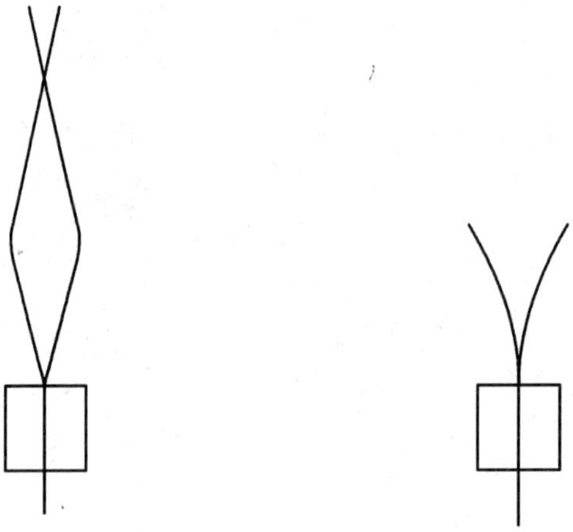

图2 试样振动状态

5.4.2 定量测定两种方法

5.4.2.1 称取每张试样的质量，精确至±0.001 g，将质量标在试样上，以便将其质量和相应共振长度的面积或试样面积相匹配，计算其定量。

5.4.2.2 按照GB/T 451.2测定试样的平均定量。

5.4.3 面积

与5.4.2.1相对应，准确测定每张试样的面积，并将面积标在试样上。

5.4.4 结果表示

5.4.4.1 每张试样的弯曲挺度S，分别用式(2)计算，以mN·m表示。

$$S = 2L^4 Q_A / 10^9 \qquad (2)$$

式中：

L——平均共振长度，单位为毫米(mm)；

Q_A——试样的平均定量，单位为克每平方米(g/m^2)。

用得到的各个值计算平均弯曲挺度，标准偏差或变异系数，取三位有效数字。

5.4.4.2 若试样的定量波动较大，平均定量明显影响测定结果或对测定精度要求较高时，可按5.4.2.1的方法测定试样的定量，代入式(2)计算每个试样的弯曲挺度，然后计算平均弯曲挺度。

6 试验报告

试验报告应包括以下内容：

a) 本标准的编号；

b) 温湿处理条件；

c) 使用仪器的类型；

d) 如静态弯曲法的弯曲角度不是15°，应注明；

e) 平均挺度，用mN·m或mN表示，修约至三位有效数字；

f) 如需要，应报告测定结果的标准偏差和变异系数及与本标准偏离的任何条件。

附 录 A
（资料性附录）
本标准与对应的 ISO 2493:1992、ISO 5629:1983 章节编号对照表

表 A.1 给出了本标准与对应的 ISO 2493:1992、ISO 5629:1983 章条编号对照的一览表。

表 A.1 本标准与对应的国际标准章条编号对照

本标准章条编号	对应的 ISO 2493:1992 章条编号	对应的 ISO 5629:1983 章条编号
1	1	1
2	2	2
3	3	3
4	4、5、7、8、9、10	—
5	—	4、5、6、7、8、9、10
6	12	12

附 录 B
（资料性附录）
本标准与 ISO 2493:1992、ISO 5629:1983 技术性差异及其原因

表 B.1 给出了本标准与 ISO 2493:1992、ISO 5629:1983 技术性差异及其原因的一览表。

表 B.1 本标准与 ISO 2493:1992、ISO 5629:1983 技术性差异及其原因

本标准章条编号	技术性差异	原因
4.3.3	将 ISO 2493:1992 第 9 章的"与试样宽度垂直的方向为试验方向"改为"与试样长向一致的方向为测试方向"	符合测试者的认知习惯
4.4.2	增加了用泰伯仪进行测试时的注意事项	保证测试结果的准确性
5.2	将 ISO 5629:1983 附录的仪器总图纳入本标准的 5.2 中	便于了解仪器情况
5.3.3	将 ISO 5629:1983 第 8 章的"一般试样宽度为 10 mm～25 mm"具体为"试样宽度为 15 mm,高定量试样的宽度可为 25 mm"	明确试样的长度,有助于减小误差
5.4.1	将 ISO 5629:1983 中 9.1.2 和 9.2.2 精简合并为本标准的 5.4.1	共振长度测试方法相同
5.4.1	将 ISO 5629:1983 附录的试样振动状态内容纳入本标准的 5.4.1 中	便于理解标准内容
5.4.4.1	去掉 ISO 5629:1983 第 10 章结果表示的 10.1 方法 A,采用 10.2 方法 B	计算方法实质相同

ICS 85-010
Y 30

中华人民共和国国家标准

GB/T 22365—2008
代替 GB/T 2679.15—1997,GB/T 2679.16—1997

纸和纸板 印刷表面强度的测定

Paper and board—Determination of printing surface strength

[ISO 3783:1980,Paper and board—Determination of resistance to picking—Accelerated speed method using the IGT-type tester (electric model),MOD]

2008-08-19 发布 2009-05-01 实施

中华人民共和国国家质量监督检验检疫总局
中国国家标准化管理委员会 发布

前　　言

本标准修改采用ISO 3783:1980《纸和纸板　抗拉毛性的测定　用IGT仪器的加速法(电动式)》(英文版)。

本标准与ISO 3783:1980的主要差异:

——修改了标准的名称;

——删除了引言;

——删除了6.1、6.2、11、12.2中的注;

——修改了范围(本版的第1章);

——修改了规范性引用文件(本版的第2章);

——修改了术语和定义(本版的第3章);

——修改并增加了仪器的内容(本版的5.2);

——修改了试样的制备(本版的6.3);

——将仪器的准备并入试验步骤(本版的7.1.1和7.2.1);

——修改了试验步骤(本版的第7章);

——增加了方法B:IGT试验仪(摆式)(本版的7.2);

——增加了结果处理(本版的第10章)。

本标准是对GB/T 2679.15—1997《纸和纸板印刷表面强度的测定(电动加速法)》、GB/T 2679.16—1997《纸和纸板印刷表面强度的测定(摆和弹簧加速法)》的整合修订,本标准代替GB/T 2679.15—1997和GB/T 2679.16—1997。

本标准与GB/T 2679.15—1997、GB/T 2679.16—1997相比,主要变化如下:

——修改了标准名称;

——修改了规范性引用文件;

——修改了术语和定义;

——修改了试验步骤;

——增加了结果的处理。

本标准的附录A、附录B为规范性附录,附录C、附录D为资料性附录。

本标准由中国轻工业联合会提出。

本标准由全国造纸工业标准化技术委员会归口。

本标准起草单位:河南省产品质量监督检验院、中国制浆造纸研究院。

本标准主要起草人:李红、阮健。

本标准所代替标准的历次版本发布情况为:

——GB/T 3331—1982;

——GB/T 10341—1989;

——GB/T 2679.15—1997;

——GB/T 2679.16—1997。

本标准委托全国造纸工业标准化技术委员会负责解释。

纸和纸板　印刷表面强度的测定

1　范围

本标准规定了纸和纸板印刷表面强度的测定方法。

本标准适用于各种纸和纸板模拟印刷的试验。

2　规范性引用文件

下列文件中的条款通过本标准的引用而成为本标准的条款。凡是注日期的引用文件，其随后所有的修改单(不包括勘误的内容)或修订版均不适用于本标准，然而，鼓励根据本标准达成协议的各方研究是否可使用这些文件的最新版本。凡是不注日期的引用文件，其最新版本适用于本标准。

GB/T 450　纸和纸板　试样的采取及试样纵横向、正反面的测定(GB/T 450—2008，ISO 186：2002，MOD)

GB/T 10739　纸、纸板和纸浆试样处理和试验的标准大气条件(GB/T 10739—2002，eqv ISO 187：1990)

QB 1020　纸张印刷适性用标准油墨

3　术语和定义

下列术语和定义适用于本标准。

3.1

拉毛　picking

在生产或印刷过程中，当施加在纸张表面的外部拉力大于纸或纸板的内聚力时，所发生的纸面层破坏现象。

注：对于涂布纸，此种破坏可导致涂层的颗粒或纤维全部或部分地从纸面脱落，表面“起泡”或“起毛”，未涂布纸的破坏形式一般是纤维束的剥离。

3.2

拉毛速度　picking velocity

印刷时印刷纸表面开始起毛的印刷速度。

3.3

印刷表面强度　printing surface strength

以连续增加的速度印刷纸面，直至纸面开始起毛时的速度，以 m/s 表示。

4　原理

恒压下用标准油墨印刷一张试样，同时使印刷速度逐渐增加，以纸面发生起毛时的最小速度测定纸张的印刷表面强度，此速度越高，表明纸张的印刷表面强度越好。

5　仪器

5.1　IGT 印刷试验仪(电动式)

试验仪包括两个独立部分：一个是油墨分布系统，能赋予印刷盘一层已知(给定的)厚度的标准油墨；另一个是电传动的印刷仪器，印刷压力由可变弹簧的负荷控制。

5.1.1 印刷仪器(见附录A中的图A.1)

印刷仪器包括一个半圆的扇形轮，半径为85 mm，上面用标准衬垫(5.4)包覆，从而可使试样得到保护。用作拉毛试验的扇形轮约有150°，扇形轮与光滑的金属印刷盘接触，并以逐步增加的速度运转，以完成试样的印刷。

金属印刷盘的直径为65 mm，宽为10 mm，将试样压力调节至(345±10)N进行印刷。

试验所需的加速度印刷条件，只有在扇形轮位于起始位置时，才可选择试验所需加速装置(14)。选择器开关(3)最初应在低速位置上，当最大速度高达4 m/s时，可以调节速度控制按钮(5)，但速度不应超过7 m/s。

仪器应有印刷速度和试样印刷位置关系图表，以便查出印区内每一点的印速。

将把试样妥善地安放在衬垫上，轴杆(12)上的印刷盘与试样相接触，调节印刷压力至设定值。

5.1.2 油墨分布系统

分布油墨用的匀墨辊应由聚氨酯制成。加1 mL标准油墨(5.3)印10条试样，印刷盘上的标准油墨(5.3)应为厚度(7.6±0.6)μm的均匀墨层。

5.2 IGT印刷试验仪(摆式)

试验仪包括两个独立的部分，一个是油墨分布系统，能赋予印刷盘一层已知(给定的)厚度的标准油墨；另一个是由摆或弹簧驱动的印刷仪器，印刷压力由调节弹簧的负荷控制。

5.2.1 印刷仪器(见附录B中的图B.1)

印刷仪器有一个约150°的扇形轮，半径为85 mm，用标准衬垫(5.4)包覆，试样贴在上面。扇形轮与光滑的金属印刷盘接触，并以逐步增加的速度运转，以完成试样的印刷。

金属印刷盘的直径为65 mm，宽为10 mm，将试样压力调节至(345±10)N进行印刷。

仪器备有印刷速度和试样印刷位置关系图表，以便查出印区内每一点的印速。

当扇形轮包好衬垫夹好试样，并在仪器轴杆上插入印刷盘，使之处于靠近试样位置时，可通过压力调节把手(7)将印刷压力调至设定值。

5.2.2 油墨分布系统

分布油墨用的匀墨辊应由聚氨酯制成。加1 mL标准油墨(5.3)印10条试样，赋予印刷盘上的标准油墨厚度(7.6±0.6)μm的均匀墨层。

5.3 标准油墨

标准油墨应符合QB 1020的规定。

5.4 标准衬垫

衬垫厚度应为(1.5±0.1)mm。

一般纸垫用于凸版印刷试样用纸衬垫，胶版和凹版印刷试样用胶衬垫。

5.5 注墨管

容量2 mL，分度0.01 mL的油墨吸液管。

5.6 标准拉毛观测灯

光源入射角为75°，观测孔观测角为30°。

5.7 其他

石油醚或溶剂汽油、培养皿、软毛刷。不掉毛的柔软纱布或高档卫生纸，用于清洗拉毛油。

6 取样及试样处理

6.1 取样

按照GB/T 450的规定取样。

6.2 试样处理

试样按GB/T 10739进行温湿处理。

6.3 试样制备

沿纸页横幅均匀切取(350×35)mm 的试样，正反面各不少于 5 张，试样的长向为纵向，并分别对正反面作出标记。

7 试验步骤

7.1 方法 A IGT 印刷试验仪(电动式)(图 A.1)

7.1.1 仪器的准备

7.1.1.1 衬垫的固定与张紧

沿逆时针方向尽量转动扇形轮上的两个小滚花螺钉。按开扇形轮左侧的衬垫夹子(18)，将衬垫一端尽可能地插入夹头中，应保证衬垫在扇形轮上确实处于很平直的位置，然后用大的滚花螺母夹紧。按开扇形轮右侧的衬垫夹子(7)，将衬垫的另一端尽可能地插入夹头中，用大的滚花螺母夹紧。顺时针方向拧紧扇形轮上的两个小滚花螺钉，将衬垫张紧在扇形轮上。如果衬垫损坏，应及时更换。

7.1.1.2 印刷压力的调节

将试样固定在扇形轮上，使试样平贴在衬垫上。

以顺时针方向将上部印刷盘升降器(11)尽量转动到最大限度，在轴上放一个没上标准油墨(5.3)的印刷盘。

将扇形轮转到启动位置。

以逆时针方向将上部印刷盘升降器(11)尽量转动到最大限度。

转动位于试验仪右侧顶部的张紧调节器(9)，使印刷压力刻度尺(13)上的读数为(345±10)N。

7.1.2 试验条件

所有试验均应在 GB/T 10739 规定的标准大气条件下进行，应保证仪器与试验器材均与标准大气条件达到平衡。为达到较高的试验准确性，将试验室的温度条件最好控制在(23±0.5)℃范围内。

7.1.3 试样的插入

按开扇形轮左侧的衬垫夹子(18)，将预处理好的试样插入夹头中，并保证试样与衬垫平行。

7.1.4 印刷盘的准备

首先将标准油墨(5.3)注入注墨管中，注意勿吸入空气。如果使用时，标准油墨(5.3)注入注墨管后，发现标准油墨自行涌出，说明注墨管内混入空气。应清除管内全部标准油墨，然后重新注入。

用软毛刷沾石油醚或溶剂汽油，擦洗打墨机上的大小聚氨酯匀墨辊和印刷盘，用卫生纸或软布沾石油醚或溶剂汽油，擦洗打墨机上的金属滚筒。

沿打墨机滚筒的轴向，用注墨管将 1 mL 标准油墨均匀施加到前滚筒上。匀展标准油墨至少 10 min 后，将印刷盘置于油墨分布器的固定轴上与胶辊接触，上油墨时间应至少为 30 s。

7.1.5 试样

将选择器的指针(14)拨至加速位置上。

将速度选择器开关(3)拨至低速位置上。

以顺时针方向尽量转动上部印刷盘升降器(11)，并将上好标准油墨的印刷盘安放在轴杆(12)上，直至位置稳当合槽。

转动带有试样的扇形轮至启动位置，此时，位于仪器前面的指示灯(15)燃亮。

以逆时针方向尽量转动上部印刷盘升降器(11)。

转动刷子(16)，使之与扇形轮上的试样相接触。右手按下启动按钮(6)，左手立刻按下仪器左侧的扇形轮启动按钮(1)。此时扇形轮运转完成一次印刷，在印刷时应保持两个按钮都按下。当扇形轮停下后，从夹子中取下试样。

注：根据试样印刷表面强度的高低，选择加速印刷的最大速度，最大印刷速度由速度控制按钮(5)调节。

7.2 方法B IGT印刷试验仪(摆式)(图B.1)

7.2.1 仪器的准备

7.2.1.1 衬垫的固定与张紧

转动扇形轮,使其夹子(9)位于对应手柄(2)的位置,将衬垫(3)平直地放在扇形轮上,前端用夹子夹紧,将衬垫的另一端插入张紧轴(4)处。转动扇形轮处于印刷启动位置,并同时将衬垫铺平。松开张紧轴的锁紧螺母(10),按顺时针方向旋转该轴的滚花螺钉,拉紧衬垫,锁紧螺母将衬垫张紧。如果衬垫损坏,应及时更换。

7.2.1.2 印刷压力的调节

将试样固定在扇形轮上,使试样平贴在衬垫上。

以顺时针方向将把手(6)扳到头,在轴上插入一个没上标准油墨(5.3)的印刷盘,将扇形轮转到启动位置,以逆时针方向将把手(6)扳到底。旋转把手(7),调节印刷压力至(345±10)N。

7.2.2 试验条件

所有试验均应在GB/T 10739规定的标准大气条件下进行,应保证仪器与试验器材均与标准大气条件达到平衡。为达到较高的试验准确性,将试验室的温度条件最好控制在(23±0.5)℃范围内。

7.2.3 试样的插入

将预处理好的试样插入纸夹内,并保证试样与衬垫相平行。转动扇形轮至启动位置。

7.2.4 印刷盘的准备

首先将标准油墨(5.3)注入注墨管,注意勿吸入空气。如果使用时,标准油墨(5.3)注入注墨管后,发现标准油墨自行涌出,说明注墨管内混入空气。应清除管内全部标准油墨,然后重新注入。

用软毛刷沾石油醚或溶剂汽油,擦洗打墨机上的大小聚氨酯匀墨辊和印刷盘,用卫生纸或软布沾石油醚或溶剂汽油,擦洗打墨机上的金属滚筒。

沿打墨机滚筒的轴向,用注墨管将1 mL标准油墨均匀施加到前滚筒上。匀展标准油墨至少10 min后,将印刷盘置于油墨分布器的固定轴上与胶辊接触,上油墨时间应至少为30 s。

7.2.5 试验

将上了油墨的印刷盘插入印刷仪器的轴上,直至位置合槽。

逆时针转动把手(6),使印刷盘与试样接触。

扳动手柄(2),完成一次印刷,从夹子中取下试样。

注:根据试样印刷表面强度的高低,选择加速印刷的最大速度,如摆驱动为1.25 m/s,弹簧驱动A、M、B三速分别为2.5 m/s、3.0 m/s和3.5 m/s。

8 拉毛的判定

8.1 标出试样印迹最初(静止的)接触面的中心,作为印刷的起始点(端部宽约5 mm深色印迹的中间位置)。

8.2 将印刷试样立即放在标准拉毛观测灯(5.6)下,通过观测孔观察平整的印刷表面。以纸面开始连续成片拉毛作为拉毛的开始点,并作出标记。然后用印速与印刷位置标尺查出该点的印刷速度,即为该试样的印刷表面强度。

对于纸板和涂布纸的起泡分层,只需将试样的印刷面向里弯曲观测。

注:当拉毛出现于距印刷始点20 mm以内时,因不能得到准确结果,应选用较低的最大速度或低粘度拉毛油印刷。当有的试样一开始就有轻微拉毛,但随着印速增加,拉毛情况不趋于明显严重时,应采用更大印刷速度或采用较高粘度拉毛油印刷,以便找到拉毛的明显起始点。

8.3 记录拉毛的类型。

9 后续试验步骤

9.1 每印完一条试样,用沾有石油醚或溶剂汽油的卫生纸或软布清洗印刷盘,并用清洁的卫生纸或软布擦干，备用。

注：在进行下一次试验之前，应使印刷盘的温度恢复到温湿处理时的温度。

9.2 在连续快速地完成 10 次印刷后，在打墨机上沿滚筒轴向，用注墨管均匀补加油墨 0.16 mL，油墨均匀分布不少于 45 s 后，继续对印刷盘上墨。

10 结果的处理

正反两面各测定 5 条试样（单面印刷纸只测定印刷面），完成印刷后将印刷盘和打墨机擦洗干净。分别计算试样正反面测试结果的平均值，结果修约至 0.01 m/s。

11 试验报告

试验报告应包括以下内容：

a) 本标准的编号；
b) 试验中观察到的任何异常现象；
c) 试验结果；
d) 试验的温湿度条件；
e) 所用的油墨；
f) 观察到的拉毛情况的叙述，包括在许多试样上出现的个别起毛点；
g) 偏离本标准的任何试验条件；
h) 本标准或规范性引用文件中未规定的并可能影响结果的任何操作。

附 录 A
（规范性附录）
IGT 印刷试验仪（电动式）简图

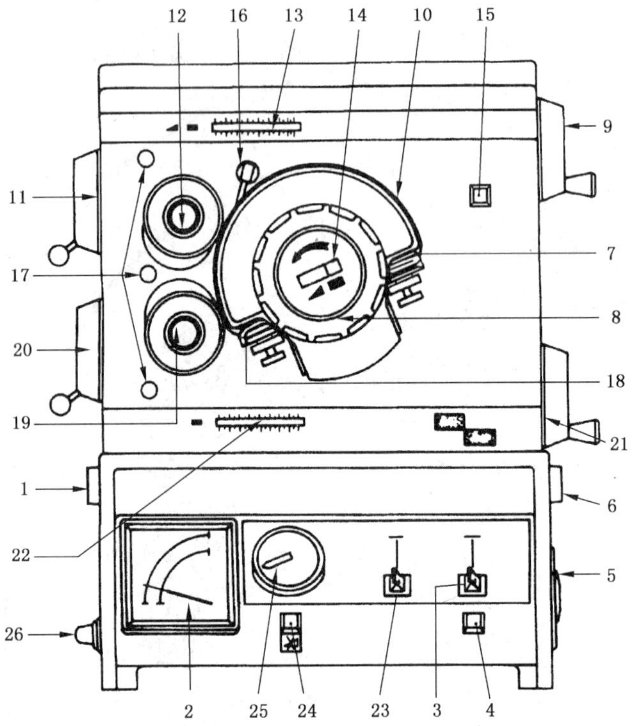

1——扇形轮启动按钮，只有在(6)已按下，(15)燃亮时，按下此按钮才起作用；
2——速度指示器；
3——总开关和速度选择器开关，
4——指示灯，只有开关(3)在 L 或 H 的位置时才亮；
5——具有放松按钮的速度控制装置；
6——马达启动按钮，当指示灯燃亮后，按下此按钮可以接通发动机的电源；
7——与(18)相同，衬垫夹和试样夹与纸的夹子；
8——扇形轮或压印滚筒；
9——上部印刷盘的印刷压力控制器；
10——衬垫；
11——上部印刷盘升降器，可使印刷盘脱离扇形轮而提起，另外可调节上部印刷盘的轴与扇形轮之间的距离；
12——上部印刷盘的轴；
13——上部印刷盘印刷压力的刻度尺；
14——用于指示速度的选择器指针；
15——指示灯，只有当扇形轮位于其启动位置时才亮；
16——刷子(可拆卸的)；
17——附加装置的连接孔；
18——见(7)；
19——同(12)，只用于下部印刷盘，在纸张拉毛试验中不使用；
20——同(11)，只用于下部印刷盘，在纸张拉毛试验中不使用；
21——同(9)，只用于下部印刷盘，在纸张拉毛试验中不使用；
22——同(13)，只用于下部印刷盘，在纸张拉毛试验中不使用；
23——速度选择开关，加速印刷时，开关指在“低”位置上的最大速度为 4 m/s，指在“高”位置上的最大速度为 7 m/s；
24——指示灯，表示仪器处于间歇印刷位置(在拉毛试验中不使用)；
25——用于间歇印刷的定时器(在拉毛试验中不使用)；
26——熔断器。

图 A.1 IGT 印刷试验仪(电动式)简图

附　录　B
（规范性附录）
IGT 印刷试验仪（摆式）简图

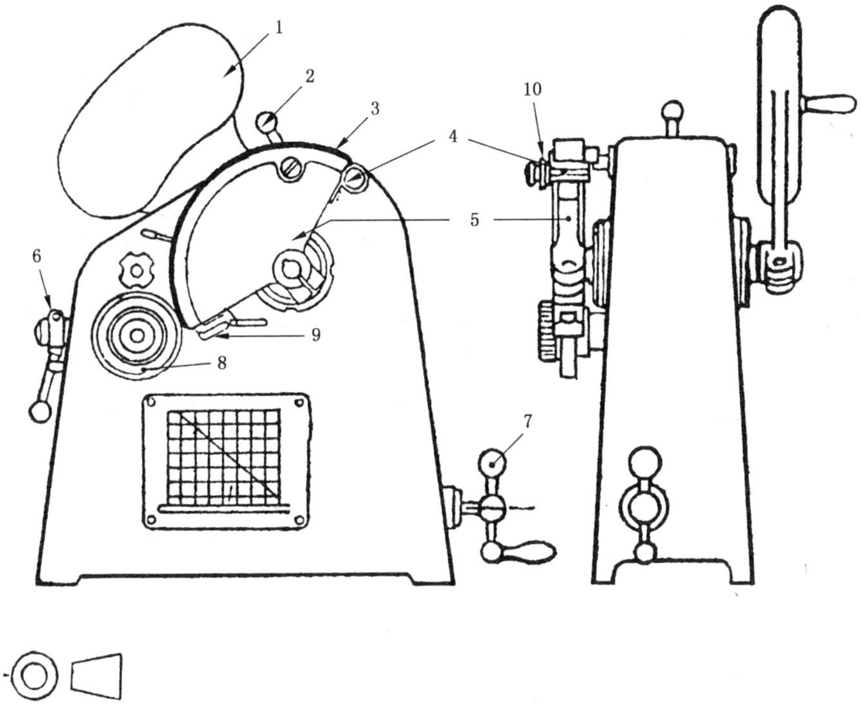

1——摆；
2——手柄；
3——衬垫；
4——张紧轴；
5——扇形轮；
6——移动印刷盘的把手；
7——调节印刷压力的把手；
8——印刷盘；
9——衬垫夹和试样夹；
10——锁紧螺母。

图 B.1　IGT 印刷试验仪（摆式）简图

附　录　C
（资料性附录）
本标准与对应的 ISO 3783:1980 章条编号对照

表 C.1 给出了本标准与对应的 ISO 3783:1980 章条编号对照一览表。

表 C.1　本标准与对应的 ISO 3783:1980 章条编号对照

本标准章条编号	对应的国际标准章条编号
1	1
2	3
3	4
4	5
5	6
5.1	6.1
5.2	—
5.3	6.2
5.4	6.3
5.5	6.4
5.6～5.7	—
6.1	7
6.2	8
6.3	9
7	11
7.1.1	10
7.1.1.1～7.1.1.2	10.1～10.2
7.1.2～7.1.5	11.1～11.4
7.2	—
8	12
9	13
10	—
11	14

附 录 D
（资料性附录）
本标准与 ISO 3783:1980 技术性差异及其原因

表 D.1 给出了本标准与 ISO 3783:1980 技术性差异及其原因一览表。

表 D.1 本标准与 ISO 3783:1980 技术性差异及其原因

本标准的章条编号	技术性差异	原 因
1	增加了适用于各种纸和纸板模拟印刷的试验	按 GB/T 1.1 的规定编写
2	引用了采用国际标准的我国标准，而非国际标准	以适合我国国情
3	修改了拉毛的定义，并增加了印刷表面强度的定义	按 GB/T 4687 统一了定义
5.2	增加了印刷适性仪(摆式)的要求	标准合并的需要
6.3	修改了措辞	简单易懂
7.1.1、7.2.1	将仪器的准备并入试验步骤	标准的一致性
7.2	增加了方法 B	标准合并的需要
10	增加了结果的处理	标准编写规定

ICS 67.240
B 04

中华人民共和国国家标准

GB/T 22366—2008/ISO 13301:2002

感官分析 方法学 采用三点选配法（3-AFC）测定嗅觉、味觉和风味觉察阈值的一般导则

Sensory analysis—Methodology—General guidance for measuring odour, flavour and taste detection thresholds by a three-alternative forced-choice(3-AFC) procedure

（ISO 13301:2002,IDT）

2008-09-10 发布 2009-01-01 实施

中华人民共和国国家质量监督检验检疫总局
中国国家标准化管理委员会 发布

前　言

本标准等同采用国际标准 ISO 13301:2002《感官分析　方法学　采用三点选配法(3-AFC)测定嗅觉、味觉和风味觉察阈值的一般导则》[Sensory analysis—Methodology—General guidance for measuring odour, flavour and taste detection thresholds by a three-alternative forced-choice (3-AFC) procedure]。

为便于使用,本标准做了下列编辑性修改:

a) "本国际标准"一词改为"本标准"。

b) 用小数点". "代替作为小数点的逗号","。

c) 删除国际标准的前言。

d) 结果的表述部分:将第 i)条中斜率 t 更改为斜率 b,纠正原文错误。

e) 附录 B 部分:

——将表 B.1"最优估计阈值"一栏"Log_{10}阈值"中第 4 行更改为 0.95。原文为 0.94,计算有误,$Log_{10}9$ 应为 0.95。

——分别将表 B.3 中"最优模型"、"下限"和"上限"一栏"似然"一列第 12 行更改为 −78.871、−80.794 和 −80.792。原文分别为 −78.872、−80.792 和 −80.793,计算有误。

——将表 B.4 中"……初始边界上下限为 −2.84 和 −1.79"更改为"……初始边界上下限为 −2.84 和 −1.87"。原文有误,与其表 B.3 中第 22 行列出的计算结果不符。

——将表 B.6 "对数似然"中第 2 行和第 3 行的 −47.77 更改为 −47.76。原文有误,与其表 B.5 最后一行列出的计算结果不符。

f) 检验步骤部分:在 5.6.3.2 合并数据的组阈值中,对"玷染"一词加注了解释,以利于理解。

本标准的附录 A 和附录 B 为资料性附录。

本标准由中国标准化研究院提出并归口。

本标准起草单位:中国标准化研究院、中国科学院数学与系统科学研究院、北京工商大学、上海爱普香料有限公司。

本标准主要起草人:赵镭、刘文、汪厚银、冯士雍、宋焕禄、姚敏。

引　言

阈值概念被广泛地应用于感官分析，常见于食品和饮料的感官研究文献中。化学刺激物的感官阈值数据常用于两方面的研究：度量评价员或评价小组对特殊刺激物的敏感性，以及度量化学物质能引起评价员产生感官反应的能力。前者，阈值的大小可用来判断评价员的评价水平；后者，则可作为某种化学物质特性的度量指标。

术语“阈值”是19世纪心理生理学家提出的，表示一个刺激物的浓度：高于此浓度刺激物可被觉察，低于此浓度则不能被觉察[见图1a)]。

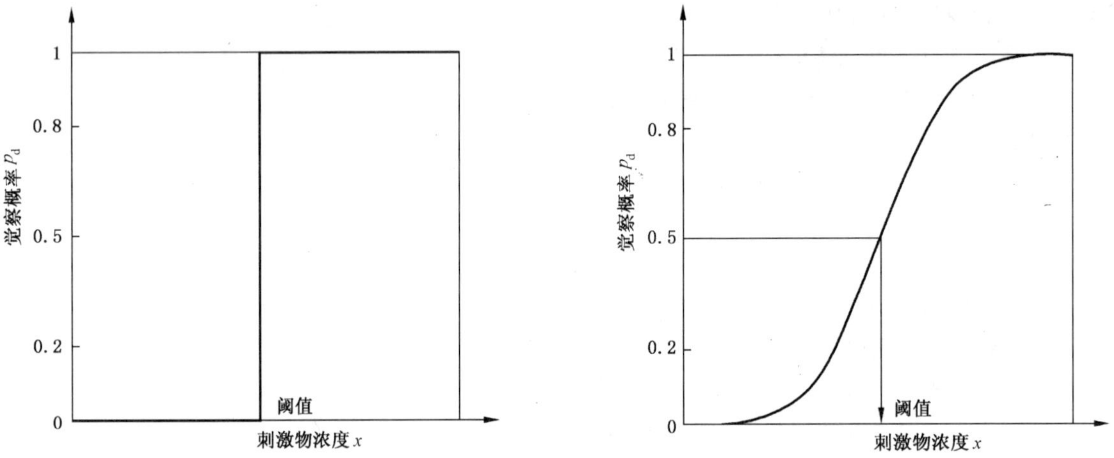

a) 传统概念上的阈值　　b) 概率意义上的阈值

图1　传统概念上的阈值和概率意义上的阈值

但实际上，刺激物浓度与相对应的觉察概率之间的关系一般表现为S形曲线1)[见图1b)]。为便于计算，可假定阈值是波动的，因有些特殊刺激物的浓度有时会高于或低于阈值，通过估计这些瞬时值的中位数可得到阈值，即阈值表示觉察概率为0.5时的刺激物的浓度。阈值的这个定义类似于生物学的一些学科如药理学、毒理学中有关化学物质对生物体半数效应的定义。

水或空气中某物质的觉察阈值若经多个实验室检测，结果往往在两三个甚至多个数量级的范围内变动，大大超出了预期的实验误差或者数据处理所造成的差异[6,10,14]。其原因很可能是由于各实验室对阈值概念的定义不同或者采用的检验程序不同，因此Devos[6]提出了一个检测空气中阈值的标准化程序。

使用本标准应注意，觉察阈值的确定需要更多实验工作而不是简单的表观描述。实验结果表明，经多次反复测试后，观测到的个体阈值趋于降低，个体之间的变异趋于减小。阈值测定起初通常是一项陌生的工作，当评价员熟悉了被检物质和检验程序后，他们的灵敏度就会提高。3-AFC法的程序要求评价员能够识别刺激物。程序训练虽然很繁琐，但反过来也会产生我们所需要的信息，即每位评价员的偏好性觉察范围。当实验者了解了每位评价员的偏好觉察范围，并为之提供相适应的浓度范围时，检验结果将会改进，见6.3。

1)　本标准基于采用3-AFC法对刺激物进行检验，觉察概率 $p_d=1.5\times p_c-0.5$，其中 p_c 表示做出正确选择的概率。严格地说，这是评价员行为的“猜测模型”，而不是评价员判断过程的心理测量学模型，如信号检测模型。

感官分析 方法学 采用三点选配法(3-AFC)测定嗅觉、味觉和风味觉察阈值的一般导则

1 范围

本标准给出了采用三点选配法(3-AFC)测定化学刺激物所引起的嗅觉、味觉和风味反应数据,并通过数据处理进行阈值估计、误差估计和与检测相关的其他统计方法的一般导则。

本标准适用于测定评价员对特定刺激物的敏感性和检测化学物质引起感官反应的特性,如:

a) 测定评价员对特定刺激物的敏感性:主要用于对个体或特定总体中个体敏感性差异的研究,以及年龄、性别、生理状态、疾病、药物作用和环境条件对敏感性的影响研究。

b) 检测化学物质引起感官反应的特性:主要用于以下五个方面:

1) 风味化学研究及特定化学物质对食品风味影响的研究;

2) 根据目前环境中存在的化学物质对人类的影响,对其分类;

3) 化学物质的分子结构与其作为刺激物所具有的刺激性之间的关系研究;

4) 排放气体、水、食品和饮料的质量保证;

5) 嗅觉生理反应的研究。

注:在以上情况中,因为评价员做出正确反应的概率随着刺激强度的变化而变化,所以对这种变化的情况分析即剂量-响应关系曲线的斜率,也是除阈值测定之外一个重要的研究方面。本标准中的数据处理过程提供了这方面的信息。

本标准的核心是数据的获取和计算程序。对于数据的有效性,本标准仅给出了一般规则和预先警告。本标准中未严格区分"觉察阈值"和"差别阈值"。实际上,本标准测定的就是差别阈值,因为被检样是通过与参比样相比较而测量的。但本标准并不排除在实验设计时参比样中含有刺激物,或者说并不清楚参比样中是否含有刺激物。此外,本标准也不适用于GB/T 10221《感官分析术语》中定义的识别阈值的检测,且不涉及测定空气质量的标准化方法(如欧盟标准EN 13725的方法[9])。

2 规范性引用文件

下列文件中的条款通过本标准的引用而成为本标准的条款。凡是注日期的引用文件,其随后所有的修改单(不包括勘误的内容)或修订版均不适用于本标准,然而,鼓励根据本标准达成协议的各方研究是否可使用这些文件的最新版本。凡是不注日期的引用文件,其最新版本适用于本标准。

GB/T 10221—1998 感官分析术语(idt ISO 5492:1992)

GB/T 16291—1996 感官分析 专家的选拔、培训和管理导则(idt ISO 8586-2:1994)

ISO 6658:1985 感官分析方法总论(Sensory analysis—Methodology—General guidance)

ISO 8586-1:1993 感官分析 评价员的选拔、培训和管理导则 第1部分:优选评价员的选拔(Sensory analysis—General guidance for the selection, training and monitoring of assessors—Part 1: Selected assessors)

ISO 8589:1988 感官分析 建立感官分析实验室的一般导则(Sensory analysis—General guidance for the design of test rooms)

注:本标准规范性引用的国际文件有一致性对应关系的我国标准如下:

——GB/T 10220—1988 感官分析方法总论(neq ISO 6658:1985);

——GB/T 13868—1992 感官分析 建立感官分析实验室的一般导则(eqv ISO 8589:1988)。

3 术语和定义

GB/T 10221—1998 确立的以及下列术语和定义适用于本标准。

3.1

刺激物 stimulus

能激发感受器的因素。能否被一种或多种感受器感知，主要取决于该刺激物存在的量。

3.2

介质 medium

在阈值测定时，用于溶解、稀释、分散或吸附刺激物的物质。

3.3

参比样 reference sample

不添加待测刺激物的介质。

3.4

待测样 test sample

含有已知浓度刺激物的介质。

3.5

三点选配法检验 three-alternative forced-choice(3-AFC) test

提供给评价员三个样品，其中一个是待测样，含有评价员熟悉的某种已知刺激物，另外两个是参比样，要求评价员从中分辨出待测样。

3.6

提供样品 presentation

一套用于三点选配法检验的三个样品。

3.7

阈值模型 threshold model

在一特定检验中，所提供的刺激物被检测(结果是做出正确选择)或不能被检测(结果是做出随机选择)的感官检测模型。

3.8

信号检测模型 signal-detection model

在一特定检验中，有证据表明刺激物存在的感官检测模型。

注：这些证据有助于评价员判断有无刺激物的存在。

3.9

觉察阈值 detection threshold

引起感觉所需要的感官刺激的最小值，即在测试条件下，从阈值模型计算出的觉察概率为 0.5 时引起感官刺激所需要的刺激物的最低浓度。

3.10

个体阈值 individual threshold

单个评价员的觉察阈值。

3.11

平均阈值 average threshold

个体阈值的平均值。应明确平均值的类型，如算术平均值、几何平均值、中位数等。

3.12

合并数据的组阈值 group threshold from pooled data

把一组特定评价员对刺激物每一浓度的评价结果输入到统计模型中，通过模型拟合得到的估计值。

4 方法提要

4.1 检验步骤

用介质配制一定浓度的刺激物，连同两个参比样一起提供给评价员，要求评价员从中选出含有刺激物或者刺激物浓度较大的样品。评价员能够识别刺激物是3-AFC检验的必要条件。

一般来说，刺激物能溶解于空气或水中。检测时，若提供给评价员的是气态介质，应用空气而非其他气体；若提供给评价员的是用液体或固体作为介质，可用其他的液态或固态食品代替水作为介质去稀释或者吸附刺激物。无论何种介质都应均匀一致，以保证所有提供的参比样及待测样都是一致、相同的。

将刺激物配制成不同的浓度，对每一个浓度的样品进行重复检验。应保证有足够的检验次数以获得期望的阈值精度和数学模型参数。在实验设计中，应设立包括评价员本身、评价员之间，以及两者兼有的不同的重复。

4.2 数据处理

每次评价，评价员提交的结果是一个二元数据，即评价员所指出的样品要么是测试样(选择正确)，要么是参比样(选择错误)。无论是刺激物种类不同，还是浓度不同，评价员都应提交一个结果(即做出一次选择)。将评价员所做出的正确选择的次数相加，与选择的总次数和刺激物浓度一起，进行数据处理和统计分析。统计模型的依据是：在某一浓度下做出正确选择的次数服从二项分布。

在3-AFC检验中，阈值就是当正确选择次数的比例在三分之二时的刺激物的浓度，也就是要有50%以上的可能性。该值，即正确选择次数的比例，可简单地通过计算和内插得到。但对阈值和阈值范围更准确的估计，应通过对数据进行模型拟合而获得。许多导则中常采用logistic模型。logistic模型是通过极大似然法或最小二乘法进行拟合。拟合过程主要是估计模型中的两个参数，即位置参数和形状参数，前者确定了拟合曲线的位置，后者决定了曲线的陡峭性。由拟合曲线也可给出除50%以外其他检测比例的估计值。

最简单的拟合模型是正确选择次数的比例近似服从于一个简单的正态分布。这种情况通常发生在数据来自于某个评价员进行重复检测的情形。一般来说，一个简单的logistic函数，在确定其中一对参数值后，就可拟合得很好。但是，在评价员对化学物质的敏感性评价中，更常见的是数据不服从正态分布，甚至也不是一个对称分布。对某些化学刺激物来说，其分布呈明显的双峰分布，但它与正态分布的偏离很难被表达，除非评价员数量很大，如在100以上。简单的logistic函数不能用来拟合显著偏离正态分布的数据，在此情形下可建立其他数学模型。

5 检验步骤

5.1 样品的制备

5.1.1 一般原则

根据ISO 6658规定，选取的刺激物和介质应具有代表性，且在整个检验过程中保持稳定、无毒、无致敏性。如：排出的气体可能会随着整个处理过程而发生改变，所以需要对化学物质进行纯化处理，去除异常气味和刺激物之后用于检测。刺激物和介质的准备应足量且均匀，使得在整个检验过程中无论刺激物的浓度和位置怎样设置，均可保证评价员评价结果一致。制备样品的设施应符合ISO 8589的规定。使用的容器不能对待测物有吸附作用，也不能产生任何气味和味道。除了化学检测外，应保证介质中无论有无刺激物都不能被评价员从视觉上或以其他任何方式察觉。不进行检验时，样品应避光避热存放。

5.1.2 气体样品

将刺激物和介质收集到如聚四氟乙烯涂层的瓶或气球类的容器中。若刺激物本身是一种无味的气体，避免其含有其他气味杂质，则需用新鲜样品连续冲洗容器、阀门和管道几次，以便使气体样品在整个容器壁内饱和。同样理由，为避免体积的改变，向评价员提供气体样品时应保持一个近似恒定的温度。应使用聚四氟乙烯涂层的光滑管道和阀门，以避免压力的突然改变。

5.1.3 液体样品

刺激物用液态的介质配制，应保证样品在整个检验过程中保持完全溶解的状态。对不能完全溶于水的物质，可先用经过活性炭处理除味过的乙醇、乙烯或乙二醇来溶解稀释。值得注意的是，蒸馏水和无水乙醇常带有一定的气味，如需要可使用食用级产品代替或用活性炭纯化。对完全不溶于水的疏水物质，应用一些无味的疏水溶剂来配制，如液体石蜡、邻苯二甲酸二壬酯。但应避免接触塑料容器，以防止容器中的某些物质溶于聚合物中。在连续稀释过程中，应注意，稀释的比例越高，刺激物由于器壁的吸附而造成的损失比例就会越大。因此，应尽可能采用微量注射器进行稀释，且稀释最好直接用原液稀释而不是逐级稀释。

5.1.4 固体样品

对于固体样品，比较典型的介质是奶酪、鱼、肉等一些食品。应首先将样品溶解、重组，或者精细分割或粉碎，再加入到适宜的介质中，与介质充分混合，使样品在介质中充分扩散一段时间后，提供给评价员。选用随机数，对样品进行编号。

5.2 刺激物浓度的选择

根据 3-AFC 实验的需要设置一个样品系列，浓度递增，后一个浓度近似为前一个浓度乘上一个系数 X。系数 X 的值依可接受的阈值估计的误差限来定。对比较粗略的研究，一般选取 $X \approx 3 \sim 5$，而对于精度要求较高的研究，一般选取 $X \approx 2$。应根据每位评价员自身的特点选择一个合适的检验方案，以使检验的结果能够对应 logistic 模型 S 形曲线的某个范围，分布在评价员的偏好性觉察范围内。最有效的数值点是对应于正确选择概率为 45%～90%的点，即 $p_d = 0.18 \sim 0.85$。

为节约样品和评价员的时间，首先应设置一个较大的因子 X 来确定每位评价员能感知的浓度范围。阐明检验的机理，并教会评价员如何在刺激物浓度超过其偏好性觉察阈值时识别出刺激物。

然后选取一个较小的因数 X 来为每位评价员设置一套相适应的 3-AFC 检验浓度梯度。若检验完成后发现检验结果无法确定评价员的觉察阈值时，负责人可通过增加刺激物浓度水平的设置继续检验，直到满足要求。应有规律地要求评价员描述其对刺激物的感觉，以防止对刺激物记忆的消失。通过询问也可检测评价员在没有觉察到刺激物时无意识猜对的次数，如在 27 个一系列三选一的检验中，猜测正确的机会约为一次。

5.3 样品的提供

5.3.1 准备工作

将制备好的待测样提供给坐在品评间（品评间的规定见 ISO 8589）的评价员，评价员按照 ISO 6658 规定的感官分析良好操作规范进行分析。将待测样用三个随机数字进行编码，或按一定模式摆放，如将第一个样品放在评价员前方最左边，然后依次排下去，记录纸上也采取同样的方式进行记录。应采取 AAB、ABA 和 BAA 的方式，平衡三个在评价员面前的呈现次序，避免位置偏差。对每种超出觉察阈值浓度的样品，评价员都应只摄取最低量。此外，要在两个样品之间留有足够的时间使评价员的感官能力得到恢复，降低评价员的感官疲劳。

5.3.2 气体样品

提供样品如参考文献[8]和[12]所述那样，借助嗅觉器进行样品评价。

5.3.3 液体样品

提供非挥发性化学物质液体样品，应先将非挥发性化学物质溶解于纯水或者无味的溶液中，用不吸收该物质的容器存放，如用 100 mL 的玻璃烧杯装入四分之一量。提供挥发性化学物质液体样品，则使用具塞，适于嗅、闻和抿的广口容器，如适于将标准限量的顶空气体或液体送入鼻孔或嘴里的 250 mL 挤压瓶，见参考文献[4]、[7]和[11]。若介质为饮料，使用符合日常习惯的感官评价容器。

5.3.4 固体样品

如果介质是食品,进行感官评价时应保持其固有的形式。

5.4 评价员的训练

大多数情况下,感兴趣的阈值是指一位有经验的观察者的觉察阈值。只有经过反复接触待检测物的训练,能够在任何时候只要该物质(如空气或水中的某种污染物,或者是食品或饮料风味中的某种成分或杂质)存在就能觉察到的人才能成为有经验的观察者,因此对检测物的熟知也是3- AFC检验中的一项要求。若评价员缺乏足够的训练,则有可能人为地使观测到的阈值范围上限增加1个~2个数量级。但若评价员对样品比较熟悉,则这种偏差可通过强化训练来降低。检测一位临时观测者的觉察阈值时,如家用煤气泄漏的警告剂量,可采用未经训练的评价员,且允许有一定的干扰物(如噪音),用三点检验或者成对比较检验代替3-AFC检验。

训练程序可首先采用较高的单一浓度刺激物,然后选择两种或以上的浓度,要求评价员对其进行分类。当确定了评价员的偏好性觉察范围后,再用3-AFC法进行检验。经过此训练后,最初测定的阈值降低了,并在经过3次~5次的检验后逐步趋于稳定。评价员不同,对某一物质的敏感度也不同,评价员之间可能会产生2个、3个甚至更高的数量级的差异。

5.5 评价员的选拔

5.5.1 一般原则

选拔评价员应根据研究目的,遵从ISO 8586-1和GB/T 16291中的原则和规定。

5.5.2 个体阈值

可依下列方法进行检验,如将个体的觉察阈值同资料中报道的数值相比较,或与过去在不同环境下所测的数值进行比较,也可与评价员对其他物质的觉察阈值进行比较。该检验可用来诊断嗅觉缺失或者嗅觉过敏症,味觉丧失或者味觉过敏症。

5.5.3 阈值分布

实验者希望得到阈值在总体中的分布状况,该总体可能是从一更大的总体中抽取的一个样本,也可能是被选人群的全体成员,如评价小组的所有成员。若总体的选择已超出本标准的范围,实验者应仔细确定所研究的总体及其样本。结果的表达按6.7的规定。

5.5.4 刺激物阈值的测定

刺激物的检验数据或者平均阈值仅对检验中所涉及到的评价小组有效。对该评价小组以外的结果,实验者应谨慎地进行推断。实验者应根据实验的目标和目的来选择评价小组。例如,对一组化学物质的相关感官特性进行研究时,可选择一个小的评价小组。而若要对食品中潜在风味化合物的特性进行研究时,就需要一个大的评价小组,因其可代表一个特定的总体。

评价员人数和被检样品的数目应同时加以考虑,以获得更加准确的估计值。当评价员人数较少时,应增加样品递交的次数,以获得足够的数据量。反之,对大的评价小组,每位评价员对一个样品只需检验一次或者一部分浓度的样品即可。

5.6 实验设计

5.6.1 个体阈值

当评价员做出正确选择次数的比例为45%~90%时所对应的刺激物浓度,可用来有效地估计logistic模型参数。在此范围内,如果浓度值大体分布在阈值周围,那么参数的精度主要取决于样品数。表1列出了样品数与阈值估计值的相对误差限之间的关系。附录A给出了给定精度下所需的评价员人数。

表1 阈值期望精度所需的样品数

样品数/个	40	60	80	100	120	160	200
阈值估计值的相对误差限	2.5	2.2	2.0	1.8	1.7	1.6	1.5

阈值估计值除以或者乘以表 1 中的因子就得到了误差限。如通过 80 个样品检验得到的阈值为 2.4 mL/m³，那么误差限就是 1.2 mL/m³ 到 4.8 mL/m³。当样品数在 200 以上时，精度提高很慢，因此通过继续增加样品数的方式来进一步提高精度是不值得的。此时采用下述序贯策略可有效提高精度：先对每个浓度的少量次数进行重复，用 logistic 模型拟合数据并计算阈值和误差限，在拟合的logistic 模型中最有效浓度范围，对每一个浓度进行更多次的重复。重复上述步骤，直到得到所需的精度。

5.6.2　阈值的分布

对选择的评价员依 5.6.1 的规定进行检验，结果以直方图或累积频率图表示。用算术平均值、几何平均值、中位数等方式给出平均阈值的结果。如果阈值表现为双峰分布或者多峰分布，则对解决方法进行尝试，具体数据处理按第 6 章的规定。

5.6.3　评价小组组阈值的测定

5.6.3.1　一般原则

在进行实验设计时，应注意评价员间的灵敏度的变异可能要比评价员自身的灵敏度的变异大许多倍。因此，通过扩大评价小组的人数，而非增加每位评价员所评价的样品数来进行重复检验，更实用且更具有代表性。

5.6.3.2　合并数据的组阈值

与个体阈值中将每位评价员的数据拟合 logistic 模型不同，组阈值是把每一样品浓度下，所有评价员的结果输入到模型中，来拟合 logistic 模型。因此，数据越多，所得到的组阈值拟合性就越好。这就是 3.9 中定义的觉察阈值，见 6.5 的讨论及附录 B 中的示例 B.2 和 B.4。当个体差异在实验设计中不被作为主要因素考虑时，可采用该方法。如对化学物质依其污染的严重性或者感官玷染的程度进行分级的研究。

注：玷染为与该产品无关的外来气味或味道。

5.6.3.3　平均阈值

对评价员依 5.6.1 的规定进行检验。结果以直方图或累积频率图表示，见图 2。当个体间变异也是研究的一部分时，可采用此方法。如风味化合物、污染物或感官污染物对某一特殊人群的影响研究。

图 2 中，a)、b)两个直方图都由相同的 443 位评价员参与阈值测定，而 c)直方图仅有 222 位评价员参与。因此，若需将这三个直方图进行比较，图 2c)的纵坐标应加倍。稀释步骤“0”代表每一种气味的饱和溶液，为最高阈值[3]。

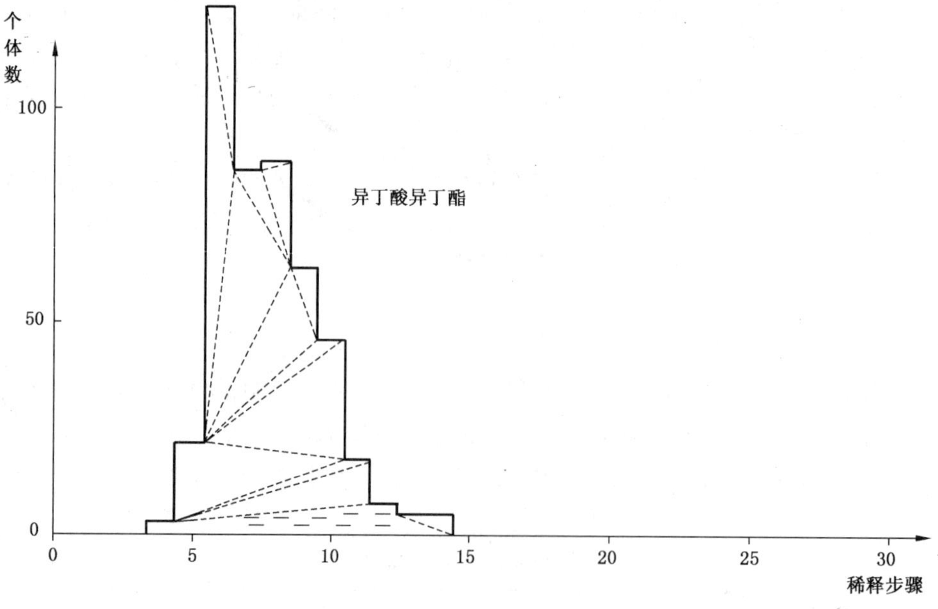

a)

图 2　总体中嗅觉阈值的分布

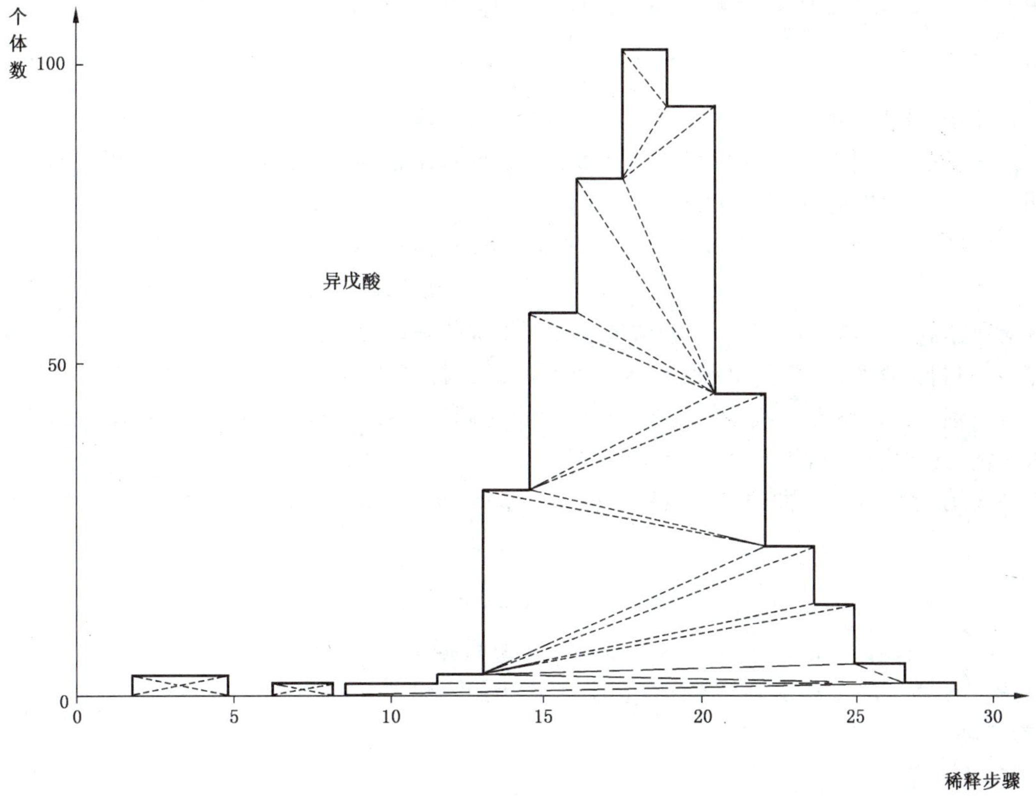

b)

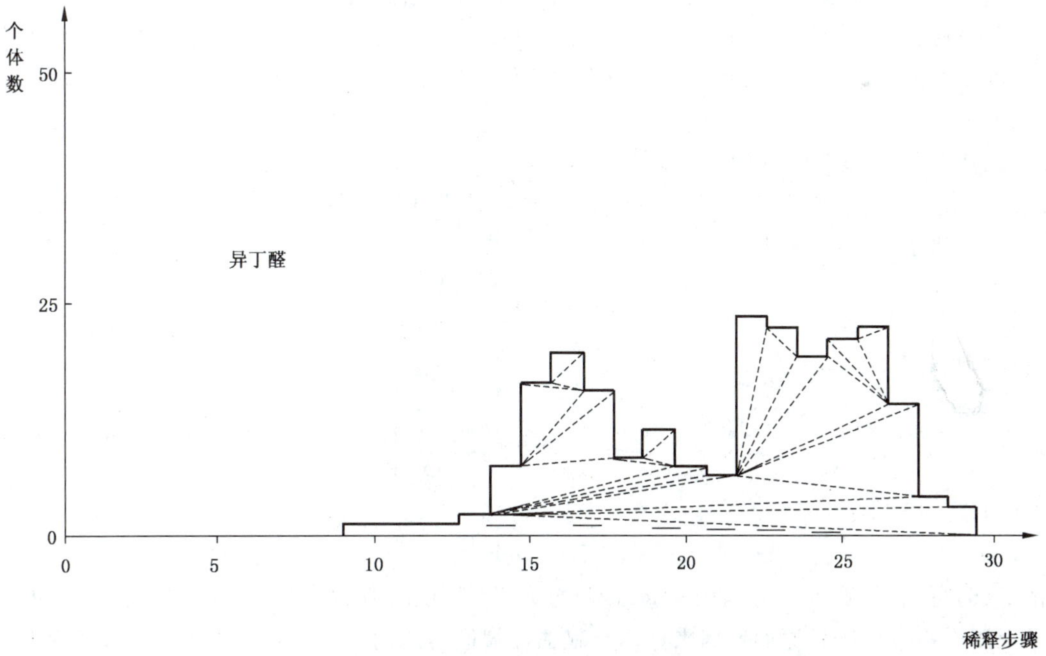

c)

图 2（续）

6 数据处理

6.1 数学和统计模型

在 3-AFC 检验中，评价员对三个样品作随机选择，选择正确的概率是三分之一，近似为 0.33。根据阈值模型，做出正确选择的概率 p_c，与检测概率 p_d 之间存在的关系见式(1)：

$$p_c = p_d + \frac{1}{3}(1 - p_d) = \frac{2}{3}p_d + \frac{1}{3} \quad \cdots\cdots(1)$$

在检验中，评价员能正确识别出刺激物的概率为 p_d，则 $1-p_d$ 表示评价员不能识别出刺激物的概率。此时评价员必须随机地进行猜测，随机猜测正确的概率仅为三分之一。刺激物浓度的阈值如果定义为 $p_d=0.5$，则按照式(1)，$p_c=0.67$。

p_c 是一个观测值，p_d 则是从阈值模型中推断而来。由此可反过来推出：

$$p_d = 1.5p_c - 0.5 \quad \cdots\cdots(2)$$

当对刺激物的几种不同浓度，每种浓度重复若干次的一系列差异检验中，若将评价员做出正确选择的概率 p_c 和刺激物浓度作图，图形大致为一S形曲线。将 p_c 按照式(2)变换成 p_d，则 p_d 的图形是一个在0、1皆有渐近线的S形曲线[图1b)]。在评价员对刺激物比较敏感的情况下，刺激物的浓度通常表示成浓度的对数值或者稀释度。

p_d 对浓度之间的S形曲线可用累积正态分布建模，或更方便地，用以下累积 logistic 分布建模：

$$p_c = \frac{\frac{2}{3}}{1 + e^{b(t-x)}} + \frac{1}{3} \quad \cdots\cdots(3)$$

式中，x 代表刺激物浓度，系数 t 和 b 依赖于观测数据。当 $x=t$ 时，$p_d=0.5$，此时 t 即为刺激物浓度的阈值。参数 b 表示 x 每变化一个单位时 p_d 产生的变化，它决定了S形曲线的陡峭程度。

6.2 数据初查

6.2.1 数据准备

根据数值方法或者以 p_c 对浓度的对数作图的方法对数据进行初步检查。要注意无论结果是显示出S形曲线，还是被检浓度在估计阈值浓度的最高值和最低值之间，用来进行阈值估计的结果都应是准确的。否则，应检验以获得更多的数据。直观地估计一下阈值，判断它是否足够准确能满足需要。若否，采用6.2.2的logit变换，或者6.3的极大似然法，进行数据处理以拟合模型。具体参考B.2～B.4的示例。

6.2.2 采用logit变换预估计阈值和斜率

logit变换等价于熟知的概率单位(probit)变换，只不过概率单位是基于累积正态分布的，logit变换是按式(4)将 P_d 转变成对数单位，即以下logit形式：

$$L_d = \log_e\left(\frac{p_d}{1 - p_d}\right) \quad \cdots\cdots(4)$$

由式(4)和式(2)，有：

$$L_d = \log_e\left[\frac{p_c - \frac{1}{3}}{1 - p_c}\right] \quad \cdots\cdots(5)$$

将(3)代入(5)得：

$$L_d = b(t - x) \quad \cdots\cdots(6)$$

由式(6)可知，如果 p_c 很好地服从 logistic 分布，则 L_d 随着刺激物浓度的增加呈线性增加。此时，应决定是采用变换数据还是原始数据来计算。就估计阈值目的而言，在 p_c 与 $\log x$ 的未经变换的原始图形的中间范围几乎是线性时，相应于 p_c 等于三分之二时的点就是阈值点。此时，无论是根据目视测得的一条S形曲线或者用 p_c 中间范围的数据拟合一条直线，采用变换数据的得益甚微。

对数据变换而言，阈值是数据 $L_d=0$ 时的浓度的对数值。可根据目视测得的直线或通过拟合的线性回归直线来估计阈值。应注意的是，接近渐近线的变换值可能不稳定。因为在该区域，很小的比例改变可能会对结果带来较大影响。因此，在用数据点拟合回归直线时，可以忽略 p_c 值低于0.43或高于0.9的数据(即变换值 L_d 低于−1.75或高于1.75)，除非实验感兴趣的就在该区域，见6.5。另外，注意

到转换图 $L_d=0$ 处也可根据式(3)的参数直接解释为刺激强度(浓度的对数值),其中 b 是直线的斜率。

6.3 logistic 模型数据拟合的极大似然法和误差限估计

6.3.1 总则

用极大似然法拟合 logistic 模型的原理是,求出使似然函数最大的参数 t 和 b 的值,也就是在这样的参数值时,获得实际观测数据比得到其他值可能性大。具体步骤是可借助合适的计算机程序来计算参数的估计值并获得其误差限[2);或更简单地,按照示例 B.2～B.4 中描述的电子表的程序来进行。获得的极大似然估计的结果,比如说 t 的上限的含义表明,实际 t 值大于该估计值的概率为 0.05。

6.3.2 参数 *b*

参数 b 决定拟合曲线的陡峭程度。对评价员个体而言,它表示当刺激强度改变时,评价员识别能力的高低,与诸如 Weber 比值或 Stevens 幂定律中的指数等有关。不同评价员的 b 值不同,正如他们的阈值不同一样,b 值的大小及其在总体中的分布都是阈值测定所关心的。b 值高的人(一个陡的斜率)对刺激物强度的微小变化都很敏感,在质量控制和监测等任务中就会非常有效。在选择评价员时,对其 b 值的认知与对其阈值认知一样重要。

6.3.3 参数估计的置信区间

参数估计的置信区间可以理解为包含参数真值的一个范围。置信区间越窄,对估计值的可信度就越高。估计值的准确度可通过增加样品数据总数来提高,也可通过选择阈值浓度的 0.25 倍～4 倍之间等间隔的浓度来实现。

6.4 结果的解释

阈值测定可用于许多目的。本标准未给出根据不同目的进行阈值检测实验设计的原则。但当进行结果解释和阈值比较时,应考虑数据是如何采集、如何分析的,统计显著性水平又是如何设置的。

最容易解释和比较的结果是那些来自单个评价员的数据。拟合 logistic 的模型是评价员的心理、生理函数,由此统计分析得出的结果可用于评价员之间或者同一评价员对不同被检物质之间的比较。

来自不同评价员或不同被检物质的数据能通过简单的 logistic 函数扩展模型来比较。其他设计应包括,选择不同评价小组代表不同的总体,并在小组间重复提供样品。对某一给定的物质,不同物质之间和小组之间的比较可通过标准的方差分析技术来完成(假设所有的估计值是以同样的方法获得,并且提供的样品的数目相同,则评价员个人的 t 和 b 的估计值可作为分析用的输入数据)。如果分析的数据是不同来源数据的合并,如 5.6.3.2 中所述,则合并的 t 和 b 的估计值可用来描述被检物质之间或评价小组之间的差异。

评价员之间阈值的分布可能偏离正态分布。在此情形,应先对直方图(图 2)、正态概率图或 logistic 概率图进行检查,如果偏态明显或呈明显的双峰分布,则应选取合适的平均阈值,如偏态数据的中位数,双峰或多峰分布的多重平均值等。

个体阈值能通过实验设计来估计。在该检验中,每位评价员在每个刺激强度下至少做一次检验,如例 B.1 所示。实验者可计算平均阈值和来自合并数据的组阈值,并检验阈值的分布。但应注意的是,从这种实验设计中估计出的个体阈值精度很差,而合并数据的组阈值的精度较好。例如,每组 50 位评价员的 5 个刺激强度,每个作两次检测的实验设计中,共有 500 个数据用来对组阈值进行估计,但只有 10 个数据能用于估计每位评价员的个体阈值。

虽然,每位评价员对每个浓度恰好作一次检测,即可对合并数据的组阈值及其误差限作出估计。但更常见的实验设计是,要求评价员在每个浓度作一次以上的检验。总体对某物质通常表现出很宽范围的个体阈值。对一位评价员来说,100 倍的浓度范围将覆盖从 0.05 到 0.95 的 p_d 值范围;但对由许多人组成的一批评价员来说,个体阈值经常跨越 10 000 倍浓度的范围。把 100 倍的浓度范围的检验提交给一组评价员,通常意味着对一些评价员,也许是相当数量的评价员来说,所测试范围都接近他个体心理

---

2) 如 CLIM 和 SAS 软件。该信息只是给本标准的使用者提供一些便利,并不涉及推荐认可产品。

函数的两个渐近线中的某一个。而在渐进线附近的结果对估计 t 值和 b 值几乎没有贡献，因此在组数据的情况下，个体敏感性高和低的评价员对估计组参数意义不大。若非必要，不应将这些数据进行合并，或者在进行估计时，应对不同评价员的数据赋予不相等的权重。

数据拟合的基本假定是阈值分布服从 logistic 模型。任何对 logistic 分布的偏离都会表示为拟合不足。可用统计中的拟合优度检验程序对拟合不足进行检验。但在对简单 logistic 模型的偏离不一定在拟合优度检验被检出，除非实验设计中考虑了 10 种以上、大于 500 倍范围的浓度以及在此范围内总共数百次检测。如果拟合优度检验结果是显著的拟合不足，则需考虑采用简单 logistic 函数之外的其他模型来拟合。最简单的是考虑加上一个二次 logistic 函数，对部分评价员用不同 t 值，甚至不同的 b 值。这适用于偏态和双峰分布的情况。

6.5 p_d不等于 0.5 的情况

管理者会希望空气中的恶臭物质在 5%的概率时就能被觉察。风味学家则希望当品尝某种食物时，能在 95%的概率时就能判断出其中是否添加了某种浓度的风味物质。这种效应水平可通过 logistic 曲线计算得出，即分别找到与 L_d 值为 −2.94 和 2.94 相对应的刺激强度而获得，其中 L_d 的值可从式(4)或式(5)得到。如果 p_d 的值过高或过低，实验者应保证在此区域（高值区或低值区）有足够多的数据，以获得在此范围内相应的刺激强度。任何超出研究范围之外的推断都不可靠。

6.6 最优估计阈值(BET)的估计

这里给出的取最优估计阈值的快捷程序，可参考文献[2]和示例 B.1。此方法基于阈值模型（见 3.7），可获得组阈值的粗略估计，但准确度较低，有一定的风险性。在 3-AFC 检验中，在低于阈值的浓度水平，评价员做出正确判断的概率为三分之一，而高于阈值的浓度水平，做出正确选择的概率为 1.0。该方法耗时较少，每位评价员只需对样品的每个浓度作一次评价，但要求有较多评价员参与。

按照浓度递增（或如示例中按稀释度递减）的顺序，将数据制成表格，形成一组完整的随着浓度的增加的检测记录。按以下方法计算其 BET 值：求出不能作出正确选择所对应的最高浓度和下一个能做出正确选择的更高浓度的几何平均值。如第 B.1 章的示例中的评价员 1 的 BET 为 $\sqrt{135\times45}=78$。

如果评价员对一组浓度全都做出了正确的选择，或者在最高浓度时还做出了错误的选择，则上述计算方法不适用，如第 B.1 章示例中的评价员 6 和 4。此时，建议适当扩大浓度序列继续进行检验。也可采用以下的常规方法：即如果在最高浓度时，评价员选择仍不正确，则假定他在浓度序列的下一个高浓度会选择正确，并据此计算 BET。如果是一组选择完全正确的数据，则假定他在最低浓度的下一个低浓度会选择错误。

将个体评价员的最优估计阈值进行几何平均可获得评价员小组的最优估计阈值。对评价员间变异的简单度量是计算数值常用对数($\log_{10}$)的标准差，如附录 B 中的示例。BET 的结果可能是有所偏离的，因为根据猜测选择正确的概率为三分之一，连续两次或者三次都猜对的概率分别为 1/9 和 1/27。该方法是有风险的，因为每位评价员只做一次样品检验，可能会由于混淆样品、对刺激物或者测试方法不熟悉等，而可能造成在高于阈值的样品上所做的选择完全错误。如果 BET 刚好落在浓度系列的极值范围，或者测试的浓度扩展系列太低，则数据取对数后的标准差可能会估计过低。

6.7 结果的表述

检测报告应包括以下内容：

a) 检验条件：包括样品的性质及来源，取样方法，介质（稀释液）的选取，提供样品所用的一系列设备和器皿等。

b) 浓度或所用的流速，样品的温度及其他条件。

c) 给评价员的使用说明书和评分表。

d) 每一步的稀释因子。

e) 每位评价员样品检验的重复次数。

f) 评价小组成员的相关信息：如年龄、性别、经验及其他一些重要信息。包括对所评价的刺激物的熟识度、健康状况、是否吸烟、是否使用假牙、最后进食的时间等。应避免根据姓名来区分评价员，防止某位熟悉评价小组的人对评价报告做出自己的判断。

g) 若数据量不大，应将结果列表给出，如表B.1。表的格式是一系列的浓度和相对于该浓度评价员做出正确选择的数目。结果提交时要有阈值估计值，包括个体阈值、组阈值和误差限。

h) 若评价员阈值的分布情况已清楚，则应给出评价员的个体阈值，以及一些描述统计值，如均值、方差和对正态分布的偏离等。

i) 若采用的是合并数据的组阈值及其误差限、斜率 b 及其误差限，报告中应指出将评价员个体的(较小的)方差和评价员间(较大的)方差进行合并时，会影响到误差限的计算。

附　录　A
（资料性附录）
给定精度下所需的评价员人数

A.1　不同的人对同一刺激物的反应不同，根据本标准的程序估计阈值具有一定的不确定性，表A.1为在典型情况下预期精度（± 标准差）的实例。

表 A.1　检测精度与评价小组大小和提供样品数之间的关系

序号	评价小组	目的	3-AFC检验中的样品数	检测精度
1	1位	一内科医生希望知道一个人对物质X是否具有嗅觉缺失症	8个浓度，每个浓度进行1次试验 $n=8$	±2倍～±5倍
2	1位	对一瓶有气味的水，希望知道他或她对物质X的敏感度	6个浓度，每个浓度6次试验 $n=36$	±50%～±100%
			8个浓度，每个浓度10次试验 $n=80$	±20%～±50%
3	8人小组	实验者希望比较两个小组的敏感性	6个浓度，每个浓度1次试验 $n=48$	±1倍～±3倍
			8个浓度，每个浓度6次试验 $n=384$	±20%～±50%
4	4个小组，每个小组由挑选出的8位具有代表性的人员组成	市政工程师希望知道物质X作为一污染物的阈值水平	6个浓度，每个浓度1次试验 $n=192$	±50%～±200%
			6个浓度，每个浓度6次试验 $n=1\ 152$	±20%～±50%
5		工程师希望以总体95%的概率知道未检测物X的浓度水平	以上检验加上4×8人中最敏感的25%人的重复 $n\approx1\ 800$	±40%～±100%

A.2　精度与3-AFC检验的样品数之间的关系与所求的阈值类型之间是独立的。例如，一个橘子汽水的制造商希望知道某种特殊成分是否能以95%的概率被检出，这样被检样品数约需要近1 800个。所需的评价员人数在很大程度上取决于总体的差异。若评价人员是由相差较大的总体（如许多年轻人和老人）构成，则在给定精度下需要较多的人数。

附　录　B
（资料性附录）
示　　例

B.1　采用 BET 法快速测定烟囱气体样品的嗅觉阈值

B.1.1　总则

该例中阐述了利用 BET 法估计阈值近似值的快捷程序。即由 9 位评价员组成的评价小组对 6 种选定浓度的样品进行一次性检验，评价员 4 和评价员 6 不扩展浓度继续进行测试。更准确的方法则应将样品稀释 3 倍、9 倍、27 倍及更高等，让评价员 6 继续进行检验，直到出现选择错误。如果检测的精度过低，可重复整个检验程序。

B.1.2　检验

在无味的空气中制备好 6 种不同浓度的烟囱气体样品，每种浓度样品都与两种无味空气样品组合为一组。浓度梯度按照 3 倍的比例递增。从参与检验的人群中随机选择 9 位评价员，每位评价员均按照从低浓度到高浓度的顺序依次对样品检验。每种浓度选出一个不同于其他两个的样品，检验结果如表 B.1 所示。

表 B.1　烟囱气体的嗅觉阈值

评价员	稀释比（浓度递增→）						最优估计阈值（BET）	
	3 645	1 215	405	135	45	15	阈值	Log_{10} 阈值
1	0	+	+	0	+	+	78	1.89
2	+	0	+	+	+	+	701	2.85
3	0	+	0	0	+	+	78	1.89
4	0	0	0	0	+	0	9	0.95
5	+	0	0	+	+	+	234	2.37
6	+	+	+	+	+	+	6 313	3.80
7	0	+	+	0	+	+	78	1.89
8	+	0	0	+	+	+	234	2.37
9	+	0	+	+	+	+	701	2.85
常用对数值的总和 $\sum \log_{10}$							20.85	
BET 阈值平均值＝几何平均值							209	2.32
阈值常用对数值的标准差							0.81	

注：“0”表示评价在三者中没有做出正确的选择；
　　“＋”表示评价员选择正确。

B.1.3　计算

每位评价员的 BET 值由评价失误的最高浓度值和其紧邻的判断正确的更高浓度的几何平均值确定[2]。计算时，假定评价员 4 在接下来的稀释比例为 1∶5 时的选择是正确的，评价员 6 在稀释比例为 1∶10 935 时的选择是错误的。BET 结果的对数总和为 20.85，平均值约为 2.32，这与平均阈值（稀释比例 1∶209）的反对数值接近。衡量阈值离散程度的阈值对数标准差可根据表的右列算出。数值 0.81

表明评价员之间的评价结果存在较大差异，但实际值可能比 0.81 更大。因为评价员 4 和评价员 6 未继续在扩展的浓度系列中进行检验，浓度范围因此被缩小了。

B.2 从数据集中计算阈值——极大似然拟合与最小二乘拟合的比较——鲑鱼体内的柴油污染阈值

B.2.1 总则

本示例阐述了极大似然法的工作原理，给出了用电子制表软件确定阈值参数和边界的方法。对于 9 个间隔不同的浓度系列，由 18 位评价员采用 3-AFC 检验得到的评价结果数据集后，即可应用该法，详见 B.2.3。为作比较，B.2.4 应用相同的数据，同时采用最小二乘法进行拟合。

B.2.2 检验

被检样品为柴油，可能对暴露在含有它的水样中的鲑鱼存在潜在污染[5]。鲑鱼暴露在不同浓度的柴油中，24 h 以后收集这些鲑鱼，由 18 位有经验的评价员构成的评价小组进行评价，结果与未经暴露的鲑鱼进行比较。表 B.2 总结了应用于电子制表软件中的公式，表 B.3 列出了实验数据和用于拟合 logistic 模型的工作表。

表 B.2 电子数据表中用于估计 logistic 参数和阈值估计的误差限的公式

列	公　式
B	@LN(A3)
E	+D3/C3
F	(2/3)/(@EXP(G$18*(F$18-$B3))+1)+1/3
G	+$D3*@LN(F3)+($C3-$D3)*@LN(1-F3)
H	(2/3)/(@EXP(I$18*(H$18-$B3))+1)+1/3
I	+$D3*@LN(H3)+($C3-$D3)*@LN(1-H3)
J	(2/3)/(@EXP(K$18*(J$18-$B3))+1)+1/3
K	+$D3*@LN(J3)+($C3-$D3)*@LN(1-J3)

B.2.3 基于极大似然法的结果和计算

用极大似然法估计模型参数的原理是寻找能使似然函数[式(B.1)]达到最大值时的参数值。电子制表软件含有能寻找函数极大值或极小值的功能函数，可很方便地运用 3-AFC 检验数据拟合 logistic 模型。值得一提的是，由于使用电子制表程序比统计包具备更多的优点，所以被更广泛地安装在实验室的个人电脑中。因为电子制表程序的过程很容易被熟悉其基本操作的人理解，操作员无须掌握编程语言方面的知识或是熟悉复杂的统计包的原理。用合理的观测数据(大约 50 个以上，分布在阈值周围)即可很顺利地找到参数和阈值范围。与统计包或其他专用程序相比，电子制表软件的优点在于拟合程序的工作原理对操作者而言更加透明，尤其当拟合数据未能达到理想的数据量时，此优点更加突出。

寻找函数的极大值或极小值的命令在不同的电子制表程序中命名不同。在本示例中使用的是 QuattroPro3) 包中的 Optimizer 函数，等同于 Excel3) 和 Lotus1-2-33) 中的 Solver 函数。

在表 B.3 中，A 列～D 列是检验数据，A 列为水中的柴油浓度，用 c(mL/m^3)表示，B 列为浓度的对数值，在这里取自然对数 ln$c$(也可使用基数为其他值的对数)。刺激物的浓度不必为等差分布的几何序列或其他特殊间隔的序列。为方便起见，按照浓度把他们排序。

C 列为每一种浓度样品重复的数目(n)，D 列为对应的每种浓度做出正确选择的数目(r)。在这里，

3) 文中所提及的电子制表软件是目前比较适用的商业化产品。该信息只是给本标准的使用者提供一些便利，并不涉及推荐认可产品。

对每一种浓度测试时评价员的数目不必一致。E 列记录了做出正确选择的次数所占的比例 P_{obs}，该值在后面的计算中未出现。

F 列和 G 列为拟合 logistic 模型的计算数据。logistic 模型由参数 b 和 t 确定，通过给定的参数值，可计算出正确判断的期望比例。假定一个给定参数值的模型，似然等于获得的观测比例的概率。所有数据的联合概率等于每一种浓度概率的乘积。当联合概率为对数似然之和时，使用联合概率比用对数似然更方便。概率对数的表达式见式(B.1)：

$$\sum_{i=1}^{i=N} r_i \ln(P_{est})_i + (n_i - r_i)\ln(1 - P_{est}) \qquad \text{(B.1)}$$

式中：

N——数据样本量；

n——每种浓度重复的数量；

r——正确判断的次数；

P_{est}——估计的比例。

表 B.3 中第 12 行是似然的总和，即联合概率的对数似然。单元格 G12 的公式为 G3 到 G11 的总和，I12 和 K12 也套用了式(B.1)。

把数据输入到行 3～行 11 中。引用 F 列中的公式，在单元格 F18 和 G18 中分别输入初始估计阈值和斜率参数。程序对于初始估计值没有严格限制，初始值可以远离散布在阈值周围的数据集中的最佳值，也不必接近最终值。阈值的初始估计值可选取浓度范围的中间值。当列 B 取浓度的自然对数时，斜率的初值为 1，当取以 10 为底的对数时，斜率初值为 0.5。优化函数或者具有相同功能的函数通常来自于工具箱或菜单。函数需要给定变量单元的地址(这些单元格包含的数据随着似然函数的最大值的变化而改变，例如本示例的 F18、G18)和结果单元的地址(该单元为极大似然，如 G12)。函数有许多选项，其中很多选项设置为缺失值。检查函数是否使结果单元格中数值极大化。在本示例中没有设置任何限制条件。函数停止迭代的标准是达到最大迭代次数和变量的变化量达到最小，允许操作者根据缺省值重新设置迭代次数和最小变化量。

表 B.3　采用电子制表软件进行数据的 logistic 模型拟合以及估计阈值的误差限计算

序号	A	B	C	D	E	F	G	H	I	J	K
1						最优模型		下限		上限	
2	c/(mL/m^3)	ln$c$	n	r	P_{obs}	P_{est}	似然	P_{est}	似然	P_{est}	似然
3	0.010	−4.61	18	5	0.278	0.366	−10.951	0.414	−11.361	0.349	−10.844
4	0.028	−3.56	18	9	0.500	0.446	−12.583	0.538	−12.528	0.394	−12.892
5	0.032	−3.44	18	4	0.222	0.462	−11.762	0.558	−13.759	0.404	−10.865
6	0.060	−2.81	18	11	0.611	0.568	−12.097	0.671	−12.170	0.478	−12.672
7	0.095	−2.35	18	14	0.778	0.667	−10.072	0.755	−9.561	0.561	−11.382
8	0.285	−1.26	18	16	0.889	0.872	−6.304	0.903	−6.298	0.798	−6.812
9	0.324	−1.13	18	17	0.944	0.888	−4.206	0.914	−3.982	0.821	−5.067
10	0.673	−0.396	18	16	0.889	0.952	−6.865	0.959	−7.060	0.920	−6.389
11	0.992	−0.008 03	18	17	0.944	0.970	−4.031	0.973	−4.075	0.951	−3.869
12							−78.871		−80.794		−80.792

表 B.3（续）

序号	A	B	C	D	E	F	G	H	I	J	K
13											
14								偏离	3.841		3.841
15											
16											
17						ln*t*	*b*	*x*	*b*	*x*	*b*
18						−2.348 9	1.311	−2.835 4	1.117	−1.867 3	1.357
19					*P*						
20			浓度单位			0.095 44		0.058 70		0.154 5	
21											
22					修正的阈值估计误差限			−2.835 4		−1.867 3	

开始进行迭代，通过个人计算机可在几秒钟内得到结果，但也有可能因为计算结果收敛太慢而停止迭代。F18 和 G18 单元格中是所需的 logistic 模型的参数估计值。

此时，$\ln t=-2.35$，$t=0.095\ \mathrm{mL/m^3}$，$b=1.31$。

由这两个参数确定的 logistic 模型称为极大似然 logistic 模型，也即最优模型。而由其他数值参数所给出的模型中，其似然都比它更小。将模型之间似然差异定义为偏离：

$$偏离=-2(l_1-l_2)$$

式中，l_1 和 l_2 分别表示最优模型（模型 1）和另外一个模型（模型 2）的似然的对数，称为对数似然。模型之间的差异是否显著由卡方检验进行衡量，自由度取适当的一个值。该关系用于确定估计阈值的误差限，目的是为了找到这样的一个模型，即其 t 值计算的偏离等于在确定的显著性水平和自由度为 1 时的卡方值。当自由度为 1，显著性水平 p 为 0.05 时，偏离为 3.841。

如果完全指定了适当的列，F3 和 G3 中使用的公式可相应的复制到列 H 到 K 中。单元格 I14 的计算公式为+2 *（$G12−I12），表示拟合模型的上限和最优模型之间的偏离。把这个公式对应复制到 K14 单元格内。

通过一次迭代过程得到误差限，在开始的时候有必要给定一个初始的误差限估计值。误差限的大小由数据集的一些特性所决定，其中最重要的一个特性就是观测总数。表 B.4 列举了阈值估计中的步长与不同观测总数的误差限初始估计值的关系。本示例中，观测次数为 162，因此对应的上下限初始值分别为−2.84 和 −1.87。这些值被输入到 H18 和 J18 单元格。

表 B.4　阈值估计中步长与误差限初始估计

观测值总数/个	40	60	80	100	120	160	200	>200
上限步长	1.02	0.81	0.76	0.61	0.58	0.49	0.45	0.40
下限步长	−1.39	−1.05	−0.84	−0.78	−0.69	−0.56	−0.49	−0.45

仅对包含 b 值的变量单元格 I18 和 K18 再一次使用优化函数。单元格 I12 和 K12 是目标单元格，为似然的总和。如果偏离不充分接近 3.84 这一目标值，应修正所估计的边界值。在数据集中 50 个以上的观测结果分布在阈值周围，这个偏离大致与距离阈值的步长平方根呈线性相关。修正的估计值通过简单的比值就可计算获得。单元格 H22 为计算边界的修正估计值公式：@SQRT(3.841/I14) *

(H18-＄F18)+＄F18,该公式被复制到单元格 J22。把修正值结果输入 H18 和 J18 单元格(或在此编辑相应的值),再一次运行优化函数。当获得的偏离接近期望值时,迭代结束。在表 B.3 的示例中,三次迭代即已足够。

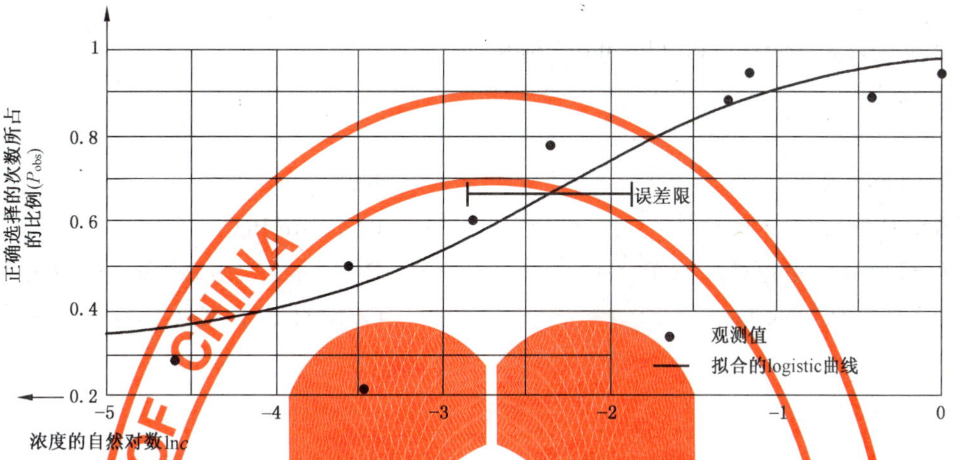

图 B.1 合并数据的组阈值——柴油污染的鲑鱼

操作员使用电子制表软件的绘图工具来绘制观测到的数据和拟合的 logistic 曲线,如图 B.1 所示。使用表 B.3 中 H 列的值绘制 logistic 曲线。充分利用电子制表软件中的函数构造一组等间隔分布的浓度对数数据,并通过表 B.3G 列中的公式计算概率和参数估计值即可得到一条更光滑的曲线。

参数拟合,尤其是寻找误差限的困难在于对非正常数据集的处理经验。非正常数据集包括小规模数据集、数据偏在阈值一测的数据集、观测数据的比值随着浓度增加明显偏离平滑的单调递增曲线。优化函数就会无法收敛,给出错误提示后退出。通常是发现 b 值过高、过低甚至呈负值时程序退出(这里检验变量值随着浓度的升高而变大,例如,模型要求的检测概率随着刺激物的浓度增加而增加时,b 值呈正值。当测试不良的气味或水中、气体中的不良气味时,通常是稀释样品使其观测比与稀释程度相关联。若测试的变量值随着浓度的递减反而增加的话,b 值为负)。当拟合 logistic 或确定边界范围遇到困难时,对实验者而言最好的解决办法是获取更多的数据,而操作员可重复拟合程序,包括调整优化函数的选项来限制 b 值。对 b 值的约束可以是取比 0 大点或者小点的一个数值。当像表 B.3 中 B 列那样取自然对数时,b 值可以小于 2;若取 10 为底的对数时,b 值可以在 1 左右。如果刺激物浓度超过 20 倍,觉察概率范围在 0.05～0.95,对应的 b 值上限受到约束。如果未能找到一个合适的解决办法,操作员可指定一个 b 值来拟合阈值。在确定 b 值范围和极大似然函数后,该拟合程序可反复进行。检验最大似然和 b 值的变化能够确定是否存在一个最优的目标值。

用单元格 H22 定义的公式计算非正常数据集时,边界误差估计值有可能收敛很慢或者无法收敛。可在进行迭代时,在电子数据表格的相应列中记录 t 值和相关的偏离。在偏离为 3.84 时,经过三四次迭代,偏离与阈值估计值之间的距离可绘制成图,从图上可直观地用外推或内插来得到步长,也即偏离减去 3.84 或者找到对应于偏离为 0 时步长。电子制表软件的回归函数也能给出偏离减少值与二次多项式步长的回归关系,解这个公式可以在偏离减少值为 0 时得到 t 值。修订的边界估计值在下一次迭代计算时使用。一个简单的策略是用新的修订值 x 和对应的偏离去替换存在的偏离和阈值向量,并重新计算表达式,提供一个新的修正值。优化函数中的 b 值应严格限制,以防超出正常范围。重复这一过程,如果存在一个合理的边界值时,计算很快收敛。检查偏离与阈值之间的距离变化可以提示是否能够快速找到一个边界值。

B.2.4 用线性回归法计算

程序的原理是先应用6.2.2中描述的logit变换，再通过基于最小二乘法的计算机程序(如SAS[4]等统计软件都能提供)确定一条与数据最匹配的直线。数据的命令可见表B.3,结果输出如下。

```
TITLE "Logistic Regression of Threshold Data";
DATA INPUT;

  INPUT CONC R N;                          /*  Input Data                        */
  P=MAX(R/N,1/3);                          /*  Compute P(C)                      */
  LOGIT=LOG((P-1/3)/(1-P));                /*  Perform Logit Transformation      */
  LOG_C=LOG(CONC);                         /*  Convert to LOG Concentration      */
CARDS;
.010  5  18
.028  9  18
.032  4  18
.060  11  18
.095  14  18
.285  16  18
.324  17  18
.673  16  18
.992  17  18
;
RUN;
DATA TRIMMED;                              /*  Trim data of extreme values     */
  SET INPUT;                               /*  as per Section 6.2.1            */
  IF LOGIT GE -1,75 AND LOGIT LE 1,75;
RUN;
PROC REG DATA=TRIMMED OUTEST=EST;          /*  Fit the regression model        */
  MODEL LOGIT=LOG_C;
RUN;
DATA EST;
  SET EST;
  LOG_T = -INTERCEP/LOG_C;                 /*  Compute Threshold value         */
  THRESHLD = EXP(LOG_T);
RUN;
PROC PRINT DATA=EST;                       /*  Output results                  */
```

4) 该信息只是给本标准的使用者提供一些便利,并不涉及推荐认可产品。除SAS外,SPSS、S-PLUS和SYSTAT软件也同样适用。

```
   VAR INTERCEP LOG_C LOG_T THRESHLD;
RUN;
                                                                              1
                        Logistic Regression of Threshold Data
Model: MODEL1
Dependent Variable: LOGIT
                        Analysis of Variance
                        Sum of          Mean
Source        DF        Squares         Square          F   Value        Prob>F
Model         1         5,16632         5,16632         23,367           0,0143
Error         3         0,58783         0,19594
C Total       4         5,75415
Root MSE      0,44265     R-square        0,8978
Dep Mean      0,49539     Adj R-sq        0,8638
C. V.         89,35510
                              Parameter Estimates
                         Parameter     Standard      T for HO:
Variable    DF      Estimate          Error       Parameter=0     Prob>|T|
INTERCEP    1       2,368180        0,41498373       5,707          0,0107
LOG_C       1       0,900890        0,17544692       5,135          0,0143
- - - - - - - - - - - - - - - - - - - - - - - - - - - - - - - - - - - - - - - -
                                                                              2
                        Logistic Regression of Threshold Data
              OBS       INTERCEP      LOG_C       LOG_T       THRESHLD
               1        2,36818       0,90089     -2,62871    0,072172
```

得出的回归模型为：logit＝2.368 2＋0.900 9 log(浓度)；阈值为 logit＝0 时所对应的浓度，因此阈值(以 log 为单位)为 log(浓度)＝－2.368 2/0.900 9＝－2.628 7 或(标准单位)阈值＝EXP(－2.628 7)＝0.072 mL/m^3。

B.3 以水中柴油为例，比较两位评价员的个体阈值

B.3.1 目的

检验目的是检验两位评价员在对某种物质的感知上是否不同。本示例解释了极大似然法层次统计模型的应用。

B.3.2 检验

检验时把一种化学物质溶于水中，目的是对两位评价员对某种气味的觉察阈值进行测定和比较。

B.3.3 结果和计算

方法一[1]建立了较复杂的层次统计模型,检验数据符合模型的似然。当越多的参数增加到模型中时,似然也增大。随着参数增加而引起的似然函数的变化,以偏离表示。偏离用于检验这种新模型是否能引起似然显著的增加。当 3-AFC 数据符合 logistic 模型,增加到模型中的参数就是 t 值和 b 值。

表 B.5 显示检验数据及计算结果,表 B.6 是用三种统计模型拟合得到的结果的总结。实验中浓度设置的模式及每一种浓度试验的数目反应了这样一种策略,即先在一广泛浓度范围内进行初步小试,然后在接近个体阈值的浓度范围内进行多次重复。

表 B.5 比较两位评价员反应的统计模型计算

c/(mL/m³)	ln$c$	n	r	P_{obs}	模型 1		模型 2		模型 3	
					P_{est}	对数似然	P_{est}	对数似然	P_{est}	对数似然
评价员 1										
0.001 5	−6.50	3	0	0.000	0.337	−1.23	0.334	−1.22	0.334	−1.22
0.004 0	−5.52	3	0	0.000	0.347	−1.28	0.335	−1.23	0.335	−1.23
0.004 6	−5.38	3	0	0.000	0.350	−1.29	0.336	−1.23	0.336	−1.23
0.013 9	−4.28	3	0	0.000	0.404	−1.55	0.348	−1.29	0.349	−1.29
0.020 0	−3.91	5	1	0.200	0.442	−3.15	0.360	−2.81	0.360	−2.81
0.025 0	−3.69	7	1	0.143	0.473	−4.59	0.371	−3.78	0.372	−3.78
0.041 7	−3.18	3	1	0.333	0.565	−2.24	0.415	−1.95	0.415	−1.95
0.100 0	−2.30	13	8	0.615	0.759	−9.33	0.578	−8.70	0.578	−8.70
0.125 0	−2.08	3	3	1.000	0.804	−0.65	0.636	−1.36	0.636	−1.36
0.500 0	−0.693	5	4	0.800	0.961	−3.41	0.926	−2.91	0.925	−2.90
2.500 0	0.916	2	2	1.000	0.995	−0.01	0.994	−0.01	0.994	−0.01
12.500 0	2.53	2	2	1.000	1.000	0.00	1.000	0.00	1.000	0.00
评价员 2										
0.001 5	−6.50	3	0	0.000	0.337	−1.23	0.344	−1.27	0.344	−1.27
0.004 0	−5.52	3	2	0.667	0.347	−2.54	0.384	−2.40	0.383	−2.40
0.004 6	−5.38	3	1	0.333	0.350	−1.91	0.395	−1.93	0.394	−1.93
0.012 5	−4.38	8	4	0.500	0.395	−5.73	0.560	−5.60	0.559	−5.60
0.013 9	−4.28	3	2	0.667	0.404	−2.33	0.586	−1.95	0.585	−1.95
0.020 0	−3.91	5	4	0.800	0.442	−3.85	0.682	−2.68	0.682	−2.68
0.041 7	−3.18	3	2	0.667	0.565	−1.97	0.855	−2.25	0.856	−2.25
0.050 0	−3.00	7	6	0.857	0.604	−3.95	0.886	−2.90	0.886	−2.90
0.100 0	−2.30	5	5	1.000	0.759	−1.38	0.958	−0.22	0.958	−0.21
0.125 0	−2.08	3	3	1.000	0.804	−0.65	0.970	−0.09	0.970	−0.09
0.500 0	−0.693	5	5	1.000	0.961	−0.20	0.997	−0.02	0.997	−0.02
2.500 0	0.916	2	2	1.000	0.995	−0.01	1.000	0.00	1.000	0.00
12.500 0	2.53	2	2	1.000	1.000	0.00	1.000	0.00	1.000	0.00
总和						−54.48		−47.76		−47.76

模型 1：在该模型中，只有一个 t 值和一个 b 值用来估计表 B.5 中 P_{est} 列的值。P_{est} 列中每个单元格的计算公式都涉及两个包含 t 和 b 的单元格，这两个单元格就作为电子制表软件中极大化程序的变量单元格。在目标单元格中，两位评价员的值通过极大化程序得到对数似然的和。这个函数运行结果是给出 t 和 b 的极大似然估计值。模型中 t 和 b 的值如表 B.6 所示。

表 B.6　模型的分析表

模型	参数	评价员		对数似然	比较	偏离	自由度	χ^2 检验的 p 值
		1	2					
1	t	−2.72		−54.48				
	b	1.37						
2	t	−1.97	−3.97	−47.76	1 与 2	13.43	1	0.001 2
	b	1.62						
3	t	−1.97	−3.97	−47.76	1 与 3	0.00	1	
	b	1.63	1.62					

模型 2：对数据的检查显示两位评价员的阈值不同。模型 2 利用评价员各自的 t 值，但 b 值只有一个。表 B.5 中 P_{est} 列模型 2 的值就是采用各自的 t 值和共同的 b 值得到的。包含有两个 t 值和一个 b 值的三个单元格共同组成极大化程序的变量单元格，目标单元格是该系列数据对数似然的和。函数运算结果给出了该模型 t 和 b 的最好值。此时模型数据拟合的较好，且对数似然较小。该模型和模型 1 的参数值和偏离如表 B.6 所示。

模型 3：模型 3 是模型 2 的扩展，包含两位评价员各自独立的 t 值和 b 值，有四个变量单元，两个是 t，两个是 b。而且，目标单元格也包含上述数据的对数似然和。

B.3.4　总结和推断

表 B.6 显示了参数总结和偏离统计。当一个参数增加到模型层，自由度就会减少一个，三个模型中，两两模型之间的偏离可采用 1 个自由度的 χ^2 检验。模型 1 和模型 2 之间的偏离极显著($p=0.001\ 2$)，增加第三个参数即第二个 b 后，构成的模型 3 的拟合精度并未提高，但模型 3 与模型 2 之间偏离变为 0。

由此可推断，两位评价员对柴油样品的气味觉察阈值不同，但他们对强度增加率的敏感度未表现出差异。

B.4　两种物质的阈值比较——水中 α-松油烯和 β-松油烯

B.4.1　总则

B.3 中应用的模型也同样可用于两种物质阈值的比较。来自几位评价员的数据集合在一起产生每种物质的组阈值数据。

B.4.2　检验

目的是测量和比较 α-松油烯和 β-松油烯的感官特性。评价小组由 24 位有经验的评价员组成，对每种物质设置 10 个浓度，每个浓度都按照 3-AFC 方法进行检验。

B.4.3　结果和计算

检验数据和电子表格软件计算如表 B.7 所示，表 B.8 中显示了 t 和 b 的结果及偏离统计结果。

B.4.4　总结和推断

模型 2 对数据的拟合性显著优于模型 1，它的假设是两种异构体的阈值是不同的。模型 3 是两个 t 值和两个 b 值，有更好的拟合度和更大的似然值。然而，模型 2 和模型 3 之间的偏离为 3.37，χ^2 检验的 p 值为 0.066，与一般使用的标准 $p=0.05$ 相比，无显著差异。但斜率显著不同，建议进一步研究。对于 β-松油烯，四个低浓度更靠近 logistic 曲线的渐近线，对拟合斜率并不提供任何作用，α-松油烯的浓度较均匀地涵盖了渐近线之间的范围，可对斜率做出较好的估计。

此外，模型 2 中的 b 值与模型 3 中 α-松油烯的 b 值更接近，表明模型 3 中 β-松油烯的 b 值估计不如其异构体 α-松油烯的精确。对于 β-松油烯来说，在此检验中选取的最高浓度值之上，应作两个或更多个的进一步重复评价，可选取 5 mL/m³～25 mL/m³ 之间的浓度系列。

表 B.7 比较不同统计模型在计算 α-松油烯和 β-松油烯阈值上的应用

c/(mL/m³)	ln$c$	n	r	P_{obs}	模型 1		模型 2		模型 3	
					P_{est}	对数似然	P_{est}	对数似然	P_{est}	对数似然
α-松萜										
0.004	−5.52	24	11	0.458	0.371	−16.93	0.387	−16.80	0.412	−16.66
0.020	−3.91	24	8	0.333	0.408	−15.56	0.444	−15.89	0.473	−16.24
0.040	−3.22	24	13	0.542	0.432	−17.13	0.480	−16.73	0.508	−16.61
0.100	−2.30	24	14	0.583	0.473	−16.89	0.540	−16.39	0.563	−16.32
0.200	−1.61	24	16	0.667	0.511	−16.46	0.593	−15.55	0.609	15.45
0.500	−0.693	24	15	0.625	0.571	−16.02	0.669	−15.98	0.673	−16.00
1.000	−2.30	24	20	0.833	0.622	−13.40	0.727	−11.57	0.722	−11.64
2.500	0.916	24	17	0.708	0.692	−14.50	0.797	−15.02	0.782	−14.85
5.000	1.61	24	19	0.792	0.743	−12.44	0.843	−12.50	0.823	−12.36
25.000	3.22	24	22	0.917	0.847	−7.41	0.920	−6.89	0.897	−6.94
β-松萜										
0.004	−5.52	24	11	0.458	0.371	−16.93	0.349	−17.16	0.334	−17.35
0.020	−3.91	24	10	0.417	0.408	−16.30	0.368	−16.42	0.336	−16.64
0.040	−3.22	24	12	0.500	0.432	−16.86	0.381	−17.33	0.338	−17.96
0.100	−2.30	24	8	0.333	0.473	−16.24	0.407	−15.55	0.346	−15.28
0.200	−1.61	24	11	0.458	0.511	−16.69	0.433	−16.58	0.358	−17.06
0.500	−0.693	24	9	0.375	0.571	−17.74	0.479	−16.40	0.393	−15.89
1.000	−2.30	24	8	0.333	0.622	−19.35	0.523	−17.02	0.445	−15.90
2.500	0.916	24	13	0.542	0.692	−17.73	0.591	−16.67	0.558	−16.57
5.000	1.61	24	18	0.750	0.743	−13.50	0.648	−14.07	0.672	−13.85
25.000	3.22	24	21	0.875	0.847	−9.12	0.779	−9.77	0.894	−9.09
总和						−307.21		−300.32		−298.63

表 B.8 比较 α-松油烯和 β-松油烯阈值所采用的模型的分析表

模型	参数	α-松油烯	β-松油烯	似然的对数	比较	偏离	自由度	χ^2 检验的 p 值
1	t	−0.591		−307.2				
	b	0.459						
2	t	−0.723	−1.831	−300.3	1 与 2	13.79	1	0.000 20
	b	0.506						
3	t	−0.787	−1.581	−298.3	1 与 3	17.16	2	0.000 19
	b	0.426	1.016		2 与 3	3.37	1	0.066

参 考 文 献

[1] AITKIN, M., ANDERSON, D., FRANCIS, B. and HINDE, J. Statistical Modelling in *GLIM*, Clarendon, Oxford 1989

[2] ASTM E679-91(1997), *Standard Practice for Determination of Odor and Taste Thresholds by a Forced-Choice Ascending Series Method of Limits*

[3] AMOORE, J. E. Specific anosmia and the concept of primary odors. *Chemical Senses and Flavor* 2, 1977, pp. 267-281

[4] BUTTERY, R. G. Qualitative and sensory aspects of flavor of tomato and other vegetables and fruits. In *Flavor Science: Sensible Principles and Techniques*, ACREE, T. E. and TERANISHI, R., Chapter 8, pp. 277-278, ACS Professional Reference Book, American Chemical Society, Washington, DC, 1993

[5] DAVIS, H. K., GEELHOED, E. N., MACRAE, A. W. and HOWGATE, P. Sensory analysis of trout tainted by diesel fuel in ambient water. *Water Science and Technology* 25(2), 1992, pp. 11-18

[6] DEVOS, M., PATTE, F., ROUAULT, J., LAFFORT, P. and VAN GEMERT, L. J. *Standardized Human Olfactory Thresholds*. IRL Press, Oxford 1990

[7] DOTY, R. L., GREGOR, T. and SETTLE, R. G. Influences of intertrial interval and sniff bottle volume on the phenyl ethyl alcohol olfactory detection threshold. *Chemical Senses*, 11, 1986, pp. 259-264

[8] DOTY, R. L., DEEMS, D. A., FRYE, R., PELBERG, R. and SHAPIRO, A. Olfactory sensitivity, nasal resistance, and automatic function in the multiple chemical sensitivities (MCS) syndrome. *Arch. Otolaryngol. Head Neck Surg.*, 114, 1988, pp. 1422-1427. (Description of the University of Pennsylvania's Dynamic Air-Dilution Olfactometer)

[9] EN 13725, *Air Quality—Determination of odour concentration by dynamic olfactometry*

[10] FAZZALARI, F. A. *Compilation of Odor and Taste Threshold Values Data*. American Society for Testing and Materials, Philadelphia, 1978

[11] GUADAGNI, D. G. and BUTTERY, R. G. Odor threshold of 2,3,6-trichloroanisole in water. *J. Food Science*, 43, 1978, pp. 1346-1347

[12] VAN HARREVELD, A. Ph., HEERES, P. and HARSSEMA, H. A review of 20 years of standardization of odor concentration measurement by dynamic olfactometry in Europe. *J. Amer. Waste Management Assoc.*, 49(5)

[13] MACMILLAN, N. A. and CREELMAN, C. D. *Detection Theory, A User's Guide*, Cambridge University Press, 1991, 395pp

[14] van GEMERT, L. J. and NETTENBREIJER, A. H. *Compilation of Odour Threshold Values in Air and Water*. Central Institute for Nutrition and Food Research TNO, Zeist, Netherlands, 1977. Supplement V, 1984

ICS 67.220.20
X 42

中华人民共和国国家标准

GB 22367—2008

食品添加剂
天门冬酰苯丙氨酸甲酯(阿斯巴甜)

Food additive—

N-L-α-aspartyl-L-phenylalanine-L-methyl ester (Aspartame)

2008-09-10 发布　　　　2009-03-01 实施

中华人民共和国国家质量监督检验检疫总局
中国国家标准化管理委员会　发布

前　言

本标准的第4章为强制性，其余条文为推荐性。

本标准参考了国际食品法典委员会(CAC)推荐的技术规格(JECFA，2001)和美国《食品用化学品法典》(FCC)的技术规格内容。

本标准的附录A为规范性附录。

本标准由中国轻工业联合会提出。

本标准由全国食品添加剂标准化技术委员会、全国食品发酵标准化中心归口。

本标准起草单位：常州市牛塘化工厂有限公司、中国食品发酵工业研究院、绍兴县亚美生物化工有限公司、江苏汉光甜味剂有限公司、北京维多化工有限责任公司。

本标准主要起草人：任淑芝、李惠宜、陈凯、史明权、沈明、李瑛、柴秋儿。

食品添加剂
天门冬酰苯丙氨酸甲酯(阿斯巴甜)

1 范围

本标准规定了食品添加剂天门冬酰苯丙氨酸甲酯(阿斯巴甜)的技术要求、试验方法、检验规则以及标志、包装、运输和贮存。

本标准适用于由 L-苯丙氨酸、L-天冬氨酸等反应制得的食品添加剂天门冬酰苯丙氨酸甲酯(阿斯巴甜)。

2 规范性引用文件

下列文件中的条款通过本标准的引用而成为本标准的条款。凡是注日期的引用文件,其随后所有的修改单(不包括勘误的内容)或修订版均不适用于本标准,然而,鼓励根据本标准达成协议的各方研究是否可使用这些文件的最新版本。凡是不注日期的引用文件,其最新版本适用于本标准。

GB/T 601 化学试剂 标准滴定溶液的制备

GB/T 602 化学试剂 杂质测定用标准溶液的制备(GB/T 602—2002,ISO 6353-1:1982,NEQ)

GB/T 603 化学试剂 试验方法中所用制剂及制品的制备(GB/T 603—2002,ISO 6353-1:1982,NEQ)

GB/T 613 化学试剂 比旋光本领(比旋光度)测定通用方法(GB/T 613—2007,ISO 6353-1:1982,NEQ)

GB/T 5009.3 食品中水分的测定

GB/T 5009.4 食品中灰分的测定

GB/T 5009.75 食品添加剂中铅的测定

GB/T 6682 分析实验室用水规格和试验方法(GB/T 6682—2008,ISO 3696:1987,MOD)

3 化学名称、分子式、结构式和相对分子质量

3.1 化学名称

天门冬酰苯丙氨酸甲酯。

3.2 分子式

$C_{14}H_{18}N_2O_5$。

3.3 结构式

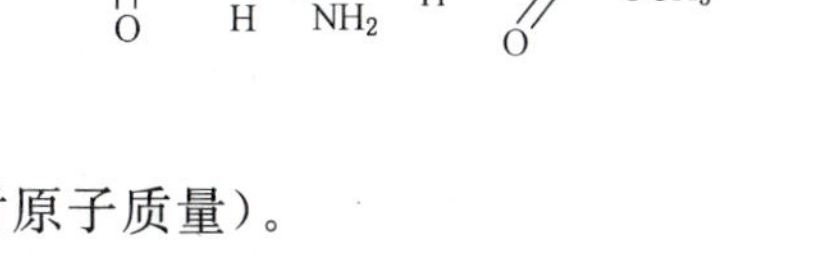

3.4 相对分子质量

294.31(按 2005 年国际相对原子质量)。

4 技术要求

4.1 性状

白色结晶颗粒或粉末,微溶于水和乙醇。

4.2 理化指标

应符合表1的要求。

表1 理化指标

项目		指标
含量(以干基计)质量分数/%		98.0～102.0
比旋光度$[\alpha]_D^{20}$/(°)		+14.5～+16.5
透光率	≥	0.95
干燥失重质量分数/%	≤	4.5
灼烧残渣质量分数/%	≤	0.2
pH		4.5～6.0
铅(Pb)/(mg/kg)	≤	1
5-苄基-3,6-二氧-2-哌嗪乙酸质量分数/%	≤	1.5
其他相关物质量分数/%	≤	2.0

5 试验方法

除非另有说明,在分析中仅使用确认为分析纯的试剂和GB/T 6682中规定的水。分析中所用标准滴定溶液、杂质测定用标准溶液、制剂及制品,在没有注明其他要求时,均按GB/T 601、GB/T 602、GB/T 603的规定制备。

5.1 鉴别

5.1.1 鉴别1

取2 g(水合)茚三酮溶于75 mL二甲基亚砜中,加62 mg还原茚三酮,用4 mol/L乙酸锂缓冲溶液(pH9)稀释至100 mL,过滤。向试管中移入10 mg样品,加2 mL试剂溶液,加热,出现暗紫色。

5.1.2 鉴别2

称取约20 mg样品,溶于1 mL甲醇中,加0.5 mL用盐酸羟胺饱和的甲醇,混合后加0.3 mL 5 mol/L的氢氧化钾甲醇溶液。煮沸后冷却,加入盐酸溶液调整pH值至1～1.5,加0.1 mL氯化铁溶液,出现红棕色。

5.2 含量

5.2.1 方法提要

以冰乙酸作溶剂,以结晶紫为指示剂,用高氯酸标准溶液对样品的冰乙酸溶液进行非水滴定。

5.2.2 试剂和溶液

5.2.2.1 冰乙酸。

5.2.2.2 高氯酸标准溶液:0.1 mol/L,按GB/T 601的规定配制与标定。

5.2.2.3 结晶紫指示剂:按GB/T 603的规定配制,浓度为2 g/L。

5.2.2.4 甲酸:98 %。

5.2.3 分析步骤

称取约0.3 g样品(精确至0.000 1g),置于干燥的150 mL碘量瓶中,加入1.5 mL 98%甲酸及60 mL冰乙酸,充分溶解(在通风橱内操作),加入2滴～3滴结晶紫指示剂,立即用0.1 mol/L高氯酸标准溶液滴定,当溶液由深绿色转至淡绿色略带微黄色即为终点。同时做空白试验。

注:用0.1 mol/L高氯酸标准溶液滴定至终点,空白滴定如超过0.1 mL可能会由于含水过多而导致终点用肉眼观察不到;高氯酸应在通风橱中操作。

5.2.4 **结果计算**

含量的质量分数 X_1 按式(1)计算：

$$X_1 = \frac{(V_1 - V_2) \times 0.029\ 43}{m_0 \times (1 - X_0)} \times 100 \quad \cdots\cdots\cdots\cdots (1)$$

式中：

X_1——含量的质量分数，%；

V_1——样品消耗高氯酸标准溶液的体积，单位为毫升(mL)；

V_2——空白试验消耗高氯酸标准溶液的体积，单位为毫升(mL)；

0.029 43——每消耗 1 mL 浓度为 0.1 mol/L 的高氯酸标准溶液相当于以克表示的天门冬酰苯丙氨酸甲酯(阿斯巴甜)($C_{14}H_{18}O_{25}$)的质量；

m_0——称取的样品质量，单位为克(g)；

X_0——样品干燥失重的质量分数，%。

5.2.5 **允许差**

两次平行测定结果之差不超过 0.2 %，取两次测定结果的算术平均值为测定结果。

5.3 **比旋光度$[\alpha]_D^{20}$**

称取约 4 g 样品(精确至 0.000 1g)，样品用足量 15 mol/L 甲酸溶解，并定容至 100 mL，备用。在 30 min 内恒温到 20 ℃，用旋光仪进行测定。具体操作按 GB/T 613 规定的方法测定，结果计算时换算为以干基计。

5.4 **透光率**

5.4.1 **方法提要**

产品溶液在 430 nm 波长处有最大的透光率。

5.4.2 **仪器**

a) 分光光度计；

b) 容量瓶、移液管。

5.4.3 **分析步骤**

称取 0.5 g 样品，用 2 mol/L 盐酸溶解并定容至 50 mL，摇匀。用 1 cm 比色皿于 430 nm 波长处测透光率。用 2 mol/L 盐酸作空白对照。测定结果保留一位小数。

5.5 **干燥失重**

按 GB/T 5009.3 规定的方法测定(105 ℃，4 h)。

5.6 **灼烧残渣**

称取约 1.0 g 样品(精确至 0.000 1 g)，按 GB/T 5009.4 规定的方法测定。

5.7 **pH**

称取样品 0.80 g，用水溶解并定容至 100 mL，用酸度计测定溶液的 pH 值。

5.8 **铅**

按 GB/T 5009.75 规定的方法测定。

5.9 **5-苄基-3,6-二氧-2-哌嗪乙酸**

按附录 A 规定的方法测定。

5.10 **其他相关物**

按附录 A 规定的方法测定。

6 检验规则

6.1 **批次的确定**

由生产单位按照其相应的规则确定产品的批号，经最后混合且有均一性质量的产品为一批。

6.2 取样方法和取样量

在每批产品中随机抽取样品，每批按包装件数的3%抽取小样，每批不得少于三个包装，每个包装抽取样品不得少于100 g，将抽取试样迅速混合均匀，分装入两个洁净、干燥的瓶中，瓶上注明生产厂、产品名称、批号、数量及取样日期，一瓶作检验，一瓶密封留存备查。

6.3 出厂检验

6.3.1 出厂检验项目包括含量、比旋光度、透光率、干燥失重、灼烧残渣、pH、5-苄基-3,6-二氧-2-哌嗪乙酸和其他相关物。

6.3.2 每批产品须经生产厂检验部门按本标准规定的方法检验，并出具产品合格证后方可出厂。

6.4 型式检验

本标准技术要求中规定的所有项目均为型式检验项目。型式检验每一年进行一次，或当出现下列情况之一时进行检验：

——原料、工艺发生较大变化时；

——停产后重新恢复生产时；

——出厂检验结果与正常记录有较大差别时。

6.5 判定规则

对全部技术要求进行检验，检验结果中若有一项指标不符合本标准要求时，应重新双倍取样进行复检。复检结果即使有一项不符合本标准，则整批产品判为不合格。

如供需双方对产品质量发生异议时，可由双方协商选定仲裁机构，按本标准规定的检验方法进行仲裁。

7 标志、包装、运输和贮存

7.1 标志

食品添加剂必须有包装标识和产品说明书，标识内容应包括：品名、产地、生产厂名、卫生许可证号、生产许可证号、规格、生产日期、批号或者代号、保质期限、产品标准号等，并在标识上明确标示“食品添加剂”字样。

7.2 包装

产品的包装应采用国家批准的、并符合相应的食品包装用卫生标准的材料。

7.3 运输和贮存

7.3.1 产品在运输过程中不得与有毒、有害及污染物质混合载运，避免雨淋日晒等。

7.3.2 产品应贮存在通风、清洁、干燥的地方，不得与有毒、有害及有腐蚀性等物质混存。

7.3.3 产品自生产之日起，在符合上述贮运条件、包装完好的情况下，保质期应不少于12个月。

附 录 A
（规范性附录）
5-苄基-3,6-二氧-2-哌嗪乙酸(BDPA)及其他相关物的测定(HPLC 法)

A.1 方法提要

样品用甲醇溶液[甲醇：水=1：9(体积比)]溶解，用配备紫外检测器的高效液相色谱测定，外标定量法。

A.2 试剂和材料

除非另有说明，在分析中仅使用确认为分析纯的试剂和 GB/T 6682 中规定的水。

A.2.1 USP 标准不纯物 BDPA。

A.2.2 磷酸二氢钾。

A.2.3 甲醇：色谱纯。

A.2.4 稀释溶液：200 mL 水和 1 800 mL 甲醇混合制得。

A.3 仪器和设备

高效液相色谱仪：配备紫外检测器。

A.4 色谱条件

A.4.1 色谱柱：色谱柱填充十八烷基硅胶，柱 250 mm×4.6 mm。

A.4.2 流动相：称取 5.6 g 磷酸二氢钾到 1 000 mL 的容量瓶中，加 820 mL 水溶解，用磷酸调节 pH 到 4.3，加 180 mL 甲醇，混匀，用 0.45 μm 滤膜过滤后脱气。

A.4.3 流动相流速：2 mL/min。

A.4.4 检测波长：210 nm。

A.4.5 进样量：20 μL。

A.4.6 柱温：40 ℃。

注：系统适用性为三次重复注入标准溶液所得到的面积响应的相对标准误差不大于 2.0%。

A.5 分析步骤

A.5.1 BDPA 标准溶液的制备

准确称取 25 mg USP 标准不纯物 BDPA，置于 100 mL 的容量瓶中，加 10 mL 甲醇溶解，用水稀释到刻度，混匀。吸取 15 mL 上述溶液至 50 mL 的容量瓶，用稀释溶液(A.2.4)稀释到刻度，混匀，用 0.45 μm微孔膜过滤。该溶液应现用现配。

A.5.2 样品溶液的制备

准确称取 50 mg 的样品，置于 10 mL 的容量瓶中，用稀释溶液(A.2.4)稀释到刻度，混匀，用 0.45 μm微孔膜过滤。该溶液应现用现配。

A.5.3 BDPA 的测定

分别注入按 A.5.1 和 A.5.2 制备的 BDPA 标准溶液和样品溶液各 20 μL，记录色谱图及色谱图上 BDPA 的峰面积响应值。BDPA 的保留时间大约是 4 min；天门冬酰苯丙氨酸甲酯(阿斯巴甜)的保留时间大约是 11 min。

A.6 BDPA 含量的结果计算

BDPA 的质量分数按式(A.1)计算：

$$X_2 = \frac{A_U \times c_S}{A_S \times m} \times 1\ 000 \qquad \cdots\cdots(A.1)$$

式中：

X_2——样品中 BDPA 的质量分数，%；

A_U——BDPA 在样品中的峰面积响应值；

c_S——BDPA 在标准溶液中的浓度，单位为毫克每毫升(mg/mL)；

A_S——BDPA 在标准品中的峰面积响应值；

m——样品的质量，单位为毫克(mg)。

A.7 其他相关物的测定和判断

A.7.1 其他相关物标准溶液的制备

吸取用于 BDPA 含量检测的待测液 2 mL 到 100 mL 的容量瓶中，用稀释溶液(A.2.4)稀释到刻度，混匀。

A.7.2 测定和判断

分别注入按 A.7.1 和 A.5.2 制备的其他相关物标准溶液和样品溶液各 20 μL，记录色谱时间为两倍的天门冬酰苯丙氨酸甲酯(阿斯巴甜)保留时间。除去 BDPA 的峰面积响应值，样品溶液其他峰面积响应值的总和不得大于其他相关物标准溶液所获得的天门冬酰苯丙氨酸甲酯(阿斯巴甜)峰面积响应值。

ICS 77.080.20
H 11

中华人民共和国国家标准

GB/T 22368—2008

低合金钢　多元素含量的测定 辉光放电原子发射光谱法(常规法)

Low-alloy steel—Determination of multi-element contents—Glow discharge optical emission spectrometry(Routine method)

2008-09-11 发布　　2009-05-01 实施

中华人民共和国国家质量监督检验检疫总局
中国国家标准化管理委员会　发布

前　言

本标准的附录A为规范性附录，附录B、附录C为资料性附录。

本标准由中国钢铁工业协会提出。

本标准由全国钢标准化技术委员会归口。

本标准负责起草单位：钢铁研究总院。

本标准参加起草单位：宝钢股份公司、本溪钢铁（集团）公司、唐山钢铁公司。

本标准主要起草人：李小佳、滕璇、韩永平。

本标准是首次制定。

低合金钢　多元素含量的测定
辉光放电原子发射光谱法(常规法)

警告:使用本标准的人员应有正规实验室工作的实践经验。本标准并未指出所有可能的安全问题。使用者有责任采取适当的安全和健康措施,并保证符合国家有关法规规定的条件。

1　范围

本标准规定了辉光放电原子发射光谱法测定碳、硅、锰、磷、硫、铬、镍、铝、钛、铜、钴、硼、钒、钼、铌含量的方法。

本标准适用于低合金钢中碳、硅、锰、磷、硫、铬、镍、铝、钛、铜、钴、硼、钒、钼、铌含量的测定,各元素测定范围列于表1。

表 1　各元素的测定范围

元　　素	测定范围(质量分数)/%
C	0.005～1.00
Si	0.005～1.00
Mn	0.005～2.00
P	0.002～0.10
S	0.001～0.05
Cr	0.005～1.00
Ni	0.005～1.00
Al	0.001～0.50
Ti	0.002～0.50
Cu	0.01～0.50
Co	0.005～0.20
B	0.000 5～0.010
V	0.01～1.0
Mo	0.005～1.00
Nb	0.005～0.50

2　规范性引用文件

下列文件中的条款通过本标准的引用而成为本标准的条款。凡是注日期的引用文件,其随后所有的修改单(不包括勘误的内容)或修订版均不适用于本标准,然而,鼓励根据本标准达成协议的各方研究是否可使用这些文件的最新版本。凡是不注日期的引用文件,其最新版本适用于本标准。

GB/T 6379.1　测量方法与结果的准确度(正确度与精密度)　第1部分:总则与定义(GB/T 6379.1—2004,ISO 5725-1:1994,IDT)

GB/T 6379.2　测量方法与结果的准确度(正确度与精密度)　第2部分:确定标准测量方法重复性与再现性的基本方法(GB/T 6379.2—2004,ISO 5725-2:1994,IDT)

GB/T 19502 表面化学分析 辉光放电发射光谱方法通则(GB/T 19502—2004,ISO 14707:2000,IDT)

ISO 5725-3 测量方法与结果的准确度(正确度与精密度)——第3部分:标准测量方法精密度的中间度量

3 原理

将具有平整表面的被测样品作为辉光放电装置的阴极,样品在直流或射频辉光放电装置中产生阴极溅射,被溅射的样品原子离开样品表面扩散到等离子体中,通过碰撞激发,发射出特征谱线。对样品原子的特征谱线进行光谱测量。根据被测样品中元素的谱线强度与浓度的关系,通过校准曲线求出分析样品中待测元素的含量。

4 试剂与材料

4.1 放电气体

通常为高纯氩,纯度要求达到99.999%。

4.2 标准样品

通常为有证标准样品(CRM)或标准样品(RM)。用于日常分析绘制校准曲线时,所选系列有证标准样品或标准样品中各分析元素含量应覆盖分析范围且有适当的梯度;用于对仪器进行漂移校正时,所选有证标准样品或标准样品应有良好的均匀性,且接近校准曲线的上限和下限。

5 仪器

5.1 辉光放电发射光谱仪

5.1.1 基本要求

辉光放电发射光谱仪一般是由在GB/T 19502中描述的Grimm型或类似的辉光放电光源(包括直流和射频供电模式)和同时型光谱检测器组成,也可使用扫描型光谱检测器。光谱仪具备适合于被分析元素的分析线。直径在2 mm~8 mm的范围内的阳极均可使用。阴、阳极之间的距离一般在0.1 mm~0.3 mm。放电气体为高纯氩,氩气的纯度要求达到99.999%。推荐使用冷却装置,但是在该方法里不严格要求使用冷却装置。分光计的一级光谱线的色散的倒数应小于0.55 nm/mm,焦距为0.5 m~1.0 m,分光计的真空度应小于10 Pa。

5.1.2 稳定性要求

为了检查仪器是否稳定,应当进行下列测试。

用一块均匀的块状样品进行测试,即对该样品中某一含量(质量分数)大于1%的元素的强度进行11次测定,每次测定前,至少要放电60 s以达到放电稳定,数据采集时间应在5 s~30 s之间,每次测定都要在新的表面上进行。计算这11次测定值的标准偏差,相对标准偏差不应超过2%。

5.1.3 检出限

仪器的检出限应达到表1中浓度范围下限的1/3,若达不到,至少达到需测浓度的1/3,或20 mg/kg(两个数据中,取数据小者)。检测下限的测量可以采SNR或SBR-RSDB法(见附录A)。

5.1.4 其他的仪器基本要求参考GB/T 19502。

6 取样和样品制备

6.1 取样

分析样品应保证均匀,无缩孔和裂纹,铸态样品的制取应将钢水注入规定的模具中(用铝脱氧时,脱氧剂的含量不应超过0.35%),钢材取样应选取具有代表性的部位。

6.2 样品的制备

从模具中取出的样品,一般在高度方向的下端1/3处截取样品,未经切割的样品,其表面必须去掉1 mm的厚度。切割设备采用装有树脂切割片的切割机。

采用适当的方法处理样品表面,以保证样品表面平整,洁净。对于薄板样品,采用乙醇或丙酮清洁样品表面即可。

研磨设备可采用砂轮机、砂纸磨盘或砂带研磨机,选择不同的研磨材料可能对相关的痕量元素检测带来影响。推荐使用0.125 mm以上的砂纸砂带或砂轮,亦可采用铣床加工。

样品的大小必须适合于仪器光源所允许的大小尺寸。标准样品和分析样品应在同一条件下研磨。

7 仪器的准备

7.1 仪器工作环境

放置光谱仪的实验室应防震、洁净,一般室温应保持在18 ℃～26 ℃,相对湿度应保持在20%～80%。

7.2 仪器参数的优化

7.2.1 概述

根据制造厂家的说明启动并稳定运行仪器,应按照仪器制造商给出的程序检查并确保光谱仪的入口狭缝调整正确,以保证光谱仪在光谱线的峰值测量发射强度,获得理想的信背比(详细信息见GB/T 19502)。推荐在测量前用一块普通的样品激发至少3次。

7.2.2 设置直流辉光放电参数

直流辉光放电光谱仪有三个可控放电参数:电流、电压和气压,通过调节其中一个参数来实现其他两个参数的恒定。直流辉光光谱仪一般采取调节气压以恒定电压电流模式。使用者也可以采用其他操作模式或是厂家推荐的模式。

7.2.2.1 恒定电压-电流模式

恒定的两个参数是电压和电流。在仪器上把控制参数设为是恒定电压-电流模式。设置这两个参数的值为厂家的推荐值,若推荐值不合适,按下列步骤选择最佳条件:

a) 选择一块样品,设定一个最初放电参数或厂家推荐值。对于直流辉光光源,2 mm～2.5 mm的阳极,电流为5 mA～20 mA;4 mm的阳极,电流为15 mA～45 mA;7 mm～8 mm的阳极,电流为40 mA～100 mA。电压一般为700 V～1 300 V。测定每一个分析元素的谱线强度,固定其中一个参数,逐步改变另一个参数,每改变一次参数,测量元素分析谱线强度7次或11次。在整个仪器允许的范围内进行测量;

b) 固定在第一步中变化的参数,逐渐改变另一个参数,重复第一步中的操作。对测量结果进行计算,考察放电参数对强度和相对标准偏差的影响,从而选出最佳放电参数。

7.2.2.2 恒定电流-气压模式

恒定的两个参数是电流和气压。在仪器上把控制参数设为是恒定电流-气压模式。设置这两个参数的值为厂家的推荐值。若推荐值不合适,按下列步骤选择最佳条件:

a) 选择一块样品,设定一个最初放电参数或厂家推荐值。对于直流辉光光源,2 mm～2.5 mm的阳极,电流为5 mA～20 mA;4 mm的阳极,电流为15 mA～45 mA;7 mm～8 mm的阳极,电流为40 mA～100 mA。调节气压,使电压为700 V～1 300 V。测定每一个分析元素的谱线强度,固定其中一个参数,逐步改变另一个参数,每改变一次参数,测量元素分析谱线强度7次或11次。在整个仪器允许的范围内进行测量;

b) 固定在第一步中变化的参数,逐渐改变另一个参数,重复第一步中的操作。对测量结果进行计算,考察放电参数对强度和相对标准偏差的影响,从而选出最佳放电参数。

7.2.3 设置射频辉光放电参数

目前大多数的射频光源都采用恒定功率-气压模式。但也存在其他模式如恒定功率-电压模式、恒定功率和直流偏压、恒定有效功率和RF电压、恒定电压-气压模式、恒定功率-氩气流速模式等。如果一种操作模式能确保在校准和分析中有稳定的激发条件,以便能达到最佳的准确度,那么这种射频操作模式就可在本方法中使用。

7.2.3.1 恒定功率-气压模式

恒定的两个参数是功率和气压。在仪器上把控制参数设为是恒定功率-气压模式。首先设置这两个参数的值为厂家的推荐值。若推荐值不合适,按下列步骤选择最佳条件:

a) 选择一块样品,最初选定一个放电参数,可为厂家推荐值或仪器允许参数设置范围的中间值,测定每一个分析元素的谱线强度,固定其中一个参数,逐步改变另一个参数,每改变一次参数,测量元素分析谱线强度7次或11次。在整个仪器允许的范围内进行测量;
b) 固定在第一步中变化的参数,逐渐改变另一个参数,重复第一步中的操作。对测量结果进行计算,考察放电参数对强度和相对标准偏差的影响,从而选出最佳放电参数。
使用类似方法优化射频光源其他模式的放电参数。

7.2.3.2 射频发生器匹配器的优化

射频光源检测样品时,使用被测样品进行匹配器的优化,调节匹配器参数,使反射功率达到最低。

对于自动匹配调节的仪器,一般需设置参数的初始值。初始值与最佳值越接近,自动匹配时间越短。初始值可使用厂家推荐值,若厂家推荐值不合适,可按下述方法或厂家推荐的其他方法选择初始值。

对被测样品进行深度分析,观察匹配参数曲线。如果曲线初始端呈上升状态,则增大该参数的初始值,反之,则减小。当参数曲线的初始端基本呈平稳的直线时,为合适的初始值。

7.2.4 检测系统的优化

光电倍增管的高压的选择应根据检测器的类型和测量元素的浓度范围来决定。通过激发样品,观察元素的信号强度,调整检测器的高压,使得对低浓度元素来说能保证足够的灵敏度,而对高浓度的元素不溢出。

7.2.5 预溅射时间和积分时间

辉光起辉后,需要一定的时间才能达到稳定。达到稳定所需时间与仪器本身和样品的表面状况有关。信号接收应在溅射稳定之后进行。设置合理的预溅射时间,一方面可以使辉光稳定,另一方面可清洁样品表面,消除在样品制备过程中带来的污染。

选择厂家的预溅射时间推荐值,若推荐值不合适,按照下列步骤选择预溅射时间:

连续激发样品,记录谱线强度与溅射时间的对应关系图,从图上可以确定辉光达到稳定溅射所需时间。

积分时间可选择厂家推荐值,若推荐值不合适,按照下列步骤选择积分时间:

选择一系列积分时间,一般为5 s～50 s,测量元素7次或11次,考察积分时间对强度和相对标准偏差的影响,从而选出最佳积分时间。

8 分析步骤

8.1 分析谱线的选择

对每一个待测元素,都存在一些可以使用的谱线。通常谱线的选择受到几个因素的影响,即仪器谱线的范围,分析元素的浓度,谱线的灵敏度和来源于其他谱线的干扰。本标准不指定特殊的分析线,表2列出了本标准中待测15个元素一些合适的谱线供参考。只要满足以上几个条件,其他谱线也可使用。

表 2　推荐的内标线和分析线

元　　素	波长/nm
Fe(内标线)	249.326
	371.994
	371.029
C	165.700
	156.143
Si	288.158
Mn	403.449
P	177.497
S	180.731
Cr	267.716
	425.433
Ni	225.386
	349.296
	341.477
Al	396.152
Ti	337.279
	334.941
Cu	219.226
	327.396
V	411.179
Mo	386.411
Co	345.351
B	182.641
	208.951
Nb	316.340

8.2　校准曲线的制作

激发一系列标准样品，测量谱线强度，每个样品应至少溅射 3 次，每次溅射在新的表面上进行，3 次测量的结果的极差不能超过重复性限 r，取强度平均值。用强度平均值对含量制作校准曲线。对于1 个分析元素必须保证至少有 5 块标准样品，标准样品的含量范围必须涵盖待测元素的含量范围，标准样品的含量值应相对均匀的分布在整个含量范围，而不是过于集中于某一点或某些点。标准样品必须是均匀的。基体成分和组织结构尽可能与待测样品相近。推荐选用 Fe 作为内标元素。

8.3 工作条件的确认

在所选定的工作条件下，选择 2 块～5 块标准样品，按 5.1.2 和 5.1.3 的要求测试验证是否满足，若不满足，重新制作校准曲线，或重新优化工作条件。

8.4 方法准确性的验证

使用标准样品对所建立的方法（包括选定的参数及所制备的校准曲线）准确性进行检验。对曲线所包含的整个含量范围进行验证。使用的验证标准样品不应为制作曲线时使用的标准样品。调整校准曲线以达到最佳的准确度。若检验结果不符合要求，则需重新建立校准曲线，甚至重新优化仪器参数。

8.5 漂移校正

在使用已建立的方法测定样品前，必须对仪器的漂移状况进行检验，检测仪器是否漂移的方法与验证方法准确性（8.4）相同。如果结果在指定的准确度之内，则不必进行漂移修正；如果结果超过了限值则必须进行漂移修正。

漂移校正的方法为：进行漂移校正后，推荐按 8.4 的方法重新验证漂移校正后的校准曲线。以证实校准曲线的准确性。

8.6 样品分析

使用已建立的方法，根据需要进行了漂移校正后，可以进行未知样品的分析。每个未知样品应至少溅射 3 次，取平均值。

9 结果计算

根据分析谱线强度平均值（使用内标法时，则根据待测元素与内标元素的强度比），从校准曲线上求出待测元素的含量。

待测元素的分析结果应在校准曲线所用的一系列标样的含量范围内。

10 精密度

本标准的精密度试验是 2006 年由 5 个国家的 8 个实验室，对 9 个水平的碳含量、11 个水平的硅含量、13 个水平的锰含量、13 个水平的磷含量、12 个水平的硫含量、11 个水平的铬含量、9 个水平的镍含量、8 个水平的铝含量、9 个水平的钛含量、13 个水平的铜含量、5 个水平的钴含量、7 个水平的硼含量、8 个水平的钒含量、10 个水平的钼含量、5 个水平的铌含量进行测定，每个实验室对每个水平的各元素含量测定 3 次（见注 1 和注 2）。

注 1：3 次测定中的前两次是在 GB/T 6379.1 规定的重复性条件下进行，即由同一实验员、用同一仪器、相同的实验条件、同一校准，在最短的时间内进行测定。

注 2：第三次测定由注 1 中的实验员，用同一台仪器，在不同时间（不同天），用新的校准进行。

所用试样列于附录 B 中表 B.1。

根据 GB/T 6379.1、GB/T 6379.2 和 ISO 5725-3，对得到的结果进行统计分析。

元素含量与试验结果的重复性限（r）和再现性限（R 和 R_W）的关系（见注 3），汇总于表 3。数据图示由附录 C 给出。

注 3：由第一天所得的两个结果和第二天所得的结果，按 ISO 5725-3 规定的方法，计算重复性限（r）和再现性限（R 和 R_W）。

表 3 重复性限和再现性限结果

元素	重复性限	再现性限	
	r	R_W	R
C	$\lg r=0.639\,8\lg m-1.541\,5$	$\lg R_W=0.566\,4\lg m-1.439\,9$	$\lg R=0.560\,3\lg m-1.045\,2$
Si	$\lg r=0.552\,2\lg m-1.718\,6$	$\lg R_W=0.464\,8\lg m-1.441\,8$	$\lg R=0.484\,7\lg m-1.093\,4$
Mn	$\lg r=0.664\,8\lg m-1.763\,2$	$\lg R_W=0.619\,1\lg m-1.528\,8$	$\lg R=0.547\,0\lg m-1.188\,7$
P	$\lg r=0.678\,4\lg m-1.851\,5$	$\lg R_W=0.526\,2\lg m-1.763\,5$	$\lg R=0.691\,6\lg m-1.116\,2$
S	$\lg r=0.405\,7\lg m-2.133\,2$	$\lg R_W=0.480\,5\lg m-1.756\,9$	$\lg R=0.455\,6\lg m-1.490\,6$
Cr	$\lg r=0.732\,5\lg m-1.936\,0$	$\lg R_W=0.864\,8\lg m-1.391\,4$	$\lg R=0.836\,6\lg m-0.922\,3$
Ni	$\lg r=0.603\,6\lg m-2.019\,0$	$\lg R_W=0.621\,4\lg m-1.550\,1$	$\lg R=0.519\,9\lg m-1.250\,2$
Al	$\lg r=0.316\,9\lg m-2.196\,4$	$\lg R_W=0.546\,4\lg m-1.459\,2$	$\lg R=0.655\,6\lg m-1.001\,9$
Ti	$\lg r=0.640\,3\lg m-1.617\,2$	$\lg R_W=0.692\,5\lg m-1.293\,2$	$\lg R=0.660\,1\lg m-1.100\,0$
Cu	$\lg r=0.399\,4\lg m-2.082\,9$	$\lg R_W=0.434\,6\lg m-1.684\,5$	$\lg R=0.436\,7\lg m-1.332\,9$
Co	$\lg r=0.336\,0\lg m-2.191\,3$	$\lg R_W=0.299\,9\lg m-1.627\,1$	$\lg R=0.448\,7\lg m-1.251\,4$
B	$\lg r=0.771\,8\lg m-1.786\,6$	$\lg R_W=0.478\,7\lg m-2.252\,9$	$\lg R=0.773\,2\lg m-0.773\,4$
V	$\lg r=0.507\,1\lg m-1.912\,0$	$\lg R_W=0.939\,5\lg m-1.183\,0$	$\lg R=0.758\,5\lg m-1.035\,4$
Mo	$\lg r=1.015\,3\lg m-1.539\,3$	$\lg R_W=0.829\,9\lg m-1.402\,1$	$\lg R=0.780\,0\lg m-1.051\,7$
Nb	$\lg r=0.531\,8\lg m-1.653\,9$	$\lg R_W=0.538\,2\lg m-1.252\,3$	$\lg R=0.654\,7\lg m-0.895\,3$

11 试验报告

试验报告应包括下列内容：

a) 鉴别试料、实验室和分析日期等资料；

b) 遵守本标准规定的程度；

c) 分析结果及其表示；

d) 测定中观察到的异常现象；

e) 对分析结果可能有影响而本标准未包括的操作或者任选的操作。

附　录　A
（规范性附录）
检测限测试方法

A.1　SNR 法

SNR 方法即为信噪比(Signal-to-Noise Ratio)方法。操作步骤如下：

(1)　选择一块块状样品作为空白样品。该样品的基体化学成分必须与需分析的样品类似。并且已知被分析元素的含量不超过 1 mg/kg。

(2)　在空白样品上重复溅射 11 次。每次溅射时，在被分析元素分析波长处积分 10 s，这些测量值是背景发射强度。所使用的辉光放电条件应该与分析样品时所用到的条件相同。每次测量时，空白样品应该预溅射足够长的时间，以取得稳定的信号。每次溅射时要在空白样品表面的未溅射处。

(3)　使用式(A.1)计算检测限：

$$DL = 3S/m \qquad \cdots\cdots(A.1)$$

式中：

DL——检测限；

S——第(2)步所进行 11 次背景强度测试的标准偏差；

m——进行仪器校准时所得的分析灵敏度，即强度与质量分数的比率。

A.2　SBR-RSDB 法

这种方法叫做信背比-背景相对标准偏差法(Signal-to-Background Ratio-Relative Standard Deviation of the Background)。该法不需要空白样品。操作步骤如下：

(1)　选择基体化学成分与被分析样品类似的块状样品，被分析元素的质量分数已知并且大于 0.1%。如果使用有自吸倾向的分析线，则被分析元素的质量分数不应超过 1%；

(2)　在所选择的样品上溅射 3 次。每次溅射时在被分析元素分析波长处积分 10 s。所使用的辉光放电条件应该与分析样品时所使用的相同。每次测量时应该预溅射足够长的时间，以取得稳定的信号。每次溅射时要溅射在样品表面的未溅射处。取 3 次发射强度测量值的平均值；

(3)　在发射波谱中选择一个在被分析元素分析峰旁 0.2 nm 以内的无峰区，在所选择的样品上溅射 11 次。每次溅射时，在所选择无峰区处积分 10 s。将这些强度测量值作为背景强度值，辉光放电条件及预溅射条件与第(2)步的相同，每次溅射时要在样品表面的未溅射处。计算 11 次测量值的平均值及相对标准偏差；

(4)　按以下的方程计算检测限：

$$DL = 3A(RSDB/100)/(S-B)/B \qquad \cdots\cdots(A.2)$$

式中：

DL——检测限；

A——样品中被分析元素的质量分数；

$RSDB$——第(3)步中背景强度的相对标准偏差，以百分数表示；

B——第(3)步中背景强度平均值；

S——第(2)步中被分析元素峰值强度平均值。

附 录 B
（资料性附录）
国际合作试验附加资料

表 B.1 共同试验使用样品

样品序号	试样	元素含量(质量分数)/%															
		C	Si	Mn	P	S	Cr	Ni	Al	Ti	Cu	Co	B	V	Mo	W	Nb
58-1	1265a	0.006 7	0.008 8	0.005 7	0.001 1	0.005 5	0.007 2	0.041	(0.000 7)	(0.000 1)	0.005 8	0.007 0	0.000 13	0.000 6	0.005 0	<1	
58-2	GBW 01390	0.032	3.38	2.08	0.018	0.008 7	0.627	0.060	0.006 7	0.037	0.350		0.022				
58-3	GBW(E) 10139	1.09	1.12	0.320	0.054	0.004 3	2.12	2.06	0.059	0.26	0.095		0.001 9	0.429	0.43	0.008	0.24
58-4	GSBH 40068-4	0.345	0.410	0.674	0.036	0.052	1.04	1.94	0.271	0.242	0.999	0.200	0.010	0.198	0.116	0.598	0.311
58-5	YSBS 23301-1	0.055	1.87	1.79	0.043	0.052	0.061	5.07	0.040	0.304	0.397		0.000 43	0.072	0.064	1.40	0.087
58-6	YSBS 23301-2	0.71	0.90	2.53	0.006 1	0.017	3.08	0.132	0.416	0.050	0.243		0.001 5	0.479	2.00	0.646	0.005 0
58-7	YSBS 23301-3	1.45	0.20	0.096	0.029	0.002	6.04	2.48	1.00	0.111	0.090		0.008 3	1.50	0.95		0.045
58-8	YSBS 13108	0.59	0.25	0.73	0.009 8	0.025	0.014	0.008			0.015						
58-9	GBW(E) 010141	1.18	0.478	1.30	0.068	0.000 9	0.161	2.17	0.81	1.06	0.044			0.050	0.471	0.053	
58-10	12x12746	0.032	0.16	1.93	0.068	0.08	0.23	0.21	0.01	0.05	0.50	0.11		0.01	0.61	0.12	
58-12	BS37E	1.51	0.37	0.29	0.024	0.002	11.54	0.34	0.002	0.002	0.053	0.021	0.001	0.78	0.79	0.021	
58-13	YSBS 13307-99	0.14	0.45	0.62	0.131	0.022	0.85							0.19	0.38		
58-14	GBW 01388	0.120	0.162	0.257	0.040	0.038	0.090	0.837	1.47	0.014	0.157		0.009 0				
58-15	YSBS 11078-2003	0.001 8	0.003 8	0.005 7	0.003 1	0.001 6	0.032	0.066	0.001		0.022	0.004 1			0.019		
58-16	YSBS 15006-98	0.012	0.017	0.034	0.001 9	0.020	0.016	0.030	0.050		0.021						

表 B.2 碳的样品和精密度数据

样品	碳含量(质量分数)/%		精密度数据		
	认可值	测定值	重复性限 r	再现性限 R	再现性限 R_W
1265a	0.006 7	0.005 97	0.001 325	0.005 431	0.003 404
TSBS15006-98	0.012	0.010 039	0.002 855	0.010 03	0.003 482
GBW01390	0.032	0.029 956	0.001 479	0.009 875	0.002 949
12x12746	0.032	0.025 942	0.003 611	0.019 432	0.005 738
YSBS23301-1	0.055	0.056 633	0.004 073	0.010 465	0.004 683
GBW01388	0.12	0.115 93	0.003 896	0.016 429	0.004 939
YSBS13307-99	0.14	0.127 24	0.003 773	0.019 22	0.008 513
GSBH40068-4	0.345	0.346 44	0.022 796	0.057 259	0.025 457
YSBS13108	0.59	0.549 13	0.028 575	0.073 363	0.033 755
YSBS23301-2	0.71	0.755 71	0.030 82	0.120 565	0.049 793

表 B.3 硅的样品和精密度数据

样品	硅含量(质量分数)/%		精密度数据		
	认可值	测定值	重复性限 r	再现性限 R	再现性限 R_W
1265a	0.008 8	0.009 283	0.002 409	0.010 749	0.004 131
TSBS15006-98	0.017	0.018 125	0.001 523	0.013 611	0.006 974
12x12746	0.16	0.167 57	0.004 630	0.019 081	0.011 844
GBW01388	0.162	0.163 699	0.007 978	0.024 39	0.009 544
YSBS23301-3	0.20	0.206 674	0.003 532	0.040 017	0.015 556
YSBS13108	0.25	0.229 497	0.008 651	0.026 403	0.022 267
BS37E	0.37	0.368 693	0.004 113	0.069 851	0.029 121
GSBH40068-4	0.41	0.419 142	0.025 811	0.049 071	0.018 963
YSBS13307-99	0.45	0.446 079	0.032 353	0.053 582	0.027 566
GBW(E)10138	0.478	0.399 628	0.014 234	0.048 414	0.030 886
YSBS23301-2	0.90	0.916 436	0.016 937	0.145 964	0.037 754

表 B.4 锰的样品和精密度数据

样品	锰含量(质量分数)/%		精密度数据		
	认可值	测定值	重复性限 r	再现性限 R	再现性限 R_W
YSBS11078-2003	0.005 7	0.005 976	0.002 382	0.006 237	0.003 403
TSBS15006-98	0.034	0.032 696	0.002 225	0.010 661	0.002 893
YSBS23301-3	0.096	0.099 536	0.000 278	0.016 77	0.002 315

表 B.4（续）

样品	锰含量(质量分数)/%		精密度数据		
	认可值	测定值	重复性限 r	再现性限	
				R	R_W
GBW01388	0.257	0.260 736	0.004 934	0.014 834	0.011 206
BS37E	0.29	0.301 322	0.008 559	0.050 972	0.012 088
GBW(E)10139	0.32	0.316 377	0.004 911	0.019 353	0.008 745
YSBS13307-99	0.62	0.636 765	0.005 271	0.042 991	0.021 118
GSBH40068-4	0.674	0.665 317	0.026 116	0.021 749	0.021 196
YSBS13108	0.73	0.717 06	0.019 464	0.062 673	0.021 675
GBW(E)10138	1.30	1.300 871	0.013 712	0.082 971	0.042 042
YSBS23301-1	1.79	1.761 393	0.065 141	0.138 636	0.067 614
12x12746	1.93	1.975 305	0.050 521	0.106 186	0.049 694
GBW01390	2.08	2.048 888	0.040 991	0.186 619	0.084 184

表 B.5 磷的样品和精密度数据

样品	磷含量(质量分数)/%		精密度数据		
	认可值	测定值	重复性限 r	再现性限	
				R	R_W
TSBS15006-98	0.001 9	0.002 4	0.000 142	0.001 421	0.000 922
YSBS11078-2003	0.003 1	0.002 927	0.000 412	0.000 704	0.000 701
YSBS23301-2	0.006 1	0.007 535	0.000 704	0.002 751	0.001 251
YSBS13108	0.009 8	0.009 185	0.000 750	0.004 615	0.001 753
GBW01390	0.018	0.019 077	0.001 199	0.006 736	0.001 628
BS37E	0.024	0.024 17	0.000 502	0.005 045	0.002 503
YSBS23301-3	0.029	0.032 131	0.000 724	0.011 968	0.002 475
GSBH40068-4	0.036	0.040 492	0.001 846	0.008 286	0.002 417
GBW01388	0.040	0.039 547	0.001 281	0.005 185	0.002 603
YSBS23301-1	0.043	0.048 169	0.003 581	0.011 524	0.004 08
GBW(E)10139	0.054	0.055 969	0.001 712	0.009 595	0.003 310
GBW(E)10138	0.068	0.069 173	0.002 436	0.009 933	0.004 686
12x12746	0.068	0.070 077	0.002 811	0.010 263	0.006 876

表 B.6　硫的样品和精密度数据

样品	硫含量(质量分数)/%		精密度数据		
	认可值	测定值	重复性限 r	再现性限 R	再现性限 R_W
YSBS11078-2003	0.001 6	0.001 313	0.000 77	0.001 502	0.000 999
YSBS23301-3	0.002	0.004 324	0.001 121	0.003 926	0.000 897
BS37E	0.002	0.004 387	0.000 540	0.004 229	0.001 634
GBW(E)10139	0.004 3	0.005 319	0.001 136	0.002 808	0.002 218
1265a	0.005 5	0.005 479	0.000 424	0.001 929	0.000 806
GBW01390	0.008 7	0.009 025	0.001 684	0.003 426	0.001 967
YSBS23301-2	0.017	0.014 893	0.000 938	0.002 592	0.001 460
TSBS15006-98	0.020	0.016 654	0.001 259	0.004 700	0.001 914
YSBS13307-99	0.022	0.019 026	0.000 880	0.002 156	0.002 239
YSBS13108	0.025	0.023 057	0.001 836	0.006 919	0.003 273
GBW01388	0.038	0.035 605	0.001 393	0.007 644	0.005 087
GSBH40068-4	0.052	0.053 496	0.003 096	0.009 191	0.004 198
YSBS23301-1	0.052	0.050 707	0.003 685	0.013 644	0.005 235

表 B.7　铬的样品和精密度数据

样品	铬含量(质量分数)/%		精密度数据		
	认可值	测定值	重复性限 r	再现性限 R	再现性限 R_W
1265A	0.007 2	0.007 7	0.000 291 8	0.003 038	0.000 717
YSBS13108	0.014	0.013 9	0.000 337 2	0.003 099	0.001 354
YSBS15006-98	0.016	0.017 1	0.000 328 4	0.002 291	0.000 907
YSBS11078-2003	0.032	0.043 2	0.003 927 5	0.012 892	0.004 002
YSBS23301-1	0.061	0.054 5	0.001 629 2	0.004 527	0.002 444
GBW01388	0.090	0.091 9	0.001 750 5	0.020 925	0.003 56
GBW(E)10141	0.161	0.165 6	0.003 276	0.032 794	0.008 435
12x12746	0.23	0.239 1	0.006 404	0.061 161	0.008 96
GBW01390	0.627	0.644 34	0.007 18	0.128 677	0.025 825
YSBS13307-99	0.85	0.828 9	0.011 054	0.059 827	0.038 084
GSBH40068-4	1.04	1.03	0.006 64	0.098 01	0.059 01

表 B.8 镍的样品和精密度数据

样品	镍含量(质量分数)/%		精密度数据		
	认可值	测定值	重复性限 r	再现性限	
				R	R_W
YSBS13108	0.008	0.009 7	0.000 552	0.006 296	0.003 66
YSBS15006-98	0.030	0.034 7	0.001 189	0.016 837	0.003 399
1265a	0.041	0.042 4	0.000 962	0.004 765	0.001 875
GBW01390	0.060	0.060 6	0.002 577	0.017 172	0.003 201
YSBS11078-2003	0.066	0.066 9	0.002 065	0.012 889	0.003 673
YSBS23301-2	0.132	0.136 8	0.003 384	0.012 965	0.011 419
12x12746	0.21	0.219 6	0.005 456	0.018 906	0.010 78
BS37E	0.34	0.339 1	0.003 137	0.049 472	0.014 904
GBW01388	0.837	0.816 6	0.008 24	0.059 168	0.036 205

表 B.9 铝的样品和精密度数据

样品	铝含量(质量分数)/%		精密度数据		
	认可值	测定值	重复性限 r	再现性限	
				R	R_W
YSBS11078-2003	0.001	0.004	0.001 580	0.006 631	0.003 827
GBW01390	0.006 7	0.005 9	0.000 741	0.000 829	0.001 051
12x12746	0.01	0.010 1	0.001 174	0.005 708	0.002 39
YSBS23301-1	0.040	0.020 1	0.004 178	0.018 059	0.004 59
YSBS15006-98	0.050	0.056 8	0.001 008	0.007 517	0.005 752
GBW(E)10139	0.059	0.070 5	0.004 618	0.018 832	0.007 524
GSBH40068-4	0.271	0.271 4	0.003 368	0.036 574	0.020 129
YSBS23301-2	0.416	0.434 9	0.006 087	0.076 462	0.024 01

表 B.10 钛的样品和精密度数据

样品	钛含量(质量分数)/%		精密度数据		
	认可值	测定值	重复性限 r	再现性限	
				R	R_W
BS37E	0.002	0.005 209	0.001 189	0.005 863	0.002 298
GBW01388	0.014	0.013 771	0.001 018	0.004 654	0.001 86
GBW01390	0.037	0.039 286	0.005 283	0.007 05	0.005 471
YSBS23301-2	0.05	0.046 014	0.002 812	0.005 647	0.005 855
12x12746	0.05	0.050 252	0.002 294	0.004 788	0.003 634
YSBS23301-3	0.111	0.106 02	0.004 85	0.013 604	0.010 106
GSBH40068-4	0.242	0.238 79	0.009 947	0.026 186	0.015 566
GBW(E)10139	0.26	0.280 25	0.015 114	0.107 65	0.028 745
YSBS23301-1	0.304	0.302 95	0.010 408	0.043 28	0.031 151

表 B.11 铜的样品和精密度数据

样品	铜含量(质量分数)/%		精密度数据		
	认可值	测定值	重复性限 r	再现性限	
				R	R_W
YSBS13108	0.015	0.014 739	0.001 917	0.010 584	0.003 807
YSBS15006-98	0.021	0.023 526 6	0.002 216	0.014 132	0.005 877
YSBS11078-2003	0.022	0.023 447	0.003 536	0.009 698	0.004 842
GBW(E)010141	0.044	0.045 541	0.002 268	0.018 566	0.004 749
BS37E	0.053	0.054 595	0.001 150	0.006 261	0.004 951
YSBS23301-3	0.090	0.088 9	0.002 236	0.005 314	0.003 821
GBW(E)10139	0.095	0.094 865	0.002 255	0.012 922	0.005 508
GBW01388	0.157	0.168 24	0.003 003	0.018 841	0.011 651
YSBS23301-2	0.243	0.244 09	0.005 821	0.027 904	0.009 079
GBW01390	0.350	0.359 89	0.011 302	0.041 534	0.015 029
YSBS13307-99	0.38	0.397 04	0.001 548	0.033 209	0.012 3
YSBS23301-1	0.397	0.393 65	0.007 262	0.032 136	0.015 131
12X12746	0.50	0.517 58	0.016 279	0.050 003	0.024 269

表 B.12 钴的样品和精密度数据

样品	钴含量(质量分数)/%		精密度数据		
	认可值	测定值	重复性限 r	再现性限	
				R	R_W
YSBS11078-2003	0.004 1	0.005 218 9	0.001 981	0.003 765	0.003 906
1265a	0.007 0	0.006 349	0.000 788	0.005 719	0.008 546
BS37E	0.021	0.038 973	0.001 458	0.032 509	0.004 859
12X12746	0.11	0.111 53	0.002 593	0.014 729	0.014 081
GSBH40068-4	0.200	0.207 13	0.005 548	0.022 551	0.017 756

表 B.13 硼的样品和精密度数据

样品	硼含量(质量分数)/%		精密度数据		
	认可值	测定值	重复性限 r	再现性限	
				R	R_W
YSBS23301-1	0.000 43	0.000 629	0.000 051 6	0.000 625	0.000 151
BS37E	0.001	0.000 599	0.000 108	0.000 404	0.000 419
YSBS23301-2	0.001 5	0.002 491	0.000 117	0.002 946	0.000 161
GBW(E)0139	0.001 9	0.001 767	0.000 054 6	0.001 103	0.000 111
YSBS23301-3	0.008 3	0.007 862	0.000 404	0.003 708	0.000 519
GBW01388	0.009 0	0.008 27	0.000 496	0.003 448	0.000 603
GSBH40068-4	0.010	0.010 151	0.000 602	0.004 761	0.001 211

表 B.14 钒的样品和精密度数据

样品	钒含量(质量分数)/%		精密度数据		
	认可值	测定值	重复性限 r	再现性限 R	再现性限 R_W
12X12746	0.01	0.018 89	0.002 355 1	0.006 128	0.001 803 3
GBW(E)010141	0.050	0.054 15	0.003 511 9	0.009 159 1	0.002 980 2
YSBS233012-1	0.072	0.075 72	0.004 459 7	0.010 478 7	0.007 636 9
YSBS13307-99	0.19	0.187 48	0.002 513	0.031 097	0.012 756
GSBH40068-4	0.198	0.200 56	0.001 4	0.018 2	0.012 844
GBW(E)10139	0.429	0.417 63	0.013 98	0.045 634	0.032 829
YSBS23301-2	0.479	0.507 38	0.007 014	0.052 374	0.033 151
BS37E	0.78	0.822 59	0.025 547	0.110 016	0.057 276

表 B.15 钼的样品和精密度数据

样品	钼含量(质量分数)/%		精密度数据		
	认可值	测定值	重复性限 r	再现性限 R	再现性限 R_W
1265a	0.005 0	0.005 419	0.000 161 6	0.003 211 7	0.001 040 3
YSBS11078-2003	0.019	0.019 107	0.000 419 7	0.002 522 2	0.001 033 7
YSBS233012-1	0.064	0.060 333	0.001 280 6	0.005 897 8	0.001 984
GSBH40068-4	0.116	0.117 69	0.005 12	0.012 121	0.006 022
YSBS13307-99	0.38	0.373 3	0.007 306	0.041 412	0.009 307
GBW(E)10139	0.43	0.417 18	0.011 364	0.028 696	0.016 176
GBW(E)010141	0.471	0.463 17	0.027 894	0.087 509	0.042 124
12X12746	0.61	0.620 83	0.017 144	0.053 219	0.026 846
BS37E	0.79	0.800 13	0.015 016	0.121 35	0.071 887
YSBS23301-2	0.95	0.921 65	0.028 304	0.089 852	0.029 05

表 B.16 铌的样品和精密度数据

样品	铌含量(质量分数)/%		精密度数据		
	认可值	测定值	重复性限 r	再现性限 R	再现性限 R_W
YSBS23301-2	0.005 0	0.008 36	0.002 982 1	0.005 737	0.004 984
YSBS23301-3	0.045	0.048 45	0.001 631	0.028 119	0.010 661
YSBS23301-1	0.087	0.091 25	0.005 666 6	0.011 349	0.009 673
GBW(E)10139	0.24	0.244 56	0.010 634	0.059 165	0.032 299
GSBH40068-4	0.311	0.296 49	0.019 973	0.069 389	0.033 071

附 录 C
（资料性附录）
精密度数据图示

各元素精密度数据图示见图 C.1～图 C.15。

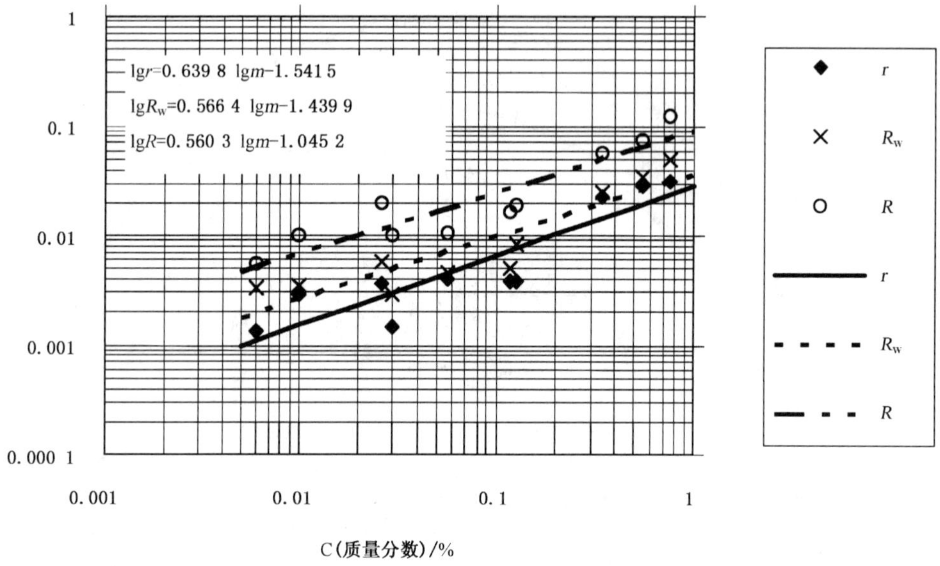

图 C.1

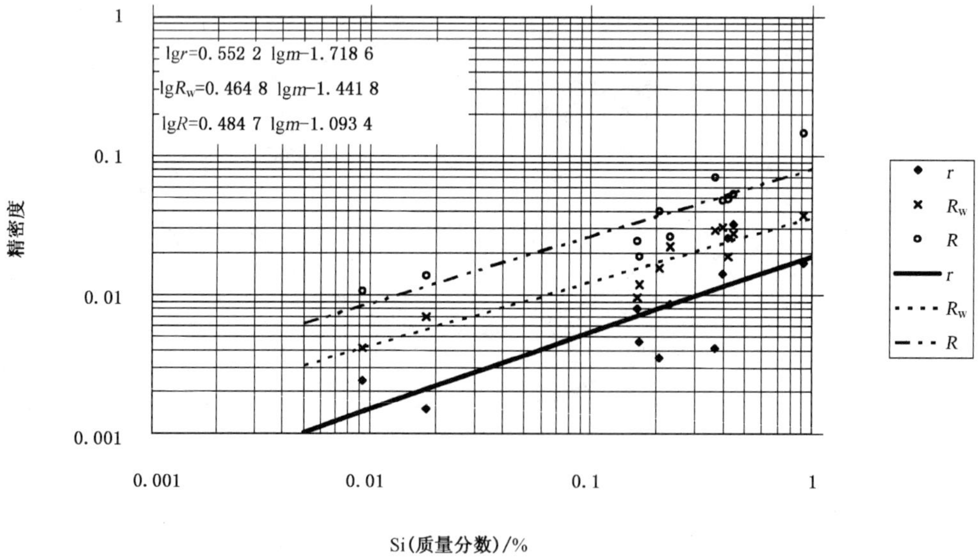

图 C.2

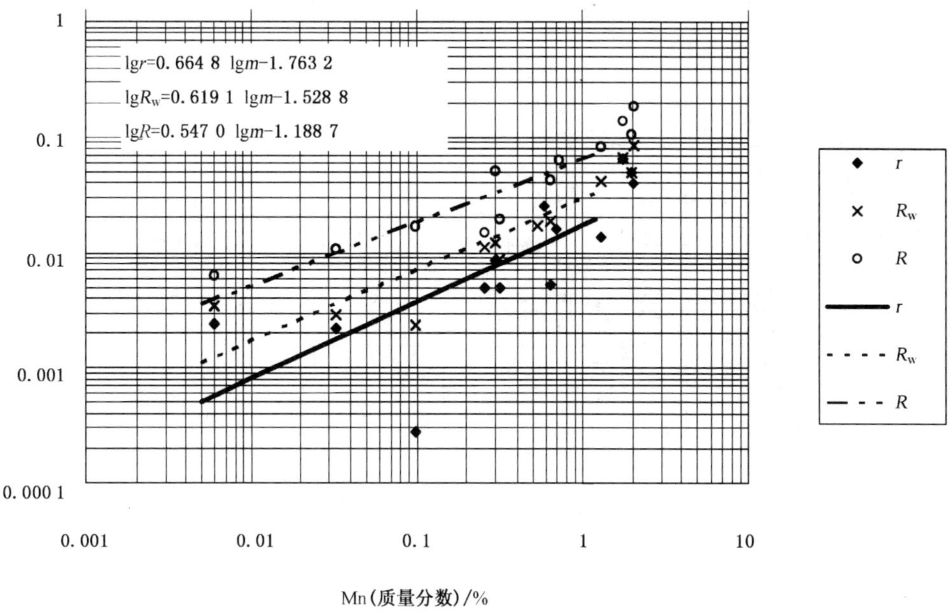
lgr=0.664 8 lgm−1.763 2
lgRw=0.619 1 lgm−1.528 8
lgR=0.547 0 lgm−1.188 7
1
0.1
0.01
0.001
0.000 1
精密度
0.001
0.01
0.1
1
10
Mn(质量分数)/%
r
Rw
R
r
Rw
R

图 C.3

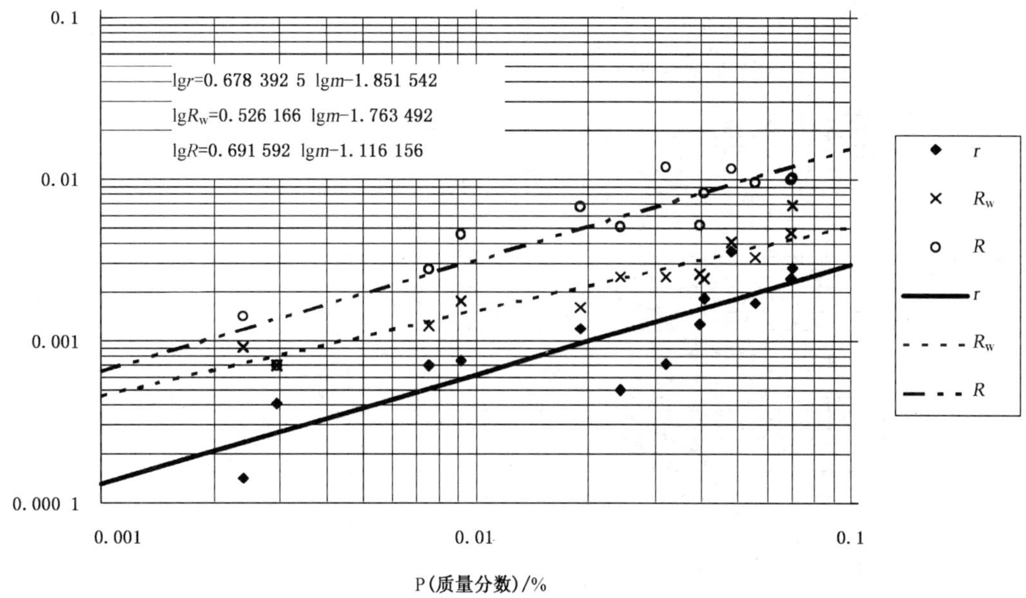
lgr=0.678 392 5 lgm−1.851 542
lgRw=0.526 166 lgm−1.763 492
lgR=0.691 592 lgm−1.116 156
0.1
0.01
0.001
0.000 1
精密度
0.001
0.01
0.1
P(质量分数)/%
r
Rw
R
r
Rw
R

图 C.4

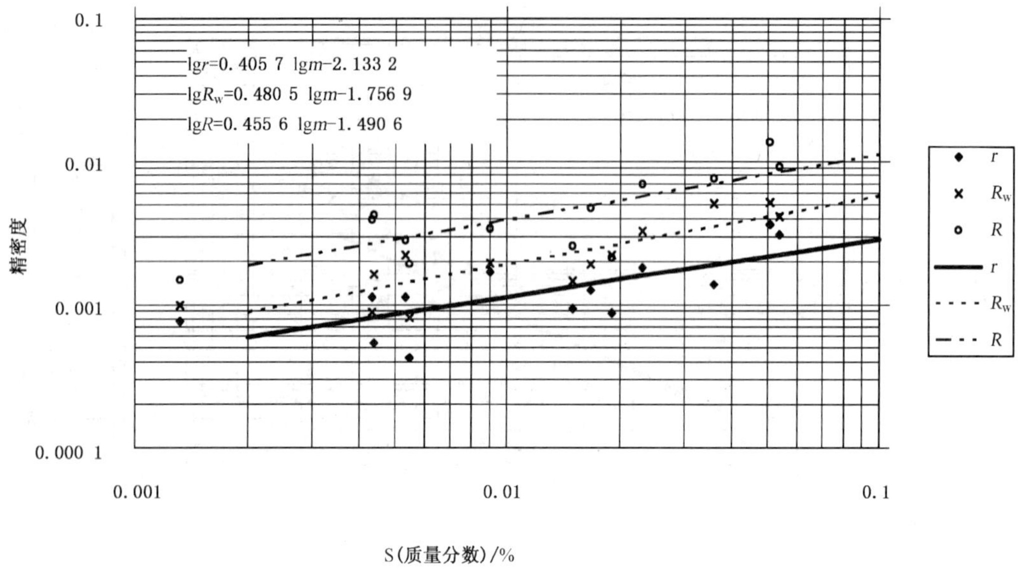
lgr=0.405 7 lgm−2.133 2
lgRw=0.480 5 lgm−1.756 9
lgR=0.455 6 lgm−1.490 6
0.1
0.01
0.001
0.000 1
0.001
0.01
0.1
精密度
S(质量分数)/%
r
Rw
R
r
Rw
R

图 C.5

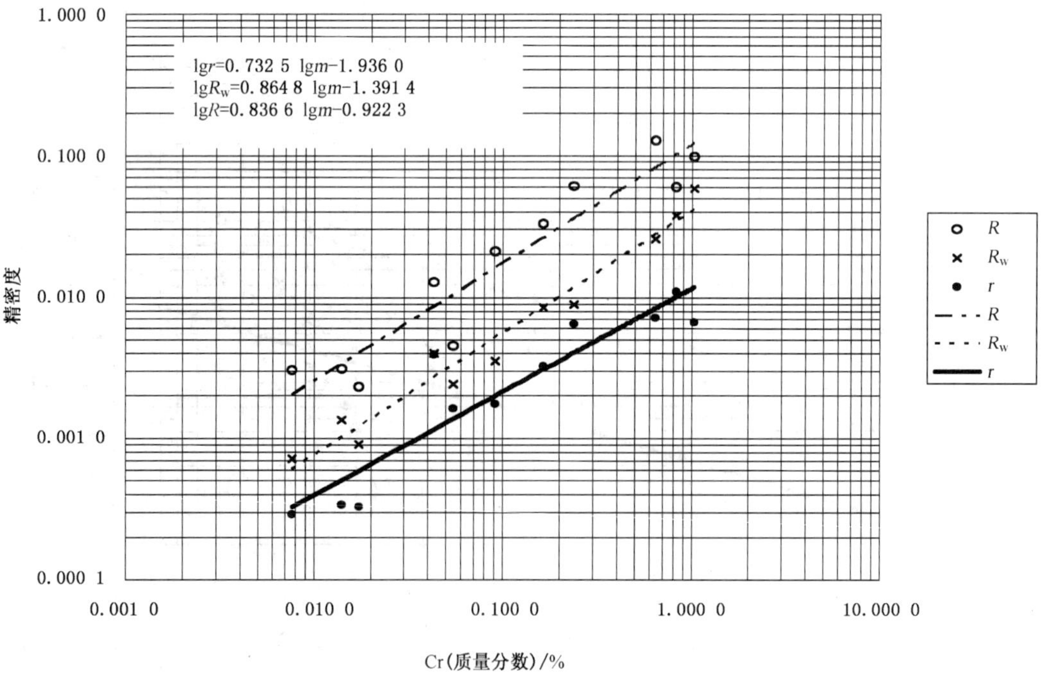
lgr=0.732 5 lgm−1.936 0
lgRw=0.864 8 lgm−1.391 4
lgR=0.836 6 lgm−0.922 3
1.000 0
0.100 0
0.010 0
0.001 0
0.000 1
0.001 0
0.010 0
0.100 0
1.000 0
10.000 0
精密度
Cr(质量分数)/%
R
Rw
r
R
Rw
r

图 C.6

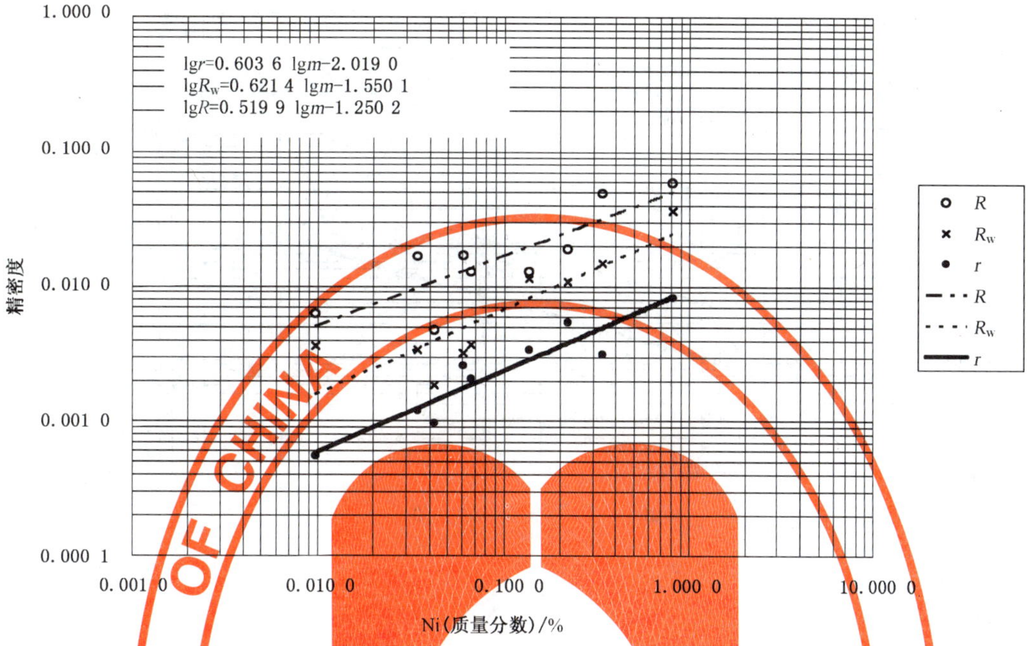
lgr=0.603 6 lgm-2.019 0
lgRw=0.621 4 lgm-1.550 1
lgR=0.519 9 lgm-1.250 2
1.000 0
0.100 0
0.010 0
0.001 0
0.000 1
精密度
0.001 0
0.010 0
0.100 0
1.000 0
10.000 0
Ni(质量分数)/%
R
Rw
r
R
Rw
r

图 C.7

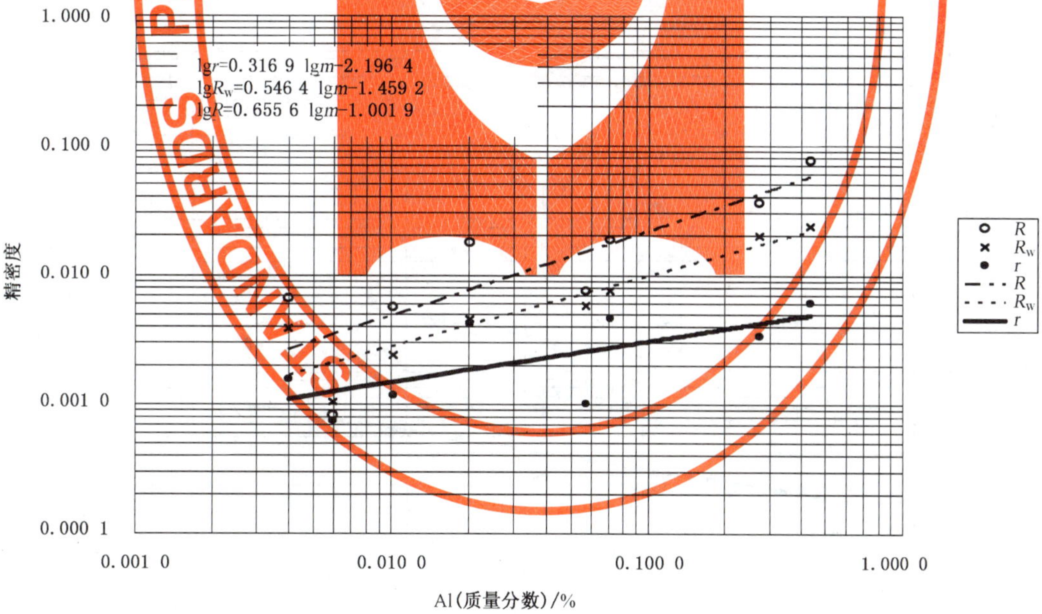
lgr=0.316 9 lgm-2.196 4
lgRw=0.546 4 lgm-1.459 2
lgR=0.655 6 lgm-1.001 9
1.000 0
0.100 0
0.010 0
0.001 0
0.000 1
精密度
0.001 0
0.010 0
0.100 0
1.000 0
Al(质量分数)/%
R
Rw
r
R
Rw
r

图 C.8

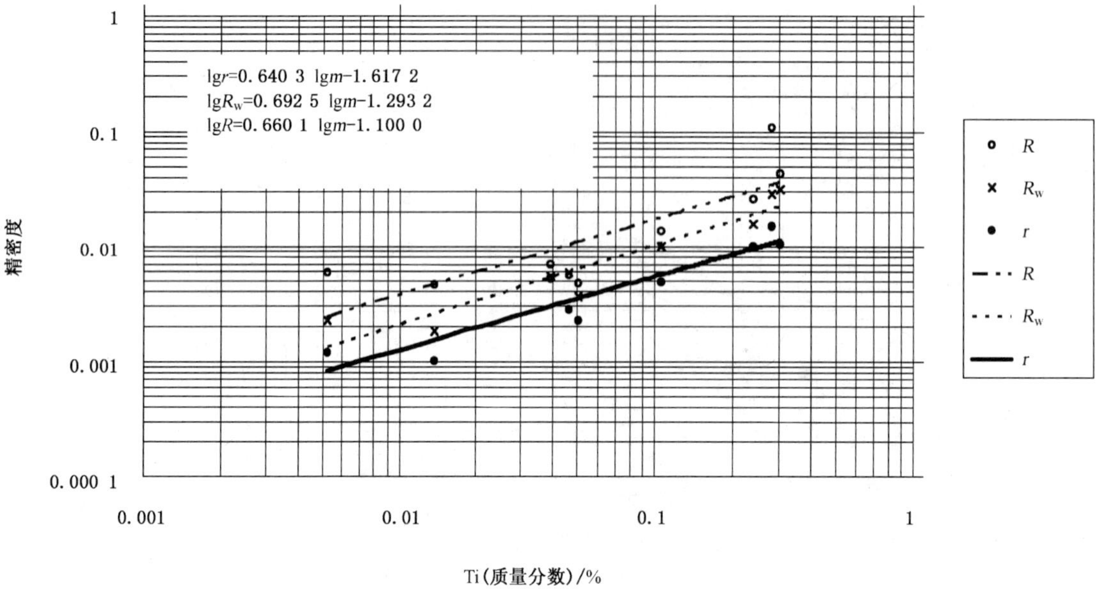
lg$r$=0.640 3 lg$m$-1.617 2
lgR_w=0.692 5 lg$m$-1.293 2
lg$R$=0.660 1 lg$m$-1.100 0
1
0.1
0.01
0.001
0.000 1
精密度
0.001
0.01
0.1
1
Ti(质量分数)/%
R
R_w
r
R
R_w
r

图 C.9

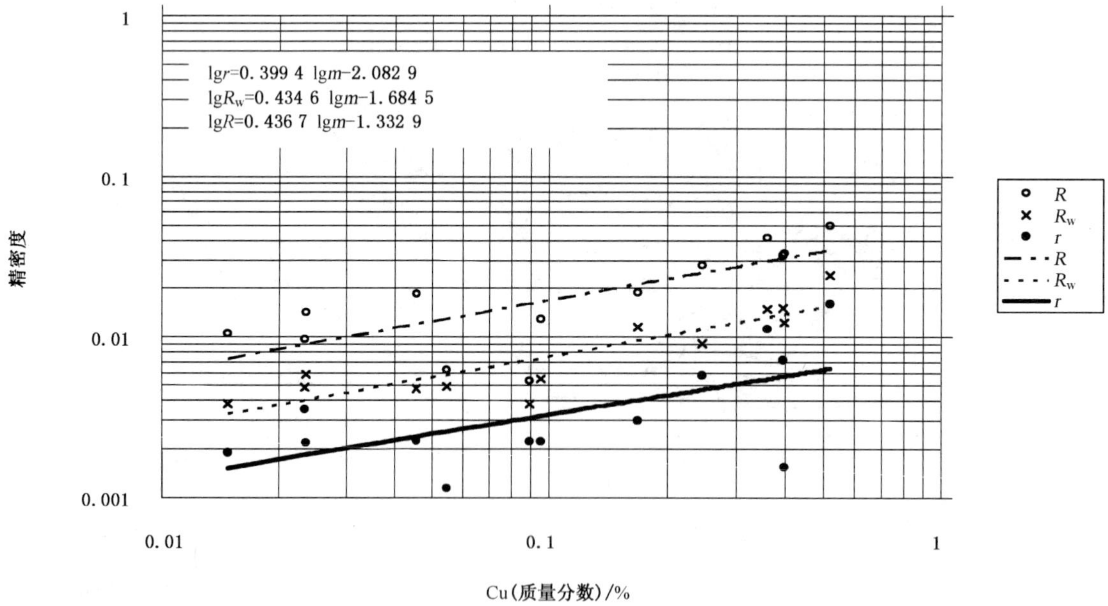
lg$r$=0.399 4 lg$m$-2.082 9
lgR_w=0.434 6 lg$m$-1.684 5
lg$R$=0.436 7 lg$m$-1.332 9
1
0.1
0.01
0.001
精密度
0.01
0.1
1
Cu(质量分数)/%
R
R_w
r
R
R_w
r

图 C.10

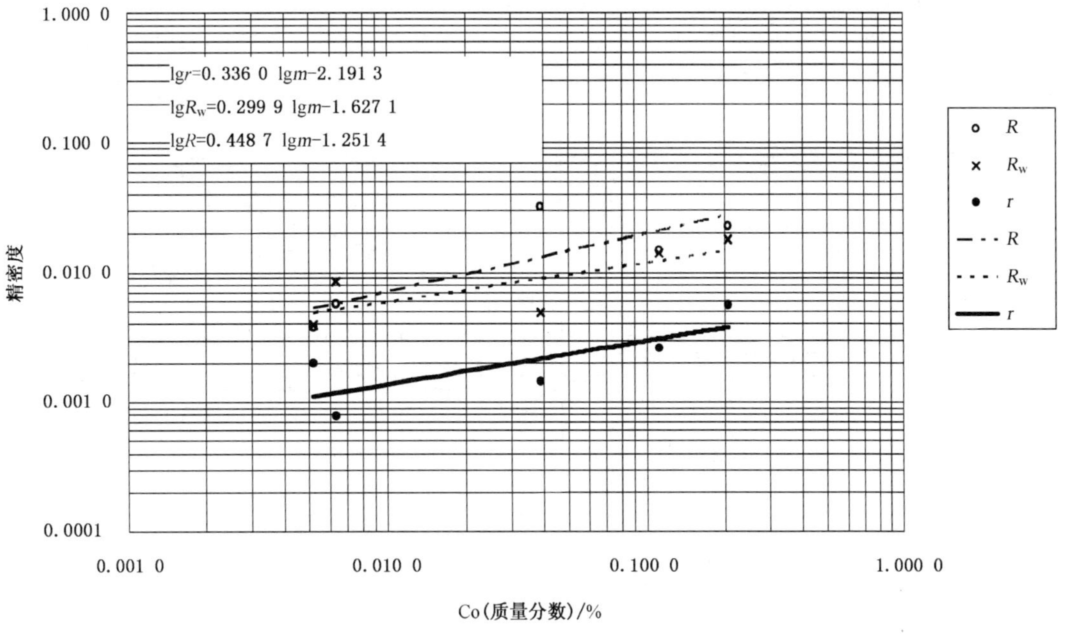
1.000 0
0.100 0
0.010 0
0.001 0
0.0001
lgr=0.336 0 lgm-2.191 3
lgRw=0.299 9 lgm-1.627 1
lgR=0.448 7 lgm-1.251 4
R
Rw
r
R
Rw
r
精密度
0.001 0
0.010 0
0.100 0
1.000 0
Co(质量分数)/%

图 C.11

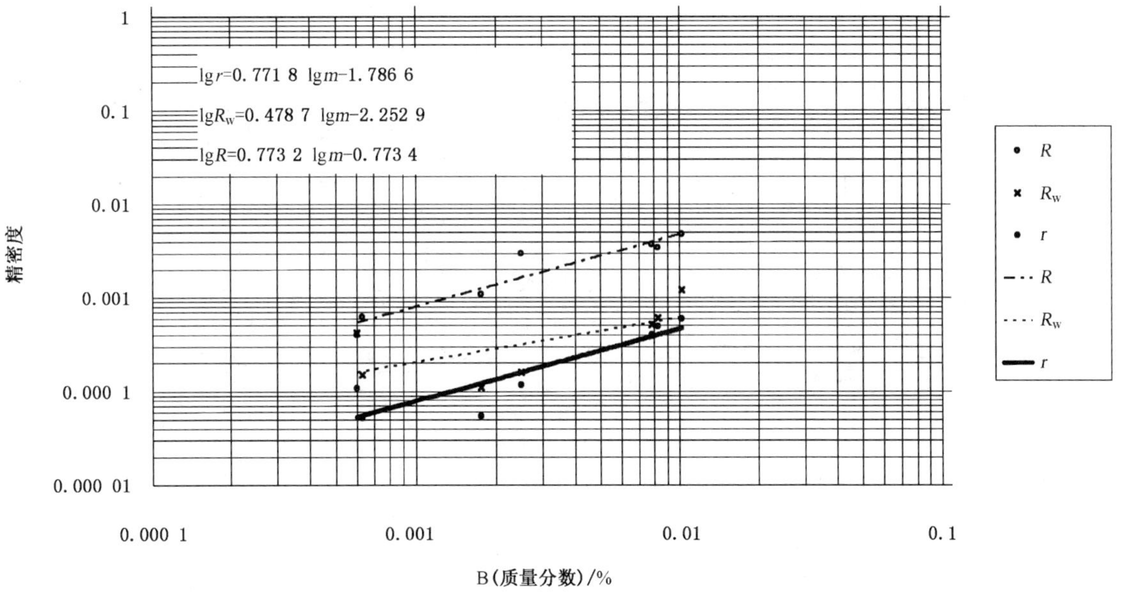
1
0.1
0.01
0.001
0.000 1
0.000 01
lgr=0.771 8 lgm-1.786 6
lgRw=0.478 7 lgm-2.252 9
lgR=0.773 2 lgm-0.773 4
R
Rw
r
R
Rw
r
精密度
0.000 1
0.001
0.01
0.1
B(质量分数)/%

图 C.12

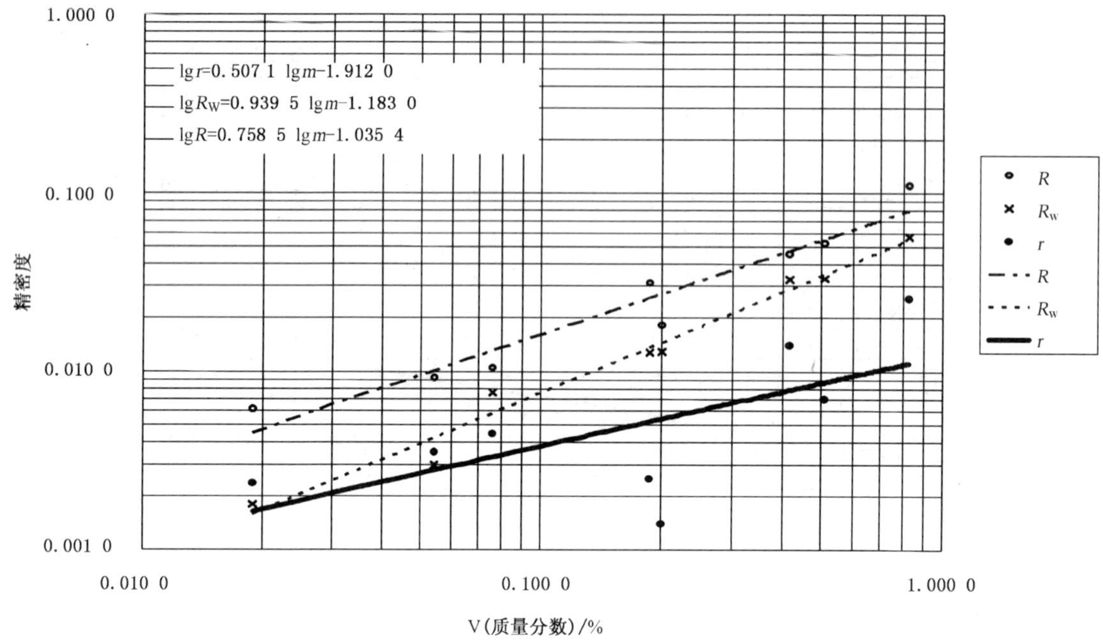
1.000 0
0.100 0
0.010 0
0.001 0
lgr=0.507 1 lgm-1.912 0
lgRW=0.939 5 lgm-1.183 0
lgR=0.758 5 lgm-1.035 4
精密度
0.010 0
0.100 0
1.000 0
V(质量分数)/%
R
Rw
r
R
Rw
r

图 C.13

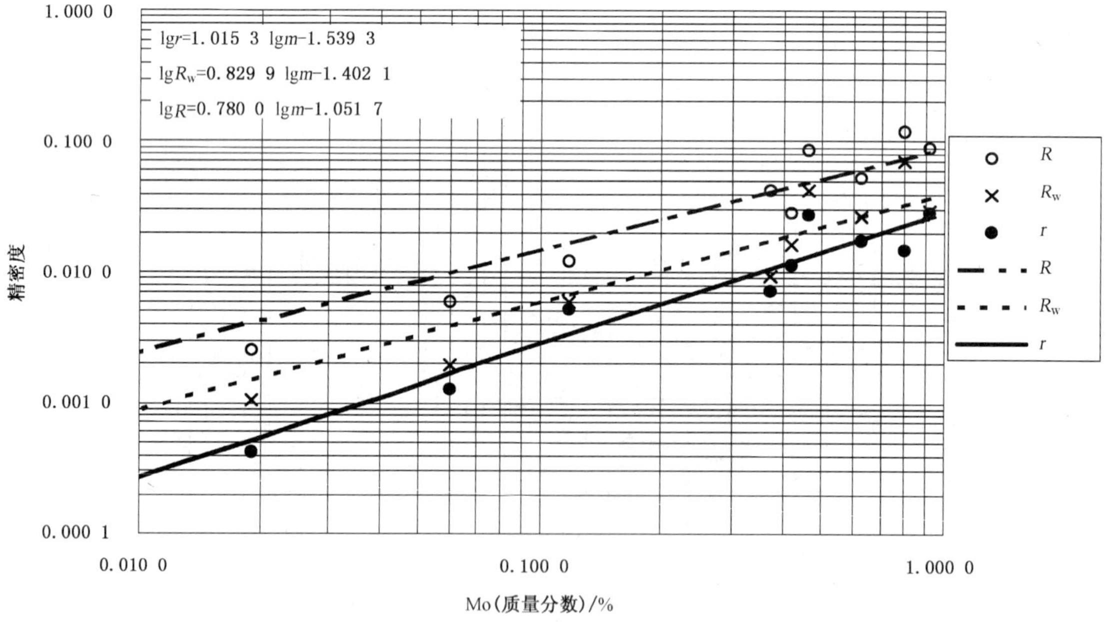
1.000 0
0.100 0
0.010 0
0.001 0
0.000 1
lgr=1.015 3 lgm-1.539 3
lgRw=0.829 9 lgm-1.402 1
lgR=0.780 0 lgm-1.051 7
精密度
0.010 0
0.100 0
1.000 0
Mo(质量分数)/%
R
Rw
r
R
Rw
r

图 C.14

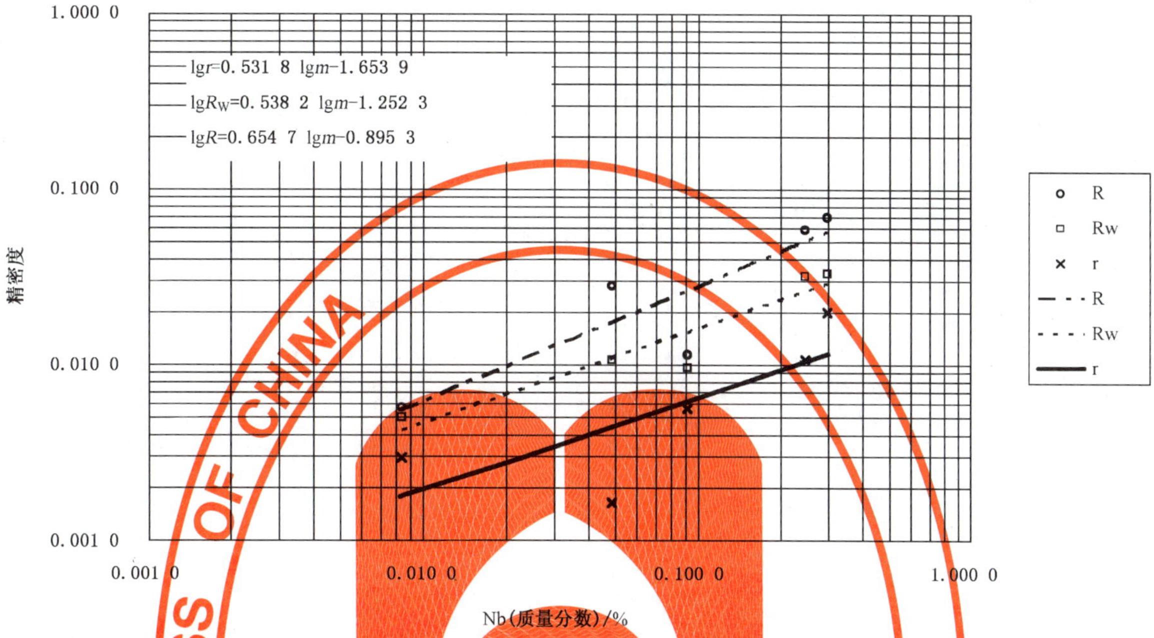

1.000 0
0.100 0
0.010 0
0.001 0
精密度
lg$r$=0.531 8 lg$m$−1.653 9
lgR_W=0.538 2 lg$m$−1.252 3
lg$R$=0.654 7 lg$m$−0.895 3
0.001 0
0.010 0
0.100 0
1.000 0
Nb(质量分数)/%
R
Rw
r
R
Rw
r

图 C.15

ICS 67.080.10
X 79

中华人民共和国国家标准

GB/T 22369—2008

甜玉米罐头

Canned sweet corn

(CODEX STAN 18—1981,NEQ)

2008-09-10 发布　　　　2009-06-01 实施

中华人民共和国国家质量监督检验检疫总局
中国国家标准化管理委员会　发布

前　言

本标准对应于 CAC CODEX STAN 18—1981《甜玉米罐头》，与 CAC CODEX STAN 18—1981 的一致性程度为非等效。

本标准由全国食品工业标准化技术委员会罐头分技术委员会提出并归口。

本标准起草单位：中国罐头工业协会、中国食品发酵工业研究院、吉林祥裕食品有限公司、广东甘竹罐头有限公司、吉林吉美食品有限公司。

本标准主要起草人：梁仲康、陈翠琴、林海、曹树森、涂顺明、仇凯。

甜 玉 米 罐 头

1 范围

本标准规定了甜玉米罐头的产品分类及代号、技术要求、检验方法、检验规则、标签以及包装、运输和贮存要求。

本标准适用于甜玉米罐头的生产、销售和监督检查。

2 规范性引用文件

下列文件中的条款通过本标准的引用而成为本标准的条款。凡是注日期的引用文件，其随后所有的修改单(不包括勘误的内容)或修订版均不适用于本标准，然而，鼓励根据本标准达成协议的各方研究是否可使用这些文件的最新版本。凡是不注日期的引用文件，其最新版本适用于本标准。

GB 317 白砂糖(GB 317—2006，Codex Stan 212—1999，NEQ)

GB 2760 食品添加剂使用卫生标准

GB/T 4789.26 食品卫生微生物学检验 罐头食品商业无菌的检验

GB 5461 食用盐

GB 5749 生活饮用水卫生标准

GB 7718 预包装食品标签通则

GB/T 10786 罐头食品的检验方法

GB 11671 果、蔬罐头卫生标准

GB/T 12457 食品中氯化钠的测定

GB 14880 食品营养强化剂使用卫生标准

NY/T 523 甜玉米

QB/T 1006 罐头食品检验规则

QB/T 3600 罐头食品包装、标志、运输和贮存

定量包装商品计量监督管理办法(中华人民共和国国家质量监督检验检疫总局第75号令)

3 术语和定义

下列术语和定义适用于本标准。

3.1

整粒甜玉米罐头 canned sweet corn

以符合玉米(*Zea may* L.)特性的干净、饱满的甜玉米粒作为原料，以水、氯化钠等为辅料，经预处理、装罐、密封、杀菌加工而制成的罐头食品。

3.2

糊状甜玉米罐头 canned cream style sweet corn

以部分整粒和半粒的甜玉米颗粒为主要原料，加入玉米粒浆液或用其他辅料制成的糊状半流体，经装罐、密封、杀菌加工而制成的具有糊状特性的罐头食品。

4 产品分类及代号

4.1 产品分类

按颗粒形态分为整粒甜玉米罐头和糊状甜玉米罐头。

4.2 产品代号

4.2.1 整粒甜玉米罐头,产品代号为813。

4.2.2 糊状甜玉米罐头,产品代号为813 1。

5 技术要求

5.1 原辅材料

5.1.1 甜玉米

应符合NY/T 523的要求。

5.1.2 白砂糖

应符合GB 317的要求。

5.1.3 食用盐

应符合GB 5461的要求。

5.1.4 水

应符合GB 5749的要求。

5.1.5 食品添加剂

应符合GB 2760的要求。

5.1.6 食品营养强化剂

应符合GB 14880的要求。

5.2 感官要求

5.2.1 整粒甜玉米罐头产品的感官要求应符合表1的要求。

表1

项目	优级品	一级品
色泽	呈金黄色或白色,色泽均匀一致	
滋味、气味	具有甜玉米特有的滋味、气味,无不良气味和异味	
组织形态	品种特征颜色非常均匀,籽粒切削很整齐,软硬适度,汤汁清晰,有少量玉米浆汁	品种特性颜色比较均匀,籽粒切削比较整齐,软硬较适度,汤汁较清晰或略显混浊,有一定量玉米浆汁

5.2.2 糊状甜玉米罐头产品的感官要求应符合表2的要求。

表2

项目	优级品	一级品
色泽	呈金黄色或白色,色泽均匀一致	
滋味、气味	具有甜玉米特有的滋味、气味,无不良气味和异味	
组织形态	具有半片或细碎的玉米粒,内容物呈糊浆状,稠度均匀,软硬适度,允许有微量胚芽,长期贮存不分层、无水分析出	具有半片或细碎的玉米粒,内容物呈糊浆状,稠度较均匀,软硬较适度,允许有少量胚芽,长期贮存不分层、无水分析出

5.3 理化要求

5.3.1 净含量

产品的净含量应符合中华人民共和国国家质量监督检验检疫总局第75号令《定量包装商品计量监督管理办法》的规定。

5.3.2 固形物含量

整粒甜玉米罐头的固形物含量不得低于55%。

5.3.3 可溶性固形物含量(汤汁)

产品的可溶性固形物含量按折光计,整粒甜玉米罐头不得低于5%,糊状甜玉米罐头为7%~12%。

5.3.4 氯化钠含量

产品的氯化钠含量为不高于1.0%。

5.4 锡、总砷、铅的限量

应符合GB 11671的规定。

5.5 微生物指标

产品的微生物指标应符合罐头食品商业无菌要求。

5.6 产品缺陷

5.6.1 产品缺陷限量指标不低于表3的规定。

表3

项目	整粒甜玉米罐头(每罐400 g固形物)	糊状甜玉米罐头(每罐600 g总内容物)
玉米棒碎片 ≤	1 cm^3	1 cm^3
玉米苞叶碎片 ≤	7 cm^2	7 cm^2
带瑕疵的玉米粒	褐色粒玉米碎片和黑色粒玉米碎片不得多于7粒,但严重损伤的不得多于5粒	褐色粒玉米碎片和黑色粒玉米碎片不得多于10粒,但严重损伤的不得多于5粒
玉米穗丝	每28 g固形物中,不得长于180 mm	每28 g固形物中,不得长于150 mm

5.6.2 产品的感官要求和理化要求如不符合技术要求,应记作缺陷。缺陷按表4分类。

表4

项目	缺陷
严重缺陷	有明显异味; 硫化铁明显污染内容物; 有有害物质,如碎玻璃、毛发、昆虫、金属屑
一般缺陷	有一般极少杂质,如棉线、合成纤维丝等; 净含量超过允许负偏差; 感官要求有数量限制的指标超标; 固形物含量超过允许负偏差; 产品缺陷限量指标超过允许值

6 检验方法

6.1 感官要求

按GB/T 10786规定的方法检验。

6.2 净含量

按GB/T 10786规定的方法检验。

6.3 固形物含量

按GB/T 10786规定的方法测定。

6.4 可溶性固形物含量

按GB/T 10786规定的方法测定。

6.5 氯化钠

按GB/T 12457规定的方法测定。

6.6 锡、总砷、铅的限量

按照 GB 11671 规定的方法测定。

6.7 微生物指标

按照 GB/T 4789.26 规定的方法测定。

7 检验规则

应符合 QB/T 1006 的规定。其中,感官要求、净含量、固形物含量、可溶性固形物含量、微生物指标为出厂检验必检项目。

8 标签

8.1 应符合 GB 7718 的有关规定。

8.2 标签上应标明固形物含量(以克计)。罐头固形物含量在 245 g 以下的允许偏差为±11%,固形物含量在 246 g～500 g 时的允许偏差为±8.9%,固形物含量在 1 600 g 以上的允许偏差为±4%。每批产品平均固形物含量不低于标示值。

9 包装、运输和贮存

应符合 QB/T 3600 的有关规定。

ICS 13.220.20
C 81

中华人民共和国国家标准

GB 22370—2008

家用火灾安全系统

Fire alarm and safety system for household

2008-09-01 发布 　　　　2009-05-01 实施

中华人民共和国国家质量监督检验检疫总局
中国国家标准化管理委员会　发布

前　言

本标准的第4、5、6、7章内容为强制性,其余为推荐性。

本标准由中华人民共和国公安部提出。

本标准由全国消防标准化技术委员会第六分技术委员会归口。

本标准负责起草单位:公安部沈阳消防研究所。

本标准参加起草单位:秦皇岛富通电子企业有限公司、深圳市智安达电子有限公司、海湾安全技术有限公司、深圳市赋安安全系统有限公司。

本标准主要起草人:丁宏军、张颖琮、仝瑞涛、王建刚、陈南、关大巍、周天、安冰、刘长安、林强。

本标准为首次发布。

家用火灾安全系统

1 范围

本标准规定了家用火灾安全系统的系统组成、一般要求、要求和试验方法、检验规则、标志。

本标准适用于家庭安装的火灾安全系统。

2 规范性引用文件

下列文件中的条款通过本标准的引用而成为本标准的条款。凡是注日期的引用文件，其随后所有的修改单(不包括勘误的内容)或修订版均不适用于本标准，然而，鼓励根据本标准达成协议的各方研究是否可使用这些文件的最新版本。凡是不注日期的引用文件，其最新版本适用于本标准。

GB/T 156 标准电压

GB 4208—1993 外壳防护等级

GB 4706.1—1998 家用和类似用途电器的安全 第一部分:通用要求(eqv IEC 335-1:1991)

GB 4715 点型感烟火灾探测器

GB 4716 点型感温火灾探测器

GB 9969.1 工业产品使用说明书 总则

GB 12978 消防电子产品检验规则

GB 14287.2 电气火灾监控系统 第2部分:剩余电流式电气火灾监控探测器

GB 16838 消防电子产品环境试验方法及严酷等级

3 系统组成

家用火灾安全系统在实际应用过程中根据保护对象的具体情况可分为以下四种类型：

——A类:具有集中控制和集中管理功能的家用火灾安全系统，适应于有集中物业管理的住宅小区。系统至少由一般工业与民用建筑中使用的火灾自动报警系统中的火灾报警控制器、火灾探测器、手动报警开关和火灾声警报器组成;或至少由火灾报警控制器、家用火灾探测器、手动报警开关等设备组成。

——B类：具有集中监管功能的家用火灾安全系统，适应于有集中物业管理的住宅小区。至少由控制中心监控设备、家用火灾报警控制器、家用火灾探测器、手动报警开关组成，一般还包括监管报警器、遥控开关等设备。

——C类：没有集中监管功能的家用火灾安全系统，适应于没有集中物业管理的住宅或已经投入使用的住宅。至少由家用火灾报警控制器、家用火灾探测器、手动报警开关组成，一般还包括监管报警器、遥控开关等设备。

——D类：没有集中监管功能的家用火灾安全系统，适应于没有集中物业管理的住宅或已经投入使用的住宅。由独立式感烟火灾探测报警器、独立式可燃气体探测器等设备组成。

注：火灾探测器包括感烟火灾探测器、感温火灾探测器、可燃气体探测器、剩余电流式电气火灾监控探测器等。

4 一般要求

4.1 家用火灾安全系统通用要求

4.1.1 总则

组成家用火灾安全系统的各类设备，除A类家用火灾安全系统中的火灾报警控制器、火灾探测器、火灾声警报器和D类家用火灾安全系统中的独立式感烟火灾探测报警器应由有关标准另行规定外，其他设备若要符合本标准，应首先满足本章相关要求，然后按第5章规定进行试验，并满足试验的要求。

4.1.2 主要部件性能要求

4.1.2.1 基本要求

家用火灾安全系统各类设备的主要部件，应采用符合国家有关标准的定型产品，同时应满足以下各有关要求。

4.1.2.2 指示灯

4.1.2.2.1 应以颜色标识，红色指示报警信号；黄色指示故障、屏蔽、回路自检等系统异常状态；绿色表示主电源和备用电源工作正常。

4.1.2.2.2 指示灯应标注功能。

4.1.2.2.3 在5 lx～500 lx环境光条件下，在正前方22.5°视角范围内，功能指示灯和电源指示灯应在3 m处清晰可见；其他指示灯应在0.8 m处清晰可见。

4.1.2.2.4 采用闪动方式的指示灯(器)每次点亮时间应不小于0.25 s，其启动信号指示灯(器)闪动频率应不小于1 Hz，故障指示灯(器)闪动频率应不小于0.2 Hz。

4.1.2.2.5 用一个指示灯同时显示故障、屏蔽和自检三项功能时，故障指示应为闪亮，屏蔽和自检指示应为常亮。

4.1.2.3 字母(符)-数字显示器

在5 lx～500 lx环境光条件下，显示字符应在正前方22.5°视角内，0.8 m处可读。

4.1.2.4 熔断器

用于电源线路的熔断器或其他过流保护器件，其额定电流值一般应不大于最大工作电流的2倍。当最大工作电流大于6 A时，熔断器额定电流值可取其1.5倍。在靠近熔断器或其他过流保护器件处应清楚地标注其参数值。

4.1.2.5 接线端子

每一接线端子上都应清晰、牢固地标注编号或符号，相应用途应在有关文件中说明。

4.1.2.6 备用电源

4.1.2.6.1 电源正极连接导线为红色，负极为黑色或蓝色。

4.1.2.6.2 备用电源为可多次充放电的蓄电池时，在不超过生产厂商规定的极限放电情况下，应能将电池在24 h内充至额定容量80%以上，再充48 h后应能充满。

4.1.2.6.3 备用电源在低于过放保护电压时应发出电池欠压警告。

4.1.2.7 开关和按键(钮)

开关和按键(钮)(在其上或靠近的位置上)应清楚地标注功能。

4.1.2.8 导线及线槽

家用火灾安全系统中家用火灾报警控制器的主电路配线应采用工作温度参数大于105 ℃的阻燃导线(或电缆)，且接线牢固；连接线槽应选用不燃材料或难燃材料(氧指数不小于28)制造。

4.1.2.9 元件温升

家用火灾安全系统各类设备内部主要电子、电气元件的最大温升不应大于60 ℃。环境温度为(25±3)℃条件下的内置变压器、镇流器等发热元部件的表面最大温度不应超过90 ℃。电池周围(不触及电池)环境最大温度不应超过45 ℃。

4.1.3 防护等级

家用火灾安全系统各类设备的外壳防护等级应符合GB 4208—1993中IP30的要求。

4.1.4 使用说明书

家用火灾安全系统各类设备应有相应的中文说明书。说明书的内容应满足 GB 9969.1 要求，并与产品性能一致。

4.1.5 通讯协议

家用火灾安全系统各类设备之间通讯应采用标准通讯协议，协议内容应满足国内相关标准要求。

4.1.6 系统兼容性

家用火灾安全系统中各类设备之间的工作电压范围、工作电流范围、报警阈值等工作指标应相符，组成系统后，系统功能应符合 4.2.2、4.2.3、4.10 和 5.14～5.19 要求。

4.2 家用火灾报警控制器

4.2.1 一般要求

4.2.1.1 家用火灾报警控制器主电源应采用 220 V，50 Hz 交流电源，电源线输入端应设接线端子。

4.2.1.2 采用金属外壳的家用火灾报警控制器应设有保护接地端子。

4.2.1.3 家用火灾报警控制器应能为其连接的部件供电(无线系统除外)，直流工作电压应符合 GB/T 156 规定，可优先采用直流 12 V 或 24 V。

4.2.1.4 家用火灾报警控制器试验性能应符合 5.11～5.26 规定。

4.2.1.5 家用火灾报警控制器应具有中文功能标注；采用文字显示信息时，应使用中文。

4.2.2 火灾报警功能

4.2.2.1 家用火灾报警控制器应设专用火灾报警状态指示灯，无论家用火灾报警控制器处于何种状态，只要有火灾报警信号输入，该指示灯应点亮。

4.2.2.2 家用火灾报警控制器应能分别接收和显示系统内的感烟火灾探测器、感温火灾探测器、可燃气体探测器、剩余电流探测器及手动报警开关和其他火灾报警触发器件发出火灾报警信号，在 10 s 内发出火灾报警声、光信号，并保持至手动复位。

4.2.2.3 火灾报警声信号应能手动消除，当再有火灾报警信号输入时，应能再次启动。

4.2.2.4 家用火灾报警控制器发出火灾报警信号后，应在预定时间内启动至少两个输出接点，接点参数应符合产品使用说明书要求。

4.2.2.5 具有语音呼入与应答功能和/或图像显示功能的家用火灾报警控制器，在发出火灾报警信号后，应能控制其对应防盗门锁自动打开。

4.2.3 监管功能

4.2.3.1 监管报警功能(仅适用于具有此项功能的家用火灾报警控制器)

4.2.3.1.1 具有监管报警功能的家用火灾报警控制器应具有设置和解除监管警戒状态的功能，并能指示监管警戒状态。

4.2.3.1.2 在监管警戒状态，家用火灾报警控制器在监管报警器发出报警信号后，应在 10 s 内发出监管报警声、光信号，指示报警类型，并保持至手动复位。

4.2.3.1.3 监管报警声信号应能手动消除，当再有监管报警信号输入时，应能再次启动。

4.2.3.1.4 家用火灾报警控制器在解除监管警戒状态后，应不能接收监管报警器发出的报警信号，且不应影响火灾报警功能。

4.2.3.1.5 家用火灾报警控制器在设置监管警戒状态不成功时，应有声提示信号，声信号应能手动消除。

4.2.3.2 家居管理功能(仅适用于具有此项功能的家用火灾报警控制器)

4.2.3.2.1 具有视频图像显示功能的家用火灾报警控制器应在接收到触发信号后 3 s 内显示相应的

图像信息;图像信息应清晰,图像采用模拟音视频处理时应符合表 1 要求,图像采用数字音视频处理时应符合表 2 的要求。

表 1 模拟音视频处理时的图像要求

显示器类型	黑白显示屏	彩色液晶显示屏
图像要求	视频信号:PAL 制式合成视频信号	视频信号:PAL 制式合成视频信号
	信号幅度:1VP-P	信号幅度:1VP-P
	输入阻抗:75 Ω	输入阻抗:75 Ω
	全屏最大亮度:≥100 cd/m²	全屏最大亮度:≥250 cd/m²
	灰度等级:≥8 级	对比度:≥250 : 1
	水平分辨率:≥320 电视线	像素点阵:水平方向≥480 点,垂直方向≥234 点

表 2 数字音视频处理时的图像要求

视频信号	JPEG、M-JPEG、MPEG2 MPEG4
分辨率	≥320×234
帧速率	≥1 帧/s
误码率	$\leqslant 10^{-6}$
全屏最大亮度	≥250 cd/m²
音频信号速率	≤128 kBps

4.2.3.2.2 具有音频呼入与接听功能的家用火灾报警控制器应在接收到触发信号后 3 s 内发出声提示信号,且能在手动操作后接听和发出语音信息,音频通话性能应符合表 3 要求。

表 3 音频通话性能

音频通话性能	要 求
主呼通道、应答通道音频响应	在 300 Hz~3 400 Hz 范围内,相对于 1 000 Hz 的幅度变化应在±3 dB
主呼通道、应答通道谐波失真	谐波失真应不大于 5%
信噪比	应答通道信噪比应不小于 35 dB
	主呼通道信噪比应不小于 40 dB
音频输出不失真功率	应答通道音频输出不失真功率应不小于 100 mW
	主呼通道音频输出不失真功率应不小于 5 mW
通道输入电平要求	应答通道输入电平应不大于 40 mV
	主呼通道输入电平应不大于 30 mV
振铃声压	不小于 70 dB(A)

4.2.3.3 灯光、电器控制功能

4.2.3.3.1 具有灯光控制、电器控制功能的家用火灾报警控制器应能通过手动、定时、远程等控制方式实现灯光、家用电器的开启、关闭,且满足制造商提出的控制要求。

4.2.3.3.2 家用火灾报警控制器在发出灯光、电器控制信号后,被控设备应在 3 s 内动作。

4.2.3.3.3 控制器与其控制的灯光、电器设备间的连接线的断路短路不应影响控制器的火灾报警和监管报警功能。

4.2.3.4 小区信息通讯功能

具有小区通讯功能的家用火灾报警控制器应能具有小区管理中心与住户间的双向通讯功能,通讯采用文字信息时，应包括中文；具有语音留言功能的家用火灾报警控制器应能符合制造商提出的要求。

4.2.4 **通讯功能**

4.2.4.1 家用火灾报警控制器应至少有两组电话号码的存储与自动拨出功能。

4.2.4.2 家用火灾报警控制器在火灾报警和监管报警状态下应能按照设计程序自动拨出电话。

4.2.4.3 家用火灾报警控制器应能(可通过相关部件)与控制中心监控设备进行通讯，将系统的各种报警状态信息发送到控制中心监控设备；控制中心监控设备与家用火灾报警控制器的信息应同步；家用火灾报警控制器在收到控制中心监控设备的回答信号前应不断发送预定的信息。

4.2.4.4 家用火灾报警控制器在制造商规定的通讯距离内应能与相关部件、控制中心监控设备间正常通讯。

4.2.5 **故障报警功能**

4.2.5.1 当发生下列故障时，采用有线通讯的家用火灾报警控制器应在 100 s 内发出故障声、光信号，并指示故障类型；采用无线通讯的家用火灾报警控制器应在 24 h 内发出故障声、光信号，并指示故障类型；故障声信号应能手动消除，再有故障信号输入时，应能再启动；故障光信号应保持至故障排除。

a) 与所连接的部件之间的通讯故障；

b) 给备用电源(电池)充电的充电器与备用电源间连接线的断路、短路；

c) 备用电源与其负载间连接线的断路、短路；

d) 主电源欠压。

4.2.5.2 家用火灾报警控制器的故障信号在故障排除后，应能自动或手动复位。复位后，家用火灾报警控制器应在 24 h 内重新显示尚存在的故障。

4.2.5.3 家用火灾报警控制器在主电源断电时，应能自动切换到备用电源工作；在备用电源不能保证其正常工作时，应发出故障声信号并保持 1 h 以上；在主电源恢复时，应能自动切换到主电源工作；主、备电源的转换不应引起其误报警或误动作。

4.2.5.4 家用火灾报警控制器任一故障均不应影响非故障部分的正常工作。

4.2.5.5 家用火灾报警控制器与各非火灾报警设备间连接线的故障不应影响其火灾报警功能。

4.2.6 **自检功能**

家用火灾报警控制器应能对本机进行功能检查(以下称自检)，自检期间，受其控制的外接设备和输出接点均不应动作；自检时间超过 1 min 或自检不能自动停止时，其非自检部位、探测区和本身的火灾报警功能应不受影响。

4.2.7 **信息显示、查询功能**

采用数字、字母显示工作状态的家用火灾报警控制器应按显示火灾报警、监管报警及其他状态顺序由高至低排列信息显示等级，高等级的状态信息应优先显示，低等级状态信息显示不应影响高等级状态信息显示，显示的信息应与对应的状态一致且易于辨识。当家用火灾报警控制器处于某一高等级状态显示时，应能通过手动操作查询其他低等级状态信息，各状态信息不应交替显示。

4.2.8 **声压级**

家用火灾报警控制器在各种报警状态下的声压级(正前方 1 m 处)应不小于 75 dB(A 计权)。

4.3 **点型家用感烟火灾探测器**

4.3.1 烟参数达到预定值时，点型家用感烟火灾探测器应发出声火灾报警信号，并向家用火灾报警控制器发出火灾报警信号，声报警信号的声压级应在 45 dB～75 dB(A 计权)之间，并应采用逐渐增大方式，初始声压级不应大于 45 dB。

4.3.2 点型家用感烟火灾探测器在电源极性反接时不应被损坏。

4.3.3 点型家用感烟火灾探测器的性能还应满足 GB 4715 的要求。

4.4 **点型家用感温火灾探测器**

4.4.1 温参数达到预定值时，点型家用感温火灾探测器应发出声火灾报警信号，并向家用火灾报警控制器发出火灾报警信号，声报警信号的声压级应在45 dB～75 dB(A计权)之间，并应采用逐渐增大方式，初始声压级不应大于45 dB。

4.4.2 点型家用感温火灾探测器在电源极性反接时不应被损坏。

4.4.3 点型家用感温火灾探测器的性能还应满足GB 4716的要求。

4.5 可燃气体探测器及燃气管道专用电动阀

4.5.1 可燃气体探测器应满足国家有关标准要求，接入家用火灾报警控制器后应满足4.1.6规定。

4.5.2 可燃气体探测器在发出报警信号时，应有控制关断燃气管道专用电动阀的输出接点，接点参数应符合产品使用说明书要求。

4.5.3 燃气管道专用电动阀的电控参数应与可燃气体探测器的输出接点参数相匹配。

4.5.4 燃气管道专用电动阀在管道中的气体流量大于设计流量15%的条件下应能够自动关闭。

4.5.5 可燃气体探测器应能够连续50次发出报警信号同时驱动并关断与其配接的燃气管道专用电动阀。

4.5.6 燃气管道专用电动阀还应满足5.11～5.26规定。

4.6 剩余电流式电气火灾监控探测器

剩余电流式电气火灾监控探测器应满足GB 14287.2的要求，接入家用火灾报警控制器后应满足4.1.6规定。

4.7 手动报警开关

4.7.1 手动报警开关应设红色启动确认灯，启动零件动作后，应能向家用火灾报警控制器发出报警信号，并点亮启动确认灯，确认灯应保持至启动状态被复位。

4.7.2 手动报警开关应采用自复式开关，启动零件在启动报警后应回复到正常位置，且在连续启动500次后，仍能正常工作。

4.7.3 手动报警开关还应符合5.11～5.26规定。

4.8 控制中心监控设备

4.8.1 通讯功能

4.8.1.1 控制中心监控设备应能接收家用火灾报警控制器发出的报警信号及相关信息，在接收后发出相应的反馈信号，并能在3 s内进入报警状态，显示相应信息。控制中心监控设备与家用火灾报警控制器的信息显示应同步。

4.8.1.2 控制中心监控设备应能监视并显示与家用火灾报警控制器通讯的工作状态。

4.8.1.3 控制中心监控设备在与家用火灾报警控制器之间不能正常通讯时，应在24 h内发出故障声、光信号，故障声信号应能手动消除，故障光信号应保持至故障排除。控制中心监控设备在与家用火灾报警控制器之间在通讯中断并恢复通讯后，控制中心监控设备应能重新接收并正确显示家用火灾控制器存在的各种状态信息。

4.8.1.4 控制中心监控设备在制造商规定的通讯距离内应能与家用火灾报警控制器、相关部件间正常通讯。

4.8.1.5 控制中心监控设备应具有向上一级报警监控中心传输信息的通讯功能。

4.8.2 报警信息显示

4.8.2.1 当有报警信号输入时，控制中心监控设备应发出声、光报警信号，显示报警部位、报警类型等信息，记录报警时间；火灾报警信息应与监管报警信息分开显示。

4.8.2.2 控制中心监控设备处于报警状态时应有专用状态指示，且该指示不受控制中心监控设备复位操作以外的任何操作的影响。

4.8.2.3 控制中心监控设备应单独显示首火警部位。

4.8.2.4 显示多个报警部位时，同类报警部位应连续显示或循环显示，报警信息应手动可查，每手动操作一次，只能查询一个报警信息。

4.8.2.5 控制中心监控设备应能在操作复位后的100 s内(采用无线通讯的系统可在24 h内)重新显示系统内各家用火灾报警控制器仍然存在的各种状态信息,其火灾报警和监管报警功能在20 s后应恢复正常。

4.8.2.6 控制中心监控设备在发出声、光报警信号时,声信号应能手动消除,当再有报警信号输入时,应能再次启动,音响器件在其正前方1 m处的声压级(A计权)应在65 dB～115 dB之间。

4.8.3 故障信息显示

4.8.3.1 控制中心监控设备若能接收控制器发出的故障信号,应在故障信号输入100 s内(采用无线通讯的系统可在24 h内),显示故障状态信息。

4.8.3.2 在火灾报警和/或监管报警状态下,控制中心监控设备可以显示故障信息,但不能影响火灾报警和/或监管报警信息的显示。

4.8.4 操作级别及操作功能

4.8.4.1 控制中心监控设备的操作级别应符合表4要求。

表4 控制中心监控设备操作级别划分表

序号	操作项目	Ⅰ	Ⅱ	Ⅲ
1	查询信息	O	M	M
2	消除声信号	O	M	M
3	复位(带复位功能的控制中心监控设备)	P	M	M
4	系统程序的退出	P	P	M
5	修改或改变软件	P	P	M

注1:P—禁止本级别操作;O—可选择是否由本级操作;M—可进行本级及本级以下操作。

注2:进入Ⅱ、Ⅲ级操作功能状态应采用钥匙、操作密码,用于进入Ⅲ级操作功能状态的钥匙或操作密码可用于进入Ⅱ级操作功能状态,但用于进入Ⅱ级操作功能状态的钥匙或操作密码不能用于进入Ⅲ级操作功能状态。

4.8.4.2 控制中心监控设备不能对家用火灾控制器的火灾报警信号进行复位、系统设定等操作。

4.8.5 信息记录功能

4.8.5.1 具有火灾报警和监管报警历史记录功能的控制中心监控设备,应记录报警时间、报警部位、值班人员等信息,记录存储容量不应少于10 000条。

4.8.5.2 控制中心监控设备应记录系统程序的进入和退出时间及操作人员等信息。

4.8.5.3 控制中心监控设备应不能删除接收到的报警信息,信息备份后方可被覆盖。

4.8.5.4 控制中心监控设备可具有记录打印功能。

4.9 监管报警器

监管报警器根据其不同工作原理应分别满足国家有关标准要求,接入家用火灾报警控制器后应满足4.1.6规定。

4.10 具有语音呼入与应答功能和/或图像显示功能的家用火灾报警控制器的呼入开关(按键)和/或图像成像装置

4.10.1 呼入开关(按键)应采用自复式开关(按键),对该开关(按键)的任何操作,均不应使家用火灾报警控制器产生误动作,且开关(按键)在连续启动5 000次后,仍能正常工作。

4.10.2 图像成像装置的工作参数应与家用火灾报警控制器的图像显示装置的工作参数相符,且不应影响家用火灾报警控制器的火灾报警显示功能,也不应使的家用火灾报警控制器产生误动作。

4.10.3 接入家用火灾报警控制器后应满足4.1.6规定。

4.10.4 可以安装在室外的呼入开关(按键)和/或图像成像装置的外壳防护等级应符合GB 4208—1993中IP33的要求。

5 要求与试验方法

5.1 总则

5.1.1 试验程序

见表5。

5.1.2 试验样品(以下称试样)

试样为家用火灾安全系统2套,在试验前予以编号。

5.1.3 试验大气环境

如在有关条文中没有说明,则各项试验均在下述大气条件下进行:

——温度:15 ℃~35 ℃;

——湿度:25%RH~75%RH;

——大气压力:86 kPa~106 kPa。

5.1.4 容差

如在有关条文中没有说明时,各项试验数据的容差均为±5%;环境条件参数偏差应符合GB 16838要求。

5.1.5 试验前检查

试样在试验前均应进行外观及主要部(器)件检查,符合下述要求时方可进行试验。

a) 文字、符号和标志清晰齐全,使用说明书满足相关要求;

b) 试样表面无腐蚀、涂覆层脱落和起泡现象,无明显划伤、裂痕、毛刺等机械损伤;

c) 紧固部位无松动;

d) 主要部件性能应能满足4.1.2的要求。

表5 试验程序

序号	章条	试验项目	编号	
			1	2
1	5.2	家用火灾报警控制器功能试验	√	√
2	5.3	点型家用感烟火灾探测器功能试验	√	√
3	5.4	点型家用感温火灾探测器功能试验	√	√
4	5.5	可燃气体探测器及燃气管道专用电动阀功能试验	√	√
5	5.6	剩余电流式电气火灾监控探测器功能试验	√	√
6	5.7	手动报警开关功能试验	√	√
7	5.8	控制中心监控设备功能试验	√	√
8	5.9	监管报警器功能试验	√	√
9	5.10	呼入开关(按键)和/或图像成像装置功能试验	√	√
10	5.11	绝缘电阻试验	√	√
11	5.12	泄漏电流试验	√	√
12	5.13	电气强度试验	√	√
13	5.14	射频电磁场辐射抗扰度试验	√	
14	5.15	射频场感应的传导骚扰抗扰度试验	√	
15	5.16	静电放电抗扰度试验	√	
16	5.17	电快速瞬变脉冲群抗扰度试验	√	

表 5（续）

序号	章条	试验项目	编号	
			1	2
17	5.18	浪涌(冲击)抗扰度试验		√
18	5.19	电源瞬变试验		√
19	5.20	电压暂降、短时中断和电压变化的抗扰度试验	√	
20	5.21	低温(运行)试验	√	
21	5.22	恒定湿热(运行)试验	√	
22	5.23	恒定湿热(耐久)试验		√
23	5.24	振动(正弦)(运行)试验	√	
24	5.25	振动(正弦)(耐久)试验	√	
25	5.26	碰撞试验		√

5.2 家用火灾报警控制器功能试验

5.2.1 目的

检验家用火灾报警控制器的功能。

5.2.2 试验方法

5.2.2.1 将试样按制造商的要求连接相关部件，组成家用火灾安全系统，并使其处于正常监视状态。

5.2.2.2 按照4.2.1～4.2.8内容依次检查试样的火灾报警功能、监管功能、通讯功能、故障报警功能、自检功能、信息显示查询功能、声压级。

5.2.3 要求

试样应满足4.2要求。

5.3 点型家用感烟火灾探测器功能试验

5.3.1 目的

检验点型家用感烟火灾探测器的功能。

5.3.2 试验方法

5.3.2.1 将试样按制造商的要求与家用火灾报警控制器连接，接通电源并使其处于正常监视状态。

5.3.2.2 按照4.3.1～4.3.3内容依次检查试样的功能。

5.3.3 要求

试样应满足4.3要求。

5.4 点型家用感温火灾探测器功能试验

5.4.1 目的

检验点型家用感温火灾探测器的功能。

5.4.2 试验方法

5.4.2.1 将试样按制造商的要求与家用火灾报警控制器连接，接通电源并使其处于正常监视状态。

5.4.2.2 按照4.4.1～4.4.3内容依次检查试样的功能。

5.4.3 要求

试样应满足4.4要求。

5.5 可燃气体探测器及燃气管道专用电动阀功能试验

5.5.1 目的

检验可燃气体探测器及燃气管道专用电动阀的功能。

5.5.2 **试验方法**

5.5.2.1 将试样按制造商的要求与家用火灾报警控制器连接，接通电源并使其处于正常监视状态。

5.5.2.2 按照4.5.1～4.5.6内容依次检查试样的功能。

5.5.3 **要求**

试样应满足4.5要求。

5.6 **剩余电流式电气火灾监控探测器功能试验**

5.6.1 **目的**

检验剩余电流式电气火灾监控探测器的功能。

5.6.2 **试验方法**

5.6.2.1 将试样按制造商的要求与家用火灾报警控制器连接，接通电源并使其处于正常监视状态。

5.6.2.2 按照4.6内容依次检查试样的功能。

5.6.3 **要求**

试样应满足4.6要求。

5.7 **手动报警开关功能试验**

5.7.1 **目的**

检验手动报警开关的功能。

5.7.2 **试验方法**

5.7.2.1 将试样按制造商的要求与家用火灾报警控制器连接，接通电源并使其处于正常监视状态。

5.7.2.2 按照4.7.1～4.7.3内容依次检查试样的功能。

5.7.3 **要求**

试样应满足4.7要求。

5.8 **控制中心监控设备功能试验**

5.8.1 **目的**

检验控制中心监控设备的通讯功能。

5.8.2 **试验方法**

5.8.2.1 将试样按制造商的要求连接相关部件，组成家用火灾安全系统，并使其处于正常监视状态。

5.8.2.2 按照4.8.1～4.8.5内容依次检查试样的功能。

5.8.3 **要求**

试样应满足4.8的要求。

5.9 **监管报警器功能试验**

5.9.1 **目的**

检验监管报警器的功能。

5.9.2 **试验方法**

5.9.2.1 将试样按制造商的要求与家用火灾报警控制器连接，接通电源并使其处于正常监视状态。

5.9.2.2 按照4.2.3.1内容依次检查试样监管报警功能的系统兼容性。

5.9.2.3 按照4.9内容检查接入系统后的兼容性。

5.9.3 **要求**

试样应满足4.1.6的要求。

5.10 **呼入开关(按键)和/或图像成像装置**

5.10.1 **目的**

检验呼入开关(按键)和/或图像成像装置的功能。

5.10.2 **试验方法**

5.10.2.1 将试样按制造商的要求与家用火灾报警控制器连接，接通电源并使其处于正常监视状态。

5.10.2.2 按照 4.10.1～4.10.4 内容依次检查试样的功能。

5.10.3 要求

试样应满足 4.10 要求。

5.11 绝缘电阻试验

5.11.1 目的

检验家用火灾安全系统各类设备的绝缘性能。

5.11.2 试验方法

通过绝缘电阻试验装置，分别对试样的下述部分施加 500 V±50 V 直流电压，持续 60 s±5 s 后，测量其绝缘电阻值。

a) 有绝缘要求的外部带电端子与机壳之间；

b) 电源插头(或电源接线端子)与机壳之间(电源开关置于接通位置，但电源插头不接入电网)。

试验时，应保证接触点有可靠的接触，引线间的绝缘电阻应足够大，以保证读数准确。

5.11.3 要求

试样有绝缘要求的外部带电端子与机壳间的绝缘电阻值应不小于 20 MΩ；试样的电源输入端与机壳间的绝缘电阻值应不小于 50 MΩ。

5.11.4 试验设备

满足下述技术要求的绝缘电阻试验装置(也可用兆欧表或摇表测试)：

——试验电压：500 V±50 V；

——测量范围：0 MΩ～500 MΩ；

——最小分度：0.1 MΩ；

——记时：60 s±5 s。

5.12 泄漏电流试验

5.12.1 目的

检验家用火灾安全系统各类设备抗泄漏电流的能力。

5.12.2 试验方法

将试样处于正常监视状态，调节主电供电电压为试样额定电压的 1.06 倍，测量并记录其总泄漏电流值。

5.12.3 要求

试样在 1.06 倍额定电压工作时，泄漏电流应不超过 0.5 mA。

5.12.4 试验设备

符合 GB 4706.1—1998 附录 G 中规定的测量泄漏电流的电路。

5.13 电气强度试验

5.13.1 目的

检验家用火灾安全系统各类设备的电气强度。

5.13.2 试验方法

试验前，将试样的接地保护元件拆除。通过试验装置，以 100 V/s～500 V/s 的升压速率，对试样的电源线与机壳间施加 50 Hz、1 250 V 的试验电压。持续 60 s±5 s，观察并记录试验中所发生的现象。试验后，以 100 V/s～500 V/s 的降压速率使电压降至低于额定电压值后，方可断电。接通试样电源，按要求进行功能试验。

5.13.3 要求

试样的电源插头与机壳间应能耐受频率为 50 Hz，有效值电压为 1 250 V 的交流电压历时 1 min 的电气强度试验，试验期间试样不应发生击穿现象，试验后，试样功能应与试验前的功能保持一致。

5.13.4 试验设备

满足下述条件的试验装置:

a) 试验电压:电压 0 V~1 250 V(有效值)连续可调,频率 50 Hz,短路电流 10 A(有效值);

b) 升、降压速率:100 V/s~500 V/s;

c) 计时:60 s±5 s。

5.14 射频电磁场辐射抗扰度试验

5.14.1 目的

检验家用火灾安全系统各类设备在射频电磁场辐射环境下工作的适应性。

5.14.2 试验方法

5.14.2.1 将试样按 GB 16838 中规定进行试验布置,接通电源,使试样处于正常监视状态 20 min。

5.14.2.2 按 GB 16838 中规定的试验方法对试样施加表 6 所示条件的电磁干扰试验。试验期间观察并记录试样状态。试验后,按要求进行功能试验。

表 6 射频电磁场辐射抗扰度试验条件

场强/(V/m)	10
频率范围/MHz	80~1 000
扫频速率/(10 oct/s)	$\leqslant 1.5\times10^{-3}$
调制幅度	80%(1 kHz,正弦)

5.14.3 要求

试验期间,试样应保持正常监视状态;试验后,试样功能应与试验前的功能保持一致。

5.14.4 试验设备

试验设备应满足 GB 16838 中规定。

5.15 射频场感应的传导骚扰抗扰度试验

5.15.1 目的

检验家用火灾安全系统各类设备对射频场感应的传导骚扰的适应性。

5.15.2 试验方法

5.15.2.1 将试样按 GB 16838 中规定进行试验配置,接通电源,使试样处于正常监视状态 20 min。

5.15.2.2 按 GB 16838 中规定的试验方法对试样施加表 7 所示条件的电磁干扰试验。试验期间观察并记录试样状态。试验后,按要求进行功能试验。

5.15.3 要求

试验期间,试样应保持正常监视状态;试验后,试样功能应与试验前的功能保持一致。

表 7 射频场感应传导骚扰抗扰度试验条件

频率范围/MHz	0.15~80
电压/dBμV	140
调制幅度	80%(1 kHz,正弦)

5.15.4 试验设备

试验设备应满足 GB 16838 中规定。

5.16 静电放电抗扰度试验

5.16.1 目的

检验家用火灾安全系统各类设备对带静电人员、物体接触造成的静电放电的适应性。

5.16.2 试验方法

5.16.2.1 将试样按 GB 16838 中规定进行试验布置,接通电源,使试样处于正常监视状态 20 min。

5.16.2.2 按 GB 16838 中规定的试验方法对试样及耦合板施加表 8 所示条件的电磁干扰试验。试验期间观察并记录试样状态。试验后，按要求进行功能试验。

表 8 静电放电抗扰度试验条件

放电电压/kV	空气放电（外壳为绝缘体）8
	接触放电（外壳为导体）6
放电极性	正、负
放电间隔/s	≥1
每点放电次数	10

5.16.3 要求

试验期间，试样应保持正常监视状态；试验后，试样功能应与试验前的功能保持一致。

5.16.4 试验设备

试验设备应满足 GB 16838 中规定。

5.17 电快速瞬变脉冲群抗扰度试验

5.17.1 目的

检验家用火灾安全系统各类设备抗电快速瞬变脉冲群干扰的能力。

5.17.2 试验方法

5.17.2.1 将试样按 GB 16838 中规定进行试验配置，接通电源，使其处于正常监视状态 20 min。

5.17.2.2 按 GB 16838 中规定的试验方法对试样施加表 9 所示条件的电磁干扰试验。试验期间观察并记录试样状态。试验后，按要求进行功能试验。

5.17.3 要求

试验期间，试样应保持正常监视状态；试验后，试样功能应与试验前的功能保持一致。

表 9 电快速瞬变脉冲群抗扰度试验条件

瞬变脉冲电压/kV	AC 电源线 2×(1±0.1)
	其他连接线 1×(1±0.1)
重复频率/kHz	AC 电源线 2.5×(1±0.2)
	其他连接线 5×(1±0.2)
极性	正、负
时间	每次 1 min

5.17.4 试验设备

试验设备应满足 GB 16838 中规定。

5.18 浪涌（冲击）抗扰度试验

5.18.1 目的

检验家用火灾安全系统各类设备对附近闪电或供电系统的电源切换及低电压网络、包括大容性负载切换等产生的电压瞬变（电浪涌）干扰的适应性。

5.18.2 试验方法

5.18.2.1 将试样按 GB 16838 中规定进行试验配置，接通电源，使其处于正常监视状态 20 min。

5.18.2.2 按 GB 16838 中规定的试验方法对试样施加表 10 所示条件的电磁干扰试验。试验期间观察并记录试样状态。试验后，按要求进行功能试验。

5.18.3 要求

试验期间，试样应保持正常监视状态；试验后，试样功能应与试验前的功能保持一致。

5.18.4 试验设备

试验设备应满足 GB 16838 中规定。

表 10 浪涌(冲击)抗扰度试验条件

浪涌(冲击)电压/kV	AC 电源线	线-线 1×(1±0.1)
		线-地 2×(1±0.1)
	其他连接线	线-地 1×(1±0.1)
极性		正、负
试验次数		5

5.19 电源瞬变试验

5.19.1 目的

检验家用火灾安全系统各类设备抗电源瞬变干扰的能力。

5.19.2 试验方法

5.19.2.1 按正常监视状态要求，将试样与等效负载连接，连接试样到电源瞬变试验装置上，使其处于正常监视状态。

5.19.2.2 开启试验装置，使试样主电源按“通电(9 s)～断电(1 s)”的固定程序连续通断 500 次，试验期间，观察并记录试样的工作状态；试验后，按要求进行功能试验。

5.19.3 要求

试验期间，试样应保持正常监视状态；试验后，试样功能应与试验前的功能保持一致。

5.19.4 试验设备

能产生满足 5.18.2 要求试验条件的电源装置。

5.20 电压暂降、短时中断和电压变化的抗扰度试验

5.20.1 目的

检验家用火灾安全系统各类设备在电压暂降、短时中断和电压变化(如主配电网络上，由于负载切换和保护元件的动作等)情况下的抗干扰能力。

5.20.2 试验方法

5.20.2.1 按正常监视状态要求，将试样与等效负载连接，连接试样到主电压暂降和中断试验装置上，使其处于正常监视状态。

5.20.2.2 使主电压下滑至 40%，持续 20 ms，重复进行十次；再将使主电压下滑至 0 V，持续 10 ms，重复进行十次。试验期间，观察并记录试样的工作状态；试验后，按要求进行功能试验。

5.20.3 要求

试验期间，试样应保持正常监视状态；试验后，试样功能应与试验前的功能保持一致。

5.20.4 试验设备

试验设备应满足 GB 16838 的规定。

5.21 低温(运行)试验

5.21.1 目的

检验家用火灾安全系统各类设备在低温条件下工作的适应性。

5.21.2 试验方法

5.21.2.1 试验前，将试样在正常大气条件下放置 2 h～4 h。然后按正常监视状态要求，将试样与等效负载连接，接通电源。

5.21.2.2 调节试验箱温度，使其在 20 ℃±2 ℃温度下保持 30 min±5 min，然后，以不大于 1 ℃/min 的速率降温至 0 ℃±3 ℃。

5.21.2.3 在 0 ℃±3 ℃温度下，保持 16 h 后，立即按 4.2～4.7 进行功能试验。

5.21.2.4 调节试验箱温度，使其以不大于1 ℃/min的速率升温至20 ℃±2 ℃，并保持30 min±5 min。

5.21.2.5 取出试样，在正常大气条件下放置1 h～2 h后，检查试样表面涂覆情况，按要求进行功能试验。

5.21.3 **要求**

试验期间，试样应保持正常监视状态；试验后，试样无破坏涂覆和腐蚀现象，试验后，试样功能应与试验前的功能保持一致。

5.21.4 **试验设备**

试验设备应符合GB 16838的规定。

5.22 **恒定湿热（运行）试验**

5.22.1 **目的**

检验家用火灾安全系统各类设备在相对湿度高（无凝露）的环境下正常工作的能力。

5.22.2 **试验方法**

5.22.2.1 试验前，将试样在正常大气条件下放置2 h～4 h。然后按正常监视状态要求，将试样与等效负载连接，接通电源，使其处于正常监视状态。

5.22.2.2 调节试验箱，使温度为40 ℃±2 ℃，相对湿度90%～95%（先调节温度，当温度达到稳定后再加湿），连续保持4 d后，按要求进行功能试验。

5.22.2.3 取出试样，在正常大气条件下，处于正常监视状态1 h～2 h后，检查试样表面涂覆情况，按要求进行功能试验。

5.22.3 **要求**

试验期间，试样应保持正常监视状态；试验后，试样无破坏涂覆和腐蚀现象，试样功能应与试验前的功能保持一致。

5.22.4 **试验设备**

试验设备应符合GB 16838的规定。

5.23 **恒定湿热（耐久）试验**

5.23.1 **目的**

检验家用火灾安全系统各类设备长时间承受使用环境中湿度影响的能力。

5.23.2 **试验方法**

5.23.2.1 在不通电的情况下，将试样至于试验箱内。

5.23.2.2 调节试验箱，使温度为40 ℃±2 ℃，相对湿度90%～95%（先调节温度，当温度达到稳定后再加湿），连续保持21 d。

5.23.2.3 取出试样，在正常大气条件下，恢复12 h后，检查试样表面涂覆情况，按要求进行功能试验。

5.23.3 **要求**

试验期间，试样应保持在该试验要求的状态；试验后，试样无破坏涂覆和腐蚀现象，试样功能应与试验前的功能保持一致。

5.23.4 **试验设备**

试验设备应符合GB 16838的规定。

5.24 **振动（正弦）（运行）试验**

5.24.1 **目的**

检验家用火灾安全系统各类设备承受振动影响的能力。

5.24.2 **试验方法**

5.24.2.1 将试样按正常安装方式刚性安装，使同方向的重力作用像其使用时一样（重力影响可忽略时除外），试样在上述安装方式下可放于任何高度，试验期间试样处于正常监视状态。

5.24.2.2 依次在三个互相垂直的轴线上，在 10 Hz～150 Hz 的频率循环范围内，以 0.981 m/s^2 的加速度幅值，1 oct/min 的扫频速率，各进行 1 次扫频循环。

5.24.2.3 试验后，立即检查试样外观及紧固部位，按要求进行功能试验。

5.24.3 要求

试验期间，试样应保持正常监视状态；试验后，试样不应有机械损伤和紧固部位松动现象，试样功能应与试验前的功能保持一致。

5.24.4 试验设备

试验设备(振动台及夹具)应符合 GB 16838 的规定。

5.25 振动(正弦)(耐久)试验

5.25.1 目的

检验家用火灾安全系统各类设备长时间承受振动影响的能力。

5.25.2 试验方法

5.25.2.1 将试样按正常安装方式刚性安装(重力影响可忽略时除外)，试样在上述安装方式下可放于任何高度，试验期间试样不通电。

5.25.2.2 依次在三个互相垂直的轴线上，在 10 Hz～150 Hz 的频率循环范围内，以 4.905 m/s^2 的加速度幅值，1 oct/min 的扫频速率，各进行 20 次扫频循环。

5.25.2.3 试验后，立即检查试样外观及紧固部位，按要求进行功能试验。

5.25.3 要求

试验期间，试样应保持在该试验要求的工作状态；试验后，试样不应有机械损伤和紧固部位松动现象，试样功能应与试验前的功能保持一致。

5.25.4 试验设备

试验设备(振动台及夹具)应符合 GB 16838 的规定。

5.26 碰撞试验

5.26.1 目的

检验家用火灾安全系统各类设备表面部件在经受碰撞时的可靠性。

5.26.2 试验方法

5.26.2.1 按正常监视状态要求，将试样与等效负载连接，接通电源，使其处于正常监视状态。

5.26.2.2 对试样表面上的每个易损部件(如指示灯、显示器等)施加 3 次能量为 0.5 J±0.04 J 的碰撞。在进行试验时应小心进行，以确保上一组(3 次)碰撞的结果不对后续各组碰撞的结果产生影响，在认为可能产生影响时，应不考虑发现的缺陷，取一新的试样，在同一位置重新进行碰撞试验。试验期间，观察并记录试样的工作状态；试验后，按要求进行功能试验。

5.26.3 要求

试验期间，试样应保持正常监视状态；试验后，试样不应有机械损伤和紧固部位松动现象，试样功能应与试验前的功能保持一致。

5.26.4 试验设备

试验设备应符合 GB 16838 的规定。

6 检验规则

6.1 产品出厂检验

企业在产品出厂前应对家用火灾安全系统进行下述试验项目的检验：

a) 功能试验；

b) 绝缘电阻试验；

c) 泄漏电流试验。

制造商应规定抽样方法、检验和判定规则。

6.2 型式检验

6.2.1 型式检验项目为第5章规定的试验项目。检验样品在出厂检验合格的产品中抽取。

6.2.2 有下列情况之一时，应进行型式检验：

a) 新产品或老产品转厂生产时的试制定型；

b) 正式生产后，产品的结构、主要部(器)件或元器件、生产工艺等有较大的改变，可能影响产品性能或正式投产满5年；

c) 产品停产一年以上，恢复生产；

d) 出厂检验结果与上次型式检验结果差异较大；

e) 发生重大质量事故。

6.2.3 检验结果按GB 12978的规定进行判定。

7 标志

7.1 产品标志

家用火灾安全系统各类设备应有清晰、耐久的产品标志，产品标志应包括以下内容：

a) 产品名称；

b) 本标准标准号；

c) 制造商名称或商标；

d) 型号；

e) 接线柱标注；

f) 制造日期、产品编号、产地和家用火灾安全系统内软件版本号。

7.2 质量检验标志

家用火灾安全系统各类设备应有质量检验合格标志。

ICS 33.050.30
M 39

中华人民共和国国家标准

GB/T 22371—2008

传真机、多功能复合型传真机环境保护要求

Environment protect requirements of fax machines

2008-09-01 发布　　2009-02-01 实施

中华人民共和国国家质量监督检验检疫总局
中国国家标准化管理委员会　发布

前　　言

本标准主要参考德国"蓝天使标志"(Blue Angle Mark)标准 RAL-UZ95:1998《授予传真机、多功能复合型传真机环境标志基础标准》,并结合中国国内的具体情况制定。

本标准对应于 RAL-UZ95:1998(英文版),与 RAL-UZ95 的一致性程度为非等效。

本标准附录 A、附录 B、附录 D、附录 E、附录 F、附录 G、附录 H、附录 I 和附录 J 为规范性附录,附录 C 为资料性附录。

本标准由中国机械工业联合会提出。

本标准由全国复印机械标准化技术委员会归口。

本标准主要起草单位:夏普办公设备(常熟)有限公司、理光(深圳)工业发展有限公司、机械工业办公自动化设备检验所、天津复印技术研究所、佳能(中国)有限公司、爱普生(中国)有限公司、兄弟工业株式会社北京办事处、联想(北京)有限公司。

本标准起草人:刘生应、杨耀武、冷欣新、安博萍、鲁俊和、宋倩、陈维华、王百管、范志国。

引　　言

避免排放污染物和避免产生废弃物，以及旧产品的再利用是环境保护的重要目标。实现这些目标可以防止环境污染、保护资源并节省埋藏废弃物所占据的空间。

满足本标准要求的传真机应具有下列特点：

——使用寿命较长并可回收利用；

——噪声和能耗应尽可能降低；

——向室内空间排放的污染物应尽可能降低，应避免使用对环境产生有害物质的材料。

传真机、多功能复合型传真机
环境保护要求

1 范围

本标准规定了传真机环境保护的要求。

本标准适用于采用静电记录方法、喷墨记录方法或热敏记录方法(含热转印方法)的传真机。

本标准所述的消耗材料,仅指未经改动的、由制造商提供的配套使用的原装说明书中指定消耗材料。

2 规范性引用文件

下列文件中的条款通过本标准的引用而成为本标准的条款。凡是注日期的引用文件,其随后所有的修改单(不包括勘误的内容)或修订版均不适用于本标准,然而,鼓励根据本标准达成协议的各方研究是否可使用这些文件的最新版本。凡是不注日期的引用文件,其最新版本适用于本标准。

GB/T 18313—2001 声学 信息技术设备和通信设备空气噪声的测量

ISO 1043-1～4 塑料制品 符号和缩略语 第一部分至第四部分

ISO 9296:1988 声学 计算机及商务设备噪声发射值的测定

JB/T 10334—2002 激光打印机测试版 A4

3 术语和定义

下列术语和定义适用于本标准。

3.1

聚合物 polymer

以相互连接的一种或一种以上原子或原子团(结构单元)多次重复为特征的分子所组成的物质,其分子量大到足以使整体性能不随加入或除去一个或几个结构单元而明显改变。

3.2

均聚物 homopolymer

由一种单体聚合生成的聚合物。

3.3

共聚物 copolymer

由两种以上单体共聚生成的聚合物。

3.4

阻燃剂 flame retardant

能明显减缓火焰蔓延的物质。

3.5

光导体 photoconductor

具有光电导性,可将图像以静电潜像形式记录下来的感光元件。

3.6

芳香胺 aromatic amine

氮上连有一个或多个芳烃基的胺。

3.7

消耗品　consumable

也称为消耗材料，或简称为耗材。本标准所述消耗品仅限于卡盒组件(鼓粉总成)、显影剂容器、显影剂、有机光导体、墨水盒、色带。

3.8

卡盒组件(鼓粉总成)　cartridge

由墨粉(单组分显影剂或双组分显影剂)单元、显影单元和感光体单元三项或其中两项组成的部件。

3.9

偶氮材料　azo material

分子结构中含有偶氮基的物质。

4　要求

4.1　耐久性

4.1.1　制造商的承诺

制造商应对传真机做出不低于1年的承诺。

4.1.2　维修保证

制造商应承诺，在传真机停产后至少5年之内，保证提供传真机在正常使用范围内可能损坏的备件，超过正常使用寿命的零件不在其列。

4.1.3　消耗品(消耗材料)的供应

制造商应承诺，在传真机停产之后5年内，保证消耗材料的供应。

4.1.4　耐久性信息

产品相关文件上应说明包括本标准4.1.1～4.1.3要求的内容。

符合性验证　*制造商应提供说明符合上述要求的相关文件。*

4.2　可回收利用设计

制造商应在设计阶段考虑到将来回收利用和材料再利用的过程。

应包括的特性与特征有：

——在不同材料之间尽可能避免存在不可拆卸的连接(粘接或焊接)，应使用容易拆装的机械式连接；

——尽量避免采用涂敷和复合结构材料；

——设备和组件应易于拆卸，也易于修理；

——尽可能减少材料种类。

符合性验证　*制造商应提供说明符合上述要求的相关文件。*

4.3　减少塑料材料的种类

大尺寸塑料外壳和盒式零件(质量大于25 g)应使用单一的均聚物或者一种共聚物。

也允许使用两种或两种以上塑料特殊混合的聚合混合物，这种混合物比纯塑料以混合状态构成的材料具有更好的性能。

制造塑料外壳的聚合物或者聚合混合物应容易分类，且最多不超过四种。

大尺寸塑料外壳和盒式零件应选择可回收、高质量、长寿命的材料。

符合性验证　*制造商应提供说明符合上述要求的相关文件，并提交大尺寸塑料壳体和盒式零件(质量大于25 g)的材料清单。*

4.4　塑料外壳和盒式零件材料的要求

4.4.1　PBB(多溴联苯)、PBDE(多溴二苯醚)或氯代烷烃(碳链10～13，氯含量50%以上)不能用于制造塑料外壳和盒式零件。

4.4.2 本标准附录B中规定的材料都不可作为添加剂。

下列情况除外：

——在处理过程中，技术上导致的不可避免的杂质；

——用于改善塑料物理性能的有机氯添加剂(例如，防漏试剂)，但添加量不应超过塑料件质量的0.5%；

——质量低于25 g的塑料件；

——靠近加热和定影装置的特殊塑料件。但是不应含有任何PBB(多溴联苯)、PBDE(多溴二苯醚)或氯代烷烃(碳链10～13，氯含量50%以上)。

符合性验证 制造商应提供说明符合上述要求的相关文件、用于塑料外壳和盒式零件的阻燃剂/塑料的材料清单，以及阻燃剂/塑料供应商符合上述要求的声明或阻燃剂的化学规格书或有关文件。

4.5 塑料件的标记

塑料件应按照本标准附录A标记。质量不大于25 g，或者平面涂层小于200 mm² 的小塑料件除外。

符合性验证 制造商应提供说明符合上述要求的塑料标识明细表。

4.6 不再使用产品的回收

4.6.1 再生品和再填料品的制造商或其代理人不应拒绝不再使用产品的回收。

4.6.2 制造商在产品的相关说明中应注明回收的信息，向用户说明回收的方法。

4.6.3 对于不能再循环利用的零件应由制造商或其代理人进行符合环境保护的处理。

符合性验证 制造商应提供说明符合上述要求的相关文件。

4.7 噪声

传真机在工作过程中的噪声要求见表1。按照GB/T 18313—2001测定噪声声功率 L_{WAd}，并应用ISO 9296:1988来计算 L_{WAd}。

对于1台机器的测定，按式(1)计算：

$$L_{WAd} = L_{WA1} + 3.0 \qquad (1)$$

式中：

L_{WAd}——1台机器的测定结果，单位为dB。

L_{WA1}——1台机器的实测A计权声功率级，单位为dB。

表1 传真机工作过程中噪声要求

印品输出速度(v)/张/min	噪声要求/dB
$v \leqslant 7$	$L_{WAd} \leqslant 58$
$7 < v \leqslant 14$	$L_{WAd} \leqslant 62$
$v > 14$	$L_{WAd} \leqslant 67$

注1：4.7的要求不适用于传真机的彩色模式。

注2：采用热敏方法记录传真机的ppm=60 s/(A4纵向297 mm×记录密度×1线印字时间)。

符合性验证 制造商应提供符合上述要求的检测报告。

4.8 电池/蓄电池

传真机中如装有电池，则要求电池的配料中不使用镉、铅、汞及其化合物。

符合性验证　制造商应提供说明符合上述要求的相关文件。

4.9　能耗

普通纸传真机能耗应符合表2的要求。能耗按附录J测定。

表2　传真机能耗要求

印品输出速度(v)/张/min	进入睡眠方式的缺省等待时间/min	睡眠方式下的能耗/W
$v \leqslant 10$	≤5	≤10
$v > 10$	≤5	≤15

另外产品说明中应包含以下内容：

——印品输出速度(张/min)；

——最大能耗(W)；

——睡眠方式下的能耗(缺省设定,W)；

——**进入睡眠方式的缺省等待时间(缺省设定,min)**。

注："睡眠方式"即通常所说的"节能模式"。

符合性验证　制造商应提供符合上述要求的检测报告。

4.10　传真纸

传真机应能够使用制造商推荐的100%的再生纸,热敏纸传真机除外。并在产品说明书中说明能使用再生纸及其具体要求。

符合性验证　制造商应提供说明符合上述要求的相关文件。

4.11　消耗品

4.11.1　消耗品的回收设计

制造商提供的消耗品,在设计时应考虑便于再利用和材料的回收。

符合性验证　制造商应提供说明符合上述要求的相关文件。

4.11.2　消耗品的回收和再利用

4.11.2.1　制造商或其代理人不应拒绝不再使用产品的回收。

4.11.2.2　制造商在产品的相关说明中应注明回收的信息,向用户说明回收的方法。

4.11.2.3　对于不能再循环利用的零件应由制造商或其代理人进行符合环境保护的处理。

符合性验证　制造商应提供说明符合上述要求的相关文件。

4.12　包装材料

用于传真机包装的塑料材料不应含有任何卤代高聚物。

包装的标记见附录A。

符合性验证　制造商应提供说明符合上述要求的相关文件,或指明塑料的标记。

4.13　显影剂、墨水及色带成分的要求

4.13.1　重金属

显影剂、墨水及色带配料中不应使用含有汞、铅、镉成分,或者含Ⅵ铬成分及含有此类化合物的物质。

符合性验证　制造商应提供说明符合上述要求的相关文件。

4.13.2　偶氮材料

显影剂、墨水、色带配料中不应使用通过附录C而生成附录D所列的分解致癌的偶氮材料(染料或颜料)。

符合性验证 *制造商应提供说明符合上述要求的相关文件。*

4.13.3 **不可作为塑料添加剂的物质**

本标准附录B中规定的有害物质不应作为显影剂、墨水及色带配料的组成成分。

符合性验证 *制造商应提供说明符合上述要求的相关文件。*

4.13.4 **其他危险物质**

4.13.4.1 显影剂、墨水、色带的成分中不应使用附录F中规定的物质。

4.13.4.2 显影剂中还不应含有下列成分：

a) EC理事会指令67/548/EEC附属书Ⅰ所规定的，用以下标号表示的物质：

R26（吸入有强毒性）

R27（皮肤接触有强毒性）

R40（有无法逆转的危害）

R42（吸入有致癌性）

R45（有致癌性）

R46（可能会引起可能遗传的损害）

R49（吸入有致癌性）

R60（可能危害生殖能力）

R61（可能危害儿童）

R62（有时可能会危害生殖能力）

R63（有时可能会危害胎儿）

R64（可能通过母乳危害胎儿）

b) 附录G中认定的致癌物质，但碳黑除外。

c) 附录H中规定的在表明产品组成时，必须使用危险符号的物质。

d) 附录Ⅰ中规定的属于R43的物质。

注1：EC理事会指令67/548/EEC附属书是欧盟关于化学品的指令之一，欧盟成员国根据这一内容制定、实施法律，它适用于所有欧盟成员国。

注2：以上EC理事会指令67/548/EEC附属书Ⅰ、Ⅱ、Ⅲ，相当于EU的危险物质的分类、包装和标识有关的法律、法规和行政规定。

符合性验证 *制造商应提供符合上述要求的文件及墨粉制造厂家符合上述要求的证明。*

4.14 **采用静电记录方法传真机污染物的排放**

4.14.1 **粉尘**

传真机排放的粉尘在室内空气中的浓度不应超过0.075 mg/m³。

粉尘的测定方法见附录E。

符合性验证 *制造商应提供符合上述要求的检测报告。*

4.14.2 **臭氧**

传真机排放的臭氧在室内空气中的浓度不应超过0.02 mg/m³。

臭氧浓度的测定方法见附录E。

符合性验证 *制造商应提供符合上述要求的检测报告。*

4.14.3 **苯乙烯**

传真机排放的苯乙烯在室内空气中浓度不应超过0.07 mg/m³。

苯乙烯浓度的测定方法见附录E。

符合性验证 *制造商应提供符合上述要求的检测报告。*

注：4.14的要求不适用于传真机的彩色模式。

4.15 采用静电记录方法传真机的光导体

4.15.1 采用静电记录方法的传真机光导体配料中不应使用含有铅、镉、汞及其化合物。

符合性验证 *制造商应提供说明符合上述要求的相关文件。*

4.15.2 采用静电记录方法的传真机光导体的回收

4.15.2.1 制造商或其代理人不应拒绝不再使用产品的回收。

4.15.2.2 制造商在产品的相关说明中应注明回收的信息,向用户说明回收的方法。

4.15.2.3 对于不能再循环利用的零件应由制造商或其代理人进行符合环境保护的处理。

符合性验证 *制造商应提供说明符合上述要求的相关文件。*

附 录 A
（规范性附录）
塑料产品的通用符号和标记

A.1 符号和缩略语

本标准使用 ISO 1043-1、ISO 1043-2、ISO 1043-3 和 ISO 1043-4 中给出的符号和缩略语，如果 ISO 1043 中没有适用的符号和缩略语，将使用有效的国家或国际标准中的符号或缩略语。

A.2 如果需要对材料标记更详细的资料，可在适当的产品标准中定义塑料产品的附加标记。

A.3 标记方法

A.3.1 产品的标记方法可采用在标点符号“>”和“<”之间，用适当的标准符号或缩略语标记在产品某一位置上。

注：“>”和“<”是“大于”和“小于”符号，常常也被看作是颠倒的三角符号。

A.3.1.1 单一成分的塑料产品

由单一聚合物或共聚物制成的塑料产品。

例：对丙烯腈-丁二烯-苯乙烯聚合物的标记为：

> ABS <

A.3.1.2 混合或杂合聚合物

对于由混合或杂合聚合物构成的塑料产品，应使用适当的缩略语进行标记。其主要的成分排在第一位，其他成分按照它们质量分数按递减次序排列。用一个或更多的加号将其分隔开。

例：对于一种由聚碳酸酯和丙烯腈-丁二烯-苯乙烯组成的混合物，其中聚碳酸酯是主要的成分，丙烯腈-丁二烯-苯乙烯分散在其中。标记为：

> PC＋ABS <

A.3.1.3 含有特殊添加剂的塑料产品

A.3.1.3.1 填充剂或增强剂

对于含有一种单独填充剂或增强材料的聚合物，应使用缩写标记，后跟一个连字符（短划线），然后是附加物的缩写或代号。按照 ISO 1043-2 规定，应表示出其质量分数，并按以下规定进行标记：

例 1：含有 30％矿石粉成分的聚丙烯，标记为：

> PP-MD30 <

对于含有一种或两种填充剂或增强剂混合成分的塑料产品，这些附加物应在括弧（圆括号）里标记。如例 2 和例 3 所示。

例 2：含有 15％矿石粉和 25％玻璃纤维混合成分的聚酰胺 66，其标记使用：

> PA66-(GF25＋MD15) < 或：> PA66-(GF＋MD)40 <。

例 3：以不饱和聚酯为基础的含有 50％矿石粉和 25％玻璃纤维的热塑性塑料产品，标记为：

> UP-(MD50＋GF25) < 或：> UP-(MD＋GF)75 <

A.3.1.3.2 增塑剂

含有增塑剂的合成物其聚合物用缩略语标记，后跟一个连字符。然后在符号“P”后面用括号括起的增塑剂的缩略语。见 ISO 1043-3。

例：对含有邻苯二甲酸二丁酯的增塑剂的 PVC，标记使用：>PVC-P(DBP)<

A.3.1.3.3 阻燃剂

含有阻燃剂的合成物其聚合物用缩略语标记，后跟一个连字符。然后在符号“FR”后接着用括号括起阻燃剂的代号号码。见 ISO 1043-4。

例：含有 15％矿石粉和 25％玻璃纤维混合成分的聚酰胺 66。此外，含有红磷阻燃剂。标记为：

> PA66-(GF25 + MD15)FR(52) < 或：> PA66-(GF + MD)40FR(52) <

A.3.1.3.4 含有两种或两种以上难以分离成分的塑料产品

由两种或两种以上成分组成的塑料产品，其中某些成分不容易看见，应首先标记出可见的主要成分；塑料产品的主要成分用下划线标记出；各种材料之间用逗号分隔。

例：一种由三种成分组成的塑料产品，在聚氨酯上覆盖一层可看得见的聚氯乙烯薄涂层，其中插入一种成分含量最多的丙烯腈-丁二烯-苯乙烯成分，标记为：

> PVC，PUR，ABS <

A.3.2 产品的标记方法还可采用适当的标准符号或缩略语直接标记在产品的某一位置上。

如：PVC，PP，HDPE 等。

A.4 标记的制作

标记的制作可以采用：

——在制模时将适当的符号设计在模具中；

——使其浮凸于表面，或者熔化刻上记号，或者在聚合物上标记成其他的明显和不能消除的标记。

附 录 B
（规范性附录）
不可作为塑料添加剂的物质

表 B.1

序号	CAS. NO	物 质 名 称	备 注
1	75-69-4	三氯氟甲烷	CFC-11
2	75-71-8	二氯二氟甲烷	CFC-12
3	76-13-1	三氯三氟乙烷	CFC-112
4	76-14-2	二氯四氟乙烷	CFC-114
5	76-15-3	一氯五氟乙烷	CFC-115
6		含以上化合物的所有异构体(序号 1-5)	—
7	353-59-3	溴氯二氟甲烷	Halon-1211
8	75-63-8	溴三氟甲烷	Halon-1301
9	124-73-2	二溴四氟乙烷	Halon-2402
10		含以上化合物的所有异构体(序号 7-9)	—
11	75-72-9	氯三氟甲烷	CFC-13
12	354-56-3	五氯氟乙烷	CFC-111
13	76-12-0	四氯-1,2-二氟乙烷	CFC-112
14	135401-87-5	七氯氟丙烷	CFC-211
15	134452-44-1	六氯二氟丙烷	CFC-212
16	134237-31-3	五氯三氟丙烷	CFC-213
17	2268-46-4	1,1,1,3-四氯四氟丙烷	CFC-214
18	4259-43-2	1,1,1-三氯五氟丙烷	CFC-215
19	661-97-2	1,2-二氯六氟丙烷	CFC-216
20	422-86-6	1-氯七氟丙烷	CFC-217
21		含以上化合物的所有异构体(序号 11-20)	—
22	56-23-5	四氯化碳	—
23	71-55-6	1,1,1-三氯乙烷(甲基氯仿)	—
24		含除(序号 23)1,1,2-三氯乙烷外的以上化合物的所有异构体	—
25	353-93-5	1,1,1,2-四溴氟乙烷	—
26	7304-53-2	1,1,1-三溴二氟乙烷	—
27	306-80-9	1,1,2,2-四溴氟乙烷	—
28	354-04-1	1,2-二溴三氟乙烷	Halon-2302
29		溴二氟乙烷	—
30	1511-62-2	溴二氟甲烷	HBFC-2201
31		溴二氟丙烷	—

表 B.1（续）

序号	CAS. NO	物质名称	备注
32	128035-10-9	溴氟乙烷	—
33	373-52-4	溴氟甲烷	—
34		溴氟丙烷	—
35		溴六氟丙烷	—
36		溴五氟丙烷	—
37	283-90-0	溴四氟乙烷	—
38		溴四氟丙烷	—
39	30283-91-1	溴三氟乙烷	—
40		溴三氟丙烷	—
41	31392-96-8	二溴二氟乙烷	—
42		二溴二氟丙烷	—
43		二溴氟乙烷	—
44	1868-53-7	二溴氯甲烷	—
45		二溴氟丙烷	—
46		二溴五氟丙烷	—
47		二溴四氯丙烷	—
48	108662-84-6	二溴三氟乙烷	—
49		二溴三氟丙烷	—
50		六溴氟丙烷	—
51		五溴二氟丙烷	—
52		五溴氟丙烷	—
53		四溴二氟丙烷	—
54		四溴氟丙烷	—
55		四溴三氟丙烷	—
56		三溴二氟丙烷	—
57		三溴氟乙烷	—
58		三溴氟丙烷	—
59		三溴四氟丙烷	—
60		三溴三氟丙烷	—
61	7439-92-1	铅	—
62		铅化合物	—
63	7439-97-6	汞	—
64		汞化合物	—
65	7440-43-9	镉	—
66		镉化合物	—

表 B.1（续）

序号	CAS. NO	物 质 名 称	备 注
67		多溴联苯	—
68		多溴二苯醚	—
69		氯代石腊	—
70	309-00-2	(1R,4S,4aS,5S,8R,8aR) -1,2,3,4,10,10-六氯-1,4,4a,5,8,8a-六氢-1,4,5,8-二甲基桥萘	Aldrin
71	57-74-9	1,2,4,5,6,7,8,8-八氯-2,3,3a,4,7,7a-六氢-4,7-甲基桥-1H-茚	Chlordane
72	60-57-1	(1aα,2β,2aα,3β,6β,6aα,7β,7aα)-3,4,5,6,9,9-六氯-1a,2,2a,3,6,6a,7,7a-八氢-2,7,3,6-二甲基桥萘[2,3-b]环氧乙烯	dieldrin
73	1746-01-6	2,3,7,8-四氯二苯嵌-对-二氧芑	TCDD
74		2,3,7,8-四氯二苯嵌-对-呋喃	—
75	50-29-3	1,1′-(2,2,2-三氯乙叉)双(4-氯苯)	DDT
76	72-20-8	2,7,3,6-二甲基桥萘并[2,3-b]环氧乙烯,3,4,5,6,9,9 六氯-1a,2,2a,3,6,6a,7,7a-八氢-[1aα,2β,2aβ,3α,6α,6aβ,7β,7aβ)-	endrin
77	76-44-8	4,7-甲基桥-1H-茚,1,4,5,6,7,8,8-七氯-3a,4,7,7a-4 氢-	heptachlor
78	118-74-1	六氯苯	—
79	2385-85-5	1,1a,2,2,3,3a,4,5,5,5a,5b,6-十二氯八氢-1,3,4-甲基桥-1H-环丁基[cd]戊烯	mirex
80	8001-35-2	毒性苯	—
81	1336-36-3	1,1′-二苯基 氯代衍生物	PCB

附　录　C
（资料性附录）
德国食品日用品法第35条规定的试验法

［德译日］德国食品·日用品法§35-B 82.02-2:Jan.1998

ID No.M-910J　　　　1998年1月

依据食品·日用品法第35条的检查方法的告示集		
B	日用品的检查 **C.1.1.1　证明纤维构成的日用品方面使用特定的偶氮染料的方法**	82.02 2

C.1　目的和适用领域

本告示记述了特定纤维、特别是化纤素纤维及蛋白质纤维（木棉、化纤素、羊毛、丝绸）构成的日用品（参照C.10的［3］及C.10的［4］）在制造和处理阶段是否使用了禁用的偶氮染料的检查证明方法。

C.2　概念

禁止使用的偶氮染料是指日用品政令（BGV）［1］规定的偶氮染料。这分为偶氮染料的单数或是复数组群在BGV的附属文件1的第7项中的归类，是指下列记载的有可能产生胺类物质的偶氮染料（见附录D的表D.1）。表中*）按照胺群组的分类归纳于日用品政令的邻胺基偶氮甲苯以及有可能产生邻胺基偶氮甲苯的偶氮染料，依据本方法通过胺邻甲苯胺或是2,4-甲苯二胺加以证明。

指示：

依照现代科学的见解，将染色后的物品或是样本以本方法的条件（参照C.7.2及C.7.3）进行检测，如果断定游离出一个上述归类表中的胺类物质，并且每个的胺含有量都在30 mg/kg以上的话，就可以考虑依据这个化学分析结果断定其纤维构成的物品在制造或处理阶段使用了日用品政令禁止使用的偶氮染料［2］。这个含量与具有相同种类性能、状态物品的染色部分有关。

依据C.7.2的划分的4-胺基联苯或是2-萘胺发生30 mg/kg以上的含有量时，例如，不考虑使用的染料的化学构造之类的补充信息时，是不能够完全断定产品中使用了日用品政令中禁止的偶氮染料。

C.3　概要

纤维试验材料在密闭的容器中，以谷氨酸稀释了的水溶液（pH=6）、在70 ℃条件下，用硝酸钠进行处理。此时依据还原分解游离出的胺，在使用硅藻土反应塔处理的条件下，以液体-液体的抽出程序被移相至3-丁基甲醚。将丁基甲醚的抽出物在旋转蒸发器中小心地进行浓缩处理，残留物要放入甲醇或是适合证明及判断方法的溶液中。

胺的存在证明，可使用装有二极管阵列检出器的高性能液体色谱（HPLC/DAD或HPLC/MS）、薄层色谱（TLC、HPTLC）、火焰离子检出器，或是带有质量检出器的气相色谱（GC/FID或是GC/MS），或是带二极管陈列检出器的毛管电泳（CE/DAD）进行。

胺的同位是为了防止因妨害物质（如处于定位位置的异性体）而造成错误解释的可能性及因此而产生的错误结论，至少应使用2种不同的分离法来验证。

胺量的确认要用HPLC/DAD或是GC/MS进行，但使用气相色谱时，应使用合适的内部标准物质进行作业。

C.4 化学物质

指示：

C.2 所述胺类物质，属于已知的对人体有致癌作用的物质群组或是属于被视为对人体有致癌作用的物质群组(MAK List Ⅲ A1 及 A2[3])。在进行这类物质的处理作业时，出于对健康的考虑，应特别注意和采取措施。如没有特别要求，应使用分析用纯度的化学物质。

C.4.1 甲醇。

C.4.2 醋酸乙酯。

C.4.3 3-丁基甲醚。

C.4.4 谷氨酸烧碱稀释溶液、$c=0.06$ mol/L、pH=6、预热至 70 ℃。

C.4.5 新调配的 2-亚硝酸钠的水溶液、$\rho=200$ mg/mL。

注：c=克分子浓度(Stoffmengenkonzentration)、ρ=质量浓度(Massenkonaentration)。

C.4.6 多孔状的颗粒硅藻土(Extrelut® 20)。

C.4.7 能够得到的最高纯度的胺标准物质(C.2 中胺 1～18)的样品。

C.4.8 气相色谱内部标准物质(IS)

例如：

IS 1：萘-d8，CAS No. 1146-65-2

IS 2：2,4,5-三氯苯胺，CAS No. 636-30-6

IS 3：4-胺基酸，CAS No. 6628-04-2

IS 4：蒽-d10，CAS No. 1719-06-8

C.4.9 标准溶液

C.4.9.1 胺 1～18 的校正用溶液、$\rho=15.0$ μg 胺/mL(合适的溶媒)。

C.4.9.2 IS1～IS4 的内部标准溶液、$\rho=10.0$ μg IS/mL(合适的溶媒)。

C.4.9.3 为确认方法的胺 1～18 的溶液、$\rho=30.0$ μg 胺/mL 甲醇。

注：注意胺溶液的保存期限。

C.5 器具及辅助手段

C.5.1 带密封塞的耐热玻璃反应器(20 mL～50 mL)。

C.5.2 水槽、干燥器或是溶解炉(Aufschlussblock)都要带恒温器。

C.5.3 内径 25 mm～30 mm、长 140 mm～150 mm 的玻璃或是聚丙烯制的反应塔、用约 20 g 的多孔性颗粒状的硅藻土(参照 C.4.6)充填，出口处安装有玻璃纤维滤嘴。

C.5.4 真空回转蒸发器。

C.5.5 移液管 10 mL、5 mL、2 mL、1 mL。

C.5.6 测量装置

C.5.6.1 专用于 TLC 或是 HPTLC 的装置，带紫外线观察器。

C.5.6.2 带有梯度溶解的溶液分离 HPLC 或 DAD 或是 MS。

C.5.6.3 带 FID 的 GC 或是 NSD。

C.5.6.4 带 DAD 的 CE。

C.6 试验材料的采集检查图

按相关规定执行。

C.7 实施

C.7.1 试验材料的准备

根据试验材料，将 1 g 以上的均匀的日用品以适当的方法粉碎为约 25 m^2 的大小块并混合。从这种混合的试料中称取 1.0 g，为了分析将其装入反应容器(C.5.1)中。

如果有颜色、花样及不同种类的纤维部分构成的日用品，在提取试料时，要将它们不同的部分(不同颜色及不同纤维)分离开来分析。

C.7.2 还原性的分解

试料投放进 17 mL 的已预热至 70 ℃±2 ℃的稀释溶液(C.4.4)中。将反应器的塞子盖紧，短时间地强烈摇动后将反应溶液保持在 70 ℃±2 ℃状态约 30 min。此时，所有的纤维都应被液体浸湿。

接着，为了使胺还原分解，加入 3.0 mL 的亚硝酸钠的水溶液(C.4.5)后强烈摇动，并马上将其加热至 70 ℃±2 ℃，保持 30 min±2 min。然后在 2 min 内将其冷却至室温(然后，马上将反应容器用栓塞再次密封!)。

C.7.3 胺的分离与浓缩

用玻璃乳棒将纤维挤压出来连同溶液倾倒在硅藻土反应塔上(C.5.3)，让其反应作用 15 min。紧接着，使用 2×40 mL 的 3-丁基甲醚按下列要领进行溶离。用 100 mL 的带研磨面的圆形烧瓶将溶离物捕捉住。

在浇注到硅藻土反应塔上之前，使用刚开始的 40 mL(2×10 mL 和 1×20 mL)将剩余纤维的残渣洗净。为此，在把 10 mL 的 3-丁基甲醚倾泻后，要立即浇注在纤维的残渣上，并关闭反应器用力摇动。在硅藻土反应塔中的反应时间结束后，要把 3-丁基甲醚倾倒在塔上。这样的作业需使用 10 mL 和 20 mL 的 3-丁基甲醚反复进行多次。紧接着，把 40 mL 的 3-丁基甲醚直接浇注到塔上。溶离物通常都是透明的，无需再进行干燥。

为了验证胺的存在和决定含量，3-丁基甲醚要在不低于 50 ℃条件下用旋转式蒸发器在轻度真空状态下浓缩至 1 mL(不要浓缩至干燥程度!)以非真空状态下较弱惰性气体流将溶剂残液仔细除去。

注：除去溶剂时(用真空旋转式蒸发器进行浓缩、至干燥过程的吹除)，如不加以注意(过度真空、过高的温度、过强的惰性气体的气流)，会导致明显的胺成分流失。

将残留物立即溶解于适合的溶剂中，比如甲醇、醋酸乙酯或是 3-丁基甲醚。以 2.0 mL 的容积马上进行分析。发生迟延时要将试料冷冻保存好。

胺量的确定检查使用 HPLC/DAD 或是 GC/MS 进行，但使用气相色谱时，要使用合适的内部标准物质进行作业。

注：依据素材不同，必须要考虑到每个胺(例如 2,4-甲苯二胺及 2,4-二氨基苯甲醚)都显示出极小的稳定性。如果作业不及时，可能会导致胺至检测时已无法获取证明的数据了。

C.7.4 使用色谱的分析

由于存在对测量装置(C.5.6)依赖性，因此一般的记述是难以做到的。在实施分析时如能遵守下述参数可获得理想的结果。

C.7.4.1 薄层色谱法

C.7.4.1.1

底板(HPTLC)：	带荧光指示剂 F254 的硅酸凝胶 60、20 cm×10 cm
涂布容积：	(2.0～5.0)μL、点状
流动物质 1：	氯泡沫/冰醋酸、容积比 90∶10

C.7.4.1.2

底板(TLC)：	硅酸凝胶 60、20 cm×10 cm
涂布容积：	10.0 μL、线状

流动物质 2：　　　氯泡沫/醋酸乙基/醋酸配合容积比 60∶30∶10

流动物质 3：　　　氯泡沫/甲醇配合容积比 95∶5

流动物质 4：　　　n-醋酸丁基/甲苯配合容积比 30∶70

扩散：　　　容器饱和

C.7.4.1.3

底板(TLC)：　　　硅酸凝胶 60、20 cm×20 cm

流动物质 2 和 3：　　　勿使底板干燥，先后使用流动物质 2 和 3 浸润

试验药品 1：　　　在 KOH(c=1 mol/L)中加入 0.1%$NaNO_2$

试验药品 2：　　　在 KOH(c=1 mol/L)中加入 0.2%α-苯酚

C.7.4.1.4

测出：　　　1. 紫外线灯

2. 用试药 1、试药 2 按顺序进行处理(C.7.4.1.3)后反应时间约 5 min

C.7.4.2　高性能液体色谱(HPLC)

C.7.4.2.1　HPLC/DAD

溶离剂 1：　　　甲醇

溶离剂 2：　　　将 0.575 g 磷酸二氢胺+0.7 g 第二磷酸钠溶解于 10 00 L 的水中、pH=6.9

定常相：　　　LiChrosorb 60 RP-select B®(5 μm)；250 mm×4.6 mm

流动：　　　(0.7～1.0)mL/min

变化率：　　　确认起始后加入 15%溶离剂 1 时，45 min 以内直线性地加入 80%的溶离剂 1 时

塔的温度：　　　40 ℃

注入容量：　　　15.0 μL

测出器：　　　DAD、光谱摄影

定量：　　　用 240 nm、280 nm 及 305 nm

(参见胺光谱图 C.1a)

C.7.4.2.2　HPLC/MS

溶离剂 1：　　　丙酮腈

溶离剂 2：　　　在 1 000 mL 水中加入 5 mmol 的醋酸胺、pH=3.0

定常相：　　　Zorbax Eclipse XDB C18(3.5 μm)、2.1 mm×50 mm

流动：　　　300 μL/min

变化率：　　　确认起始后加入 10%溶离剂 1 时，1.5 min 以内加入 20%溶离剂 1 时，6 min 以内直线性地加入 90%溶离剂 1 时

塔的温度：　　　40 ℃

注入容量：　　　2.0 μL

测出：　　　质量光谱分析器(Quadrupol 或 Ion trap)、扫描模式(Scan mode)或是子离子检测(MS/Daughterion MS^n Detection)

喷射气体：　　　氮气(瓦斯瓶/发生器)

离子化：　　　API 阳性电雾化(Electrospray positive)，碎片谱法(Fragmentor)120 V

(参见胺光谱图 C.1b))

C.7.4.3　毛管气相光谱(GC)

毛管反应塔：　　　DB-35MS(J&W)、长度 30 m、内径 0.25 mm、膜厚 0.25 μm

注入系统：　　　Split/Splitless

注入器温度：　　　260 ℃

专用气体：　　　氦气

温度程序：　　100 ℃(2 min)、100 ℃～310 ℃(15 ℃/min)、310 ℃(2 min)

注入容量：　　1.0 μL、split 1∶15

测出：　　MS

(参见 C.2 列举的胺以及 C.4.8 列举的内部标准物质的光谱图 C.2)

C.7.4.4 毛管电泳(CE)

在试料溶液中 200 μL(C.7.3)中加入 HCl 50μL(c=0.01 mol/L)混合，用膜状滤嘴(0.2 μm)过滤混合液。再将滤过的溶液施以电泳。

毛管 1：　　56 cm 空、内径 50 μm、带 extended light path(HP)

毛管 2：　　56 cm 封入聚乙稀酒精(PVA)、内径 50 μm、带 extended light path(HP)

缓冲液：　　磷酸盐缓冲液(c=50 mmol/L)、pH=2.5

毛管温度：　　25 ℃

电压：　　30 kV

注入时间：　　4 s

注进时间：　　5 s

测出：　　214 nm 及 254 nmDAD、光谱摄影

(参见胺电泳图图 C.3a)及图 C.3b))

C.7.5 分析系统的检查

为了确认测量方法，将 1.0 mL 供确认方法用的胺溶液(C.4.9.3)和 1.0 mL 的甲醇加入到装有 15 mL 已预热了的包括缓冲液(C.4.4)在内的谷氨酸盐烧碱液反应器(C.5.1)中。然后按 C.7.2 以后的记述进行作业。胺的检出率至少应达到下列数值：

胺 No.1～5、7～15 及 18　　70%

胺 No.6　　20%

胺 No.16 及 17　　50%

C.8 评价

C.8.1 计算

胺的含有量计算依据胺的各个成分最大面积进行。胺的含有量以下列公式计算其质量浓度 w(mg/试料 kg)：

$$w=\frac{A_{\mathrm{p}}\cdot A_{\mathrm{ISP}}{}^{1)}\cdot \rho K\cdot V}{A_{\mathrm{k}}\cdot A_{\mathrm{ISk}}{}^{1)}\cdot m_{\mathrm{E}}}$$

式中：

A_{p}——试料溶液中的胺峰值面积；

A_{k}——校正溶液中的胺峰值面积；

A_{ISP}——试料溶液中的内部标准峰值面积；

A_{ISk}——校正溶液中的内部标准峰值面积；

ρK——校正溶液中的胺浓度；

V——试料依据 C.7.3 占有的容积(试料最终容积)(mL)；

m_{E}——在试验材料最终容积的净重(g)。

C.8.2 方法的可靠性

下述数据是就毛织物、木棉及粘胶纤维，以不间断方式测试决定的。C.10[4]

---

1) (原注)为使用 GC/MS 进行测量。

C.8.2.1 再现性 r

C.8.2.2 比较可能性(R)

见下表：

分析方法	日用品	胺	$\bar{x}$	r	$S(r)$	R	$S(R)$
			所有的数据单位：mg/kg(%)				
HPLC	毛织物	3,3-二甲基联苯胺	25.9	4.9 (18.9)	1.7	12.7 (49.1)	4.5
HPLC	木棉	联苯胺	29.7	5.3 (17.8)	1.9	11.5 (38.7)	4.1
HPLC	粘胶纤维	3,3-二甲氧基联苯胺	22.5	2.9 (12.9)	1.0	7.9 (35.1)	2.8
HPLC	毛织物	4,4-二胺基甲苯二苯甲烷	17.7	3.0 (16.9)	1.1	7.5 (42.4)	2.6
HPLC	毛织物	邻甲苯胺	22.6	4.4 (19.5)	1.6	13.8 (61.1)	4.9

有关涉及到方法可靠性的气相色谱，参照C.10的[5]聚酯纤维中特定偶氮染料使用的证明方法(方法见C.8.2)。

C.9 检查报告书

检查报告书上要明确记载使用了本方法，此外，至少还要记载下列事项：

※ 试料的种类、来源及名称(根据情况可以是材料的一部分)；

※ 试料取样的种类及日期；

※ 入库日期及检查日期；

※ 证明方法(分离及检查方法)；

※ 决定方法；

※ 检查结果。

胺成分含有量预期值≤30 mg/kg时：

※《检查结果，在提交的日用品中没有检测出日用品政令禁止使用的偶氮染料》

胺成分含有量预期值>30 mg/kg时：

※ 含有量>30 mg/kg时的胺成分的名称；

※《依据分析的结果，断定在提交的日用品在制造或处理阶段使用了日用品政令禁止使用的偶氮染料》

(4-胺基联苯或是2-萘胺>30 mg/kg时，参照C.2)

C.10 文献

[1] 1992年4月10日发布的日用品政令最新版。

[2] G. Schneider：与日用品相关的特定偶氮染料的禁止使用：分析和分析结果的评价。
Deutsche Lebensmittel-Rundschau 93. 69-74(1997)

[3] 德国学术振兴会(DFG)：最大车间浓度及生物学上工作物质容许值1995、通知31、有害于健康工作物质审议专设审议委员会、第ⅢA部。
VCH-Verlagsgesellschaft mbH. Weinheim.

[4] 纤维构成的日用品方面特定偶氮染料使用的证明方法、不间断试验的结果及依据食品·日用品法§35设立的工作小组的《禁止偶氮染料的分析》经验报告(准备发表中)。

[5] 基于食品·日用品法§35的检查方法的告示集、编号B 82.02-4、1998年1月、聚酯纤维方面特定偶氮使用的证明方法。

色谱图

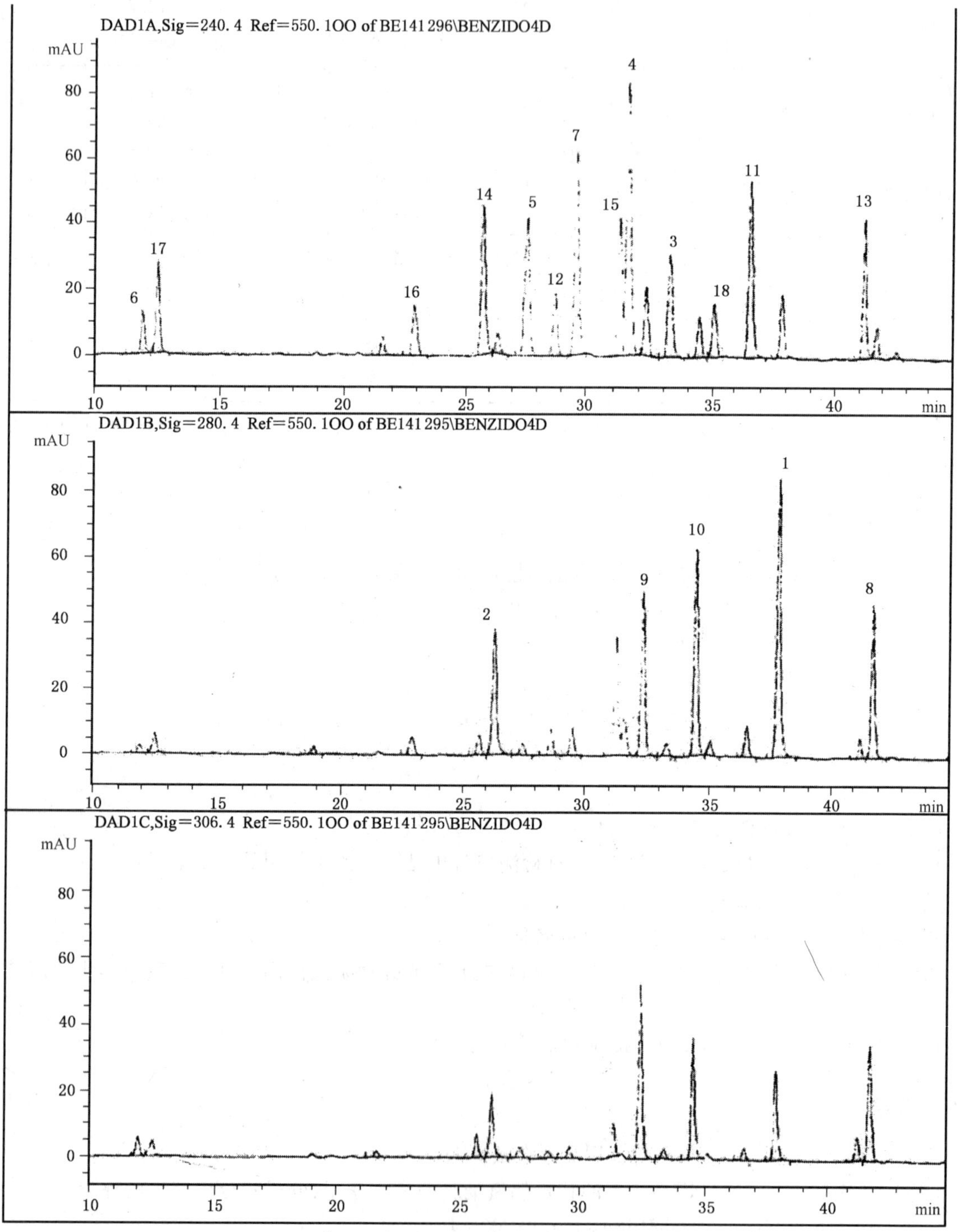

图 C.1a) HPLC/DAD-色谱

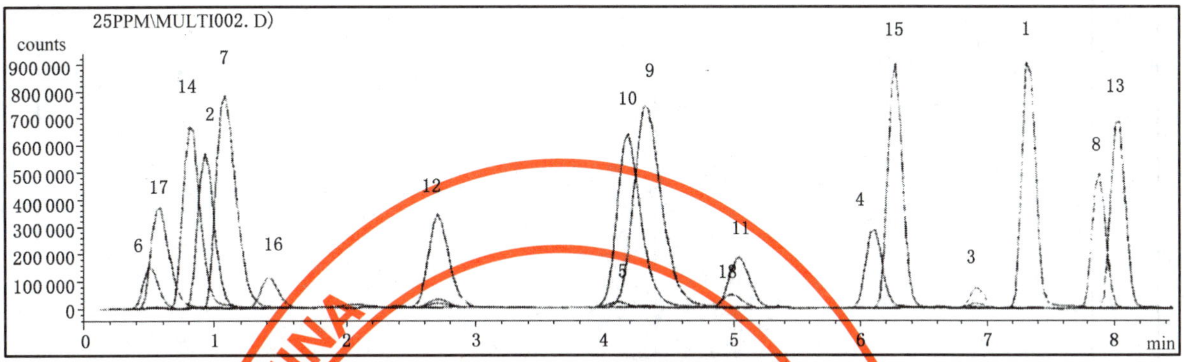

图 C. 1b） HPLC/MS-色谱

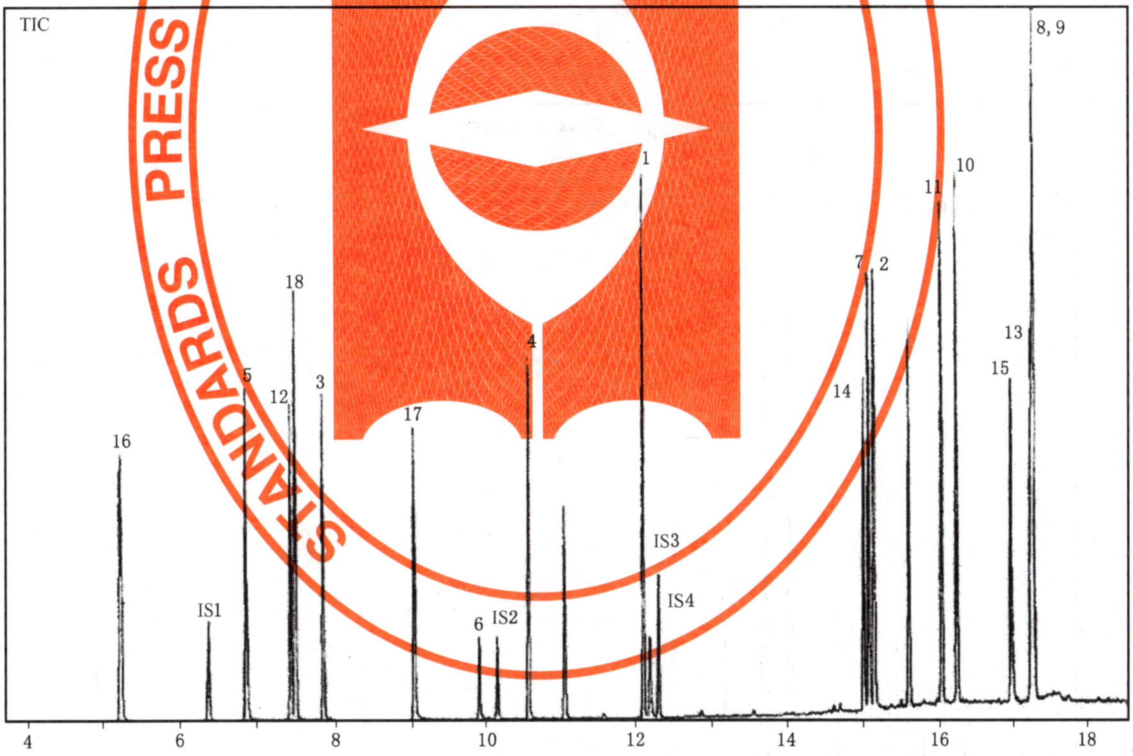

图 C. 2 GC/MS-色谱

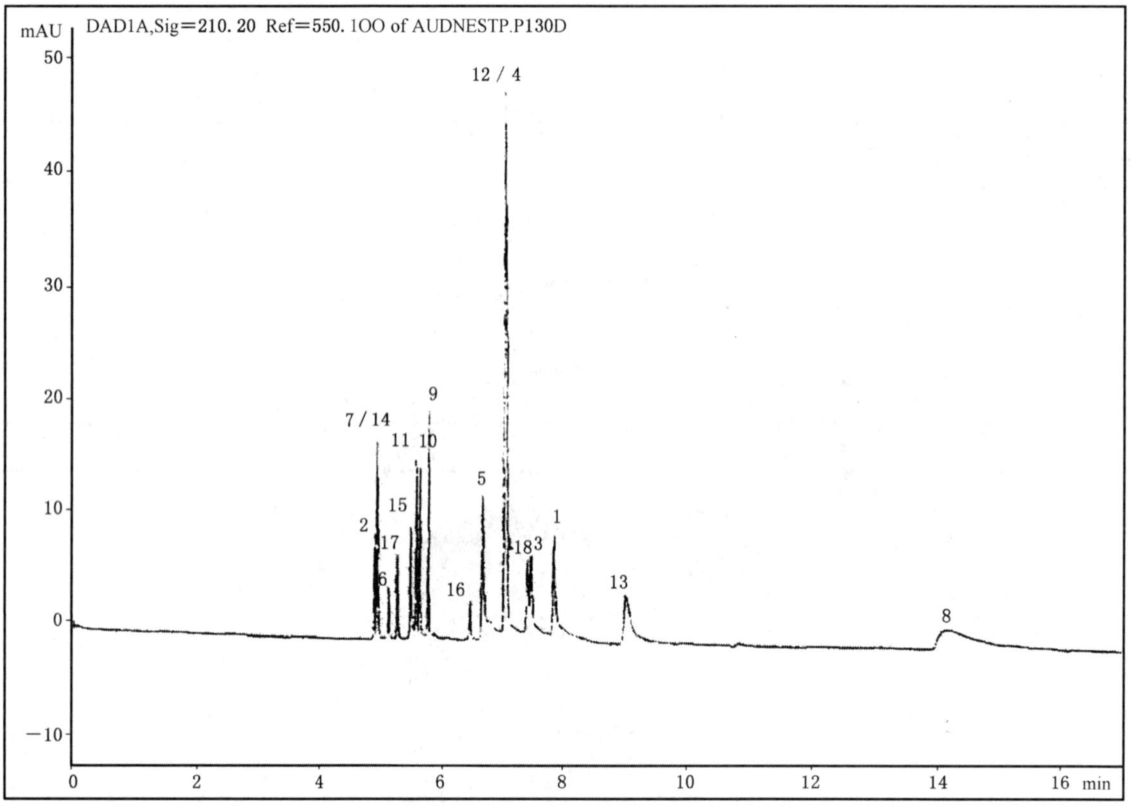

图 C.3a） 电泳图（毛管 1）

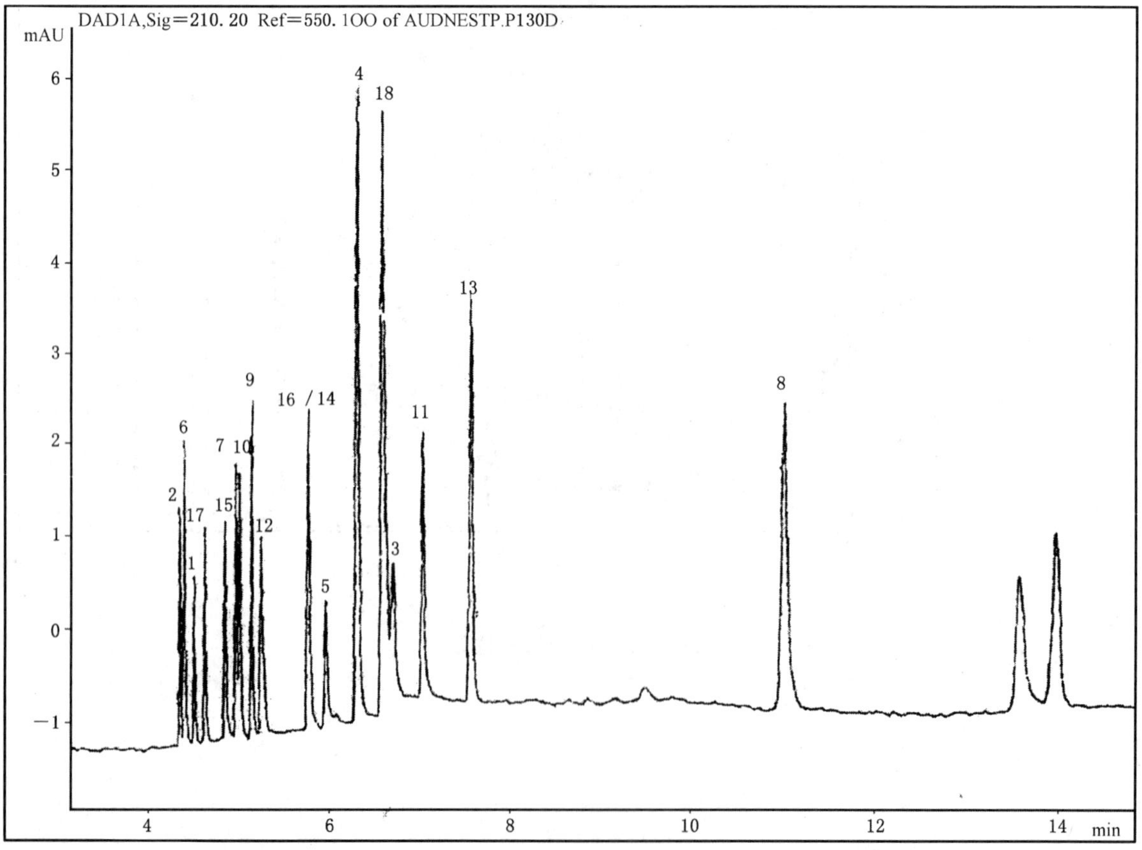

图 C.3b） 电泳图（毛管 2）

附 录 D
（规范性附录）
分解致癌的偶氮材料（芳香胺）

表 D.1

序号	中文名称	英文名称	CA 登录号
1	4-氨基联苯	4-Aminodiphenyl	92-67-1
2	联苯胺	Benzidine	92-87-5
3	4-氯邻甲苯胺	4-Chloro-o-toluidine	95-69-2
4	2-萘胺	2-Naphthylamine	91-59-8
*）	邻氨基偶氮甲苯	o-Amino-azotoluene	97-56-3
*）	2-氨基-4-硝基甲苯	2-Amino-4-nitrotoluene	99-55-8
5	对-氯苯胺	p-chloroaniline	106-47-8
6	2,4-二氨基苯甲醚	2,4-Diaminoanisole	615-05-4
7	4,4'-二氨基二苯甲烷	4,4'-Diaminodiphenylmethane	101-77-9
8	3,3'-二氯联苯胺	3,3'-Dichlorobenzidine	91-94-1
9	3,3'-二甲氧基联苯胺	3,3'-Dimethoxybenzidine	119-90-4
10	3,3'-二甲基联苯胺	3,3'-Dimethylbenzidine	119-93-7
11	4,4'-二氨基-3,3'-二甲基二苯甲烷	3,3'-Dimethyl-4,4'-diaminodipheylmethane	838-88-0
12	3-氨基对甲苯甲醚	p-Cresidine	120-71-8
13	4,4'-亚甲基-双(二氯苯胺)	4,4'-methylene bis-(2-chloroaniline)	101-14-4
14	4,4'-二氨基联苯醚	4,4'-Oxydianiline	101-80-4
15	4,4'-二氨基二苯硫醚	4,4'-Thiodianiline	139-65-1
16	邻甲苯胺(2-甲基苯胺)	o-Toluidine	95-53-4
17	2,4-甲苯二胺	2,4-Toluylendiamin	95-80-7
18	2,4,5-三甲基苯胺	2,4,5-Trimethylaniline	137-17-7

附 录 E
（规范性附录）
粉尘、臭氧和苯乙烯的测定方法

E.1 适用范围

本附录规定了采用静电记录方法的复印机、打印机、传真机以及多功能办公设备(以下简称主机)在工作状态下产生臭氧、粉尘和苯乙烯的测量方法。

E.2 试验条件

E.2.1 试验室条件

试验室容积为 50 m^3，密闭良好，当试验室容积与该标准值不同时，测量的浓度值可按式(E.1)进行修正：

$$C' = CV/V_0 \quad \cdots\cdots\cdots\cdots\cdots\cdots (E.1)$$

式中：

C——测量的浓度，mg/m^3；

C'——容积修正后的浓度，mg/m^3；

V——试验室的容积，m^3；

V_0——50 m^3。

E.2.2 环境条件

试验室在开始测量时的温度设定在 25 ℃±2 ℃，湿度设定为 50%±2%，测量过程中无需温度湿度控制，但不应出现结露。

E.2.3 试验前的准备

将主机置于试验室中央位置的工作台上，工作台高度为 0.8 m。测量前进行不少于 1 h 的换气，主机连续工作时耗材(墨粉、纸张)应充足，以确保主机在测量期间能不间断运行。

E.2.4 主机以复印模式连续工作 120 min，考虑到补充纸张及处理纸路故障等，必须确保打印张数达到最大打印张数的 80%以上。

E.2.5 打印文件为 JB/T 10334—2002 的消耗量版。

E.3 臭氧浓度的测量

E.3.1 测量仪器

臭氧测量采用紫外光度法原理的测试仪，测量精度大于 0.01 mg/m^3。

E.3.2 测量点的选择

臭氧测量采用紫外吸收式测试仪，采样管的吸气口位于主机前面 0.3 m，距地面高度 1.2 m 的位置上。

E.3.3 背景测量

臭氧的背景值以 K 表示，将主机按 E.2.3 的要求安放好后，使其处于不工作状态，测量 120 min 内的平均浓度值，作为背景值。

E.3.4 测量

臭氧的测量值以 C 表示，以主机从开始打印 30 min 后至打印结束时间内测量的平均浓度值，作为测量值。

E.3.5 臭氧浓度的测量值

臭氧浓度的测量值为经背景值修订后的浓度值见式(E.2),以 C' 表示。

$$C' = C - K \qquad \text{(E.2)}$$

E.3.6 重复测量两次,测量结果为两次测量的平均值,以 C_V 表示。

E.4 粉尘浓度的测量

E.4.1 粉尘测试采用总量粉尘测量仪器,流量范围 10 L/min～30 L/min 流量稳定性:≤±5%,在玻璃纤维过滤器上采集粉尘。测量头处的气流速度为 1.25 m/s。

E.4.2 测量点的选择

粉尘测量采用气体纤维质过滤器收集粉尘,采样口位于主机前面 0.3 m,距地面高度 1.2 m 的位置上,吸气口的吸入速度为 1.25 m/s±0.062 5 m/s。

E.4.3 背景测量

粉尘的背景值以 K 表示,将主机按 E.2.3 的要求安放好后,使其处于不工作状态测量 120 min 的平均浓度值,作为背景值。

E.4.4 测量

粉尘的测量值以 C 表示,以主机从开始打印至打印结束时间内测量的平均浓度值,作为测量值。

E.4.5 粉尘浓度的测量值

粉尘浓度的测量值为经背景值修订后的浓度值见式(E.3),以 C' 表示。

$$C' = C - K \qquad \text{(E.3)}$$

E.4.6 重复测量两次,测量结果为两次测量的平均值,以 C_V 表示。

E.5 苯乙烯浓度的测量

E.5.1 苯乙烯测量采用氢火焰离子化检测器的气相色谱仪,检测限:$\leqslant 5\times10^{-11}$ g/s,定量重复性:≤3%。用活性炭采样管吸附苯乙烯。

E.5.2 测量点的选择

苯乙烯测量采用气相色谱分析法,采样管的吸气口位于主机前面 0.3 m,距地面高度 1.2 m 的位置上。

E.5.3 背景测量

苯乙烯的背景值以 K 表示,将主机按 E.2.3 的要求安放好后,使其处于不工作状态测量 120 min 的平均浓度值,作为背景值。

E.5.4 测量

苯乙烯的测量值以 C 表示,以主机从开始打印至打印结束时间内测量的平均浓度值,作为测量值。

E.5.5 苯乙烯浓度的测量值

苯乙烯浓度的测量值为经背景值修订后的浓度值见式(E.4),以 C' 表示。

$$C' = C - K \qquad \text{(E.4)}$$

E.5.6 重复测量两次,测量结果为两次测量的平均值,以 C_V 表示。

附　录　F
（规范性附录）
中国禁止或严格限制的有毒化学品名录（第一批）

表 F.1

序号	化学品名 中文/英文	需控制化学品名称 中文别名（俗名、商品名、化学名）/英文	CAS No.	分子式 （结构式）	H. S. Code 化学品制剂 Preparation	H. S. Code. 化学品纯物质 Pure Substance
1	青石棉 Crocidolite	Asbestos crocidolite; Amorphous crocidolite asbestos; Asbestos; Blue asbestos; Brown asbestos; Crocidolite; Crocidolite asbestos; Fibrous crocidolite asbestos	12001-28-4	$ONa_2Fe_2O_{33}Fe$ $O_8SiO_2H_2O$	—	2524.0090 2524.0010
2	多氯联苯 PCBs	1,1'-联苯氯代衍生物；多氯代联苯；氯代联苯 1,1'Biphenyl, chloro derivs.；1,1'-Biphenyl, chloro derivatives；1,1'-Biphenyl, chloro derivs.；Biphenyl, chlorinated Chlorinated biphenylChlorinated diphenylDiphenyl, chlorinatedPCBPolychlorinated biphenylPolychlorinated biphenyls (PCBs) See also specific PCBs	1336-36-3	—	—	2903.6990
3	多溴联苯 PBBs	六溴联苯 1,1'-Biphenyl,2,2',4,4',5,5'-hexabromo-；2,4,5,2',4',5'-Hexabromobiphenyl	59080-40-9	$C_{12}H_4Br_6$	—	2903.6990
		八溴联苯 biphenyl, octabromo-；Octabromobiphenyl；ar, ar, ar, ar, ar', ar', ar', ar'-Octabromo-1,1'-biphenyl；Octabromodiphenyl	27858-07-7	$C_{12}H_2Br_8$	—	2903.6990
		十溴联苯；2,2',3,3',4,4',5,5',6,6'-十溴代-1,1'-联苯；1,1'Biphenyl,2,2',3,3',4,4',5,5',6,6'-decabromo-	13654-09-6	$C_{12}Br_{10}$	—	2903.6990

表 F.1（续）

序号	化学品名 中文/英文	需控制化学品名称 中文别名（俗名、商品名、化学名）/英文	CAS No.	分子式 （结构式）	H. S. Code 化学品制剂 Preparation	H. S. Code. 化学品纯物质 Pure Substance
4	三（2,3-二溴丙基）磷酸酯 Tris(2,3-dibromopropyl) phosphate	磷酸三（2,3-二溴丙基）酯；2,3-二溴-1-丙醇磷酸酯（3∶1）1-propanol,2,3-dibromo-,phosphate(3∶1)；2,3-Dibromo-1-propanol phosphate；(2,3-Dibromopropyl) phosphate；Phosphoric acid, tris(2,3-dibromopropyl)ester；Tris-BP； Tris (dibromopropyl) phosphate；Tris (2,3-dibromopropyl) phosphoric acid ester	126-72-7	$C_9H_{15}Br_6O_4P$	—	2919.0000
5	三吖啶基氧化磷 Tri-aziridinyl-phos phinoxide	phosphine oxide, tris(1-aziridinyl)-；Aziridine,1,1',1"-phosphinylidyne-tris-；1,1',1"-Phosphinylidynetrisaziridine；Phosphoramide, N, N', N"-triethylene-；Phosphoric acid triethylene imide；Phosphoric triamide, N, N', N"-tri-1,2-ethanediyl-；Phosphoric triamide, N, N', N"-triethylene-；TAPO；TEF；TEPA；Triaziridinophosphine oxide；Triaziridinylphosphine oxide；Tri(aziridinyl) phosphine oxide；Tri-1-aziridinylphosphine oxide；Tri(1-aziridinyl) phosphine oxide； N,N',N"-Tri-1,2-ethanediylphosphoric triamide； Triethylenephosphoramide；N,N',N"-Triethylenephosphoramide；Triethylenephosphoric triamide；N,N',N"-Triethylenephosphoric triamide；Triethylenephosphorotriamide；Tris(1-aziridine) phosphine oxide；Tris(aziridinyl) phosphine oxide；Tris(1-aziridinyl) phosphine oxide；Tris(1-aziridinyl) phosphine oxide, solution； Tris(N-ethylene) phosphorotriamidate	545-55-1	$C_6H_{12}N_3OP$	—	2933.9000
6	丙烯腈 Acrylonitrile	2-丙烯腈；乙烯基氰 2-propenenitrile；cyanoethylene；Acritet；Acrylon；Acrylonitrile；Acrylonitrile, inhibited；Acrylonitrile monomer；Carbacryl；Cyanoethylene；Fumigrain；Miller's fumigrain；Propenenitrile；2-Propenenitrile；VCN；Ventox；Vinyl cyanide；Vinylcyanide	107-13-1	C_3H_3N	—	2926.1000

表 F.1（续）

序号	化学品名 中文/英文	需控制化学品名称 中文别名（俗名、商品名、化学名）/英文	CAS No.	分子式 （结构式）	H. S. Code 化学品制剂 Preparation	H. S. Code. 化学品纯物质 Pure Substance
7	汞和汞化合物	水银 MercuryMercury elementQuecksilberQuicksilver	7439-97-6	Hg	—	2805.4000
		氯乙基汞 Mercury,chlorowthyl-;Chloroethylmercury;EMC;Ethylmercuric chloride;Ethylmercury chloride;	107-27-7	C_2H_5ClHg	—	2931.0000
		乙酸苯汞 phenyl mercuric acetate;醋酸苯基汞;醋酸苯汞;赛力散 mercury,(acetato-o) phenyl-;(Acetato) phenylmercury; Acetic acid, phenylmercury deriv. ;(Acetoxymercuri) benzene; Acetoxyphenylmercury; Benzene, (acetoxymercuri)-; Benzene, (acetoxymercuric)-;Hexasan(fungicide);Mercuriphenyl acetate; Mercury(Ⅱ)acetate,phenyl-;Mercury,acetoxyphenyl-; Mergamma;Panomatic;Phenomercuric acetate; Phenylmercuriacetate; Phenyl mercuric acetate; Phenylmercuric acetate; Phenylmercury acetate; Phenylmercury (Ⅱ) acetate; PMA; PMA; PMAC;PMAS	62-38-4	$C_8H_8HgO_2$	—	2931.0000
8	艾氏剂 Aldrin	1,4:5,8-Dimethanonaphthalene,1,2,3,4,10,10-hexachloro-1,4,4a,5,8,8a-hexahydro-,endo,exo-; Aldrin;Aldrite;Aldrosol;Altox; Hexachlorohexahydro-endo-exo-dimethanonaphthalene; 1,2,3,4,10,10-Hexachloro-1,4,4a,5,8,8a-hexahydro-1,4,5,8-dimethanonaphthalene; 1,2,3,4,10,10-Hexachloro-1,4,4a,5,8,8a-hexahydro-exo-1,4-endo-5,8-dimethanonaphthalene; 1,2,3,4,10,10-Hexachloro-1,4,4a,5,8,8a-hexahydro-1,4-endo-exo-5,8-dimethanonaphthalene;HHDN;	309-00-2	$C_{12}H_8Cl_6$	—	2903.5900

表 F.1（续）

序号	化学品名 中文/英文	需控制化学品名称 中文别名(俗名、商品名、化学名)/英文	CAS No.	分子式 (结构式)	H. S. Code 化学品制剂 Preparation	H. S. Code. 化学品纯物质 Pure Substance
9	狄氏剂 Dieldrin	1,4:5,8-Dimethanonaphthalene,1,2,3,4,10,10-hexachloro-1,4,4a,5,8,8a-hexahydro-,endo,exo-; Dieldrex;Dieldrin;HEOD; Hexachloroepoxyoctahydro-endo,exo-dimethanonaphthalene; 3,4,5,6,9,9-Hexachloro-1a,2,2a,3,6,6a,7,7a-octahydro-2,7:3,6-dimethanonaphth(2,3-b)oxirene;	60-57-1	$C_{12}H_8Cl_6O$	—	2910.9000
10	异狄氏剂 Endrin	1,4:5,8-Dimethanonaphthalene, 1,2,3,4,10,10-hexachloro-6,7-epoxy-1,4,4a,5,6,7,8,8a-octahydro-,endo,endo-;Endrex;Endrin; Hexachloroepoxyoctahydro-endo,endo-dimethanonaphthalene; 3,4,5,6,9,9-Hexachloro-1a,2,2a,3,6,6a,7,7a-octahydro-2,7:3,6-dimethanonaphth(2,3-b)oxirene;Hexadrin;	72-20-8	$C_{12}H_8Cl_6O$	—	2910.9000
11	滴滴涕 DDT	二氯二苯三氯乙烷;2,2-双(对氯苯基)-1,1,1-三氯乙烷,1,1,1-三氯-2,2-双(对氯苯基)乙烷; Ethane,1,1,1-trichloro-2,2-bis(p-chlorophenyl)-; 2,2-bis(p-chlorophenyl)-1,1,1-trichloroethane;benzene,1,1-(2,2,2-trichloroethylidene)bis(4-chloro-;Ethane,1,1,1-trichloro-2,2-bis(p-chlorophenyl)-;Benzene,1,1'-(2,2,2-trichloroethylidene)bis(4-chloro-; alpha,alpha-Bis(p-chlorophenyl)-beta,beta,beta-trichlorethane; 1,1-Bis-(p-chlorophenyl)-2,2,2-trichloroethane; 2,2-Bis(p-chlorophenyl)-1,1,1-trichloroethane;Chlorophenothan; Chlorophenothane;Chlorophenotoxum;Clofenotane;DDT; p,p'-DDT;Dichlorodiphenyltrichloroethane; Dichlorodiphenyltrichloroethane; p,p'-Dichlorodiphenyltrichloroethane; 4,4'-Dichlorodiphenyltrichloroethane;Parachlorocidum;PEB1; Pentachlorin;Pentech;Trichlorobis(4-chlorophenyl)ethane; 1,1,1-Trichloro-2,2-bis(p-chlorophenyl)ethane; 1,1,1-Trichloro-2,2-di(4-chlorophenyl)-ethane	50-29-3	$C_{14}H_9Cl_5$	—	2903.6200

表 F.1（续）

序号	化学品名 中文/英文	需控制化学品名称 中文别名(俗名、商品名、化学名)/英文	CAS No.	分子式 (结构式)	H. S. Code 化学品制剂 Preparation	H. S. Code. 化学品纯物质 Pure Substance
12	六六六混合异构体 HCH · Mixed isomers	Cyclohexane,1,2,3,4,5,6-hexachloro-;Benzene hexachloride;BHC;HCH;Hexachlorocyclohexane;1,2,3,4,5,6-Hexachlorocyclohexane;	608-73-1	$C_6H_6Cl_6$	—	2903.5100
13	七氯 Heptachlor	4,7-Methanoindene,1,4,5,6,7,8,8-heptachloro-3a,4,7,7a-tetrahydro-; 3-Chlorochlordene;Dicyclopentadiene,3,4,5,6,7,8,8a-heptachloro-; Heptachlor;Heptachlorane; 3,4,5,6,7,8,8-Heptachlorodicyclopentadiene; 3,4,5,6,7,8,8a-Heptachlorodicyclopentadiene; 1,4,5,6,7,8,8-Heptachloro-3a,4,7,7a-tetrahydro-4,7-endomethanoindene; 1,4,5,6,7,8,8a-Heptachloro-3a,4,7,7a-tetrahydro-4,7-methanoindane; 1,4,5,6,7,8,8-Heptachloro-3a,4,7,7a-tetrahydro-4,7-methanoindene; 1(3a),4,5,6,7,8,8-Heptachloro-3a(1),4,7,7a-tetrahydro-4,7-methanoindene; 1,4,5,6,7,8,8-Heptachloro-3a,4,7,7a-tetrahydro-4,7-methanol-1H-indene;1,4,5,6,7,8,8-Heptachloro-3a,4,7,7,7a-tetrahydro-4,7-methyleneindene; 1,4,5,6,7,10,10-Heptachloro-4,7,8,9-tetrahydro-4,7-methyleneindene; 1,4,5,6,7,10,10-Heptachloro-4,7,8,9-tetrahydro-4,7-endomethyleneindene;	76-44-8	$C_{10}H_5Cl_7$	—	2903.5900
14	六氯苯 Hexachlorobenzene	六氯代苯;过氯苯;全氯代苯;benzene,hexachloro; perchlorobenzene;Hexachlorobenzene;Pentachlorophenyl chloride; Perchlorobenzene;Phenyl perchloryl	118-74-1	C_6Cl_6	—	2903.6200

表 F.1（续）

序号	化学品名 中文/英文	需控制化学品名称 中文别名(俗名、商品名、化学名)/英文	CAS No.	分子式 (结构式)	H. S. Code 化学品制剂 Preparation	H. S. Code. 化学品纯物质 Pure Substance
15	三环锡・普特丹 Cyhexatin	Cyhexatin;Plictran;Plyctran;TCTH;Tin,tricyclohexylhydroxy-; Tricyclohexylhydroxystannane;Tricyclohexylhydroxytin; Tricyclohexylstannanol;Tricyclohexylstannium hydroxide; Tricyclohexyltin hydroxide	13121-70-5	$C_{18}H_{34}OSn$	—	2931.0000
16	1,2-二溴乙烷 EDB	二溴乙烷;ethane,1,2-dibromo-;ethlene bromide; 1,2-Dibromoethane;alpha,beta-Dibromoethane; sym-Dibromoethane;1,2-Dibromoethane;Ethylene bromide; Ethylene dibromide;1,2-Ethylene dibromide;Fumo-gas;Glycol bromide; Glycol dibromide;	106-93-4	$C_2H_4Br_2$	—	2903.3090
17	氟乙酰胺敌蚜胺 Fluoroacetamide	Acetamide,2-fluoro-;Fluoroacetamide;2-Fluoroacetamide; Fluoroacetic acid amide;Flutritex 1;Fussol;Megatox; Monofluoroacetamide;Navron;	640-19-7	C_2H_4FNO	—	2924.1000
18	2,4,5-涕 2,4,5-T	2,4,5-三氯苯氧乙酸 Acetic acid,(2,4,5-trichlorophenoxy)-; Amine 2,4,5-T for rice;Arbokan;BCF-Bushkiller;Brushtox;Dacamine; Debroussaillant concentre;Debroussaillant super concentre; Decamine 4T;Ded-weed brush killer;Ded-weed LV-6 brush kil and T-5 brush kil;Dinoxol;Envert-T;Estercide T-2 and T-245;Farmcofence rider;Fence rider;Line rider;Phortox;2,4,5-T;Tippon; 2,4,5-Trichlorophenoxyacetic acid;Visko rhap low volatile ester	93-76-5	$C_8H_5Cl_3O_3$	—	2918.9000
19	二溴氯丙烷 DBCP	1,2-二溴-3-氯丙烷 Propane,1,2-dibromo-3-chloro-;BBC 12; 1-Chloro-2,3-dibromopropane;3-Chloro-1,2-dibromopropane; DBCP;Dibromochloropropane;Dibromochloropropane; 1,2-Dibromo-3-chloropropane; Oxy DBCP; Propane, 1-chloro-2, 3-dibromo-	96-12-8	$C_3H_5Br_2Cl$	—	2903.4990

表 F.1(续)

序号	化学品名 中文/英文	需控制化学品名称 中文别名(俗名、商品名、化学名)/英文	CAS No.	分子式 (结构式)	H. S. Code 化学品制剂 Preparation	H. S. Code. 化学品纯物质 Pure Substance
20	内吸磷 Demeton	Demeton-O;O,O-Diethyl O-(2-eththioethyl)phosphorothioate; Diethyl 2-eththioethyl thionophosphate;O,O-Diethyl O-2-(ethylthio)ethyl phosphorothioate; O,O-Diethyl-2-ethylthioethyl phosphorothioate; Diethyl 2-(ethylthio)ethyl phosphorothionate;Mercaptofos;Di-septon; Ethanethiol,2-(ethylthio)-,S-ester with O,O-diethyl phosphorodithioate; Ethanol,2-(ethylthio)-,O-ester with O,O-diethyl phosphorothioate;Thiolmecaptophos	298-03-3	$C_8H_{19}O_3PS_2$	—	2930.9090
21	氰化合物	氢氰酸 Carbon nitride ion (CN(sup 1-));Cyanide(1-);Cyanide, dry (UN1588);Cyanide anion;Cyanide(CN(sup 1-));Cyanide ion; Cyanide(1-)ion;Cyanide solutions;Hydrocyanic acid,ion(1-);Isocyanide	57-12-5	HCN	—	2811.1910
		氰化锌 Zinc cyanide;Zinc dicyanide	557-21-1	C_2N_2Zn	—	2837.1990
		氰化银钾二氰合银酸(1-)钾 Argentate(1-), bis(cyano-c-)-,potassium;potassium cyanoargenate;potassium silver cyanide;Silver potassium cyanide	506-61-6	C_2AgN_2K	—	2837.2900
		氰化钠;山奈(固);山奈奶(液)Cyanide of sodium;Cyanobrik; Cyanogran;Cymag;Hydrocyanic acid,sodium salt;Sodium cyanide	143-33-9	C-N-Na	—	2837.1110
		氰化钾,山奶钾 Cyanide of potassium;Hydrocyanic acid,potassium salt; Potassium cyanide	151-50-8	C-K-N	—	2837.1910
		氰化亚铜 Copper cyanide;Cuprous cyanide;Copper(I)cyanide; Cupricin;Copper monocyanide	544-92-3	C-Cu-N	—	2837.1990
		氰化银 Silver cyanide;Silver(I)cyanide	506-64-9	C-Ag-N	—	2843.2900
		氰化金 Gold cyanide;Gold monocyanide;Gold(1+)cyanide;Aurous cyanide	506-65-0	C-Au-N	—	2843.3000

表 F.1（续）

序号	化学品名 中文/英文	需控制化学品名称 中文别名（俗名、商品名、化学名）/英文	CAS No.	分子式 （结构式）	H. S. Code 化学品制剂 Preparation	H. S. Code. 化学品纯物质 Pure Substance
21	氰化合物	氰化（亚）金钾；氰亚金酸钾 Aurate(1-), bis(cyano-kC)-, potassium; Aurate(1-), bis(cyano-C)-, potassium; potassium dicyanoaurate; Potassium cyanoaurate(I); Aurate(1-), dicyano-, potassium; Gold potassium cyanide; Monopotassium dicyanoaurate; Potassium aurocyanide; Potassium aurocyanide; Potassium dicyanoaurate(1-); Potassium dicyanoaurate(I); Potassium gold cyanide	13967-50-5	C_2AuN_2K	—	2843.3000
22	氯丹 Chlordane	八氯化甲桥茚 Aspon-chlordane; Chlordan; Chlordane; Chlorindan; Chlor KIL; Chlorodane; Chlortox; Clordano; Cortilan-neu; Dichlorochlordene; Dowchlor; 4,7-Methano-1H-indene, 1,2,4,5,6,7,8,8-octachloro-2,3,3a,4,7,7a-hexahydro-; Octachlor; Octachlorodihydrodicyclopentadiene; 1,2,4,5,6,7,8,8-Octahydro-2,3,3a,4,7,7a-hexahydro-4,7-methanoindan; 1,2,4,5,6,7,8,8-Octachloro-2,3,3a,4,7,7a-hexahydro-4,7-methanoindane; 1,2,4,5,6,7,8,8-Octachloro-2,3,3a,4,7,7a-hexahydro-4,7-methanoindene; 1,2,4,5,6,7,8,8-Octachloro-2,3,3a,4,7,7a-hexahydro-4,7-methano-1H-indene; 1,2,4,5,6,7,8,8-Octachloro-3a,4,7,7a-hexahydro-4,7-methylene indane; Octachloro-4,7-methanohydroindane; Octachloro-4,7-methanotetrahydroindane; 1,2,4,5,6,7,8,8-Octachloro-4,7-methano-3a,4,7,7a-tetrahydroindane; 1,2,4,5,6,7,8,8-Octachloro-3a,4,7,7a-tetrahydro-4,7-methanoindane; 1,2,4,5,6,7,8,8-Octachloro-3a,4,7,7a-tetrahydro-4,7-methanoindane; 1,2,4,5,6,7,10,10-Octachloro-4,7,8,9-tetrahydro-4,7-methyleneindane; Octa-klor; Oktaterr; Ortho-klor	57-74-9	$C_{10}H_6Cl_8$	—	2903.5900

表 F.1（续）

序号	化学品名 中文/英文	需控制化学品名称 中文别名(俗名、商品名、化学名)/英文	CAS No.	分子式 (结构式)	H. S. Code 化学品制剂 Preparation	H. S. Code. 化学品纯物质 Pure Substance
23	杀虫脒 Chlordimeform	Acaron;Bermat;CDM;Chlordimeform;Chlorfenamidine; N'-(4-Chloro-2-methylphenyl)-N,N-dimethylmethanimidamide; Chlorophenamidin;Chlorophenamidine; N'-(4-Chloro-o-tolyl)-N, N-dimethylformamidine; N(sup 2)-(4-Chloro-O-tolyl)-N(sup 1),N(sup 1)-dimethylformamidine; Chlorphenamidine; N,N-Dimethyl-N'-(2-methyl-4-chlorophenyl)formamidine; Methanimidamide,N'-(4-chloro-2-methylphenyl)-N,N-dimethyl-; N'-(2-Methyl-4-chlorophenyl)-N,N-dimethylformamidine	6164-98-3	$C_{10}H_{13}ClN_2$	—	2921.4300
24	氯化苦 Chloropicrin	三氯硝基甲烷 Acquinite;Chloroform,nitro-;Chlor-O-pic; Chloropicrin;Nitrochloroform;Nitrotrichloromethane;Pic-Clor; Picfume;Picride;PS;Trichloronitromethane	76-06-2	CCl_3NO_2	—	2904.9030
25	砷和砷化合物 Arsenic and Arsenic compounds	砷 Arsenic;Arsenicals;Arsenic Black;Colloidal arsenic;Grey arsenic; Metallic arsenic	7440-38-2	As	—	2804.8000
		砷烷 Arsenic hydrid;Arsenic hydride;Arsenic trihydride; Arseniuretted hydrogen;Arsenous hydride;Arsine;Hydrogen arsenide	7784-42-1	AsH_3	—	2850.0000
		氧化亚砷;三氧化二砷;亚砷酐;砒霜;白砒 Arsenic oxide; Arsenic(Ⅲ)oxide; Arsenic sesquioxide; Arsenic trioxide; Arsenicum album; Arsenious acid; Arsenious oxide; Arsenious trioxide; Arsenite; Arsenolite;Arsenous acid;Arsenous acid anhydride;Arsenous anhydride; Arsenous oxide;Arsenous oxide anhydride;Arsentrioxide;Arsodent; Claudelite;Claudetite;Crude arsenic;Diarsenic trioxide	1327-53-3	As_2O_3	—	2811.2900

表 F.1（续）

序号	化学品名 中文/英文	需控制化学品名称 中文别名(俗名、商品名、化学名)/英文	CAS No.	分子式 (结构式)	H. S. Code 化学品制剂 Preparation	H. S. Code. 化学品纯物质 Pure Substance
26	五氯酚 Pentachlorophenol	五氯苯酚 Acutox；Chem-Penta；Chem-Tol；Chlon；Chlorophen；antimicrobial；Durotox；Fungifen；Glazd penta；Grundier arbezol；1-Hydroxypentachlorobenzene；Lauxtol；Lauxtol A；Liroprem；Penchlorol；Penta；Pentachlorofenol；Pentachlorophenate；Pentachlorophenol；2，3，4，5，6-Pentachlorophenol；Pentachlorophenol；Pentachlorophenol；technical；Pentacon；Penta-kil；Penta ready；Permacide；Permagard；Permasan；Permatoxpenta；Permite；Prevenol；	87-86-5	C_6HCl_5O	—	2908.1090
27	地乐酚 Dinoseb	Aatox；Basanite；Blaartox；Butaphen；Butaphene； 2-sec-Butyl-4，6-dinitrophenol；Caldon；Chemox P. E.；DBNF；Desicoil；Dibutox；Dibutox 2，4-Dinitro-6-sec-butylphenol；4，6-Dinitro-o-sec-butylphenol；4，6-Dinitro-2-sec-butylphenol；4，6-Dinitro-2-(1-methyl-n-propyl)phenol；Gebutox；Hel-Fire；Hivertox；Kiloseb；Ladob；Laseb； 2-(1-Methylpropyl)-4，6-dinitrophenol	88-85-7	$C_{10}H_{12}N_2O_5$	—	2908.9090

注：“别名”栏中的各项英文名称仅供参考。

附 录 G
(规范性附录)
IARC(国际癌症研究机构)划分成致癌物质(1,2A,2B)的物质

在IARC专论1-82册中进行评价(总共885个试剂,混合物和曝露物)。

本列表依据危害物和曝露物的类型,包含了所有对危害物的评价(已注明日期)。并在方括号[]里给出适当的化学摘要数字。为详细描述评价,参考了相关专论(圆括号给出了卷号,最近的评价发表年号)。可以使用自由文本检索来找到特定的化合物。

1组:对人类有致癌作用的物质(88种)

试剂和试剂组

黄曲霉毒素(自然形成的混合物)[1402-68-2](2002年;第56卷,第82卷)

4-苯基苯胺[92-67-1](1987年;第1卷,增刊7)

砷[7440-38-2]和砷化合物(1987年;第23卷,增刊7)

(NB:本评价适用于作为一个整体的一组混合物,而没有必要对本组中所有化合物进行逐一评价)

石棉[1332-21-4](1987年;第14卷,增刊7)

硫唑嘌呤[446-86-6](1987年;第26卷,增刊7)

苯[71-43-2](1987年;第29卷,增刊7)

联苯胺[92-87-5](1987年;第29卷,增刊7)

铍[7440-41-7]和铍化合物(1993年;第58卷)

(NB:作为一组进行评价)

N,N-2(2-氯乙基)-2-萘胺(Chlornaphazine)[494-03-1](1987年;第4卷,增刊7)

双(氯甲基)醚[542-88-1]和氯甲基甲基醚[107-30-2](技术-等级)(1987年;第4卷,增刊7)

1,4-丁二醇 二甲基磺酸盐(二甲磺酸丁酯(用于治疗骨髓性白血病);二甲磺酰丁烷)[55-98-1](1987年;第4卷,增刊7)

镉[7440-43-9]和镉化合物(1993年;第58卷)

(NB:作为一组进行评价)

苯丁酸氮芥[305-03-3](1987年;第26卷,增刊7)

1-(2-氯乙基)-3-(4-甲基环)-1-亚硝基脲(甲基-CCNU;Semustine)[13909-09-6](1987年;增刊7)

铬[VI]化合物(1990年;第49卷)

(NB:作为一组进行评价)

Ciclosporin[79217-60-0](1990年;第50卷)

环磷酰胺[50-18-0][6055-19-2](1987年;第26卷,增刊7)

乙烯雌酚[56-53-1](1987年;第21卷,增刊7)

爱泼斯坦-巴尔氏 病毒(1997年;第70卷)

毛沸石[66733-21-9](1987年;第42卷,增刊7)

环氧乙烯[75-21-8](1994年;第60卷)

(NB:根据与致癌性评价和其机理相关的其他数据,全面的评价从2B提升到1)

cisplatin和博莱霉素化合物中的Etoposide[33419-42-0](2000年;第76卷)

[伽马射线:见χ-和伽马(γ)-射线]

螺旋菌幽门(传染源)(1994年;第61卷)

B型肝炎病毒(慢性传染源)(1994年;第59卷)

C型肝炎病毒(慢性传染源)(1994年;第59卷)

中草药治疗包含马兜铃属植物种类(2002年;第82卷)
人类免疫缺乏病毒类型1(传染源)(1996年;第67卷)
人类乳头瘤病毒类型16(1995年;第64卷)
人类乳头瘤病毒类型18(1995年;第64卷)
人类T-细胞淋巴病毒类型Ⅰ(1996年;第67卷)
(左旋)苯丙氨酸氮芥(抗肿瘤药)[148-82-3](1987年;第9卷,增刊7)
8-含甲氯基的补骨脂素(甲氧呋豆素)[298-81-7]加上紫外线A(1987年;第24卷,增刊7)
MOPP和结合其他的化学疗法包含烷基化剂(1987年;增刊7)
芥子气(硫黄芥子气)[505-60-2](1987年;第9卷,增刊7)
2-萘胺[91-59-8](1987年;第4卷,增刊7)
中子(2000年;第75卷)
(NB:根据与致癌性评价和其机理相关的其他数据,全面的评价从2B提升到1)
镍化合物(1990年;第49卷)
(NB:作为一组进行评价)
雌激素治疗,绝经后的(妇女)(1999年;第72卷)
雌激素,非类固醇(1987年;增刊7)
(NB:本评价适用于作为一个整体的一组混合物,而没有必要对本组中所有化合物进行逐一评价)
雌激素,类固醇(1987年;增刊7)
(NB:本评价适用于作为一个整体的一组混合物,而没有必要对本组中所有化合物进行逐一评价)
Opisthorchis viverrini(传染源)(1994年;第61卷)
口服避孕药,结合丙烯腈(1999年;第72卷)
(NB:这也是已确实的证据,即这些试剂具有对卵巢和子宫内膜的癌症的防护功效)
可连续服的口服避孕药(1987年;增刊7)
磷-32,作为磷酸盐(2001年;第78卷)
钚-239和钚的衰变产物(可能包含钚-240和其他同位元素),作为湿润剂(2001年;第78卷)
放射碘,短生命周期的同位素,包含碘-131,来源于原子吸收反应过程和核武器爆炸(在初期曝露)(2001年;第78卷)
放射性核素,α-粒子-放射,内部融合(2001年;第78卷)
(NB:有足够的证据证明有特效的放射性核素对人类有致癌性,该试剂作为1组中的试剂也被单独列出)
放射性核素,β-粒子-放射,内部放射(2001年;第78卷)
(NB:有足够的证据证明有特效的放射性核素对人类有致癌性,该试剂作为1组中的试剂也被单独列出)
镭-224和镭衰变产物(2001年;第78卷)
镭-226和镭衰变产物(2001年;第78卷)
镭-228和镭衰变产物(2001年;第78卷)
镭-222[10043-92-2]和镭衰变产物(2001年;第78卷)
血吸虫 haematobium(传染源)(1994年;第61卷)
二氧化硅[14808-60-7],晶态各向异性(从现有的资源中以石英或方石英的形式被开发出来)(1997年;第68卷)
太阳光辐射(1992年;第55卷)
云母包含石棉纤维(1987年;第42卷,增刊7)
三苯氧胺[10540-29-1](1996年;第66卷)
(NB:已证明本试剂用于治疗妇女乳腺癌会产生危险)
2,3,7,8-四氯对苯-副-6-乙酸基-2[1746-01-6](1997年;第69卷)
(NB:根据与致癌性评价和其机理相关的其他数据,全面的评价从2A提升到1)

三胺硫磷(抗肿瘤药)[52-24-4](1990年;第50卷)

钍-232和钍衰变产物,静脉内的控制作为二氧化硅-232的胶态分散体(2001年;第78卷)

Treosulfan[299-75-2](1987年;第26卷,增刊7)

氯乙烯[75-01-4](1987年;第19卷,增刊7)

X-和伽马(γ)-射线(2000年;第75卷)

混合物

含乙醇的饮料(1988年;第44卷)

止痛混合物包含非那西汀(乙酰对氨苯乙醚,解热镇痛剂的一种)(1987年;增刊7)

用烟草做的蒌叶咀嚼物(1987年;第37卷,增刊7)

石炭焦油沥青脂[65996-93-2](1987年;第35卷,增刊7)

石炭酸[8007-45-2](1987年;第35卷,增刊7)

未做处理的和适度处理的矿物油(1987年;第33卷,增刊7)

咸鱼(中国-类型)(1993年;第56卷)

页岩油[68308-34-9](1987年;第35卷,增刊7)

煤烟(1987年;第35卷,增刊7)

无烟型烟草产品(1987年;第37卷,增刊7)

烟草烟尘(1987年;第38卷,增刊7)

木质灰(1995年;第62卷)

曝露于环境中的物质

铝产品(1987年;第34卷,增刊7)

金胺的制造(1987年;增刊7)

靴和鞋的生产和修理(1987年;第25卷,增刊7)

气化煤(1987年;第34卷,增刊7)

焦碳生产(1987年;第34卷,增刊7)

家具和橱柜的制造(1987年;第25卷,增刊7)

赤铁矿矿业(地下)氡的曝露(1987年;第1卷,增刊7)

铁和钢的铸造(1987年;第34卷,增刊7)

异丙醇的制造(强酸处理)(1987年;增刊7)

品红色的制造(1993年;第57卷)

油漆工具(职业性曝露)(1987年;第47卷)

橡胶产业(1987年;第28卷,增刊7)

强无机酸雾包含硫酸(职业曝露)(1992年;第54卷)

2A组:可能对人类有致癌物(质)的(64)

试剂和试剂组

丙烯酰胺[79-06-1](1994年;第60卷)

(NB:根据与致癌性评价和其机理相关的其他数据,全面的评价从2B提升到2A)

阿霉素[23214-92-8](1987年;第10卷,增刊7)

(NB:根据与致癌性评价和其机理相关的其他数据,全面的评价从2B提升到2A)

雄激素(合成代谢的)类固醇(1987年;增刊7)

马兜铃酸(自然形成的混合物)(2002年;第82卷)

Azacitidine[320-67-2](1990年;第50卷)

(NB:根据与致癌性评价和其机理相关的其他数据,全面的评价从2B提升到2A)

[a]苯并蒽[56-55-3](1987年;第32卷,增刊7)

(NB:根据与致癌性评价和其机理相关的其他数据,全面的评价从 2B 提升到 2A)

联苯胺-基剂染色(1987 年;增刊 7)

(NB:根据与致癌性评价和其机理相关的其他数据,全面的评价从 2B 提升到 2A)

苯[a]芘[50-32-8](1987 年;第 32 卷,增刊 7)

(NB:根据与致癌性评价和其机理相关的其他数据,全面的评价从 2B 提升到 2A)

双氯乙基亚硝基脲(BCNU)[154-93-8](1987 年;第 26 卷,增刊 7)

1,3 丁二烯[106-99-0](1999 年;第 71 卷)

Captafol[2425-06-1](1991 年;第 53 卷)

(NB:根据与致癌性评价和其机理相关的其他数据,全面的评价从 2B 提升到 2A)

氯霉素[56-75-7](1990 年;第 50 卷)

(NB:根据与致癌性评价和其机理相关的其他数据,全面的评价从 2B 提升到 2A)

α-氯化联苯甲苯(二氯甲基苯[98-87-3],三氯甲苯[98-07-7],苄基氯[100-44-7]和甲苯酰氯[98-88-4](结合曝露物)(1999 年;第 29 卷,增刊 7,第 71 卷)

1-(2-氯乙烯)-3-环乙基-1-亚硝基脲(CCNU[13010-47-4])(1987 年;第 26 卷,增刊 7)

(NB:根据与致癌性评价和其机理相关的其他数据,全面的评价从 2B 提升到 2A)

4-氯-正-甲苯胺[95-69-2](2000 年;第 77 卷)

Chlorozotocin[54749-90-5](1990 年;第 50 卷)

(NB:根据与致癌性评价和其机理相关的其他数据,全面的评价从 2B 提升到 2A)

Cisplatin[15663-27-1](1987 年;第 26 卷,增刊 7)

(NB:根据与致癌性评价和其机理相关的其他数据,全面的评价从 2B 提升到 2A)

肝吸虫 sinensis(传染源)(1994 年;第 61 卷)

(NB:根据与致癌性评价和其机理相关的其他数据,全面的评价从 2B 提升到 2A)

二苯并蒽[a. h][53-70-3](1987 年;第 32 卷,增刊 7)

(NB:根据与致癌性评价和其机理相关的其他数据,全面的评价从 2B 提升到 2A)

硫酸二乙酯[64-67-5](1999 年;第 54 卷,增刊 71)

(NB:根据与致癌性评价和其机理相关的其他数据,全面的评价从 2B 提升到 2A)

二甲基氨基甲酰氯[79-44-7](1999 年;第 12 卷,增刊 7,第 71 卷)

(NB:根据与致癌性评价和其机理相关的其他数据,全面的评价从 2B 提升到 2A)

1,2-二甲基二甲肼[540-73-8](1999 年;第 4 卷,增刊 7,第 71 卷)

(NB:根据与致癌性评价和其机理相关的其他数据,全面的评价从 2B 提升到 2A)

硫酸二甲酯[77-78-1](1999 年;第 4 卷,增刊 7,第 71 卷)

(NB:根据与致癌性评价和其机理相关的其他数据,全面的评价从 2B 提升到 2A)

氯甲代氧丙环[106-89-8](1999 年;第 11 卷,增刊 7,第 71 卷)

(NB:根据与致癌性评价和其机理相关的其他数据,全面的评价从 2B 提升到 2A)

二溴化乙烯[106-93-4](1999 年;第 15 卷,增刊 7,第 71 卷)

(NB:根据与致癌性评价和其机理相关的其他数据,全面的评价从 2B 提升到 2A)

N-乙烷基-N-亚硝基脲[759-73-9](1987 年;第 17 卷,增刊 7)

(NB:根据与致癌性评价和其机理相关的其他数据,全面的评价从 2B 提升到 2A)

Etoposide[33419-42-0](2000 年;第 76 卷)

(NB:根据与致癌性评价和其机理相关的其他数据,全面的评价从 2B 提升到 2A)

甲醛[50-00-0](1995 年;第 62 卷)

缩水甘油[556-52-5](2000 年;第 77 卷)

(NB:根据与致癌性评价和其机理相关的其他数据,全面的评价从 2B 提升到 2A)

人类乳头瘤病毒类型 31(1995 年;第 64 卷)

人类乳头瘤病毒类型 33(1995 年;第 64 卷)

IQ-(2-氨基-3-甲基咪唑[4,5-f]喹啉)[76180-96-6](1993年;第56卷)
(NB:根据与致癌性评价和其机理相关的其他数据,全面的评价从2B提升到2A)
Kapost's 肉瘤疱疹病毒/人类疱疹病毒8(1997年;第70卷)
5-甲氧基咖啡碱化合物[484-20-8](第40卷,增刊7;1987)
(NB:根据与致癌性评价和其机理相关的其他数据,全面的评价已经从2B提升到2A)
4,4'-亚甲基 双邻2-氯苯胺(亚甲基双邻氯苯胺)[101-14-4](第57卷;1993)
(NB:根据与致癌性评价和其机理相关的其他数据,全面的评价已经从2B提升到2A)
甲基 甲磺酸盐(酯)[66-27-3](第7卷,增刊71;1999)
(NB:根据与致癌性评价和其机理相关的其他数据,全面的评价已经从2B提升到2A)
N-甲基-N'-硝基-N-亚硝基胍(MNNG)[70-25-7](第4卷,增刊7;1987)
(NB:根据与致癌性评价和其机理相关的其他数据,全面的评价已经从2B提升到2A)
N-甲基-N-亚硝基脲[684-93-5](第17卷,增刊7;1987)
(NB:根据与致癌性评价和其机理相关的其他数据,全面的评价已经从2B提升到2A)
氮芥[51-75-2](第9卷,增刊7;1987)
N-亚硝基二乙胺[55-18-5](第17卷,增刊7;1987)
(NB:根据与致癌性评价和其机理相关的其他数据,全面的评价已经从2B提升到2A)
N-亚硝基[62-75-9](第17卷,增刊7;1987)
(NB:根据与致癌性评价和其机理相关的其他数据,全面的评价已经从2B提升到2A)
非那西汀(N-乙酰基对乙氧苯胺)[62-44-2](第24卷,增刊7;1987)
盐酸甲基下肼[366-70-1](第26卷,增刊7;1987)
(NB:根据与致癌性评价和其机理相关的其他数据,全面的评价已经从2B提升到2A)
苯乙烯-7,8-氧化物[96-09-3](第60卷;1994)
(NB:根据与致癌性评价和其机理相关的其他数据,全面的评价已经从2B提升到2A)
替尼泊甙[29767-20-2](第76卷;2000)
(NB:根据与致癌性评价和其机理相关的其他数据,全面的评价已经从2B提升到2A)
四氯乙烯[127-18-4](第63卷;1995)
邻位-甲苯胺[95-53-4](第77卷;2000)
三氯乙烯[79-01-6](第63卷;1995)
1,2,3-三氯丙烷[96-18-4](第63卷;1995)
三(2,3-二溴丙基)磷酸盐[126-72-7](第20卷,增刊7,第71卷;1999)
(NB:根据与致癌性评价和其机理相关的其他数据,全面的评价已经从2B提升到2A)
紫外线辐射A(第55卷;1992)
(NB:根据与致癌性评价和其机理相关的其他数据,全面的评价已经从2B提升到2A)
紫外线辐射B(第55卷;1992)
(NB:根据与致癌性评价和其机理相关的其他数据,全面的评价已经从2B提升到2A)
紫外线辐射C(第55卷;1992)
(NB:根据与致癌性评价和其机理相关的其他数据,全面的评价已经从2B提升到2A)
乙烯基溴[593-60-2](第39卷,增刊7,第71卷;1999)
(NB:根据与致癌性评价和其机理相关的其他数据,全面的评价已经从2B提升到2A)
乙烯基氟[75-02-5](第63卷;1995)

混合物

杂芬油(来自煤-焦油)[8001-58-9](第35卷,增刊7;1987)
柴油发动机排气装置(第46卷;1989)
耐热配件(第51卷;1991)

无砷杀虫剂(在喷雾和施用方面占主导方向)(第 53 卷;1991)

多氯化联苯[1336-36-3](第 18 卷,增刊 7;1987)

曝露于环境的物质

玻璃艺术品,玻璃容器和加压的器皿(制造方面的)(第 58 卷;1993)

美容师或理发师(职业方面的)(第 57 卷;1993)

石油精炼(主导方面的)(第 45 卷;1989)

太阳灯和日光浴(用途方面的)(第 55 卷;1992)

2B 组:对人类可能致癌的物质(236 种)

试剂和试剂组

A-α-C(2-氨基-9H-乙酸吡啶汞[2,3-*b*]吲哚)[26148-68-5](第 40 卷,增刊 7;1987)

乙醛[75-07-0](第 36 卷,增刊 7,第 71 卷;1999)

乙酰胺[60-35-5] (第 7 卷,增刊 7,第 71 卷;1999)

丙烯腈[107-13-1](第 71 卷;1999)

AF-2[2-(2-呋喃基)-3-(5-硝基-2-呋喃基)丙烯酰胺][3688-53-7](第 31 卷,增刊 7;1987)

黄曲霉毒素 M1[6795-23-9](第 56 卷;1993)

帕拉胶-氨基偶氮苯[60-09-3](第 8 卷,增刊 7;1987)

邻-氨基偶氮甲苯[97-56-3](第 8 卷,增刊 7;1987)

2-氨基-5-(5-含硝基的-2-呋喃基)-1,3,4-噻重氮[712-68-5](第 7 卷,增刊 7;1987)

安吖啶[51264-14-3](第 76 卷;2000)

邻-甲氧基苯胺[90-04-0](第 73 卷;1999)

二氧化锑[1309-64-4](第 47 卷;1989)

异黄樟[140-57-8](第 5 卷,增刊 7;1987)

金胺[492-80-8](工业级)(第 1 卷,增刊 7;1987)

重氮丝氨酸[115-02-6](第 10 卷,增刊 7;1987)

氮丙啶[151-56-4](第 9 卷,增刊 7,第 71 卷;1999)

(NB:根据与致癌性评价和其机理相关的其他数据,全面的评价已经从 3 级升到 2B)

苯并[b]荧蒽[205-99-2](第 32 卷,增刊 7;1987)

苯并[f]荧蒽[205-82-3](第 32 卷,增刊 7;1987)

苯并[k]荧蒽[207-08-9](第 32 卷,增刊 7;1987)

苯并呋喃[271-89-6](第 63 卷;1995)

苯甲基兰 4B[1694-09-3](第 16 卷,增刊 7;1987)

2,2-二(溴乙基溴乙烷)丙烷-1,3-二醇[3296-90-0](第 77 卷;2000)

博莱霉素[11056-06-7](第 26 卷,增刊 7;1987)

(NB:根据与致癌性评价和其机理相关的其他数据,全面的评价已经从 3 级升到 2B)

欧洲蕨(第 40 卷,增刊 7:1987)

溴二氯甲烷[75-27-4](第 52 卷,增刊 71;1999)

叔丁对甲氧酚(BHA)[25013-16-5](第 40 卷,增刊 7;1987)

β-丁内酯[3068-88-0](第 11 卷,增刊 7,第 71 卷;1999)

咖啡酸[331-39-5](第 56 卷;1993)

炭黑[1333-86-4](第 65 卷;1996)

四氯化碳[56-23-5](第 20 卷,增刊 7,第 71 卷;1999)

苯磷二酚[120-80-9](第 15 卷,增刊 7,第 71 卷;1999)

氯丹[57-74-9](第 79 卷;2001)

十氯酮(开蓬)[143-50-0](第 20 卷,增刊 7;1987)
氯菌酸[115-28-6](第 48 卷;1990)
对-氯苯胺[106-47-8](第 57 卷:1993)
三氯甲烷[76-66-3](第 73 卷;1999)
1-氯醛-甲基丙烯[513-37-1](第 63 卷;1995)
氯代苯氧型除草剂(第 41 卷,增刊 7;1987)
4-氯醛-邻-苯二胺[95-83-0](第 27 卷,增刊 7;1987)
氯丁二烯[126-99-8](第 71 卷;1999)
百菌清[1897-45-6](第 73 卷;1999)
氯酸红 114[6459-94-5](第 57 卷;1993)
氯基红 9[569-61-9](第 57 卷;1993)
氯控制蓝 15[2429-74-5](第 57 卷;1993)
柑橘红 No.2[6358-53-8](第 8 卷,增刊 7;1987)
钴[7440-48-4]和钴化合物(第 52 卷;1991)
(NB:作为一组评价)
对-甲酚定[120-71-8](第 27 卷,增刊 7;1987)
苏铁素[14901-08-7](第 10 卷,增刊 7;1987)
氮烯唑胺[4342-03-4](第 26 卷,增刊 7;1987)
二羟蒽醌(柯嗪;1,8-二羟基蒽醌)[117-10-2](第 50 卷;1990)
道诺霉素[20830-81-3](第 10 卷,增刊 7;1987)
二氯二苯三氯乙烷[*p*,*p*'-DDT,50-29-3](第 53 卷;1991)
N,N'-二乙酰联苯胺[613-35-4](第 16 卷,增刊 7;1987)
2,4-二氨基苯甲醚[615-05-4](第 79 卷;2001)
4,4-二氨基联苯醚[101-80-4](第 29 卷,增刊 7;1987)
2,4-二氨基甲苯[95-80-7](第 16 卷,增刊 7;1987)
二苯[a,h]并吖啶[226-36-8](第 32 卷,增刊 7;1987)
二苯[a,*j*]并吖啶[224-42-0](第 32 卷,增刊 7;1987)
7H-二苯[c,g]并咔唑[194-59-2](第 32 卷,增刊 7;1987)
二苯[a,e]芘[192-65-4](第 32 卷,增刊 7;1987)
二苯[a,h]芘[189-64-0](第 32 卷,增刊 7;1987)
二苯[a,*i*]芘[189-55-9](第 32 卷,增刊 7;1987)
二苯[a,l]芘[191-30-0](第 32 卷,增刊 7;1987)
1,2-二溴-3-氯丙烷[96-12-8](第 20 卷,增刊 7,第 71 卷;1999)
2,3-二溴异丙基-1-醇(酚)[96-13-9](第 77 卷;2000)
对-二氯苯[106-46-7](第 73 卷;1999)
3,3'-二氯联苯胺[91-94-1](第 29 卷,增刊 7;1987)
3,3'-二氯-4,4'-二氨基二苯醚[28434-86-8](第 16 卷,增刊 7;1987)
1,2-二氯乙烷[107-06-2](第 20 卷,增刊 7,第 71 卷;1999)
二氯甲烷(甲叉二氯)[75-09-2](第 71 卷;1999)
1,3-二氯丙烯[542-75-6](工业级)(第 41 卷,增刊 7,第 71 卷;1999)
敌敌畏[62-73-7](第 53 卷;1991)
1,2-偏二乙基肼[1615-80-1](第 4 卷,增刊 7,第 71 卷;1999)
二环氧甘油醚间苯二酚[101-90-6](第 36 卷,增刊 7,第 71 卷;1999)

二氢黄樟素[94-58-6](第 10 卷,增刊 7;1987)

二异丙基硫酸盐[2973-10-6](第 54 卷,第 71 卷;1999)

3,3'-二甲氧基联苯胺(邻联茴香胺)[119-90-4](第 4 卷,增刊 7;1987)

对二甲胺基偶氮苯[60-11-7](第 8 卷,增刊 7;1987)

过-2-[(二甲胺基)甲基亚氨基]-5-[2-(5-亚硝酸根-2-呋喃基)-乙烯基]-1,3,4-噁二唑[25962-77-0](第 7 卷,增刊 7;1987)

2,6-二甲基苯胺(2,6-二甲代苯胺)[87-62-7](第 57 卷;1993)

3,3'-二甲基联苯胺(偏甲苯胺)[119-93-7](第 1 卷,增刊 7;1987)

1,1-二甲肼[57-14-7](第 4 卷,增刊 7,第 71 卷;1999)

3,7-二硝基荧蒽[105735-71-5](第 65 卷;1996)

3,9-二硝基荧蒽[22506-53-2](第 65 卷;1996)

1,6-二硝基核[42397-64-8](第 46 卷;1989)

1,8-二硝基核[42397-65-9](第 46 卷;1989)

2,4-二硝基甲苯[121-14-2](第 65 卷;1996)

2,6-二硝基甲苯[606-20-2](第 65 卷;1996)

1,4-二噁烷[123-91-1](第 11 卷,增刊 7,第 71 卷;1999)

分散蓝 1[2475-45-8](第 48 卷;1990)

1,2-环氧丁烷[106-88-7](第 47 卷,卷 71;1999)

(NB:根据与致癌性评价和其机理相关的其他数据,全面的评价已经从 3 级提升到 2B)

乙基丙烯酸脂[140-88-5](第 39 卷,增刊 7,第 71 卷;1999)

苯乙烷[100-41-4](第 77 卷;2000)

乙烷基磺酸甲烷[62-50-0](第 7 卷,增刊 7;1987)

添加在薄膜(片)中的物质(第 74 卷;1999)

被用来制作薄膜(除了聚乙烯之外(乙醇酸))的聚合物

被用来制作薄膜的金属

金属钴、金属镍和一种包含 66%~67%镍、13%~16%铬和 7%铁的合金

2-(2-甲酰肼)-4-(5-亚硝酸根-2-呋喃基)噻唑[3570-75-0](第 7 卷,增刊 7;1987)

Fumonisin B_1[116355-83-0](第 82 卷;2002)

呋喃[110-00-9](第 63 卷;1995)

Glu-P-1(2-氨基-6-二甲基联吡啶二酮[1,2-a:3',2'-d]咪唑)[67730-11-4](第 40 卷,增刊 7;1987)

Glu-P-2(2-二氨基联吡啶二酮[1,2-a:3',2'-d]咪唑)[67730-10-3](第 40 卷,增刊 7;1987)

缩水甘油乙醚[765-34-4](第 11 卷,增刊 7,第 71 卷;1999)

灰黄霉素[126-07-8](第 79 卷,2001)

HC 蓝 NO. 1[2784-94-3](第 57 卷;1993)

七氯[76-44-8](第 79 卷;2001)

六氯代苯[118-74-1](第 79 卷;2001)

六氯乙烷[67-72-1](第 73 卷;1999)

六羟基环己烷(第 20 卷,增刊 7;1987)

六甲基磷酰胺[680-31-9](第 15 卷,增刊 7,第 71 卷;1999)

人体免疫缺陷病毒 2 型(传染性)(第 67 卷;1996)

人体乳头瘤病毒:不同于 16、18、31 和 33 的类型(第 64 卷;1995)

联氨[302-01-2](第 4 卷,增刊 7,第 71 卷;1999)

1-羟基蒽醌[129-43-1](第 82 卷;2002)

茚酚[1,2,3-cd]嵌二萘[193-39-5](第32卷,增刊7;1987)
铁-右旋糖苷聚合体[9004-66-4](第2卷,增刊7;1987)
异戊二烯[78-79-5](第60卷,第71卷;1999)
毛果天芥菜碱[303-34-4](第10卷,增刊7;1987)
铅[7439-92-1]和铅的无机化合物(第23卷,增刊7;1987)
(NB:作为一组评价)
品红[632-99-5](包括CI红基色9)(第57卷;1993)
磁场(超低频)(第80卷;2002)
MeA-α-C(2-氨基-3-甲基-9H-吡啶[2,3-b]吲哚)[68006-83-7](第40卷,增刊7;1987)
甲孕酮乙酸盐[71-58-9](第21卷,增刊7;1987)
MeIQ(2-氨基-3,4-二甲吲哚[4,5-f]喹啉)[77094-11-2](第56卷;1993)
MeIQx(2-氨基-3,8-二甲吲哚[4,5-f]喹喔啉)[77500-04-0](第56卷;1993)
Merphalan[531-76-0](第9卷,增刊7;1987)
2-甲基吖丙啶(丙亚胺)[75-55-8](第9卷,增刊7,第71卷;1999)
氮氧甲基甲醇　乙酸盐[592-62-1](第10卷,增刊7;1987)
5-甲基屈[3697-24-3](第32卷,增刊7;1987)
4,4'-亚甲基　双(2-甲基苯胺)[838-88-0](第4卷,增刊7;1987)
4,4'-甲撑二苯胺[101-77-9](第39卷,增刊7;1987)
甲基汞化合物(第58卷;1993)
(NB:作为一组评价)
2-甲基-1-硝基蒽醌[129-15-7](不确定纯度)(第27卷,增刊7;1987)
N-甲基-N-亚硝基氨基甲酸酯[615-53-2](第4卷,增刊7;1987)
甲基硫尿嘧啶[56-04-2](第79卷;2001)
灭滴灵[443-48-1](第13卷,增刊7;1987)
灭蚁灵[2385-85-5](第20卷,增刊7;1987)
丝裂霉素C[50-07-7](第10卷,增刊7;1987)
Mitoxantrone[65271-80-9](第76卷;2000)
单猪屎豆碱[315-22-0](第10卷,增刊7;1987)
5-(甲基吗啉代)-3-[(5-硝基呋喃亚甲基)氨基]-2-唑烷[3795-88-8](第7卷,增刊7;1987)
降脂萘[3771-19-5](第24卷,增刊7;1987)
萘[91-20-3](第82卷;2002)
金属镍[7440-02-0]和合金(第49卷;1990)
Niridazole[61-57-4](第13卷,增刊7;1987)
氮川三乙酸[139-13-9]和它的盐类(第73卷;1999)
(NB:作为一组评价)
5-腈苊[602-87-9](第16卷,增刊7;1987)
2-硝基茴香醚[91-23-6](第65卷;1996)
硝基苯[98-95-3](第65卷,1996)
6-Nitrochrysene[7496-02-8](第46卷;1989)
除草醚[1836-75-5](技术等级)(第30卷,增刊7;1987)
2-硝基芴[607-57-8](第46卷;1989)
1-[(5-硝基呋喃亚甲基)氨基]-2-咪唑烷[555-82-8](第7卷,增刊7;1987)
N-[4-(5-亚硝酸-2-呋喃基)-2-噻唑基]乙酰胺[531-82-8](第7卷,增刊7;1987)

N 氧化氮芥[126-85-2](第 9 卷,增刊 7;1987)
硝基甲烷[75-52-5](第 77 卷;2000)
2-硝基丙烷[79-46-9](第 29 卷,增刊 71;1999)
1-硝基嵌二萘[5522-43-0](第 46 卷;1989)
4-硝基嵌二萘[57835-92-4](第 46 卷;1989)
N-亚硝基-n-丁基胺[924-16-3](第 17 卷,增刊 7;1987)
N-亚硝基乙醇胺[1116-54-7](第 17 卷,增刊 7,第 77 卷;2000)
N-亚硝基-n-丙基胺[621-64-7](第 17 卷,增刊 7;1987)
3-(N-亚硝基甲基胺)3-亚胺基-2-甲基-戊腈[60153-49-3](第 37 卷,增刊 7;1987)
4-(N-亚硝基甲胺)-1-(3-吡啶基)-1-丁酮(NNK)[64091-91-4](第 37 卷,增刊 7;1987)
N-亚硝基甲基甲基胺[10595-95-6](第 17 卷,增刊 7;1987)
N-亚硝基甲基乙烯基胺[4549-40-0](第 17 卷,增刊 7;1987)
N-亚硝基吗啉[59-89-2](第 17 卷,增刊 7;1987)
N-亚硝基去甲烟碱[16543-55-8](第 37 卷,增刊 7;1987)
N-亚硝基氮杂环己烷[100-75-4](第 17 卷,增刊 7;1987)
N-亚硝基氮杂戊环[930-55-2](第 17 卷,增刊 7;1987)
N-亚硝基肌氨酸[13256-22-9](第 17 卷,增刊 7;1987)
赭曲霉素 A[303-47-9](第 56 卷;1993)
绝经后的雌激素-孕激素治疗法(第 72 卷;1999)
橙色油脂 SS[2646-17-5](第 8 卷,增刊 7;1987)
去甲羟基安定[604-75-1](第 66 卷;1996)
坡缕石(绿坡缕石)[12174-11-7](长纤维>5 毫米)(第 68 卷;1987)
Panfuran S(呋喃总汇 S)[794-93-4](第 24 卷,增刊 7;1987)
氢氯苯唑派啶[136-40-3](第 24 卷,增刊 7;1987)
苯巴比妥[50-06-6](第 79 卷;2001)
酚酞[77-09-8](第 76 卷;2000)
苯氧基苯沙明的氢氯化物[63-92-3](第 24 卷,增刊 7;1987)
苯基缩水甘油醚[122-60-1](第 47 卷,第 71 卷;1999)
二苯乙内酰脲[57-41-0](第 66 卷;1996)
PhIP(2-氨基-1-甲基-6-苯基咪唑[4,5-b]吡啶)[105650-23-5](第 56 卷;1993)
多氯酚和它的钠盐(混合物)(第 41 卷,增刊 7,第 53 卷,第 71 卷;1999)
鲜红色 MX[3761-53-3](第 8 卷,增刊 7;1987)
鲜红色 3R[3564-09-8](第 8 卷,增刊 7;1987)
溴酸钾盐[7758-01-2](第 73 卷;1999)
黄体酮(增刊 7;1987)
仅含有孕激素的避孕药(第 72 卷;1999)
1,3-丙烷磺内脂[1120-71-4](第 4 卷,增刊 7,第 71 卷;1999)
β-丙酸内脂[57-57-8](第 4 卷,增刊 7,第 71 卷;1999)
丙烯氧化物[75-56-9](第 60 卷;1994)
丙硫尿嘧啶[51-52-5](第 79 卷;2001)
耐火陶瓷纤维(第 43 卷,第 81 卷;2002)
瑞德灵[23246-96-0](第 10 卷,增刊 7,第 82 卷;2002)
黄樟脑[94-59-7](第 10 卷,增刊 7;1987)

日本发现的血吸虫(有传染性)(第61卷;1994)
正苯酚钠盐[132-27-4](第73卷;1999)
特制纤维如静电玻璃纤维和“475”玻璃纤维(第81卷;2002)
柄曲菌素[10048-13-2](第10卷,增刊7;1987)
链脲霉素[18883-66-4](第17卷,增刊7;1987)
苯乙烯[100-42-5](第60卷,第82卷;2002)
(NB:根据与致癌性评价和其机理相关的其他数据,全面的评价已经从3级提升到2B)
磺胺基盐[95-06-7](第30卷,增刊7;1987)
四氟乙烯[116-14-3](第19卷,增刊7,第71卷;1999)
四硝基甲烷[509-14-8](第65卷;1996)
硫代乙酰胺[62-55-5](第7卷,增刊7;1987)
4,4'-硫二苯胺[139-65-1](第27卷,增刊7;1987)
硫尿嘧啶[141-90-2](第79卷;2001)
甲苯二异氰酸盐[26471-62-5](第39卷,增刊7,第71卷;1999)
从念珠形的镰刀菌衍生的毒素(第56卷;1993)
三氯次甲基(三氮芥氢氯化物)[817-09-4](第50卷;1990)
Trp-P-1(3-氨基-1,4-二甲基-5H-吡哆[4,3-b]吲哚)[62450-06-0](第31卷,增刊7;1987)
Trp-P-2(3-氨基-1甲基-5H-吡哆[4,3-b]吲哚)[62450-07-1](第31卷,增刊7;1987)
锥虫蓝[72-57-1](第8卷,增刊7;1987)
尿嘧啶的芥末[66-75-1](第9卷,增刊7;1987)
尿烷[51-79-6](第7卷,增刊7;1987)
乙酸乙烯[108-05-4](第63卷;1995)
4-乙烯基环己烯[100-40-3](第60卷;1994)
4-乙烯基环己烯 diepoxide[106-87-6](第60卷;1994)
Zalcitabine[7481-89-2](第76卷;2000)
Zidovudine(AZT)[30516-87-1](第76卷;2000)

混合物

沥青[8052-42-4],通过蒸汽或空气提纯得到的提取物(第35卷,增刊7;1987)
可降解的角叉菜胶[9000-07-1](第31卷,增刊7;1987)
氯化石蜡,平均碳链长度为C12,平均氯化程度大约为60%(第48卷;1990)
咖啡(泌尿系统如膀胱)(第51卷;1991)
(NB:有一些证据证明在喝咖啡和大肠癌之间有相反的关系;喝咖啡不能被认为对其他器官有致癌性)
船舶用柴油(第45卷;1989)
(NB:根据与致癌性评价和其机理相关的其他数据,全面的评价已经从3级提升到2B)
发动机消耗的汽油(第46卷;1989)
重渣油(第45卷;1989)
汽油(第45卷;1989)
(NB:根据与致癌性评价和其机理相关的其他数据,全面的评价已经从3级提升到2B)
腌制的蔬菜(亚洲传统)(第56卷;1993)
多溴联二苯[消防器材 BP-6,59536-65-1](第41卷,增刊7;1987)
毒杀芬(多氯莰烯)[8001-35-2](第79卷;2001)
焊接烟雾(第49卷;1990)

曝露环境下的物质

木工工作和细木匠业(第25卷,增刊7;1987)

干洗(职业性曝露)(第63卷;1995)

打印过程(职业性曝露)(第65卷;1996)

纺织品生产企业(工作环境)(第48卷;1990)

附 录 H
（规范性附录）
EC 理事会指令 67/548/EEC 附属书Ⅱ

关于在附属书中使用的危险记号及危险指示，EC 理事会指令 67/548/EEC 的附属书Ⅱ[对危险物质及调剂的危险记号和危险指示]的全文记载如下：

E　　爆炸性

ES：Explosivo
DA：Eksplosiv
DE：Explosionsgefährlich
EL：Εκρηκτικό
EN：Explosive
FR：Explosif
IT：Esplosivo
NL：Ontplofbaar
PT：Explosivo

O　　氧化性

ES：Comburente
DA：Brandnærende
DE：Brandfördernd
EL：Οξειδωτικσ
EN：Oxidizing
FR：Comburant
IT：Comburente
NL：Oxyderend
PT：Comburente

F　　易燃性

ES：Fácilmente inflamable
DA：Meget brandfarlig
DE：Leichtentzündlich
EL：Πολύ εύφλεκτο
EN：Highly flammable
FR：Facilement inflammable
IT：Facilmente infiammabile
NL：Licht ontvlambaar
PT：Facilmente inflamável

F　+　　极易燃烧性

ES：Extremadamente inflamable
DA：Yderst brandfarlig
DE：Hochentzündlich
EL：Εξαιρετικά εύφλεκτο
EN：Extremely flammable
FR：Extrêmement inflammable
IT：Estremamente infiammabile
NL：Zeer licht ontvlambaar
PT：Extremamente inflamável

T　　毒性

ES：Tóxico
DA：Giftig
DE：Giftig
EL：Τοξικό
EN：Toxic
FR：Toxique
IT：Tossico
NL：Vergiftig
PT：Tóxico

T　+　　剧毒性

ES：Muy tóxico
DA：Meget giftig
DE：Sehr giftig
EL：Πολύ τοξικό
EN：Very toxic
FR：Très toxique
IT：Molto tossico
NL：Zeer vergiftig
PT：Muito tóxico

C　　腐蚀性

ES：Corrosivo
DA：Ætsende
DE：Ätzend
EL：Διαβρωτικό
EN：Corrosive
FR：Corrosif
IT：Corrosivo
NL：Bijtend
PT：Corrosivo

Xn　　有害性

ES：Nocivo
DA：Sundhedsskadelig
DE：Gesundheitsschädlich
EL：Επιβλαβές
EN：Harmful
FR：Nocif
IT：Nocivo
NL：Schadelijk
PT：Nocivo

Xi 刺激性

ES：Irritante
DA：Lokalirriterende
DE：Reizend
EL：Ερεθιστικό
EN：Irritant
FR：Irritant
IT：Irritante
NL：Irriterend
PT：Irritante

N 环境危险性

ES：Peligroso para el medio ambiente
DA：Miljofarlig
DE：Umweltgefährlich
EL：Επικινδυνο για το περιβάλλον
EN：Dangerous for the environment
FR：Dangereux pour l'environnement
IT：Pericoloso per l'ambiente
NL：Milieugevaarlijk
PT：Perigoso para o ambiente

注：文字 E、O、F+、T、T+、C、Xn、Xi 及 N 不是危险记号的一部分。

附 录 I
（规范性附录）
EC 理事会指令 67/548/EEC 附属书Ⅲ

关于附属书Ⅰ中使用的 R 警句及其组合警句，EC 理事会指令 67/548/EEC 的附属书Ⅲ[危险的物质及调剂附带的固有风险性质]列示如下：

1 R 警句

R1	干燥时具有爆炸性
R2	有因冲击、摩擦、烟火及其他的引燃源引发爆炸的危险
R3	有因冲击、摩擦、烟火及其他的引燃源引发剧烈爆炸的危险
R4	会生成非常敏感的爆炸性金属化合物
R5	经加热有引发爆炸的危险
R6	无论与空气有无接触都有爆炸性
R7	有引起火灾的危险
R8	如果同可燃性材料接触有可能引发火灾
R9	如果同可燃性材料混合有爆炸性
R10	可燃性
R11	易燃性
R12	极易燃烧性
R14	会与水发生强烈反应
R15	遇水会释放出高度易燃性气体
R16	与氧化物混合有爆炸性
R17	在空气中有自燃性
R18	使用中有可能产生可燃性/爆炸性蒸气-空气混合物
R19	有产生爆炸性过度氧化物的危险
R20	吸入有害
R21	与皮肤接触有害
R22	吞食有害
R23	吸入有毒
R24	与皮肤接触有毒
R25	吞食有毒
R26	吸入有剧毒
R27	与皮肤接触有剧毒
R28	吞食有剧毒
R29	与水接触会产生有毒气体
R30	使用中有可能产生易燃性
R31	与酸接触会释放出毒性气体
R32	与酸接触会释放出剧毒气体
R33	有积累影响的危险性
R34	引发烫伤

R35	引发重度烫伤
R36	刺激眼睛
R37	刺激呼吸器官
R38	刺激皮肤
R39	具有非常重度的不可逆转的影响
R40	有可能发生不可逆转影响的危险
R41	有给眼部造成重大残疾的危险
R42	有吸入后引起过敏的可能性
R43	有与皮肤接触后引起过敏的可能性
R44	密封加热有爆炸的危险
R45	有引发癌症的危险
R46	有引发遗传性基因障碍的可能性
R48	有因长期的暴露造成重度健康损伤的危险性
R49	有吸入后引发癌症的危险
R50	对水生生物有剧毒性
R51	对水生生物有毒性
R52	对水生生物有害
R53	有在水生态环境中造成长期恶劣影响的危险
R54	对植物有毒
R55	对动物有毒
R56	对土壤有毒
R57	对蜜蜂有毒
R58	有在环境中造成长期恶劣影响的危险
R59	对臭氧层有危险
R60	有破坏受孕能力的危险
R61	有对胎儿造成伤害的危险
R62	有伤害受孕能力的可能性
R63	有对胎儿造成伤害的可能性
R64	有对母乳哺育中的婴儿造成伤害的危险
R65	有害性:有吞食后造成肺部伤害的危险
R66	经常性的暴露有可能会造成皮肤干燥和龟裂
R67	蒸气有使人产生困倦和眩晕的危险

2 组合警句

R14/15	遇水发生激烈反应,释放出高度易燃性气体
R15/29	遇水释放出毒性、高度易燃性气体
R20/21	吸入及与皮肤接触有害
R20/22	吸入及吞食有害
R20/21/22	吸入、接触皮肤、吞食有害
R21/22	接触皮肤、吞食有害
R23/24	吸入、接触皮肤有毒

R23/25	吸入、吞食有毒
R23/24/25	吸入、接触皮肤、吞食有毒
R24/25	接触皮肤、吞食有毒
R26/27	吸入、接触皮肤有剧毒
R26/28	吸入、吞食有剧毒
R26/27/28	吸入、接触皮肤、吞食有剧毒
R27/28	接触皮肤、吞食有剧毒
R36/37	刺激眼睛及呼吸系统
R36/38	刺激眼睛及皮肤
R36/37/38	刺激眼睛、呼吸系统及皮肤
R37/38	刺激呼吸系统及皮肤
R39/23	毒性:有吸入后造成非常严重的不可逆转影响的危险性
R39/24	毒性:有接触皮肤后造成非常严重的不可逆转影响的危险性
R39/25	毒性:有吞食后造成非常严重的不可逆转影响的危险性
R39/23/24	毒性:有吸入及接触皮肤后造成非常严重的不可逆转影响的危险性
R39/23/25	毒性:有吸入及吞食后造成非常严重的不可逆转的影响的危险性
R39/24/25	毒性:有接触皮肤及吞食后造成非常严重的不可逆转影响的危险性
R39/23/24/25	毒性:有吸入、接触皮肤及吞食后造成非常严重的不可逆转影响的危险性
R39/26	剧毒性:有吸入后造成非常严重的不可逆转影响的危险性
R39/27	剧毒性:有接触皮肤后造成非常严重的不可逆转影响的危险性
R39/28	剧毒性:有吞食后造成非常严重的不可逆转影响的危险性
R39/26/27	剧毒性:有吸入及皮肤接触后造成非常严重的不可逆转影响的危险性
R39/26/28	剧毒性:有吸入及吞食后造成非常严重的不可逆转影响的危险性
R39/27/28	剧毒性:有皮肤接触及吞食后造成非常严重的不可逆转影响的危险性
R39/26/27/28	剧毒性:有吸入、皮肤接触及吞食后造成非常严重的不可逆转影响的危险性
R40/20	有害性:有吸入后造成不可逆转影响的可能性
R40/21	有害性:有接触皮肤后造成不可逆转影响的可能性
R40/22	有害性:有吞食后造成不可逆转影响的可能性
R40/20/21	有害性:有吸入及皮肤接触后造成不可逆转影响的可能性
R40/20/22	有害性:有吸入及吞食后造成不可逆转影响的可能性
R40/21/22	有害性:有皮肤接触及吞食后造成不可逆转影响的可能性
R40/20/21/22	有害性:有吸入、皮肤接触及吞食后造成不可逆转影响的危险性
R42/43	有吸入及接触皮肤后引发过敏的危险性
R48/20	有害性:有因吸入造成的长时间暴露而引发重度健康障碍的危险性
R48/21	有害性:有因接触皮肤造成的长时间暴露而引发重度健康障碍的危险性
R48/22	有害性:有因吞食造成的长时间暴露而引发重度健康障碍的危险性
R48/20/21	有害性:有因吸入及皮肤接触造成的长时间暴露而引发重度健康障碍的危险性
R48/20/22	有害性:有因吸入及吞食造成的长时间暴露而引发重度健康障碍的危险性
R48/21/22	有害性:有因接触皮肤及吞食造成的长时间暴露而引发重度健康障碍的危险性
R48/20/21/22	有害性:有因吸入、接触皮肤及吞食造成的长时间暴露而引发重度健康障碍的危险性
R48/23	毒性:有因吸入造成长时间暴露而引发重度健康障碍的危险性

R48/24	毒性：有因皮肤接触造成长时间暴露而引发重度健康障碍的危险性
R48/25	毒性：有因吞食造成长时间暴露而引发重度健康障碍的危险性
R48/23/24	毒性：有因吸入及皮肤接触造成长时间暴露而引发重度健康障碍的危险性
R48/23/25	毒性：有因吸入及吞食造成长时间暴露而引发重度健康障碍的危险性
R48/24/25	毒性：有因皮肤接触及吞食造成长时间暴露而引发重度健康障碍的危险性
R48/23/24/25	毒性：有因吸入、皮肤接触及吞食造成长时间暴露而引发重度健康障碍的危险性
R50/53	对水生生物有剧毒，在水生态环境中有造成长期恶劣影响的可能性
R51/53	对水生生物有毒，在水生态环境中有造成长期恶劣影响的可能性
R52/53	对水生生物有害，在水生态环境中有造成长期恶劣影响的可能性

附　录　J
（规范性附录）
能耗的测定方法

J.1　试验条件

环境温度：(15～35)℃

相对湿度：45%～75%

大气压力：(86～106)kPa

测试电源为交流电压(220±5)V，测试频率为(50±0.5)Hz。

J.2　测试仪器精度

测试电源的总谐波失真≤3%。

电度表能够在最小 20 mW 功率的水平上测量能耗，单位为瓦·小时(W·h)。

功率计在 1 W 的有用功功率读数时的分辨力为 0.1 W，且在电流≤2 A 时的峰值因子≥5。

时间测量应精确到 2 s

J.3　试验方法

J.3.1　试验前准备

如果被测样品的运行方式可以按顺序自动改变，在测试前需要进行多次试验性操作以确认完全理解和记录了该样品的自动改变顺序。

J.3.2　关闭方式下的能耗

a)　接通所有测试设备的电源并正确调整工作量程；

b)　确认在测试期间电源输出符合要求，或调节交流稳压电源的输出，使其满足要求；

c)　将被测样品连接到测试设备上；

d)　检查被测样品是否正常工作；

e)　将被测样品的电源开关设为“通”，5 min 后将开关设为“断”；

f)　测试样品的能耗，测试时间应不小于 10 min。

J.3.3　进入睡眠方式的缺省等待时间

a)　接通所有测试设备的电源并正确调整工作量程；

b)　确认在测试期间电源输出符合要求，被测样品的运行方式正确；

c)　将被测样品连接到测试设备上；

d)　检查被测样品是否正常工作，并将所有用户调节装置设置在工厂缺省设置状态；

e)　将被测样品的电源开关设为“通”，被测样品须预热 5 min 以上，让其执行打印任务，自最后一件硬拷贝完成的时刻开始计时，等待被测样品进入睡眠方式时测试完成并记录时间。

J.3.4　睡眠方式下的能耗

a)　接通所有测试设备的电源并正确调整工作量程；

b)　确认在测试期间电源输出符合要求，被测样品的运行方式正确；

c)　将被测样品连接到测试设备上；

d)　检查被测样品是否正常工作，并将所有用户调节装置设置在工厂缺省设置状态；

e) 将被测样品的电源开关设为“通”,被测样品须预热 5 min 以上,执行打印任务,自最后一件硬拷贝完成后,等待被测样品进入睡眠方式,然后开始测试被测样品的能耗,测试时间应不小于 10 min。

J.4 单位时间能耗值计算方法

单位时间能耗值=测量的能耗/测量的持续时间

单位时间能耗值用 W 表示,精确到 0.1 W。

ICS 35.060
Y 54

中华人民共和国国家标准

GB/T 22372—2008

单色黑白激光打印机测试版

Test chart for laser printer

2008-09-01 发布 2009-02-01 实施

中华人民共和国国家质量监督检验检疫总局
中国国家标准化管理委员会 发布

前　言

本标准代替 JB/T 10334—2002《激光打印机测试版 A4》。

本标准与 JB/T 10334—2002《激光打印机测试版 A4》相比，主要变化如下：

——增加了漏印版、全白版、灰度版、鬼影版；

——增加了“术语和定义”一章；

——综合测试版中增加了边框线、十字线和标尺；

——消耗量测试版中，以随机分布的矩形图形替代原有测试版中的成行分布的“E”字。

本标准由中国机械工业联合会提出。

本标准由全国复印机械标准化技术委员会(SAC/TC 147)归口。

本标准的附录 A、附录 B 均为规范性附录。

本标准由北大方正集团有限公司负责起草，联想(北京)有限公司、北京莱盛高新技术有限公司、佳能(中国)有限公司、上海富士施乐有限公司、珠海天威飞马打印耗材有限公司、全国复印机械标准化技术委员会秘书处、柯尼卡美能达办公系统(武汉)有限公司参加起草。

本标准主要起草人：张建恒、麻建平、秦振山、麦洪琦、王智和、鲁俊和、仇相如、汤付根、郑西振、安博萍、袁旺进。

单色黑白激光打印机测试版

1 范围

本标准规定了单色黑白激光打印机测试版的技术要求和使用方法，并在附录中介绍了测试版使用方法和评价方法。

本标准适用于A3及A3幅面以下的单色激光打印机图像质量的测试和评价。

激光打印机测试版由7部分组成：综合版、全黑版、漏印版、全白版、灰度版、鬼影版和消耗量版。

2 规范性引用文件

下列文件中的条款通过本标准的引用而成为本标准的条款。凡是注日期的引用文件，其随后所有的修改单(不包括勘误的内容)或修订版均不适用于本标准，然而，鼓励根据本标准达成协议的各方研究是否可使用这些文件的最新版本。凡是不注日期的引用文件，其最新版本适用于本标准。

GB/T 10073—2008 静电复印品图像质量评价方法

GB/T 10992.1—2008 静电复印机 第1部分：文件复印机

JB/T 6154—1992 静电复印机显影剂消耗量测试方法

3 术语和定义

下列术语和定义适用于本标准。

3.1

综合版 comprehensive page

在打印机有效打印幅面内，由文字、图像、版名等内容构成的测试版面。用于考察打印机印品的综合效果。

3.2

全黑版 whole image exposure type page

在打印机有效打印幅面内，除相关应该存在的说明性文字信息区域以外，采用全幅图像曝光方式打印的测试版面。用于考察印品的最大打印面积及图像缺陷。

3.3

全白版 whole image non-exposure type page

在打印机有效打印幅面内，除相关应该存在的说明性文字内容信息区域以外，采用全幅图像非曝光方式打印的测试版面。用于考察打印机印品的底灰效果。

3.4

消耗量版 developer consumables page

在打印机有效打印幅面内，以固定覆盖率的文字或图形有序排列的测试版面。用于考察打印机所消耗的显影剂容量。

注：在进行国际贸易或有特殊要求时，可视情况采用ISO 19752的版及测试方法。

3.5

漏印版 the missing image or character page in printed area

在打印机有效打印幅面内，以固定、等距的网格图形构成测试版面。用于考察打印机印品未能把原文件图像全部打印出来的现象。

3.6

灰度版　halftone page

在打印机有效打印幅面内,由若干密度不同的中间色调色块组成的测试版面。用于考察打印机对不同色调色块的打印效果。

3.7

鬼影版　ghost page

在打印机有效打印幅面内,由固定图像构成的测试版面。用于考察打印机印品周期性显现印品中上部分内容在下部分显现残余影像的现象。

3.8

文字区　character area

打印机测试版中由汉字文字构成的区域。

3.9

图像区　image area

打印机测试版中由图像内容构成的区域。

3.10

版名区　edition title area

打印机测试版中用于标注测试版版面名称的区域。

3.11

记录区　register area

打印机测试版中用于记录待测机型、打印机测试环境等信息的区域。

3.12

版权区　copyright area

打印机测试版中由文字构成的用于标明打印机测试版版权所有者信息的区域。

3.13

灰度等级(层次)　gradation

图像的色调浓淡等级或反差范围。

3.14

分辨力　resolution

整个打印系统传递和打印图像细部的能力。

注:分辨力通常以每毫米内可分辨的线对数的最大值来表示。

3.15

歪斜度　deflection;skew

偏离平行或垂直的程度。

3.16

直线度　linearity

实际打印的直线偏离理论直线的程度。

3.17

对角线　diagonal

连接多边形任意两个不相邻顶点的直线。

3.18

平行度　parallel

向同一方向延伸的两条并行线之间距离相等的程度。

3.19

放大率　magnification

相对于电子文件中原稿尺寸,不同于原稿 1∶1 的打印输出印品的倍数。

3.20

扫描线性 scanning

通过激光扫描，F-θ 校正点误差的程度。

3.21

图像密度 image density

材料阻止光或其他辐射能透过的程度。

3.22

密度不均匀性 non-uniformity of image density

测试版上不同位置但具有相同光学密度的图像，经打印后所产生的光学密度不均匀程度。

3.23

底灰 fog density background

印品中无图像、文字区域的密度。

注：局部沾染除外。

3.24

定影牢固度 fixing level；fusing level

印品上图像固定的程度。

3.25

线均匀度 line uniformity

印品中无色调层次的线条宽窄的均匀度。

3.26

纵向均匀线条图 vertical and even lines

印品中与纸面输出成垂直方向的没有色调层次的均匀排列的线条图形。

3.27

横向均匀线条图 horizontal and even lines

印品中与纸面输出成水平方向的没有色调层次的均匀排列的线条图形。

3.28

有效打印区域 effective size of printed area

印品中所有激光光束扫描成像的最大区域。

3.29

圆形射线 rotundity radial line

由若干条以不同角度从圆心出发向外呈放射状的相同长度的实线线条式图形。

3.30

十字线 crossed-line

由两条相同长度且在中间点成 90°交叉的实线构成的线条式图形。

3.31

实心圆 circular solid black

具有均匀密度的一定面积的圆形黑色区域。

4 要求

4.1 基本要求

本标准规定的各测试版由《激光打印机测试版》应用程序打印生成，该应用程序存储在光盘中，在附录 A 中对测试版中图形、图像的要求有相关说明。

4.2 激光打印机测试版——综合版

4.2.1 图样及结构图

综合版(A3)的图样见图 1，其结构图见图 3。

综合版(A4)的图样见图 2,其结构图见图 4。

4.2.2 效果图

综合版的效果图(图 3、图 4 中标号为 A、B 的图形)为 2 个圆形射线图。射线长 50 mm,线间转角为 5°,外圆包络一直径 50 mm 圆环构成。A 图形内射线均为 1 200 dpi 单点线,B 图形内射线均为 600 dpi 单点线。

4.2.3 灰度等级(层次)

综合版的灰度等级(图 3、图 4 中标号为 C 的图形)分为 16 级,由 8 位二进制编码组成,按水平方向由左至右排列。

第 1 级最低为 6.25%,每级灰度差为 6.25%,第 16 级为 100%。

4.2.4 实心圆

综合版的实心圆(图 3、图 4 中标号为 D 的图形)直径为 8 mm,分布在版面上、中、下固定位置共 6 处。

4.2.5 分辨力图

综合版的分辨力图(图 3、图 4 中标号为 E 的图形)分布在版面上、中、下固定位置共 5 处,每处由 2 行 5 列共 10 组不同空间频率的、长度为 5 mm 的线条构成,第一行为纵向线条,第 2 行为横向线条,参数见表 1。

表 1 分辨力对照表

分辨率	分辨力				
	第 1 列	第 2 列	第 3 列	第 4 列	第 5 列
1 200 dpi	24 线对/mm	12 线对/mm	8 线对/mm	6 线对/mm	4 线对/mm
600 dpi	12 线对/mm	6 线对/mm	4 线对/mm	3 线对/mm	2 线对/mm

注 1:表中列的顺序为由左至右排列。

注 2:当分别用打印质量为 1 200 dpi 或 600 dpi 打印时,在第 3 列看到的线条图样空间频率分别是每毫米 8 线对或 4 线对。

4.2.6 精度测试区

4.2.6.1 歪斜度

图 3、图 4 中标号为 F 的线段,由边框纵向线段构成。

4.2.6.2 直线度

图 3、图 4 中标号为 F、G 的线段,由边框纵向、横向线段构成。

4.2.6.3 对角线

图 3、图 4 中标号为 F、G 的线段组成的矩形的对角长度。

4.2.6.4 平行度

图 3、图 4 中标号为 F、G 的线段,由纵向、横向边框线构成。

4.2.6.5 对齐度

图 3、图 4 中标号为 P 的区域,由十字线构成。

4.2.6.6 放大率

图 3、图 4 中标号为 J、K 的区域,由最小刻度值为 0.5 mm 的标尺线构成。

4.2.6.7 扫描线性

图 3、图 4 中标号为 K 的标尺线,由最小刻度值为 0.5 mm 的标尺线构成。

4.2.7 质量测试区

4.2.7.1 图像密度

图 2、图 6 中标号为 D 区域,由中心位置的 2 个直径 Φ8 mm 的实心圆构成。

4.2.7.2 密度不均匀性

图 3、图 4 中标号为 D 区域，由全部的 6 个直径 Φ8 mm 的实心圆构成。

4.2.7.3 定影牢固度

图 3、图 4 中标号为 D 的图形，由图中间 2 个 Φ8 mm 的实心圆构成。

4.2.7.4 线均匀度

图 3、图 4 中标号为 F、G 的区域，由 2 组平行线构成。

4.2.7.5 文字区

图 3、图 4 中标号为 L 的区域，由宋体、黑体、仿宋体、楷体 4 种字体的汉字构成，字体大小分别为 1 号字～8 号字。

4.2.7.6 图像区

图 3、图 4 中标号为 M 的区域，由一幅 110 mm×85 mm（A3 版）、70 mm×85 mm（A4 版）的图像构成。

4.2.7.7 纵向均匀线条图

图 3、图 4 中标号为 H 的区域，由长度为 10 mm（A3 版）或 7 mm（A4 版），空间频率为 3 线对/mm 的线条排列构成。

4.2.7.8 横向均匀线条图

图 3、图 4 中标号为 I 的区域，由长度为 10 mm（A3 版）或 7 mm（A4 版），空间频率为 3 线对/mm 的线条排列构成。

4.2.7.9 瑕疵

图 3、图 4 中总面积内全部区域。

4.2.8 其他区

4.2.8.1 版名区

图 3、图 4 中标号为 A1 的区域，字体规格见表 2。

图 3、图 4 中标号为 A2 的区域，字体规格见表 2。

4.2.8.2 记录区

图 3、图 4 中标号为 N 的区域，字体规格见表 2。

4.2.8.3 版权区

图 3、图 4 中标号为 O 的区域，字体规格见表 2。

4.3 激光打印机测试版——全黑版

4.3.1 图样及结构图

A3 幅面的图样见图 5，其结构见图 7。

A4 幅面的图样见图 6，其结构见图 7。

该版除版名区、记录区、版权区外，有效打印区全部曝光，形成全黑版面。

4.3.2 版名区

图 7 中标号为 A1、A2 的区域，字体规格见表 2。

4.3.3 记录区

图 7 中图标为 B 的区域，字体规格见表 2。

4.3.4 版权区

图 7 中标号为 C 的区域，字体规格见表 2。

4.4 激光打印机测试版——漏印版

4.4.1 图样及结构图

A3 幅面的图样见图 8，其结构图见图 10。

A4 幅面的图样见图 9，其结构图见图 10。

由纵向、横向间距1 mm的600 dpi的单点线和纵向、横向间隔10 mm的600 dpi的3点线布满有效打印幅面。

4.4.2 版名区

图10中标号为A1、A2的区域,字体规格见表2。

4.4.3 记录区

图10中标号为B的区域,字体规格见表2。

4.4.4 版权区

图10中标号为C的区域,字体规格见表2。

4.5 激光打印机测试版——全白版

4.5.1 图样及结构图

A3幅面的图样见图11,其结构见图13。

A4幅面的图样见图12,其结构见图13。

图13中标号为D的5个区域为测量区。

4.5.2 版名区

图13中标号为A1、A2的区域,字体规格见表2。

4.5.3 记录区

图13中标号为B的区域,字体规格见表2。

4.5.4 版权区

图13中标号为C的区域,字体规格见表2。

4.6 激光打印机测试版——灰度版

4.6.1 图样及结构图

A3幅面的图样见图14,其结构见图16。

A4幅面的图样见图15,其结构见图16。

图16中标号为D的区域中,取灰度值为15%和30%的灰度条相邻排列,其中的圆圈内为测量区,15%和30%灰度值各5个测量区,下方标识出各栏的灰度百分比数值。

4.6.2 版名区

图16中标号为A1、A2的区域,字体规格见表2。

4.6.3 记录区

图16中图标为B的区域,字体规格见表2。

4.6.4 版权区

图16中标号为C的区域,字体规格见表2。

4.7 激光打印机测试版——鬼影版

4.7.1 图样及结构图

A3幅面的图样见图17,其结构见图19。

A4幅面的图样见图18,其结构见图19。

图19中标号为D的区域中,第1行各栏为字母Q;第2行各栏为不同的灰度级;第3行各栏标识出第2行各栏内的灰度百分比数值。

4.7.2 版名区

图19中标号为A1、A2的区域,字体规格见表2。

4.7.3 记录区

图19中图标为B的区域,字体规格见表2。

4.7.4 版权区

图19中标号为C的区域,字体规格见表2。

4.8 激光打印机测试版——消耗量版

4.8.1 图样及结构图

消耗量版仅有 A4 幅面版。

消耗量版图样见图 20，其结构图见图 21。

消耗量版的图形覆盖率为 5%（误差率<±0.7%）。

在 A4 有效打印范围（210 mm×297 mm）内，随机分布 320 个 3.5 mm×2.5 mm、100%密度的矩形图形，其面积总和构成有效打印面积的 5%（误差率<±0.7%）的覆盖率。

4.8.2 版名区

图 21 中标号为 A1、A2 的区域，字体规格见表 2。

4.8.3 记录区

图 21 中标号为 B 的区域，字体规格见表 2。

4.8.4 版权区

图 21 中标号为 C 的区域，字体规格见表 2。

表 2 各版及各区的字体规格

测试版	幅面	版名区(A)		版权区(C)		记录区(B)
		A1	A2	首行	次行	
综合版	A3 A4	1 号宋体	2 号宋体	2 号黑体	小 3 号黑体	5 号宋体
全黑版						
漏印版						
全白版						
鬼影版						
消耗量版	A4					
灰度版	A3	1 号宋体	2 号宋体	2 号黑体	小 3 号黑体	
	A4	小 3 号宋体	小 3 号宋体	小 3 号黑体	小 4 号黑体	

5 使用方法、环境要求、印品制作方法及结果测量

5.1 使用方法

激光打印机测试版的安装及使用见光盘使用说明文件。

5.2 环境条件要求

温度：10 ℃～33 ℃，相对湿度：30%RH～80%RH。

5.3 印品制作方法

5.3.1 综合版、全黑板、漏印版、全白版、灰度版、鬼影版印品制作方法

在打印机及粉盒进入正常使用状态后，使用内置纸盒，A3 打印机制作 A3 样张，A4 打印机制作 A4 样张。

5.3.2 消耗量版印品制作方法

打印机进入正常状态后，使用未拆封的粉盒，拆封后进行连续打印。

A3 打印机制作 A4 样张，A4 打印机制作 A4 样张。

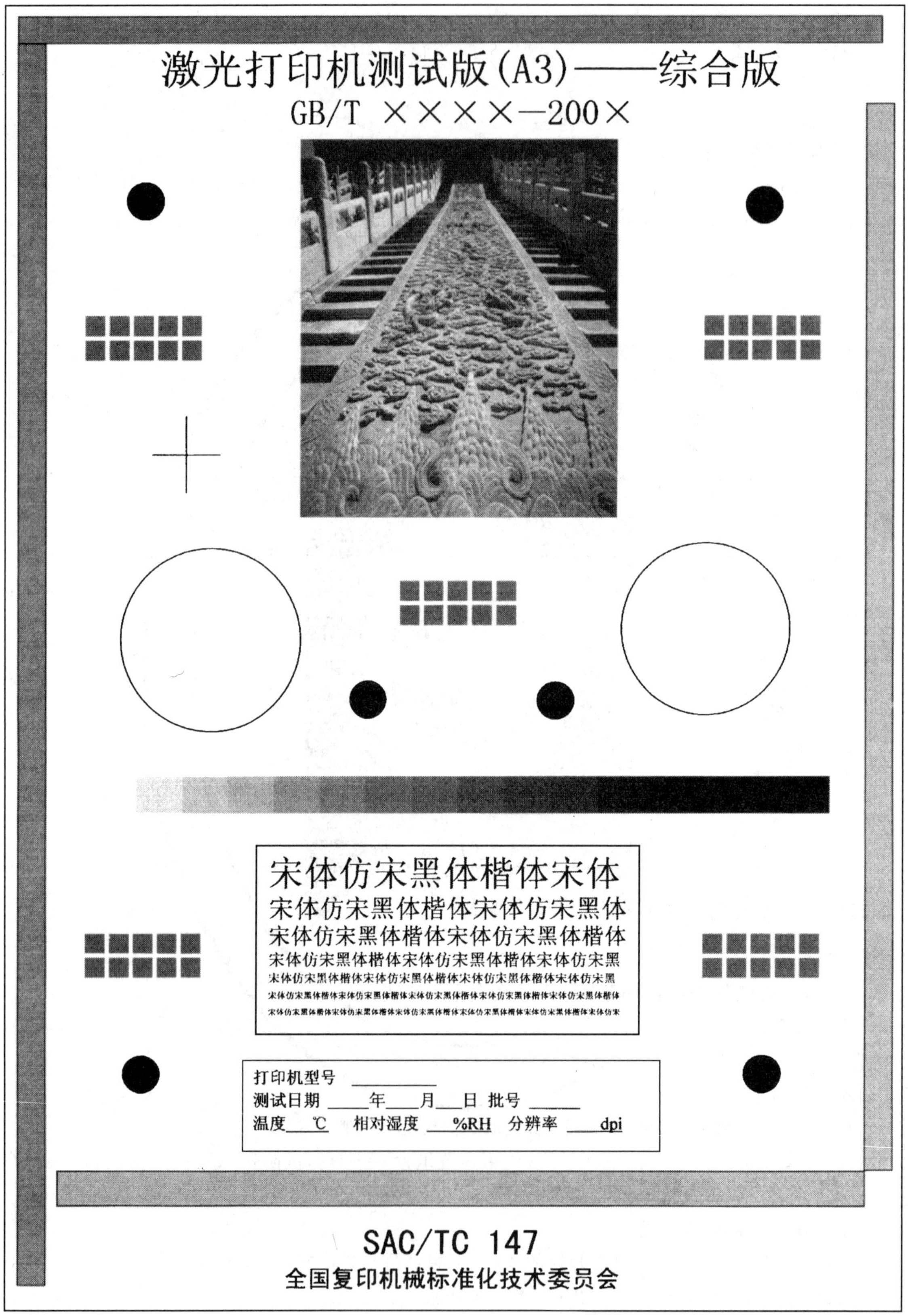

图 1 激光打印机测试版(A3)——综合测试版图样

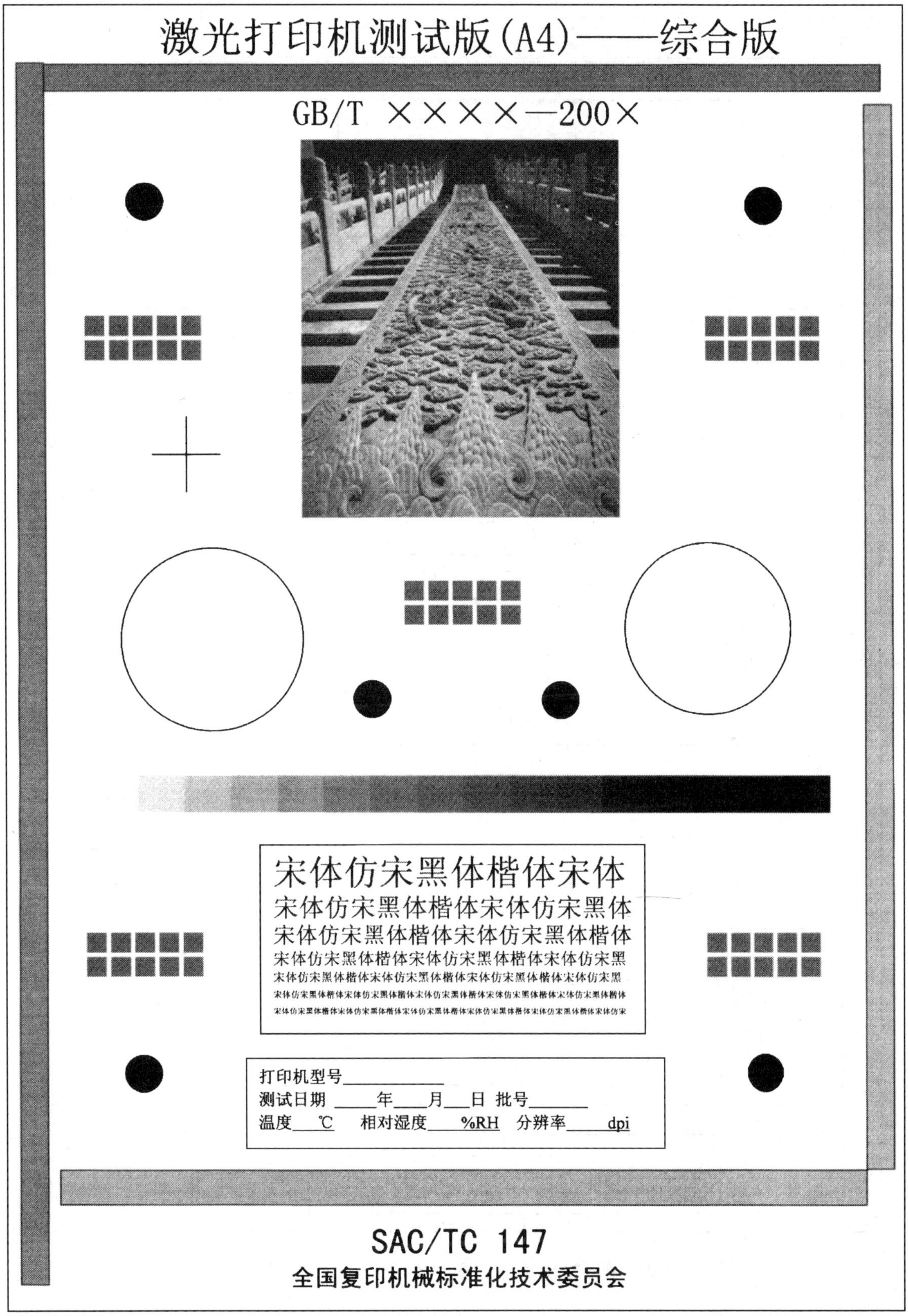

图 2 激光打印机测试版(A4)——综合测试版图样

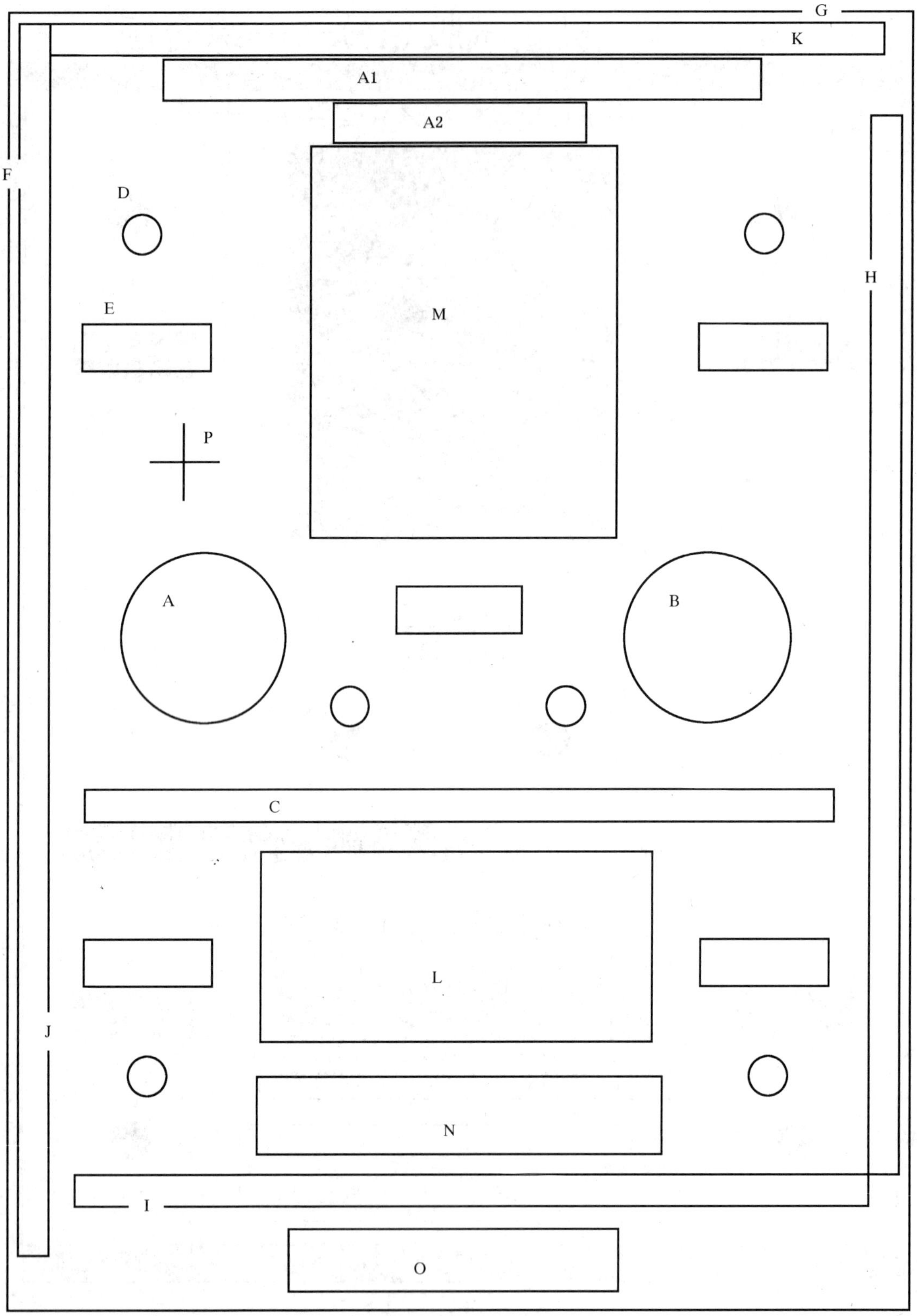

图 3　激光打印机测试版(A3)——综合版结构图

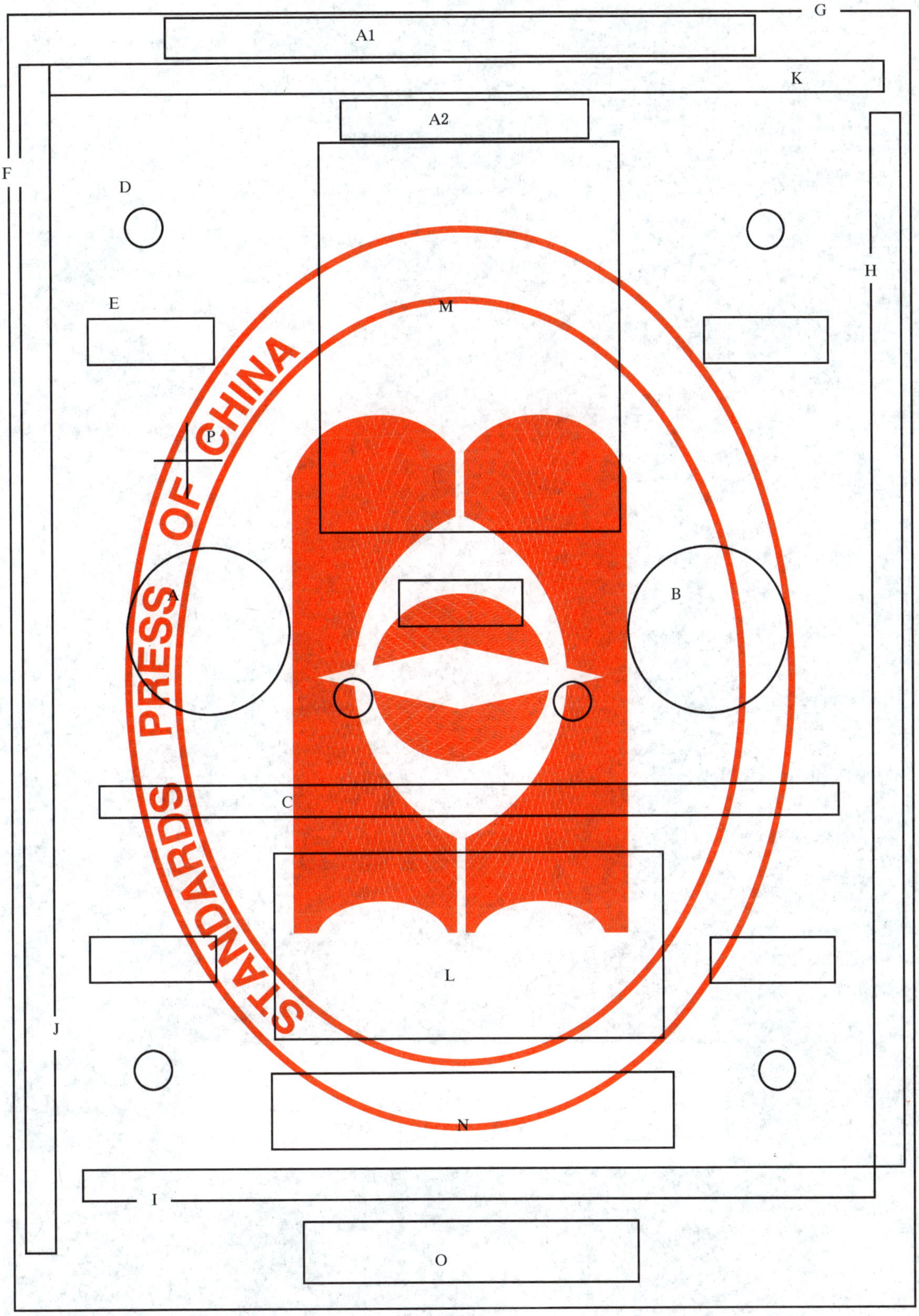

图 4　激光打印机测试版(A4)——综合版结构图

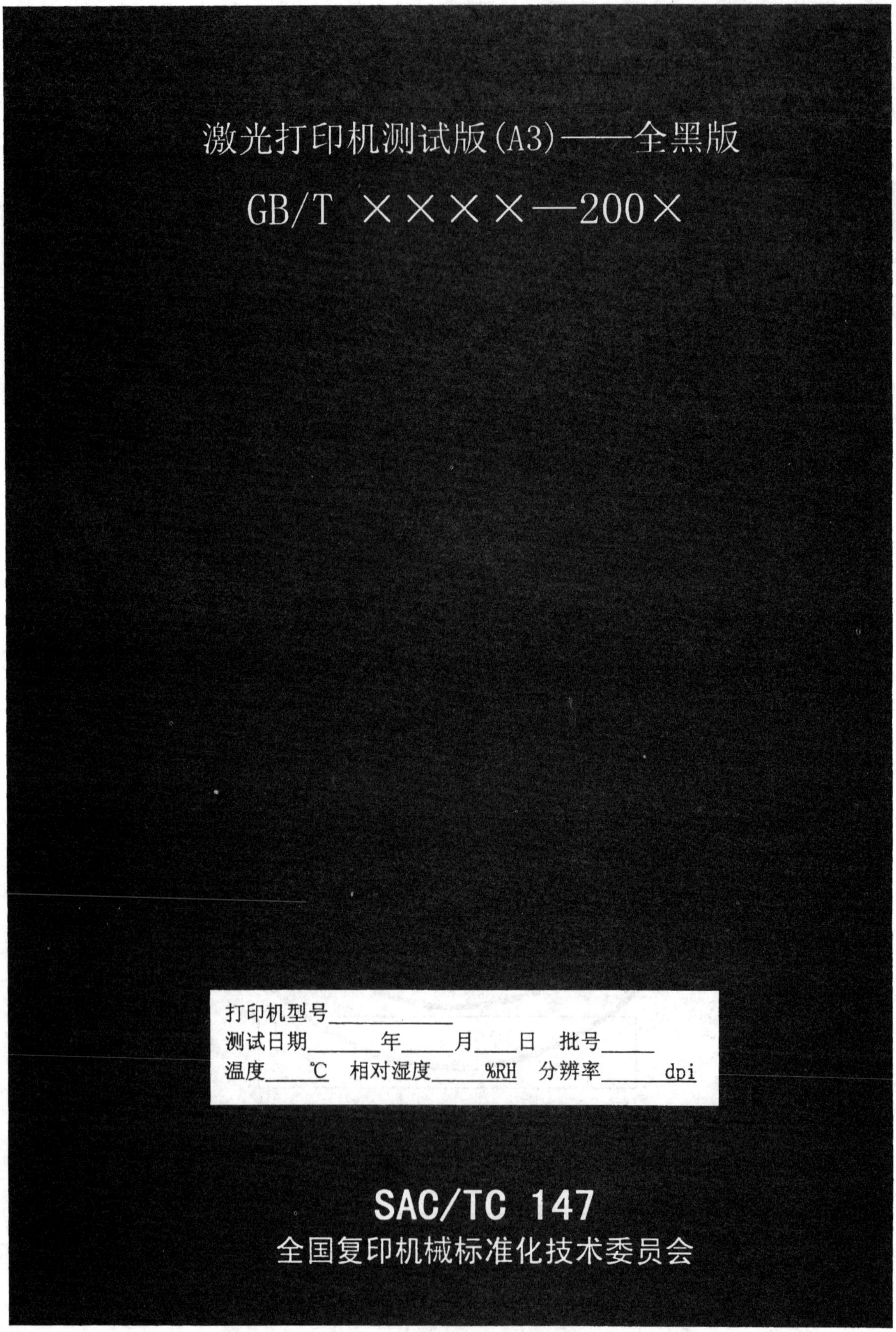
激光打印机测试版(A3)——全黑版

GB/T ××××—200×

打印机型号__________

测试日期_____年____月____日　批号____

温度____℃　相对湿度____%RH　分辨率____dpi

SAC/TC 147

全国复印机械标准化技术委员会

图 5　激光打印机测试版(A3)——全黑版图样

图 6 激光打印机测试版(A4)——全黑版图样

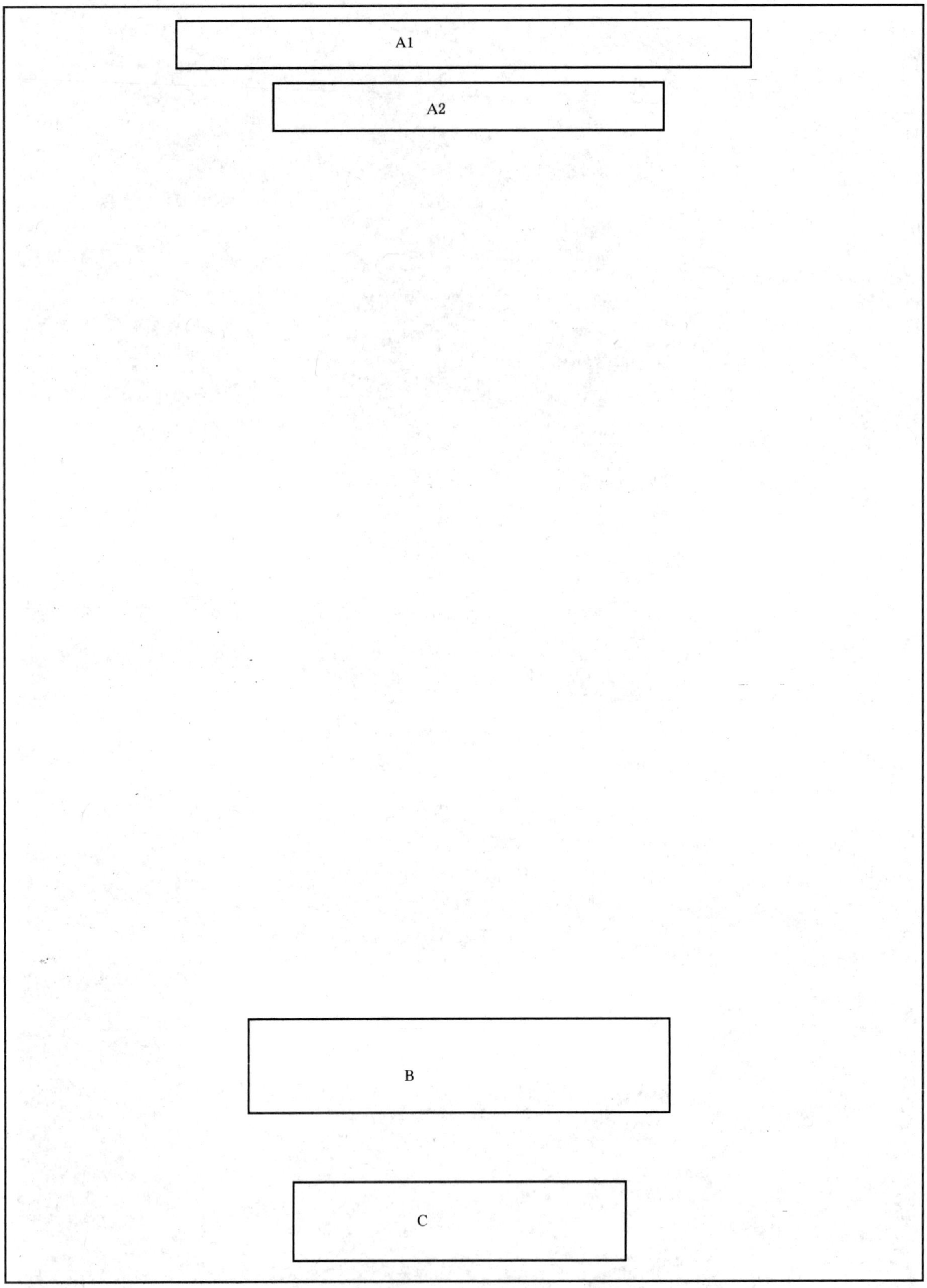

A1、A2——版名区；B——记录区；C——版权区。

图 7　激光打印机测试版(A3、A4)——全黑版结构图

图 8 激光打印机测试版(A3)——漏印版图样

图 9 激光打印机测试版(A4)——漏印版图样

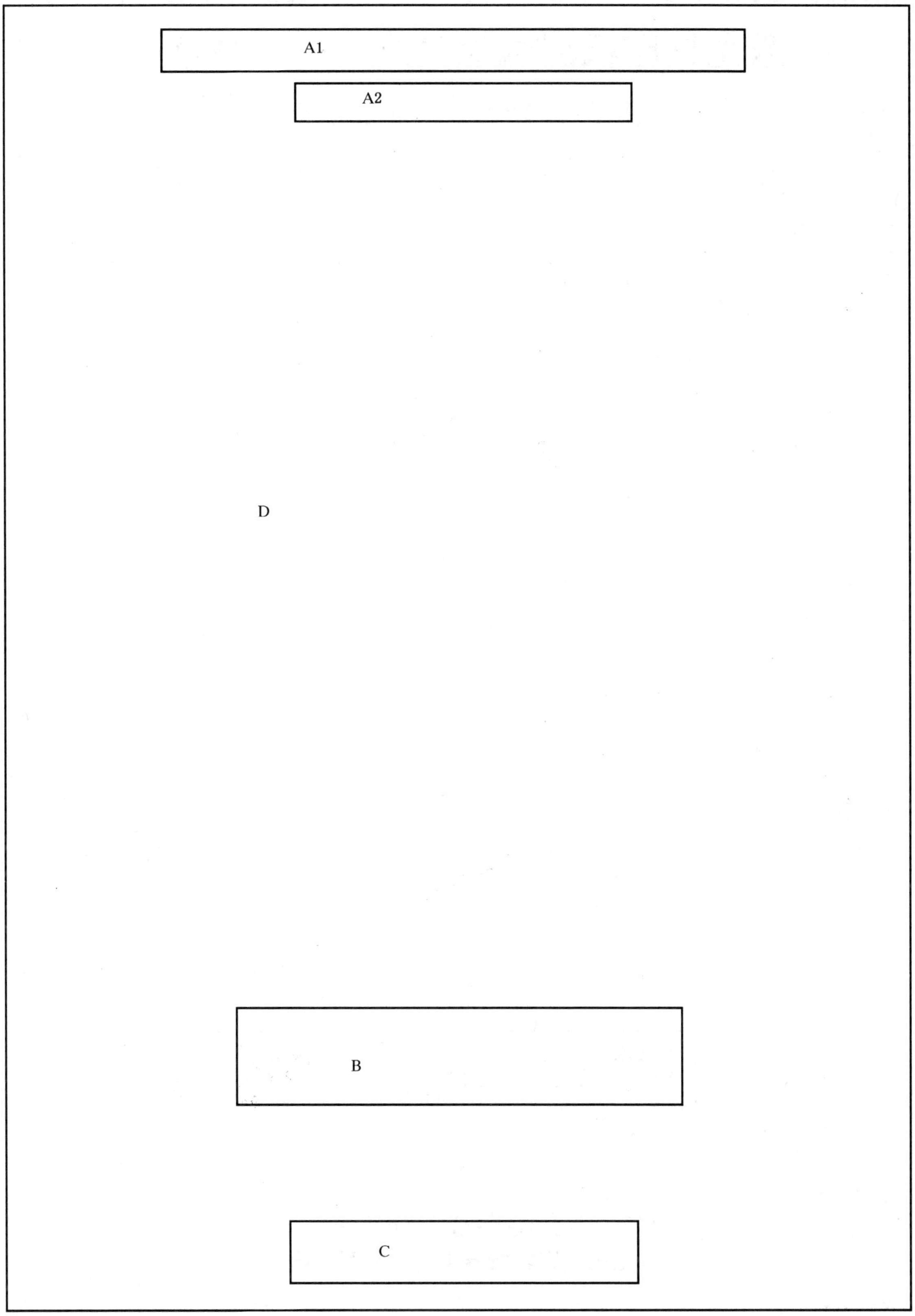

A1、A2——版名区；B——记录区；C——版权区；D——图形及测量区。

图 10 激光打印机测试版——漏印版结构图

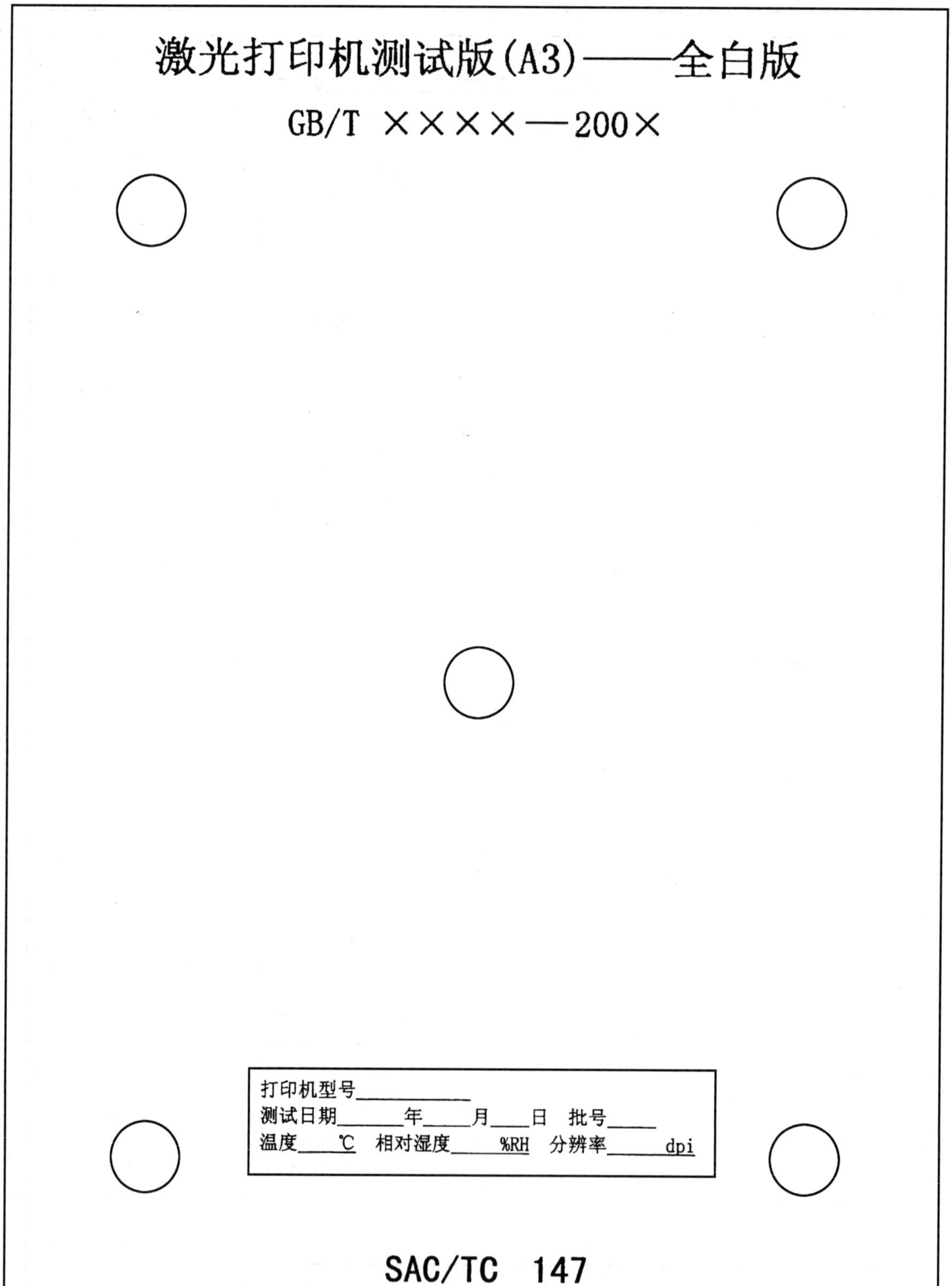

图 11 激光打印机测试版(A3)——全白版图样

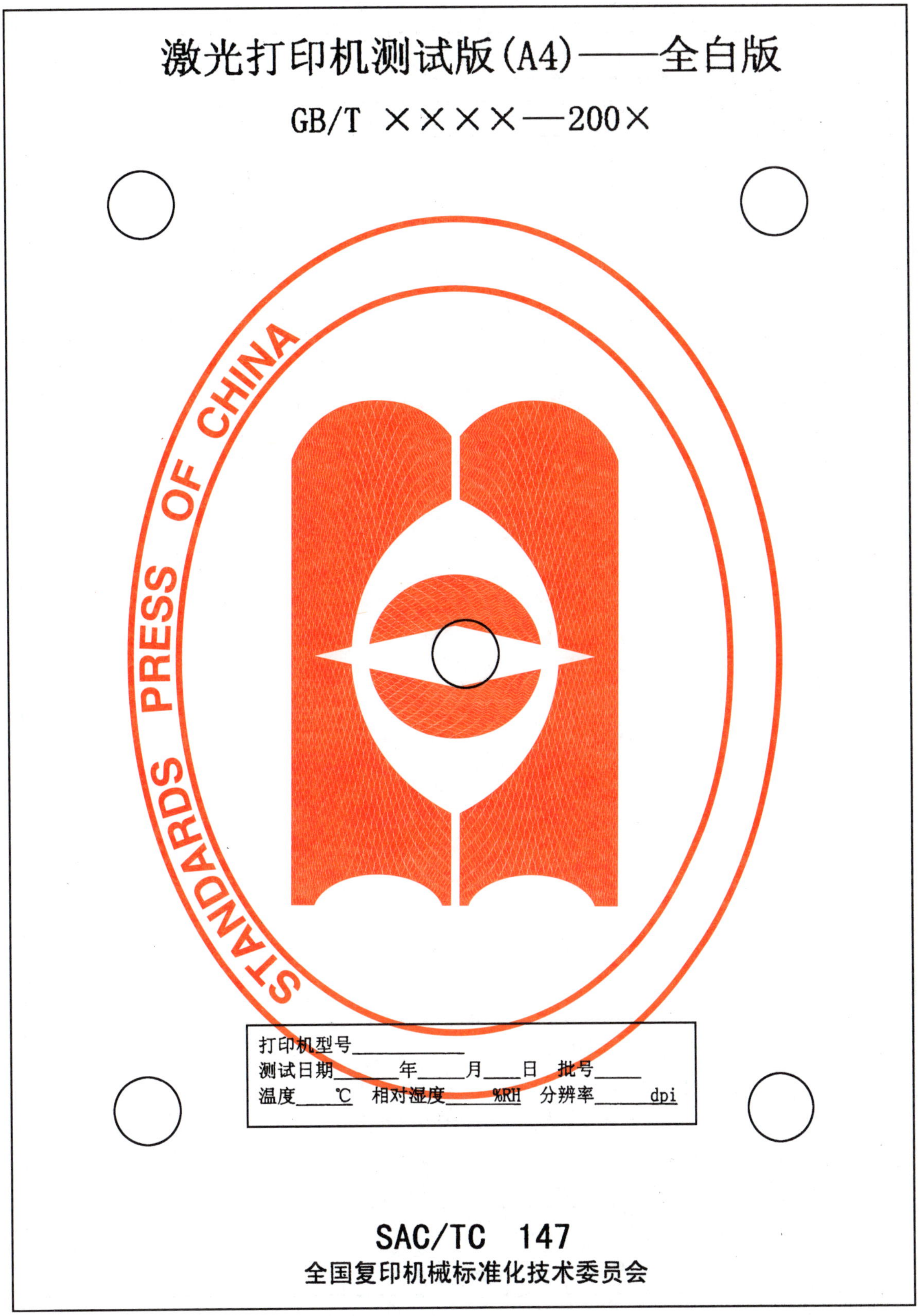
激光打印机测试版(A4)——全白版

GB/T ××××—200×

打印机型号________

测试日期______年_____月____日 批号_____

温度____℃ 相对湿度______%RH 分辨率______dpi

SAC/TC 147

全国复印机械标准化技术委员会

图 12 激光打印机测试版(A4)——全白版图样

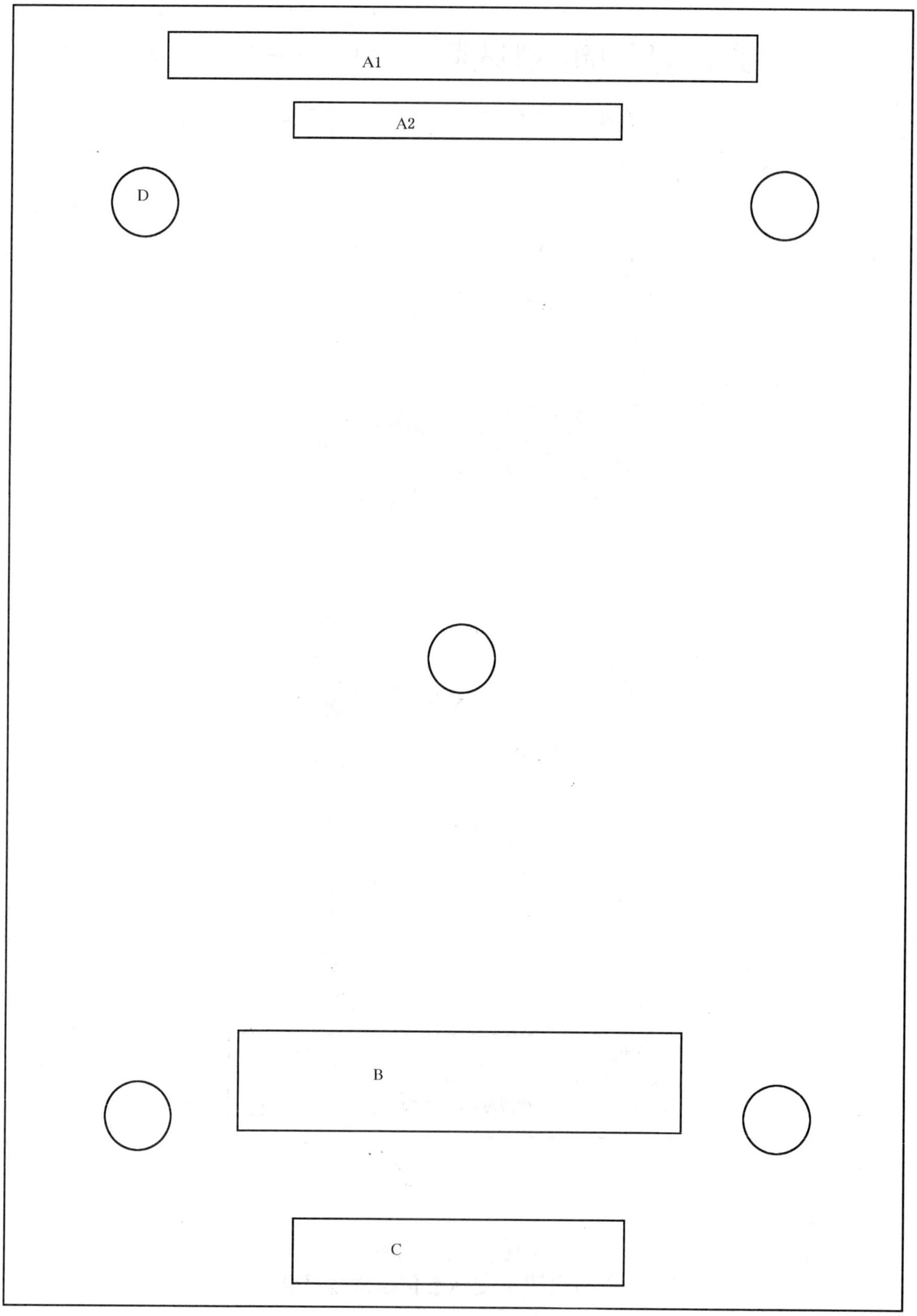

A1、A2——版名区；B——记录区；C——版权区；D——测量区。

图 13　激光打印机测试版——全白版结构图

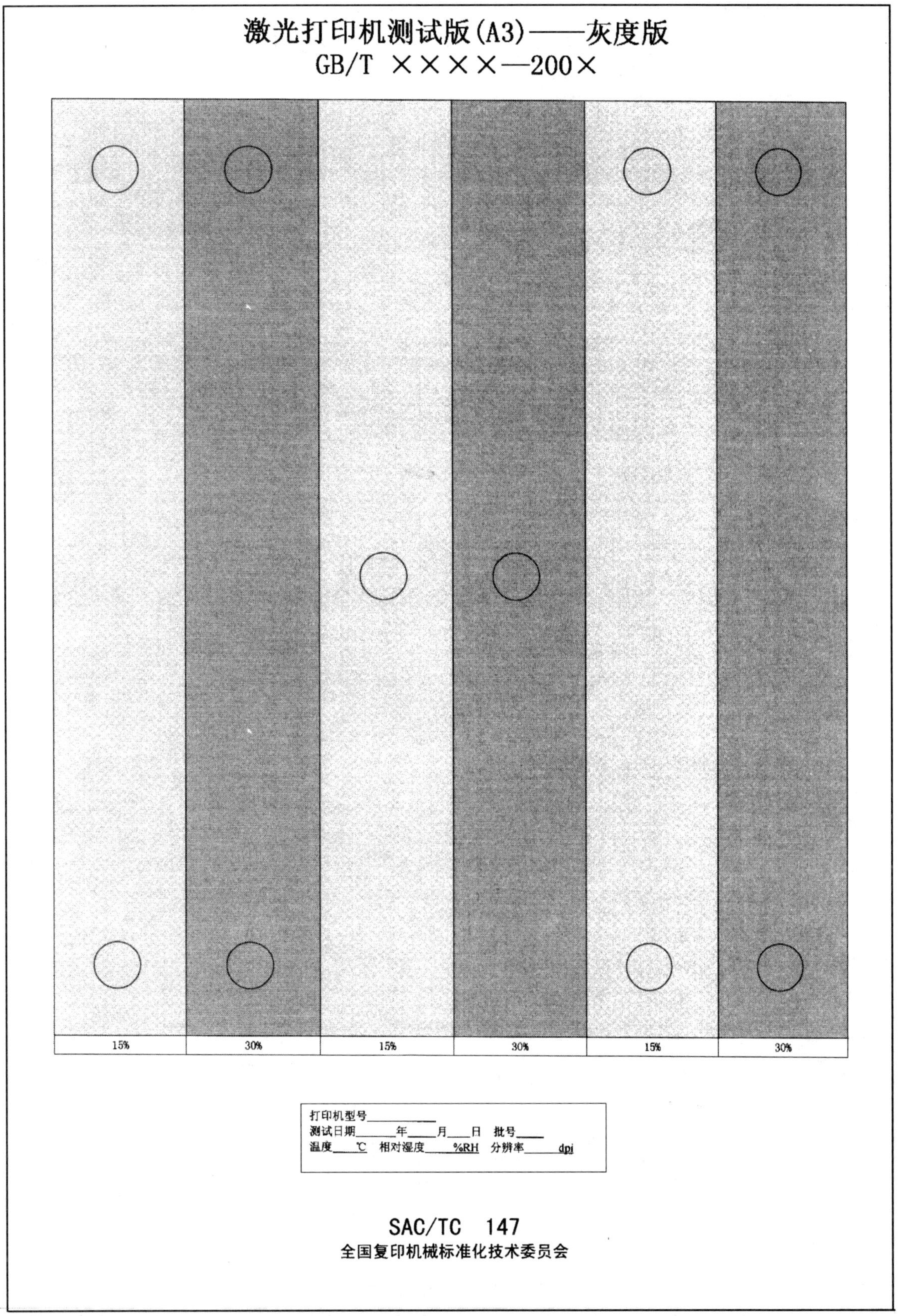

图 14 激光打印机测试版(A3)——灰度版图样

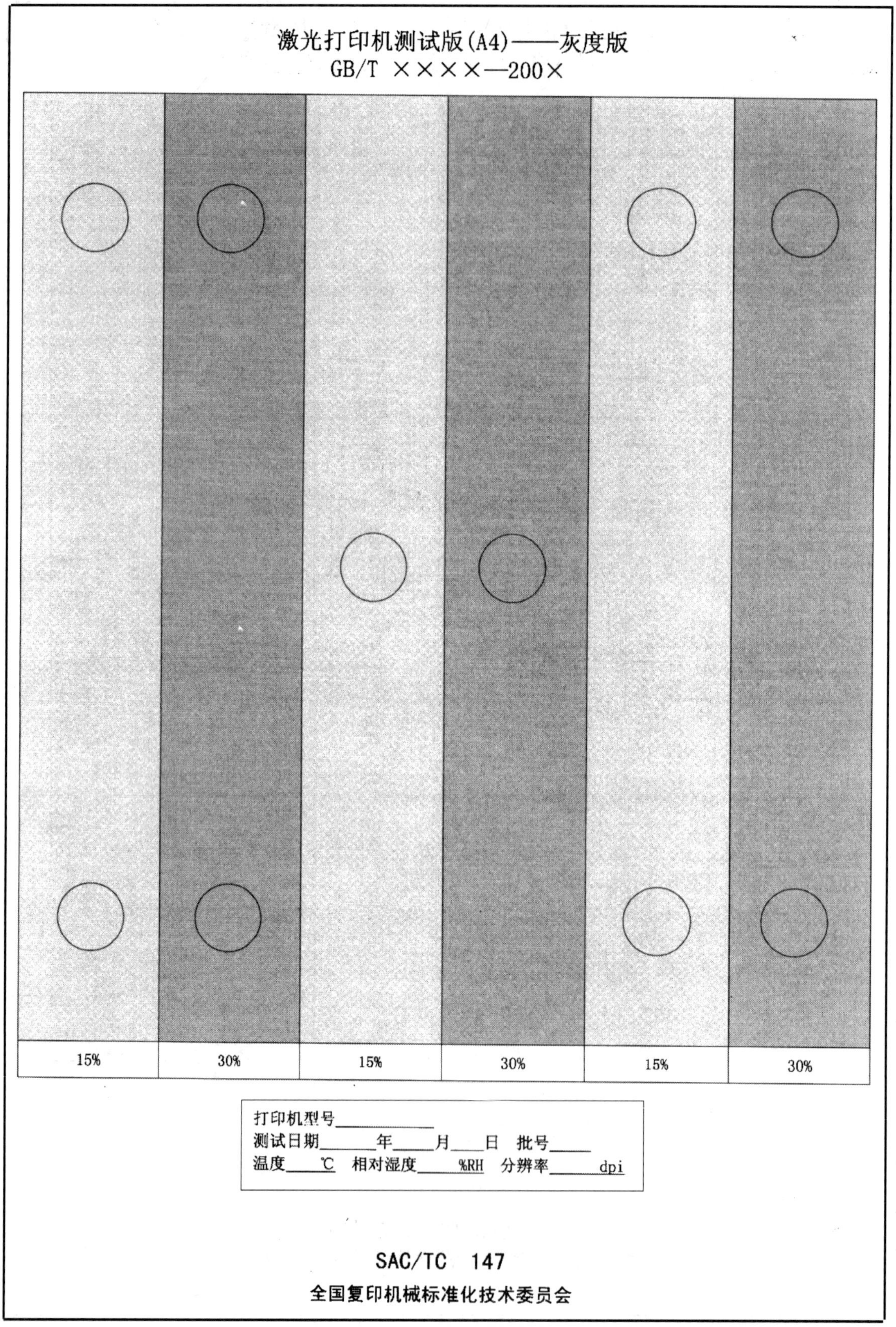

图 15 激光打印机测试版(A4)——灰度版图样

A1、A2——版名区；B——记录区；C——版权区；D——图形及测量区。

图 16　激光打印机测试版——灰度版结构图

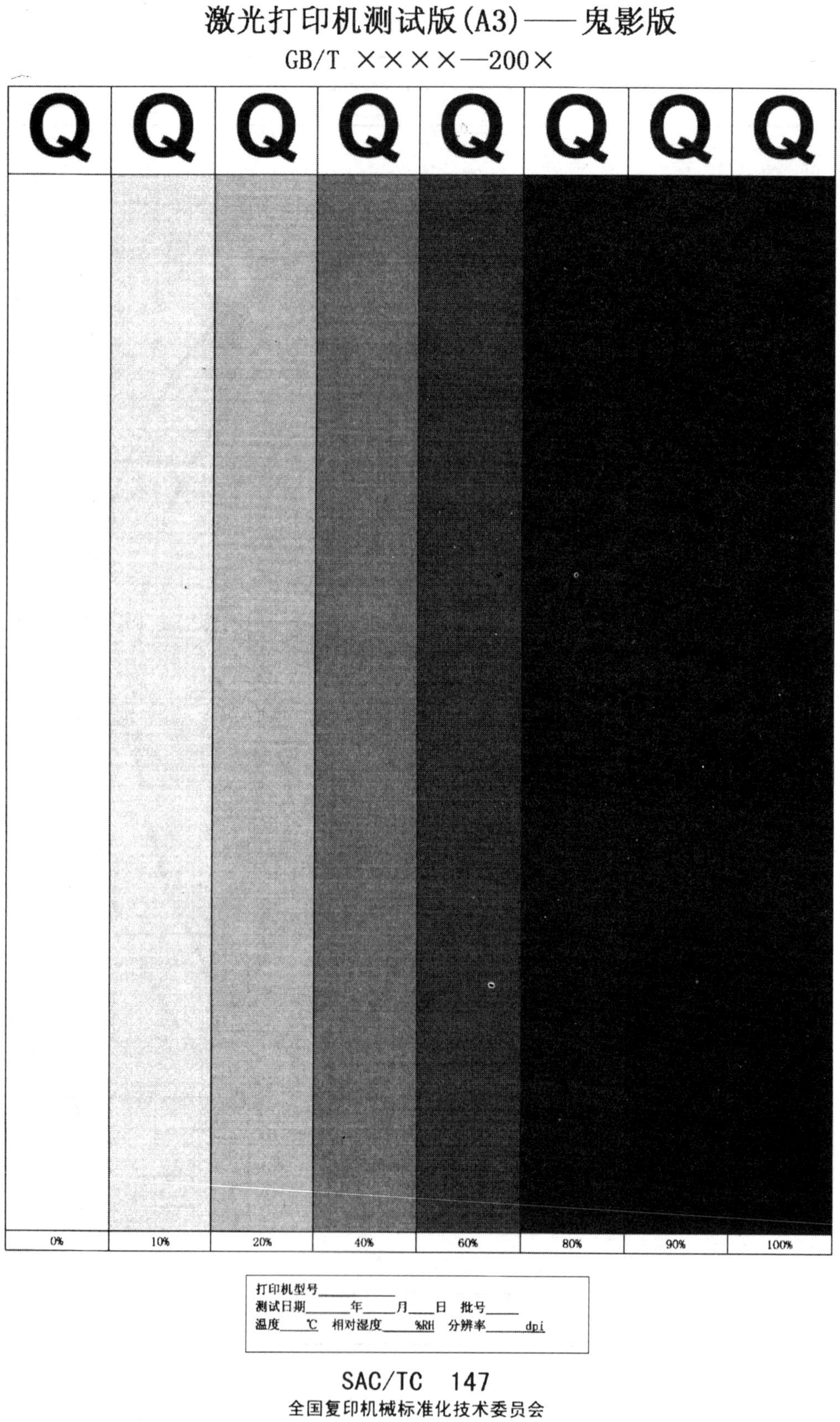

图 17 激光打印机测试版(A3)——鬼影版图样

激光打印机测试版(A4)——鬼影版

GB/T ××××—200×

打印机型号__________

测试日期______年_____月____日 批号_____

温度_____℃ 相对湿度______%RH 分辨率______dpi

SAC/TC 147

全国复印机械标准化技术委员会

图 18 激光打印机测试版(A4)——鬼影版图样

图 19　激光打印机测试版——鬼影版结构图

图 20 激光打印机测试版——消耗量版图样

A1、A2——版名区；B——记录区；C——版权区。

图 21　激光打印机测试版——消耗量版结构图

附 录 A
（规范性附录）
测试版相关要素尺寸

A.1 A3综合版制作说明

A.1.1 概述

边框为 285 mm×408 mm。纸边距 6 mm。结构图的尺寸凡只标明中心距的，均居中。

A.1.2 详细说明

A：射线圆圈

1 200 dpi 的单点线。直径 50 mm 圆圈；内部 50 mm 射线，线间转角 5°，共 36 条。位置居中对称。

B：射线圆圈

600 dpi 的单点线。直径 50 mm 圆圈；内部 50 mm 射线，线间转角 5°，共 36 条。中心位置见结构图。

C：16 级灰度等级

区域尺寸：230 mm×10 mm。将图形文件（灰度级.JPGE）调整到该尺寸。

D：实心圆

Φ8 mm 共 6 个。周边 4 个居中对称，位置见结构图。

E：分辨力图

左、中、右共 5 处。每处由 2 行 5 列共 10 组不同空间的、长度为 5 mm，排列宽度为 5 mm 的线条（上一排为纵向条纹，下一排为横向条纹）组成，每 5 mm×5 mm 的条纹块间距 1 mm。详细参数见表 1。周边 4 个居中对称，位置见结构图。

F、G：边框线

为纵、横 2 组构成的边框线（交点不出头），1 200 dpi 双点线。中心位置见结构图。

H、I：均匀线条图

由长度为 10 mm，空间频率为 3 线对/mm 的线条组成。

H 总长度 350 mm，I 总长度为 250 mm。

中心位置见结构图。

J、K：标尺线

标尺左上角结构：

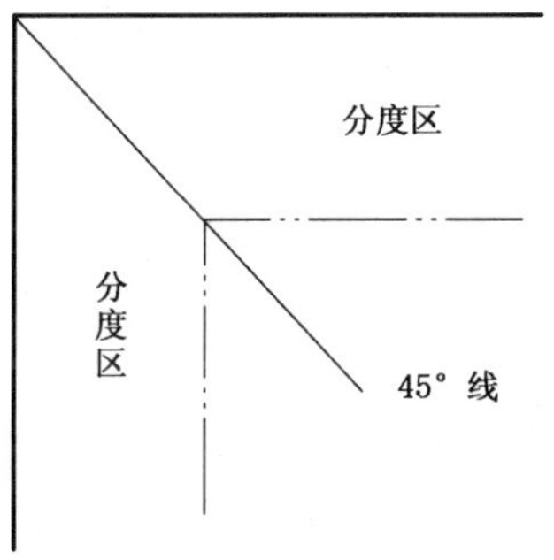

各分度线长度：0.5 mm 线长 3 mm；1 mm 线长 5 mm；5 mm 线长 7 mm；10mm 线长 10 mm。角点45°线长 20 mm。所有线为 1 200 dpi 双点线。

标尺长度：K 尺总长 275 mm；J 尺总长 395 mm。

L:文字区

区域尺寸:105 mm×50mm

文字内容:“宋体仿宋黑体楷体”依次排序,充满当前行。

字体:“宋体”为宋体;“仿宋”为仿宋体;“黑体”为黑体;“楷体”为楷体。

字号及行距:第1行向下依次为1号(26磅);2号(26磅);3号(18磅);4号(16磅);5号(13磅);6号(10磅);7号(10磅);8号(10磅)。

位置坐标见结构图。

M:图像区

区域尺寸:110 mm×85 mm

图形文件:图1.JPGE,将其调整到规定尺寸。

格式:居中

位置坐标见结构图。

N:记录区

区域尺寸:90 mm×20 mm

文字内容:第1行:“打印机型号”,下划线长20字节;

第2行:“测试日期”,“年”,下划线长6字节,“月”,下划线长4字节,“日”,下划线长4字节,空2字节,“批号”,下划线长6字节。

第3行:“温度”,下划线长4字节,“℃”,空2字节,“相对湿度”,下划线长4字节,“%”,空2字节,“分辨率”,下划线长6字节,“dpi”。

字体:5号;行距:14磅;格式:左对齐。

位置坐标见结构图。

O版权区

区域尺寸:78 mm×20 mm

文字内容

第1行:“SAC/TC 147”;

字体:黑体;字号:2号;行距:20磅;格式:居中。

第2行:“全国复印机械标准化技术委员会”

字体:黑体;字号:3号;行距:20磅;格式:居中。

位置坐标见结构图。

P:对齐度测试坐标

1 200 dpi双点交叉线,线长10 mm。

位置坐标见结构图。

A:版名区

A1:区域尺寸:140 mm×13 mm

文字内容:“激光打印机测试版(A3)——综合版”

字体:宋体;字号:1号;格式:居中。

位置坐标见结构图。

A2:区域尺寸:85 mm×10 mm

文字内容:“GB/T ××××—200×”

字体:宋体;字号:1号;格式:居中。

位置坐标见结构图。

A.2　A4 综合版制作说明

A.2.1　概述

边框为 198 mm×285 mm。纸边距 6 mm。结构图的尺寸凡只标明中心距的，均居中。

A.2.2　详细说明

A：射线圆圈

1 200 dpi 的单点线。直径 40 mm 圆圈；内部 40 mm 射线，线间转角 5°，共 36 条。

中心位置见结构图尺寸。

B：射线圆圈

600 dpi 的单点线。直径 40 mm 圆圈；内部 40 mm 射线，线间转角 5°，共 36 条。

中心位置见结构图。

C：16 级灰度等级

160 mm×7 mm，将图形文件(灰度级.JPGE)调整到该尺寸。

D：实心圆

Φ8 mm，左、中、右共 6 个，左、右 4 个居中对称。

中心位置见结构图。

E：分辨力图

左、中、右共 5 处。每处由 2 行 5 列共 10 组不同空间的、长度为 4 mm，排列宽度为 4 mm 的线条(上一排为纵向条纹，下一排为横向条纹)组成，每 4 mm×4 mm 的条纹块间距 1 mm，详细参数见表 1。

中心位置见结构图。

F、G：边框线

为纵、横 2 组构成的边框线(交点不出头，边距 6 mm)，1 200 dpi 双点线。

中心位置见结构图。

H、I：均匀线条图

由长度为 7 mm，空间频率为 3 线对/mm 的线条组成。

H 总长度 230 mm，I 总长度为 175 mm。

中心位置见结构图。

J、K：标尺线

标尺左上角结构：

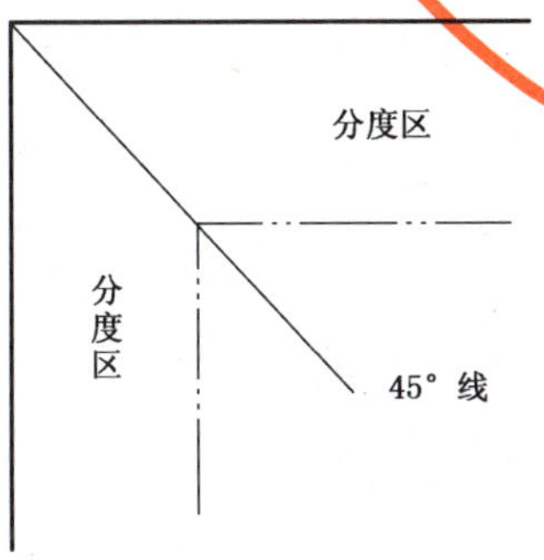

各分度线长度：0.5 mm 线长 3 mm；1 mm 线长 5 mm；5 mm 线长 7 mm；10 mm 线长 10 mm。角点 45°线长 15 mm。所有线为 1 200 dpi 双点线。

标尺长度：K 尺总长 190 mm；J 尺总长 260 mm。

L：文字区

区域尺寸:82 mm×38 mm

文字内容:“宋体仿宋黑体楷体”依次排序,充满当前行。

字体:“宋体”为宋体;“仿宋”为仿宋体;“黑体”为黑体;“楷体”为楷体。

字号及行距:2 号(26 磅);3 号(18 磅);4 号(16 磅);5 号(13 磅);6 号(10 磅);7 号(10 磅);8 号(10 磅);格式:两端对齐。

位置坐标见结构图。

M:图像区

区域尺寸:70 mm×80 mm

图形文件:将图 1.JPGE 调整到该尺寸即可。

位置坐标见结构图。

N:记录区

区域尺寸: 90 mm×20 mm

文字内容

第 1 行:“打印机型号”,下划线长 20 字节;

第 2 行:“测试日期”,“年”,下划线长 6 字节;“月”,下划线长 4 字节,“日”,下划线长 4 字节,空 2 字节,“批号”,下划线长 6 字节。

第 3 行:“温度”,下划线长 4 字节,“℃”,空 2 字节,“相对湿度”,下划线长 4 字节,“%”,空 2 字节,“分辨率”,下划线长 6 字节,“dpi”。

字体:5 号;行距:14 磅;格式:左对齐。

位置坐标见结构图。

O:版权区

区域尺寸:78 mm×15 mm

文字内容

第 1 行:“SAC/TC 147”;

字体:黑体;字号:2 号;行距:20 磅。

第 2 行:“全国复印机械标准化技术委员会”

字体:黑体;字号:小 3 号;行距:20 磅;格式:居中。

位置坐标见结构图。

P:对齐度测试坐标

1 200 dpi 双点交叉线,线长 10 mm。

位置坐标见结构图。

A:版名区

A1

区域尺寸:130 mm×10 mm

文字内容:“激光打印机测试版(A4)——综合版”

字体:宋体;字号:1 号;格式:居中。

位置坐标见结构图。

A2

区域尺寸:55 mm×9 mm

文字内容:“GB/T ××××—200×”

字体:宋体;字号:1 号;格式:居中。

位置坐标见结构图。

A.3 全白版制作说明

A.3.1 版名

激光打印机测试版(A3)——全白版

激光打印机测试版(A4)——全白版

字体、字号同综合版

A.3.2 其他

版名、版权及记录区的位置、字号、字体与对应的综合版相同。

A.3.3 边框线

线型:实黑线;线径:0.5 磅

尺寸:线边距 6 mm。

即:A3:285 mm×408 mm;A4:198 mm×285 mm。

A.3.4 测试区域圆圈

线径:0.5 磅,直径:15 mm。

圆圈间距:水平:200 mm(A3),140 mm(A4),对称居中

垂直:280 mm(A3),195 mm(A4),对称居中

中心圆圈居中。

A.4 漏印版制作说明

A.4.1 幅面有效区域

A3:285 mm×408 mm,边距 6 mm。

A4:198 mm×285 mm,边距 6 mm。1 mm 格子为 600 dpi 单点线,10 mm 格子为 600 dpi 的 3 点线。

A.4.2 刻度线

1 mm 格子为 600 dpi 单点线,10 mm 格子为 600 dpi 的 3 点线。无刻度值(同坐标纸)。图中有局部示意。

A.4.3 对称情况

中心对称。

A.4.4 其他

版名:激光打印机测试版(A3)——漏印版

激光打印机测试版(A4)——漏印版

字体、字号的格式同如下全白版。

版权、记录区同如下全白版。

A.5 全黑版制作说明

A.5.1 版名

激光打印机测试版(A3)——全黑版

激光打印机测试版(A4)——全黑版

A.5.2 其他

版名、版权及记录区的位置、字号、字体与对应的全白版相同。

A.6 鬼影版制作说明

A.6.1 由1个3行8列的表格及字母Q构成，水平居中。版面参数见表A.1。

表 A.1 鬼影版字体字号行距数值表

单位为毫米

	A3	A4	备注
Q字体	ARIAL	ARIAL	加粗
Q字号	70磅	50磅	
第1行行高	25	18	
第2行行高	295	195	
第3行行高	7	7	
行宽	30	21	
表格顶至页边距	32	26	

第2行：栏内由左到右充填的灰度值依次为：0%、10%、20%、40%、60%、80%、90%、100%。

第3行：行高7 mm，栏内由左到右填写的内容为"0%"、"10%"、"20%"、"40%"、"60%"、"80%"、"90%"、"100%"。

A.6.2 其他

版名区：

第1行：

A3幅面："激光打印机测试版(A3)——鬼影版"，宋体、1号字、居中。距纸顶边距10 mm。

A4幅面："激光打印机测试版(A4)——鬼影版"，宋体、3号字、居中，行距22磅。距纸顶边距10 mm。

第2行：

A3幅面："GB/T ××××—200×"，宋体、2号字。距纸顶边距22 mm。

A4幅面："GB/T ××××—200×"，宋体、3号字、行距22磅。距纸顶边距18 mm。

记录区、版权区同全白版。

A.7 灰度版制作说明

A.7.1 由1个2行6列的表格构成，水平居中。尺寸见表A.2。

表 A.2 灰度版行高行宽数值表

单位为毫米

	A3	A4	备注
第1行行高	320	180	
第2行行高	7	7	
行宽	43	21	
表格顶至页边距	36	26	

第1行：栏内由左到右充填的灰度值依次为：15%、30%、15%、30%、15%、30%。

第2行：行高7 mm，栏内由左到右填写的内容为"15%"、"30%"、"15%"、"30%"、"15%"、"30%"。

A.7.2 其他

版名区

第1行：

A3幅面："激光打印机测试版(A3)——灰度版"，宋体、1号字(字符宽缩90%)、居中。距纸顶边距10 mm。

A4幅面："激光打印机测试版(A4)——灰度版"，宋体、3号字、居中，行距22磅。距纸顶边距10 mm。

第2行：

A3幅面："GB/T ××××—200×"，宋体、2号字。距纸顶边距22 mm。

A4幅面："GB/T ××××—200×"，宋体、3号字、行距22磅。距纸顶边距18 mm。

记录区、版权区同全白版。

A.8 消耗量版

A.8.1 版名

激光打印机测试版——消耗量版。

字体、字号同综合版。

A.8.2 其他

版名、版权及记录区的位置、字号、字体与对应的综合版相同。

在198 mm×285 mm的空间(避开含版名、版权、记录区)内，随机分布2.5 mm×3.5 mm的长方形320个，与版名、版权、记录区的文字共同形成占A4面积5%的覆盖率。

附　录　B
（规范性附录）
测试版评价方法

B.1　综合版

B.1.1　打印精度

B.1.1.1　歪斜度

A3：取G线上间距260 mm的2点，测量与对应纸边的距离的差值。

A4：取G线上间距170 mm的2点，测量与对应纸边的距离的差值。

B.1.1.2　直线度

A3：取F线上390 mm长的线段，用钢尺测量与线段接成直线的偏离值。

取G线上260 mm长的线段，用钢尺测量与线段接成直线的偏离值。

A4：取F线上260 mm长的线段，用钢尺测量与线段接成直线的偏离值。

取G线上170 mm长的线段，用钢尺测量与线段接成直线的偏离值。

B.1.1.3　对角线

A3：测量F、G构成的矩形的2对角线长度的差值。

A4：测量F、G构成的矩形的2对角线长度的差值。

B.1.1.4　平行度

A3：取F线上间隔390 mm的2点，测量平行线间距的差值。

取G线上间隔260 mm的2点，测量平行线间距的差值。

A4：取测量综合版F线上间隔260 mm的2点，测量平行线间距的差值。

取G线上间隔170 mm的2点，测量平行线间距的差值。

B.1.1.5　对齐度

取标号为P的十字线的交点，测量与纸左边、纸顶边的距离，数值见表B.1。

表B.1　对齐度数值表

幅面	左边距/mm	顶边距/mm
A3	40	140
A4	45	105

B.1.1.6　放大率

取标尺(J、K)上间隔100 mm的2组点，测量打印标尺的实际长度数值。

B.1.1.7　扫描线性

以25 mm为1单元，用游标卡尺(0.02 mm分度)测量K标尺上均匀分布的5个位置，测量实际长度数值的最大差值。

B.1.2　打印质量

B.1.2.1　图像密度

测量标号为D的中心2个实心圆的密度。

B.1.2.2　密度不均匀性

测量标号为D的6个实心圆的密度。

B.1.2.3　定影牢固度

测量中部2个实心圆的定影牢固度。

B.1.2.4 分辨力

分辨力图 E 用 15～20 倍放大镜测量线组。

B.1.2.5 灰度等级(层次)

目测标号为 C 区域的 16 级灰度的级数。当目测不可分辨时,用反射式密度计测量。

B.1.2.6 文字打印

目测检查标号为 L 区域的文字的清晰度。

B.1.2.7 图像打印

目测检查标号为 M 区域的图像的清晰度。

B.2 全黑版

B.2.1 有效打印面积

用钢尺测量全黑版图像的有效面积。

B.2.2 瑕疵

检查背景内的白点数。

B.3 漏印版

使用漏印版,用 15～20 倍放大镜观察缺陷。

B.4 全白版

B.4.1 测量指定区域的密度。

B.4.2 检查背景内的黑点数。

测量 5 个指定圆圈内的密度。

B.5 灰度版

作为综合版中 4.2.7.2 的补充测试。

测量相同密度区域内的 5 个圆圈中的密度。

B.6 鬼影版

作为打印机性能的补充测试。

在第 2 栏内各不同灰度区域内目测观察 Q 字的影子。

在灰度百分比 0%栏内,参照其他栏内影子出现的位置,测量该栏内影子应出现的位置和该栏的其他位置的密度。

B.7 消耗量版

使用消耗量版,按照 JB/T 6154—1992 的方法测量色调剂的消耗量。

参 考 文 献

[1] ISO/IEC 19752:2004 Information technology—Method for the determination of toner cartridge yield for monochromatic electrophotographic printers and multi-function devices that may contain printer components.

ICS 01.140.20
A 14

中华人民共和国国家标准

GB/T 22373—2008

标准文献元数据

Metadata of standards documents

2008-09-11 发布　　2009-01-01 实施

中华人民共和国国家质量监督检验检疫总局
中国国家标准化管理委员会　发布

前　言

本标准参考了《ISO情报网手册》(ISONET MANUAL)的技术要求,并结合我国标准管理和情报检索的特点补充了适用于国内标准文献资源建设需要的元数据而制定的。

本标准的附录A为规范性附录,附录B为资料性附录。

本标准由中国标准化研究院提出并归口。

本标准由中国标准化研究院负责起草。

本标准主要起草人:姚晓静、周洁、李菁、于立梅、杨京、余松华。

引　　言

标准文献元数据是实现标准文献数据共享的必要条件之一，是发现和获取各类标准化信息资源的有效途径。规范标准文献元数据的内容、标识、质量、状况及有关特征将有利于：

——各级标准文献数据建设单位对原始数据有效地进行管理和维护；

——用户查询和检索快速找到其所需要的标准文献；

——促进数据加工的规范化、标准化，提高标准文献数据库的建库与维护的质量；

——在更大范围内实现标准文献信息资源共享。

标准文献元数据

1 范围

本标准规定了标准文献数据集合的基本元数据，给出了标准文献核心元数据、公共元数据的定义及其表示方法。

本标准适用于各类标准文献数据集加工、整理、建库、汇编、发布和查询。

2 规范性引用文件

下列文件中的条款通过本标准的引用而成为本标准的条款。凡是注日期的引用文件，其随后所有的修改单(不包括勘误的内容)或修订版均不适用于本标准，然而，鼓励根据本标准达成协议的各方研究是否可使用这些文件的最新版本。凡是不注日期的引用文件，其最新版本适用于本标准。

GB/T 788—1999 图书和杂志开本及其幅面尺寸(neq ISO 6716:1983)

GB/T 2659 世界各国和地区名称代码(GB/T 2659—2000,eqv ISO 3166-1:1997)

GB/T 3469 文献类型与文献载体代码

GB/T 4880.1 语种名称代码 第1部分:2字母代码(GB/T 4880.1—2005,ISO 639-1:2002,MOD)

GB/T 4880.2 语种名称代码 第2部分:3字母代码(GB/T 4880.2—2000,eqv ISO 639-2:1998)

GB/T 7156 文献保密等级代码与标识

GB/T 7408 数据元和交换格式 信息交换 日期和时间表示法(GB/T 7408—2005,ISO 8601:2000,IDT)

3 术语和定义

下列术语和定义适用于本标准。

3.1

数据集 dataset

可以标识的数据集合。

注：数据集在物理上可以是更大数据集的比较小的数据组。从理论上讲，数据集可以小到更大数据集内的单个要素或要素属性。一张硬拷贝地图或图表可以被认为是一个数据集。本标准所指的数据集是指不可再细分的数据集，即能够用一个数据字典唯一描述的数据集合。

3.2

数据集系列 dataset series

同一主题的多个**数据集**的组合，都符合相同产品规范。

3.3

元数据 metadata

定义和描述其他数据的数据。

3.4

元数据元素 metadata element

元数据的基本单元。

注：与UML术语中的属性同义。

3.5

元数据实体　metadata entity

一组说明数据相同特性的**元数据元素**。

注1：与UML术语中的“类”同义。

注2：可以包含一个或一个以上元数据实体。

3.6

元数据子集　metadata section

元数据的子集合，由相关的元数据实体和元素组成。

注：与UML术语中的“包”同义。

3.7

资源　resource

能满足一种需求的资产或手段。

例如：数据集、服务、文档、人力或机构。

3.8

核心元数据　core metadata

在特定的领域中，用于描述**数据集**（信息资源）最基本属性的**元数据**，是制定其元数据标准时必须选择的**元数据实体**和**元数据元素**。

3.9

公共元数据　common metadata

在特定的领域中，具有共性的**元数据**。公共元数据包含核心元数据的全部内容，是领域在制定其**元数据**标准时的工作起点。

3.10

著录　description

对文献的内容和形式特征进行分析、选择和记录的过程。

4　标准文献元数据的描述方法

本标准使用定义、英文名称、数据类型、值域、注解来描述元数据。

4.1　摘要表示

摘要表示使用标识符、名称、约束/条件来描述元数据。

4.1.1　标识符

表示元数据元素的唯一代码。

4.1.2　名称

名称是赋给元数据实体或元数据元素的一个标记。

元数据实体名称以一个大写字母开头。元数据实体名称中没有空格，而是多个单词连写，其中每一个新的单词开头为大写字母（如：XnnnYmmm）。元数据实体名称在本标准的数据字典中是唯一的。

元数据元素名称在元数据实体中是唯一的，但在本标准的数据字典中并不是唯一的。通过元数据实体和元数据元素名称的组合，可使元数据元素名称在一个应用中唯一（如：元数据.元数据字符集）。

4.1.3　约束/条件

元数据实体或元数据元素选取的属性，包括必选（M）、可选（O）和条件必选（C）。约束/条件代码见表1。

表 1 约束/条件代码

代码	名 称	说 明
M	必选	表明该元数据实体或元数据元素必须选择
O	可选	根据实际应用可以选择也可以不选的元数据实体或元数据元素。已经定义的可选元数据实体和可选元数据元素，可指导领域元数据标准制定人员充分说明其数据。 可选元数据实体可以有必选元素；但这些元素只当可选实体被选用时才成为必选的。如果一个可选元数据实体未被选用，则该实体所包含的元素(包括必选元素)也不选用
C	条件必选	选择该元数据实体或元素的条件，当该条件满足时，至少一个元数据实体或元数据元素必选。“条件必选”用于以下三种可能性之一： a) 表示在 2 个或 2 个以上元数据实体或元数据元素中进行选择。至少存在一个元数据实体或元数据元素必选。 b) 当已经选用另一个元数据实体或元数据元素时，此元数据实体或元数据元素为必选。 c) 当另一个元数据元素已经选择了一个特定值时，此元数据元素为必选

4.2 字典表示

数据字典以表格的形式描述元数据的特征属性。字典中加灰的行定义元数据实体。数据字典通过以下 6 个属性定义元数据实体和元数据元素。

4.2.1 名称

见 4.1.2。

4.2.2 定义

描述元数据的基本内容。

4.2.3 英文名称

元数据的英文名称，一般用英文全称。

4.2.4 数据类型

元数据的有效值域和允许对该值域内的值进行有效操作的规定。

例如整型、实型、布尔型、字符型、日期等。

4.2.5 值域

对元数据实体而言，域说明其包含的行数。

对元数据元素而言，域说明其有效值或使用自由文本。“自由文本”表明对字段的内容没有限制。应使用基于整型的代码表示包含代码表的域值。

4.2.6 注解

4.2.6.1 约束/条件

见 4.1.3。

4.2.6.2 最大出现次数

元数据实体或元数据元素可以具有的最大实例数目。只出现一次的用“1”表示，重复出现的用“N”表示。不为“1”的固定出现次数用相应的数字表示，如“2”、“3”、“4”等。

5 标准文献元数据模式

标准文献元数据由标准文献核心元数据和标准文献公共元数据组成。标准文献核心元数据是各类标准文献元数据标准的基础。

各类标准文献元数据标准应包含标准文献核心元数据，并可依据领域和专业自身特点在标准文献公共元数据的基础上进行扩展和裁减。

6 标准文献核心元数据

6.1 标准文献核心元数据的摘要表示

标准文献核心元数据元素是标准文献元数据子集和实体中必选或条件必选的元数据元素(即数据

元),可用于标准文献数据集编目、数据交换网站活动和对数据集的描述。

标准文献核心元数据概要见表 2。

表 2　标准文献核心元数据

序　号	标识符	名　称	约束/条件
1	000	记录状态	必选
2	001	记录识别符	必选
3	100	标准号	必选
4	101	发布日期	必选
5	102	发布单位	必选
6	200	标准状态	必选
7	205	实施或试行日期	必选
8	207	确认日期	必选
9	298	中文标准名称	条件必选
10	302	英文标准名称	条件必选
11	462	被代替标准	必选
12	820	修改件	必选
13	823	补充件	必选

6.2　标准文献核心元数据的字典表示

6.2.1　记录状态

定　　义:关于标准文献数据库中记录所处的状态(修改、删除、新增)的说明。

英文名称:record status

数据类型:字符型

值　　域:采用表 A.1《记录状态代码》中的名称(修改/删除/新增)

注　　解:必选项;最大出现次数为 1

6.2.2　记录识别符

定　　义:建立记录的单位对某一记录的给定的唯一识别符号。

英文名称:record identifier

数据类型:字符型

值　　域:6 位阿拉伯数字序号

注　　解:必选项;最大出现次数为 1

6.2.3　标准号

定　　义:由有关标准化机构给定的用于唯一识别某一标准的注册号或登记号,标准号由标准代号、顺序号、发布年份及有关标识符组成。

英文名称:document reference

数据类型:字符型

值　　域:标准代号+1 个空格+顺序号+1 个连字符"—"+4 位发布年份。

注　　解:必选项;最大出现次数为 1

6.2.4　发布日期

定　　义:标准经有关机构批准,予以发布的日期。

英文名称:date of announcement

数据类型:字符型

值　　域:采用 YYYY-MM-DD 格式

注　　解:必选项;最大出现次数为 1

6.2.5 **发布单位**

定　　义:公布所著录标准的单位。

英文名称:announcing body

数据类型:字符型

值　　域:发布单位的全称或公认的简称

注　　解:必选项;最大出现次数为 N

6.2.6 **标准状态**

定　　义:标准文献所处的状态或属性。说明所著录标准是草案、试行、暂行、废止、推荐、强制、限用或其他状态。

英文名称:document status

数据类型:字符型

值　　域:按所著录标准或其发布机构的通报和目录所标明的符号著录标准状态代码

注　　解:必选项;最大出现次数为 N

6.2.7 **实施或试行日期**

定　　义:标准经有关机构批准后正式生效或试行的日期。

英文名称:effective date

数据类型:字符型

值　　域:采用 YYYY-MM-DD 格式

注　　解:必选项;最大出现次数为 1

6.2.8 **确认日期**

定　　义:标准经复审确认继续有效的日期。

英文名称:confirmation date

数据类型:字符型

值　　域:采用 YYYY-MM-DD 格式

注　　解:必选项;最大出现次数为 1

6.2.9 **中文标准名称**

定　　义:标准的中文名称或中文译名。

英文名称:document name in Chinese

数据类型:字符型

值　　域:自由文本(中国标准,著录中文标准名称;国外标准,著录标准的中文译名)

注　　解:条必选项;最大出现次数为 1,中文标准名称、英文标准名称和原文标准名称至少存在一个必选。

6.2.10 **英文标准名称**

定　　义:标准的英文名称或英文译名。

英文名称:document name in English

数据类型:字符型

值　　域:自由文本(中国标准,著录标准的英文译名;国外标准,著录标准的英文名称)

注　　解:条件必选项;最大出现次数为 1,中文标准名称、英文标准名称和原文标准名称至少存在一个必选。

6.2.11 **被代替标准**

定　　义:所著录标准代替的标准。

英文名称:replaces

数据类型:字符型

值　　域:著录被代替标准的标准号,有多个被代替标准时,各标准号之间以分号“;”相隔。

某标准部分内容被所著录标准代替时，应在被代替标准号后加相关说明文字并用括号包含。

注　　解：必选项；最大出现次数为 N

6.2.12 修改件

定　　义：修改所著录文献的文献代号、总次和总次发布年份的说明。

英文名称：amended by

数据类型：字符型

值　　域：著录修改件代号、总次和总次发布年份，总次和发布年份之间以逗号相隔

注　　解：必选项；最大出现次数为 N

6.2.13 补充件

定　　义：补充所著录文献的文献代号、总次和总次发布年份的说明。

英文名称：supplemented by

数据类型：字符型

值　　域：著录补充件代号、总次和总次发布年份，总次和发布年份之间以逗号相隔

注　　解：必选项；最大出现次数为 N

6.3 标准文献核心元数据实体集信息

标准文献核心元数据实体集信息见表 3。

表 3　标准文献核心元数据实体集信息

	名称（中文）	名称（英文）	定义	约束条件	最大出现次数	数据类型	域
1	记录状态	record status	关于标准文献数据库中记录所处的状态（修改、删除、新增）的说明	M	1	字符型	《记录状态代码》
2	记录识别符	record identifier	建立记录的单位对某一记录的给定的唯一识别符号	M	1	字符型	
3	标准号	document reference	由有关标准化机构给定的用于唯一识别某一标准的注册号或登记号，标准号由标准代号、顺序号、发布年份及有关标识符组成	M	1	字符型	自由文本
4	发布日期	date of announcement	标准经有关机构批准，予以发布的日期	M	1	字符型	YYYY-MM-DD
5	发布单位	announcing body	发布标准的机构	M	N	字符型	自由文本
6	标准状态	document status	标准文献所处的状态	M	N	字符型	自由文本
7	实施或试行日期	effective date	标准经有关机构批准后正式生效或试行的日期	M	1	字符型	YYYY-MM-DD
8	确认日期	confirmation date	标准经复审确认继续有效的日期	M	1	字符型	YYYY-MM-DD
9	中文标准名称	document name in Chinese	标准的中文名称或中文译名	C	1	字符型	自由文本
10	英文标准名称	document name in English	标准的英文名称或英文译名	C	1	字符型	自由文本
11	被代替标准	replaces	所著录标准被代替的标准号	M	N	字符型	自由文本
12	修改件	amended by	修改所著录文献的文献代号、总次和总次发布年份的说明	M	N	字符型	自由文本
13	补充件	supplemented by	补充所著录文献的文献代号、总次和总次发布年份的说明	M	N	字符型	自由文本

7 标准文献公共元数据

7.1 标准文献公共元数据的摘要表示

标准文献公共元数据见表4。

表4 标准文献公共元数据

序号	标识符	名称	约束/条件
1	000	记录状态	必选
2	001	记录识别符	必选
3	003	记录日期	必选
4	010	ISBN	可选
5	011	ISSN	可选
6	100	标准号	必选
7	101	发布日期	必选
8	102	发布单位	必选
9	103	版本	可选
10	200	标准状态	必选
11	203	有效区域	可选
12	204	批准单位	必选
13	205	实施或试行日期	必选
14	206	废止日期	可选
15	207	确认日期	必选
16	208	原分类号	可选
17	209	起草单位	可选
18	210	截止日期	可选
19	298	中文标准名称	条件必选
20	300	正文语种	可选
21	301	原文标准名称	条件必选
22	302	英文标准名称	条件必选
23	304	出版单位	可选
24	305	稽核项	可选
25	309	译文	可选
26	310	价格	可选
27	311	其他载体	可选
28	330	文摘	可选
29	390	英文主题词	可选
30	409	附注	可选
31	448	文献出处	可选
32	461	代替标准	可选
33	462	被代替标准	必选
34	502	引用文件	可选
35	505	相关法律	可选

表 4（续）

序号	标识符	名称	约束/条件
36	800	采用关系	可选
37	805	第二标准号	必选
38	820	修改件	必选
39	821	被修改件	可选
40	823	补充件	必选
41	824	被补充件	可选
42	825	中国标准分类号	条件必选
43	826	ICS 号	条件必选
44	835	中文主题词	可选
45	840	中文自由词	可选
46	836	英文主题词	可选
47	837	原文主题词	可选
48	845	索取号	可选
49	846	馆藏标志	可选
50	847	排序码	可选
51	850	标准类型	可选
52	860	文献类型	可选
53	863	文献代号	可选
54	865	出版地	可选
55	866	密级	可选
56	870	提出单位	可选
57	871	归口单位	可选
58	885	国别	可选
59	890	更新批号	可选
60	891	电子文献编号	可选

7.2 标准文献公共元数据的字典表示

7.2.1 记录状态

见 6.2.1。

7.2.2 记录识别符

见 6.2.2。

7.2.3 记录日期

定　　义：建立记录的日期。

英文名称：date of record

数据类型：字符型

值　　域：按 GB/T 7408 的规定著录，采用 YYYY-MM-DD 格式

注　　解：必选项；最大出现次数为 1

7.2.4 ISBN

定　　义：国际标准书号。由文献出版单位给定的唯一标识某文献的国际统一书号。

英文名称：International Standard Book Number

数据类型：字符型

值　　域：著录文献的国际标准书号，不包括其代号 ISBN

注　　解：可选项；最大出现次数为 1

7.2.5　ISSN

定　　义：国际标准连续出版物编号。由文献出版单位给定的唯一标识某文献的国际统一连续出版物编号。

英文名称：International Standard Serial Number

数据类型：字符型

值　　域：著录文献的国际连续出版物编号，不包括其代号 ISSN

注　　解：可选项；最大出现次数为 1

7.2.6　标准号

见 6.2.3。

7.2.7　发布日期

见 6.2.4。

7.2.8　发布单位

见 6.2.5。

7.2.9　版本

定　　义：标准出版的次数或其他版本形式说明。

英文名称：edition

数据类型：字符型

值　　域：仅限于第二版及其以后的版次说明。著录时可省略第×版中反映版次序列的"第"等说明文字。例：第二版，著录为：2 版；修改版，著录为：修改版；Second edition，著录为：2ed

注　　解：可选项；最大出现次数为 1

7.2.10　标准状态

见 6.2.6。

7.2.11　有效区域

定　　义：标准文献所适用的地域。

英文名称：area of validity

数据类型：字符型

值　　域：著录有效区域名称

注　　解：可选项；最大出现次数为 1

7.2.12　批准单位

定　　义：审查批准所著录标准的单位。

英文名称：validating body

数据类型：字符型

值　　域：著录批准单位的全称或公认的简称

注　　解：必选项；最大出现次数为 1

7.2.13　实施或试行日期

见 6.2.7。

7.2.14　废止日期

定　　义：标准作废的日期。

英文名称：withdrawal date

数据类型：字符型

值　　域：采用 YYYY-MM-DD 格式

注　　解：可选项；最大出现次数为 1

7.2.15 确认日期

见6.2.8。

7.2.16 原分类号

定　　义:标准发布机构给定的分类号或其他专业分类号。

英文名称:original notation

数据类型:字符型

值　　域:按原形式著录,有多个分类号时,各分类号之间以分号";"相隔

注　　解:可选项;最大出现次数为N

7.2.17 起草单位

定　　义:负责起草标准的单位的名称(全称或公认的简称)。

英文名称:drafting body

数据类型:字符型

值　　域:自由文本,各起草单位之间以";"相隔。

注　　解:可选项;最大出现次数为N

7.2.18 截止日期

定　　义:标准发布时所规定的标准有效期限的终止日期。

英文名称:date of expiration

数据类型:字符型

值　　域:采用YYYY-MM-DD格式

注　　解:可选项;最大出现次数为1

7.2.19 中文标准名称

见6.2.9。

7.2.20 正文语种

定　　义:标准正文所用语言的文种。

英文名称:text languages

数据类型:字符型

值　　域:采用GB/T 4880.1和GB/T 4880.2的规定著录所用语种的代码

注　　解:可选项;最大出现次数为N

7.2.21 原文标准名称

定　　义:中、英文以外的标准正文文种的标准名称。

英文名称:original document name

数据类型:字符型

值　　域:按原文语种著录标准名称

注　　解:条件必选项;最大出现次数为1,中文标准名称、英文标准名称和原文标准名称至少存在一个必选。

7.2.22 英文标准名称

见6.2.10。

7.2.23 出版单位

定　　义:出版标准的单位的名称(全称或公认的简称)。

英文名称:publishing body

数据类型:字符型

值　　域:出版单位的全称或公认的简称

注　　解:可选项;最大出现次数为1

7.2.24 稽核项

定　　义：关于标准文献有字面的总页数、开本的说明。

英文名称：collation

数据类型：字符型

值　　域：自由文本(页数用××P.表示，开本按 GB/T 788 的规定著录。稽核项中各小项之间以分号“;”相隔)

注　　解：可选项；最大出现次数为 1

7.2.25 译文

定　　义：所著录标准有何种译文版本的说明。

英文名称：translations

数据类型：字符型

值　　域：采用 GB/T 4880.1 的规定著录所用语种的代码。

注　　解：可选项；最大出现次数为 N

7.2.26 价格

定　　义：标准文献价格或价格组别。

英文名称：price

数据类型：字符型

值　　域：著录标准文献的价格或价格组代码与币种标识。

注　　解：可选项；最大出现次数为 N

7.2.27 其他载体

定　　义：标准文献除纸载体以外的缩微胶卷、缩微平片、计算机磁带、光盘、软盘及电信介质等载体形式说明。

英文名称：other mediums

数据类型：字符型

值　　域：B—计算机磁带、C—光盘、D—软盘、F—缩微平片、M—缩微胶卷、T—电信介质

注　　解：可选项；最大出现次数为 N

7.2.28 文摘

定　　义：标准文献的内容摘要。

英文名称：abstract

数据类型：字符型

值　　域：著录概要反映标准文献主题内容与适用范围的文字。

注　　解：可选项；最大出现次数为 1

7.2.29 英文主题词

定　　义：反映标准文献主题内容的英文规范词。

英文名称：descriptor in English

数据类型：字符型

值　　域：采用《标准文献主题词表》中的英文主题词，各主题词之间以分号“;”相隔。

注　　解：可选项；最大出现次数为 N

7.2.30 附注

定　　义：对标准进行的补充说明。

英文名称：general notes

数据类型：字符型

值　　域：该项内容必须是著录标准正文的各项中没有被反映的材料，如标准首次发布时间、标准更正及勘误情况等。

注　　解：可选项；最大出现次数为1

7.2.31 文献出处

定　　义：析出款目的母体文献的标识。

英文名称：document source

数据类型：字符型

值　　域：著录母体文献的题名与责任项及出版项等的主要信息。

注　　解：可选项；最大出现次数为N

7.2.32 代替标准

定　　义：代替所著录标准的标准。

英文名称：replaced by

数据类型：字符型

值　　域：著录代替标准的标准号。有多个代替标准时，各标准号之间以分号“;”相隔。

注　　解：可选项；最大出现次数为N

7.2.33 被代替标准

见6.2.11。

7.2.34 引用文件

定　　义：被著录标准所涉及的内容在有关标准中已有规定，为避免重复，对有关标准直接引用。

英文名称：referenced by

数据类型：字符型

值　　域：著录引用文件的标准号。有多个引用文件时，各标准号之间以分号“;”相隔。

注　　解：可选项；最大出现次数为N

7.2.35 相关法律

定　　义：对与发布标准进行授权的法律。

英文名称：regulations referred to

数据类型：字符型

值　　域：著录标识有关部门和法律文件的文字或代码。

注　　解：可选项；最大出现次数为N

7.2.36 采用关系

定　　义：标准在技术内容上采用其他标准的标准号及采用程度的标识。

英文名称：adoption

数据类型：字符型

值　　域：采用其他标准的标准号+“,”+采用程度代码，有多个采用关系时，各采用关系之间以分号“;”相隔。采用程度代码见附录A.2《标准采用程度代码》

注　　解：可选项；最大出现次数为N

7.2.37 第二标准号

定　　义：所著录标准有多个标准号时，其第二个以上的标准号。

英文名称：second document reference

数据类型：字符型

值　　域：标准代号+1个空格+顺序号+1个连字符“-”+4位发布年份。
有多个标准号时，各标准号之间以分号“;”相隔。

注　　解：必选项；最大出现次数为N

7.2.38 **修改件**

见6.2.12。

7.2.39 **被修改件**

定　　义：被所著录文献修改的文献的标准。

英文名称：amends

数据类型：字符型

值　　域：被修改文献的标准号

注　　解：可选项；最大出现次数为N

7.2.40 **补充件**

见6.2.13。

7.2.41 **被补充件**

定　　义：被所著录文献补充的文献的标准号。

英文名称：supplements

数据类型：字符型

值　　域：著录被补充文献的标准号

注　　解：可选项；最大出现次数为N

7.2.42 **中国标准分类号**

定　　义：标准的《中国标准文献分类法》分类号。

英文名称：CCS number

数据类型：字符型

值　　域：《中国标准文献分类法》的标准分类号。有多个分类号时，各分类号之间以分号“;”相隔

注　　解：条件必选项；最大出现次数为N，中国标准分类号和ICS号至少存在一个必选。

7.2.43 **ICS号**

定　　义：标准的《国际标准分类法》分类号。

英文名称：ICS number

数据类型：字符型

值　　域：《国际标准分类法》的标准分类号。有多个分类号时，各分类号之间以分号“;”相隔

注　　解：条件必选项；最大出现次数为N，中国标准分类号和ICS号至少存在一个必选。

7.2.44 **中文主题词**

定　　义：反映标准文献主题内容的中文规范词。

英文名称：descriptor in Chinese

数据类型：字符型

值　　域：采用《标准文献主题词表》中的中文主题词，各主题词之间以分号“;”相隔

注　　解：可选项；最大出现次数为N

7.2.45 **中文自由词**

定　　义：直接从文献中抽出的作为文献检索标识的中文词语或字符。

英文名称：free descriptor in Chinese

数据类型：字符型

值　　域：自由文本，各自由词之间以分号“;”相隔。

注　　解：可选项；最大出现次数为N

7.2.46 **英文主题词**

定　　义：反映标准文献主题内容的英文规范词。

英文名称：descriptor in English

数据类型:字符型

值　　域:各主题词之间以分号“;”相隔

注　　解:可选项;最大出现次数为 N

7.2.47　**原文主题词**

定　　义:除中、英文以外文种反映标准文献主题内容的原文规范词。

英文名称:descriptor of original language

数据类型:字符型

值　　域:各主题词之间以分号“;”相隔

注　　解:可选项;最大出现次数为 N

7.2.48　**索取号**

定　　义:文献收藏单位的索书号。

英文名称:access number

数据类型:字符型

值　　域:所著录标准的索取号

注　　解:可选项;最大出现次数为 N

7.2.49　**馆藏标志**

定　　义:所著录标准是否有馆藏的说明。

英文名称:stock sign

数据类型:字符型

值　　域:0:无馆藏、1:有馆藏

注　　解:可选项;最大出现次数为 1

7.2.50　**排序码**

定　　义:为按标准号排序而生成的代码。

英文名称:sorting code

数据类型:字符型

值　　域:无限定

注　　解:可选项;最大出现次数为 1

7.2.51　**标准类型**

定　　义:反映标准化对象类别的代码。

英文名称:type of standards

数据类型:字符型

值　　域:采用附录表 A.3《标准类型代码》

注　　解:可选项;最大出现次数为 1

7.2.52　**文献类型**

定　　义:文献的种类。

英文名称:document type

数据类型:字符型

值　　域:采用 GB/T 3469 中的字母代码。见附录 A.4。

注　　解:可选项;最大出现次数为 1

7.2.53　**文献代号**

定　　义:标准文献发布单位赋予本类标准的统一代号。

英文名称:document code

数据类型:字符型

值　　域:无限定

注　　解:可选项;最大出现次数为 1

7.2.54　出版地

定　　义:文献出版单位所在地。

英文名称:place of publication

数据类型:字符型

值　　域:文献出版地名称

注　　解:可选项;最大出现次数为 1

7.2.55　密级

定　　义:文献的保密等级。

英文名称:confidentiality

数据类型:字符型

值　　域:采用 GB/T 7156

注　　解:可选项;最大出现次数为 1

7.2.56　提出单位

定　　义:报批标准的单位的名称。

英文名称:proposer

数据类型:字符型

值　　域:提出单位的全称或公认的简称

注　　解:可选项;最大出现次数为 N

7.2.57　归口单位

定　　义:标准的技术归口单位的名称(全称或公认的简称)。

英文名称:National TC

数据类型:字符型

值　　域:归口单位的全称或公认的简称

注　　解:可选项;最大出现次数为 1

7.2.58　国别

定　　义:标准文献的批准发布机构所属的国家或地区。

英文名称:country

数据类型:字符型

值　　域:采用 GB/T 2659 的 2 字母国家代码,国际区域性标准著录代码"IX"

注　　解:可选项;最大出现次数为 1

7.2.59　更新批号

定　　义:更新数据的批次号。

英文名称:update batch number

数据类型:字符型

值　　域:采用更新数据的年月号作为更新批号,年代取后 2 位,月份取 2 位,即 YYMM 格式

注　　解:可选项;最大出现次数为 1

7.2.60　电子文本编号

定　　义:标准电子版文件的文件代号。

英文名称: number for electronic format document

数据类型:字符型

值　　域:标准电子版文件的文件名

注　　解:可选项;最大出现次数为 N

附　录　A
（规范性附录）
标准文献元数据代码集

A.1　记录状态代码

说明：标准文献数据库中记录所处状态（新增、修改、删除）的标识代码。

表示：1 位字母码

编码方法：采用英文缩略码，用 1 位大写英文字母表示。

记录状态代码见表 A.1。

表 A.1　记录状态代码

代　码	名　称	说　明
A	修改	
D	删除	
N	新增	

A.2　标准采用程度代码

说明：对标准与其所采用的国际标准和国外先进标准的一致性程度的标识代码。

表示：3 位字母码

编码方法：采用英文缩略语码，用 3 位大写英文字母表示。

标准采用程度代码见表 A.2。

表 A.2　标准采用程度代码

代　码	名　称	说　明
IDT	等同采用	
MOD	修改采用	
EQV	等效采用	2001 年后不再使用
NEQ	非等效	

A.3　标准类型代码

说明：反映标准对象类别的代码。

表示：2 位字母码

编码方法：除完整的产品标准代码采用标准对象中文名称的 2 字缩略语的汉语拼音首字母表示（即 2 位大写英文字母）。

注 1：标准分为若干部分时，应根据各部分的内容划定标准对象类别。

注 2：当标准对象涉及不同类别时，应以其主要对象确定类别，不能同时反映几种类别，以避免重复。

标准类型代码见表 A.3。

表 A.3 标准类型代码

代码	名称	说明
CP	产品标准	完整的产品标准，至少包含产品质量要求、结构形式参数、试验方法及有关安全、环保、卫生等内容的标准
CZ	产品质量标准	指某种(或某类)产品质量、性能要求方面的标准，如技术条件、技术要求、性能参数以及质量有关的安全、卫生指标的标准
CF	产品方法标准	指某种(或某类)产品的方法标准，如试验、检验方法、测定方法、采样方法、评定方法等
CJ	产品基础标准	指某种(或某类)产品的基础性标准，如产品的形式、尺寸系列、型谱、型号、牌号、编号及名词术语等
CA	产品安全标准	为保护人和物的安全为目的，对某种(或某类)产品制定的标准，如电器安全标准、机械设备安全要求等
CW	产品卫生标准	为保护人的健康，对某种(或某类)产品制定的卫生要求标准，如食品卫生等
CQ	产品其他标准	指产品标准中不宜列入上述各类的标准，如产品的包装、运输、贮存标准等
TF	通用方法标准	指在生产、技术、经济活动中，一切与行为、动作有关并在全国或几个专业范围内通用的方法性标准。例如通用的试验、检验、检查、分析、抽样、统计、计算、测定、评定、操作、施工等有关的方法、规程标准
TJ	通用基础标准	指在全国几个专业范围内作为其他标准的基础并普遍使用，具有广泛指导意义的基础性标准。例如为合理发展产品品种、确保产品质量、提高通用互换程度而制订的优选系数、额定电压与频率、机械制图、形位公差、公差配合、标准化工作指导性文件、科学技术名词术语等基础标准
TA	通用安全标准	指以保护人和物的安全为目的的而制定的通用标准，包括全国几个专业范围内通用的劳动安全技术、生产设备安全要求、防护防毒技术、物理因素危害控制及劳动保护管理方面的标准，如"高温作业分级"标准等
TW	通用卫生标准	指以保护人的健康而制定的通用卫生要求标准，包括全国通用环境卫生、劳动卫生、场所卫生、防护卫生、职业病与公害病诊断、卫生检疫及人、兽防疫等标准
AQ	安全标准	各类安全标准
HB	环境保护标准	指为保护室外(厂外)环境和有利于生态平衡，对大气、水、土壤、噪声、振动环境质量、污染源、检测方法及其他事项制定的标准. 包括环保基础标准、环保方法标准、环境质量标准、污染物排放标准及环境标准参考物质等
JG	建设工程标准	指对基础建设中各类工程的勘察、规划、设计、施工、安装、验收等需要协调统一的事项所制定的标准，包括城市规划、工程勘察与测量、设计、施工及有关的供水、供电、供热、供气、防火、空调、设备安装等标准
GL	管理标准	指对某一领域中需要协调统一的管理事项所制定的标准。包括技术管理、生产组织管理、经济管理、行政管理等工作标准
QT	其他标准	凡不属以上各类标准的其他标准均归此类

A.4 文献类型代码

说明：文献类型的标识代码。

表示：双字码

编码方法：采用 GB/T 3469 中的双字码，表示文献内容类型的性质。

文献类型代码见表 A.4。

表 A.4 文献类型代码

代码	名 称	说 明
ZZ	专著	包括教材
BZ	报纸	
QK	期刊	
HY	会议录	包括座谈会、讨论会等
HB	汇编	包括论文集等
XL	学位论文	
BG	科技报告	包括科研报告、技术报告等
JB	技术标准	包括规范、法规等
ZL	专利文献	
YB	产品样本	包括产品说明书
YW	中译文	
SG	手稿	
CG	参考工具	包括年鉴、手册、百科全书、字典等
JG	检索工具	包括目录、书目、文摘杂志、联合目录等
DA	档案	
TB	图表	包括地图、地质图、气象图、蓝图、表格等
GJ	古籍	包括金石、竹简等
YP	乐谱	
SJ	缩微胶卷	
SP	缩微平片	
LY	录音带	
CP	唱片	
LX	录相带	
DY	电影片	
HD	幻灯片	
QT	其他(盲文等)	

附 录 B
（资料性附录）
常用标准文献元数据表

本附录给出了常用各类标准文献元数据，使用单位可参考本表进行著录。

B.1 国家标准文献元数据

国家标准文献元数据见表B.1。

表 B.1 国家标准文献元数据

序号	标识符	名称	约束/条件
1	000	记录状态	必选
2	001	记录识别符	必选
3	100	标准号	必选
4	101	发布日期	必选
5	102	发布单位	必选
6	200	标准状态	必选
7	205	实施或试行日期	必选
8	206	废止日期	可选
9	207	确认日期	必选
10	209	起草单位	可选
11	298	中文标准名称	条件必选
12	302	英文标准名称	条件必选
13	305	稽核项	可选
14	390	英文主题词	可选
15	461	代替标准	可选
16	462	被代替标准	必选
17	800	采用关系	可选
18	820	修改件	必选
19	823	补充件	必选
20	825	中国标准分类号	条件必选
21	826	ICS 号	条件必选
22	835	中文主题词	可选
23	840	中文自由词	可选
24	846	馆藏标志	可选
25	871	归口单位	可选

B.2 行业标准文献元数据

行业标准文献元数据见表B.2。

表 B.2 行业标准文献元数据

序号	标识符	名称	约束/条件
1	000	记录状态	必选
2	001	记录识别符	必选
3	100	标准号	必选
4	101	发布日期	必选
5	102	发布单位	必选
6	200	标准状态	必选
7	205	实施或试行日期	必选
8	207	确认日期	必选
9	206	废止日期	可选
10	209	起草单位	可选
11	298	中文标准名称	条件必选
12	302	英文标准名称	条件必选
13	305	稽核项	可选
14	390	英文主题词	可选
15	462	被代替标准	必选
16	461	代替标准	可选
17	800	采用关系	可选
18	820	修改件	必选
19	823	补充件	必选
20	825	中国标准分类号	条件必选
21	826	ICS 号	条件必选
22	835	中文主题词	可选
23	840	中文自由词	可选
24	846	馆藏标志	可选
25	871	归口单位	可选

B.3 地方标准文献元数据

地方标准文献元数据见表 B.3。

表 B.3 地方标准文献元数据

序号	标识符	名称	约束/条件
1	000	记录状态	必选
2	001	记录识别符	必选
3	100	标准号	必选
4	101	发布日期	必选
5	102	发布单位	必选

表 B.3（续）

序号	标识符	名称	约束/条件
6	200	标准状态	必选
7	205	实施或试行日期	必选
8	206	废止日期	可选
9	207	确认日期	必选
10	209	起草单位	可选
11	298	中文标准名称	条件必选
12	302	英文标准名称	条件必选
13	305	稽核项	可选
14	390	英文主题词	可选
15	462	被代替标准	必选
16	461	代替标准	可选
17	800	采用关系	可选
18	820	修改件	必选
19	823	补充件	必选
20	825	中国标准分类号	条件必选
21	826	ICS 号	条件必选
22	835	中文主题词	可选
23	840	中文自由词	可选
24	846	馆藏标志	可选
25	871	归口单位	可选

B.4 国外标准文献元数据

国外标准文献元数据见表 B.4。

表 B.4 国外标准文献元数据

序号	标识符	名称	约束/条件
1	000	记录状态	必选
2	001	记录识别符	必选
3	100	标准号	必选
4	101	发布日期	必选
5	102	发布单位	必选
6	200	标准状态	必选
7	205	实施或试行日期	必选
8	206	废止日期	可选
9	207	确认日期	必选
10	208	原分类号	可选

表 B.4（续）

序号	标识符	名称	约束/条件
11	298	中文标准名称	条件必选
12	301	原文标准名称	条件必选
13	302	英文标准名称	条件必选
14	305	稽核项	可选
15	390	英文主题词	可选
16	462	被代替标准	必选
17	461	代替标准	可选
18	800	采用关系	可选
19	820	修改件	必选
20	823	补充件	必选
21	825	中国标准分类号	条件必选
22	826	ICS 号	条件必选
23	835	中文主题词	可选
24	846	馆藏标志	可选

ICS 87.040
Q 18

中华人民共和国国家标准

GB/T 22374—2008

地坪涂装材料

Floor coatings

2008-09-18 发布　　　　2009-05-01 实施

中华人民共和国国家质量监督检验检疫总局
中国国家标准化管理委员会　发布

前　言

本标准的附录A为规范性附录。

本标准由中国建筑材料联合会提出。

本标准由全国轻质与装饰装修建筑材料标准化技术委员会(SAC/TC 195)归口。

本标准负责起草单位：上海市建筑科学研究院(集团)有限公司、中国建筑材料检验认证中心、上海阳森精细化工有限公司、山东省建筑科学研究院、武汉菲凡士建材有限公司、广州励宝精细化工有限公司、立邦涂料(中国)有限公司。

本标准参加起草单位：昆山允联工程有限责任公司、富思特制漆(北京)有限公司、亚士漆(上海)有限公司、上海台安新型建材有限公司、上海卡德化工有限公司、上海正欧地坪材料有限公司、广州秀珀化工有限公司、厦门哈德新型建材有限公司、四国化研(上海)有限公司。

本标准主要起草人：杨勇、乔亚玲、胡晓珍、常维峰、冯志文、田坤、马利洋、张永顺、栾新刚、马敏生、车燕萍、郭祥恩、胡宇、戚春元、毕麟波。

本标准为首次发布。

地坪涂装材料

1 范围

本标准规定了合成树脂基地坪涂装材料的术语和定义、产品分类、有害物质限量及物理性能要求、试验方法、检验规则、标志、包装、运输与贮存。

本标准适用于涂装在水泥砂浆、混凝土等基面上，对地面起装饰、保护作用，以及具有特殊功能(防静电性、防滑性等)要求的地坪涂装材料。

2 规范性引用文件

下列文件中的条款通过本标准的引用而成为本标准的条款。凡是注日期的引用文件，其随后所有的修改单(不包括勘误的内容)或修订版均不适用于本标准，然而，鼓励根据本标准达成协议的各方研究是否可使用这些文件的最新版本。凡是不注日期的引用文件，其最新版本适用于本标准。

GB/T 1250 极限数值的表示方法和判定方法

GB/T 1728—1979 漆膜、腻子膜干燥时间测定法

GB/T 1733—1993 漆膜耐水性测定法

GB/T 1766—1995 色漆和清漆 涂层老化的评级方法

GB/T 1768 色漆和清漆 耐磨性的测定 旋转橡胶砂轮法(GB/T 1768—2006，ISO 7784-2:1997，Paints and varnishes—Determination of resistance to abrasion—Part 2:Rotating abrasive rubber wheel method，IDT)

GB/T 1865 色漆和清漆 人工气候老化和人工辐射暴露(滤过的氙弧辐射)(GB/T 1865—1997，eqv ISO 11341:1994)

GB/T 2411—1980 塑料邵氏硬度试验方法

GB/T 2567—2008 树脂浇铸体性能试验方法

GB/T 3186 色漆、清漆和色漆与清漆用原材料取样(GB/T 3186—2006，ISO 15528:2000，Paints，varnishes and raw materials for paints and varnishes—Sampling，IDT)

GB/T 4100—2006 陶瓷砖(ISO 13006:1998，Ceramic tiles—Definitions，classification，characteristics and marking，MOD)

GB/T 6682 分析实验室用水规格和试验方法

GB/T 6739 色漆和清漆 铅笔法测定漆膜硬度(GB/T 6739—2006，Paints and varnishes—Determination of film hardness by pencil test，IDT)

GB/T 6750 色漆和清漆 密度的测定 比重瓶法

GB/T 6751 色漆和清漆 挥发物和不挥发物的测定(GB/T 6751—1986，eqv ISO 1515:1973)

GB 8624—2006 建筑材料及制品燃烧性能分级

GB/T 9271—1988 色漆和清漆 标准试板(eqv ISO 1514:1984)

GB/T 9274—1988 色漆和清漆 耐液体介质的测定(eqv ISO 2812:1974)

GB/T 9286 色漆和清漆 漆膜的划格试验(GB/T 9286—1998，eqv ISO 2409:1992)

GB/T 13491 涂料产品包装通则

GB/T 18446—2001 气相色谱法测定氨基甲酸酯预聚物和涂料溶液中未反应的甲苯二异氰酸酯(TDI)单体

GB 18581—2001 室内装饰装修材料 溶剂型木器涂料中有害物质限量

GB 18583—2001 室内装饰装修材料 胶粘剂中有害物质限量

JC/T 412.2—2006 纤维水泥平板 第2部分:温石棉纤维水泥平板(ISO 396-1980,NEQ)

JC/T 547—2005 陶瓷墙地砖胶粘剂

JC/T 985—2005 地面用水泥基自流平砂浆

HJ/T 201—2005 环境标志产品技术要求 水性涂料

SJ/T 10694—2006 电子产品制造与应用系统防静电检测通用规范

3 术语和定义

下列术语和定义适用于本标准。

3.1

水性地坪涂装材料 water-based floor coatings

以水为分散介质的合成树脂基地坪涂装材料。

3.2

无溶剂型地坪涂装材料 solvent-free floor coatings

使用非挥发性的活性溶剂或不使用挥发性的非活性溶剂的合成树脂基地坪涂装材料。

3.3

溶剂型地坪涂装材料 solvent-based floor coatings

以非活性溶剂为分散介质的合成树脂基地坪涂装材料。

4 产品分类

4.1 产品类别

地坪涂装材料按其分散介质分为三类,即水性地坪涂装材料(S)、无溶剂型地坪涂装材料(W)和溶剂型地坪涂装材料(R)。

地坪涂装材料按涂层结构分为底涂(D)和面涂(M)。

地坪涂装材料根据使用场所分为室内和室外。

地坪涂装材料根据承载能力分为Ⅰ级和Ⅱ级。

地坪涂装材料根据防静电类型分为静电耗散型和导静电型。

4.2 产品分类代码

本标准涉及的地坪涂装材料产品类别由代码来识别,代码组成形式为:

GB/T 22374 □□□□□

标准号——GB/T 22374

代码——□□□□□

4.2.1 代码组成

第一位代码表明分散介质:水性=S;无溶剂型=W;溶剂型=R。

第二位代码表明涂层结构:底涂=D;面涂=M。

第三位至第五位代码表明产品的使用场所和特殊性能,具体见表1。

表1 第三位至第五位代码

产品类别	第三位		第四位		第五位	
	使用场所	编码	承载能力	编码	防静电类型	编码
面涂	室内	1	Ⅰ级	1	静电耗散型	ED
	室外	2	Ⅱ级	2	导静电型	EC

4.2.2 示例

例1 水性地坪涂装材料底涂。产品分类代码应表示为：

GB/T 22374 SD

例2 室外用Ⅱ级承载水性静电耗散型地坪涂装材料面涂。产品分类代码应表示为：

GB/T 22374 SM 22ED

5 要求

5.1 有害物质限量要求

应用于室内环境的地坪涂装材料有害物质限量应符合表2的要求。

表2 地坪涂装材料有害物质限量要求

项目		限量值		
		水性	溶剂型	无溶剂型
挥发性有机化合物(VOC)质量浓度[a]/(g/L) ≤		120	500	60
游离甲醛质量分数/(g/kg)[a] ≤		0.1	0.5	0.1
苯质量分数[b]/(g/kg) ≤		0.1	1	0.1
甲苯、二甲苯的总和质量分数[b]/(g/kg) ≤		5	200	10
游离甲苯二异氰酸酯(TDI)质量分数[c]/(g/kg)(聚氨酯类) ≤		—	2	
可溶性重金属质量分数[d]/(mg/kg) ≤	铅(Pb)	30	90	30
	镉(Cd)	30	50	30
	铬(Cr)	30	50	30
	汞(Hg)	10	10	10

[a] 按产品规定的配比和稀释比例混合后测定。如稀释剂的使用量为某一范围时，应按照推荐的最大稀释量稀释后进行测定。

[b] 若产品规定了稀释比例或产品由双组分组成或多组分组成时，应分别测定稀释剂和各组分中的含量，再按产品规定的配比计算混合后地坪涂装材料中的总量。如稀释剂的使用量为某一范围时，应按照推荐的最大稀释量进行计算。

[c] 若聚氨酯类地坪涂装材料规定了稀释比例或由双组分或多组分组成时，应先测定固化剂(含甲苯二异氰酸酯预聚物)中的含量，再按产品规定的配比计算混合后地坪涂装材料中的含量。如稀释剂的使用量为某一范围时，应按照推荐的最小稀释量进行计算。

[d] 仅对有色地坪涂装材料进行检测。

5.2 物理性能要求

5.2.1 地坪涂装材料底涂

地坪涂装材料底涂应符合表3的要求。

表3 地坪涂装材料底涂要求

项目		指标		
		水性	溶剂型	无溶剂型
容器中状态		搅拌混合后均匀，无硬块		
干燥时间/h	表干 ≤	8	4	6
	实干 ≤	48	24	
耐碱性(48 h)		漆膜完整，不起泡，不剥落，允许轻微变色		
附着力/级 ≤		1		

5.2.2 地坪涂装材料面涂

5.2.2.1 基本性能

一般场合使用的地坪涂装材料面涂的基本性能应符合表4的要求。

表4 地坪涂装材料面涂基本性能要求

项目			指标		
			水性	溶剂型	无溶剂型
容器中状态			搅拌混合后均匀，无硬块		
涂膜外观			涂膜外观正常		
干燥时间/h	表干	≤	8	4	6
	实干	≤	48	24	48
硬度	铅笔硬度(擦伤)	≥	H		—
	邵氏硬度(D型)		—		商定
附着力/级		≤	1		—
拉伸粘结强度/MPa	标准条件	≥	—		2.0
	浸水后	≥	—		2.0
抗压强度[a]/MPa		≥	—		45
耐磨性(750 g/500 r)/g		≤	0.060	0.030	
耐冲击性	Ⅰ级		500 g钢球，高100 cm，涂膜无裂纹、无剥落		
	Ⅱ级		1 000 g钢球，高100 cm，涂膜无裂纹、无剥落		
防滑性(干摩擦系数)		≥	0.50		
耐水性(168 h)			不起泡，不剥落，允许轻微变色，2 h后恢复		
耐化学性	耐油性(120#溶剂汽油，72h)		不起泡，不剥落，允许轻微变色		
	耐碱性(20%NaOH，72 h)		不起泡，不剥落，允许轻微变色		
	耐酸性(10% H_2SO_4，48 h)		不起泡，不剥落，允许轻微变色		

a 抗压强度仅适于无溶剂型地坪涂装材料，对于高承载地面如停车场、工业厂房等应用场合，抗压强度的要求可由供需双方商定。

5.2.2.2 特殊场合使用的地坪涂装材料面涂的性能除应符合表4的要求外，还应符合表5的要求。

表5 地坪涂装材料面涂特殊性能要求

项目			指标		
			水性	溶剂型	无溶剂型
流动度[a]/mm		≥	—		140
防滑性[b]	干摩擦系数	≥	0.70		
	湿摩擦系数	≥			
体积电阻，表面电阻[c]/Ω	导静电型		$\geq 5\times10^4 \sim < 1\times10^6$		
	静电耗散型		$\geq 1\times10^6 \sim \leq 1\times10^9$		
拉伸粘结强度[d]/MPa	热老化后	≥	—		2.0
	冻融循环后	≥	—		2.0

表 5（续）

项　　目	指　　标		
	水性	溶剂型	无溶剂型
耐人工气候老化性[d]（400 h）	不起泡，不剥落，无裂纹；粉化≤1 级，$\Delta E \leqslant 6.0$		
燃烧性能[e]	商定		
耐化学性[f]（化学介质商定）	商定		

[a] 仅适用于自流平地坪涂装材料。

[b] 仅适用于使用场所为室外或潮湿环境的工作室和作业区域。

[c] 仅适用于需防静电的场所。

[d] 仅适用于户外场所。

[e] 仅适用于对燃烧性能有要求的场所。

[f] 仅适用于需接触高浓度酸、碱、盐等化学腐蚀性药品的场所。

6　试验方法

6.1　试验环境

标准试验条件为温度 23 ℃±2 ℃，相对湿度 50%±5%。样品试验前必须在此条件下至少放置 24 h，并在此条件下进行试验。

6.2　试验样板制备

6.2.1　基材

6.2.1.1　石棉水泥板采用符合 JC/T 412.2—2006 中 6.3 和 6.4 规定的高密度Ⅳ级温石棉纤维水泥平板，厚度为(4～6)mm，其表面处理按 GB/T 9271—1988 中 7.3 的规定进行，试验前试板应烘干至含水率小于 1%。

6.2.1.2　马口铁板、钢板、铝板或玻璃板的要求以及处理方式应符合 GB/T 9271 的规定。

6.2.1.3　混凝土板应符合 JC/T 547—2005 附录 A 的要求。

6.2.2　试样制备

将地坪涂装材料各组分按产品生产商提供的使用比例称取样品，若给出一个值域范围，则取中间值，并保证在整个试验过程中按同一比例进行。将产品混合并搅拌均匀，以制造厂提供的施工方法将试样涂布于符合 6.2.1 规定的试验样板表面，如没有特别规定则采用空气喷涂法或刷涂法制板。各试验项目的试板尺寸、数量、干膜厚度和养护期应符合表 6 的规定。

表 6　试板要求

项　　目	试板类型	尺寸/(mm×mm×mm)	试板数量/块	干膜厚度/μm	养护期[a]/h
涂膜外观、干燥时间	温石棉纤维水泥平板	150×70×(4～6)	5	23±3	—
附着力	温石棉纤维水泥平板	150×70×(4～6)	2	23±3	168
铅笔硬度	马口铁板	120×50×(0.2～0.3)	3	23±3	168
耐化学性(面涂)	钢板	120×50×(0.45～0.55)	3	40±5	168
耐冲击性	混凝土板	400×110×40	1	40±5	168
耐磨性	铝板或玻璃板	100×100	3	40±5	168
耐水性、耐碱性(底涂)、耐人工气候老化性	温石棉纤维水泥平板	150×70×(4～6)	9	40±5	168

表 6（续）

项　目	试板类型	尺寸/(mm×mm×mm)	试板数量/块	干膜厚度/μm	养护期[a]/h
拉伸粘结强度	混凝土板	400×110×40	4	—	168
防滑性	温石棉纤维水泥平板	200×200×(4～6)	3	1.0 mm±0.2 mm	168
表面电阻	绝缘基材	不小于 110×120	3	1.0 mm±0.2 mm	168
体积电阻	金属基材	不小于 110×120	3	1.0 mm±0.2 mm	168
[a] 地坪涂装材料底涂、地坪涂装材料面涂在出厂检验时，为方便操作，养护期较长的制板项目可自选烘烤条件进行加速固化后试验(建议烘烤条件为 50 ℃±2 ℃,2 h)。					

6.3　有害物质限量试验方法

6.3.1　挥发性有机化合物(VOC)

水性地坪涂装材料的挥发性有机化合物(VOC)按附录 A 规定进行试验，溶剂型及无溶剂型地坪涂装材料的挥发性有机化合物(VOC)按 GB 18581—2001 中 4.2 规定进行试验。

6.3.2　游离甲醛

水性地坪涂装材料的游离甲醛按 HJ/T 201—2005 附录 E 的规定进行试验，溶剂型及无溶剂型地坪涂装材料的游离甲醛按 GB 18583—2001 附录 A 中溶剂型材料的规定进行试验。

6.3.3　苯、甲苯和二甲苯的总和

地坪涂装材料的苯、甲苯和二甲苯的总和按 GB 18581—2001 中附录 A(气相色谱法)规定进行试验。若产品规定了稀释比例或产品由双组分组成或多组分组成时，应分别测定稀释剂和各组分中的含量，再按产品规定的配比计算混合后地坪涂装材料中的总量。如稀释剂的使用量为某一范围时，应按照推荐的最大稀释量进行计算。

6.3.4　游离 TDI 单体

仅对聚氨酯类地坪涂装材料的固化剂进行测定，按 GB/T 18446—2001 规定进行试验。若聚氨酯类地坪涂装材料规定了稀释比例或由双组分或多组分组成时，应先测定固化剂(含甲苯二异氰酸酯预聚物)中的含量，再按产品规定的配比计算混合后地坪涂装材料中的含量。如稀释剂的使用量为某一范围时，应按照推荐的最小稀释量进行计算。

6.3.5　可溶性重金属

按 GB 18581—2001 附录 B 规定进行试验。

6.4　物理性能试验方法

6.4.1　容器中状态

打开包装容器，用搅棒搅拌后无硬块，易于混合均匀，且颜色均匀单一，无明显分色，则评为“搅拌混合后均匀，无硬块”。多组分地坪涂装材料应分别进行试验。

6.4.2　涂膜外观

在试板上涂刷试样，放置 2 d 后，在散射日光下目视检查涂膜表面状态，若涂膜平整、无明显可见的流挂、起皱、针孔现象，则认为“涂膜外观正常”。

6.4.3　干燥时间

按 GB/T 1728—1979 规定，其中表干按乙法，实干按甲法规定进行试验。

6.4.4　硬度

6.4.4.1　铅笔硬度

水性地坪涂装材料和溶剂型地坪涂装材料按 GB/T 6739 规定进行试验。

6.4.4.2 邵氏硬度

无溶剂型地坪涂装材料按 GB/T 2411—1980 规定进行试验，采用 D 型邵氏硬度计。

6.4.5 附着力

水性地坪涂装材料和溶剂型地坪涂装材料按 GB/T 9286 规定进行试验，划格间距 1 mm，不用胶粘带。

6.4.6 拉伸粘结强度

6.4.6.1 试件制备

用符合 6.2.1.3 规定的混凝土板，采用四氟乙烯或其他耐有机溶剂材料制成的成型模框(见图 1)，把成型框放在混凝土板上，将无溶剂型地坪涂装材料根据生产厂商提供的配比调配好倒入成型模框中，每组试样成型至少 10 个试件，在标准试验条件下放置 2 d 后脱模。

单位为毫米

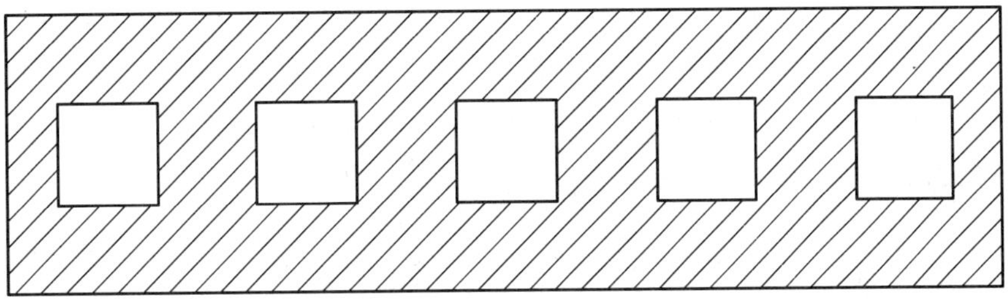

模框尺寸：400×110；孔尺寸：40×40；厚度：2

图 1 拉伸粘结强度试件成型模框

6.4.6.2 标准状态拉伸粘结强度

将脱模后的试件放置在 6.1 条件下养护 4 d 后，用适宜的高强胶粘剂将拉拔接头粘在试件上，在 6.1条件下继续放置 1 d，以 5 mm/min 的速度施加拉力，测定拉伸粘结强度。

6.4.6.3 浸水后拉伸粘结强度

将脱模后的试件放置在 6.1 条件下养护 5 d 后，然后在(20±2)℃水中浸泡 6 d，从水中取出试件，用布擦干，用适宜的高强度胶粘剂将拉拔接头粘在试件上，在 6.1 条件下放置 7 h，然后把试件放入(20±2)℃水中 17 h，取出试件，以 5 mm/min 的速度施加拉力，测定拉伸粘结强度。

6.4.6.4 热老化后的拉伸粘结强度

将脱模后的试件放置在 6.1 条件下养护 5 d 后，然后将试件放入(70±2)℃鼓风烘箱中。放置 7 d 后从烘箱中取出试件，用适宜的高强度胶粘剂将拉拔接头粘在试件上，继续将试件放置在 6.1 条件下养护 1 d，以 5 mm/min 的速度施加拉力，测定拉伸粘结强度。

6.4.6.5 冻融循环后拉伸粘结强度

将脱模后的试件放置在 6.1 条件下养护 5 d，然后在(20±2)℃水中浸泡 1 d，从水中取出试件，进行冻融循环。

每次循环如下：

a) 从水中取出试件，放入已恒温的(−15±2)℃冰箱中，在(−15±2)℃下保持 2 h±20 min；

b) 将试件浸入(20±2)℃水中，在该温度下保持 2 h±20 min。

重复 20 次循环后取出试件，用布擦干，用适宜的高强胶粘剂将拉拔接头粘在试件上，在 6.1 条件下养护 1 d 后，以 5 mm/min 的速度施加拉力，测定拉伸粘结强度。

6.4.6.6 结果评价与表示

试件的拉伸粘结强度按式(1)计算，精确到 0.1 MPa。

$$A_s = \frac{L}{A} \quad \cdots\cdots(1)$$

式中：

A_s——拉伸粘结强度，单位为兆帕(MPa)；

L——拉力，单位为牛顿(N)；

A——粘结面积，单位为平方毫米(mm^2)。

按下列规定确定每组数据的拉伸粘结强度：

——取10个数据的平均值；

——舍弃超出平均值±20%范围的数据；

——若仍有五个或更多数据被保留，求新的平均值；

——若少于五个数据被保留，则重新试验。

6.4.7 抗压强度

无溶剂型地坪涂装材料的抗压强度试件成型按GB/T 2567—2008中5.2的规定进行。试件规格为直径20 mm±1 mm，高度50 mm±1 mm的圆柱体。在6.1条件下养护2 d后脱模，脱模试件继续在6.1条件下养护5 d后进行试验。每组至少五个有效试件，取五个结果的算术平均值作为试样的抗压强度，保留至整数位。当出现极限破坏时，取最大值作为抗压强度的测量结果；当没有最大值出现时，取20%的压缩应力作为抗压强度的测量结果。

6.4.8 耐磨性

按GB/T 1768规定进行。所用橡胶砂轮的型号为CS-17，也可使用磨耗作用与CS-17相当的橡胶砂轮。仲裁检验用CS-17橡胶砂轮。

6.4.9 耐冲击性

将试件紧贴于厚度为20 mm的细砂上面，涂膜面向上，然后把直径(50±4)mm，质量为(500±20)g的钢质球形砝码或直径(60±4)mm，重量为(1 000±20)g的钢质球形砝码从高度100 cm±1 cm处自由落下，在试件上选择各相距不少于50 mm，且距试件边缘不小于50 mm的三个位置进行试验，用肉眼观察试件表面涂层有无裂纹、剥落。

6.4.10 防滑性

按GB/T 4100—2006附录M规定进行试验。

6.4.11 耐水性

按GB/T 1733—1993中甲法规定进行试验。

6.4.12 耐化学性

6.4.12.1 基本性能

按GB/T 9274—1988中甲法规定进行试验。地坪涂装材料底涂浸泡介质为饱和氢氧化钙，地坪涂装材料面涂浸泡介质分别为120#溶剂汽油、20%NaOH、10%H_2SO_4，浸泡到规定时间后，取出试件观察涂膜是否起泡、剥落和变色。

6.4.12.2 特殊性能

对于特殊场合使用时，可由供需双方商定的腐蚀介质和时间进行试验。

6.4.13 燃烧性能

燃烧性能按GB 8624—2006进行评定，试验按评定标准中的相关方法进行。GB 8624—2006中表2的附加分级不作为本标准评定依据。

6.4.14 流动度

将无溶剂型地坪涂装材料按JC/T 985—2005中6.7规定进行试验。

6.4.15 体积电阻，表面电阻

体积电阻和表面电阻按SJ/T 10694—2006中6.3规定进行试验，静电耗散型测试电压为100 V，导静电型的测试电压为10 V。

6.4.16 耐人工气候老化性

试验按 GB/T 1865 规定进行。结果的评定按 GB/T 1766 规定进行，其中变色等级的判定按 GB/T 1766—1995 中 4.2.2 规定进行。

7 检验规则

7.1 检验分类

产品检验分出厂检验和型式检验。

7.1.1 出厂检验

地坪涂装材料底涂出厂检验项目包括表 3 中的容器中状态、干燥时间(表干)、附着力。

地坪涂装材料面涂的出厂检验项目包括表 4 中的容器中状态、涂膜外观、干燥时间(表干)、附着力、耐冲击性。

7.1.2 型式检验

型式检验包括本标准技术要求的全部项目。

有下列情况之一时，需进行型式检验：

a) 正常生产条件下，每年至少进行一次；

b) 新产品投产或产品定型鉴定时；

c) 产品主要原料、配比或生产工艺有重大改变时；

d) 停产半年以上恢复生产时；

e) 出厂检验结果与上次型式检验结果有较大差异时；

f) 国家质量监督机构提出型式检验时。

7.2 组批

对同一原料、配方、连续生产的产品，每 5 t 为一批，不足 5 t 亦可按一批计。

7.3 抽样方法

在每批产品或生产线中随机抽取不少于 2 组。样品总质量不少于 3 kg。抽样按 GB/T 3186 规定进行。抽取样品分为两份：一份试验用，一份备用。

7.4 判定规则

7.4.1 检验结果的判定按 GB/T 1250 中修约值比较法进行。

7.4.2 产品按照第 6 章进行试验，试验结果符合第 5 章中有害物质限量要求和物理性能基本要求时，即判为合格。

若有任一项不符合本标准规定时，允许在同批产品中，用备用样品取双倍试样对不符合项进行双倍复验。若复验结果均符合本标准规定，则判该批产品合格；否则，则判该批产品不合格。

8 标志

产品包装上应有下列标志：

a) 产品名称、类别、颜色及组分；

b) 制造商产地；

c) 产品标记；

d) 产品合格证；

e) 产品配比与产品净质量；

f) 使用说明；

g) 安全说明；

h) 生产日期或批号；

i) 贮存与运输注意事项，贮存期限；

j） 必要时标明危险品或易燃品。

9 包装、运输与贮存

9.1 包装

按 GB/T 13491 中二级包装要求的规定进行。按组分分别包装，不同组分的包装应有明显区别。产品应用清洁、干燥、密封的容器包装，装量不大于容积的 95%，并附有使用说明书。

9.2 运输

产品运输时应防止雨淋、日光暴晒、冻害和包装损坏，并应符合运输部门的有关规定。

9.3 贮存

产品在存放时，应保持通风，干燥、防止日光直接照射。溶剂型产品应隔绝远离火源，水性产品冬季时应采取防冻措施。产品应根据产品类型分别规定贮存期限，并在包装标志上明示。

附　录　A
（规范性附录）
挥发性有机化合物（VOC）的测定

A.1　原理

地坪涂装材料中总挥发物含量扣除水分含量，即为地坪涂装材料中挥发性有机化合物含量。

A.2　总挥发物含量（w）的测定

将样品搅拌均匀后，按 GB/T 6751 测定地坪涂装材料中总挥发物质量分数（w），试验条件：(105±2)℃，保持 3 h。

A.3　水分含量（w_{H_2O}）的测定：卡尔·费休法（Karl Fischer）

A.3.1　试剂

A.3.1.1　蒸馏水（GB/T 6682 三级水）；

A.3.1.2　Karl Fischer 试剂：

选用合适的试剂（对于不含醛酮的试样，试剂主要成分为碘、二氧化硫、甲醇、有机碱。对于含有醛酮的试样，应使用醛酮专用试剂，试剂主要成分为碘、咪唑、二氧化硫、2-甲氧基乙醇、2-氯乙醇和三氯甲烷）。

A.3.2　仪器

A.3.2.1　Karl Fischer 水分滴定仪；

A.3.2.2　注射器：10 μL；

A.3.2.3　一次性滴管：3 mL。

A.3.3　试验步骤

A.3.3.1　Karl Fischer 试剂的标定

在滴定瓶中加入新溶剂以覆盖电极端，以 Karl Fischer 试剂滴定至终点。用 10 μL 注射器吸入蒸馏水，注入滴定瓶中，用减量法称得水的质量，准确到 0.1 mg，并将水的质量输入到滴定仪中。用 Karl Fischer 试剂滴定至终点，记录仪器显示标定结果。

重复标定，直至相临两次的标定值相差小于 1%，求出至少两次测定的平均值，将标定结果的平均值输入到滴定仪中。

A.3.3.2　样品分析

使用一次性滴管取地坪涂装材料样品，向滴定瓶中滴加 1～2 滴，用减量法称得加入的地坪涂装材料质量，精确到 0.1 mg，并将地坪涂装材料的质量输入到滴定仪中。用 Karl Fischer 试剂滴定试样至终点，记录仪器显示的测定结果。

重复测定。同一分析者得到的两次分析结果的相对偏差不得大于 3.5%。

A.4　密度（ρ）的测定

将样品搅拌均匀后，按 GB/T 6750 测定地坪涂装材料密度（ρ），试验温度为(23±2)℃。

A.5　挥发性有机化合物含量（VOC）的计算

挥发性有机化合物含量（VOC）按式（A.1）计算：

$$VOC = \frac{(w - w_{H_2O}) \times \rho}{100 - \rho \times (w_{H_2O}/\rho_{H_2O})} \times 10^3 \quad \cdots\cdots (A.1)$$

式中：

VOC——地坪涂装材料中挥发性有机化合物含量，单位为克每升(g/L)；

w——地坪涂装材料中总挥发物的质量分数，%；

w_{H_2O}——地坪涂装材料中水的质量分数，%；

ρ——(23±2)℃时地坪涂装材料的密度，单位为克每毫升(g/mL)；

ρ_{H_2O}——(23±2)℃时水的密度，单位为克每毫升(g/mL)；

10^3——转换因子。

ICS 83.180
G 39

中华人民共和国国家标准

GB/T 22375—2008

压敏胶黏制品的制造、使用和回收导则

Guide for manufacture, application and recycle of pressure sensitive adhesive products

2008-09-18 发布　　　　2009-05-01 实施

中华人民共和国国家质量监督检验检疫总局
中国国家标准化管理委员会　发布

前　言

本标准由中国石油和化学工业协会提出。

本标准由全国胶粘剂标准化技术委员会(SAC/TC 185)归口并负责解释。

本标准起草单位:永大(中山)有限公司、广州宏昌胶粘带厂、河北华夏实业有限公司、佛山市亿达胶粘制品有限公司、北京江润工贸有限公司、中国胶粘剂工业协会、上海橡胶制品研究所。

本标准起草人:何汉健、陈华昌、吴伟卿、曾宪家、罗吉尔、韩艳茹、龚辈凡。

压敏胶黏制品的制造、使用和回收导则

1 范围

本标准规定了压敏胶黏制品的制造、使用和回收的技术、安全和环保要求。

本标准适用于各种基材的压敏胶黏制品的制造、使用和回收。

压敏胶黏制品包括压敏胶黏带、压敏胶黏标签、压敏胶黏片三类产品。

2 规范性引用文件

下列文件中的条款通过本标准的引用而成为本标准的条款。凡是注日期的引用文件，其随后所有的修改单(不包括勘误的内容)或修订版均不适用于本标准，然而，鼓励根据本标准达成协议的各方研究是否可使用这些文件的最新版本。凡是不注日期的引用文件，其最新版本适用于本标准。

GB 7588 电梯制造与安全规范

GB 8978 污水综合排放标准

GB 12348 工业企业厂界噪声标准

GB 13271 锅炉大气污染物排放标准

GB 16297 大气污染物综合排放标准

GB 50016 建筑防火设计规范

GB 50057 防雷设计规范

GBJ 22 厂矿道路设计规范

GBZ 1 工业企业设计卫生标准

HG/T 20675 化工企业静电接地设计规程

中华人民共和国消防法

危险化学品安全管理条例

3 术语和定义

下列术语和定义适用于本标准。

3.1

压敏胶黏制品 pressure sensitive adhesive product

由压敏胶黏剂制成的带状或片状产品。

3.2

压敏胶黏带 pressure sensitive adhesive tape

压敏胶带 pressure sensitive tape

带状的压敏胶黏制品。

3.3

压敏胶黏片 pressure sensitive adhesive sheet

片状的压敏胶黏制品。

3.4

压敏胶黏标签 pressure sensitive adhesive label

一种加工成标签状的压敏胶黏制品。

4 压敏胶黏制品的制造要求

4.1 压敏胶黏制品工厂建设项目的选址

4.1.1 压敏胶黏制品工厂建设项目的选址必须符合地区规划和环境影响评价的要求，一般宜选择在规划的工业园区内。

4.1.2 厂址选择必须全面考虑建设地区的自然和社会环境，结合拟建项目的性质、规模和排污特征，根据地区环境容量，充分进行综合分析论证，优选对环境影响最小的厂址方案。

4.1.3 禁止在城市规划确定的生活区、文教区、水源保护区、名胜古迹、风景游览区、温泉、疗养区和自然保护区等界区内选择厂址。

4.1.4 厂址应远离城镇居民区，布置在生活居住区等环境保护目标全年最小频率风向的上风侧。

4.1.5 总平面布置在满足生产需要的前提下要防止或减少有害气体、粉尘、废水、噪声、固体废物对环境的污染。宜将污染源布置在对环境影响最小的位置。

4.1.6 压敏胶黏制品工厂的行政管理和生活设施，应布置在靠近生活居住区的一侧，并作为企业发展的非扩建端。

4.2 废气排放要求

4.2.1 压敏胶黏制品工厂建设项目的生产工艺设计应优先采用无毒无害或低毒低害以及无污染或低污染的原材料，禁止使用苯和卤代烃(1,1-二氯乙烷除外)作为溶剂；优先采用不产生污染或少产生污染的清洁新工艺、新技术和新设备。

4.2.2 选择废气治理方案时，应采用避免产生二次污染的处理方法。

4.2.3 当采用会产生有害废气等污染物的生产工艺时，要选用密闭的工艺设备或建立污染物的收集、治理设施。

4.2.4 压敏胶黏制品工厂生产过程中产生的含有毒有害物质的废气要经回收处理，并符合 GB 16297 规定的指标，才可排放。

4.2.5 废气回收可采用活性炭吸附或催化燃烧等方法，对回收的挥发性有机溶剂挥发物(如甲苯、二甲苯、溶剂汽油、醋酸乙酯等)应反复循环再利用。

4.2.6 锅炉排放的废气(特别是二氧化硫的排放浓度)要符合 GB 13271 规定的指标。

4.3 粉尘排放要求

4.3.1 对生产过程中配料称量等工序产生粉尘的污染源应设计除尘排风系统，净化后的气体通过排风管排出室外，排放口的粉尘浓度必须符合 GB 16297 规定的指标。

4.3.2 锅炉产生烟气中的烟尘排放浓度要达到国家标准 GB 13271 规定的指标。

4.4 废水排放要求

4.4.1 生产过程中排出的废水，应采取清污分流、循环使用、重复利用或一水多用等措施。

4.4.2 压敏胶黏制品工厂建设项目的排水可划分为下列系统：

a) 生产废水（含污染雨水）系统；

b) 生活污水系统；

c) 雨水排水系统。

4.4.3 排入城镇排水管网的生产废水和生活污水，其水质应符合下列要求：

a) 排入城镇排水管网并进入污水处理厂的废水，其水质应符合现行 GB 8978 的三级标准；

b) 排入未设置污水处理厂的城镇排水管网的废水，其水质应按受纳水体系的功能要求，符合 GB 8978 的二级以上标准，同时满足当地环境保护规定。

4.4.4 压敏胶黏制品工厂建设项目的废水排放口严禁设在下列水体保护区：

a) 一级水源的保护区；

b) 风景名胜区水体；

c) 重要养殖业水体及浴场;

d) 有特殊经济文化价值的水体。

4.5 噪声防治要求

4.5.1 噪声防治应按照以下顺序综合防治:声源控制、噪声传播途径控制、噪声防护控制。

4.5.2 厂界噪声控制

根据压敏胶黏制品工厂所建的位置,厂界噪声必须按 GB 12348 的规定进行控制,并满足地方环保部门的要求。

4.6 固体废物处置

4.6.1 固体废物防治应遵循减量化、资源化、无害化的原则。固体废物的处理设计应根据固体废物的数量、性质等进行综合比较,结合地区特点,确定分类处理方法。

4.6.2 固体废物在综合利用或其他处理过程中,如有二次污染产生,应采取相应的防治措施,并达到国家有关规定的要求。

4.6.3 委托处理的固体废物,必须由有国家环保部门认可的合法单位负责处理。

4.7 生产安全要求

4.7.1 厂房及通道要求

4.7.1.1 压敏胶黏制品工厂厂区的各道路、消防通道、应急快速通道等应按照 GBJ 22 的规定执行。

4.7.1.2 压敏胶黏制品工厂的厂房和仓库等各种建筑物的防火和防雷设计要求应按照 GB 50016 和 GB 50057 的规定执行。

4.7.1.3 压敏胶黏制品工厂内有机溶剂产生的场所,尤其是生产设备周围,应设立有机溶剂气体浓度的监测装置和排风设备。

4.7.1.4 压敏胶黏制品工厂的电梯设计和使用必须按照 GB 7588 和政府部门有关电梯使用安全的规定执行。

4.7.1.5 压敏胶黏制品工厂的厂房、仓库的设计和管理必须符合消防安全条例的要求。

4.7.1.6 压敏胶黏制品工厂在使用危险化学品时,必须严格按照危险化学品安全管理条例的要求执行。

4.7.2 机械设备要求

4.7.2.1 在购置压敏胶黏制品的机械设备时应优先选用环保节能的优良设备。

4.7.2.2 压敏胶黏制品工厂的机械设备要求防爆并有接地处理设施,静电接地应按照 HG/T 20675 的规定执行。

4.7.2.3 压敏胶黏制品工厂的各种电力设备及线路应符合本地区的防爆等级、防火保护和长期安全运行要求。变电、配电、高压配电、自行发电等电力设备及其作业与维修要按照当地供电部门的要求进行。

4.7.2.4 压敏胶黏制品工厂的锅炉设备、压力容器及其运行要按照当地职能部门的要求执行。

4.8 劳动保护和安全教育要求

4.8.1 压敏胶黏制品工厂的卫生设计应按 GBZ 1 的规定执行,对涉及到有毒有害物质的岗位员工,每年至少进行一次职业健康的体检,并宣传职业病的防治方法。

4.8.2 压敏胶黏制品工厂化学危险品贮存地和生产使用时的设备与机械应按甲级防爆、防火类型配置,操作人员应配有防护工作服、工作鞋和其他防护用品及工具。

4.8.3 压敏胶黏制品工厂必须制定严格的危险品管理制度和消防应急预案。

4.8.4 压敏胶黏制品工厂必须制定严格的安全制度,工人上岗前要进行严格的职业安全教育,并经考核合格后才能上岗。

5 压敏胶黏制品的使用

5.1 压敏胶黏制品出厂必须向用户提供产品使用说明书,其主要内容包括:

a） 产品性能及主要用途；

b） 产品使用条件及要求；

c） 产品使用方法及注意事项；

d） 产品有效使用日期；

e） 产品贮存条件；

f） 产品对人体和环境有无影响。

5.2 使用者应根据自身的需要和所具备的条件选择适合的压敏胶黏制品，参照产品使用说明书，采用正确的方法施工，以达到最佳的使用效果。如：使用压敏胶黏带封箱时，封箱温度在 15 ℃～40 ℃之间较为适宜，建议搭口长度不小于 50 mm，并施加一定的压力。

5.3 压敏胶黏制品的应用工具

压敏胶黏制品的应用工具一般有：手工操作、手持式切割器、自动封箱机、手持式贴标器和自动贴标机等。

采用器具粘接可提高粘接质量和工作效率，但应确保施工安全。

5.4 压敏胶黏制品使用时，若对被粘接物体的表面进行清洁处理，应优先采用不产生污染或少产生污染的物质。

5.5 集中使用压敏胶黏制品的场所应有通风、排气设施。

5.6 压敏胶黏制品使用时的废弃物及过期失效品应收集保存，并集中处理，禁止乱放乱扔。

6 压敏胶黏制品的回收

6.1 包装、标识用压敏胶黏制品的回收类别主要有：

a） 生产过程中的剩余物：压敏胶黏剂及相关助剂、基材、防黏材料、管芯材料等；

b） 生产过程中的不合格品和下脚料；

c） 过期失效产品；

d） 使用过程中的废弃物。

6.2 生产过程中产生的剩余物、下脚料和废弃物由生产企业回收利用或集中统一处理。

6.3 集中使用压敏胶黏制品的行业（如：烟酒制造、食品生产、服装业、印刷装潢行业、电子电气业、广告装饰行业等）产生的废弃物和过期失效品应回收利用或集中统一处理。

6.4 民用压敏胶黏制品产生的废弃物和过期失效品应交废品收购部门集中统一处理。

6.5 国家提倡和鼓励有关重点企业和科研单位加强对压敏胶黏制品的废弃物或过期失效品回收利用和集中处理方法的研究和应用。

ICS 83.180
G 38

中华人民共和国国家标准

GB/T 22376.1—2008/ISO 15166-1:1998

胶黏剂　本体试样的制备方法 第1部分:双组分体系

Adhesives—Methods of preparing bulk specimens—Part 1: Two-part systems

(ISO 15166-1:1998,IDT)

2008-09-18 发布　　2009-05-01 实施

中华人民共和国国家质量监督检验检疫总局
中国国家标准化管理委员会　发布

前　　言

GB/T 22376《胶黏剂　本体试样的制备方法》分为二个部分：

——第1部分：双组分体系；

——第2部分：热固化单组分体系。

本部分为GB/T 22376的第1部分，等同采用ISO 15166-1:1998《胶黏剂　本体试样的制备方法　第1部分：双组分系统》（英文版）。

本部分等同翻译ISO 15166-1:1998，部分规范性引用文件用国家标准取代了国际标准，所引用的标准内容与国际标准没有差异。

为便于使用，本标准作下列编辑性修改：

a) “本国际标准”一词改为“本标准”；

b) 删除了国际标准的前言。

本部分由中国石油和化学工业协会提出。

本部分由全国胶黏剂标准化技术委员会（SAC/TC 185）归口。

本部分起草单位：上海橡胶制品研究所、北京天山新材料技术有限责任公司、佛山市南海霸力化工制品有限公司、上海康达化工有限公司。

本部分主要起草人：杨晨耘、师力、林华玉、李印柏、侯一斌、胡红梅。

引　　言

在设计胶接接头时，有必要了解胶黏剂力学性能的准确值，这能够计算加载在接头的应力分布和确定胶黏剂的破坏许用值。使用胶接接头形式的样品来测试上述性能的方法是不理想的。因为标准试样中胶层的厚度影响应变大小，且厚度值通常较小(通常<1 mm)，所以测试的应变值不准。而且，一个胶接接头试样的破坏通常是由于受到多向应力时引起的，主要影响因素有：胶接接头的几何形状、被粘物的性能和尺寸及胶瘤的几何形状。虽然试样的破坏数据可以为设计胶接接头提供信息，但是还需要获得在许多单一应力状态时(如剪切和单轴拉伸)变形和破坏的数据。

使用合适尺寸的本体试样，通过应用工程塑料的标准能够衡量不同载荷和环境条件下的力学性能，这样测试比较准确且成本较低。

通过以下规定的试样制备方法可以获得与胶接接头结构与性能相当的试样。胶黏剂与被粘物的粘接性能的相关信息还需通过胶接接头的相关测试获得。

胶黏剂 本体试样的制备方法
第1部分:双组分体系

1 范围

GB/T 22376的本部分描述了胶黏剂本体试样的制备方法。

本部分所述的制备方法适用于双组分的胶黏剂,如环氧、聚氨酯、丙烯酸酯等。

本方法不适用于有挥发性溶剂逸出或固化时有气体释放的胶黏剂本体试样的准备。同时也不适用于那些需要在一个粘接表面上使用引发剂的单组分胶黏剂。此外,本方法不适用于操作时间很短的胶黏剂,因为没有足够的时间去混胶、注胶及合模。

2 规范性引用文件

下列文件中的条款通过GB/T 22376的本部分的引用而成为本部分的条款。凡是注日期的引用文件,其随后所有的修改单(不包括勘误的内容)或修订版均不适用于本部分,然而,鼓励根据本部分达成协议的各方研究是否可使用这些文件的最新版本。凡是不注日期的引用文件,其最新版本适用于本部分。

GB/T 2035 塑料术语及其定义(ISO 472:1988,MOD)

GB/T 11997 塑料多用途试样的制备和使用(ISO 3167:1993,MOD)

ISO 2818:1994 塑料——机加工法试样的制备

3 定义

因本部分的需要,按GB/T 2035中规定,引用以下术语。

3.1

适用期、操作期 pot life; wording life

指配制后的胶黏剂或树脂能维持其可用性能的时间。

4 模具

4.1 概述

模具应包括两块平板,在两块平板之间用限制块、U型框或连续框(见图1)隔开。

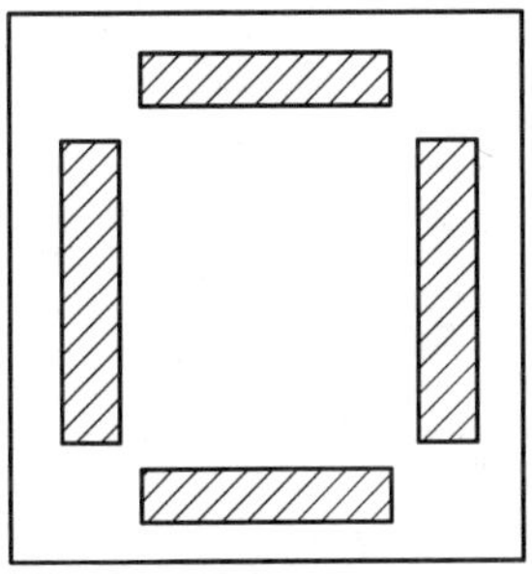

a) 限制块

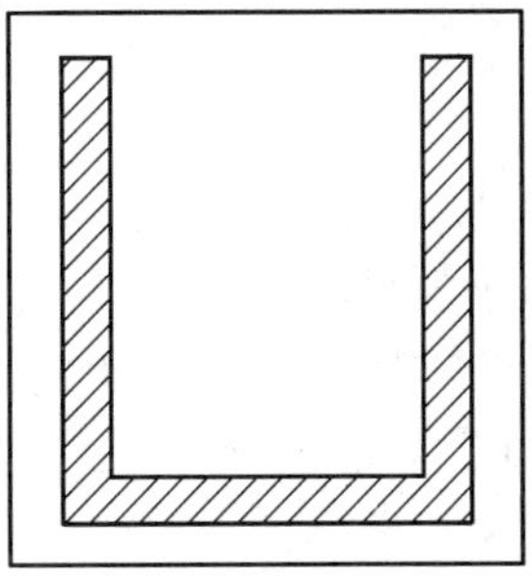

b) U形框

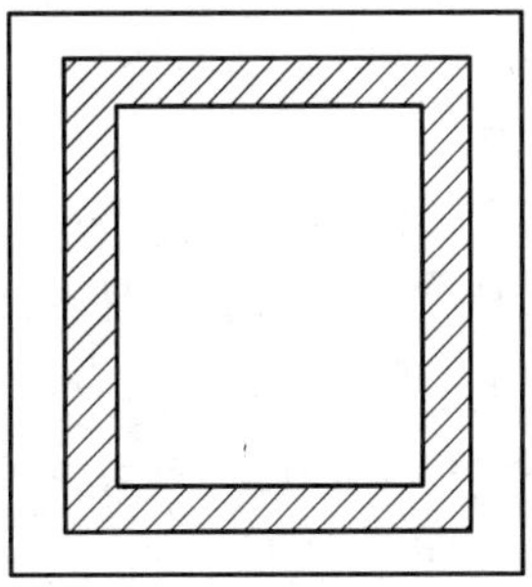

c) 连续框

图1 模型举例

4.2 平板

上述两个平板至少使用5 mm厚的金属板制备。这有利于胶固化过程传热,同时也能避免在制样过程中因外力作用造成金属板变形。

注1：铜和黄铜是良好的热导体，通常用作平板的材料。但是，当使用某些对铜有腐蚀性的成分时，应使用替代金属材料。

应确保胶黏剂固化后不会粘在金属板上。

注2：这可通过在材料表面附一层低表面能的材料来实现，如聚四氟乙烯(PTFE)薄膜，或者在模具表面刷涂或喷涂脱模剂。喷涂聚四氟乙烯时谨防污染临近的其他表面。

当制备室温固化快且固化过程中会产生大量热的胶黏剂本体试样时，由于此过程可能导致胶黏剂的性能发生变化，因此模具中的金属板应设计为能通冷却水的结构。

4.3 限制块或框架

U形框如图1b)所示，可用于非自由流动的胶黏剂。限制块如图1a)所示，可用于非自由流动的胶黏剂在常温下的固化，连续框如图1c)所示，可用于自由流动的胶黏剂。

应确保胶黏剂固化后不会粘在框架或限制块上。

注1：可以在框架表面覆盖低表面能材料例如聚四氟乙烯薄膜，或在框架，限制块的表面上涂刷、喷涂脱模剂。使用聚四氟乙烯喷雾剂谨防污染其他表面。或者，直接将框架或限制块用聚四氟乙烯之类的低表面能材料制成。

框架的厚度决定试样的厚度，框架的厚度误差应保持在±0.5%。

试样的厚度应该尽量薄，确保固化过程中放热反应导致的温度升高不会使材料降解(见第7章)。

注2：对大多数试验，试样的厚度为2 mm～3 mm是合适的。

当用限制块来控制成模的形状时，应避免在注胶或固化过程中，各个限制块之间的相对移动。或者，也可用一个U型框替代(见图1)。

模具的尺寸应满足测试试样的要求。

GB/T 11997指出，当制备的本体试样用于多个标准的测试试样时，制模材料的最小尺寸应大于150 mm。

测试试样的机加工按照ISO 2818:1994进行，冲压或切割试片。或者，也可用预成型或成形框架来制造所设计的试样形状。用来混合组分的部件可能会受到模具体积的限制(见5.3)。

5 胶黏剂的混合和注胶

5.1 单组分的制备

由于气泡的混入最终会导致本体试样出现缺陷，因此在各组成成份中应降低气泡的混入。单个组分中气泡可在真空条件下搅拌除去。如果在真空搅拌条件下会有挥发性物质逸出，可以采取降低温度的方式来进行。

注：真空除气泡是否可行应首先咨询胶黏剂制造商。

另外，特别是对低黏度材料的组分，应看到气泡都浮至表面时再停止真空搅拌。这样才能确保最后混合过程不再有空气混入。

5.2 混合

按照使用说明将各组分按正确的比例混合，一般靠静态或动态混合器来完成混合。当使用静态混合器时，所用的胶嘴应有足够的混合单元，以确保各组分混合充分。

注：当使用静态混合器时，建议在混合过程中，混合器应当抽真空，以避免夹带入空气。

有较长操作时间、自由流动的胶黏剂若在混合过程中混入气泡，可在注模前真空除气泡。

5.3 混合量

当混合过程不连续时，由于每次混合量是有限的，因此模具体积应小于每次混合量。

5.4 注胶

5.4.1 非自由流动胶黏剂

胶黏剂通过带有胶嘴的硬管或更先进的设备进行注胶。

注胶过程应保持胶黏剂连续、稳定。

注1：通常采用带有静态混合器的硬管。

为避免从胶嘴挤出的初期混合物比例不正确，应去掉初期一定量的混合物。

为防止进入空气，胶嘴在注胶过程中应一直处于充满状态(见图2)。

对使用有限制块的模具[见图1a)]或U形框的模具[见图1b)]进行注胶时，将胶嘴沿着模具的中心缓慢下移进行连续注胶，此过程中要求胶嘴不能离开模具底部或停止出胶(见图3)。

注2：建议喷嘴与底板保持约30°角(见图2)。

注胶的高度应大于限制块的厚度。

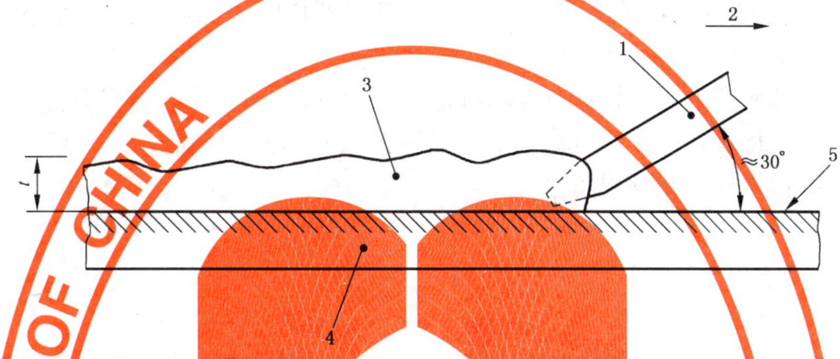

图中：

1——胶嘴；

2——胶嘴移动方向；

3——注胶；

4——金属板；

5——脱膜剂。

t——高于限制块的厚度。

图2 注胶

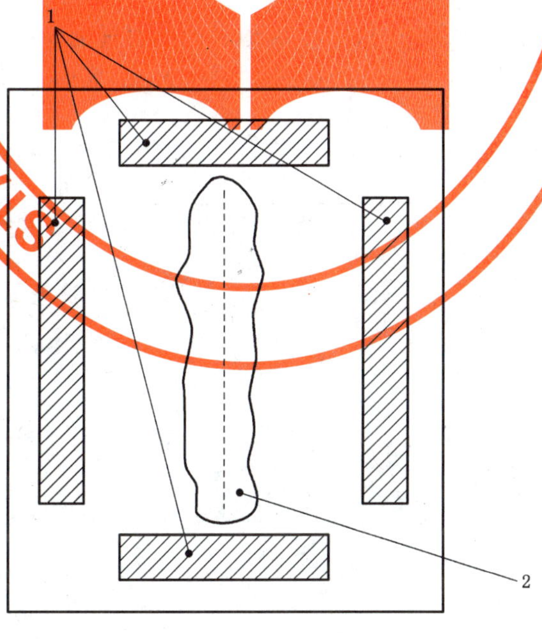

图中：

1——四块等厚的限制块牢牢地附着在底板上；

2——注胶。在注胶完毕前，胶嘴不要离开胶块或底板。虚线表示胶嘴的注胶路径。

图3 合膜前的注胶

5.4.2 自由流动胶黏剂

如果各组分已经经过静态混合器或其他混合设备混合完毕，请用连续框模具按照5.4.1的描述进行注胶[见图1c)]。在这种情况下，确保胶黏剂体积小于模腔的体积。

对于操作时间较长的胶黏剂，各组分在真空条件下进行充分脱泡混合后，转移到带有唇沿的容器以方便浇注到连续框架的模具中。确保胶黏剂体积小于模腔的体积。

6 制模

对有限制块的模具或U形框模具进行合模时，把构成模具上半部分的平板放置到其中一个限制块上或U形框架底部，并用手的压力慢慢地按下，使胶黏剂在模具中铺展，直到平板接触到其他限制块或两边的框架。

当使用连续框架时(或者U型框用在升温进行固化的的特殊场合时)，在模具的上下板之间施加足够的夹持力，以防止在固化过程中胶黏剂漏出。然后倾斜模具与水平面成45°至90°角。当需要升温固化时，使模具在固化烘箱内保持此倾斜角度。

7 固化

按照制造商的说明书固化胶黏剂。

当制备快速固化并放热的胶黏剂的本体试样时，应确保温度的升高不会引起胶黏剂固化后性质的变化。在不能保证的情况下，可以用热电偶来监控温度。当超温时，可探讨采用降低固化温度和延长固化时间的方法。

8 试验报告

试验报告应包括下列信息：

a) 本部分的参照标准；

b) 所有与胶黏剂相关的必要信息，包括批号、制造商等；

c) 注胶的日期和时间；

d) 制模的参数，包括固化温度和时间，模具参数，使用的脱模剂等；

e) 二次固化后的相关记录；

f) 固化后的贮存条件。

ICS 83.180
G 38

中华人民共和国国家标准

GB/T 22376.2—2008/ISO 15166-2:2000

胶黏剂　本体试样的制备方法 第2部分：热固化单组分体系

Adhesives—Methods of preparing bulk specimens—Part 2: Elevated-temperature-curing one-part systems

(ISO 15166-2:2000,IDT)

2008-09-18 发布　　2009-05-01 实施

中华人民共和国国家质量监督检验检疫总局
中国国家标准化管理委员会　发布

前　　言

GB/T 22376《胶黏剂　本体试样的制备方法》分为二个部分：

——第1部分：双组分体系；

——第2部分：热固化单组分体系。

本部分为GB/T 22376的第2部分，本部分等同采用ISO 15166-2:2000《胶黏剂　本体试样的制备方法　第2部分：热固化单组分体系》(英文版)。

本部分等同翻译ISO 15166-2:2000，部分规范性引用文件用国家标准取代了国际标准，所引用的标准内容与国际标准没有差异。

为便于使用，本标准作下列编辑性修改：

a) “本国际标准”一词改为“本标准”；

b) 删除了国际标准的前言。

本部分由中国石油和化学工业协会提出。

本部分由全国胶黏剂标准化技术委员会(SAC/TC 185)归口。

本部分起草单位：上海橡胶制品研究所、北京天山新材料技术有限责任公司、佛山市南海霸力化工制品有限公司、上海康达化工有限公司。

本部分主要起草人：卞正军、冯颜、林华玉、林新松。

引　言

在设计胶接接头时，有必要了解结构胶黏剂力学性能的准确值，这能够计算加载在接头的应力分布和确定胶黏剂的破坏许用值。使用胶接接头形式的样品来测试上述性能的方法是不理想的。因为标准试样中胶层的厚度影响应变大小，且厚度值通常较小（通常＜1 mm），所以测试的应变值不准。而且，一个胶接接头试样的破坏通常是由于受到多向应力时引起的，主要影响因素有：胶接接头的几何形状、被粘物的性能和尺寸及胶瘤的几何形状。虽然试样的破坏数据可以为设计胶接接头提供信息，但是还需要获得在许多单一应力状态时（如剪切和单轴拉伸）变形和破坏的数据。

使用合适尺寸的本体试样，通过应用工程塑料的标准能够衡量不同载荷和环境条件下的力学性能，这样测试比较准确且成本较低。

通过以下规定的试样制备方法可以获得与胶接接头结构与性能相当的试样。胶黏剂与被粘物的粘接性能的相关信息还需通过胶接接头的相关测试获得。

胶黏剂　本体试样的制备方法
第2部分:热固化单组分体系

1　范围

GB/T 22376的本部分规定了胶黏剂本体试样的制备方法。

所述的制备方法适用于热固化、单组分胶黏剂,如环氧树脂类。不适用于通过溶剂挥发或气体释放而固化的胶黏剂。

2　规范性引用文件

下列文件中的条款通过GB/T 22376的本部分的引用而成为本部分的条款。凡是注日期的引用文件,其随后所有的修改单(不包括勘误的内容)或修订版均不适用于本部分,然而,鼓励根据本部分达成协议的各方研究是否可使用这些文件的最新版本。凡是不注日期的引用文件,其最新版本适用于本部分。

GB/T 11997　塑料多用途试样的制备和使用(ISO 3167:1993,MOD)

ISO 2818:1994　塑料——机加工法试样的制备

3　模具

3.1　概述

模具应由两块平板组成,由框架隔开。对于非自由流动的胶黏剂,应使用U型框或连续框(见图1)。

3.2　平板

上述两个平板至少使用5 mm厚的金属板制备。这有利于胶固化过程传热,同时也能避免在制样过程中因外力作用造成金属板变形。

铜和黄铜是良好的热导体,通常用作平板的材料。但是,当使用某些对铜有腐蚀性的成分时,应使用替代金属材料。

应确保胶黏剂固化后不会粘在金属板上。

注:这可通过在材料表面附一层低表面能的材料来实现,如聚四氟乙烯(PTFE)薄膜,或者在模具表面刷涂或喷涂脱模剂(喷涂聚四氟乙烯时谨防污染临近的其他表面)。

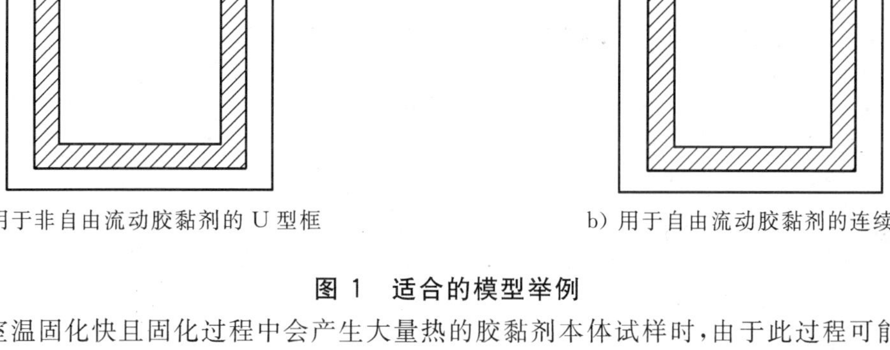

a) 用于非自由流动胶黏剂的U型框　　b) 用于自由流动胶黏剂的连续框

图1　适合的模型举例

当制备室温固化快且固化过程中会产生大量热的胶黏剂本体试样时,由于此过程可能导致胶黏剂的性能发生变化,因此模具中的金属板应设计为能通冷却水的结构。

3.3 框架

使用低黏度胶黏剂合模时，胶黏剂会从模具内流出，所以有必要采用连续框防止漏胶。

应确保胶黏剂固化后不会粘在框架上。

注1：可以在框架表面覆盖低表面能材料例如聚四氟乙烯薄膜，或在框架的表面上涂刷、喷涂脱模剂。使用聚四氟乙烯喷雾剂谨防污染其他表面。或者，直接将框架用聚四氟乙烯之类的低表面能材料制成。

框架的厚度决定试样的厚度，框架的厚度误差应保持在±0.5%。

注2：对大多数试验，试样的厚度为2 mm～3 mm是合适的。

模具的尺寸应满足测试试样的要求。

GB/T 11997指出，当制备的本体试样用于多个标准的测试试样时，制模材料的最小尺寸应大于150 mm。

测试试样的机加工按照ISO 2818:1994进行，冲压或切割试片。

或者，也可用预成型或成形框架来制造所设计的试样形状。

4 胶黏剂的注胶

4.1 胶黏剂的制备

由于气泡的混入最终会导致本体试样出现缺陷，因此在胶黏剂中应降低气泡的混入。胶黏剂中气泡可在真空条件下搅拌除去。如果在真空搅拌条件下会有挥发性物质逸出，可以采取降低温度的方式来进行。

注：真空除气泡是否可行应首先咨询胶黏剂制造商。

4.2 注胶

4.2.1 非自由流动胶黏剂

胶黏剂通过带有胶嘴的硬管进行注胶。注胶过程应保持胶黏剂连续、稳定。

为防止进入空气，胶嘴在注胶过程中应一直处于充满状态(见图2)。

胶嘴沿着模具的中心缓慢下移进行连续注胶，此过程中要求胶嘴不能离开模具底部或停止出胶(见图2)。

注：建议喷嘴与底板保持约30°角(见图2)。

注胶的高度应大于框架的厚度。

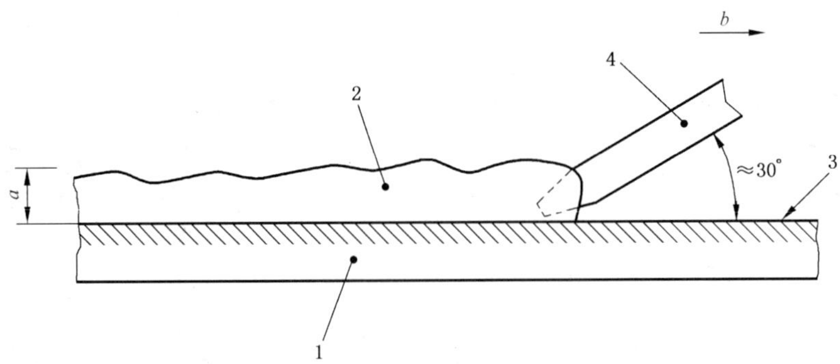

图中：

1——金属板；

2——注胶；

3——脱模剂；

4——胶嘴。

a——高于框架的厚度；

b——胶嘴移动方向。

图2 注胶

4.2.2 自由流动胶黏剂

这类胶黏剂不用胶筒进行注胶时，应在容器内脱气，该容器有一导嘴可帮助将胶倒入模具中。

胶黏剂应小心地注于模具中心，以避免快速流动将气泡带入。确保胶黏剂的体积小于模具腔体的体积。

如果自由流动的胶黏剂被放置于胶筒中，采用4.2.1中描述的方法，将胶打入连续框架中。确保胶的体积小于模具腔体的体积。

5 制模

将模具上半部分的平板放置于U形框架底部，合拢模具。然后缓慢的向下压，利用手的压力来使胶黏剂在模具中铺展，直至上平板平放在边框上。在模具的上下平板之间施加足够的夹持力，以防止在胶黏剂固化过程中任何额外的泄漏。

将模具放在固化烘箱内，模具与水平夹角在45°至90°之间。

6 固化

按照制造商的说明书固化胶黏剂。

胶黏剂固化是一个快速放热的反应，确保温度不会升高至厂商说明的胶黏剂固化的最高温度是很重要的。当超过最高温时，应降低温度，使其保持在规定的温度范围内。

一般来说，当铸模厚度≤2 mm时，超温现象不太可能出现。当需要超过3 mm厚度的本体试样时，建议采用腔体内带有温度测量传感器的模具进行试验。这样可在试验中测量模具中心的温度。当超温时，可探讨采用降低固化温度并延长固化时间的方法。这种办法制作的试样需要在推荐的固化环境中二次固化。

7 试验报告

试验报告应包括下列信息：

a) 本部分的参照标准；

b) 胶黏剂的说明，包括批号、制造商等；

c) 注胶的日期和时间；

d) 制模的参数，包括固化温度和时间，模具参数，使用的脱模剂等；

e) 二次固化后的相关记录；

f) 固化后的贮存条件。

ICS 83.180
G 38

中华人民共和国国家标准

GB/T 22377—2008

装饰装修胶黏剂制造、使用和标识通用要求

General requirements for manufacture, application and label of adhesives for decorating and refurbishing

2008-09-18 发布　　2009-05-01 实施

中华人民共和国国家质量监督检验检疫总局
中国国家标准化管理委员会　发布

前　言

本标准由中国石油和化学工业协会提出。

本标准由全国胶粘剂标准化技术委员会(SAC/TC 185)归口并负责解释。

本标准主要起草单位:上海橡胶制品研究所、江苏黑松林粘合剂厂有限公司、佛山市南海霸力化工制品有限公司、东莞竣成化工有限公司、国家环保产品质量监督检验中心。

本标准主要起草人:金卫星、刘鹏凯、林华玉、卞正军、叶伯明、徐和平、强恩源、许宁。

引　言

本标准规定了装饰装修胶黏剂制造、使用和标识的通用要求。

近年来，随着建筑业的快速发展，我国装饰装修胶黏剂的研究和生产取得了长足进步，但也存在不少企业建厂选址不合理；安全、环保、节能措施不健全；生产工艺落后；产品标识不规范；用户使用方法不当；废弃物乱扔乱放等问题。本标准根据中华人民共和国相关法律法规，如《中华人民共和国环境影响评价法》、《中华人民共和国大气污染防治法》、《中华人民共和国水污染防治法》、《危险化学品安全管理条例》等法律法规以及环境保护标准要求规定了装饰装修胶黏剂制造、使用和标识的技术、安全与环保要求，为有关部门规范企业的选址和建设；三废排放、噪声、安全和节能等提供依据，也可指导和督促使用单位和个人如何正确选用装饰装修胶黏剂。

装饰装修胶黏剂制造、使用和标识符合本标准的通用要求，并非说明已完全符合我国对该行业的全部要求，标准的使用者还应探讨符合我国或地区其他相关要求的必要性。

装饰装修胶黏剂制造、使用和标识通用要求

1 范围

本标准规定了装饰装修胶黏剂制造、使用和标识通用要求。

本标准适用于装饰装修胶黏剂。

2 规范性引用文件

下列文件中的条款通过本标准的引用而成为本标准的条款。凡是注日期的引用文件，其随后所有的修改单(不包括勘误的内容)或修订版均不适用于本标准，然而，鼓励根据本标准达成协议的各方研究是否可使用这些文件的最新版本。凡是不注日期的引用文件，其最新版本适用于本标准。

GB/T 13553—1996 胶黏剂分类

GB 18583 室内装饰装修用材料 胶黏剂中有害物质限量

3 术语

下列术语和定义适用于本标准。

3.1

装饰装修胶黏剂 adhesives for decorating and refurbishing

主要用于装饰装修过程中材料粘接和密封的胶黏剂。

注：装饰装修胶黏剂目前常见品种有氯丁橡胶胶黏剂、苯乙烯—丁二烯三元嵌段共聚物(SBS)胶黏剂、聚醋酸乙烯酯乳液(白乳胶)、有机硅密封剂和可再分散乳胶粉等，用于木材、地板、瓷砖、壁纸、保温材料粘接及建筑缝密封。

3.2

装饰装修胶黏剂标识 label of adhesives for decorating and refurbishing

用于记录装饰装修胶黏剂组成、使用等信息的载体。

4 装饰装修胶黏剂制造要求

4.1 胶黏剂工厂建设项目的选址

4.1.1 胶黏剂工厂建设项目应按照国家和地方环境保护法规进行环境影响评价。选址必须符合地区规划环境影响评价的要求，一般宜选择在规划的工业园区内。厂址选择必须全面考虑建设地区的自然环境和社会环境，结合拟建项目的性质、规模和排污特征，根据地区环境容量充分进行综合分析论证，优选对环境影响最小的厂址方案。

4.1.2 严禁在城市规划确定的生活区、文教区、水源保护区、名胜古迹、风景游览区、温泉、疗养区和自然保护区等界区内选择厂址。

4.1.3 厂址应远离城镇居民区，布置在生活居住区等环境保护目标全年最小频率风向的上风侧。

4.1.4 总平面布置应防止或减少有害气体、粉尘、废水、噪声对环境的污染。宜将污染源布置在对环境影响最小的位置，工厂的行政管理和生活设施，应尽可能远离生产区域。

4.1.5 新建工厂应有符合安全规范的绿化规划设计。

4.1.6 建厂前必须通过安全评价和环境评价。

4.2 胶黏剂制造工艺路线的选择要求

胶黏剂建设项目的生产工艺设计应优先采用无毒或低毒以及低污染或无污染的原材料，优先采用不产生污染或少产生污染的清洁生产新工艺、新技术和新设备。

4.3 废水、废气、粉尘排放处置要求

4.3.1 生产厂若有废水排出，应采取清污分流、循环使用、重复利用或一水多用等措施；排入城镇或工业区排水管网的生产废水和生活污水系统，其水质应符合国家、地方污水综合排放标准中相应的等级要求。排放口严禁设在一级水源的保护区、风景名胜区水体、重要养殖业水体及浴场或有特殊经济文化价值的水体保护区。

4.3.2 生产工艺若有挥发性气体或其他废气排放，宜配置废气的收集、治理设施。选择废气治理方案时，应采用避免产生二次污染的处理方法。

4.3.3 工厂热源锅炉产生的有害污染物排放浓度必须达标排放。

4.3.4 生产过程中若有产生粉尘的污染源，应设计除尘排风系统。净化后的气体通过排风管排出室外，排放口的粉尘浓度和速率必须符合国家、地方相关污染物综合排放标准。

4.4 噪声防治

生产设备及辅助设备(如空压机、排风机、备用发电机组等)噪声应综合防治，如声源控制，噪声传播途径控制等。厂界噪声控制应符合国家、地方相关标准规定。

4.5 固体废物处置

胶黏剂生产若有固体废物产生，其处理设计应根据固体废物的数量、性质并结合地方特点进行综合比较，确定处理方法。固体废物在综合利用或其他处理过程中，如有二次污染产生，应采取相应的防治措施，并应达到国家、地方有关规定的要求。若工厂没有能力处理，应委托有危险废物处理资质的单位专业处理。

4.6 废液处理

生产中产生的废液(有机溶剂等)应按国家、地方有关规定处理，若工厂没有能力处理，应委托有危险废物处理资质的单位专业处理。

4.7 安全生产要求

4.7.1 建筑物及通道的要求

厂房、仓库的设计和管理必须符合消防安全条例的要求。

4.7.1.1 厂区的道路、消防通道、应急快速通道等应按照国家、地方的有关规定执行。

4.7.1.2 厂房和仓库等各种建筑物的防火和防雷设计要求应按照国家、地方的有关规定执行。

4.7.1.3 厂内有有机溶剂存在的场所，尤其是生产设备周围，应建立挥发性有机溶剂排风设备和防范措施。

4.7.1.4 工厂的电梯设计和使用必须按照国家、地方的有关规定执行。

4.7.1.5 工厂使用危险化学品时，必须严格按照《危险化学品安全管理条例》的要求执行。

4.7.2 生产设备要求

4.7.2.1 使用易燃易爆危险化学品的生产设备和贮存装置要求有防爆和静电防护措施并符合国家、地方的有关规定。

4.7.2.2 工厂的各种电力设备及线路应符合国家防爆等级、防火保护和长期安全运行要求。变电、配电、高压配电、自行发电等电力设备及其作业与维修要按照当地供电部门的要求进行。

4.7.2.3 胶黏剂工厂的锅炉设备、压力容器及其运行要按照国家、地方的有关规定执行。

4.7.3 劳动保护和安全教育要求

4.7.3.1 工厂的卫生设计应符合相关标准的规定，对涉及到有毒有害物质的岗位员工，每年至少进行一次职业健康的体检,并宣传职业病的防治方法。

4.7.3.2 接触危险化学品的操作人员应配有防护工作服、工作鞋和其他必备的防护用品及工具。

4.7.3.3 工厂必须制定严格的危险品安全和消防应急预案。

4.7.3.4 工厂必须制定严格的安全制度,工人上岗前要进行严格的职业安全教育,并经考核合格后才能上岗。

5 胶黏剂选择和使用要求

5.1 胶黏剂的选择

优先选用环境友好型胶黏剂。

5.1.1 选用的胶黏剂品种必须符合国家有关安全、健康、环保等法律法规和相关要求,如室内装饰装修用胶黏剂必须符合 GB 18583 有害物质限量的规定。

5.1.2 选用胶黏剂性能应与应用要求相配合,并符合相关标准的技术要求。对有粘接或密封稳定性、耐久性要求的场合,应对胶黏剂的老化性予以充分的考虑。

5.1.3 关键部件的胶黏剂应用,应在使用前作试验验证,以确保应用质量。

注:如户外墙面材料粘贴,对粘结强度与持久性的验证是必要的。

5.2 胶黏剂的使用

5.2.1 胶黏剂的使用应按胶黏剂使用说明书推荐的方法操作。若采用偏离于推荐使用方法时,应考虑操作的安全性、对健康及环境的影响等。必要时,应与胶黏剂的制造者讨论使用方法的合理性。

5.2.2 应优先采用专用操作器具,提高粘接质量和工作效率。

5.2.3 使用含有挥发性溶剂或其他有害物质的胶黏剂工作场所(如喷涂作业场所),应有通风、排气措施。使用环境和使用人员的防护应符合国家、地方相关的法规和要求。

5.2.4 胶黏剂使用时,若需对被粘接物体的表面进行处理,应优先采用不产生污染或少产生污染的工艺。

5.2.5 胶黏剂使用后的废弃物(废弃工具)及过期失效品应收集保存,并集中处理,禁止乱放乱扔。

5.2.6 选择与使用的胶黏剂应有记录,以备质量跟踪。

注:如制造商、批号……等。

6 胶黏剂标识要求

6.1 为规范胶黏剂产品标识,引导生产企业正确合理标注产品的标识,明示产品质量信息,保护企业、用户的合法权益,应根据《中华人民共和国产品质量法》等法律、法规的规定对胶黏剂进行标识。

6.2 本规定所称产品标识是指用于识别产品及其质量、数量、特征、特性和使用方法所做的各种表示的统称。产品标识可以用文字、符号、数字、图案以及其他说明物等表示。

6.3 产品标识应当清晰、牢固,易于识别。产品标识所用文字应当为规范中文。可以同时使用汉语拼音或者外文,汉语拼音和外文的字号应小于相应中文。

6.4 除产品使用说明外,产品标识应当标注在产品或者产品的销售包装上。

6.5 装饰装修材料胶黏剂标识至少应包含如下内容:

1) 产品名称、组分名称(多组分)、商标、生产日期或批号、净含量;

注:如采用商品俗名不应引起用户误解和混淆。应同时标明符合国家标准、行业标准规范的产品名称,或按 GB/T 13553—1996 列出胶黏剂分类进行的命名。

2) 产品执行标准、质量等级、规格型号、有害物质成分及最高含量、关键技术指标;

注:质量等级、规格型号应与产品执行标准相符。

3) 产品适用范围;

4) 产品运输条件、贮存条件、贮存期;

5) 属于易燃、易爆、有毒、有害的胶黏剂产品应有危险品标志,其标志应按国家有关规定执行;

6） 检验合格证、使用说明；

注：可在中包装中注明。

7） 生产企业的名称、厂址、电话。

注1：生产企业的名称和地址应当是依法登记注册的，能承担产品质量责任的生产者名称和地址。

注2：进口产品可以不标原生产者的名称、地址，但应当标明该产品的原产地（国家/地区，下同），以及代理商，进口商或者销售商在中国依法登记注册的名称和地址。进口产品的原产地，依据中华人民共和国相关规定予以确定。

6.6 胶黏剂使用说明书和安全技术说明书

6.6.1 胶黏剂的使用说明书除有使用方法外，还应列出与安全、健康和对环境影响的说明。

6.6.2 必要时提供安全技术说明书，如胶黏剂的危险性概述、个体防护、急救方法、泄漏处理、消防措施、运输注意事项等。

ICS 83.180
G 39

中华人民共和国国家标准

GB/T 22378—2008

通用型双向拉伸聚丙烯膜压敏胶黏带

Pressure sensitive adhesives tapes of BOPP for general purpose

2008-09-18 发布　　2009-05-01 实施

中华人民共和国国家质量监督检验检疫总局
中国国家标准化管理委员会　发布

前　　言

本标准由中国石油和化学工业协会提出。

本标准由全国胶粘剂标准化技术委员会(SAC/TC 185)归口。

本标准起草单位:广州宏昌胶粘带厂、永大(中山)有限公司、河北华夏实业有限公司、佛山市亿达胶粘制品有限公司、北京江润工贸有限公司、中国胶粘剂工业协会、上海橡胶制品研究所。

本标准主要起草人:吴伟卿 、尹朝剑、何汉健、曾宪家、罗吉尔、韩艳茹、王伟。

通用型双向拉伸
聚丙烯膜压敏胶黏带

1 范围

本标准规定通用型聚丙烯压敏胶黏带系列的产品分类、技术要求、试验方法、检验规则、标志、包装、运输及贮存的要求。

本标准适用于以双向拉伸聚丙烯薄膜(BOPP)为基材，将压敏胶黏剂均匀地涂布在聚丙烯薄膜的处理面，再经裁切而制成的聚丙烯(BOPP)压敏胶黏带系列产品，该产品主要用于包装、封缄、捆扎、粘贴和上光膜等。

2 规范性引用文件

下列文件中的条款通过本标准的引用而成为本标准的条款。凡是注日期的引用文件，其随后所有的修改单(不包括勘误的内容)或修订版均不适用于本标准，然而，鼓励根据本标准达成协议的各方研究是否可使用这些文件的最新版本。凡是不注日期的引用文件，其最新版本适用于本标准。

GB/T 191 包装储运图示标志

GB/T 2792 压敏胶粘带180°剥离强度试验方法

GB/T 2828.1 计数抽样检验程序 第1部分:按接收质量限(AQL)检索的逐批检验抽样计划

GB/T 2829 周期检查技术抽样程序

GB/T 4850 压敏胶粘带低速解卷强度的测定

GB/T 4851 压敏胶粘带持粘性试验方法

GB/T 4852 压敏胶粘带初粘性试验方法(滚球法)

GB/T 6388 运输包装收发货标志

GB/T 7125 压敏胶粘带和胶粘剂带厚度试验方法

SN/T 2003.1—2005 电子电气产品中铅、汞、镉、铬、溴的测定 第1部分:X射线荧光光谱性筛选法

HG/T 3949—2007 美纹纸压敏胶黏带

3 术语

下列术语和定义适用于本标准。

3.1

封箱胶黏带 carton sealing tape

用于密封捆扎包装箱的压敏胶黏带。

3.2

文具胶黏带 stationery adhesive tape

在文教、办公、制图、绘图等领域应用的压敏胶黏带。

3.3

上光膜胶黏带 lamination adhesive tape

以BOPP膜为基材，通过涂覆压敏胶黏剂而制成的用于印刷品覆膜，保护印刷层免受破坏的压敏胶黏带。

4 产品分类

4.1 产品按用途不同,分为封箱胶黏带、文具胶黏带、上光膜胶黏带。产品应标注薄膜材质和规格。

4.2 产品标记

FX/WJ/SG XX-XX-XX

——规格(厚/μm,宽/mm,长/m,)

——产品名称

FX——封箱胶黏带;

WJ——文具胶黏带;

SG——上光膜胶黏带。

4.3 规格尺寸偏差

产品规格与尺寸偏差应符合表1规定。

表1 产品规格与尺寸偏差

类 别	宽度允许偏差/mm	长度允许偏差/m	厚度允许偏差/μm
封箱胶黏带	±1.0	订单长度以上	±2
文具胶黏带	±1.0	订单长度以上	±2
冷裱胶黏带	±1.0	订单长度以上	±2

注1:特殊规格及颜色(包括印刷)由供需双方协商确定其偏差,可参照表1。

注2:单卷长度小于50 m,胶带的接头允许有一处;单卷长度大于或等于50 m,允许有二处,但每段胶带长度必须大于5 m,接头牢固且解卷不易断开,有接头胶黏带总数控制在整批货总量的10%以内。

5 要求

5.1 外观

5.1.1 胶黏带围绕筒芯卷取均匀,表面无明显的变形及凹凸折痕,两侧面平整且无溢胶现象。

5.1.2 胶黏带表面色泽均匀;无色斑,杂质;无褪色等影响使用效果的不良现象。

5.1.3 胶黏带解卷时背面无残胶现象。

5.2 物理性能

物理性能应符合表2的规定。

表2 物理性能

项 目		封箱胶黏带		文具胶黏带	上光膜胶黏带
		厚度≤50 μm	厚度>50 μm		
180°剥离力	常态下:N/cm	≥2.0	≥2.5	≥1.5	1.5~3.0
	湿热老化后:N/cm	≥2.0	≥2.5	≥1.5	1.5~3.0
初粘力	斜面滚球法	≥14#	≥14#	≥14#	≥14#
	斜槽滚球法:cm	≤6.0	≤6.0	≤7.0	≤6.0
持粘力	mm/h	≤1.0	≤1.0	≤3.0	≤0.1
	h	≥24	≥24	≥1.5	≥24
拉伸强度/(N/cm)		≥20	≥20	≥12	≥20
断裂伸长率/%		100~180	100~180	—	100~180
低速解卷力/(N/mm)		≤0.2	≤0.2	—	≤0.2

5.3 有害物质限量

用于食品行业包装的胶黏带，不允许污物和刺激性气味。重金属含量应符合要求表3要求。

表3 有害物质限量

项　　目	指　　标
4种有毒元素：铅+汞+镉+铬(六价) (Pb+Hg+Cd+Cr^{6+})总含量	≤0.000 1
PBB(多溴联苯)	禁止使用
PBDE(多溴联苯醚)	禁止使用

6 检验方法

6.1 试验条件

各项检验均应按照其相应的试验方法中所规定的条件进行。

6.2 试样制备

试样在符合5.1试验条件下放置2 h以上，将外侧3～5层揭去，再沿胶黏带长度方向按各项目的试验方法规定制备试片。

6.3 外观

用目测、手感及嗅觉测试检查，将胶黏带以300 mm/min的速度解卷，检查基材是否撕裂，有无脱胶、缺胶、拉丝、色差、起梗、皱纹、脱芯、杂质及刺鼻气味等现象。

6.4 规格尺寸及偏差

6.4.1 宽度检测

取长度为300 mm的胶黏带贴于玻璃板上，用精度不低于0.1 mm的量具，在胶带上大致等分测量3处，取其算术平均值。

6.4.2 长度和接头

采用精度为1.0 mm的钢卷尺，在平面上将胶黏带解卷后测量，并检查接头数量。或将胶黏带平整贴于1.0 M以上的玻璃板或其他光洁平板上，用精度为1.0 mm的钢卷尺逐段测量后累加所得数值。

6.4.3 厚度

按GB/T 7125规定进行。

6.5 物理性能

6.5.1 180°剥离强度

a) 常态180°剥离强度按GB/T 2792规定进行。

b) 湿热老化后180°剥离强度试验：将整卷胶黏带试样置于温度为(65±2)℃，相对湿度为(80±5)%的调温调湿箱中，经24 h后取出，再按GB/T 2792规定进行。

6.5.2 持粘性

按GB/T 4851规定进行。

6.5.3 拉伸强度

按HG/T 3949—2007附录A进行。

6.5.4 断裂伸长率

按HG/T 3949—2007附录A进行。

6.5.5 初粘性

按GB/T 4852规定进行。

6.5.6 低速解卷力

按GB/T 4850规定进行。

6.5.7 **有害物质限量**

按照SN/T 2003.1—2005规定进行。

7 检验规则

7.1 检验分类

产品检验分出厂检验和型式检验两类。

7.2 出厂检验

产品出厂必须经生产厂质量检验部门按本标准规定检验合格后，并附上产品质量合格证，方能出厂。

7.2.1 出厂检验项目

a) 规格；

b) 外观；

c) 初粘性；

d) 常态180°剥离强度；

e) 拉伸强度。

7.2.2 出厂检验组批

同一规格与颜色每班产量为一个检查批，以卷为单位。

7.2.3 出厂检验按GB 2828.1的规定进行，采用特殊检查水平S-3，正常检查一次抽样方案；合格质量水平(AQL)6.5。

7.3 型式检验

有下列情况之一时，应进行型式检验：

a) 正常生产后，配方、工艺有较大改变可能影响质量时；

b) 停产半年以上恢复生产时；

c) 国家质量监督机构或用户提出要求时。

7.3.1 型式检验项目

全项目检验。

7.3.2 型式检验按GB/T 2829的规定进行，采用判别水平Ⅱ的二次抽样方案，样本大小$n_1=n_2=5$。持粘性的检验周期为6个月，不合格质量水平(RQL)65，湿热老化后180°剥离强检验周期为6个月，不合格质量水平(RQL)40。

8 标志、包装、运输和贮存

8.1 标志

8.1.1 产品标志可用中、英文书写。

8.1.2 每箱胶黏带的包装箱外应注明产品名称、商标、规格、数量(或毛重、净重)、体积、执行标准号、生产日期、厂名、厂址、质检印记以及防压、防潮、防晒、防火等标志。各类标志应符合GB/T 191和GB/T 6388的规定，也可以按用户要求增减标志内容，但应与实物一致。每箱产品都应装有产品合格证或产品说明书。

8.2 包装

产品可采用纸箱包装，具体包装形式和包装要求按供货合同办理。

8.3 运输

产品在运输过程中须轻拿轻放，避免横放和挤压，防止阳光曝晒和雨雪淋袭，不得与挥发性溶剂和腐蚀性物品混运。

8.4 贮存

8.4.1 产品贮存温度应不超过 45 ℃,相对湿度不超过 85%的无挥发性溶剂存在的库房内。

8.4.2 为防止产品变形,产品避免横放。

8.4.3 不允许堆放在潮湿的地面上,箱底不允许变形。

8.4.4 在符合本标准运输和贮存的条件下,自生产之日起,产品的保质期一年。

ICS 71.060.10
G 13

中华人民共和国国家标准

GB 22379—2008

工业金属钠

Sodium metal for industrial use

2008-09-18 发布　　　　　　　　2009-09-01 实施

中华人民共和国国家质量监督检验检疫总局
中国国家标准化管理委员会　发布

前 言

请注意本标准的某些内容有可能涉及专利。本标准的发布机构不应承担识别这些专利的责任。

本标准第6章、第7章、第8章为强制性的，其余为推荐性的。

本标准修改采用俄罗斯国家标准ГОСТ 3273：1975(1992年修改单)《工业用金属钠技术条件》(俄文版)。

本标准根据俄罗斯国家标准ГОСТ 3273：1975(1992年修改单)《工业用金属钠技术条件》重新起草。

考虑到我国国情，在采用俄罗斯国家标准ГОСТ 3273：1975(1992年修改单)《工业用金属钠技术条件》时，本标准作了一些修改。有关技术性差异已编入正文中，并在它们所涉及的条款的页边空白处用垂直单线标识。在附录A中给出了这些技术性差异及其原因的一览表以供参考。

本标准自实施之日起HG 2322—1992《工业金属钠》自行废止。

本标准的附录A和附录B为资料性附录。

本标准由中国石油和化学工业协会提出。

本标准由全国化学标准化技术委员会无机化工分会(SAC/TC 63/SC 1)归口。

本标准主要起草单位：天津化工研究设计院、内蒙古兰太实业股份有限公司、洛阳新安电力集团金属钠有限公司、宁夏银川制钠厂。

本标准主要起草人：高鹏、王君、郭保华、张荣春。

本标准为首次发布。

工业金属钠

1 范围

本标准规定了工业金属钠的要求，试验方法，检验规则，标志，标签、包装、运输、贮存和安全要求。

本标准适用于工业金属钠。该产品主要用作有机合成和某些金属冶炼的还原剂，合成橡胶的催化剂，石油的脱硫剂等，还用作化工、医药产品的原料。

2 规范性引用文件

下列文件中的条款通过本标准的引用而成为本标准的条款。凡是注日期的引用文件，其随后所有的修改单(不包括勘误的内容)或修订版均不适用于本标准，然而，鼓励根据本标准达成协议的各方研究是否可使用这些文件的最新版本。凡是不注日期的引用文件，其最新版本适用于本标准。

GB 190—1990 危险货物包装标志

GB/T 191—2008 包装储运图示标志(ISO 780:1997，MOD)

GB/T 1250 极限数值的表示方法和判定方法

GB/T 3049—2006 化工产品中铁含量测定的通用方法 邻菲啰啉分光光度法(ISO 6685:1982，EQV)

GB/T 6678 化工产品采样总则

GB/T 6682—2008 分析实验室用水规格和试验(ISO 3696:1987，MOD)

GB 15258 化学品安全标签编写规定

HG/T 3696.1 无机化工产品 化学分析用标准滴定溶液的制备

HG/T 3696.2 无机化工产品 化学分析用杂质标准溶液的制备

HG/T 3696.3 无机化工产品 化学分析用制剂及制品的制备

3 分子式、分子量

3.1 分子式：Na

3.2 相对分子质量：22.99(按2007年国际相对原子质量)

4 要求

4.1 外观：银灰色块状，新切断面呈银白色。

4.2 工业金属钠应符合表1要求：

表1 要求

项目		指标		
		优等品	一等品	合格品
金属钠(以Na计)，w/%	≥	99.7	99.5	99.2
钾(K)，w/%	≤	0.04	0.10	—
钙(Ca)，w/%	≤	0.04	0.07	0.10
铁(Fe)，w/%	≤	0.001		
重金属(以Pb计)，w/%	≤	0.005		
氯化物(以Cl计)，w/%	≤	0.005		

5 试验方法

5.1 安全警示

金属钠具有强烈的化学活性，在取样和分析操作时，应严格按照本标准第9章安全要求所规定的进行。

本试验方法中使用的甲醇试剂属于剧毒化学品，操作者须小心谨慎！应避免接触皮肤和吸入蒸汽，如果溅到皮肤上和眼睛里，应迅速用大量清水冲洗。甲醇对神经系统有刺激性，当吸入人体时，会引起失明和中毒；因而应在通风厨中操作。

5.2 一般规定

本标准所用试剂和水，在没有注明其他要求时，均指分析纯试剂和 GB/T 6682—2008 中规定的三级水。

试验中所需标准滴定溶液、杂质标准溶液、制剂及制品，在没有注明其他要求时，均按 HG/T 3696.1、HG/T 3696.2、HG/T 3696.3 的规定制备。

5.3 外观判别

在 5.4.3 切取试料时，在自然光下用目视法判定外观。

5.4 金属钠含量的测定

5.4.1 方法提要

金属钠与乙醇反应再经水解定量生成氢氧化钠溶液，以溴甲酚绿-甲基红为指示剂，用盐酸标准滴定溶液滴定至终点，根据盐酸标准滴定溶液的消耗量，确定钠含量。

5.4.2 试剂

5.4.2.1 体积分数为 95%乙醇；

5.4.2.2 盐酸标准滴定溶液：$c(HCl)\approx 0.1$ mol/L；

5.4.2.3 溴甲酚绿-甲基红指示液；

5.4.2.4 无二氧化碳的水。

5.4.3 分析步骤

用滤纸仔细揩去金属钠上的白油，从中间部位切取约 2.5 g 的钠块，用镊子夹住，迅速放入干燥的称量瓶中，用减量法称量，精确至 0.000 2 g。置于盛有 60 mL 乙醇的 200 mL 烧杯中，盖上表面皿。待钠完全反应并使溶液冷却至室温后，用 20 mL～30 mL 水冲洗表面皿，洗水并入样品溶液。将溶液全部转移至 1 000 mL 的容量瓶内，用水稀释至刻度，摇匀。贮于清洁干燥的塑料瓶中，此溶液为试验溶液 A，用于钠、钾、钙的测定。

用移液管移取 25 mL 试验溶液 A，置于 250 mL 的锥形瓶内。加 10 滴溴甲酚绿-甲基红指示液，用盐酸标准滴定溶液滴定至试验溶液由绿变为暗红色，煮沸 2 min，冷却后继续滴定至溶液再呈暗红色。

空白试验是在移取试验溶液的同时，移取 25 mL 水。其他操作和加入的试剂量与试验溶液相同。

5.4.4 结果计算

金属钠含量以钠(Na)的质量分数 w_1 计，数值以%表示，按式(1)计算：

$$w_1=\frac{[(V-V_0)/1\,000]cM}{m(25/1\,000)}\times 100 \qquad (1)$$

式中：

V——滴定试验溶液所消耗的盐酸标准滴定溶液体积的数值，单位为毫升(mL)；

V_0——滴定空白试验溶液所消耗的盐酸标准滴定溶液的体积的数值，单位为毫升(mL)；

c——盐酸标准滴定溶液浓度的准确数值，单位为摩尔每升(mol/L)；

m——试料的质量的数值，单位为克(g)；

M——钠(Na)的摩尔质量的数值，单位为克每摩尔(g/mol)(M=22.99)。

取平行测定结果的算术平均值为测定结果，两次平行测定结果的绝对差值不大于0.2%。

5.5 钾含量的测定

5.5.1 方法提要

通过测定试样溶液和标准溶液所产生的原子蒸气对钾元素的特定波长的吸光度来确定试样中钾元素的含量。

5.5.2 试剂

5.5.2.1 基准氯化钠；

5.5.2.2 钾标准溶液：1 mL溶液含钾(K) 0.010 mg，临用时配制。

配制：用移液管移取1 mL按HG/T 3696.2配制的钾标准溶液置于100 mL容量瓶中，用水稀释至刻度，摇匀。

5.5.3 仪器

5.5.3.1 原子吸收分光光度计：配有钾空心阴极灯。

5.5.4 分析步骤

5.5.4.1 工作曲线的绘制

取5个100 mL的容量瓶，各加入0.16 g基准氯化钠，分别加入0.00 mL、2.00 mL、4.00 mL、6.00 mL、8.00 mL钾标准溶液(5.5.2.2)，用水稀释至刻度，摇匀。使用乙炔-空气火焰，在波长766.5 nm处将原子吸收分光光度计调至最佳工作状态，以水为参比，测量吸光度。从每个标准参比液的吸光度中减去试剂空白试验的吸光度，以钾的质量(mg)为横坐标，对应的吸光度为纵坐标，绘制工作曲线。

5.5.4.2 试验溶液的配制

用移液管移取25 mL 5.4.3中的试验溶液A，置于铂金或石英制蒸发皿内。以盐酸溶液中和，用广泛pH试纸检验pH接近7，再过量0.2 mL～0.3 mL，置于可调电炉上蒸发至干。残渣以20 mL水溶解后，移入100 mL容量瓶中，加水至刻度，摇匀。此溶液为试验溶液B，用于钾、钙的测定。

5.5.4.3 空白试验溶液的配制

在制备试验溶液的同时，除不加试样外，其他操作和加入的试剂量与试验溶液相同。此溶液为空白试验溶液C，用于钾、钙的测定。

5.5.4.4 测定

在波长766.5 nm处将原子吸收分光光度计调至最佳工作状态，以水为参比，测定试验溶液B和空白试验溶液的吸光度，从工作曲线上查出钾的质量。

5.5.5 结果计算

钾含量以钾(K)的质量分数w_2计，数值以%表示，按式(2)计算：

$$w_2 = \frac{(m_2 - m_1)/1\,000}{m(25/1\,000)} \times 100 \qquad \cdots\cdots(2)$$

式中：

m_2——从工作曲线上查出的试验溶液的钾的质量的数值，单位为毫克(mg)；

m_1——从工作曲线上查出的空白试验溶液的钾的质量的数值，单位为毫克(mg)；

m——试料的质量的数值，单位为克(g)。

取平行测定结果的算术平均值为测定结果，两次平行测定结果的绝对差值不大于0.005%。

5.6 钙含量的测定

5.6.1 原子吸收分光光度法(仲裁法)

5.6.1.1 方法提要

通过测定试样溶液和标准溶液所产生的原子蒸气对钙元素的特定波长的吸光度来确定试样中钙元素含量。

5.6.1.2 **试剂**

5.6.1.2.1 基准氯化钠；

5.6.1.2.2 钙标准溶液：1 mL 溶液含钙(Ca)0.010 mg；临用时配制。

配制：用移液管移取 1 mL 按 HG/T 3696.2 配制的钙标准溶液置于 100 mL 容量瓶中，用水稀释至刻度，摇匀。

5.6.1.3 **仪器**

5.6.1.3.1 原子吸收分光光度计：配有钙空心阴极灯。

5.6.1.4 **分析步骤**

5.6.1.4.1 **工作曲线的绘制**

取 4 个 100 mL 的容量瓶，各加入 0.16 g 基准氯化钠，分别加入 0.00 mL、2.00 mL、4.00 mL、6.00 mL 钙标准溶液。用水稀释至刻度，摇匀。使用乙炔-空气火焰，在波长 422.7 nm 处将原子吸收分光光度计调至最佳工作状态，以水为参比，测量吸光度。从每个标准参比液的吸光度中减去试剂空白试验溶液的吸光度，以钙的质量(mg)为横坐标，对应的吸光度为纵坐标，绘制工作曲线。

5.6.1.4.2 **测定**

将 5.5.4.2 中的试验溶液 B，优等品取 25 mL，一等品、合格品取 20 mL，置于 100 mL 容量瓶中，用水稀释至刻度，摇匀。与 5.5.4.3 留用的溶液 C 一起使用乙炔-空气火焰，在原子吸收分光光度计上，于波长 422.7 nm 处测定吸光度，从工作曲线上查出钙的质量。

5.6.1.5 **结果计算**

钙含量以钙(Ca)的质量分数 w_3 计，数值以％表示，按式(3)计算：

$$w_3=\frac{(m_2-m_1)/1\ 000}{mV/1\ 000}\times 100 \qquad \cdots\cdots(3)$$

式中：

m_2——从工作曲线上查出的试验溶液的钙的质量的数值，单位为毫克(mg)；

m_1——从工作曲线上查出的空白试验溶液的钙的质量的数值，单位为毫克(mg)；

m——试料的质量的数值，单位为克(g)；

V——移取的试验溶液 B 的体积的数值，单位为毫升(mL)。

取平行测定结果的算术平均值为测定结果，两次平行测定结果的绝对差值不大于 0.003％。

5.6.2 **EDTA 络合滴定法**

5.6.2.1 **方法提要**

在 pH 大于 12 的介质中，以钙羧酸钠盐为指示剂，用乙二胺四乙酸二钠标准滴定溶液滴定 Ca^{2+}，过量的乙二胺四乙酸二钠夺取与指示剂络合的 Ca^{2+}，游离出指示剂，根据颜色变化判断反应的终点。

5.6.2.2 **试剂**

5.6.2.2.1 甲醇溶液：质量分数为 85％；

5.6.2.2.2 盐酸溶液：1＋1 和 1＋4；

5.6.2.2.3 氢氧化钾溶液：400 g/L；

5.6.2.2.4 乙二胺四乙酸二钠(EDTA)标准滴定溶液：c(EDTA)≈0.02 mol/L；

5.6.2.2.5 钙羧酸钠盐指示剂；

5.6.2.2.6 溴百里香酚蓝指示液：1 g/L。

5.6.2.3 **分析步骤**

用滤纸仔细揩去金属钠块上的白油，从中间部位切取约 20 g 的金属钠块，用镊子夹住，迅速放入干燥的称量瓶内，用减量法称量，精确至 0.001 g。将试料置于盛有 150 mL 甲醇溶液的 1 000 mL 烧杯中，盖上表面皿。待试料完全溶解冷却至室温后，用水冲洗烧杯壁及表面皿，然后加入 150 mL(1＋4)盐酸溶液和 150 mL(1＋1)盐酸溶液，用蓝色石蕊试纸检验溶液的酸性，若试纸没有变红色，则每次 5 mL

地添加(1+1)盐酸,直到试纸变成红色为止。将烧杯盖上表面皿,置于电炉上加热使溶液沸腾,若溶液仍然浑浊,再添加 5 mL(1+1)盐酸溶液,保持溶液轻沸 10 min。待溶液冷却至室温后,用水冲洗烧杯壁及表面皿,加入 5 滴溴百里酚蓝指示液,再加入足够的氢氧化钾溶液,使溶液由淡黄变淡蓝,最后加入 10 mL 氢氧化钾溶液和少量钙羧酸钠盐指示剂,用乙二胺四乙酸二钠标准滴定溶液滴定至深蓝色为终点。

5.6.2.4 结果计算

钙含量以钙(Ca)的质量分数 w_3 计,数值以%表示,按式(4)计算:

$$w_3 = \frac{cVM}{m \times 1\,000} \times 100 \qquad \cdots\cdots(4)$$

式中:

V——滴定试验溶液所消耗的乙二胺四乙酸二钠标准滴定溶液的体积的数值,单位为毫升(mL);

c——乙二胺四乙酸二钠标准滴定溶液浓度的准确数值,单位为摩尔每升(mol/L);

m——试料的质量的数值,单位为克(g);

M——钙(Ca)的摩尔质量的数值,单位为克每摩尔(g/mol)(M=40.08)。

取平行测定结果的算术平均值为测定结果,两次平行测定结果的绝对差值不大于 0.02%。

5.7 铁含量的测定

5.7.1 方法提要

同 GB/T 3049—2006 第 3 章。

5.7.2 试剂

5.7.2.1 体积分数为 95%乙醇;

5.7.2.2 盐酸溶液:1+1;

5.7.2.3 酚酞指示液:1 g/L;

5.7.2.4 氨水。

其他同 GB/T 3049—2006 第 4 章。

5.7.3 仪器

5.7.3.1 分光光度计:带有 2 cm 的吸收池。

5.7.4 分析步骤

5.7.4.1 工作曲线的绘制

按 GB/T 3049—2006 中 6.3 的规定,用 2 cm 吸收池及相应的铁标准溶液用量,绘制工作曲线。

5.7.4.2 试验溶液的制备

用滤纸仔细揩去金属钠块上的白油,从中间部位切取约 2 g 的金属钠块,用镊子夹住,迅速放入干燥的称量瓶内,用减量法称量,精确至 0.01 g。将试料置于盛有 40 mL 乙醇的 200 mL 烧杯中,盖上表面皿。待试料完全溶解后,加(40~50)mL 水,加 2 滴酚酞指示液。用盐酸溶液滴至溶液红色消失,再过量 3 滴。然后将烧杯放在水浴中加热,至无乙醇气味后再移至可调电炉上,加热蒸发至干。取下烧杯,冷却至室温,加 2 滴盐酸溶液。

用水冲洗蒸干的烧杯,并将溶液全部移入 100 mL 容量瓶中,加水至约 40 mL。

5.7.4.3 空白试验溶液的制备

在另取的 200 mL 烧杯中,加入 40 mL 乙醇,加(40~50)mL 水,加 2 滴酚酞指示液,加 14 mL 盐酸溶液,滴加约 16 mL 氨水至溶液呈现红色,用盐酸溶液滴至溶液红色消失,自"…再过量 3 滴…"开始,按 5.7.4.2 条进行操作。

5.7.4.4 测定

在盛有试验溶液和空白试验溶液的两个 100 mL 容量瓶中,按 GB/T 3049—2006 中 6.4 的规定,自"……必要时,加水至约 60 mL……"开始进行操作。

5.7.5 结果计算

铁含量以铁(Fe)的质量分数 w_4 计，数值以%表示，按式(5)计算：

$$w_4 = \frac{m_2 - m_1}{m \times 1\,000} \times 100 \qquad \cdots\cdots(5)$$

式中：

m_2——从工作曲线上查出的试验溶液中铁的质量的数值，单位为毫克(mg)；

m_1——从工作曲线上查出的空白试验溶液中铁的质量的数值，单位为毫克(mg)；

m——试料的质量的数值，单位为克(g)。

取平行测定结果的算术平均值为测定结果，两次平行测定结果的绝对差值不大于 0.000 5%。

5.8 重金属含量的测定

5.8.1 方法提要

重金属离子与负二价硫离子在乙酸介质中，生成有色硫化物沉淀。重金属元素含量较低时，生成稳定的棕色悬浮液，用目视比色法与限量的标准比色溶液比较以此测定重金属含量。

5.8.2 试剂

5.8.2.1 体积分数为 95%乙醇；

5.8.2.2 乙酸；

5.8.2.3 盐酸溶液：1+1；

5.8.2.4 氢氧化钠溶液：100 g/L；

5.8.2.5 硫化氢饱和溶液：此溶液现用现配；

5.8.2.6 铅标准溶液：1 mL 溶液含铅(Pb)0.025 mg；

配制：用移液管移取 2.5 mL 按 HG/T 3696.2 配制的铅标准溶液，置于 100 mL 容量瓶中，用水稀释至刻度，摇匀。

5.8.2.7 酚酞指示液：1 g/L。

5.8.3 分析步骤

用滤纸仔细揩去金属钠块上的白油，从中间部位切取 2.00 g±0.01 g 的钠块。用镊子夹住迅速放入干燥的称量瓶中，用减量法称量。置于盛有 60 mL 乙醇的 200 mL 烧杯中，盖上表面皿。待试料完全溶解后，用水冲洗表面皿，将试验溶液移至 100 mL 容量瓶中，用水稀释至刻度，摇匀。用移液管移取 25 mL 试验溶液于 50 mL 比色管中，加 1 滴酚酞指示液，用盐酸溶液调节 pH 至中性后，过量 4 mL。放置 10 min 后，再用氢氧化钠溶液调节 pH 至中性(用广泛 pH 试纸检验)。加入 0.4 mL 乙酸溶液，加入 10 mL 新制备的饱和硫化氢溶液，稀释至刻度，摇匀。于暗处放置 10 min。在白色背景下观察，所呈棕色不得深于标准比色溶液。

标准比色溶液是取 1.00 mL 铅标准溶液，置于 50 mL 比色管中，加水至体积为 25 mL，与试验溶液同时同样处理。

5.9 氯化物含量的测定

5.9.1 方法提要

在硝酸介质中，试样中氯化物与加入的硝酸银形成氯化银白色沉淀，在溶液中呈混浊状态，混浊程度与氯离子含量呈正比关系，以此确定试样中氯化物的含量。

5.9.2 试剂

5.9.2.1 甲醇溶液：质量分数为 85%；

5.9.2.2 浓硝酸；

5.9.2.3 硝酸银溶液：10 g/L，临用时配制；

5.9.2.4 硝酸银溶液：0.1 mol/L；

5.9.2.5 氯化物标准溶液：1 mL 溶液含氯(Cl)0.010 mg，临用时配制；

配置：用移液管移取 1.00 mL 按 HG/T 3696.2 配制的氯化物标准溶液置于 100 mL 容量瓶中，用水稀释至刻度，摇匀。

5.9.3 仪器

浊度仪。

5.9.4 分析步骤

5.9.4.1 工作曲线的绘制

取 6 个 100 mL 棕色的容量瓶，分别加入 0.00 mL、5.00 mL、10.00 mL、15.00 mL、20.00 mL、25.00 mL 氯化物标准溶液(5.9.2.5)，加水至约 80 mL，加 5 mL 硝酸，不要摇动，加 5 mL 硝酸银溶液(5.9.2.3)，用水稀释至刻度，摇匀。放入暗箱 1 h，然后用浊度仪读出其浊度，以氯化物的质量(mg)为横坐标，对应的浊度为纵坐标，绘制工作曲线。

5.9.4.2 测定

用滤纸仔细揩去金属钠块上的白油，从中间部位切取约 5 g 的金属钠块，用镊子夹住，迅速放入干燥的称量瓶内，用减量法称量，精确至 0.001 g。将试料置于盛有 50 mL 甲醇溶液的 400 mL 烧杯中，盖上表面皿。待试料完全溶解后，用水冲洗表面皿，用水稀释至 100 mL。将烧杯放入冷水浴中冷却，然后小心加入 15 mL 硝酸，放在可调电炉上，加热蒸发至干，冷却至室温。加 50 mL 水溶解蒸干的固体物，过滤到 100 mL 棕色容量瓶中，用水冲洗至约 80 mL，加 5 mL 硝酸，不要摇动，加 3 mL 硝酸银溶液(5.9.2.4)，用水稀释至刻度，摇匀。放入暗箱 1 h，然后用浊度仪读出其浊度，从工作曲线上查出氯化物的质量。

5.9.5 结果计算

氯化物含量以氯(Cl)的质量分数 w_5 计，数值以%表示，按式(6)计算：

$$w_5 = \frac{m_1}{m \times 1\,000} \times 100 \qquad \cdots\cdots(6)$$

式中：

m_1——根据读出的浊度数值从工作曲线上查出的氯的质量的数值，单位为(mg)；

m——试料的质量的数值，单位为克(g)；

取平行测定结果的算术平均值为测定结果，两次平行测定结果的绝对差值不大于 0.000 3%。

6 检验规则

6.1 本标准采用型式检验和出厂检验。

6.1.1 型式检验：要求中规定的所有指标项目为型式检验项目，在正常情况下每三个月至少进行一次型式检验。有下列情况之一时，必须进行型式检验：

a) 更新关键生产工艺；

b) 主要原料有变化；

c) 停产又恢复生产；

d) 与上次型式检验有较大差异；

e) 合同规定。

6.1.2 出厂检验：金属钠含量、钙含量为常规检验项目，应逐批检验。

6.2 生产企业用相同材料，基本相同的生产条件，连续生产或同一班组生产的同一级别的工业金属钠为一批，每批产品不超过 30 t。

6.3 按 GB/T 6678 的规定确定采样单元数。采样时，从每桶中任意选取一块金属钠，用刀迅速切取(每块切取量不得少于 50 g)。取样总量不少于 300 g。分装于预先注入白油的两个清洁、干燥的瓶中，密封。瓶上粘贴标签，注明：产品名称、生产厂名、等级、批号、采样日期和采样者姓名。一瓶用于检验，一瓶保存备查，保存时间由生产厂根据实际情况确定。

6.4 工业金属钠应由生产厂的质量监督检验部门按本标准的规定进行检验。生产厂应保证所有出厂的工业金属钠产品都符合本标准要求。

6.5 使用单位有权按照本标准的规定，对所收到的工业金属钠进行验收。验收应在货到之日算起的15 d内进行。

6.6 如检验结果有一项指标不符合本标准要求时，应重新自两倍量的包装中采样复验。复验的结果即使只有一项不符合本标准要求时，则整批产品为不合格。

6.7 本标准采用GB/T 1250规定的修约值比较法判定检验结果是否符合标准。

7 标志、标签

7.1 包装桶上应有牢固、清晰的标志，内容包括：生产厂名、厂址、产品名称、等级、净含量、批号或生产日期、生产许可证编号、本标准编号，GB 190—1990规定的"遇湿易燃物品"标志、"腐蚀品"标志和GB/T 191—2008规定的"向上"标志、"怕雨"标志以及符合GB 15258的安全标签。

7.2 每批出厂的工业金属钠都应附有质量证明书，内容包括：生产厂名、厂址、产品名称、等级、净含量、批号或生产日期、生产许可证编号、标志、产品质量符合本标准的证明和本标准编号。

7.3 工业金属钠的包装上加贴或者拴挂符合GB 15258规定的《化学品安全标签》。

8 包装、运输、贮存

8.1 工业金属钠产品采用双层包装。外包装采用铁桶包装，包装材料符合《铁路危险货物运输管理规则》《汽车危险货物运输管理规则》的规定。内包装采用双层聚乙烯塑料袋。包装时将袋内空气排净后，扎紧袋口。每桶净含量40 kg或150 kg。工业金属钠产品的包装质量必须符合《危险货物运输包装通用技术条件》规定的性能试验和检验。

8.2 工业金属钠运输时，必须用密闭的运输工具，严防有水进入包装桶内。运输中注意防水、防热、防撞击，远离易燃物。装有金属钠的桶禁止横放或倒置。

8.3 工业金属钠应贮存于通风、阴凉、干燥防火的库房内，要隔绝热源、火种与氧化剂、酸类。库内地面高于室外地面，库内不得装水管、暖气，库温应控制在30 ℃以下，相对湿度在75%以下。屋顶门窗不得进水。仓库内要留有检查搬运的通道，并备有必要的消防器材。注意防潮、防热、防击、远离易燃物。

8.4 在符合本标准贮存运输条件下，从出厂日期起，工业金属钠产品保质期为1年。

9 安全

9.1 工业金属钠具有强烈的化学活性。能与许多金属或非金属直接化合。在空气中急速氧化。遇水剧烈作用，引起燃烧爆炸。与皮肤接触易引起烧伤。钠落在眼睛内及黏膜上有灼伤危险。凡与金属钠接触的操作人员，必须遵守下列规则：在使用金属钠时必须遵守安全规程。操作人员必须穿着符合规范的工作服，戴眼镜、面罩、橡胶手套，以免与皮肤接触引起烧伤。

9.2 工业金属钠严禁与水接触。金属钠样品必须存在白油中，不能与空气接触。在干燥的空气中易氧化，当温度达115 ℃以上时会自燃。所有涉及金属钠的工作应在通风良好、洁净、干燥、开阔的场所进行。

9.3 在发生火灾的情况下，可使用干沙、干粉、石棉布灭火。不允许使用水及泡沫、酸碱、四氯化碳、二氧化碳灭火器灭火。

附 录 A
（资料性附录）
本标准与俄罗斯国家标准（1992 年修改单）的技术性差异及其原因一览表

表 A.1 给出了本标准与俄罗斯国家标准（1992 年修改单）技术性差异及其原因。

表 A.1 本标准与俄罗斯国家标准（1992 年修改单）技术性差异及其原因一览表

本标准的章条编号	技术差异	原 因
4.2	俄罗斯国家标准只有一个等级，本标准设有三个等级：优等品、一等品、合格品。	根据我国生产实际和用户要求。
4.2	本标准相对应的三个等级的指标参数优于俄罗斯国家标准。	根据我国生产实际和用户要求。
4.2	俄罗斯国家标准设有五项指标：主含量（以 Na 计）、钾含量、钙含量、铁含量、被硫化物沉淀的重金属含量；本标准设有六项指标：金属钠质量分数、钾质量分数、钙质量分数、铁质量分数、重金属质量分数、氯化物质量分数。	根据我国生产实际和用户要求。
4.2	本标准按用户要求增加了氯化物指标。	根据我国用户要求。
5.4	俄罗斯国家标准以甲基橙作指示剂；本标准以溴甲酚绿-甲基红作指示剂。	甲基橙指示剂终点变色不明显，而溴甲酚绿-甲基红指示剂终点突变明显。故采用溴甲酚绿-甲基红作指示剂。
5.6	俄罗斯国家标准采用 EDTA 络合滴定法；本标准采用原子吸收分光光度法。	钙含量很低，采用 EDTA 络合滴定法测定产生误差较大，而用原子吸收分光光度法测定则很准确。
5.7	俄罗斯国家标准采用磺基水杨酸分光光度法；本标准采用 1，10-菲啰啉分光光度法。	目前国内外标准铁含量测定常用方法是 1，10-菲啰啉分光光度法。
5.9	本标准按用户要求增加了测定氯化物含量的试验方法。	根据我国用户要求。

附　录　B
（资料性附录）
本标准与俄罗斯国家标准（1992 年修改单）的结构性差异一览表

表 B.1 给出了本标准与俄罗斯国家标准 ГОСТ 3273:1975（1992 年修改单）的结构性差异。

表 B.1　本标准与俄罗斯国家标准 ГОСТ 3273:1975（1992 年修改单）结构性差异一览表

本标准		俄罗斯国家标准 ГОСТ 3273:1975（1992 年修改单）《工业用金属钠技术条件》	
章节	内　容	章节	内　容
前言	前言	—	—
1	范围	—	—
2	规范性引用文件	—	—
3	分子式、分子量	—	—
4	要求	1	技术要求
4.1	外观	—	—
4.2	表 1 要求	—	—
5	试验方法	2	试验方法
6	检验规则	—	—
7	标志、标签	—	—
8	包装、运输、贮存	3	生产厂的保证
9	安全	—	—

ICS 29.260.20
K 35

中华人民共和国国家标准

GB 22380.1—2008

燃油加油站防爆安全技术
第1部分：燃油加油机防爆安全技术要求

Explosion protected safety technique of the petrol filling station—
Part 1: Explosion protected safety technique requirements for fuel filling dispenser

2008-09-19 发布　　2009-06-01 实施

中华人民共和国国家质量监督检验检疫总局
中国国家标准化管理委员会　发布

前　言

本部分的全部内容为强制性。

GB 22380《燃油加油站防爆安全技术》分以下部分：

——第1部分：燃油加油机防爆安全技术要求；

——第2部分：加油机用安全拉断阀的结构和性能安全要求；

——第3部分：加油机用剪切阀的结构和性能安全要求。

本部分为《燃油加油站防爆安全技术》的第1部分。

本部分修改采用EN 13617-1：2004《燃油加油站　第1部分：计量泵、加油机和潜油泵结构和性能的安全要求》。本部分的章节和条款设置与EN 13617-1一致。

本部分与EN 13617-1：2004相比，主要差异如下：

——标准名称《燃油加油站防爆安全技术　第1部分：燃油加油机防爆安全技术要求》与EN 13617-1：2004不同。

——用符合GB 17930和GB 18351要求的无铅汽油和乙醇汽油，替代了EN 13617-1：2004中EN 228要求的无铅汽油试验溶剂，以适应我国车用成品燃油市场状况。

——在设备选择章节的5.2.1.4中，增加了"危险场所区域划分应符合GB 50156—2002"标准要求，以便于和我国标准体系要求相一致。由此，在5.2.3.3、5.2.1.4和5.2.4.4后增加了相应的"注"，以及修改了EN 13617-1：2004中图A.1、图A.3（在本标准中为图A.2）中相关的场所范围尺寸，删去了图A.2、图A.4～图A.6，并相应修改了5.2.1.4和5.2.1.7的相关要求。

——3.5定义保持了与GB/T 9081一致，同时增加了自带泵加油机和潜油泵加油机的分类解释，取代了EN 13617-1：2004中的3.4和3.7。本部分3.4和3.7空。

——5.2.1.5a）修改为"外壳应符合GB 3836.8或GB 3836.1的规定，可以整体置于2区"。

——5.3.4.4增加了"具有油气回收功能的加油机，其油气分离器排气管道口应连接到油气回收管路上"。

——7.4.1标志要求中，在"符号Ex"后增加了防爆标志、防爆合格证编号内容，以便与GB 3836.1要求相一致。

——本标准中出现的0区设备、1区设备、2区设备分别对应于EN 13617-1：2004标准中的1类设备、2类设备和3类设备，这与我国防爆标准体系要求相一致。

本标准的附录A为规范性附录，附录B为资料性附录。

本标准由中国电器工业协会提出。

本标准由全国防爆电气设备标准化技术委员会（SAC/TC 9）归口。本标准委托全国防爆电气设备标准化技术委员会负责解释。

本标准起草单位：南阳防爆电气研究所、国家防爆电气产品质量监督检验中心、正星科技有限公司、天津化工研究设计院、沈阳航天新阳机电有限责任公司、托肯恒山科技（广州）有限公司、北京三盈联合石油技术有限公司、南京东富石油自动化设备有限公司、厦门市榕兴新世纪石油设备制造有限公司、德莱赛稳加油设备（上海）有限公司。

本标准主要起草人：张刚、季鹏、陈建明、徐刚、周凤文、袁顺昌、李书朝、霍永乐、刘恒云。

燃油加油站防爆安全技术
第1部分:燃油加油机防爆安全技术要求

1 范围

GB 22380 的本部分适用于安装在加油站的燃油加油机(以下简称“加油机”),以不大于 200 L/min 的流量给车辆、船只、轻型飞机或移动式罐体容器添加液体燃油,以及在−20 ℃~+40 ℃环境下使用或贮藏液体燃油(超出该温度范围时,应采取其他措施,并且由制造商和用户、检验机构之间协商)。

本部分涉及加油机在正常工作条件下和制造商可以预见的状况下使用时,与这些设备有关的主要危险、危险程度和危险事件(见第4章)。

本部分规定了设备的选型、结构和性能方面的安全要求。

本部分没有对噪音以及与运输、安装有关的危险作出规定。

本部分不包括对计量方式的要求。

本部分不考虑油气回收率。

注:本部分所述的液体燃料不含液化石油气(LPG)。

2 规范性引用文件

下列文件中的条款通过 GB 22380 的本部分的引用而成为本部分的条款。凡是注日期的引用文件,其随后所有的修改单(不包括勘误的内容)或修订版均不适用于本部分,然而,鼓励根据本部分达成协议的各方研究是否可使用这些文件的最新版本。凡是不注日期的引用文件,其最新版本适用于本部分。

GB 3087 低中压锅炉用无缝钢管(GB 3087—1999,neq ISO 9329-1:1989)

GB 3836.1—2000 爆炸性气体环境用电气设备 第1部分:通用要求(eqv IEC 60079-0:1998)

GB 3836.2—2000 爆炸性气体环境用电气设备 第2部分:隔爆型“d”(eqv IEC 60079-1:1990)

GB 3836.3—2000 爆炸性气体环境用电气设备 第3部分:增安型“e”(eqv IEC 60079-7:1990)

GB 3836.8 爆炸性气体环境用电气设备 第8部分:“n”型电气设备(GB 3836.8—2003,IEC 60079-15,MOD)

GB 3836.14 爆炸性气体环境用电气设备 第14部分:危险场所分类(GB 3836.14—2000,idt IEC 60079-10:1995)

GB 3836.15 爆炸性气体环境用电气设备 第15部分:危险场所电气安装(煤矿除外)(GB 3836.15—2000,eqv IEC 60079-14:1996)

GB 4208 外壳防护等级(IP 代码)(GB 4208—2008,IEC 60529:2001,IDT)

GB 4943 信息技术设备的安全(GB 4943—2001,idt IEC 60950:1999)

GB/T 5013.4—2008 额定电压 450/750 V 及以下橡皮绝缘电缆 第4部分:软线和软电缆(IEC 60245-4:2004,IDT)

GB 5226.1 机械安全 机械电气设备 第1部分:通用技术条件(GB 5226.1—2002,IEC 60204-1:2000,IDT)

GB 5310 高压锅炉用无缝钢管(GB 5310—1995,neq ASTM A335:1990)

GB/T 5464 建筑材料不燃性试验方法(GB/T 5464—1999,idt ISO 1182:1990)

GB 6479 高压化肥设备用无缝钢管(GB 6479—2000,neq ISO 9329-2:1997)

GB/T 9081 机动车燃油加油机

GB 9948 石油裂化用无缝钢管(GB 9948—2006,ISO 9329-2:1997,NEQ)

GB 10543—2003 飞机地面加油和排油用橡胶软管及软管组合件(ISO 1825:1996,NEQ)

GB 14048.3 低压开关设备和控制设备 第3部分:开关、隔离器、隔离开关及熔断器组合电器(GB 14048.3—2008,IEC 60947-3:2005,IDT)

GB 14536.1 家用和类似用途电自动控制器 第1部分:通用要求(GB 14536.1—2008,IEC 60730-1:2003,IDT)

GB/T 15706.1 机械安全 基本概念与设计通则 第1部分:基本术语和方法(GB/T 15706.1—2007,ISO/TR 12100-1:2003,IDT)

GB/T 15706.2 机械安全 基本概念与设计通则 第2部分:技术原则(GB/T 15706.2—2007,ISO/TR 12100-2:2003,IDT)

GB/T 16855.1 机械安全 控制系统有关安全部件 第1部分:设计通则(GB/T 16855.1—2005,ISO 13845-1:1999,MOD)

GB/T 16856—1997 机械安全 风险评价的原则(EQV PREN 1050:1994)

GB 17930 车用汽油

GB/T 18033 无缝铜水管和铜气管

GB 18351 车用乙醇汽油

GB 50156—2002 汽车加油加气站设计与施工规范

ISO 11925-3 对火反应试验 直接受火的建筑产品的可燃性 第3部分:多火源试验

EN 1127-1 爆炸性环境、爆炸的预防与防护 第1部分:Ⅱ类环境防爆基本概念与方法

EN 12874 阻火器-性能要求、试验方法和使用限制

EN 13012 燃油加油站-燃油加油机用自封油枪结构和性能要求

EN 13463-1:2001 潜在爆炸性环境用非电气设备 第1部分:基本方法和要求

EN 13483:2005 燃油计量加油系统内部带有油气回收装置的软管和软管组件-技术要求

HD21.13 S1 额定电压为450/750 V及以下的聚氯乙烯绝缘电缆 第13部分:具有两根或更多导线的耐油聚氯乙烯铠装电缆

3 术语和定义

本部分使用GB 3836.14、GB/T 9081和GB/T 15706.1中及下列术语和定义。

3.1

油气分离器 air and/or vapour separator

用来连续分离和清除含在液体中的空气或气体的装置。

3.2

输油软管组件 delivery hose assembly

连接油枪的挠性输油系统。

3.3

柱形延伸 column extension

从加油机液压外壳向上延伸的结构件。

3.4

3.5

燃油加油机 fuel dispensers

用来给车辆、船只、轻型飞机或移动式罐体容器添加液体燃料,并对其进行计量的测量和输送系统。它包括液体流量计、附加装置和辅助装置。一般分两种:一种为自身含有抽吸功能测量系统的自带泵加油机;另一种与自带泵加油机类似,自身不带抽吸泵,依靠安装在远离加油机的泵进行抽吸的加油机(如潜油泵加油机)。

3.6

多油品加油机　multi product metering pump/dispenser

能够输送一种以上液态油品的加油机。可以包括一种以上基础燃油混合的输送系统。

3.7

3.8

加油站　filling station

为液体燃料输入机动车辆、轮船和小型飞机油箱及移动式容器而建立的场所。

3.9

危险场所　hazardous area

爆炸性气体环境出现或预期可能出现的数量达到足以要求对电气设备的结构、安装和使用采取专门措施的区域。

3.10

非危险场所　non-hazardous area

爆炸性气体环境预期不会大量出现以致不要求对电气设备的结构、安装和使用采取专门预防措施的区域。[见 GB 3836.14—2000]

3.11

计量装置　metering unit

连续测量液体燃料输送量的装置。

3.12

安全拉断阀　safe-break

在车辆带着向车辆油箱输油的油枪运动的事故情况下，能减少燃料泄露并且停止燃料流动的装置；这可以在规定的拉力范围内将油枪和加油机之间分离来实现。

3.13

防爆型式　type of protection

为防止电气设备引起周围爆炸性气体环境引燃而采取的特定措施。

3.14

加油机液压外壳　fuel dispensers hydraulic housing

加油机中对液体和/或油气设备提供机械保护的外壳部分。

3.15

自封油枪　automatic delivery nozzle

油枪　nozzle

在加注燃油过程中能控制流量的机械装置，包括出口和自动关闭机构。[见 EN 13012]

3.16

油气回收油枪　vapour recovery nozzle

在内部附加一个可回收油气通路的油枪。[见 EN 13012]

3.17

油枪座　nozzle boot

放置油枪或油气回收油枪的外壳支架，通常为部分封闭结构。

3.18

油枪传感器　nozzle sensor

油枪位于油枪座的探测装置。

3.19

油气屏障　vapour barrier

限制危险场所的密封系统。

3.20

剪切阀　shear valve

冲击截止阀　impact check valae

通常开启的阀，受冲击或热作用时动作关闭，阻止来自压力源的液流，并且在动作之后持续保持关闭。

3.21

视油器　sight glass

核查测量系统是否全部或部分充满液体的装置。

3.22

油气回收系统　vapour recovery system

装在或附在加油机上，将从燃油箱中置换出来的油气返回并导入储罐的油气管路系统。

3.23

油气回收泵　vapour pump

位于油气回收系统中为抽吸油气提供真空的泵。

3.24

栅板　screen

带孔的外围，可以装饰泵或加油机的外观或提供其他相关辅助功能。

3.25

油气管路　vapour pipe

油气回收系统的管道，不包括该油气回收系统的输油软管装置和油气回收油枪。

3.26

收卷系统　retraction system

帮助收回输油软管或油气回收输油软管的装置。

3.27

软管箱　hose cassette

主要用于存放输油软管或油气回收输油软管的单独箱体。

3.28

正常运行　normal operation

指设备在其设计参数范围的运行状况。

注 1：可燃性物质的少量释放可以看作是正常运行。例如：靠泵输送液体时从密封口释放可看作是少量释放。

注 2：故障(例如，泵密封件、法兰衬垫的损坏或偶然产生的泄露等)包括紧急维修或停机等都不能看作是正常运行。

3.29

外罩　cladding

不作为结构、承载用途，但是构成外壳物理保护的外部板件。

3.30

油气聚集　vapour trap

设备中不通风的部分，油气可能在此聚集，产生比其周围更大危险的区域。

3.31

预设输送量　preset delivery

预设　preset

在输送开始之前，直接在加油机上设定或远程设定输送燃油的最大体积(最高价格)。

3.32

预设减速　preset slowdown

预设输送量的最后环节，在此环节通过加油机设定限制流速，达到精确完成输送量目的。

3.33

流量　flow rate

在正常工作情况下，输送的体积流量，单位为 L/min 或 m^3/h。

3.34

潜在点燃源　potential ignition source

能引起爆炸性环境发生点燃的任何能量释放源。

3.35

高位软管入口连接　high hose inlet joint

当安装设备时，输送软管装置在设备上的安装位置高于地平面 2 m 的连接。

3.36

可拆卸联接　de-mountable joint

在结构上可以装配和拆卸的联接。

3.37

远距离输送系统　satellite delivery system

与加油机连接的远距离输送系统。

3.38

单向阀　check valve

通常为关闭状态，正常工作情况下允许液体单向流过的阀。

3.39

灾害性故障　catastrophic failure

导致不安全状态不可逆转的损害性故障。

3.40

例行试验　routine test

产品制造完成后在每个部件单元和整机上进行的试验。

3.41

供电顺序　powering up sequence

对设备供电的内部顺序。

4　主要危险一览表

本章包括的主要危险和危险程度，是通过对加油机有效的危险评定确定的，要求采取措施消除或降低这些危险。

为了确认是否存在这些危险，在使用本部分前，应对加油机进行危险评定。加油机的各种主要危险见表 1。

表 1　各种主要危险一览表

根据 GB/T 16856—1997 附录 A 的各种主要危险		与设备有关的主要危险、危险位置、危险程度或可能发生的危险事件	安全要求
序号	危险类型	—	本部分中的条款
1	机械零件或工件引起的机械危险，例如 a) 形状； b) 相关位置； c) 质量和稳定性(重力作用下可能移动元件的势能)； d) 质量和速率(在受控或非受控运动中元件的动能)； e) 机械强度不够； f) 移动部件。	传动带及轴	5.3.6.2、7.3

表 1（续）

根据 GB/T 16856—1997 附录 A 的各种主要危险		与设备有关的主要危险、危险位置、危险程度或可能发生的危险事件	安全要求
序号	危险类型	—	本部分中的条款
1.9	高压液流注入或喷出危险	软管、导管等内部的液体	5.3.1.5、5.3.1.6、5.3.3.2、5.3.4
2	以下原因引起的电气危险	—	—
2.1	人与带电部件的接触(直接接触)	电气元件，例如电动机、电磁阀、控制系统、灯具	5.3.2
2.2	人与故障状态下带电部件的接触(间接接触)	电气元件，例如电动机、电磁阀、控制系统、灯具	5.3.2
2.4	静电现象	传动带、软管和外罩	5.3.4.1、5.3.3.4、5.3.4.3
3	热危险导致	—	—
3.1	可能的爆炸引起的燃烧及其他危害	电气或非电气部件或电荷可能引起可燃性环境的引燃	5.1、5.2、5.3
7	因设备处理或使用的原料和物质(及其组份)造成的危险	—	—
7.1	与有害液体、气体、烟雾、烟尘和粉尘的接触或吸入引起的危险	元件、导管、软管这些部件的密封	5.3.3、5.3.4
7.2	燃烧或爆炸危险	爆炸性环境中，电气与非电气部件产生的火花或高温	5.1、5.2、5.3
10	由于以下原因造成意外起动，意外的越限/超速(或任何类似的故障)	—	—
10.1	控制系统故障/异常	意外液流形成爆炸性环境	5.3.1.2、5.3.4.2
10.2	断电后恢复供电	意外液流形成爆炸性环境	5.3.1.2
10.3	外部对电气设备的影响	意外液流形成爆炸性环境	5.3.1.2、5.3.2.1
10.5	软件出错	意外液流形成爆炸性环境	5.3.1.2
10.6	操作失误(人员素质和能力)	意外液流形成爆炸性环境	5.3.1.2、5.3.1.3、7.2
11	设备失控，不可能停止	意外液流形成爆炸性环境	5.3.1.2、5.3.1.3、5.3.4.2
13	电源故障	意外液流形成爆炸性环境	5.3.1.2
14	控制电路故障	意外液流形成爆炸性环境	5.3.1.1、5.3.1.2、5.3.1.3、5.3.2
15	安装错误	泄漏	7.3
16	运行中停机	泄漏	5.3.1.1、5.3.1.4、5.3.1.6、5.3.4.7
17	物件跌落或液体喷出	移动部件和喷射出的燃油	5.3.4、5.3.6
18	设备或部件的晃动或松动/设备倾覆	正常使用下加油机稳定性 车辆移动	5.3.1.6、6.1.5、5.3.4.7、7.3

5 安全要求和/或保护措施

5.1 防爆措施

5.1.1 防爆措施按照附录 B。

5.1.2 所有用于危险场所的设备、部件及保护系统应符合 GB 3836.1—2000 及 EN 13463-1:2001 规定的ⅡA 等级、T3 组温度的最低要求。

5.2 设备的选择

5.2.1 概述

5.2.1.1 本部分中的危险场所仅指由露天场所(户外有顶棚)单个加油机形成的场所。

5.2.1.2 本部分所述的“危险场所”及“区域”,仅限于选择设备、保护系统及保护措施。

5.2.1.3 所有对 IP54 防护等级的要求,是指 GB/T 4208 中 IP54 2 类的要求。

5.2.1.4 危险场所是在加油机内部及其周围形成的,危险场所区域划分应符合 GB 50156—2002 中 B.0.3 条要求,以及 GB 50058、GB 3836.14、GB 3836.15 相关要求,其危险场所范围可以由类型 1 或类型 2 的油气屏障加以限制。

注:对于不符合 5.2.1.1 情况或系统设备部件的相关间距、防护等结构要求达不到本部分要求的环境场所,将可能导致危险区域扩大或危险区域等级增加,这时需按照 GB 3836.14 和 GB 3836.15 进行危险场所划分和设备选型及安装。

5.2.1.5 2 区内的外壳应为:

a) 外壳应符合 GB 3836.8 或 GB 3836.1 的规定,可以整体置于 2 区;或

b) 应保证最小的通风能力使外壳的呼吸区面积至少 80% 在非危险场所中,并且应符合 5.3.7.4 从外壳内部向非危险场所呼吸的要求。

5.2.1.6 加油机液压外壳内部为 1 区,可使用 0 区、1 区设备,除非潜在的释放源被降低到满足 GB 3836.14 的要求。外壳的防护等级至少应为 IP23。

5.2.1.7 加油机外壳外部的危险场所范围由下列因素确定:

a) 用于限制 1 区的外壳防护等级至少应为 IP23,在其外部周围存在 2 区,该区域可使用 0 区、1 区或 2 区设备,其范围应符合 5.2.1.4 规定。

b) 用于限制 1 区的外壳防护等级至少应为 IP54,在其外部周围存在 2 区,该区域可使用 0 区、1 区或 2 区设备,其范围见图 A.2,其中水平各方向及下至地面的 2 区范围应符合 5.2.1.4 规定。

c) 用于限制 1 区的外壳防护等级至少应为 IP67,在其外部周围存在 2 区,该区域可使用 0 区、1 区或 2 区设备,其范围见图 A.1,其中水平各方向及下至地面的 2 区范围应符合 5.2.1.4 规定。

5.2.1.8 油气回收系统中容纳油气的部件内部为 0 区,其内部应使用 0 区设备。

5.2.1.9 除 5.2.2 外,连续不渗透的管道(无渗透即小于每天 0.1 g/m^2),可把危险区(内部)与非危险区(外部)隔离。

5.2.1.10 如果含有 0 区油气或含有燃油的管道具有可拆卸的连接件,并且管道的连接件位于敞开的空气中,那么该连接处就存在 2 区环境,应使用 0 区、1 区或 2 区设备(如 5.2.1.7.a))。

5.2.2 管道及软管渗透性

在通风外壳内的所有传输燃油或油气的系统应采用下列防渗透措施,使外壳以内满足 1 区定义,在其内部应使用 0 区或 1 区设备:

a) 管道:小于或等于每天 2 g/m^2。试验按照 IP(石油学会)“加油站地下管道系统渗透性能的规定”。

b) 软管:小于或等于每天 12 mL/m。按照 EN 13483 的规定。

通风要求参照 5.3.7。

符合性应按照管道及软管制造厂的声明进行验证。

5.2.3 油枪区域——仅释放油气

5.2.3.1 不工作时的油枪，在其周围水平 200 mm、垂直向上 50 mm 以内，且向下直到地面范围内为 2 区，应使用 0 区、1 区或 2 区设备。

5.2.3.2 油枪安装在外壳外部并且距加油机外壁大于 50 mm 处，如果加油机在位于距油枪口水平 200 mm 内，垂直向上 50 mm，向下直到地面范围内的外壁防护等级为 IP54，则油枪释放源不会对壁的另一侧形成危险区域。见图 1 和图 2。

图 2 表示油枪超出外壳顶部和防护等级为 IP54 的外壳壁的情况。

5.2.3.3 油枪安装在外壳外部并且距加油机外壁不大于 50 mm 处，如果加油机在位于距油枪口水平 200 mm 内，垂直向上 50 mm，向下直到地面范围内的外壁防护等级为 IP67，则油枪释放源不会对壁的另一侧形成危险区域。见图 3。

注：若 5.2.3 所述的油枪区域已被 5.2.1.4 或 5.2.1.7 所述的 2 区覆盖，则其危险区域划分范围应同时符合 5.2.1.4 或 5.2.1.7 要求。

单位为毫米

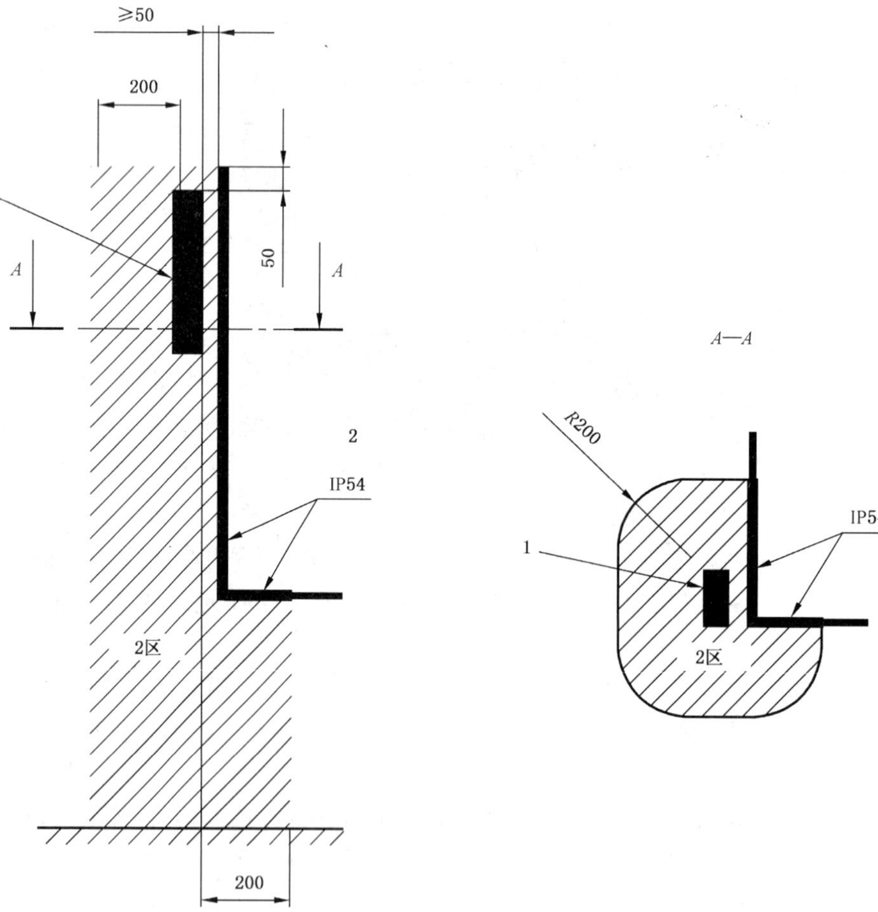

1——油枪；

2——非危险区。

图 1 油枪位置在外壳外部(50 mm＜与外壳间距≤200 mm)

单位为毫米

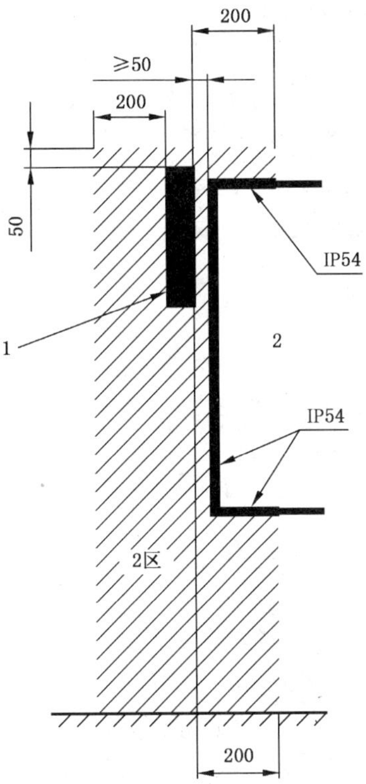

1——油枪；

2——非危险区。

图 2　油枪位置在壳体外部(50 mm＜与外壳间距≤200 mm)

单位为毫米

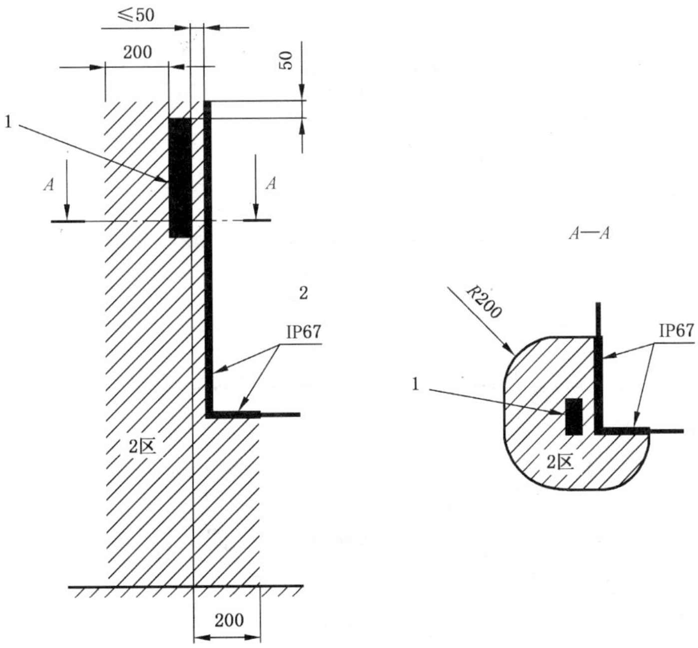

1——油枪；

2——非危险区。

图 3　油枪位置在外壳外部(与外壳间距≤50 mm)

5.2.4 油枪座区域

5.2.4.1 油枪座内部为1区,其内部应使用0区或1区设备。

5.2.4.2 油枪座应防止存留燃油,并能向外排出燃油,排出的燃油不应造成附加的危险。见图5。

5.2.4.3 当油枪座是由内壁连续无缝的凹形槽组成,同时:

——油枪枪座的后壁直至壁的最低边缘防护等级不低于IP67;

——凹形槽水平200 mm、垂直向上到50 mm范围内的壁,其防护等级不低于IP54。

则油枪释放源不会对壁的另一侧形成危险区域。见图4,图5和图6。

单位为毫米

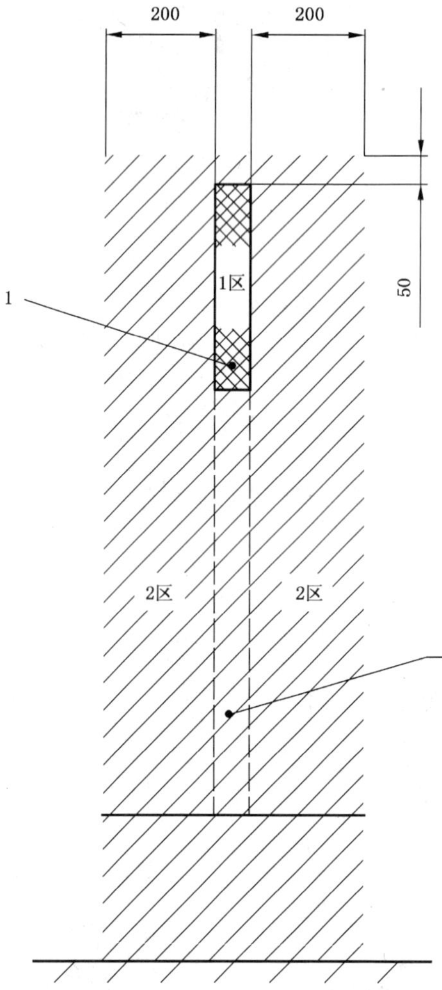

1——油枪座。

图4 油枪座区域,正视图

单位为毫米

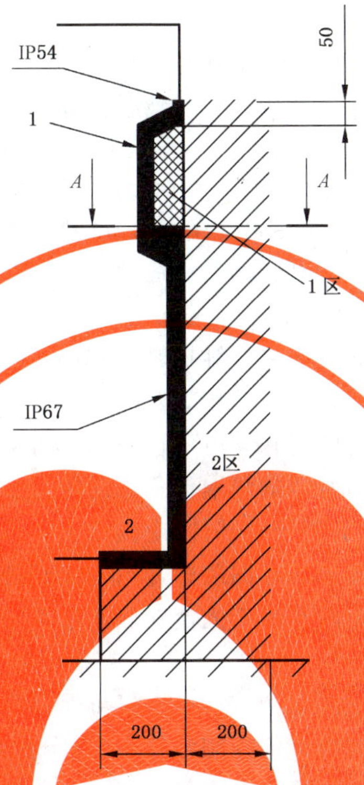

1——油枪座；

2——非危险区域。

图 5 油枪座区域，侧视图

单位为毫米

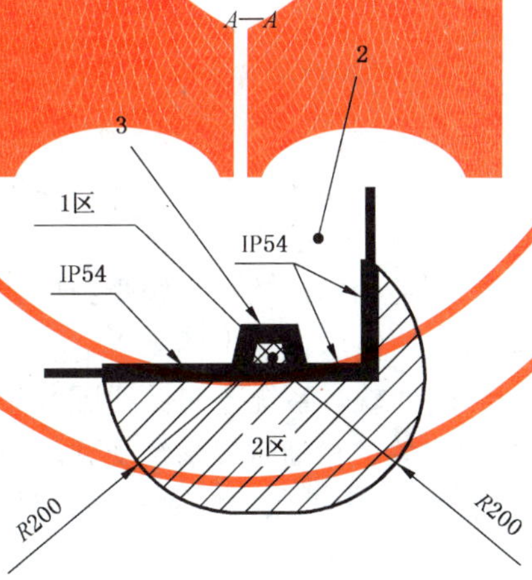

2——非危险区域；

3——连续的。

图 6 油枪座区域，俯视图

5.2.4.4 从油枪座流出的油会沿着任何回流面蔓延，或流入非危险区。应采取措施防止燃油：

——进入非危险区，或

——在表面或下面的密封壳体上聚积。

注：若 5.2.4 所述的油枪座区域已被 5.2.1.4 或 5.2.1.7 所述的 2 区覆盖，则其危险区域划分范围应同时符合 5.2.1.4 或 5.2.1.7 要求。

5.3 安全要求、保护措施、结构和性能

5.3.1 通用要求

5.3.1.1 概述

5.3.1.1.1 加油机应满足本条款中的安全要求和/或保护措施。

另外，对于本部分中没有涉及的非主要危险(如锋利的边沿)，其设备设计应符合 GB/T 15706.1 和 GB/T 15706.2 要求。

注：通过应用一定的标准，例如 GB 4208、GB 5226.1、GB 14536.1 和 EN 13463-1 来降低危险，制造商应进行危险评定来确定其是否达到了标准的要求。这项具体的评定为加油机总体危险评定的一部分。

如果依靠结构布局或安装定位来降低危险时，制造商应在产品使用说明书中列明所采用的降低危险的方法、相关要求的限值及其验证方法。

如果依靠安全操作来降低危险，如在安装或维护时，制造商应在使用说明书中列出安全操作的详细内容，以及操作人员需要培训的详细内容。

5.3.1.1.2 所有用于爆炸性环境内的电气和非电气设备及部件均应按照优良的工艺实践来设计和制造，且应符合相应防爆等级的要求。与所需的防爆设备相适应。

暴露于爆炸性环境中易产生静电的非导电部件，应满足 EN 13463-1:2001 中 7.4 的规定。

5.3.1.1.3 加油机(包括软管箱)应配置防渗漏装置，防止燃油泄露进入加油机下方地面。

5.3.1.1.4 加油机和辅助输油系统应具有用于固定在底座或其他基础上的安装方式。

5.3.1.2 控制

加油机的设计结构应该满足在电源开启状态时，电机可保持停止，控制阀能保持关闭。在电源开启之前或开启瞬间，已动作的油枪传感器或其他控制装置不能使机器加油，在关联电机和/或控制阀正常启动动作之前，油枪传感器或其他控制装置需要重新动作。

控制系统中与安全有关的部件应符合 GB/T 16855.1 的要求。

加油机应具有根据燃油等级进行传输或记录数据的功能，以便确定输送燃油的总体积。

应采取措施，使其能防止加油机内独立的输油系统工作时，系统的其他输油部分被使用。

当出现故障停止输油后，必须经手动操作，方可重新启动。

5.3.1.3 流量控制

5.3.1.3.1 油枪传感器的动作机构，包括其所有的连动部分，应设计成正常运行时能防止传感器损坏或影响其正常功能的结构。

5.3.1.3.2 连接有一个或多个出口压力源的加油机每一侧，应采取措施确保：

a) 当所有的油枪都在枪座上时，输油软管系统不能受到压力源的压力。

b) 当从枪座上提起油枪时，只有相关的输油软管系统受到压力源的压力。

5.3.1.3.3 加油机计量泵的每一侧应采取措施确保：

a) 当所有的油枪都在枪座上时，输油软管系统不能受到压力源的压力。

b) 当从枪座上提起油枪时，只有相关的输油软管系统受到压力源的压力。

5.3.1.3.4 对有预设输送量模式的加油机，应采取措施防止在预设量完成后，因油枪没有关闭而使燃油继续流出。

5.3.1.4 流量

加油机应有限制最大流量的措施，使其不超过任何部件的允许流量。

注：加油机的最大流量应按照 GB/T 9081 或其他油气回收要求的规定来确定。

附属部件如油枪、安全拉断阀，应根据其出口处相适应的最大流量来选择。

5.3.1.5 工作压力

应具有调整措施，保证加油系统的工作压力不超过 350 kPa。

5.3.1.6 稳定性

当按 6.1.5 试验时，应符合下列要求：

a) 加油机及其计量泵应不能离开支座；

b) 加油机及其计量泵应不受严重损坏；

c) 电气安全性能不降低；

d) 液压装置和软管箱内部渗漏的液体不超过 4 L，外部不超过 1 L。

注：可以增加符合要求的安全拉断阀来满足此项要求。

5.3.1.7 油气屏障

使用油气屏障时，应符合附录 A 的要求。

5.3.2 电气设备

5.3.2.1 概述

所有用于爆炸性环境中的电气设备，应满足 GB 3836.1 的要求，其具体的防爆类型、标准见表 B.1。

应符合 GB 3836.1、GB 3836.15、GB 5226.1 和 GB/T 9081 相关条款的规定。

5.3.2.2 灯的标志

危险场所用灯具和小照明装置，应在设备上或设备旁边设置永久性标志标示其额定电压和功率。

5.3.2.3 电缆绝缘电阻

加油机内电源应具有断开功能，以便从非危险场所到把加油机连接到远距离处的所有电力电缆，能够施加 500 Vdc 电压进行绝缘试验(不包括 PELV 电缆)。

允许电气设备设计外罩或可拆卸的盖，以便于手动断开电力电缆。

手动断开装置应使指定人员或经过培训的人员易于操作。

断开装置应保证：

a) 连接到断开装置上的所有外部电力电缆，能够进行相与接地间及各相间的试验；

b) 危险场所内所有加油机电力电缆和设备能进行电源电路和接地之间的试验。

5.3.2.4 危险场所用电缆

用于危险场所内的电缆应符合 GB 3836.15 和 HD21.13 S1，或 GB 3836.15 和 GB/T 5013.4，或按照 6.1.4 试验且满足下列要求：

a) 当按照 6.1.4.2 试验时，护套或表面结构不应有明显的损坏，并且不出现裂缝或裂纹；

b) 当按照 6.1.4.3 试验时，试样不应产生裂缝或裂纹，并且不出现电击穿；

c) 当按照 6.1.4.4 试验时，试样不应产生裂缝或裂纹；

d) 当按照 6.1.4.5 试验时，不应出现电击穿且测定的绝缘电阻值应不小于 100 MΩ；

e) 当按照 6.1.4.6 试验时，在外腔体内无气体点燃。

5.3.2.5 绝缘和隔离

5.3.2.5.1 为了避免电源引起电击危险，以及在危险场所能引起点燃火花的非本质安全电源带来的危险，在进行维修、试验或检查时，仍然带电的所有这类电源和导电部件应按照 GB 5226.1 的相关条款来进行绝缘或屏蔽，以防意外接触。

5.3.2.5.2 电源，如电池、蓄电池和在 10 s 内不能将储能降低到 0.2 mJ 以下的电容器，应视为潜在的点燃源，因而应对其进行绝缘或隔离。隔离的措施应按照下列要求进行：

a) 所有的相导体均应进行隔离；和

b) 隔离措施应能阻止接触危险场所电气设备外壳内部，并且与安装的危险区域相适应；和

c) 对于不超过 24 V 的电源，隔离应符合 GB/T 14048.3，或接点间隙符合 GB 14536.1，或接点之间能通过 500 V 介电试验；或

d) 对于超过 24 V 的电源，所有隔离措施应符合 GB/T 14048.3。

注：中性导体或负极导体应视为相导体。

5.3.2.6 在非危险区域内的化学电池

对加油机显示器或其他设备供电的化学电池可能形成爆炸性环境，自身会形成危险区域。

因此，电池应置于通风场所，如果电池位于内部无危险区域的壳体内，那么在壳体上部和下部都应开设通风排气孔，外壳防护等级应不高于 IP33。

任何电池元件或半组装式电池应安装在有上、下通风排气孔的外壳内，外壳防护等级应不高于 IP33。

电池和其外壳的结构应符合 GB 3836.3—2000 第 5 章有关气体扩散及电池连接方法的规定。符合性应按照制造厂的声明进行验证。

这些规定仅适用于电池和电池组，不适用一次性放电的原电池。

5.3.3 非电气设备部件

5.3.3.1 概述

用于潜在爆炸性环境中的所有非电气设备部件，应满足 EN 13463-1 的要求，对特殊防爆类型应选择符合相关的标准。

用于加油机（含计量泵及潜油泵）内 1 区的非电气设备部件应符合 1 区设备的要求（EN 13463-1 中的 2 类设备）。

5.3.3.2 通过液体燃油或油气的管道和配件应由适合该液体燃油或油气的材料制成。

5.3.3.3 所有管道、管道配件及焊料的熔点应大于 310 ℃。

按照 6.1.7.2 试验时，应无严重损害如破裂。

注：具有相应材料等级和截面，并且符合 GB 3087、GB 5310、GB 6497 和 GB 9948 的钢管及符合 GB/T 18033 的铜管，为符合本部分中 6.1.7 要求的材料。

5.3.3.4 为了防止油枪和容器注油管颈之间放电引起点燃，选择的材料和部件应保证油枪喷嘴和接地之间电阻小于 10^6 Ω，试验见表 3。

5.3.3.5 通过液体燃油或油气的管道、配件和元件应由难燃或不然性材料制成。

试验应按照 GB 5464 来进行。

通过液体燃油或油气的管道、配件和元件的材料应不会受使用环境影响。部件应使用耐腐蚀材料或有耐腐蚀保护层的材料。

符合性应通过供应商对所使用材料有关规定的声明进行验证。

5.3.3.6 选择的材料应能防止电解腐蚀，可以采用在材料上涂保护层的方式。

符合性应通过供应商对所使用材料有关规定的声明进行验证。

5.3.4 液压装置

5.3.4.1 概述

通过液体燃油的管道、配件和元件及有关的密封件和垫片应按照 6.1.3 来测试：

a） 按照 6.1.3.3 试验时，应无严重损害如破裂；

b） 按照 6.1.3.4 试验时，应无泄漏。

用于燃油或油气管道、配件和元件的密封件和垫片，按照 6.1.8 实验应无泄漏。

注：对使用同样材料和类似机械结构的同类密封件和/或垫片，仅需对代表性的密封件或垫片进行试验，而对用于加油机中已试验过的密封件则无需重新试验。

燃油或油气可能通过的管道、配件和元件不应构成加油机承载框架的一部分。这种管道和元件可支撑外罩。

用于连接加油机及其计量泵或潜油泵到储油罐之间输油管的所有连接器应全部置于防泄漏板/薄膜上方。

如果安装单向阀，则应采取措施允许系统吸油侧的油能返回到储油罐内，不污染地面。

用于 1 区内的皮带，应具有防静电功能。［见 EN 13463-1］

5.3.4.2 油枪

每一输油胶管组件都应连接油枪，油枪应符合 EN 13012 要求。

5.3.4.3　**输油软管组件**

输油软管组件应按照 GB 10543 或 EN 13483 来提供和安装。

输油软管组件及其端部接头，其结构应设计成不用打开盖子就可以看见泄漏，这些要求不妨碍使用抗扭结套管和/或其他装置。

安装到输油软管组件上的抗扭结套管和包覆软管组件的其他装置，应设计成一旦出现收缩则允许通风和液体蒸发的结构。

5.3.4.4　**油气分离器**

由油气分离器分离的任何空气和/或油气应通过在液压外壳内部或外部的排气管道口排出。具有油气回收功能的加油机，其油气分离器排气管道口应连接到油气回收管路上。

应采取措施防止液体燃油通过空气和/或油气分离器的排气管喷出。

5.3.4.5　**浮子**

系统可能承受压力的浮子应进行 1.4 MPa 的压力试验，历时 60 s，压力试验后用肉眼观察浮子应不变形且能正常运行。

5.3.4.6　**视油器**

如果安装视油器，则应按照 6.1.2 试验，且满足下列要求：

a)　按 6.1.2.2 试验时应无可见裂纹；

b)　按 6.1.2.3 试验时应无可见裂纹；

c)　按 6.1.2.4 试验时应无明显的泄漏。

5.3.4.7　**剪切阀**

所有连接到单个或多个压力源(如潜油泵)出口的加油机，应有措施安装一个或多个剪切阀，使其在加油机意外离开固定支座或着火时自动中止油品流动。

这种措施应在安装说明中明确规定。

剪切阀输出管道应牢固地安装在加油机机架上，以便把冲击力传递到剪切阀上。

5.3.4.8　**高位软管入口连接区域**

在高位软管入口连接结构上(无视油器)，如果软管接头全部在加油机外壳以外，并且不打开盖子就可看见泄露，同时接头的结构符合如下要求时，就不会形成附加的危险区域：

输油管的端部配件应为非重复利用型，而且接头满足 GB 10543 或 EN 13483 的连接要求。

5.3.5　**油气回收系统**

5.3.5.1　从油枪到第一个阻火器的管道孔径最大限定为 15 mm。

5.3.5.2　油气通过的所有部件及相关密封件均应按照 6.1.6 进行试验，结果不应产生严重损坏。

5.3.5.3　如果在加油机内部安装了油气回收泵，则油气回收泵压力侧管道内的最大工作压力不应超过 50 kPa，油气回收泵应符合 EN 13463-1 的规定。

5.3.5.4　阻火器结构应符合 EN 12874 的规定。

5.3.5.5　在液压外壳内部或其他任何等效区域，油气回收系统和周围区域之间的界面应防止火焰传播，或者应当按 6.1.6 要求进行 1 MPa 的压力试验后仍保持密封。在该外壳外部，油气回收吸气装置的上游不要求防止火焰隔离。

5.3.5.6　油气回收系统应至少用一个阻火器以防火焰从一个工作着的油枪传播到另一个工作的油枪。阻火器可以和油气回收泵一起进行检验。

5.3.5.7　阻火器应设置在加油机正常使用条件下，任何潜在点燃源和油气管线的现场连接点之间。

注：用户和试验人员必要的活动是正常使用。由车辆造成设备的严重损坏，或维护和使用过程中等情况下油气回收系统的零件分离视为非正常使用。

5.3.5.8　应采取措施防止受压的油气/空气混合物从油气回收系统进气口喷射。

5.3.6 外壳

5.3.6.1 外壳应提供机械保护以防止人体触及内部设备。

5.3.6.2 外壳包括外罩应有紧固措施，并且其结构仅能使用工具才能打开。外壳的各部件应保持紧固以避免松动时产生危险。

5.3.6.3 液压外壳应符合 GB/T 4208 的规定，其防护等级不低于 IP23。

5.3.6.4 在危险区内的所有外部表面应承受按照 GB 3836.1—2000 规定的Ⅱ类设备高能量冲击试验。

冲击试验之后，表面仍能达到其 IP 等级。

外罩应为非燃性的，按照 ISO 11925-3 F 类点火源进行试验，燃烧 180 s，不应持续燃烧、产生燃烧残渣、引起完全燃烧或持续闷燃。

5.3.6.5 如果软管接头直接位于非危险区域内的外壳上方，并且可能漏油时，应防止泄漏燃料进入外壳。

5.3.7 通风

5.3.7.1 油气聚集

在加油机的计量泵/液压外壳中和其他存在危险区域的部件中，应禁止油气聚集。

5.3.7.2 液压装置

加油机液压外壳内部应对流通风，通风孔的总有效面积须不小于 8 000 mm^2，或是加油机底座上液压外壳内部最大水平截面积 3.5%中的较大者。上述最小通风面积至少 50%应在外壳下部侧面，并且总的最小通风面积应在外壳相对侧面分布，面积比约在 0.9～1.1 之间。

5.3.7.3 软管箱

软管箱外壳内部应对流通风，通风孔的总有效面积须不小于 8 000 mm^2，或是加油机底座上软管箱内部的最大水平截面积 3.5%中的较大者。上述最小通风面积至少 50%应在软管箱外壳下部侧面，并且总的最小通风面积应在外壳相对侧面分布，面积比约在 0.9～1.1 之间。

软管箱和液压外壳之间应用防护等级不低于 IP2X 的壁分隔。

5.3.7.4 外壳局部在危险区域

外壳局部在危险区域时(见 5.2.1.5b))，应在位于非危险区的外壳部分设置布局合理的通风孔，面积至少 10 mm^2。

5.3.7.5 柱形延伸

5.3.7.5.1 油气屏障上方的柱形延伸

1 型和 2 型油气屏障上方外壳的柱形延伸不要求通风。

5.3.7.5.2 无油气屏障的柱形延伸

封闭结构的柱形延伸应视作相应危险区域的延伸，除非：

a) 不小于 25%的表面积形成一个或多个通向自由空气的气孔；并且

b) 通风完全延伸到液压外壳的接合处，从而保证在最低的通风孔以下无油气聚集。

5.4 与电磁现象相关的安全要求

设备应有足够的抗电磁干扰性能，在出现制造商规定的干扰等级或类型时，加油机能安全运行不出现危险。制造商应在设备及其部件设计、安装及接线时考虑部件供应商的建议。[见 GB/T 9081]

6 试验

6.1 型式试验

6.1.1 通则

应按顺序进行 6.1.2 到 6.1.9 的所有试验。

所有压力以大气压为准，即压力计压力。

所有试验应在(20±5)℃的条件进行,另有说明的除外。

6.1.2 视油器的试验

6.1.2.1 目的

检验视油器是否有足够的强度,判定标准见 5.3.4.6。

6.1.2.2 冲击试验

试验应按照 GB 3836.1 中对有或无保护罩透明部件的Ⅱ类设备要求进行。

对无保护罩的视油器冲击能量为 4 J。

对有保护罩的视油器冲击能量为 2 J。

用肉眼检查损坏情况,并作记录。

6.1.2.3 压力试验 1

以正常方式与其安装部件装配在一起的视油器应承受 $1.4^{+0.01}_{0}$ MPa 的压力,历时时间 60^{+5}_{0} s,60^{+5}_{0} s结束后释放压力(试验用液体可以是水)。

用肉眼检查损坏情况,并作记录。

6.1.2.4 压力试验 2

以正常的方式与其安装部件装配在一起的视油器应承受 525^{+10}_{0} kPa 的压力,历时时间不少于 60^{+5}_{0} s。(试验用液体可以是水)。

检查泄漏情况,并作记录。

6.1.3 燃油封闭系统的压力试验

6.1.3.1 目的

检查燃油封闭系统是否有足够的强度,判定标准见 5.3.4.1。

6.1.3.2 程序

燃油封闭系统的油料入口,应连接到能提供液压的装置上。

6.1.3.3 破裂试验

把软管端部堵住进行 $1.4^{+0.01}_{0}$ MPa 的压力试验,时间不小于 60^{+5}_{0} s。观察出现的情况,并作记录(试验用液体可以是水)。

6.1.3.4 渗漏试验

把软管端部堵住进行 525^{+10}_{0} kPa 的压力试验,时间不小于 60^{+5}_{0} s。观察出现的情况,并作记录(试验用液体可以是水)。

6.1.4 电缆试验

6.1.4.1 目的

为确认非铠装合成橡胶和/或塑料绝缘的带半钢性或韧性护套的电缆是否适用于加油机。除非另有规定,试验在温度(20±5)℃上进行。判定标准见 5.3.2.4。

6.1.4.2 溶剂试验

电缆试样应暴露在下列溶剂的蒸气中至少 176 h:

——甲醇;

——乙醇;

——按照 GB 17930 规定的溶剂中;

——按照 GB 18351 规定的溶剂中。

对于每种溶剂使用单独的试样,溶剂的剂量应足够多。

整个暴露时间应是一个周期(66±2)h 和七个周期(17±1)h 形成,以此顺序。每一暴露周期之后,继之应有一个干燥周期,此时试样从溶剂蒸气中取出来,放置新鲜空气中进行强制通风至少 6 h 一个周期。

检查试样电缆情况并做记录。

6.1.4.3 冲击试验

在(66±2)h 的周期溶剂试验结束之后的 1 小时内，试样应放在图 7 示出设备的钢基座之上和淬火钢中间块之下。

该试验用质量为 1 kg 的冲击锤，自高度 h=0.5 m 垂直跌落在淬火钢中间块上。试验结束后试样从设备上取下。

在放大 10 倍的情况下检查样品并做记录。

在每个导体依次与其他导体或连到一起的其他导体之间，按表 2a)或表 2b)的规定施加试验电压，历时时间 60^{+5}_{0} s。

验证试样是否能承受试验电压而无击穿，记录结果。

6.1.4.4 低温弯曲试验

溶剂试验最后的干燥周期结束后的 2 h 之内，取适当长度的电缆试样，在(－20±2)℃的温度或制造商声明的低限温度条件下保持一个周期，时间不小于 4 h。在试验周期结束时试样仍然在冷冻箱内时，将试样绕圆形卷筒弯曲 90°，然后在另一只圆形卷筒上向相反方向弯曲 180°，接着再将试样伸直到原来的位置。所有的弯曲操作均在同一个平面上进行。

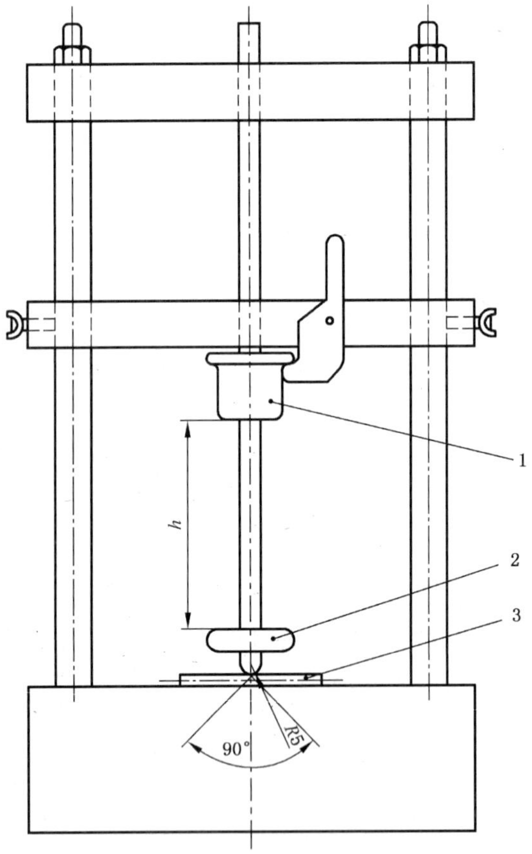

1——冲击锤；

2——淬火钢；

3——试样。

图 7 冲击试验试验装置

表 2　试验电压

	电缆额定电压	试　验　电　压
a)	电气设备的标称电源电压峰值不超过 90 V	500 V($1^{+5\%}_{0}$)(有效值)
b)	电气设备的标称电源电压($U_{n\ rms}$)峰值大于 90 V	(1 000+U_n)V($1^{+5\%}_{0}$)(有效值)
c)	电气设备的标称电源电压($U_{n\ rms}$)峰值大于 90 V	(1 500+2 U_n)V($1^{+5\%}_{0}$)(有效值)

该弯曲操作应进行 2 次。

注：为了操作者的安全，建议进行弯曲操作时戴绝热手套。

试样从冷冻箱中取出之后，在放大 10 倍的情况下检验试样，并且记录试样状况。

6.1.4.5　**电压和绝缘电阻试验**

6.1.4.5.1　**通则**

用一层金属箔包裹弯曲试验用过的电缆试样护套，为避免电压作用，该金属箔应接在离电缆端部及护套尾部至少 25 mm 处终止。

6.1.4.5.2　**电压试验**

在每个导体之间以及每个导体与金属箔之间，依次施加按表 2a)或表 2c)规定的试验电压，历时时间 60^{+5}_{0} s。

观察试验电压击穿试样的情况，记录观察结果。

6.1.4.5.3　**绝缘电阻试验**

在 6.1.4.5.2 试验结束之后应立即测量 6.1.4.5.2 中所采用试样的绝缘电阻。

在每个导体之间以及每个导体与金属箔之间，依次用 500 V 直流电压对绝缘电阻进行测量。记录电阻值。

6.1.4.6　**电缆/电缆引入装置的火焰传播试验**

6.1.4.6.1　**概述**

已经取得防爆合格证的隔爆型电缆引入装置不需再进行试验。

6.1.4.6.2　**试验设备**

一个不小于加油机中最大的、安装电缆末端接线的外壳，净容积在 1 L～10 L 范围内的近似正方体密封容器。在其侧壁上有许多孔以便适应不同引入装置的试验，或者在不需要情况下允许堵塞住。容器应配备有进气口和出气口，并且在容器中心配备有点燃气体的点燃装置。

6.1.4.6.3　**试验电缆**

如果试验只涉及单个的特定电缆/电缆引入组件，则试验应在这些特定的组件上进行。如果需要对规定类型的系列电缆进行试验，则用于试验的电缆试样应包括：

——电缆内部 3 根最大横截面的芯线导体；

——最大芯线数量的最小横截面导体。

如果试验涉及非专业电缆，或电缆横截面可能预计存在气隙或泄漏通道，则试验电缆可用上述试样或下述专门准备的试样，但由试验机构选择两者之中条件最严酷的电缆进行试验。

试验电缆至少应有 20%截面未填充并且应有一个导体布局，以便给出最不利的条件。

试验电缆的试样应按引入装置制造商的说明书准备，并装入电缆引入装置，尺寸如图 8 所示。

导体端部应适当密封以防导体绞合线之间或绞合线与绝缘之间火焰传播的可能性。

6.1.4.6.4　**试验气体**

试验气体混合物应符合 GB 3836.2—2000 中 15.2 的规定。

6.1.4.6.5　**温度**

试验期间，利用任何便捷的方法将电缆芯的温度升至 70 ℃。

如果满足电缆材料和结构的要求，电缆温度上升不会增加试验期间火焰传播的可能性，那么试验机构可以放弃该要求。

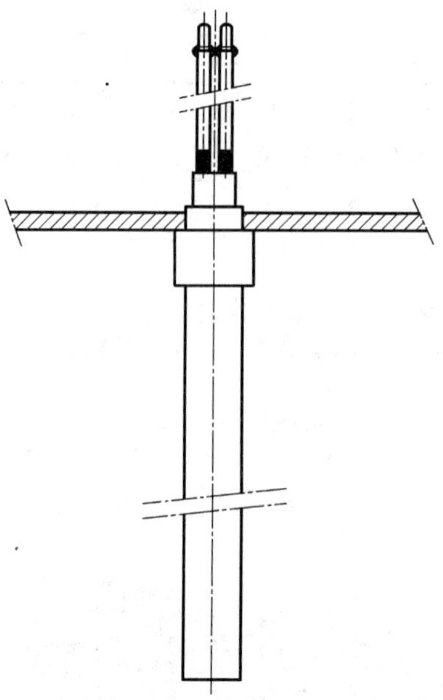

电缆端部要密封好，以隔离热的气体。长度 22.5×D_1，式中：D_1 为包括绝缘的芯线直径。电线总长度 25×D_1(1±10%)。如果是屏蔽线，屏蔽部分长度 2.5×D_1，内护套直径是 D_2，内护套的长度应等于 D_2(1±10%)。

电缆外径是 D_3。

引入装置外部电缆长度应为 20×D_3(1±10%)。

图 8 火焰传播试验的试验装置

6.1.4.6.6 程序

电缆/电缆引入装置被固定试验容器上。

试验容器放置在另外的空腔内，并且试验容器与外空腔之间应充满试验气体。

电缆温度应升至试验温度。

点燃试验容器中的试验气体。

上述试验程序应重复 4 次。

观察试验容器外部气体点燃情况并且记录结果。

6.1.5 稳定性试验

6.1.5.1 目的

确认加油机(包括计量泵、潜油泵)是否充分稳定，判定标准见 5.3.1.6。

6.1.5.2 程序

加油机应按制造商的说明书安装并输送燃油，经过软管施加的力在 50 s 到 70 s 间逐渐上升至 2 000 N，保持 120 s 到 130 s(通过油枪施加拉力)。力的作用方向使其相对固定支座产生最大弯曲力矩。

观察发生的情况并记录结果。

6.1.6 油气回收系统的压力试验

6.1.6.1 目的

确认油气回收系统是否有足够的强度，判定标准见 5.3.5.2。

6.1.6.2 程序

堵塞软管端部，在 $1^{+0.01}_{0}$ MPa 下试验，历时 60^{+5}_{0} s。

观察发生的情况，并记录结果。

6.1.7 材料评定

6.1.7.1 目的

确认材料是否有足够的强度，判定标准见 5.3.3.3。

6.1.7.2 程序

管道或其他组件材料的试样应暴露于试验液体，按 GB 17930 和 GB 18351 规定分别为无铅汽油和乙醇汽油，在(20±2)℃时一个周期不少于 24 h。

在制造商声明的最低环境温度±2 K 时，试验试样应在 $1.4^{+0.01}_{0}$ MPa 下试验，历时不少于 60^{+5}_{0} s。

观察所发生的情况并记录结果。

另一个试验试样在温度(310±5)℃、压力 525^{+10}_{0} kPa 下试验，历时不少于 60^{+5}_{0} s。

观察所发生的情况并记录结果。

6.1.8 密封件和衬垫的评定

6.1.8.1 目的

确认密封件与衬垫是否有足够的强度，判定标准见 5.3.4.1。

6.1.8.2 程序

密封件与衬垫应分别浸入符合 GB 17930 和 GB 18351 要求的无铅汽油和乙醇汽油中，时间不少于 1 000 h。

密封件与衬垫应正常装配在部件上，或模拟装配在正常使用的部件上，在 525^{+10}_{0} kPa 的压力下试验，历时 60^{+5}_{0} s。

观察发生的情况并做记录。

6.1.9 电气试验

6.1.9.1 接地保护电路的持续有效性

基本信息见 GB 5226.1 相关条款。

使用 50 Hz、10 A 电流的 PELV 电源，每次试验时间应为 10 s。

在主 PE 接线端和各种组成保护接地电路的金属部件如机架等之间进行试验。

测量点与 PE 端之间的电阻应≤0.1 Ω(电压降为 1 V)。合格判据见表 3。

6.1.9.2 绝缘电阻试验

基本信息见 GB 5226.1 的相关条款。

绝缘电阻应在电源连接件与 PE 端之间、电压为 500 V 直流时进行测量。合格判据见表 3。

6.1.9.3 电压试验

基本信息见 GB 5226.1 的相关条款。

在电源连接端与 PE 端之间施加 50 Hz、1 000 V 电压，历时 1 s。合格判据见表 3。

6.1.9.4 功能试验

应按制造商规定的技术要求对电气设备的功能进行试验。对与功能有关的安全性能如急停等应特别注意。

6.2 例行试验

6.2.1 电气试验

电气试验应按表 3 的规定进行。

表 3 例行电气试验

试验	要求	试验方法
接地保护电路的连续性	电阻应小于 0.1 Ω	6.1.9.1
绝缘电阻	绝缘电阻应大于 1 MΩ	6.1.9.2
电压试验	在 U_{ac}=1 000 V 时绝缘不击穿	6.1.9.3
功能试验	按产品说明书功能正常	6.1.9.4
油枪管对地电阻	绝缘电阻应小于 1 MΩ	低电压欧姆表

6.2.2 液压试验

每一个部件单元均应承受下列之一的压力试验，并确保无泄漏：

a) 当按照6.2.2.1试验时应无泄漏；或

b) 当按照6.2.2.2试验时，第一个压力读数与第二个压力读数的差不大于10 kPa；或

c) 当按照6.2.2.3试验时，输入流量应不超过5 cm^3/min。

6.2.2.1 用液体对具液压回路的所有部分增压至工作压力。保持该压力时间至少20 s。在加压的同时检查渗漏情况。

6.2.2.2 用压缩空气对液压回路所有部分增压。关闭空气分离器，打开所有阀门，使系统各部分增压至350^{+10}_{0} kPa。使用精度为±1 kPa的压力测量仪器记录初始压力。等待5^{+1}_{0} min之后，读取并记录另一个压力读数。

6.2.2.3 用压缩空气对液压回路所有部分增压。关闭油气分离器，打开所有阀门，使系统各部分增压至350^{+10}_{0} kPa。使用精度为±1 kPa的压力测量仪器记录此压力，测量并记录为保持该压力必须输入的液体流量。

7 使用信息

7.1 概述

根据GB/T 15706.2的规定应提供使用信息，作为附加条款。

7.2 符号和警示标志

应在加油机适当位置标注附加信息：

——基本操作指示；

——警示标志(图标)。

这些信息应为：

——标志、符号和警示文字应容易理解，不引起歧义；

——便于理解的符号(图标)，可能的情况下图标应优先于警示文字；

——警示文字应使用中文语言。

7.3 随机文件

制造商应提供加油机(包括计量泵、潜油泵等)有关安装、操作及维护的安全使用说明书，见GB/T 15706.2相关条款。使用说明书要同时兼顾设备最终用户和加油站人员的需要。

在加油机设计阶段，设计者应对紧急切断装置的可靠性、数量及安装位置进行危险评价，以便在紧急状态下切断燃料的流动。按照GB 5226.1要求，在厂家提供的产品文件中，应该对如何执行紧急切断功能进行说明。

按照GB 3836.14要求，制造商应提供危险区域划分类型和范围的图纸，帮助油站业主和操作者划分区域。

某些安装型式，胶管不用时可以拖在地面上，制造商应在产品说明书中对防止这些胶管受损坏给予指导。

建议产品说明书中给出下列警示：

“针对设备的任何修改都可能导致设备的认证失效”。

制造商的产品文件应给出最低照明亮度的建议。

7.4 标志

7.4.1 加油机明显部位应设置标牌，标牌应具备下列最基本的标志内容：

——制造商名称和地址；

——符号 Ex 及防爆标志、防爆合格证编号(见 GB 3836.1—2000 第 27 章);

——出厂日期;

——产品型号规格;

——系列号,如果有;

——国家标准编号;

——超过温度范围－20 ℃～＋40 ℃时的环境温度。

7.4.2 直接印刷到加油机上的信息应在设备的整个使用寿命中永久不退。

附 录 A
（规范性附录）
油气屏障的分类

A.1 概述

油气屏障仅与油气有关。

所有对 IP54 防护等级的要求，是指 GB 4208 中 IP54 2 类的要求。图 A.1 和图 A.2 所示的 IP 等级，是限定危险场所范围所必需的。

1 型或 2 型油气屏障应能隔离 1 区和非危险区。

A.2 1 型油气屏障

有一个隔离壁且符合 GB 4208 的 IP67 防护等级，为 1 型油气屏障，见图 A.1。

单位为毫米

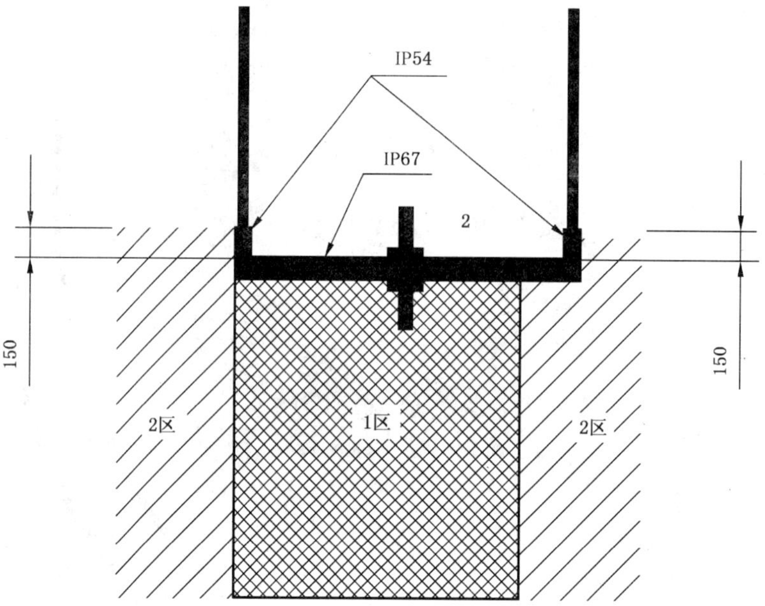

2——非危险区域。

图 A.1 1 型水平油气屏障

A.3 2 型油气屏障

有两个隔离壁且每一个壁都符合 GB/T 4208 的 IP54 防护等级，同时有不小于 20 mm 的空气间隙，为 2 型油气屏障。

空气间隙应设计成没有油气聚集的结构。

如果通过空气间隙的气流被电缆、屏蔽物或其他物体限制，则空气间隙的实际有效宽度应大于 20 mm。如果空气间隙有障碍，则在所有情况下实际的最小对流通风截面至少为 $L\times 20$ mm，其中 L 是油气屏障对流通风截面的最大长度。

有障碍物情况下，空气间隙的实际宽度 d(mm)用下列公式计算：

$$d = 20\frac{L}{(L-s)}A_F$$

式中：

s——指对流通风截面中障碍物(电缆，螺栓等)的累计宽度值；

L——指油气屏障对流通风截面的最大长度；

A_F——屏蔽系数，是空气间隙一个屏蔽面的总面积除以该屏蔽面上所有孔的总面积。

屏蔽孔的直径或屏蔽孔隙的宽度至少为 5 mm。

见图 A.2。

A.4 典型油气屏障

A.4.1 1 型水平油气屏障

A.4.2 2 型水平油气屏障

单位为毫米

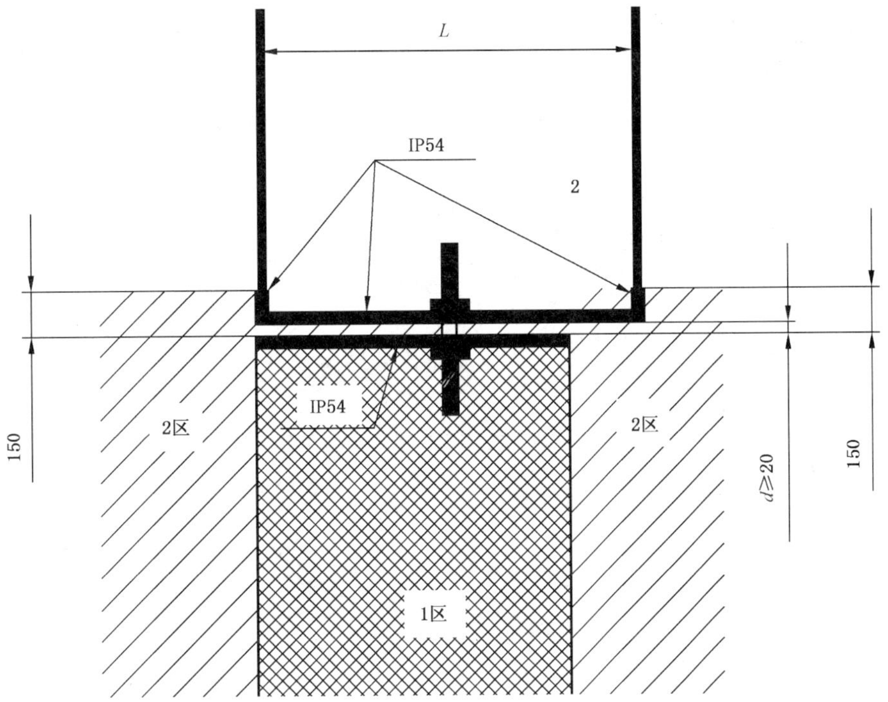

2——非危险区域。

图 A.2 2 型水平油气屏障

附 录 B
（资料性附录）
防爆设备的有关资料

标准 EN 1127-1 对可能导致爆炸的危险情况规定了鉴别方法，标准详细介绍了设计和结构方面达到安全要求的措施、设备类别和区域划分的关系，以及不同区域中选用的设备。

GB 3836.14 给出了运用通风对气体和蒸气危险场所进行控制和分类；GB 3836.15 给出了设备选型和安装要求，GB 3836.16 给出了设备检查和维护要求，GB 50156 给出了油站设计与施工规范，GB 50058 对区域的隔离等给出了要求。

设备应按 EN 1127-1 规定的不同类别、GB 3836 系列标准的相关规定和表 B.1 进行评定。

0 区设备：该类设备用于由气体和空气或薄雾混合物（或空气/粉尘混合）形成的爆炸性环境连续出现、长时期出现或频繁出现的场所。

注：通常适用于 0 区危险场所。

1 区设备：该类设备用于由气体、蒸气或薄雾（或空气/粉尘混合物）形成的爆炸性环境可能出现的场所。

注：通常适用于 1 区危险场所。

2 区设备：该类设备用于不可能出现气体、蒸气或薄雾（或空气/粉尘混合物）形成的爆炸性环境的场所，如果出现也是偶尔发生并且是短时间存在的场所。

注：通常适用于 2 区危险场所。

表 B.1 标准允许的防爆型式

防爆型式	符 号	标 准	区 域		
			0	1	2
本质安全型	Exia	GB 3836.4	A	A	A
本质安全型	Exib	GB 3836.4	—	A	A
隔爆型	Exd	GB 3836.2	—	A	A
增安型[1)]	Exe	GB 3836.3	—	A	A
油浸型	Exo	GB 3836.6	—	A	A
正压型	Exp	GB 3836.5	—	A	A
充砂型	Exq	GB 3836.7	—	A	A
浇封	Exm	GB 3836.9	—	A	A
“n”型	Exn	GB 3836.8	—	—	A
本安电气系统	Exi	EN 50039	A	A	A
0 区设备通用要求	—	EN 50284	A	—	—
通用要求[2)]	Exs	GB 3836.1	根据设备标明情况确定是否允许	根据设备标明情况确定是否允许	根据设备标明情况确定是否允许
A＝允许					

1） “Exe”型电气设备用于 1 区时应符合 GB 3836.15 相应要求；

2） 对于标有“Exs”的特殊型设备，应根据设备上标明适用的区域类型选用，并注意设备安装和使用的特殊条件。如：符合 GB 3836.1 要求的 0 区专用特殊设备“Exs”型电气设备适用于 0 区、1 区或 2 区。

ICS 29.130.10
K 43

中华人民共和国国家标准

GB/T 22381—2008

额定电压72.5 kV及以上气体绝缘金属封闭开关设备与充流体及挤包绝缘电力电缆的连接　充流体及干式电缆终端

Cable connections for gas-insulated metal-enclosed switchgear for rated voltages of 72.5 kV and above—Fluid-filled and extruded insulation power cables—Fluid-filled and dry type cable-terminations

(IEC/TS 60859:1999,MOD)

2008-09-19 发布　　2009-06-01 实施

中华人民共和国国家质量监督检验检疫总局
中国国家标准化管理委员会　发布

前　言

本标准修改采用 IEC/TS 60859:1999《额定电压 72.5 kV 及以上的气体绝缘金属封闭开关设备与充流体及挤包绝缘电力电缆的连接　充流体及干式电缆终端》。

本标准与 IEC/TS 60859:1999 的主要差别是:

——将 IEC/TS 60859:1999 的第 1 章范围及第 2 章引用标准作为本标准的 1.1 范围和 1.2 规范性引用文件;

——增加了第 2 章正常和特殊使用条件;

——第 3 章去掉了 IEC/TS 60859:1999 中与本标准 3.1.2 含义相同的 3.7;

——将 IEC/TS 60859:1999 的第 5 章编辑性列于本标准的第 4 章;

——额定电压。去掉了与我国电网无关的额定电压数值,按照 GB/T 11022(或 GB 156)中所列的电压给出,根据我国的实际电压等级增加了 800 kV,1 100 kV;

——将 IEC/TS 60859:1999 的第 4 章供应方界限及图 1、图 2、图 3、图 4、图 5 编辑性列于增加的附录 A;

——将 IEC/TS 60859:1999 的第 6 章设计和结构及第 7 章标准尺寸编辑性列于本标准的第 5 章设计和结构;

——图 A.2 及图 A.4 的标准尺寸采用了 IEC 6227-209 的标准尺寸(见表 A.2、表 A.4),充流体电缆终端与干式电缆终端已不能完全互换,故在第 5 章去掉了有关充流体电缆终端与干式电缆终端互换性的注解;

——将 IEC/TS 60859:1999 的第 8 章试验编辑性列于本标准的第 6 章;

——将 IEC/TS 60859:1999 的图 1、图 2、图 3、图 4 中的表按照我国标准的习惯形式单独编排,作为表 A.1、表 A.2、表 A.3、表 A.4;

——在附录 A 和表 A.2 中去掉了 IEC/TS 60859:1999 第 7 章中与我国电网无关的电压 170 kV 的相关注解;

——按我国机械制图标准,对 IEC/TS 60859:1999 的图 1、图 2、图 3、图 4 及图 5 作了编辑性修改;

——为保证密封性能,将图 A.2 及图 A.4 中的密封面的表面粗糙度由最大 R_{max} 6.3 改为$\overset{3.2}{\sqrt{}}$。

本标准中各章、条的编排顺序与 GB/T 11022 一致,大部分条文的内容与 IEC/TS 60859:1999 相同,不同之处在前述的主要差别中已给予了说明。

本标准的附录 A 是规范性附录。

本标准由中国电器工业协会提出。

本标准由全国高压开关设备标准化技术委员会(SAC/TC 65)归口。

本标准负责起草单位:西安西开高压电气股份有限公司、西安高压电器研究所。

本标准参加起草单位:中国电力科学研究院开关所、国家电力公司华东公司、长江委设计院机电处、新东北电气(沈阳)高压开关有限公司、河南平高电气股份有限公司天水长城开关厂、机械工业高压电器产品质量检验中心(沈阳)、上海华通开关厂有限公司、上海西门子高压开关有限公司、正泰电气股份有限公司、泰开电气集团有限公司、重庆泰高博森电气有限公司、广州白云电器设备股份有限公司、金华电力开关有限公司、浙江昌泰电力开关有限公司、江苏省如高高压电器有限公司。

本标准主要起草人:马曾锐、王建西、严玉林。

本标准参加起草人员:韩书谟、田恩文、赵伯楠、李鹏、吴鸿雁、洪深、张文兵、马平、熊寿春、崔景春、孔祥军、王建西、马曾锐、李建华、孙永恒、张铎、杨大锟、张姝、刘兆林、石凤翔、冯四喜、曹文斌、杨英杰、邹景行、马力、虞宇飞、施文耀、范彧、沈威、杨成懋、吴忠、侯平印、汪建成、叶树新、李小松、王根政。

本标准为首次发布的国家标准。

额定电压 72.5 kV 及以上气体绝缘金属封闭开关设备与充流体及挤包绝缘电力电缆的连接 充流体及干式电缆终端

1 概述

1.1 范围

本标准规定了交流额定电压 72.5 kV 及以上气体绝缘金属封闭开关设备与充流体及挤包绝缘电力电缆连接的充流体及干式电缆终端的额定值、设计和结构、标准尺寸、试验和供应方界限等要求。

本标准适用于交流额定电压 72.5 kV 及以上、额定频率为 50 Hz 的单极或三极气体绝缘金属封闭开关设备的电缆连接，其中的电缆终端为充流体型，电缆绝缘与开关设备的气体绝缘间用绝缘锥隔离。也适用于装有充流体电缆终端的挤包绝缘的电缆连接。

本标准也适用于交流额定电压 72.5 kV 及以上、额定频率为 50 Hz 的单极或三极气体绝缘金属封闭开关设备的挤包绝缘电缆连接，其中的电缆终端为干式，电缆终端中不含任何绝缘流体。

本标准旨在建立电缆终端和气体绝缘金属封闭开关设备间的电气和机械的可互换性，并确定供应方的界限。

为了便于本标准的使用，术语“开关设备”均用于表述“气体绝缘金属封闭开关设备”。

本标准不适用于直接安装于除气体绝缘金属封闭开关设备以外的开关设备中的电缆终端。

1.2 规范性引用文件

下列文件中的条款通过本标准的引用而成为本标准的条款。凡是注日期的引用文件，其随后所有的修改单（不包括勘误的内容）或修订版均不适用于本标准，然而，鼓励根据本标准达成协议的各方研究是否可使用这些文件的最新版本。凡是不注日期的引用文件，其最新版本适用于本标准。

GB 7674—2008 额定电压 72.5 kV 及以上气体绝缘金属封闭开关设备（IEC 62271-203：2003，MOD）

GB 9326.1 交流 330 kV 及以下油纸绝缘自容式充油电缆及附件 一般规定

GB 9326.2 交流 330 kV 及以下油纸绝缘自容式充油电缆及附件 油纸绝缘自容式充油电缆

GB 9326.3 交流 330 kV 及以下油纸绝缘自容式充油电缆及附件 终端

GB/T 11017.1—2002 额定电压 110 kV 交联聚乙烯绝缘电力电缆及其附件 第 1 部分：试验方法和要求（eqv IEC 60840：1999）

GB/T 11017.2—2002 额定电压 110 kV 交联聚乙烯绝缘电力电缆及其附件 第 2 部分：额定电压 110 kV 交联聚乙烯绝缘电力电缆（neq IEC 60840：1999）

GB/T 11017.3—2002 额定电压 110 kV 交联聚乙烯绝缘电力电缆及其附件 第 3 部分：额定电压 110 kV 交联聚乙烯绝缘电力电缆附件（neq IEC 60840：1999）

GB/T 11022—1999 高压开关设备和控制设备标准的共用技术要求（eqv IEC 60694：1996）

GB/Z 18890.1—2002 额定电压 220 kV（U_m= 252 kV）交联聚乙烯绝缘电力电缆及其附件 第 1 部分：额定电压 220 kV（U_m= 252 kV）交联聚乙烯绝缘电力电缆及其附件的电力电缆系统 试验方法和要求（eqv IEC 62067：2001）

GB/Z 18890.2—2002 额定电压 220 kV（U_m= 252 kV）交联聚乙烯绝缘电力电缆及其附件 第 2 部分：额定电压 220 kV（U_m= 252 kV）交联聚乙烯绝缘电力电缆（neq IEC 62067：2001）

GB/Z 18890.3—2002 额定电压 220 kV（U_m= 252 kV）交联聚乙烯绝缘电力电缆及其附件 第 3

部分：额定电压 220 kV(U_m=252 kV)交联聚乙烯绝缘电力电缆附件(neq IEC 62067：2001)

IEC 60141-1 充油和气压电缆及其附件的试验 第 1 部分：交流额定电压 500 kV 及以下的充油、纸或聚丙乙烯纸压绝缘的金属铠装电缆及其附件

IEC 60141-2 充油和气压电缆及其附件的试验 第 2 部分：交流额定电压 275 kV 及以下的内部气压电缆及其附件

IEC 62067 额定电压 150 kV(U_m= 170 kV)到 500 kV(U_m= 550 kV)干式绝缘电力电缆及其附件 试验方法和要求

2 正常和特殊使用条件

GB/T 11022—1999 的第 2 章适用。

3 术语和定义

下列术语和定义适用于本标准。

3.1

电缆终端 cable-termination

安装在电缆末端、与系统的其他部分保证电气连接并保持直到连接点绝缘的设备。本标准中描述的电缆终端有两种类型。

3.1.1

充流体电缆终端 fluid-filled cable-termination

电缆的绝缘与开关设备的气体绝缘间有一隔离绝缘锥的电缆终端。这种电缆终端所包含的绝缘流体作为电缆连接装置的一部分。

3.1.2

干式电缆终端 dry type cable-termination

含有一个与位于电缆的绝缘和开关设备的气体绝缘间的隔离绝缘锥密切接触的弹性的电场强度控制元件的电缆终端。这种电缆终端不需要任何绝缘流体。

3.2

主回路末端 main-circuit end terminal

气体绝缘金属封闭开关设备中形成连接界面的主回路部分。

3.3

电缆连接的外壳 cable connection enclosure

气体绝缘金属封闭开关设备中装有电缆终端及主回路末端的壳体。

3.4

电缆连接装置 cable connection assembly

实现电缆与气体绝缘金属封闭开关设备的机械及电气连接的电缆终端、电缆连接的外壳及主回路末端的组合。

3.5

设计压力 design pressure

用于确定电缆连接的外壳厚度以及承受该压力的(按 GB 7674—2008 的第 3 章)电缆终端部件的压力。

3.6

流体 fluid

“流体”指液体或气体。

4 额定值

在确定电缆连接时，下列额定值适用：

a) 额定电压(U_r)；

b) 额定绝缘水平；

c) 额定频率(f_r)；

d) 额定电流(I_r)和温升；

e) 额定短时耐受电流(I_k)；

f) 额定峰值耐受电流(I_p)；

g) 额定短路持续时间(t_k)；

h) 一个壳体中的极数。

4.1 额定电压(U_r)

电缆连接装置的额定电压(U_r)为电缆和气体绝缘金属封闭开关设备额定电压中的较小值，其值应从下列标准值中选取：

72.5 kV，126 kV，252 kV，363 kV，550 kV，800 kV，1 100 kV。

注：电缆连接装置U_r就是电缆的U_m。

4.2 额定绝缘水平

电缆连接装置的额定绝缘水平应符合GB 7674—2008的4.2。

4.3 额定频率(f_r)

GB 7674—2008的4.3适用。

4.4 额定电流(I_r)和温升

图A.1和图A.2所示的充流体电缆终端及图A.3和图A.4所示的干式电缆终端主回路连接界面的唯一标准值为2 000 A，连接界面的正常承载电流的接触表面应为镀银、镀铜或裸铜。

为了电缆终端的可互换性，连接界面应设计成最高允许温度90 ℃的电缆通过额定电流2 000 A时没有从主回路末端到电缆终端的热传递。

注：由于电缆的最高导体温度受绝缘介质最高运行温度的限制，如果连接界面与电缆终端有热传递，有些电缆绝缘介质就不能耐受为气体绝缘金属封闭开关设备规定的最高温度。当不能满足通过额定电流2 000 A时的最高设计温度90 ℃时，开关设备制造厂应以电流函数的形式提供主回路末端及绝缘气体(SF_6)温升的必要数据。

4.5 额定短时耐受电流(I_k)

GB 7674—2008的4.5适用。

4.6 额定峰值耐受电流(I_p)

GB 7674—2008的4.6适用。

4.7 额定短路持续时间(t_k)

GB 7674—2008的4.7适用。

4.101 一个壳体中的极数

对于$U_r \leqslant$ 126 kV，一个壳体中可以有一极或三极；对于$U_r >$ 126 kV，本标准中仅考虑单极外壳的情况。

5 设计和结构

5.101 耐受压力要求

对于电缆终端外部承受的最高设计压力(相对压力)推荐为0.75 MPa。

如果电缆连接的外壳抽真空是充气过程的一部分，电缆终端应能耐受真空条件。

5.102 作用在电缆终端上的机械力

对于三极连接，电缆终端制造厂应考虑短路时产生的总的动态力，这些力包括电缆终端内部产生的以及来自开关设备主回路的力。开关设备横向施加于连接界面的(图 A.1、图 A.3)及由主回路末端直接传递过来的最大附加力应不超过 5 kN。

对于单极连接附加力虽然很小,连接界面也应能够承受横向施加于其上的 2 kN 的总的机械力。

开关设备制造厂有责任确保不超过规定的力。

注:单极及三极连接,运行中的温度变化及振动会引起附加力及相对于开关设备的位移。这些力可能同时作用于开关设备和电缆终端,且主要取决于开关设备的布置、终端的安装、电缆的设计及机械支撑方式。支撑结构设计均应考虑这些力和位移,特别重要的是不要将开关设备的支撑加到绝缘子法兰盘和/或定位法兰上,图 A.1 或图 A.3 的部件 9 和零件 11。

5.103 标准尺寸

5.103.1 充流体电缆终端

充流体电缆连接的外壳及适用于单极外壳的主回路末端和电缆终端的标准尺寸见图 A.2 和表 A.2。表中给出了五组标准尺寸,包括的额定电压(U_r)从 72.5 kV 到 550 kV。

注:额定电压 800 kV,1 100 kV 的标准尺寸正在考虑之中。

5.103.2 干式电缆终端

干式电缆连接的外壳及适用于单极外壳的主回路末端和电缆终端的标准尺寸见图 A.4 和表 A.4。表中给出了五组标准尺寸,包括的额定电压(U_r)从 72.5 kV 到 550 kV。图 A.3 给出了两种形式的干式电缆终端。A 型将弹性电场强度控制元件安装在绝缘锥内部,B 型将弹性的电场强度控制元件安装在绝缘锥外部。

注:如果需要,电缆终端制造厂应提供适当延伸的连接界面。

按照用户和电缆终端及开关设备制造厂之间的协议,允许缩短 l_5 的尺寸,特别是对 B 型电缆终端(见图 A.4)。

额定电压 800 kV,1 100 kV 的标准尺寸正在考虑之中。

6 试验

6.1 概述

电缆终端和气体绝缘金属封闭开关设备的试验,对于电缆终端,充油电缆终端应根据 GB 9326.1 和 IEC 60141-1 进行试验,充气电缆终端应根据 IEC 60141-2 进行试验,对具有挤包绝缘的电缆应根据 GB/T 11017.1、GB/Z 18890.1 和 IEC 62067 进行试验;对于开关设备,应根据 GB 7674 进行试验。另外,本标准给出了绝缘试验布置及电缆终端安装后试验的推荐方案。

6.2 型式试验

6.2.1 电缆终端的绝缘试验

安装在典型电缆上的电缆终端的绝缘试验,应在充有表 1 规定压力或制造厂提供的最低功能压力的绝缘气体的外壳中进行。

如果屏蔽罩与电缆终端设计成一体,试验时应将其安装到工作位置。

如果电缆终端制造厂要求,只要连接界面未被覆盖住的长度超过图 A.2(充流体电缆终端)和图 A.4(干式电缆终端)中的距离 l_2,可用另一试验用屏蔽罩屏蔽连接界面的外露部分。

6.2.1.1 单极电缆终端的绝缘试验

电缆头周围套上一个接地的金属圆筒;对四种电缆连接的标准尺寸,筒的内径分别应满足图 A.2(充流体电缆终端)和图 A.4(干式电缆终端)中 d_5 的要求。

6.2.1.2 三极电缆终端的绝缘试验

对 $U_r \leqslant 126$ kV 的非对称布置,用内径为 650 mm 圆筒(见图 A.5)来模拟三极电缆连接条件。采用单极电缆连接的电缆终端可在同样的内径为 650 mm 圆筒内进行试验,以覆盖电缆连接的外壳的所有可能的尺寸。

6.2.2 电缆连接的外壳的绝缘试验

根据 GB 7674,可对不带电缆终端的电缆连接的外壳及主回路末端进行绝缘型式试验。

绝缘试验的气体压力可由开关设备制造厂按不低于表 1 规定的数值来确定。

表 1　电缆终端绝缘试验的气压极限

额定电压范围 U_r/kV	20 ℃时的 SF_6 最低功能压力(相对压力)/MPa
72.5	0
126	0.20
252	0.25
363～550	0.30

注：以上气体压力仅供电缆终端制造厂参考，也可采用更高压力，但需与开关设备制造厂协商。如果采用 SF_6 以外的其他气体，则选用的最小功能压力应给出相同的绝缘强度。

6.3　电缆安装后的试验

如果直接连接到电缆连接装置上的开关设备的部件在绝缘气体的额定充气压力下不能耐受规定的试验电压，或者根据制造厂的判断，不允许将这一试验电压加至开关设备，开关设备制造厂应对电缆试验作出特殊规定，例如，断开开关设备和/或提高电缆连接的外壳内的气体压力。

注：应当说明的是，直流电压试验时，提高气体压力不是改善绝缘子表面电气强度的可靠方法。

如果用户要求，开关设备制造厂应提供试验套管适当的安装位置，并向用户提供将此套管安装到电缆连接的外壳所需的全部资料。

当绝缘裕度不足时，套管应包括适当的绝缘连接件及试验端子。

试验套管的要求应由用户在询问单中加以规定。

7　出厂试验

GB/T 11022—1999 的第 7 章不适用。

8　选用导则

GB/T 11022—1999 的第 8 章不适用。

9　随询问单、投标书、订货单一起提供的资料

参照 GB 9326.1、GB 9326.2、GB 9326.3、GB/T 11017.2、GB/T 11017.3、GB/Z 18890.2、GB/Z 18890.3和 GB 7674—2008 的第 9 章。另外，用户及制造厂应考虑设备的安装要求。制造厂应说明对民用、电力和安装空间适用的特殊要求。

10　运输、储存、安装、运行及维护规则

GB/T 11022—1999 的第 10 章适用。

电缆终端制造厂应对电缆终端的生产、运输、储存过程加以规定，以保证连接完成后可以满足 GB/T 11022—1999的 5.2 的要求。电缆终端制造厂应当提供必要的资料以使电缆终端由其他人员安装时也可以满足这些要求。

附　录　A
（规范性附录）
供应方的界限

气体绝缘金属封闭开关设备及电缆终端的供应方的界限，对充流体的电缆终端，应按图 A.1 和表 A.1 确定；对干式电缆终端，应按图 A.3 和表 A.3 确定。

为了限制瞬态条件下的电压，在图 A.1 的充流体电缆终端及图 A.3 的干式电缆终端的部件 6 或零件 11 与部件 13 间的绝缘处可以接入非线性电阻（部件 15）。该非线性电阻的数值及特性应由电缆终端制造厂确定并提供，并应考虑到用户及开关设备制造厂的要求。

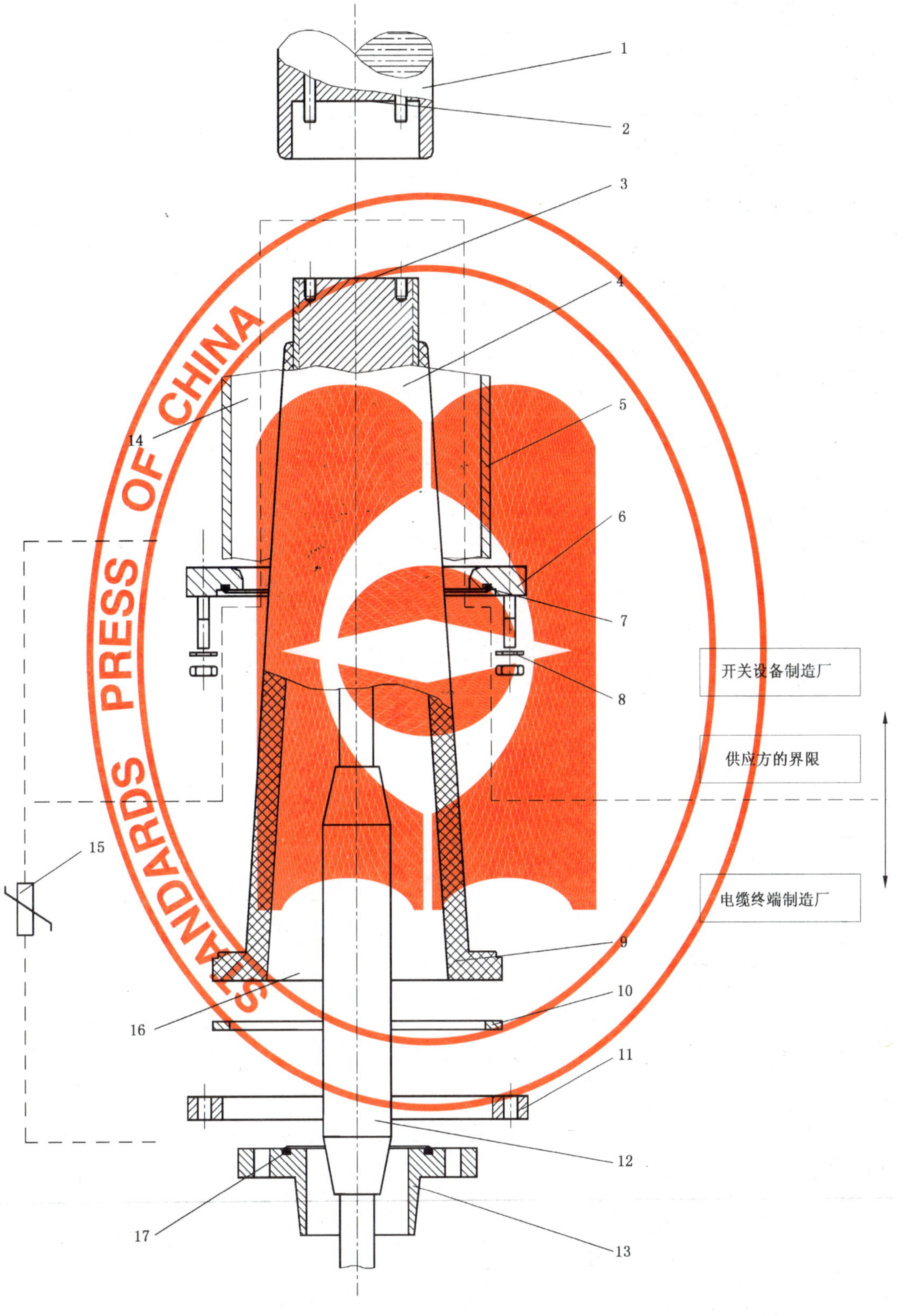

图 A.1 气体绝缘金属封闭开关设备与充流体电缆连接的典型布置

表 A.1 开关设备与充流体电缆连接的供应方界限(参照图 A.1)

序号	名称	制造厂	
		开关设备制造厂	电缆终端制造厂
1	主回路末端	×	
2	连接界面	×	
3	连接界面		×
4	绝缘锥		×
5	电缆连接外壳	×	
6	法兰或中间板	×(如果需要)	
7	密封垫	×	
8	螺栓、垫圈、螺母	×	
9	绝缘锥的法兰或接头		×
10	中间垫片		×(如果需要)
11	压紧法兰		×(如果需要)
12	电场强度控制元件		×
13	电缆密封套		×
14	气体	×	
15	非线性电阻		×(如果需要)
16	绝缘流体		×
17	密封垫		×

注：×表示供应方应供应的。

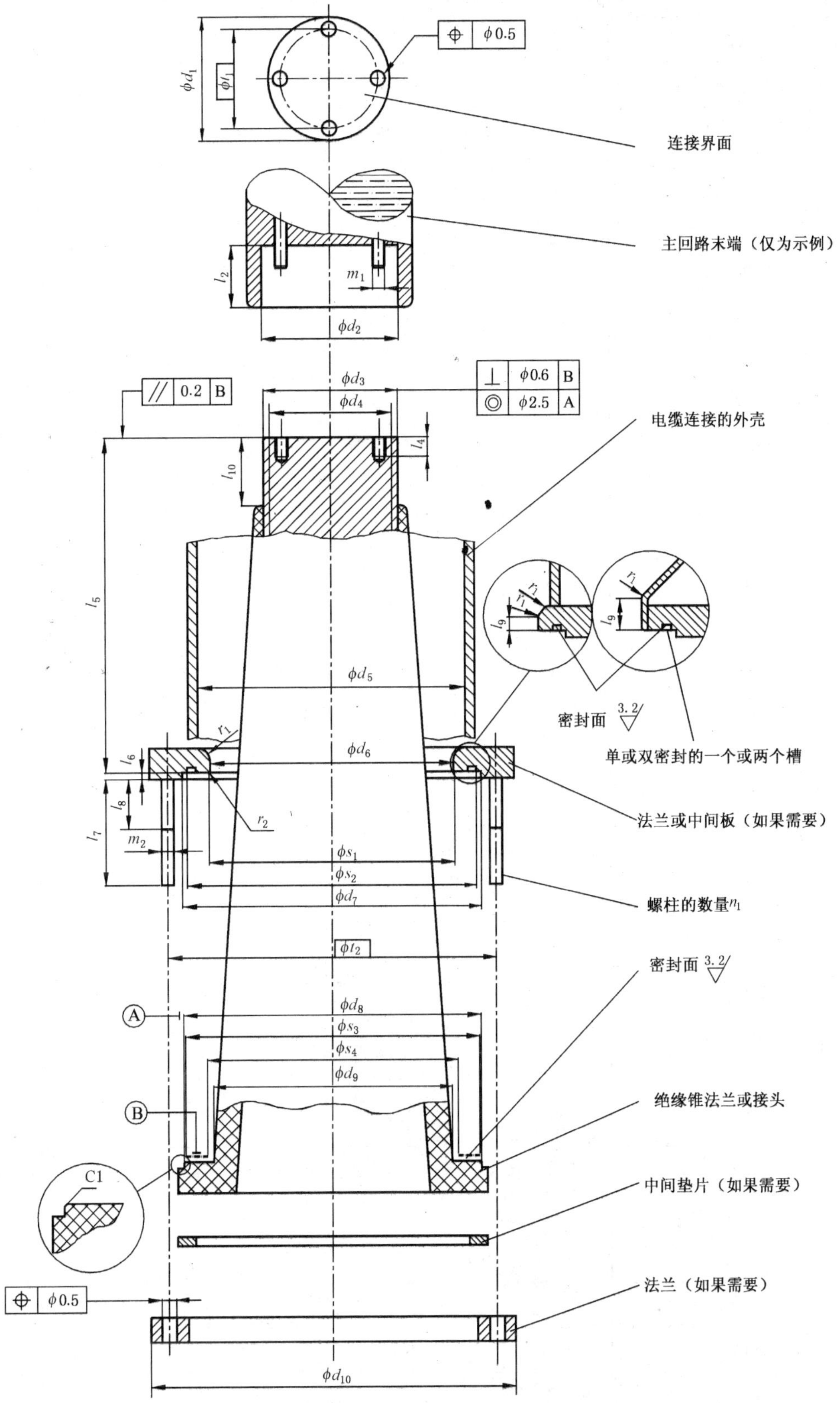

注：外壳和固定的连接界面之间的相对角度位置，仅作为例子。

图 A.2　气体绝缘金属封闭开关设备与充流体电缆连接的典型装配

表 A.2 开关设备与充流体电缆连接的标准尺寸(参照图 A.2)

额定电压(有效值)/kV	72.5	126	252	363	550
额定雷电冲击耐受电压(峰值)/kV	325	550	1 050	1 175	1 550
$d_{1(最大)}$/mm	100	100	139	139	139
$d_{2(最小)}$/mm	112	112	202	252	252
$d_{3(最大)}$/mm	110	110	200	250	250
$d_{4(最小)}$/mm	100	100	140	140	140
$d_{5(最小)}$/mm	300	300	480	540	540
d_6/mm	200^{+3}_{0}	255^{+5}_{0}	480^{+5}_{0}	540^{+5}_{0}	540^{+5}_{0}
d_7/mm	$246^{+0.5}_{0}$	$299^{+0.5}_{0}$	$560^{+0.5}_{0}$	$618^{+0.5}_{0}$	$618^{+0.5}_{0}$
d_8/mm	245±0.3	298±0.3	559±0.3	617±0.3	617±0.3
$d_{9(最大)}$[b]/mm	196	250	440	500	500
$d_{10(最大)}$/mm	300	350	620	690	690
$l_{2(最大)}$/mm	50	50	100	100	100
$l_{4(最小)}$[c]/mm	18	18	21	21	21
l_5/mm	583±1.0	757±1.0	960±2.0	1 400±2.0	1 400±2.0
$l_{6(最大)}$/mm	5.5	5.5	6	6	6
$l_{7(最小)}$/mm	85	85	110	110	110
$l_{8(最大)}$/mm	30	30	30	30	30
$l_{9(最大)}$/mm	50	50	70	70	70
$l_{10(最小)}$/mm	55	55	105	105	105
m_1/mm	M10	M10	M12	M12	M12
m_2/mm	M10	M12	M16	M16	M16
n_1/mm	8	12	16	20	20
$r_{1(最小)}$/mm	10	10	10[a]	10[a]	10[a]
$r_{2(最小)}$/mm	1	1.5	2.5	2.5	2.5
$s_{1(最小)}$/mm	205	257	490	550	550
$s_{2(最大)}$/mm	241	294	554	612	612
$s_{3(最小)}$/mm	242	295	555	613	613
$s_{4(最大)}$/mm	206	266	491	551	551
t_1/mm	80	80	110	110	110
t_2/mm	270	320	582	640	640

a 如果 $d_5>d_6$。

b d_9 和拐角半径不应与 d_6 和 r_2 产生干涉。

c l_4 为螺纹有效长度,其上限值由电缆终端供应商确定。

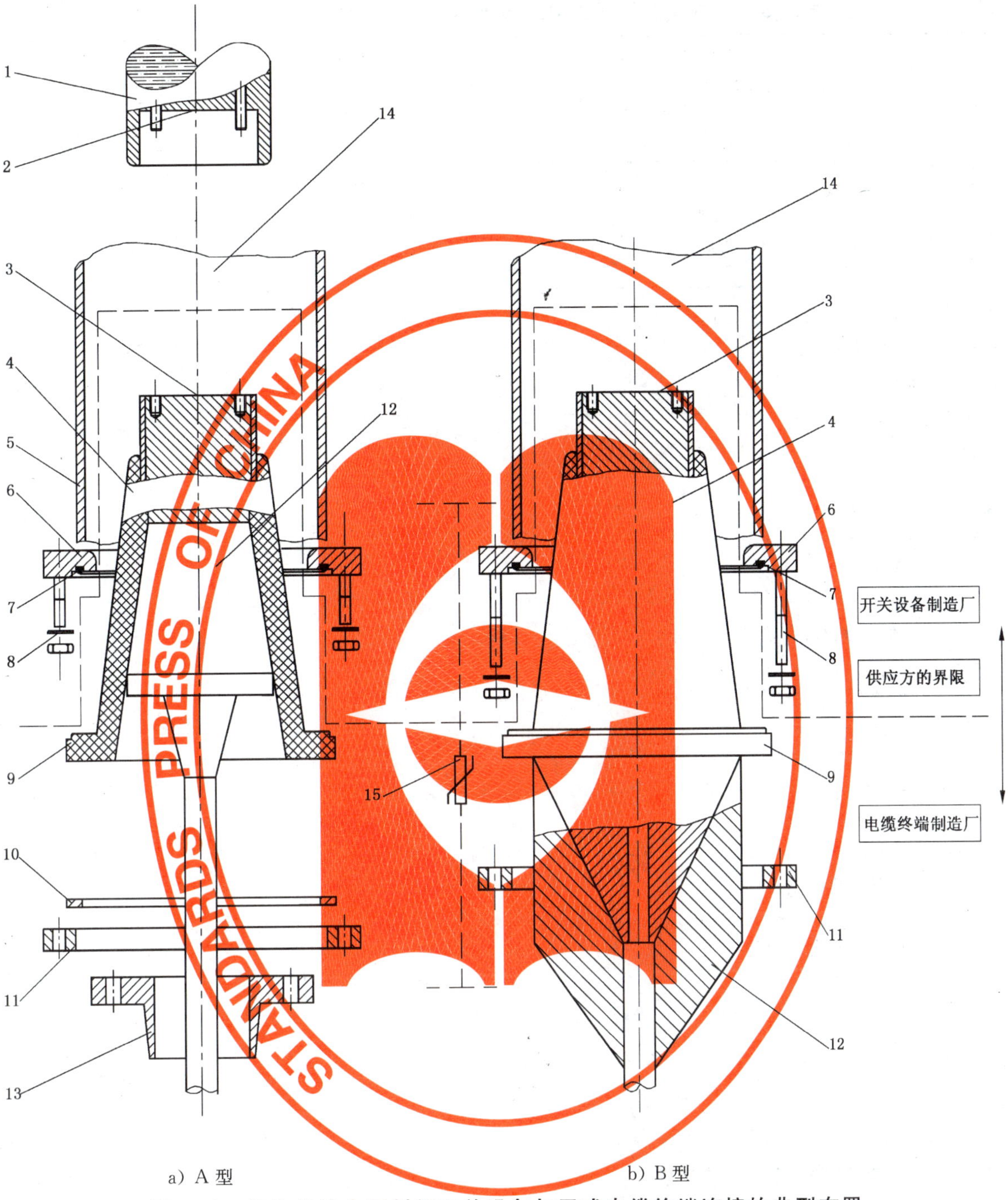

图 A.3 气体绝缘金属封闭开关设备与干式电缆终端连接的典型布置

表 A.3 开关设备与干式电缆连接的供应方界限(参照图 A.3)

序号	名称	制造厂	
		开关设备制造厂	电缆终端制造厂
1	主回路末端	×	
2	连接界面	×	
3	连接界面		×
4	绝缘锥		×
5	电缆连接外壳	×	
6	法兰或中间板	×(如果需要)	
7	密封垫	×	
8	螺栓、垫圈、螺母	×	
9	绝缘锥的法兰或接头		×
10	中间垫片		×(如果需要)
11	压紧法兰		×(如果需要)
12	电场强度控制元件		×
13	电缆密封套		×
14	气体	×	
15	非线性电阻		×(如果需要)
注：× 表示供应方应供应的。			

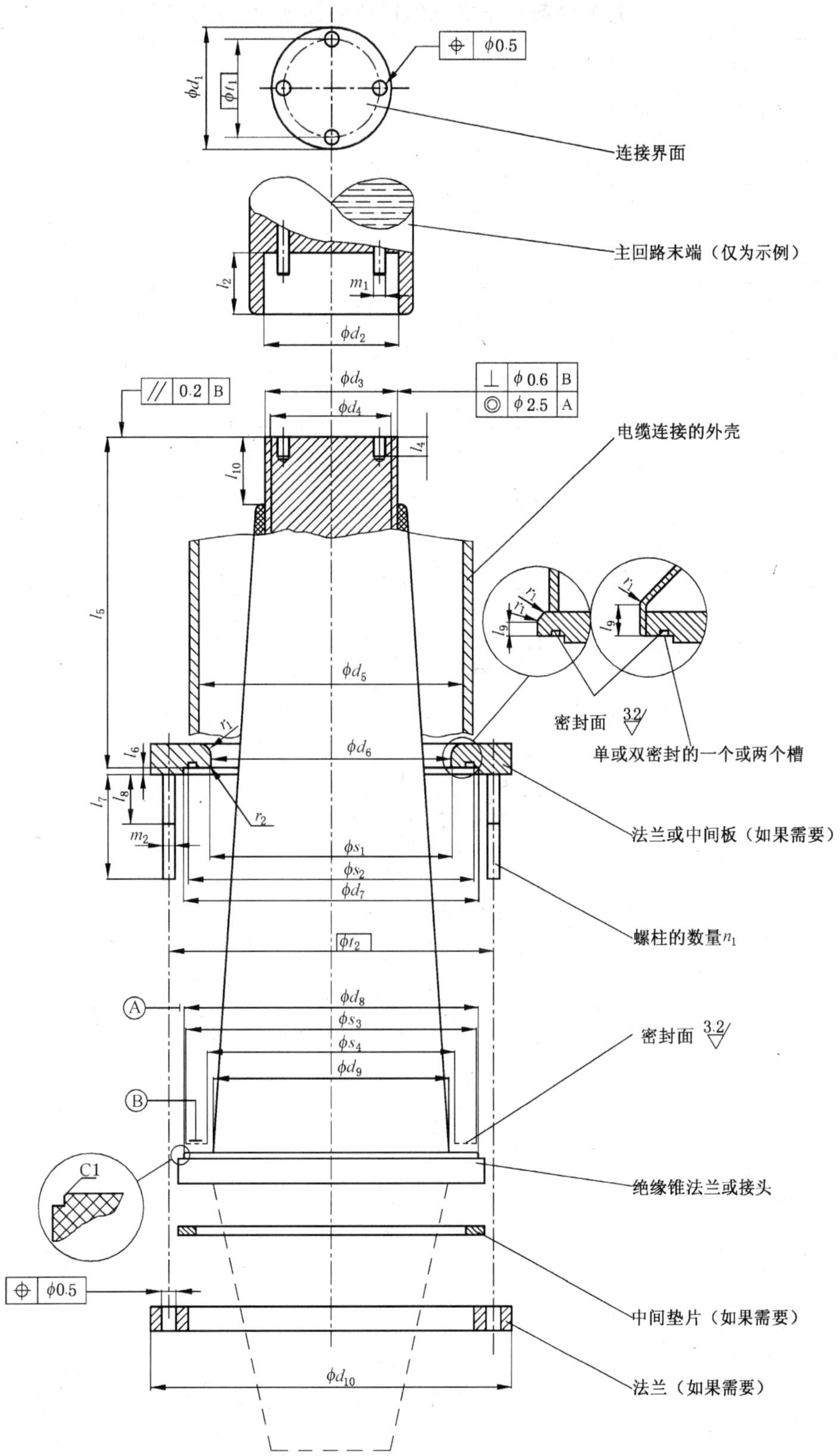

注：外壳和固定的连接界面之间的相对角度位置，仅作为例子。

图 A.4　开关设备与干式电缆终端连接的典型装配

表 A.4 开关设备与干式电缆连接的标准尺寸(参照图 A.4)

额定电压(有效值)/kV	72.5	126	252	363	550
额定雷电冲击耐受电压(峰值)/kV	325	550	1 050	1 175	1 550
$d_{1(最大)}$/mm	100	100	139	139	139
$d_{2(最小)}$/mm	112	112	202	252	252
$d_{3(最大)}$/mm	110	110	200	250	250
$d_{4(最小)}$/mm	100	100	140	140	140
$d_{5(最小)}$/mm	300	300	400	540	540
d_6/mm	200^{+3}_{0}	255^{+5}_{0}	385^{+5}_{0}	540^{+5}_{0}	540^{+5}_{0}
d_7/mm	$246^{+0.5}_{0}$	$299^{+0.5}_{0}$	$455^{+0.5}_{0}$	$618^{+0.5}_{0}$	$618^{+0.5}_{0}$
d_8/mm	245±0.3	298±0.3	454±0.3	617±0.3	617±0.3
$d_{9(最大)}$[b]/mm	196	250	375	500	500
$d_{10(最大)}$/mm	300	350	500	690	690
$l_{2(最大)}$/mm	50	50	100	100	100
$l_{4(最小)}$[c]/mm	18	18	21	21	21
l_5/mm	310±1.0	470±1.0	620±2.0	960±2.0	960±2.0
$l_{6(最大)}$/mm	5.5	5.5	6	6	6
$l_{7(最小)}$/mm	85	85	110	110	110
$l_{8(最大)}$/mm	30	30	30	30	30
$l_{9(最大)}$/mm	50	50	70	70	70
$l_{10(最小)}$/mm	55	55	105	105	105
m_1/mm	M10	M10	M12	M12	M12
m_2/mm	M10	M12	M12	M16	M16
n_1/mm	8	12	16	20	20
$r_{1(最小)}$/mm	10	10	10[a]	10[a]	10[a]
$r_{2(最小)}$/mm	1	1.5	2.5	2.5	2.5
$s_{1(最小)}$/mm	205	257	390	550	550
$s_{2(最大)}$/mm	241	294	450	612	612
$s_{3(最小)}$/mm	242	295	451	613	613
$s_{4(最大)}$/mm	206	266	391	551	551
t_1/mm	80	80	110	110	110
t_2/mm	270	320	475	640	640

a 如果 $d_5>d_6$。

b d_9 和拐角半径不应与 d_6 和 r_2 产生干涉。

c l_4 为螺纹有效长度,其上限值由电缆终端供应商确定。

单位尺寸为毫米

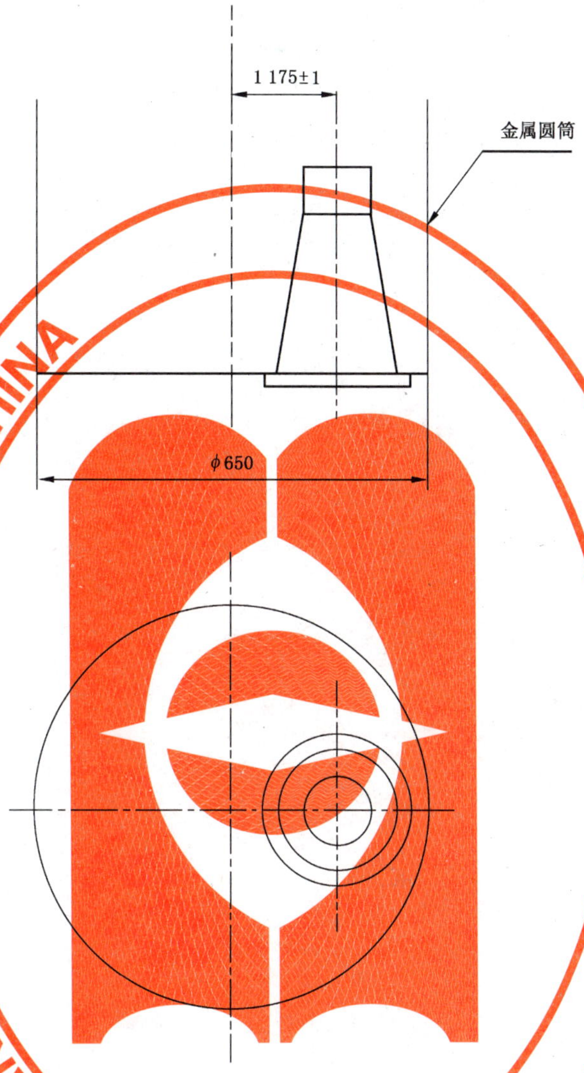

图 A.5 电缆终端非对称布置时的绝缘试验

ICS 29.130.10
K 43

中华人民共和国国家标准

GB/T 22382—2008

额定电压72.5 kV及以上气体绝缘金属封闭开关设备与电力变压器之间的直接连接

Direct connection between power transformers and gas-insulated metal-enclosed switchgear for rated voltages of 72.5 kV and above

(IEC 61639:1996,MOD)

2008-09-19 发布　　2009-06-01 实施

中华人民共和国国家质量监督检验检疫总局
中国国家标准化管理委员会　发布

前　言

本标准修改采用 IEC 61639:1996《额定电压 72.5 kV 及以上气体绝缘金属封闭开关设备与电力变压器之间的直接连接》(第 1 版)。

本标准与 IEC 61639:1996 的主要差异体现在:

——额定电压去掉了与我国电网无关的数值,按照 GB/T 11022—1999 中所列的数值,并将我国准备采用的 1 100 kV 列入其中。但是,对 800 kV、1 100 kV 的这种连接装置,由于相关要求目前尚不明确,故本标准中这部分内容暂时空缺。

——将 IEC 61639:1996 的第 4 章中“非线性电阻的数值和特性应由开关设备制造厂确定”删去,因为它不能由开关设备制造厂单方面确定;

——将 IEC 61639:1996 的 5.5 中确定套管绝缘设计的供绝缘用气体的最低功能压力 P_{me} 的规定移至本标准的 5.1 中;

——对 IEC 61639:1996 的 6.1,将有关气体压力统一用相对压力表示,以与 GB 7674—2008 一致。并且,将确定直接连接装置的最高运行气体压力限值的设计压力界限由 0.75 MPa(表压)更正为 0.65 MPa(相对压力);

——将 IEC 61639:1996 图 2 中的尺寸、形位公差、基准的注法按我国机械制图标准作了编辑性修改。并且,为保证密封性能,将该图中的密封面的表面粗糙度由 $R_{max}\overset{6.3}{\bigtriangledown}$ 改为 $\overset{3.2max}{\bigtriangledown}$;

——基于 IEC 61639:1996 的表 3,根据我国相关标准,对该表中的额定雷电冲击耐受电压(峰值)具体明确如下:额定电压 72.5 kV 时为 325 kV、350 kV;额定电压 126 kV 时为 450 kV、550 kV;额定电压 252 kV 时为 850 kV、950 kV、1 050 kV;额定电压 363 kV 时为 1050 kV、1175 kV;额定电压 550 kV 时为 1 425 kV、1 550 kV,并将该表中的尺寸按我国机械制图标准的注法作了编辑性修改。

本标准列出的规范性引用文件均为对应于 IEC 标准的国家标准,但一致性程度不同。

本标准的结构和编写规则参照 GB/T 11022—1999,与 IEC 61639:1996 不完全一致。

本标准的附录 A 是规范性附录。

本标准由中国电器工业协会提出。

本标准由全国高压开关设备标准化技术委员会(SAC/TC 65)归口。

本标准由全国高压开关设备标准化技术委员会负责解释。

本标准负责起草单位:新东北电气(沈阳)高压开关有限公司、西安高压电器研究所。

本标准参加起草单位:中国电力科学研究院开关所、西安西开高压电气股份有限公司、国家电力公司华东公司、长江委设计院机电处、河南平高电气股份有限公司、天水长城开关厂、机械工业高压电器产品质量检验中心(沈阳)、上海华通开关厂有限公司、上海西门子高压开关有限公司、正泰电气股份有限公司、泰开电气集团有限公司、重庆泰高博森电气有限公司、广州白云电器设备股份有限公司、金华电力开关有限公司、浙江昌泰电力开关有限公司、江苏省如高高压电器有限公司。

本标准主要起草人:杨大锟、张姝、吴鸿雁。

本标准参加起草人员:孙永恒、张铎、余良清、吴春林、黄金锋、田恩文、赵伯楠、李鹏、严玉林、洪深、张文兵、马平、熊寿春、崔景春、孔祥军、王建西、马曾锐、李建华、赵鸿飞、阎关星、田可新、赵文强、刘兆林、石凤翔、冯四喜、曹文斌、杨英杰、邹景行、马力、虞宇飞、施文耀、范彧、沈威、杨成懋、吴忠、侯平印、汪建成、叶树新、李小松、王根政。

额定电压 72.5kV 及以上气体绝缘金属封闭开关设备与电力变压器之间的直接连接

1 概述

1.1 范围

本标准规定了气体绝缘金属封闭开关设备与电力变压器之间的直接连接装置的使用条件、额定值、设计和结构、试验、随询问单、标书和订单提供的资料、运输、储存、安装、运行和维护规则、供应方的界限等。

本标准适用于位于满足 GB 7674 要求的额定电压 72.5 kV 及以上气体绝缘金属封闭开关设备与满足 GB 1094 要求的电力变压器之间，配有满足 GB/T 4109 要求的，其一端浸在变压器油中，另一端处于开关设备的绝缘气体中的完全浸入式套管的单相连接装置。

本标准的目的是确立这些连接装置界面结构方面的电气和机械互换性，并确定供应方的界限。

为了便于本标准的使用，术语“开关设备”系指“气体绝缘金属封闭开关设备”。

1.2 规范性引用文件

下列文件中的条款通过本标准的引用而成为本标准的条款。凡是注日期的引用文件，其随后所有的修改单(不包括勘误的内容)或修订版均不适用于本标准，然而，鼓励根据本部分达成协议的各方研究是否可使用这些文件的最新版本。凡是不注日期的引用文件，其最新版本适用于本标准。

GB 1094.1—1996　电力变压器　第 1 部分：总则(eqv IEC 60076-1:1993)

GB 1094.2—1996　电力变压器　第 2 部分：温升(eqv IEC 60076-2:1993)

GB 1094.3—2003　电力变压器　第 3 部分：绝缘水平、绝缘试验和外绝缘空气间隙(IEC 60076-3:2000,MOD)

GB 1094.5—2003　电力变压器　第 5 部分：承受短路的能力(IEC 60076-5:2000,MOD)

GB/T 2900.8—1995　电工术语　绝缘子(neq IEV 471)

GB/T 4109—2008　高压套管技术条件(IEC 60137,MOD)

GB 7674—2008　额定电压 72.5 kV 及以上气体绝缘金属封闭开关设备(IEC 62271-203:2003,MOD)

GB/T 11022—1999　高压开关设备和控制设备标准的共用技术要求(eqv IEC 60694:1996)

2 正常和特殊使用条件

GB/T 11022—1999 的第 2 章适用。

3 术语和定义

为了便于本标准的使用，下列术语和定义适用：

3.1

套管　bushing

可以使一根导体穿过变压器箱体并使导体与变压器箱体绝缘的装置。与箱体连接的装置(法兰或固定装置)属于套管的零部件。

[GB/T 2900.8—1995 的 2.2.1,修改过]

3.2

完全浸入式套管　completely immersed bushing

两端均浸在周围空气以外的绝缘介质(例如油或气体)中的套管。

[GB/T 2900.8—1995 的 2.2.6,修改过]

3.3

外壳　enclosure

气体绝缘金属封闭开关设备的部件,它保持处于规定条件下的绝缘气体以安全地维持要求的绝缘水平,保护设备免受外部影响并对人员提供安全防护。

注:外壳可以是三极或单极的外壳。

[GB 7674—2008 的 3.103]

3.4

主回路末端　main circuit end terminal(见图 1 中的序号 1)

形成连接界面部分的气体绝缘金属封闭开关设备的主回路的部件。

3.5

与变压器连接的外壳　transformer connection enclosure(见图 1 中的序号 6)

容纳装在电力变压器上的完全浸入式套管的一端和主回路末端的气体绝缘金属封闭开关设备的部件。

3.6

最高运行气体压力　maximum operating gas pressure

在最高周围空气温度下,开关设备－电力变压器连接装置承载其额定电流运行时,浸入式套管的一端的气体绝缘介质的最高压力。

3.7

(外壳的)设计压力　design pressure (of the enclosure)

用来确定外壳设计的相对压力。

[GB 7674—2008 的 3.113]

3.8

绝缘用气体的额定充入压力 P_{re}(或密度 ρ_{re})　rated filling pressure P_{re}(or density ρ_{re}) of gas for insulation

在投运或自动补压前充入总装的绝缘和/或灭弧介质的压力(Pa),把它折算到标准大气条件(+20 ℃,101.3 kPa)或密度下,可以用相对压力或绝对压力表示。

[GB/T 11022—1999 的 3.6.4.1]

3.9

绝缘用气体的最低功能压力 P_{me}(或密度 ρ_{me})　minimum functional pressure P_{me}(or density ρ_{me}) of gas for insulation

绝缘和/或灭弧介质的压力(Pa),把它折算到标准大气条件(+20 ℃,101.3 kPa)或密度下,可以用相对压力或绝对压力表示,大于或等于此压力时开关设备和控制设备保持其额定特性,且在此压力时需要及时补气。

[GB/T 11022—1999 的 3.6.4.5]

4　额定值

在确定开关设备与电力变压器连接装置的尺寸时,应采用下列额定值。

4.1　额定电压(U_r)

额定电压应为开关设备的额定电压,并从下列标准值(kV)中选择:

72.5,126 ,252 ,363 ,550 ,800,1 100 。

4.2 额定绝缘水平

连接装置的额定绝缘水平应符合 GB 7674—2008 的 4.2。

注：根据相关标准，变压器和套管可以按另外的绝缘水平值进行试验。

4.3 额定电流(I_r)和温升

表 2 中规定的连接界面的尺寸允许额定电流的最大值为 3 150 A。GB/T 4109—1999 的 4.2.2 已列入这个最大值。

为保证互换性，连接界面的接触表面应该镀银或镀铜，或为裸铜。

对于额定电流，开关设备和电力变压器之间的连接的设计应使与变压器连接的外壳的温度和连接界面的温度不超过 GB 7674—2008 的 4.4.2 中给定的值。

4.4 额定短时耐受电流(I_k)、额定峰值耐受电流(I_p)和额定短路持续时间(t_k)

GB 7674—2008 的 4.5、4.6 和 4.7 适用。

4.5 绝缘用气体的额定充入压力 P_{re}(或密度 ρ_{re})

绝缘用气体的额定充入压力 P_{re}(或密度 ρ_{re})应由开关设备制造厂规定。

5 设计和结构

气体绝缘金属封闭开关设备和电力变压器之间典型的直接连接见图 1。

5.1 压力耐受要求

如果 SF_6 用作绝缘气体，则用于确定套管绝缘设计的供绝缘用的最低功能压力 P_{me}，对于 72.5 kV～550 kV 整个范围内应不高于 0.25 MPa(相对压力)。

用于确定套管的机械强度的最高运行气体压力至少应为 0.75 MPa(相对压力)。

另外，作为充气过程的一部分，当与变压器连接的外壳抽真空时，套管应能耐受真空条件。

相对于由开关设备制造厂按 GB 7674—2008 中 5.103.2 的规定确定的设计压力，与变压器连接的外壳应满足 GB 7674—2008 中 5.103 的要求。

直接连接装置的最高运行气体压力(相对压力)应不超过：

——当设计压力低于 0.65 MPa(相对压力)时，与变压器连接的外壳的设计压力加 0.1 MPa；

——当设计压力等于或超过 0.65 MPa(相对压力)时，0.75 MPa(相对压力)。

5.2 作用在连接界面上的机械力

在连接界面处作用于套管的总的机械力，包括由电动力效应、元件的公差、热胀[冷缩]和开关设备主回路的重量产生的力认为很小。但是，还是应该假设有 2 kN 的机械力径向地或轴向地作用于连接界面上。

开关设备制造厂应负责保证不超过这个规定的力。

5.3 作用在套管法兰上的机械力

除了要承受 5.1 中规定的最高运行气体压力外，与变压器连接的外壳相连的套管的法兰在运行中还要承受下列负荷：

——不由开关设备本身的支撑结构承受的开关设备的重量部分；

——如果适用，不由开关设备本身的支撑结构承受的风力负荷部分；

——由开关设备外壳的温度变化产生的膨胀[收缩]应力。为了评估这些应力，应该假定变压器侧的套管法兰因温度变化而产生的高度变化不超过钢制箱体的变压器箱体高度的±0.000 8 倍。

注：不考虑因排放变压器油或抽空变压器箱体所产生的高度或位置的变化，而假定进行这些作业时开关设备和变压器不连接在一起。

这些负荷同时作用时，在套管法兰的中心处产生：

——弯矩 M_0；

——剪切力 F_t；

——拉力或压力 F_a。

运行时，套管和变压器应该能够承受表1中规定的 M_0、F_t 和 F_a 值，并且开关设备制造厂应负责保证不超过这些值。

注：按表1中给出的由开关设备外壳在变压器和套管法兰上施加的力，远大于由按照GB/T 4109—1999、具有相同额定值的户外浸入式套管施加的这些力。这些力取决于开关设备的布置，在开关设备或变压器侧有无补偿元件。

表1 作用在套管法兰和变压器上的力矩和力

额定电压 U_r/kV	弯矩 M_0/kN·m	剪切力 F_t/kN	拉力或压力 F_a/kN
72.5	5	7	4
126	10	10	5
252	20	14	7
363～550	40	20	10
注：额定电压800 kV、1 100 kV的数值正在考虑中。			

除用户另有规定外，开关设备和变压器各自的基础的相应位置和水平应认为是不变的。

5.4 振动

励磁的变压器内部产生的振动通过变压器的油和箱壁传递给刚性固定在该箱壁上的套管和开关设备。开关设备制造厂和变压器制造厂应就考虑的这些振动达成一致。

5.5 标准尺寸和特殊要求

与变压器连接的外壳、主回路末端、套管末端和套管法兰的标准尺寸见图2、图3和表2。

注：额定电压800 kV、1 100 kV的标准尺寸正在考虑中。

在制造、搬运和储存过程中，应由套管制造厂采取措施，以使在变压器和开关设备之间的直接连接最终装配后能满足GB/T 11022—1999的5.2中给出的要求。

6 型式试验

6.1 总则

变压器、套管和开关设备的试验应分别按GB 1094、GB/T 4109和GB 7674进行，并作下列补充。

6.2 套管的绝缘试验

套管的绝缘型式试验应在充以5.1中规定的最低功能压力绝缘气体的外壳中进行。

如果屏蔽罩是套管设计的必备部件，则试验期间应安装在它的运行位置。

为了试验，如果套管制造厂要求，直径等于图2和表2中的 d_2 的圆筒形延伸件可以连接在裸露的末端顶部上。

套管末端应被接地的金属圆筒包围，圆筒的直径应不超过图2和表2中的 d_3。

6.3 与变压器连接的外壳的绝缘试验

如果必要，与变压器连接的外壳和主回路末端可以在没有套管但有直径等于图2和表2中的 d_2 的试验圆筒形延伸件的情况下经受绝缘型式试验。

绝缘型式试验应在最低功能压力 P_{me}（或密度 ρ_{me}）下进行，该压力应不低于5.1中用于确定套管绝缘设计的供绝缘用的最低功能压力，并且，在运行中，该压力应不产生比5.1中规定的限值高的最高运行气体压力。

6.4 悬臂负荷耐受试验

6.4.1 为了验证符合5.2的规定，套管应按GB/T 4109—1999的6.14进行试验，只是作用在连接界面处的试验负荷对所有额定值均应为 4 kN。

6.4.2 为了验证耐受表 1 规定的弯矩，应按如下进行附加试验。

套管必须按试验要求安装，但内部不充气体。套管应垂直安装，且其浸油侧法兰应刚性地固定到合适的装置上。在环境温度下，浸入气体的一端应像正常运行那样安装在箱体中。箱体应充以 0.75 MPa（相对压力）的合适的介质，并且试验负荷应施加于箱体上，以便在套管的开关设备侧法兰处产生等于表 1 的 M_0 两倍的弯矩，并保持 1 min。施加的剪切力应尽可能等于 2 倍 F_t。

接收准则应按照 GB/T 4109—1999 的 6.14 中的规定。

7 出厂试验

7.1 套管的外部压力试验

该试验应在气体密封试验之前进行。在环境温度下，浸入气体的套管一端应像正常运行那样安装在箱体中。箱体应充入 1.15 MPa 压力（相对压力）的气体或液体（由供应方选择）、并保持 1 min。

如果没有机械损伤（如变形、破裂）的迹象，则认为套管通过试验。

该试验由套管制造厂进行。

7.2 气体密封试验

GB/T 11022 的气体密封技术要求和试验对遵循本标准要求的电力变压器和开关设备之间的直接连接适用。

允许漏气率 F_p（GB/T 11022—1999 的 3.6.5.6）应由开关设备制造厂确定，并且，在每个套管按 GB/T 4109—1999 的 6.13 进行密封试验期间，试验应在 5.1 中规定的最高运行压力的气体条件下进行，其绝对漏气率 F（GB/T 11022—1999 的 3.6.5.5）应不超过 F_p。

8 选用导则

本标准不适用。

9 随询问单、标书和订单提供的资料

GB 7674—2008 的第 9 章和附录 E 的 E.8 适用。另外，用户应指明变压器箱体和接地的开关设备外壳之间是否需要绝缘连接。

10 运输、储存、安装、运行和维护规则

GB/T 11022—1999 的第 10 章适用。

11 安全性

GB/T 11022—1999 的第 11 章适用。

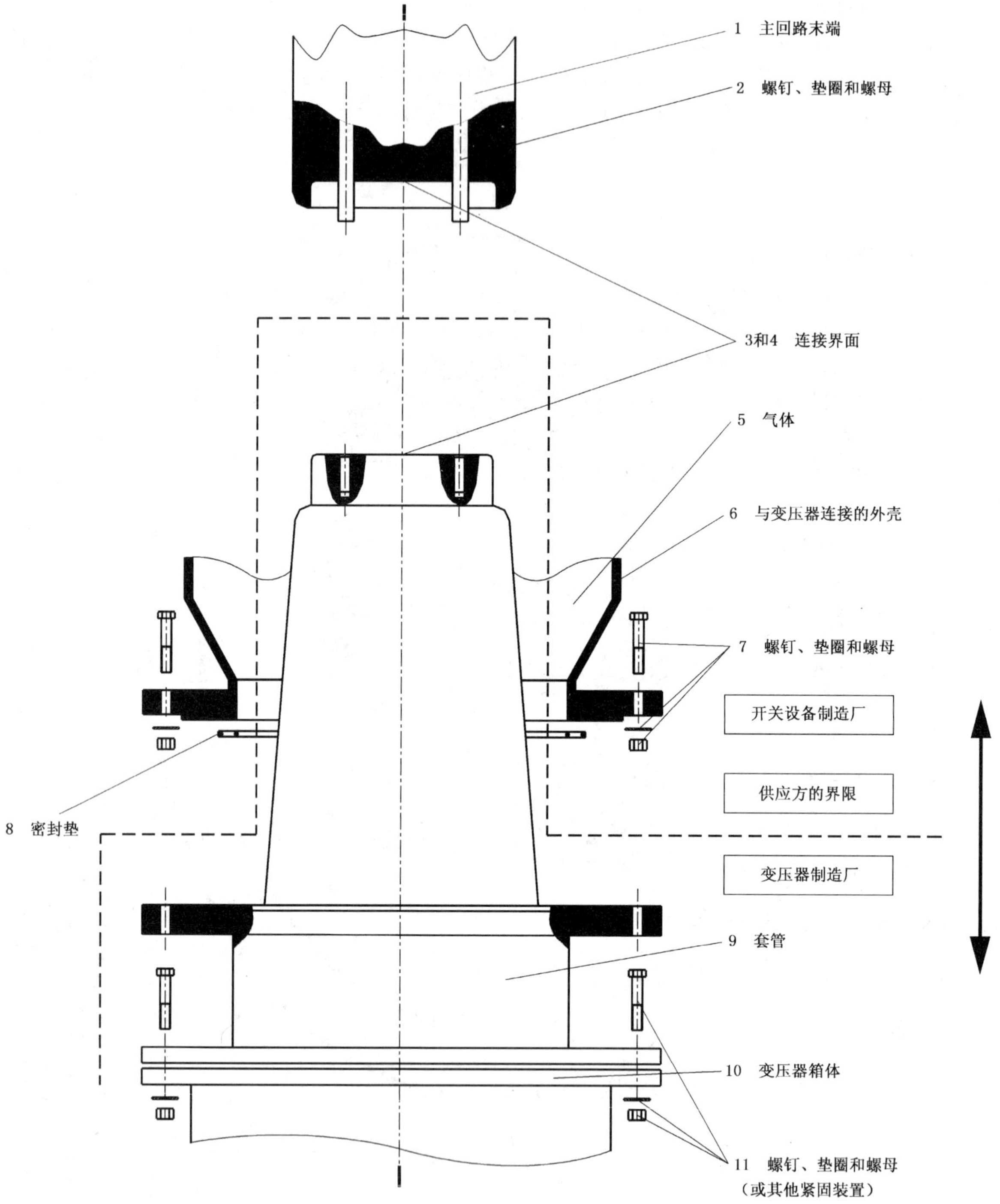

图 1 气体绝缘金属封闭开关设备和电力变压器之间典型的直接连接

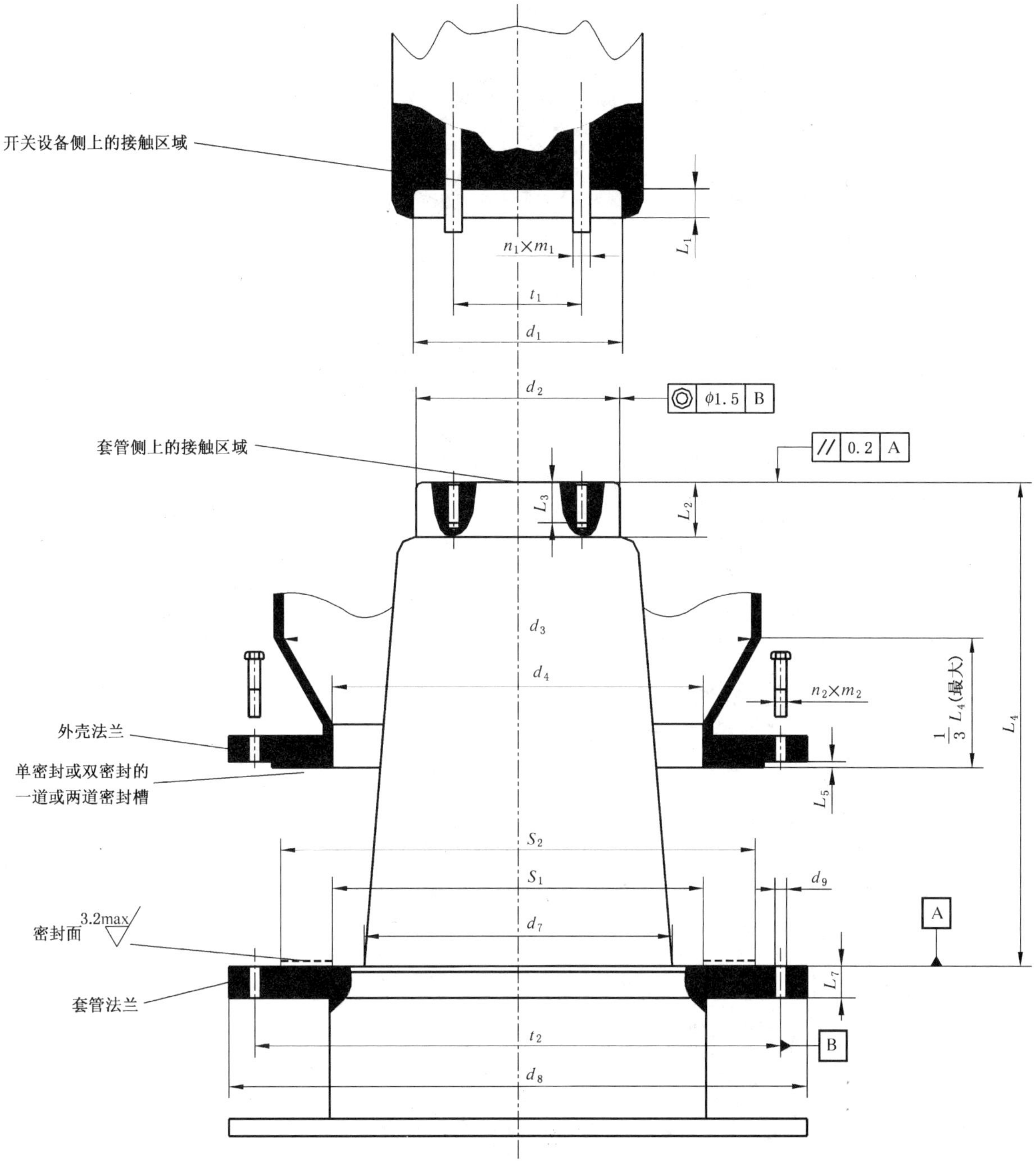

图 2　气体绝缘金属封闭开关设备和电力变压器之间典型的直接连接的标准尺寸

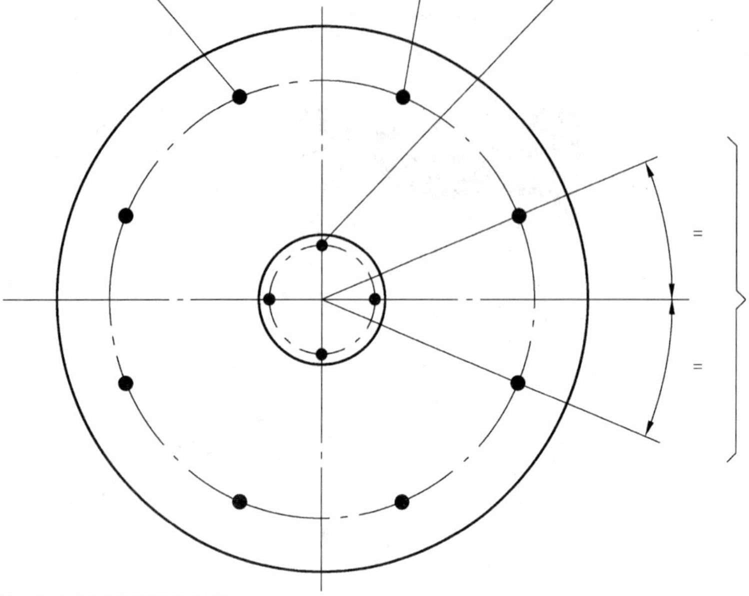

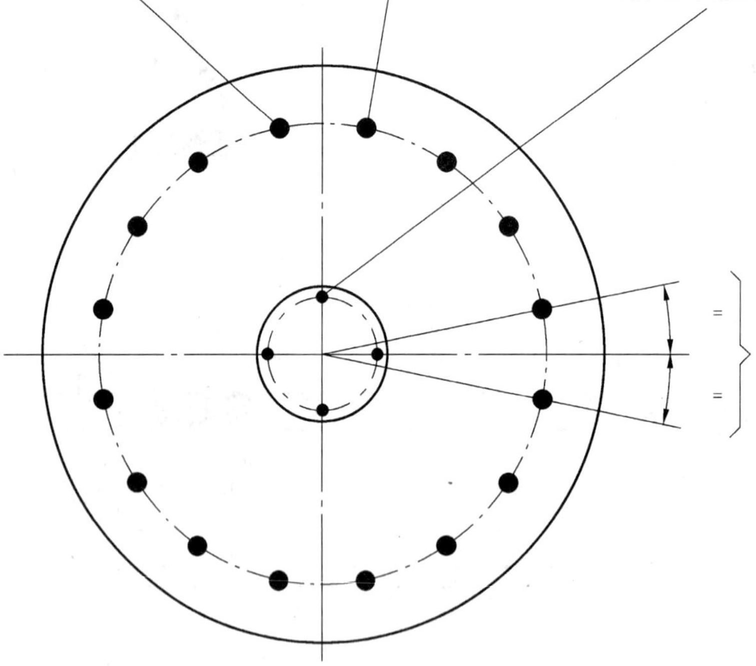

注 1：以下资料和必要的相关公差应由用户、变压器制造厂和开关设备制造厂协商确定；

——每个套管法兰中心线相对于变电站的基准轴的位置；

——图 2 中的每个套管法兰密封面 A 相对于变电站的零基准的高度；

——每个套管法兰的轴线、方位；

——每个法兰密封面 A 与水平面的夹角，如果有的话。

注 2：“＝”表示两孔相对于水平中心线对称布置。

图 3　固定孔的标准方位

表 2　标准尺寸

尺寸单位为毫米

额定电压(有效值)/kV	72.5	126	252	363	550
额定雷电冲击耐受电压(峰值)/kV	325,350	450,550	850,950,1050	1050,1175	1425,1550
d_1	$\phi100^{+0.5}_{0}$	$\phi100^{+0.5}_{0}$	$\phi140^{+0.5}_{0}$	$\phi140^{+0.5}_{0}$	
d_2	$\phi99^{0}_{-0.5}$	$\phi99^{0}_{-0.5}$	$\phi139^{0}_{-0.5}$	$\phi139^{0}_{-0.5}$	
t_1	$\phi70\pm0.3$	$\phi70\pm0.3$	$\phi110\pm0.3$	$\phi110\pm0.3$	
$n_1\times m_1$ [a]	4×M12	4×M12	4×M12	4×M12	
L_3(最小)	20	20	25	25	
L_1(最大)	25	25	25	25	
L_2(最小)	30	30	30	30	
d_3(最小)	φ250	φ300	φ450	φ540	
d_7(最大)	φ196	φ215	φ440	φ500	
d_4	$\phi200^{+3}_{0}$	$\phi220^{+3}_{0}$	$\phi450^{+5}_{0}$	$\phi540^{+5}_{0}$	
L_4	330 ± 1	520 ± 1	770 ± 2	$1\,050\pm2$	
S_1(最大)	φ200	φ220	φ450	φ540	
S_2(最小)	φ260	φ280	φ510	φ600	
L_5 [b]	0～3	0～3	0～3	0～3	
$n_2\times m_2$ [a]	8×M12	8×M12	16×M12	16×M16	
t_2	φ285	φ305	φ535	φ640	
d_8(最小)	φ315	φ335	φ565	φ690	
d_9	φ16	φ16	φ16	φ20	
L_7(最大)	25	30	40	45	

a　固定孔的方位应按照图 3。

b　根据开关设备制造厂的惯例，可提供或不提供深至 3 mm 的凹座。

附 录 A
（规范性附录）
供应方的界限

典型的直接连接见图 1。

开关设备制造厂和变压器制造厂供应的界限应按照图 1 和表 A.1。

注：开关设备制造厂应供应不同极的外壳之间的连接，以便限制变压器箱体中的环流。

为了实现对变压器故障的识别并使保护方案正确实施，在变压器箱体和邻近且接地的开关设备外壳之间通常要求具有能耐受工频试验电压 5 kV（有效值）、1 min 绝缘水平的绝缘连接。绝缘连接在图 1 中未表示。

为了限制开合装置操作时可能产生的陡波前瞬态地电位升高，非线性电阻可以与绝缘连接并联。

经用户和开关设备制造厂、变压器制造厂双方协商，绝缘连接允许选择三种不同位置：

a) 变压器箱体和附装的套管法兰之间；

b) 与变压器连接的外壳（图 1 的序号 6）的法兰和附装的套管法兰之间；

c) 与变压器连接的外壳（图 1 的序号 6）和紧接的开关设备外壳之间。

对于位置 a)，绝缘连接和非线性电阻应由变压器制造厂供应和安装。

对于位置 b)和 c)，绝缘连接和非线性电阻应由开关设备制造厂供应和安装。

位置 a)和 c)超出本标准的范围。

当同意位置 b)时，应按照第 5 章的标准尺寸。

表 A.1 供应方的界限（参见图 1）

图形说明	序号	制造厂	
		开关设备	变压器
主回路末端	1	×	
螺钉、垫圈和螺母	2	×	
连接界面	3	×	
连接界面	4		×
气体	5	×	
与变压器连接的外壳	6	×	
螺钉、垫圈和螺母	7	×	
密封垫	8	×	
套管	9		×
变压器箱体	10		×
螺钉、垫圈和螺母（或其他紧固装置）	11		×
× 表示供应方应供应的。			

ICS 29.240.20
K 43

中华人民共和国国家标准

GB/T 22383—2008

额定电压 72.5 kV 及以上刚性气体绝缘输电线路

Rigid, gas-insulated transmisson lines for rated voltage of 72.5 kV and above

(IEC/TRII 61640:1998 Rigid high-voltage, gas-insulated transmission lines for rated voltage of 72.5 kV and above, MOD)

2008-09-19 发布　　2009-06-01 实施

中华人民共和国国家质量监督检验检疫总局
中国国家标准化管理委员会　发布

前　言

本标准修改采用IEC/TRII 61640:1998《额定电压72.5 kV及以上刚性高压气体绝缘输电线路》。

本标准与IEC/TRII 61640:1998的主要差别体现在:

——本标准的格式及术语与相关国家标准相一致;

——本标准的规范性引用文件尽量采用与IEC标准对应的国家标准;

——将运行频率60 Hz及以下改为额定频率为50 Hz;

——额定电压,GB/T 11022—1999所列电压适用;

——局部放电试验,试验程序与GB 7674—2008的要求一致。

本标准中章、条的编排顺序与IEC/TRII 61640:1998基本一致。大部分条文的内容与IEC/TRII 61640:1998相同,不同之处在前言的主要差别中已给予了说明。

本标准应与GB/T 11022—1999一起使用,本标准的章节编号基本与GB/T 11022—1999对应,对本标准新增加的内容在同一章节下从101开始编号。

本标准的附录C和附录D是规范性附录,附录A和附录B是资料性附录。

本标准由中国电器工业协会提出。

本标准由全国高压开关设备标准化技术委员会(SAC/TC 65)归口。

本标准负责起草单位:河南平高电气股份有限公司、西安高压电器研究所。

本标准参加起草单位:中国电力科学研究院开关所、西安西开高压电气股份有限公司、国家电力公司华东公司、长江委设计院机电处、新东北电气(沈阳)高压开关有限公司、天水长城开关厂、机械工业高压电器产品质量检验中心(沈阳)、上海华通开关厂有限公司、上海西门子高压开关有限公司、正泰电气股份有限公司、泰开电气集团有限公司、重庆泰高博森电气有限公司、广州白云电器设备股份有限公司、金华电力开关有限公司、浙江昌泰电力开关有限公司、江苏省如高高压电器有限公司。

本标准主要起草人:田可新、阎关星、赵文强、吴鸿雁。

本标准参加起草人员:韩书谟、田恩文、赵伯楠、李鹏、严玉林、洪深、张文兵、马平、熊寿春、崔景春、孔祥军、王建西、马曾锐、李建华、孙永恒、张铎、杨大锟、张姝、刘兆林、石凤翔、冯四喜、曹文斌、杨英杰、邹景行、马力、虞宇飞、施文耀、范 彧、沈威、杨成懋、吴忠、侯平印、汪建成、叶树新、李小松、王根政。

本标准为首次发布的国家标准。

额定电压 72.5 kV 及以上刚性气体绝缘输电线路

1 概述

1.1 范围

本标准规定了交流额定电压 72.5 kV 及以上、额定频率为 50 Hz 的刚性气体绝缘输电线路(GIL)的使用条件、额定值、设计与结构以及试验等方面的要求，其绝缘，至少部分是由不同于大气压力下的空气的非腐蚀性绝缘气体实现的。

本标准除适用于 GB 7674—2008 的应用场合外，还可用在 GB 7674—2008 的规定未涵盖的场合，例如：

——全部或部分刚性气体绝缘输电线路直接埋入地下的场合；或

——刚性气体绝缘输电线路的安装场所，全部或部分是公众可接近的区域；或

——刚性气体绝缘输电线路较长(典型的长度为 500 m 及以上)的场合。

刚性气体绝缘输电线路的每一端，可以使用专用元件把它和其他设备(如套管、电力变压器、电缆终端、金属封闭的避雷器或 GIS)连接起来，这些设备由各自的技术标准涵盖。

除非另有规定，刚性气体绝缘输电线路设计用于正常使用条件。

本标准应与 GB/T 11022—1999 配合使用。

注 1：本标准中，术语"刚性气体绝缘输电线路"缩写成"GIL"。

注 2：本标准中，"气体"一词意为单一气体或混合气体，由制造厂确定。

1.2 规范性引用文件

下列文件中的条款通过本标准的引用而成为本标准的条款。凡是注日期的引用文件，其随后所有的修改单(不包括勘误的内容)或修订版均不适用于本标准，然而，鼓励根据本标准达成协议的各方研究是否可使用这些文件的最新版本。

GB 311.1—1997　高压输变电设备的绝缘配合(neq IEC 60071-1:1993)

GB/T 2421—1999　电工电子产品环境试验　第 1 部分：总则(idt IEC 60068-1:1988)

GB/T 2900.18—1992　电工术语　低压电器(eqv IEC 60050(441):1984，IEC 60947-1:1988，IEC 60269-1:1986，IEC 60775:1983)

GB/T 2900.20—1994　电工术语　高压开关设备(neq IEC 60050(IEV):1984)

GB 4208—2008　外壳防护等级(IP 代码)(IEC 60529:2001，IDT)

GB/T 7354—2003　局部放电测量(IEC 60270:2000，IDT)

GB 7674—2008　额定电压 72.5 kV 及以上气体绝缘金属封闭开关设备(IEC 62271-203:2003，MOD)

GB/T 8905—1996　六氟化硫电气设备中气体管理和检测导则(neq IEC 60480:1974)

GB/T 12022—2006　工业六氟化硫(IEC 60376:1971；IEC 60376A:1973，IEC 60376B:1974，MOD)

GB/T 11022—1999　高压开关设备和控制设备标准的共用技术要求(eqv IEC 60694:1996)

GB/T 16927.1—1997　高电压试验技术　第一部分：一般试验要求(eqv IEC 60060-1:1989)

IEC 60287-3-1:1995　电缆　电流额定值的计算　第 3 部分：运行条件的划分　第 1 节：参考运行条件和电缆类型的选择

IEC 61634:1995　高压开关设备和控制设备　高压开关设备和控制设备中六氟化硫(SF_6)的使用和处理

2 正常和特殊使用条件

GB/T 11022—1999 的第 2 章适用,并作如下补充:

在任何海拔处内绝缘的介电特性和海平面处相同。对内绝缘,关于海拔没有特别的要求。

如果适用,短时的过载和同时出现的环境温度应由制造厂和用户协商。

GIL 的正常使用条件取决于 2.1、2.2 和 2.3 中给出的安装条件。如果使用于多种的安装条件时,GIL 应符合相应条款的规定。

2.1 敞开在空气中的设备

为了确定敞开在空气中安装的 GIL 的额定值,GB/T 11022 规定的正常使用条件适用。这些条件对安装在敞开式地沟中的设备同样有效。

如果实际使用条件不同于正常使用条件,则额定值应作相应调整。

2.2 地下设备

热阻率和土壤温度的典型值为:

——1.2 K·m/W,20 ℃,夏季;

——0.85 K·m/W,10 ℃,冬季。

作为指导,可以参考 IEC 60287-3-1:1995 附录 A 中给出的数值。

注 1:对于长距离 GIL(几千米),还应考虑土壤电阻率的现场测量。

注 2:也可以考虑使用具有规定电阻率的回填土壤。

注 3:如果地下 GIL 周围的土壤变干,则可能存在热量剧变的危险。为了不使土壤干化,通常考虑的外壳的最高运行温度应在 50 ℃~60 ℃范围内。

敷设的深度应由用户与制造厂协商。敷设深度的确定应考虑到热特性、安全性要求及地方的法规。

2.3 隧道、竖井中和类似场所中的设备

通常有必要进行强迫冷却,并应考虑到隧道中的总损耗。该损耗应为 GIL 通过额定电流且其他参数为额定参数值的情况。

注:接近运行中的隧道时,应受下列条件限制:

——短时过载的情况;

——失去通风的情况;

——隧道内的温度过高的情况;

——气体浓度超过地方法规规定的水平。

在长垂直竖井的情况下,应注意到热和气体密度的变化梯度,尤其是采用混合气体时。

3 术语和定义

GB/T 2900.20、GB/T 11022 中的以及下列术语和定义适用于本标准。

3.1

公众可接近的区域　area accessible to public

未被严格限制到授权人员可接近的区域。地面上安装和变电站外部安装的 GIL 被认为是"安装在公众可接近的区域"。

3.2

刚性气体绝缘输电线路　Rigid,gas-insulated transmission line

GIL

金属封闭线路内的绝缘,至少部分绝缘是通过不同于大气压力下的空气的绝缘气体实现的,且其外壳是接地的。

3.3

外壳 enclosure

GIL 的部件，保持处于规定条件下的绝缘气体以安全地维持要求的绝缘水平，保护设备免受外部影响并对人员提供安全防护。

注：外壳可以是三相或单相的。

3.4

隔室 compartment

GIL 的一部分，除了相互连接和控制需要打开外全部封闭。

3.5

隔板 partition

把一个隔室和其他隔室分开的支持绝缘子。

3.6

(GIL 的)主回路 main circuit (of GIL)

包含在用于传输电能回路中的 GIL 的所有导电部件。

3.7

(GIL 的)周围空气温度 ambient air temperature (of GIL)

在规定的条件下，在敞开的空气、地沟或隧道中安装的 GIL 的外壳外部周围的空气温度。

3.8

外壳的设计温度 design temperature (of the enclosure)

在规定的最严酷使用条件下外壳所能达到的最高温度。

3.9

外壳的设计压力 design pressure (of the enclosure)

用于确定外壳设计的相对压力。

注：它至少应等于在规定的最严酷使用条件下绝缘气体所能达到的最高温度时外壳内部的最高压力。

3.10

隔板的设计压力 design pressure (of the partition)

隔板两边的相对压力。

3.11

破坏性放电 disruptive discharge

在电场作用下伴随绝缘破坏而产生的一种现象，此时放电完全跨接了被试绝缘，使电极之间的电压降到零或接近于零。

注 1：该术语适用于在固体、液体和气体介质以及其组合中的放电。

注 2：固体介质中的破坏性放电，会导致永久地丧失绝缘强度(非自恢复绝缘)；而在液体和气体介质中可能仅是暂时丧失绝缘强度(自恢复绝缘)。

注 3：破坏性放电发生在气体或液体介质中时，叫做“火花放电”；破坏性放电发生在气体或液体介质中的固体介质表面时，叫做“闪络”；破坏性放电贯穿于固体介质时，叫做“击穿”。

4 额定值

GIL 的额定值包括：

a) 额定电压(U_r)和相数；

b) 额定绝缘水平；

c) 额定频率(f_r)；

d) 额定电流(I_r)(主回路的)；

e) 额定短时耐受电流(I_k)(主回路和接地回路的);

f) 额定峰值耐受电流(I_p)(主回路和接地回路的);

g) 额定短路持续时间(t_k);

h) 构成 GIL 一部分元件的额定值,包括辅助设备;

i) 绝缘气体的额定充入压力。

4.1 额定电压(U_r)

GB/T 11022—1999 的 4.1 适用。

4.2 额定绝缘水平

额定绝缘水平应符合 GB 311.1 的规定。

适合的绝缘水平取决于如过电压、电压反射等参数。

尽管通过选取适当的绝缘水平可以大幅避免内部故障,还应考虑在设备的每一端子上采取防止外部过电压的限制措施(避雷器、保护间隙)。

4.3 额定频率(f_r)

GB/T 11022—1999 的 4.3 适用。

4.4 额定电流、温升和短时过载能力

4.4.1 额定电流(I_r)

GB/T 11022—1999 的 4.4.1 适用,并作如下补充:

额定电流定义为周围空气温度为 40 ℃时,安装于地面上的单相、三相回路的数值。对于其他安装条件,见附录 A。

4.4.2 温升

GB/T 11022—1999 的 4.4.2 适用,并作如下补充:

在规定条件下,GIL 任何一部分的温升不应超过 GB/T 11022—1999 表 3 中给出的最高温升。

如果适用,外壳的表面最高温度不应超过防腐蚀涂层的最高允许温度。

GIL 中包含的元件的温升限值不在 GB/T 11022—1999 覆盖的范围内时,不应超过这些元件相关标准的允许温升限值。

对安装于敞开空气中的设备,外壳的最高温升:

运行人员易触及的部位不应超过 30 K;

运行人员可触及但在正常情况下不需触及的部位不应超过 40 K。

对于隧道和竖井中的设备,外壳的最高温升不应超过 30 K。

对于直接埋入地下的设备,外壳的最高温度应限制到避免土壤干化的温度。通常采用的温度在 50 ℃~60 ℃范围内。

对于隧道和竖井中的设备,外壳的最高温升不应超过 30 K。

4.4.3 温升的特别要求

对于采用非氧化性气体作为绝缘介质的场合,温度和温升的限值应和 GB/T 11022—1999 表 3 对 SF_6 的规定一致。

对于采用压缩空气作为绝缘介质的场合,温度和温升的限值应和 GB/T 11022—1999 表 3 对空气的规定一致。

对于采用氧化性气体(不同于空气的)作为绝缘介质的场合,温度和温升的下限值应由制造厂与用户协商。

4.4.4 短时过载能力

短时过载的条件应由用户同制造厂在考虑特定的环境(过载系数和持续时间,环境温度,初始条件,过载条件下温度的升高,敷设条件等)后协商确定。一般要求 1.2 I_r/30 min。

4.5 **额定短时耐受电流(I_k)**

GB/T 11022—1999 的 4.5 适用。

对于设备或设备的部件选择额定短时耐受电流时,应注意到这样的事实:随着距变电站距离的增加,回路中的最大故障电流会减小。

4.6 **额定峰值耐受电流(I_p)**

GB/T 11022—1999 的 4.6 适用。

4.7 **额定短路持续时间(t_k)**

GB/T 11022—1999 的 4.7 适用。

4.8 **合闸和分闸装置及辅助回路的额定电源电压**

GB/T 11022—1999 的 4.8 适用。

4.9 **合闸和分闸装置及辅助回路的额定电源频率**

GB/T 11022—1999 的 4.9 适用,并作如下补充:

辅助回路的额定电源频率是确定回路和这些装置运行条件和温升的频率。

4.10 **绝缘气体的额定充入压力**

GIL 可以有几种不同的、用于绝缘的额定和最低功能压力,一个隔室可不同于另一个隔室。

除非制造厂另有规定,额定充入压力(相对压力 MPa)的标准值为:

0.3,0.35,0.4,0.45,0.5,0.55,0.6,0.65,0.7。

5 设计与结构

要求例行的预防性维护或诊断试验的任何元件应易于触及。

GIL 应设计成能够安全地正常运行、实施检查和维护作业,以及在安装和扩建后的相序检查。

设备的设计应保证在所有相关负载,如热膨胀、协议允许的基础位移、外部振动、地震、土壤负荷、风和冰负荷产生的机械应力下都不应降低设备的性能。

具有相同额定值和结构的元件,应具有互换性。

5.1 **开关设备和控制设备中液体的要求**

GB/T 11022—1999 的 5.1 不适用。

5.2 **GIL 中气体的要求**

GB/T 11022—1999 的 5.2 适用。

注:运行中六氟化硫气体的检查,参见 GB/T 8905。若采用混合气体,制造厂应分别给出额定充入压力值和气体混合比的参数。

5.3 **接地**

GB/T 11022—1999 的 5.3 适用。

5.3.101 **主回路的接地**

为了保证维修工作的安全性,需要或能够触及的主回路中的所有元件均应能接地。另外,在外壳打开后,在工作期间应能够与接地电极相连。

接地可以通过下述装置实现:

a) 如果不能肯定要连接的回路是不带电的,应使用关合电流能力等于额定峰值耐受电流值的接地开关;

b) 如果可以肯定要连接的回路是不带电的,可使用关合电流能力低于额定峰值耐受电流或不具有关合电流能力的接地开关;

c) 仅当用户与制造厂达成协议时,才可使用移动的接地装置。

能被隔离的每一部分均应能接地。

第一次操作的接地装置应具有消除被隔离回路上最高水平杂散电荷的能力。

对于由接地开关构成与GIL相连的电气元件的场合，用户应保证它们满足a)到c)的要求。

5.3.102 外壳的接地

外壳应能与地相连。所有要接地的，不属于主回路或辅助回路的金属件应能与地相连，对于外壳、支架等的相互连接，紧固方式(例如螺栓连接和焊接)必须保证电气连续性。

考虑到可能承载的电流产生的热和电气的负荷，应保证接地回路的连续性。

GIL的接地可以用不同的方法(固定连接、单点连接、交叉连接)实现。所选的方案会对散热、稳定电压和外部磁场产生影响。这些在附录B中讨论。

当GIL埋入地下时，外壳接地的设计应和防腐措施协调。

5.4 辅助和控制设备

GB/T 11022—1999的5.4适用。

5.5 动力操作

GB/T 11022—1999的5.5不适用。

5.6 储能操作

GB/T 11022—1999的5.6不适用。

5.7 不依赖人力的操作

GB/T 11022—1999的5.7不适用。

5.8 脱扣器的操作

GB/T 11022—1999的5.8不适用。

5.9 低压力闭锁、高压力闭锁和监视装置

应提供监控气体压力或气体密度的方法，并应考虑到相关的国家标准。当绝缘用气体压力降至制造厂规定的报警压力和最低功能压力，或升高到制造厂规定的可控压力系统的最高压力值时，应能发出相应信号。

5.10 铭牌、标志和标记

5.10.1 铭牌

对于户外设备，铭牌和它们的固定件应是耐气候条件影响的和耐腐蚀的。

在设备的每一端和需要维护的每一点，均应提供完整的铭牌。这些铭牌应包含下列资料：

——制造厂的名称或商标；

——型号或系列号；

——额定电压；

——(设备的)额定电流；

——(设备的)额定短时耐受电流；

——额定频率；

——用于绝缘的气体额定充入压力；用于绝缘的气体最低功能压力；外壳的设计压力；

——气体的种类。

注：“额定”一词可以不出现在铭牌上。

5.10.101 量度标记

如果设备长度超过500 m，则应提供量度标记。

5.10.102 设备的标志

因为不同段的特性可能不同，在外壳或外壳的涂层(如果有的话)上应有标记。两个识别标记之间的最大距离应由用户同制造厂协商。

标记应耐久、清晰易读，并应包含下列资料：

——制造厂的名称和商标；

——型号；

——额定电压；

——气体的种类和(用于绝缘的)额定充入压力。

5.10.103 公众标志

如果设备位于公众可触及的区域，就应提供适当的外部标志，且应符合地方法规。

5.11 联锁装置

GB/T 11022—1999 的 5.11 不适用。

5.12 位置指示

GB/T 11022—1999 的 5.12 不适用。

5.13 防护等级

5.13.1 主回路的防护等级

由于外壳是气体密封性的，主回路和与其直接相连的部件没有特别的规定适用。

5.13.2 辅助回路的防护等级

对于低压控制和/或辅助回路的所有外壳均应按照 GB 4208 规定的防护等级。

防护等级应适合于设备的运行条件。

5.13.2.1 防止人员触及危险部件的防护和防止固体异物侵入设备的防护

见 GB/T 11022—1999 的 5.13.1，并作如下修改：

防护措施仅对控制和/或辅助回路适用。第一个特征数字应不小于 3。

5.13.2.2 防止水浸入的防护

对于敷设条件可能存在水浸入危险的设备(地下设备、地沟或管线等中的设备)，则应规定第二位特征数字。在这种情况下，GB/T 11022—1999 表 6 中确定的第二位字母 X 应由下面的数字取代(见表 1)。

对于户外安装的设备，如果需要防雨和其他气候条件的附加功能，则可通过在第二位特征数字或附加字母(如果有的话)之后用补充字母 W 的方式来规定。

表 1 防护等级

第二位特征数字	简　介	定　义
7	防止短时间浸水的效应	当外壳暂时浸入标准的压力和时间条件下的水中时，浸水的程度应不导致有害效应
注：当要求比第二位特征数字为 7 更严酷的条件时，防护应由用户同制造厂协商。		

5.14 爬电距离

GB/T 11022—1999 的 5.14 不适用。

5.15 气体密封性

5.15.1 可控压力系统

GB/T 11022—1999 的 5.15.1 适用，并作如下补充：

考虑环境方面，当气体基本上是从大气中提供(压缩空气或氮气)时，才可以使用可控压力系统。

5.15.2 封闭压力系统

由制造厂规定的封闭压力系统的密封性，应与维护和检查最少的原则相一致。

封闭压力系统的密封性由相对泄漏率 F_{rel} 表示。

每个隔室每年相对泄漏率的最大值为 0.5%。

注 1：这些值可以用来计算在外部极限温度条件下两次补充介质间的时间 T。

注 2：GIS 的相关运行经验表明：完整设备的实际泄漏率比出厂试验要求低一个数量级。

5.15.3 密封压力系统

不适用。

5.15.4 内部隔板

如果用户有要求，为了允许维护一个隔室而相邻隔室充有气体而处于压力状态时，通过隔板允许的气体泄漏也应由制造厂规定。

5.16 液体的密封

本标准不适用。

5.17 易燃性

GB/T 11022—1999 中 5.17 适用。

5.18 电磁兼容性(EMC)

GB/T 11022—1999 的 5.18 不适用。

5.101 内部故障

5.101.1 概述

按照本标准制造的 GIL 内部故障导致电弧发生的概率很低。这是因为采用了绝缘气体而不是大气压力下的空气，且不会受大气污染、湿度或虫害的影响。

避免由内部故障引起电弧以及限制其持续时间和后果的方法示例：

——绝缘配合；

——气体泄漏的限制和控制；

——快速保护；

——快速电弧短路装置；

——开关装置的联锁；

——遥控；

——内部和/或外部压力释放；

——现场的工艺检查。

布置也应使得导致电弧的内部故障对 GIL 连续运行能力的影响减到最小。电弧的影响应限制在发生电弧的隔室，或者，如果本段内隔室间采用了压力释放装置，也可以发展到故障段的其他隔室。隔室或段隔离后，应确保剩余设备可恢复正常操作。

5.101.2 电弧的外部效应

内部电弧的效应是：

——气体压力的升高(见 GB 7674—2008 附录 D.1)；

——外壳可能被烧穿。

为了对人员提供高的防护电弧的外部效应，应通过适当的保护装置限制外壳上出现的孔洞或裂缝且没有碎片。

电弧的持续时间与第一段(主保护)和第二段(后备保护)保护确定的保护系统的性能有关。

表 2 给出了根据保护系统性能确定的电弧持续时间的性能判据。

制造厂和用户可以商定直到某一给定短路电流的内部故障产生电弧而不引起外部效应的持续时间。该时间的确定应基于试验结果或者公认的计算程序。见 GB 7674—2008 附录 D.1。

对于不同短路电流值而不烧穿的电流的持续时间可以根据公认的计算程序来确定。

尽管采取了措施，但如果用户和制造厂之间仍达成协议进行试验以验证内部故障的电弧效应，则该试验应符合 6.106。

对于安装在中性点绝缘或谐振接地系统中的并配有保护以限制内部接地故障持续时间的单相封闭的 GIL 通常不需要进行试验。

注：对于中性点绝缘系统或谐振接地系统，强烈推荐使用限制内部故障持续时间的保护。

表 2 性能判据

额定短路电流（有效值）	保护段	电流持续时间/s	性能判据
<40 kA	1	0.2	除了适当的压力释放装置动作外没有外部效应
	2	⩽0.5	没有碎片（允许烧穿）
⩾40 kA	1	0.1	除了适当的压力释放装置动作外没有外部效应
	2	⩽0.3	没有碎片（允许烧穿）

5.101.3 内部故障定位

如果用户要求确定故障位置，GIL 制造厂应提出适当的方法。

5.102 外壳

GB 7674—2008 的 5.103 适用，并做如下补充：

5.102.1 概述

外壳应是金属的、永久接地的，并能承受运行中出现的正常和瞬态压力。

如果充气设备的外壳符合本标准，而且在运行中永久承压，则应按其特定的使用条件，将它们与压缩空气罐和类似储存容器区分开来。这些条件包括：

——主回路的外壳不仅应能防止接近带电部件的危害，而且在充入高于或等于用于绝缘的最低功能气体压力时，其形状可以保证达到设备的额定绝缘水平（在决定形状和使用的材料方面，电气因素比机械因素更重要）；

——外壳内通常充有彻底干燥、稳定和惰性的非腐蚀性气体；因为当存在较小的压力波动时，保持气体处于该状态的措施是设备运行的基础，由于外壳不会受到内部腐蚀，因此，决定外壳设计时，不必要对这些因素留有裕度（然而，可能存在传导的振动效应予以考虑）；

——采用的运行压力相对较低。

对于户外设备，制造厂应考虑气候条件的影响（见第 2 章）。

对于地下设备，除应考虑到环境条件外，还应考虑防止外部腐蚀（见 5.106）。

5.102.2 外壳的设计

外壳的壁厚应基于设计压力以及以下所列的外壳不烧穿的最短耐受持续时间：

——短路电流 40 kA 及以上，0.1 s；

——短路电流 40 kA 以下，0.2 s。

为了使外壳烧穿的危险最小，短路电流的大小和持续时间与外壳的设计和隔室的尺寸应仔细配合。最小的容积应使得在上面给出的最短耐受持续时间内压力释放装置不动作。

关于计算外壳厚度和结构方面的标准程序、方法还未达成国际上的统一，无论是焊接或铸造的外壳，都可以基于本标准中确定的设计温度和设计压力，GB 7674—2008 适用。

注：设计外壳时，还应考虑到下述因素：

a) 作为正常充气过程一部分的外壳应考虑抽真空带来的影响；

b) 外壳壁或隔板间可能出现的全部压力差；

c) 相邻隔室具有不同运行压力时隔室间偶然泄漏情况下所产生的压力；

d) 出现内部故障的可能性（见 5.101）。

外壳的设计温度通常为环境温度的上限再加上流过额定电流时导致的温升。如果太阳辐射的效应比较明显，则应予以考虑。

外壳的设计压力至少应等于在设计温度下，外壳内部所能达到的压力上限。

确定外壳的设计压力时，除非设计压力可以从已有的温升试验记录来确定，否则气体温度应取外壳温度的上限和流过额定电流时主回路导体温度的平均值。

设计外壳时，应考虑到除内部过压力引起的机械负荷以外的机械负荷，例如热膨胀产生的力（见5.105）、外部振动（见5.107）、地下设备的土壤负荷，其他外部负荷如地震、雪和冰等。

对于外壳和部件的强度不能用计算完全确定时，应进行验证试验（见6.101），验证它们满足要求。

生产外壳的材料应是已知的，并且最低的物理性能是通过计算和/或验证试验获取的。制造厂应基于材料供应商出具的证书，或制造厂进行的试验，或两者，对材料的选用和这些最低物理性能的维护负责。

5.103 隔板

GIL应以这样的方式分成隔室：正常运行条件得到满足且实现对隔室内部故障电弧的限制（见5.101.1）。

GIL分成隔室的方式对下述方面产生影响：

——安装；

——现场试验；

——维护；

——气体处理。

隔板通常由绝缘材料构成，但不要求它们对人员提供电气安全保证。对人员安全的保证需要用设备接地等其他方法来实现，但必须保证相邻隔室间在可能出现的气体最大压力差下的机械安全性。

将充有绝缘气体的隔室和相邻的充有液体的隔室分开的隔板，不应出现任何影响两种介质绝缘性能的泄漏。

5.104 压力释放

符合本条款的压力释放装置的布置，应使得在压力下逸出的气体和蒸汽，对正在GIL上履行正常运行职责的工作人员的危害最小。

注：术语“压力释放装置”包括：由打开压力和关闭压力表征的压力释放阀；不能重新关闭的压力释放装置，例如膜片和防爆盘。

5.104.1 限制最高气体压力的压力释放阀

对于外壳永久与压缩气源连接的情况，压力调节所用的装置不能被用来防止过压力。应安装足够尺寸的压力释放阀以防止压力调节装置在故障情况下外壳内部的压力超过设计压力的10%。

对于外壳和压缩气源不是永久连接的情况，压力释放阀应安装到充气管上，以防止外壳充气过程中气体压力超过设计压力的10%。作为替代，该阀也可以装在外壳上。

压力释放阀打开动作后，在压力降至设计压力的75%之前应能重新关闭。

选择充入压力时应考虑到充气时的气体温度，例如，使用温度补偿压力表。

5.104.2 内部故障情况下限制压力升高的压力释放装置

内部故障引起电弧后，因为外壳的损坏部件需要更换，压力释放装置仅用于限制电弧的外部效应（见5.101.2）。

内部故障所产生的压力取决于气体隔室的容积、短路电流和持续时间，在内部故障条件下，若该压力不超过外壳的出厂试验压力，也可以不装设压力释放装置。如果设备位于隧道中，这一考虑尤为重要。

如果压力释放装置用在人员可触及的限定的空间内，应采取措施以保证在压力释放时人员的安全。

注1：在内部故障引起外壳变形时，应对相邻的外壳进行检查，以确认它没有变形。

注2：如果压力释放采用了防爆盘，应注意它们的破坏压力和外壳设计压力之间的关系，以降低防爆盘无意识破坏的可能性。

5.105 热膨胀的补偿

由于GIL的部件之间、GIL的部件与其周围环境之间，或敷设期间与温度有关的GIL的部件之间有温度差，所以GIL部件相互之间和其周围环境之间有相对运动。

部件和/或它们的周围环境之间的相对运动或力，既可以通过测量也可以根据敷设期间与温度有关的部件的最大温度差通过计算确定。如果需要补偿，可以采用下述方法：

a) 一次元件和外壳间的补偿可以通过一次元件中的滑动触头或类似方式来获得；

b) 外壳和其周围环境（固定支架、周围的土壤）间的补偿应通过适当的方式获得。

注：计算周围环境和外壳间的作用力和相对运动以及解释结果时，应参考适当的标准或方法。这一点对地下 GIL 尤为重要，因为它受到诸如土壤的压缩、土壤的类型、线路的几何结构等因素的严重影响。

5.106 地下设备的腐蚀防护

腐蚀防护，包括外部涂敷和任何主动防护装置均应考虑到一些特殊情况如：地点、土壤/回填材料和条件，外壳的材料和所采用的接地类型。

通常，GIL 的防腐保护与普通管线或高压充油电缆的防护基本相同。外壳敷有一层或多层橡胶或塑料，涂层作为被动腐蚀防护装置，它会使电气设备的金属外壳免受因温度和水分引起的锈蚀。

作为对被动腐蚀防护的补充，在被动装置失效时，可以安装主动装置。主动腐蚀防护装置保持金属外壳处于规定的电位，这取决于外壳的材料（钢、铝）。设计主动腐蚀防护装置时，应考虑到 GIL 周围的土壤条件。

5.107 外部振动

在某些条件下，GIL 可能要承受外部振动。典型的情况是 GIL 靠近地铁、汽车和火车用的桥。另一种情况是 GIL 直接与电力变压器连接。

当 GIL 靠近振动源时，建议通过在振动源和与 GIL 刚性连接的支架的部件间采用阻尼装置以降低机械应力。这一措施可以显著降低 GIL 部件上的动态机械应力。剩余的动态机械应力可被用作确定 GIL 机械尺寸，为了确定总的应力水平和保证这些应力值低于所采用材料的允许值，应把剩余应力和作用到 GIL 上的其他机械负荷合并。

如果是桥梁，则应对桥梁与基础之间的相对运动给予特别考虑。计算机械尺寸过程中确定总的机械应力时，有必要考虑这些运动可能产生的附加机械负荷。

5.108 GIL 的支架

GIL 的支架对 GIL 的机械性能有影响。支架的结构可根据其功能、GIL 的配置、安装 GIL 的地基结构、隧道或竖井的不同而不同。因此，本条款规定了支架功能的设计条件和要求。

5.108.1 设计条件

支架设计时应考虑到下述的力和负荷：

——GIL 的重力；

——内部气体压力产生的力；

——支架上端部和 GIL 下端部表面的摩擦；

——GIL 热膨胀产生的力；

——地震力（适用时）；

——风力（适用时）；

——短路电流产生的力；

——冰负荷（适用时）。

如果支架不构成接地系统的一部分时，应提供措施避免支架中产生涡流，且能够实施腐蚀防护。

5.108.2 支架的类型

下面列出两种基本的支承功能的类型：

a) 滑动和柔性支架：这些支架设计用以支撑且允许因 GIL 热膨胀引起的一定的位移。

b) 刚性支架：这些支架设计用来固定 GIL 并能耐受因外壳热膨胀引起的力和外壳内补偿器（如果有的话）的热膨胀以及内部气体压力导致的作用力。

6 型式试验

6.1 概述

GB/T 11022—1999 的 6.1 适用，并作如下补充：

型式试验应在有代表性的装配或分装配上进行。

由于元件的组合方式可能多种多样，对所有可能的布置都要进行型式试验是不现实的。任一特定布置形式的性能可以由类似布置获得的试验数据来证明。除在相关条款中另有规定外，原则上所有试验应在设备充有规定的气体类型和额定充入压力下进行。

所有型式试验的结果都应记录在型式试验报告中，型式试验报告应包含充分的数据以证明其符合本标准，要有足够的信息以确认被试设备的基本部分。关于支架的一般信息应包含在试验报告中。

型式试验和试验报告应包括下述内容：

6.1.1 强制的型式试验

a) 绝缘试验(6.2)；

b) 温升试验和主回路电阻测量(6.5 和 6.4)；

c) 短时耐受电流和峰值耐受电流试验(6.6)；

d) 防护等级检验(6.7)；

e) 密封试验(6.8)；

f) 外壳的强度试验(6.101)；

g) 隔板的压力试验(6.102)；

h) 地下设备的抗腐蚀试验(6.103)。

6.1.2 选用的型式试验(根据用户和制造厂之间的协议进行的试验)

a) 滑动触头的机械试验(6.104)；

b) 气候防护试验(6.105)；

c) 内部故障电弧试验(6.106)；

d) 地下设备的长期试验(附录 C)。

注：某些类型的型式试验可能会降低被试部件进一步使用的适用性。

6.2 绝缘试验

6.2.1 绝缘试验中设备的状况

绝缘试验应在制造厂规定的绝缘气体的最低功能压力下进行。试验过程中的气体压力和温度应记录在试验报告中。

6.2.2 试验电压的施加和试验条件

主回路中的每相导体依次连接到试验电源的高压端子上，应施加 6.2.4 和 6.2.5 规定的试验电压，所有其他的主回路导体和辅助回路应连接到接地导体或框架上并接至试验电源的接地端子上。

如果每相独立封闭在一个金属外壳内，仅进行相对地试验，不需要进行相间试验。

6.2.3 试验电压

相对地和相间(如果有的话)的额定耐受电压应是 GB 311.1—1997 中规定的数值。

6.2.4 雷电和操作冲击电压试验

GB/T 11022—1999 的 6.2.6 和 6.2.7 适用，并作如下补充：

试验过程中，冲击发生器的接地端子应与 GIL 的外壳连接。

应注意试品的长度，以避免因行波引起的过电压。

6.2.5 主回路的工频电压试验

GIL 应按照 GB/T 16927.1—1997 进行短时工频耐受电压试验。试验电压应升到试验值并保持 1 min 且仅在干燥状态下进行。

如果没有出现破坏性放电，则认为设备通过了试验。

6.2.6 局部放电试验

GB 7674—2008 的 6.2.9 适用，并作如下补充：

局部放电测量是探测被试设备某些缺陷的适用方法，并且是对绝缘试验有用的补充。实践证明：在某些布置的情况下，局部放电可能导致设备绝缘强度的降低，尤其是固体绝缘。另一方面，由于绝缘系统的复杂性，至今还没有可能建立局部放电测量结果和 GIL 设备寿命之间的一种可靠的相互关系。

局部放电测量作为型式试验和其他绝缘试验一起，是为了证明是否存在和何处存在因设备设计而导致在绝缘强度方面的薄弱点。

试验可以在所有其他绝缘试验所用设备的总装配或分装配上进行，并应随后进行。

测量过程中的绝缘强度应尽可能地代表完整的 GIL 设备上出现的绝缘强度。

6.2.6.1 试验回路和测量仪器

GB/T 7354—2003 中给出了推荐的试验回路和测量仪器以及校准的方法。

优先采用能够评估单个放电的测量仪器。附加的信息可以通过测量以 C^2/s 表示的平方率来获得。

选择的试验回路元件和测量仪器应使得可测量的最小放电量不超过 50% 允许局部放电量。

也可以采用其他的局部放电探测方法，如 UHF 探测和声探测。

6.2.6.2 最大允许局部放电量

在相应于所用试验回路的电压 $U_{pd\text{-}test}$ 下的最大允许局部放电量不应超过 5 pC。

6.2.7 辅助回路的绝缘试验

GB/T 11022—1999 的 6.2.10 适用。

6.3 无线电干扰电压(r. i. v.)试验

不适用。

6.4 主回路电阻测量

GB/T 11022—1999 的 6.4 适用，并作如下补充：

主回路的载流部件、外壳和每种类型的接触系统均应在温升试验前后进行试验。

6.5 温升试验

GB/T 11022—1999 的 6.5 适用，并作如下补充：

可以根据其他规定的使用条件下决定最大允许电流所进行的型式试验的结果进行计算，对于这些计算，应参考附录 A。任何补充的试验应征得制造厂和用户的同意。

总装配或分装配应包括腐蚀防护涂层(如果适用)的标准外壳，并且防止过度地外部加热或冷却。试验应在敞开的空气中进行。

如果设计包含可更换的元件和布置方式，则试验应在这些元件和布置方式处于最严酷条件下进行。

除了每相单独封闭在一个金属外壳中的情况外，试验应以额定相数和从装配的一端到与试验电缆连接的端子通以额定电流的条件下进行。

如果允许并进行单相试验，外壳中的电流应代表最严酷的条件。

如果对分装配单独试验，相邻的分装配应承载产生相应于额定条件下功率损耗的电流。如果试验不能在实际条件下进行，允许通过加热器或绝热的方式模拟等效条件。

不同元件的温升应参考周围空气温度进行规定，它们不应超过相关标准中为它们规定的值。

注 1：GIL 载流件的功率损耗和电阻数据可以用于附录 A 的计算。

注 2：试验过程中 GIL 的热时间常数可作为评估 GIL 临时过载能力的基础。

6.6 短时耐受电流和峰值耐受电流试验

GB/T 11022—1999 的 6.6 适用。

如果设计包含可更换的元件和布置方式，则试验应在这些代表性的元件和布置方式处于最严酷的条件下进行。

6.6.1 GIL 和试验回路的布置

GB/T 11022—1999 的 6.6.1 不适用。

试验时，应使用新的洁净的触头。

三相外壳的 GIL 应进行三相试验。

单相外壳的 GIL 应按照外壳中返回电流进行试验，这取决于接地方式：

a) 如果运行中外壳承载所有返回电流，则 GIL 应进行单相试验，外壳中流过全部的返回电流；

b) 如果运行中外壳不承载所有返回电流，则 GIL 应进行三相试验。试验应在制造厂指出的最小相间距离下进行。

6.6.2 试验电流和持续时间

GB/T 11022—1999 的 6.6.2 适用。

6.6.3 试验过程中 GIL 的性能

已经认识到，试验过程中，GIL 的载流件和相邻件的温升可能超过 GB/T 11022—1999 表 3 规定的限值。对于短时电流耐受试验，没有规定温升限值，但所达到的最高温度应不足以导致邻近部件的明显损坏。

6.6.4 试验后 GIL 的状态

试验后，不应出现可能妨碍正常运行的外壳内导体和接触连接的变形或损坏。

试验后，应按 6.4 测量主回路电阻。如果电阻的增加超过 20%且不可能通过目力检测确认触头的状态，则有必要进行附加的温升试验。

6.7 辅助回路防护等级的验证

GB/T 11022—1999 的 6.7.1 适用，并作如下补充：

如果规定了第二位特征数字，则应按照 GB 4208—2008 的第 11 和 14 章对相应数字的要求进行试验。

6.8 密封试验

GB/T 11022—1999 的 6.8 适用。

6.9 电磁兼容性试验（EMC）

不适用。

6.101 外壳的强度试验

如果外壳或其中的一部分的强度未进行计算，则应进行验证试验。在尚未装入内部元件之前，按设计压力的试验条件对单独的外壳进行这些试验。

根据所使用的材料，验证试验可以是破坏性压力试验或非破坏性压力试验。

6.101.1 破坏性压力试验

对于破坏性压力试验，压力上升速度应不大于 400 kPa/min。对于铸造外壳，破坏性压力试验要求为 3.5 倍的设计压力，对于焊接外壳，破坏性压力试验要求为 2.3 倍的设计压力。这些系数是根据所用材料能够保证的最低性能确定的。

考虑到制作方法可能需要附加系数。

达到这些压力后，保持完好的任何外壳应予以报废。

6.101.2 非破坏性压力试验

GB 7674—2008 的 6.103.2 适用。

6.102 隔板的压力试验

GB 7674—2008 的 6.104 适用。

6.103 地下设备的抗腐蚀试验

6.103.1 被动腐蚀防护

被动腐蚀防护系统本质上是金属外壳的合成涂层使金属防潮。合成涂层通常由一层或多层合成材料构成。

应进行下述三项试验：

6.103.1.1 **电气试验**

为了验证合成涂层的质量，应进行高压试验。导电涂层涂敷在合成涂层上，然后根据合成涂层的绝缘强度在金属外壳和导电涂层之间施加试验电压。

电压的大小取决于合成涂层的类型，且应根据用户和制造厂之间的协议确定。

试品的长度应足以反映合成涂层的实际结果，因此，推荐的最短长度为 $5D$，这里 D 为金属外壳的外径。

6.103.1.2 **机械试验**

机械型式试验应按照 GB/T 2421—1999，在周围空气温度下进行。机械型式试验应证明涂层在敷设过程中和敷设后能耐受现场条件。应证明能耐受两个机械应力：

——涂层的弯曲；

——金属物体或岩石对涂层的冲击。

机械应力很大程度上取决于敷设方法和系统布置。进行试验的力和程序，制造厂和用户应相互认可。

6.103.1.3 **热试验**

热型式试验代表了现场安装过程中和运行中 GIL 的最大温度变化产生的应力。

最大温度变化出现在敞开地沟中白天和夜晚的现场安装过程，它们主要取决于地理区域，如欧洲中部或沙漠国家。

正常使用条件见 GB/T 11022—1999，需要特殊环境条件的场合应由用户确定。进行型式试验的程序，制造厂和用户应相互认可。

6.103.2 **主动腐蚀防护**

为了提高直接埋入土壤中的 GIL 的安全性，有必要采取主动腐蚀防护。采用两种基本的系统：牺牲阳极或施加电流的系统。

主动腐蚀防护系统的设计和布置主要取决于：

——涂层的数量；

——涂层中的缺陷数量；

——涂层和土壤的电阻率；

——土壤的 pH 值；

——土壤的湿度；

——有无暂时或永久性地下水。

根据成熟的理论和法规，按规定的最小或最大保护电流对决定系统布置的不同因素进行分析。

系统的型式试验可能仅涵盖某种典型的条件，并应在用户和制造厂之间达成协议。

6.104 **滑动触头的特殊机械试验**

应进行机械寿命试验以评估基本元件，如：滑动触头在预期的设备寿命期内完成其功能的能力。

注：由于触头测量和维护困难，该试验对 GIL 是特殊试验。

触头应从下述方面确认：

——触头布置和原理；

——触头材料（包括涂层的特性和厚度，如果有的话）

——触头压力（最小～最大）；

——使用说明书中明示的润滑（如果有的话）。

试验条件应表明：

——触头行程；

——触头速度；
——循环次数。

可以采用机械化试验装置来模拟带电导体的预期相对运动。该试验是有代表性的，只要能证明：

——满足了最差的条件，考虑了不同的膨胀、导体重量、负载等；
——操作频率限制到每小时 6 个循环的数量级；
——普通 GIL 触头的最少循环数为 10 000。

注：对于特殊使用场合，如用于给抽水蓄能电站供电，更多次数的操作循环和/或增加操作频率可以由制造厂和用户协商。

在试验前后应进行下述检查和试验：

——目视检查；
——尺寸检查和触头压力；
——接触电阻。

如果满足下述条件，则认为通过了试验：

——目视检查证明原来的表面涂层仍然完好；
——触头的磨损使触头压力仍然在允许公差内；
——接触电阻的变化小于或等于 20%。

6.105 气候防护试验

如果用户和制造厂达成协议，对户外使用的 GIL 应进行气候防护试验。推荐的方法在 GB/T 11022—1999 附录 C 中给出。该试验考虑了风雪的影响。

如果设计检查能说明该试验不必要，则可以略去。

6.106 内部电弧试验

如果用户和制造厂之间就该试验达成协议，试验程序应符合附录 D 中描述的方法。

电流持续时间不应小于预期的第二段保护的故障切除时间，该时间由保护装置确定。

短路电流值应与额定短时耐受电流一致。

注：根据资料，对于 40 kA 及以上的电流，第一段保护的故障切除时间约为 0.1 s；对于 40 kA 以下的电流为 0.2 s。对于 40 kA 及以上的电流，第二段保护的故障切除时间通常不超过 0.3 s；对于 40 kA 以下的电流为 0.5 s。

试验过程中，在 5.102.2 中规定的耐受时间内没有产生外部效应，则认为 GIL 通过了试验。

除非用户同制造厂另有协议，对 40 kA 及以上的电流在 0.3 s 切除故障和 40 kA 以下电流 0.5 s 切除故障后，外壳应不出现破裂。

对于特定布置的试验结果，通过计算或推断或两者的结合也可以用于预测相同设计的其他布置的性能。

7 出厂试验

7.1 主回路的绝缘试验

GB/T 11022—1999 的 7.1 适用，并作如下补充：

出厂的绝缘试验应优先在完整的分装配上进行。然而，由于存在可能在运输时解体的非常长的部件，制造厂可以限定其出厂试验对关键部件(例如绝缘子)实施。这些关键部件应在与使用条件等同的绝缘结构上进行。对完整装配段的绝缘试验可以在现场进行(见 10.2.101.1)。

按照 6.2.5 的要求，对 GIL 主回路的工频电压试验应在对地和相间(适用时)进行。出厂试验的试验电压应从 GB/T 11022—1999(表 1 或表 2 的栏 2)中选取。

试验应在绝缘气体的最低功能压力下进行。

7.2 辅助和控制回路的绝缘试验

GB/T 11022—1999 的 7.2 适用。

7.3 主回路电阻的测量

GB/T 11022—1999 的 7.3 适用，并作如下补充：

总体测量应在工厂对运输单元实施。测量到的总电阻不应超过 1.2 R_u，这里 R_u 为型式试验过程中测量到的相应电阻的和。

注：对于焊接接头或焊接，如果其焊接质量已按 7.102 检查过，则不需要进行外壳电阻测量。

7.4 密封试验

GB/T 11022—1999 的 7.4 适用，并作如下补充：

应注意到外壳的外部涂层（如果有的话）可能隐蔽着泄漏。应采取相应的密封试验程序。

7.5 设计检查和外观检查

GB/T 11022—1999 的 7.5 适用。

7.101 局部放电测量

局部放电测量应对关键绝缘件（如绝缘子）实施。按照 6.2.6 选取电压值以及局部放电接受的值。

推荐进行 GIL 分装配和/或段的局部放电测量。

7.102 外壳的压力试验

7.102.1 工厂制造的外壳

压力试验应针对工厂生产后的每一个独立外壳实施。

标准试验压力应为 k 倍的设计压力，这里系数 k 等于：

——焊接外壳为 1.3；

——铸造外壳为 2.0。

7.102.2 现场的外壳焊接

如果外壳在现场焊接，为验证焊接质量和完整性，应进行两类试验：焊接试验和压力试验。

7.102.2.1 现场的焊接试验

现场焊接的所有焊接部位应杜绝缺陷，应根据制造厂和用户之间的协议，通过适当的 X 射线照相、超声波或其他等效技术予以确认。

7.102.2.2 压力试验

现场焊接的外壳应耐受压力试验，优先采用气压。对于完整装配的隔室进行的试验，系数 k 可以限定到 1.1。

试验过程中应采取预防措施以保证压力释放装置不会动作。如果气压试验不符合地方法规，则应采用制造厂和用户协议的替代方法。

注：装配完整的隔室应避免进行液压试验。

7.102.3 定期试验

如果满足下述条件，则不需进行定期试验：

——外壳充有非腐蚀性的、干燥的、稳定和惰性的气体；

——对防腐蚀的外部涂层实施了监控。

7.103 隔板的压力试验

GB 7674—2008 的 7.104 适用。

7.104 地下设备的抗腐蚀试验

7.104.1 被动腐蚀防护

埋入地下之前进行的出厂电气试验可以证明腐蚀防护涂层的质量。通过在金属外壳和合成涂层外的导电涂层或环之间施加高电压可以探测到空隙或间隙。

给出了两种可能性：

a) 预制的 GIL 单元的试验

完整的 GIL 可以按单元长度预制处理。这些单元可能敷有被动腐蚀防护涂层。在装配成完整的

GIL 之前，它们可以按 6.103.1.1 中的规定进行电气试验。

b) GIL 完整段的试验

一段 GIL 可以由大量的 GIL 预制单元装配而成。一段 GIL 装配和敷设就位后，埋入地下前、后可对涂层进行试验，主要是电气试验。该最终试验主要取决于敷设程序，并应遵循用户和制造厂之间的协议。

7.104.2 主动腐蚀防护

主动腐蚀防护系统可以按照沿着 GIL 的环境条件进行设计。防护电流和电位可以根据土壤的电阻率和酸度资料进行计算。

这些数值应在 GIL 投运后进行测量。

8 选用导则

对于一种给定的运行方式，选择 GIL 时应考虑到正常负载条件和故障情况下的各个额定值。

应按照本标准中的建议选择额定值，并考虑到系统的特性和其期望的未来发展。

故障条件所承担的负载应通过计算系统中 GIL 安装地点的故障电流来确定。

9 随询问单、标书和订单提供的资料

9.1 随询问单和标书提供的资料

询问或订购 GIL 设备时，询问者应提供下述资料：

9.1.1 系统的详细资料

标称电压和最高电压、频率、系统中性点接地的类型。

9.1.2 环境条件

a) 电站内部安装的限定的可接近程度或外部安装的以及对公众的可接近程度；

b) 地下或非地下设备；

c) 带有提供支架的地沟、隧道或敞开空气中的设备；

d) 地质段以及地下设备的土壤地质和物理结构；

e) 敷设深度(地下敷设)；

f) 土壤的导热率(地下敷设)；

g) 地沟、隧道的通风。

9.1.3 运行条件

周围空气或土壤的最高和最低温度；偏离正常运行条件或影响设备良好运行的任何外界条件，例如，异常地暴露在蒸汽、潮湿、流体、烟雾、爆炸性气体、过量的灰尘或盐雾中，地震或由外部原因向设备传来的其他振动的危险，以及基础可能的位移和可能的机械冲击。

9.1.4 设备的详细资料

a) 设备长度和地理路径选择；

b) 相数(分相封闭或处于公共外壳内)；

c) 同一地沟或隧道中设置的线路数量；

d) 额定电压；

e) 额定绝缘水平；

f) 额定电流；

g) 额定短时耐受电流(I_{th})；

h) 额定短路持续时间(不同于 1 s 时)；

i) 额定峰值耐受电流(不同于 $2.5I_{th}$ 时)；

j) 内部故障情况下的最大故障排除时间；

k) 气体隔室的最大长度和气体的体积；

l) 辅助回路的防护等级。

9.1.5 辅助装置的详细资料

a) 辅助装置和监控系统的配置和类型；

b) 额定电源电压(如果有的话)；

c) 额定电源频率(如果有的话)；

d) 额定充入压力(如果有的话)；

e) 特殊的联锁要求。

9.1.6 特殊条件

作为对这些项目的补充，询问者应明确可能影响投标和订货的每个条件，例如运输设备和/或限制因素，特殊的固定或安装条件，外部高压连接的部位或压力容器的法规。

如果要求特殊的型式试验，应提供相关的资料。

9.2 随标书提供的资料

如果适用，制造厂应随说明书和图纸提供下列资料：

9.2.1 额定值和特性

设备的详细资料列举在9.1.4中。

9.2.2 GIL及其元件更详细的资料

a) 外壳的设计压力；

b) 外壳的设计温度；

c) 绝缘用气体的类型和额定充入压力；

d) 最低功能压力；

e) 不同隔室气体的体积；

f) 气体温度的限值和泄漏率；

g) 适用于测定故障位置的细节。

9.2.3 型式试验证书或报告

要求时，型式试验证书或报告应以完整的文件提交。

9.2.4 结构特征

a) 最重的运输单元的质量；

b) GIL的总体尺寸；

c) 外部连接的布置；

d) 用户应采取的运输规则；

e) 制造厂规定的安装和敷设规则；

f) 支架固定点的位置；

g) 每个固定点的最大力；

h) 每个固定点外壳的最大挠度。

9.2.5 辅助装置的详细资料

a) 类型和额定值列举在9.1.5中；

b) 运行时的电流或输入功率。

9.2.6 关于制造厂和用户之间事先协议的所有事件的资料

9.2.7 推荐的备件清单

用户采购的备件。

10 运输、储存、安装和维护规则

GB/T 11022—1999的第10章适用。

10.1 运输、储存和安装的条件

GB/T 11022—1999 的 10.1 适用，并作如下补充：

内部洁净度影响到 GIL 的功能。洁净度应由制造厂规定的适当预防措施予以保证。

注：可以包括下列预防措施：

——在洁净条件下（例如，具有干燥空气、温度调节和有很低表压的封闭装配间内）连接 GIL 的单元；

——安装过程中打开的孔应由防尘罩或盖子遮盖；

——如果有必要，装配后，整个 GIL 应进行内部清洁；

——作为对现场预防措施的补充，预先在 GIL 中充入干燥的、洁净的气体后运输有助于保持 GIL 内部元件处于良好状态。

装配单元应尽可能地大，以便减少现场安装以及污染的风险。

GIL 单元的连接区域应进行保护，以防止对密封面或为焊缝所准备的边缘的损坏。

对于 GIL 单元在现场焊接的情况，应采取预防措施避免金属粒子或污染的烟雾进入 GIL。

安装程序应随同 GIL 提供。

10.2 安装

对每种类型的 GIL，制造厂提供的说明书至少应包括下述项目：

10.2.1 卸货和起吊

GB/T 11022—1999 的 10.2.1 适用。

10.2.2 装配

所有的运输单元应清楚地做出标记。表明这些部件装配的图纸应随同 GIL 提供。

10.2.3 安装

GIL 和辅助设备的安装说明书应包含位置和基础的足够资料以便能够完成现场的准备。还应给出每米长度 GIL 的平均质量。

10.2.4 连接

明书应包括下述方面的资料：

a) 导体的连接，包括防止 GIL 过热和不必要的变形的必要建议并给出足够的间距；

b) 辅助回路的连接；

c) 气体系统的连接，包括管路的位置和尺寸；

d) 接地连接。

10.2.5 最终安装检查

说明书应提供 GIL 安装和所有连接完成后应进行的检查和试验。

说明书应包括：

——实现正确功能所推荐的现场试验清单；

——推荐进行的相关测量和记录，这有助于将来的维护决策；

——最终检查和投入运行的说明。

10.2.101 现场安装后的试验

安装后，投入运行前，应对 GIL 进行试验以检查设备的正确操作和绝缘强度。

这些试验和验证包括：

a) 主回路的电压试验(10.2.101.1.2)；

b) 辅助回路的绝缘试验(7.2)；

c) 主回路电阻的测量(10.2.101.3)；

d) 密封试验(7.4)；

e) 检查和验证(10.2.101.4)；

f) 气体湿度的测定(10.2.101.2)；

g) 地下设备的抗腐蚀性试验(7.104)。

为了保证最少的干扰、降低潮湿的危害和灰尘进入外壳妨碍 GIL 的正常运行,所以,当 GIL 运行时,不规定或推荐强制性的定期检查或压力试验。

如果没有指定环流,则应进行试验以证明不会在外壳和其他金属部件(如管件和支架)中产生危险的环流。

10.2.101.1 主回路的电压试验

10.2.101.1.1 概述

因为对 GIL 特别重要,为了消除可能增加运行中内部故障发生的潜在原因(错误的紧固、装卸、运输、储存和安装过程中的损坏、异物的存在等),应对绝缘强度进行检查。

由于目的不同,这些试验不应替代型式试验或尽可能在工厂对运输单元实施的出厂试验。为了检查整个设备的绝缘完整性和探测上述的异常情况,这些试验作为出厂绝缘试验的补充。通常,绝缘试验应在 GIL 完全安装和充有额定充入压力的气体后进行,如果是新安装的设备,优先在所有现场试验后进行。在隔室经过因维护或修理过程大的拆卸后也建议进行这样的绝缘试验。这些试验应与投运前说明设备电气状况所进行的逐步升高电压的试验区分开来。

这类现场试验的实施不总是可行的,与标准的偏差也是可以接受的。这些试验的目的是送电前的最终检查,选择的试验程序不会危及 GIL 的完好部件是至关重要的。

对每一个单独情况选择适当的试验方法时,出于可行性和经济性方面考虑,可能需要专门的协议,例如,试验设备的电气功率要求以及尺寸和重量可能需要考虑。

现场绝缘试验的详细试验程序应由制造厂和用户协商。

10.2.101.1.2 试验程序

应正确安装 GIL 并充有额定充入压力的气体。

试验时,GIL 可以不和其他设备连接,这是因为它们的充电电流较大或它们对电压限制的影响,例如:

——高压电缆和架空线路;

——电力变压器和大多数电压互感器;

——避雷器和保护火花间隙。

由于 GIL 可能很长,有必要对某段 GIL 进行现场绝缘试验。基于这个事实,GIL 设计时应采取措施加装可以安装试验设备而不拆卸 GIL 的位置。

注 1:确定可以被隔离的部件时,应注意到试验完成后的重新连接可能会引入故障。

注 2:为了尽可能地对 GIL 试验,上述情况的每种形式均应包含设计中的可移开连接件。这里"连接件"应理解成导体的一部分,为了使 GIL 的两部分互相隔离,"连接件"可以轻松地移去。这种分离型式优于拆卸。

GIL 每一个新安装的部分均应进行现场绝缘试验。

通常,在扩建的情况下,进行绝缘试验时,相邻的原有部分应不带电并应接地,除非采取了专门措施以防止扩建部分的破坏性放电影响到原有 GIL 的带电部分。

主要部分经过修理或维护后或扩建部分安装后,必须施加试验电压。试验电压可以加在现有的部分上以便可以对涉及的所有段进行试验。在这些情况下,可以按照对新安装的 GIL 同样的试验程序。

应按照 GB/T 16927.1 选择适当的电压波形。然而,也允许采用类似的波形。优先采用交流,不应使用直流。施加试验电压过程中应对局部放电进行监测。符合 GB/T 7354 的传统的局部放电测量可能不适合。可以考虑其他方法,例如 UHF。截止目前,还没有给出局部放电水平。

推荐试验时施加的电压等于出厂试验时施加的交流电压的 80%。对于较长的 GIL,应在尽可能长的段上进行试验。

如果 GIL 段全部装配形成完整的设备后,因为试验设备能力的限制,可以用较低的电压进行试验。

可能需要补充进行冲击电压试验(雷电冲击波,可以采用具有延长的波前时间的振荡波)。电压数值应由制造厂和用户协商。

10.2.101.2　**气体湿度的测定**

应测定绝缘介质的湿度，应符合5.2。

应对GIL分成的装配完好的、充有额定充入压力气体的所有隔室进行测量。

如果GIL充入六氟化硫，应参照GB 12022和GB/T 8905来检查运行中气体的状态。

10.2.101.3　**主回路电阻测量**

应在GIL的装配段上进行测量。测量的条件应尽可能接近对运输单元进行出厂试验时的条件。

但是，选择测量方法和装配段的足够长度时应考虑下述要求：

——测量应以能够验证主回路完整性(包括连接)的方式进行；

——测量的精度应能够探测到所有可能的不良连接。

10.2.101.4　**检查和验证**

应对下述情况进行验证：

a)　装配符合制造厂的图纸和说明书。

检查在现场完成连接的质量方式是非常重要的。为了检查装配的正确性，有必要对触头位置进行尺寸测量以便确保允许的热膨胀。应特别注意到热膨胀装置和方向性的变化。

有必须进行下述尺寸检查：

——触头的插入深度；

——导体和支撑间的同轴度检查；

——保证正确接触的导体内外直径的检查。

机械装配时，应根据结构图纸进行进一步尺寸检查：

——支架的正确调位和找正；

——单元之间的正确找正；

——外壳变形的检查。

b)　所有管接头的密封，以及螺栓和其他连接的紧密性；

c)　接线符合图纸；

d)　包括加热和照明在内的监控和调节设备正确工作；

e)　焊接连接的正确性检查。

注：不论任何原因，如果一项或几项出厂试验不能在制造厂进行，则应在现场与安装后的试验合并进行。

10.3　**维护**

10.3.1　**GIL的维护**

维护的效率主要取决于制造厂起草说明书和实施的方式。

10.3.2　**对制造厂的建议**

a)　制造厂提出一份维护手册，包括下列资料：

1)　扩建和维护的次数：

为此目的，应考虑下述因素：

——运行时间(周期性的间隔)；

——环境条件(敞开空气中、隧道或竖井中的设备，地下设备，长期或短时水浸的可能性)；

——来自测量、诊断试验(如果有的话)和状态监控的所有相关资料。

2)　维护工作的详细说明：

——推荐的维护环境；

——检查、诊断试验、检验和大修的程序；

——参考的图纸；

——参考的零部件编号；

——专用设备和工具的运用；
——应遵守的预防措施(例如洁净度和产品电弧故障的效应)；
——润滑程序。

3) 对于维护重要的、GIL 细节的完整图纸，并具有清楚标识(部件编号和说明)和 GIL 维护工作进行的区域情况。

4) 限值和偏差超出时，有必要采取的修正行为，例如：
——压力、密度值；
——绝缘气体的性能；
——绝缘气体的质量；
——磨损件(例如“牺牲阳极”)的允许腐蚀；
——力矩；
——外壳螺栓连接的电阻；
——腐蚀防护装置的状态，至少对于地下设备。

5) 辅助维护材料的技术要求，包括已知材料的不兼容性的警告：
——绝缘气体，如果不同于符合 GB 12022 的纯 SF_6；
——用于腐蚀防护的材料；
——清洁剂和去油剂；
——润滑脂。

6) 专用工具的清单。

7) 维护工作完成后的试验。

8) 推荐的备件材料(说明、参考编号、数量)的清单以及储存的建议。

9) 使用 GIL 后，可能进行主动的计划维护时间的评估。

10) 考虑到环境要求，设备在其运行寿命终了时如何处置。

b) 制造厂应告知 GIL 用户可能的系统缺陷和故障要求的修正行为。

c) 备件的获得：

制造厂有责任保证：从 GIL 最终制造日期开始不少于 10 年内维护所要求的备件可连续获得。

10.3.3 对用户的建议

a) 如果用户希望自己进行维护，应保证他们的工作人员具有足够的资格以及相应 GIL 的详细知识。

b) 用户应记录下述信息：
——GIL 的系列编号和类型；
——GIL 的投运日期；
——GIL 使用期间所进行的测量和试验(包括诊断试验)的结果；
——进行维护工作的日期和范围；
——任何故障报告。

c) 在故障或缺陷情况下，用户应写出故障报告并通知制造厂，说明特殊的情况和采取的措施。根据故障的性质，故障分析应与制造厂一同进行。

10.3.4 故障报告

故障报告的目的是为了对 GIL 故障在下述方面的记录实行标准化：
——采用公用的术语描述故障；
——为用户统计提供数据；
——对制造厂提供有意义的反馈。

下面给出关于如何编写故障报告的导则。

故障报告应包括：

a） 故障GIL的确认：

——设备的名称；

——GIL的确认（制造厂，类型，系列编号，额定值）；

——故障地点。

b） GIL的历史：

——GIL的交付日期；

——故障/缺陷日期；

——最后一次维护的日期；

——制造后对GIL所作的任何更改的细节；

——发现故障/缺陷时GIL的状况（运行中，维护时等）。

c） 分装配或元件的确认：

——高电压下的元件；

——金属接地元件；

——气体绝缘；

——触头装配（包括螺栓连接的触头）；

——GIL内部的固体绝缘；

——气体密封；

——辅助电压下的元件；

——管路配件；

——气体密度监控；

——不明的或其他。

d） 分类（迹象）

——击穿（固体绝缘）；

——火花放电（气体绝缘）；

——闪络（气体中的固体绝缘表面）；

——承载电流故障；

——机械功能的丧失；

——气体的损耗；

——压力释放装置的故障；

——外壳烧穿；

——局部放电；

——其他。

e） 情况-运行：

——正常使用；

——试验；

——维护/修理过程中或之后；

——退出运行。

f） 情况-操作：

——没有控制；

——短路电流超过额定值；

——正常电流超过额定值；

——接入网络中的雷击过电压；

——接入网络中产生的操作过电压或快速暂态过电压；

——工频过电压；

——机械过应力；

——其他应力。

g) 原因：

——设计；

——工程；

——生产制造；

——对于安装、操作或维护的说明不充分；

——不正确的安装；

——内部污染；

——不正确的操作或人为错误；

——不正确的维护；

——超出技术要求的应力(例如：不正确的应用)；

——环境-温度、雨、雪、暴风等；

——腐蚀；

——磨损/老化；

——不明的或其他。

h) 修理的类型：

——故障元件的现场修理；

——故障元件的现场更换；

——整个外壳的更换；

——要求的工厂修理；

——仅是密封件或填充物的更换；

——故障设备采用其他设计的更换；

——没有修理。

i) 后果：

——火灾和/或爆炸；

——必须立刻修理；

——类似的设备退出运行以检查或修正，防止再发生；

——后果限制到故障部分，不对 GIL 有其他影响；

——整个 GIL 退出运行；

——对类似 GIL 的冲击；

——故障时没有剩余的可用性；

——GIL 的停运时间；

——修理消耗的时间；

——劳务的费用；

——备件的费用。

故障报告可能包含下列资料：

——图纸，示意图；

——缺陷元件的照片；

——连接网络的操作和时间顺序；

——记录或曲线；

——参考的维护手册。

10.3.5 气体的处理

下述内容适用于充有气体的GIL，该气体可能对环境造成影响或者对操作人员产生危害。

对于采用SF_6气体和其混合气体的GIL，IEC 61634:1995适用，作为补充，推荐的内容如下。

通常，对绝缘气体处理的方式应不对环境或人员造成危害。如果气体或在某种运行条件(例如：内部故障电弧)下可能产生的分解物对人员有害，应采取适当的预防措施以便保证安全处理，包括有害产物的偶然释放后的净化。

应该遵守关于使用气体的工作区域的最大允许气体浓度的规定。这可能需要测量气体浓度的装置以及通风设备。这对在地沟、隧道和限定空间的类似场所中靠近设备工作的情况尤为重要。对于氮气和可以被吸入而没有危险的其他气体，应采取类似的预防措施以防止窒息。

如果使用的气体对环境有影响，在正常条件(例如：维护，修理)下，它不应释放到大气中。这就意味着通过具有相对于设备的最大气体容积的储存能力的气体处理单元进行回收。异常的泄漏应予以纠正。被污染的气体应通过气体处理单元再处理后使用，或者，如果不可行，应送到专业从事废品清洁/再处理的公司。如果认为废品是有害的，在处理和运输过程中应该遵守相关的安全规则。

11 安全

只有根据相关的安装规程和制造厂的说明进行安装、使用和维护，GIL才可能是安全的。它应该由具备资格的人员操作和维护。

由于完全不可能触及GIL的带电部件，因此，GIL提供了最高等级的安全防护。但是，正常情况下仅允许指定的人员接近它。

如果GIL安装在公众可接近的区域，还需要附加的安全措施。有两种类型的GIL可供参考：

——对于地下设备，不直接接触但应有可见标记，埋入的标记应告知人们：此处埋有电气装置。这些布置以及土壤的足够厚度(典型为1 m，见2.2)应能避免任何意外的接触。

——对于地面上的设备，应沿着GIL设置围栏或等效的措施，以防止无意识地触及GIL或其配套设备的事件发生。

下述技术要求在GIL出现各种危害时，对人员提供了安全措施：

11.1 电气方面

——主回路的绝缘(见4.2)；

——接地(见5.3.102)；

——高压和用于监控的低压辅助回路的分离(见5.4)；

——IP代码(直接接触)(见5.13)；

——内部故障效应(见5.101)。

11.2 机械方面

——外部环境的作用或GIL和环境间的相互作用引起的机械应力：

- 基础的移动、地震、土壤负荷、风、冰(见5.102.2和5.107)；
- 热膨胀(见5.105)。

——承压元件(见5.102.2、5.103和5.104)；

——机械冲击防护(见GB/T 11022—1999)。

11.3 热方面

——可接触部分的最高温度(见4.4.2)；

——易燃性(见GB/T 11022—1999)。

11.4 维护方面

——气体处理(见10.3.5)；

——隧道中维护人员的操作(见 5.104.2);
——维护人员进行的操作应被严格限制。如果有必要进行维护操作时,应认真确定操作的条件并考虑到 GIL 的设计(隔室的气体容积、压力释放装置等)以及隧道的容积。
——主回路和外壳的接地(见 5.3.101,5.3.102)。

附　录　A
（资料性附录）
持续电流的估算

A.1　简介

本附录的目的是为确定运行条件不同于型式试验的条件时GIL的持续电流，例如，直接暴露在太阳辐射条件下的敞开空气中的GIL，地下的GIL或具有强迫冷却的竖井或隧道中的GIL的持续电流。其他的变化可能包括不同的相间距或单相GIL情况下相的位置或者由于接地而产生的不同的外壳电流。提出的方法提供了估算持续电流的基础，并参考IEC 60287-3-1。

A.2　一般依据

与参考的标准相比，估算持续电流可以不仅仅依赖计算，还可以根据型式试验的结果获取的参考值推导出来。如果采用了其他适当的计算方法，则应予说明。如果导体的温升相对于所进行的型式试验不高出15K，则允许进行计算。

注：尽管IEC 60287-3-1适用于电缆，除非某些关系（主要是关于尺寸）的依据的定义不同，否则，给出的计算对GIL也同样有效。

A.3　符号

D_c——导体的直径，m；

D_e——外壳的直径，m；

L——GIL的长度，m；

n——一个外壳内的相数；

$\Delta\theta_c$——导体的平均温升，K；

$\Delta\theta_{mc}$——导体的最大温升，K；

$\Delta\theta_e$——外壳的平均温升，K；

$\Delta\theta_{me}$——外壳的最大温升，K；

$\Delta\theta_{ce}$——导体和外壳间的平均温度差，K；

I_s——估算的持续电流，A；

K——热量交换的热系数；

α——电阻率的温度系数，1/K；

α_c——导体电阻率的温度系数，1/K；

α_e——外壳电阻率的温度系数，1/K。

A.4　参考值

下列参考值可以从型式试验结果中导出：

a）一般的型式试验数值；

b）交流电阻；

c）功率损耗；

d）热阻；

e）热系数。

A.4.1 一般的型式试验数值

下列数值可以从完成的型式试验导出或给出：

I_r——额定电流，A；

$\Delta\theta_{co}$——导体的平均温升，K；

$\Delta\theta_{mco}$——导体的最高温升，K；

R_{dco}——在周围空气温度中导体的直流电阻，μΩ；

I_{eo}——外壳电流，A；

$\Delta\theta_{eo}$——外壳的平均温升，K；

$\Delta\theta_{meo}$——外壳的最高温升，K；

R_{deo}——在周围空气温度下的外壳的直流电阻，μΩ；

$\Delta\theta_{ceo}$——导体和外壳间的平均温度差，K。

注：平均温度是根据(被试品)长度范围的温度分布图确定的。

A.4.2 交流电阻

平均导体温度下的导体的交流电阻 R_{co} 既可以由测量的直流电阻 R_{dco} 和 IEC 60287-3-1 导出，又可以通过适当的计算获取。

平均外壳温度下的外壳的交流电阻 R_{eo} 既可以由测量的直流电阻 R_{deo} 和 IEC 60287-3-1 导出，又可以通过适当的计算获取。

注1：接触电阻也应予以考虑。

注2：应确定的 GIL 的这种电阻值与 GIL 的长度的关系正在考虑中。

注3：应考虑邻近效应。可以参考 IEC 60287-3-1 或适当的文献。

A.4.3 功率损耗

在平均导体温度下导体的功率损耗 P_{co} 可以由下式确定：

$$P_{co} = I_r^2 \times R_{co}$$

在平均外壳温度下外壳的功率损耗 P_{eo} 可以在已知电流幅值的情况下确定：

$$P_{eo} = I_{eo}^2 \times R_{eo}$$

其次，由于涡流导致的外壳的功率损耗可以根据计算确定(参考 IEC 60287-3-1 或适当的文献)。

A.4.4 热阻

导体和外壳间的热阻 T_{ceo} 由下式给出：

$$T_{ceo} = \Delta\theta_{ceo} / P_{co}$$

外壳和环境间的热阻 T_{eo} 由下式给出：

$$T_{eo} = \Delta\theta_{eo} / [n \times P_{co} + P_{eo}]$$

A.4.5 热系数

IEC 60287-3-1(空气(气体介质)中的热阻)中给出的热阻 T 为：

$$T = 1/[\pi \times D \times K \times \theta^{0.25}]$$

式中：

K——热系数；

D——直径；

θ——温度差。

因此，对应于 T_{ce} 和 T_e 的热系数 K_{ce} 和 K_e 分别为：

$$K_{ce} = 1/[T_{ceo} \times \pi \times D_c \times \Delta\theta_{ceo}^{0.25}]$$

$$K_e = 1/[T_{eo} \times \pi \times D_e \times \Delta\theta_{eo}^{0.25}]$$

注：根据 IEC 60943，电流和温升之间的关系式为：

$$I^{1.67} = K'\Delta\theta$$

因此，按照 IEC 60943，热阻为：

$$T = 1/[\pi \times D \times K'\theta^{0.2}]$$

A.5 电流额定值的估算

估算持续电流时，应考虑到下述因素。

A.5.1 最大温升

因为计算是基于平均温升的，下面的关系式是用来确定导体相对于导体的平均温升的最大温升：

$$S\theta_{mc} = (I_s/I_r)^2 \times (\Delta\theta_{mco} - \Delta\theta_{co})$$

所以，导体的最大温升 $\Delta\theta_{mc}$ 为：

$$\Delta\theta_{mc} = \Delta\theta_c + S\theta_{mL}$$

外壳的最大温升 $S\theta_{me}$ 也可以用同样的方法计算。

A.5.2 热量输入

相邻相的影响可以在估算外部热量输入时予以考虑。

A.5.2.1 估算的内部功率损耗

对于要求的情况，导体的内部功率损耗为：

$$P_c = (I_s/I_r)^2 \times P_{co}[1 + \alpha_c \times (\Delta\theta_c - \Delta\theta_{co})]$$

对于要求的情况，外壳的功率损耗为：

$$P_e = (I_s/I_r)^2 \times P_{eo}[1 + \alpha_e \times (\Delta\theta_e - \Delta\theta_{eo})]$$

注：如果设备的布置不同（例如，单相设备的不同相距或不同的接地），则功率损耗的计算应作相应调整。

A.5.2.2 外部热量输入

其他的外部热源，如太阳辐射，相邻相的影响等应予以考虑。下面，它们的影响用符号 P_s 表示。

A.5.3 热阻

A.5.3.1 内部热阻

导体和外壳间的内部热阻 T_{ce} 可以根据 A.4.4 中给出的公式计算。可以使用计算出的热系数。

A.5.3.2 外部热阻

对于自由空气中的设备，外壳对环境的外部热阻 T_e，包括热系数，在 A.4.4 中给出。在这种情况下，忽略了风等等的影响。

对于其他情况下的外部热阻 T_e 可以根据 IEC 60287-3-1:1995 或其他相关的文献确定。

注：外部热阻是外壳对环境的热阻率的总和。

A.5.4 估算的最大温升

估算的外壳的平均温升由下式确定：

$$\Delta\theta_e = T_e \times (n \times P_c + P_e + P_s)$$

外壳的最大温升为：

$$\Delta\theta_{me} = \Delta\theta_e + S\theta_{me}$$

导体的最大温升可由下式给出：

$$\Delta\theta_{mc} = \Delta\theta_e + S\theta_{mc} + T_{ce} \times P_c$$

A.5.5 允许温升

GIL 任一点（导体、外壳、隧道等）的温升应符合相关国家标准中的允许温升。

A.5.6 估算的持续电流

估算的持续电流通过对本附录的条款中给出的关系式和依据的联立方程求解就可以确定。

A.6 参考文献

IEC 60943:1998　电器设备组件特别是接线端子容许温升的导则

附 录 B
（资料性附录）
接　　地

B.1 概述

接地系统应设计成能保证在正常或异常运行条件下，出现的有危害的电压不会对人员构成危险且不损坏设备。

B.2 电位升高的安全限值

接地系统的设计应考虑到故障电流伴随暂态外壳电压（见下面所述）产生的高频电流导致的电位升高以及对于某种连接类型的稳态电压（见下面所述）。

接触电位、跨步电压和传导的电压对人员安全的可接受数值应按照 IEC 60479-1 和 IEC 60479-2 确定。应注意电位升高（稳态电压、感应电压）的进一步限值可能被地方法规采用。

B.3 外壳

包含有 GIL 的导电外壳通常应处于地电位或接近地电位。

B.4 接地电极

接地电极为故障电流和伴随暂态外壳电压（见下面所述）产生的高频电流提供一个对地的低阻抗通路。

接地电极的设计应考虑到系统中所处位置的最大接地故障电流和持续时间以及土壤的电导率，以防止出现危险的电位差。

接地电极的横截面积的选择应能适应系统中该位置的最大接地故障电流和持续时间且在可接受的温升范围内。

任何连接点的设计应考虑到系统中该处的最大接地故障电流和持续时间。

接地电极的设计应考虑到在安装过程中和故障条件下可能出现的机械应力。

接地电极的材料应是抗腐蚀的。

B.5 接地系统的导体

接地系统的导体可能要求承载故障电流和伴随暂态外壳电压（见下面所述）产生的高频电流。在某些情况下，导体可能会承载零序电流或工频环流。

导体的设计应考虑到所有需要承载的电流而不出现危险的电位差。

导体应有足够的宽度（通常大于 50 mm），应尽可能地短，并尽量减少弯曲以降低自感，应避免导体上的急剧弯曲。

导体横截面积的选择应能适应需要承载的任何电流而不超过可接受的温升。

任何连接点的设计应考虑到所有需要承载的电流。

导体的设计应考虑到在故障条件下可能出现的机械应力。

B.6 接地连续性

GIL 任一端的接地系统之间的电气连续性应为零序电流提供一个低阻抗通路。

对于不可能使用外壳来保证充分的接地连续性的场合，可能需要独立的接地连续性导体。

B.7 感应电压

接地系统应设计成能够避免流过较大接地电流时在相邻的通信线路、管线等(可能属于其他所有者)中感应出危险的电压。

B.8 暂态外壳电压

像操作(尤其是隔离开关的操作)、故障条件、雷击和避雷器动作等事件会产生快速的瞬时现象,在这些条件下,外壳内的不连续性(例如,绝缘法兰成为结构的主要部件的场合,或气体进入空气套管的场合)会造成高频电流对外耦合以及在外壳外边传导,导致暂态外壳电压升高。接地系统设计时应采取预防措施以限制暂态外壳电压的影响。

B.9 非线性电阻

为了防止暂态外壳电压的影响,应在没有接地的外壳一端安装保护装置(非线性电阻)。

装置的额定电压应与额定电流和额定短路电流感应的稳态电压(见 B.10.2.2.1 和 B.10.2.2.2)相匹配。该装置应能够吸收足够的能量且具有高频响应。

应通过使连接引线的长度最短和连接大量的并联装置的布置以获取低电感连接。

B.10 连接和接地

从电缆回路类推,可能存在下述连接和接地系统:

B.10.1 三相 GIL

如果三相 GIL 包含在一个外壳内,则外壳应在 GIL 两端接地。线路两端之间,外壳通常具有足够的接地连续性,不需要另外的接地连续性导体。外壳中流过的工频电流将会最小,并对 GIL 总的热量消耗影响很小。

这种外壳可能需要沿着线路在附加位置接地,以减小内部故障条件下地电位的升高。

B.10.2 单相 GIL

如果三相 GIL 包含在独立的外壳内,则可能需要大量的接地和连接装置。沿着线路的长度方向可能需要不只一个装置。

B.10.2.1 固定连接

如果外壳每端固定连接,流过的工频环流会减小外壳间的磁场且因此沿着外壳感应的电动势数值很小。环流成为 GIL 总的热量功率损耗的来源。

外壳通常在线路的每端连接和接地,必要时在附加的位置接地以减小内部故障条件下的地电位。

B.10.2.2 特殊连接

如果环流可能导致超过热量限值,可以采用特殊连接。

B.10.2.2.1 单点连接

如果外壳在一点连接和接地,外壳之间的磁场将沿着外壳感应出电动势和稳态电压。环流的流动被单点连接阻止,但是,在外壳壁中通常会感应出涡流且会加剧 GIL 总的热量损耗。

稳态电压直接正比于导体电流和离开地面的距离,并随着外壳间距的增加而增加。

有必要采用单独的接地连续性导体。接地连续性导体的设计应考虑到系统中安装地点的最大接地故障电流。接地连续性导体的位置可以沿着其长度方向移动以平衡沿着外壳感应的电动势并避免环流。

外壳可以在一端连接并接地,而在另一端与地绝缘(末端连接),或者在中点连接并接地,而在两个末端与地绝缘(中点连接)。GIL 可能由大量的单元段组成,每一个单元段单点连接。

为了防止暂态电压的影响,保护装置(非线性电阻)连接在外壳与地绝缘的单元段的末端。

B.10.2.2.2 交叉连接

在交叉连接系统中，外壳的每个单元段依相旋转串联连接，因此，在三个单元段后，沿着外壳感应的电动势总和趋于零。因此，外壳电压得以控制且环流可以消除。但是，通常会在外壳壁中产生涡流并成为 GIL 的总的热损耗。

外壳可以在 GIL 的末端固定连接并接地，并可以在整个长度内连续的交叉连接或在大量主要段的末尾固定连接并接地，每个主要段包括三个交叉连接的小段（分段的交叉连接）。

为了防止暂态电压的影响，保护装置（非线性电阻）连接在外壳与地绝缘的单元段的末端。

如果固定连接位置的接地电阻较大，可能需要独立的接地连续性导体以便能够在内部故障条件下防止超过保护装置的额定值。

B.11 适用于直接埋入地下的设备

如果设备是直接埋入地下的，接地系统的设计应能适应 5.106 中规定的腐蚀防护要求（见图 B.1）。

接地系统的设计应与腐蚀防护涂层的绝缘水平协调。

应提供可移开连接件，以便能对 7.104.1 中规定的被动腐蚀防护进行电气试验。

接地系统和主动腐蚀防护的设计应相互协调，以便电流从外壳流入大地时不会损坏主动腐蚀防护系统。

图 B.1 在外壳两端固定连接情况下接地系统与主动防腐系统一起的示例

B.12 参考文献

IEC 60479-1:1994 电流对人类和家畜的影响 第 1 部分：一般方面

IEC 60479-2:1987 电流通过人体的影响 第 2 部分：特殊方面 第 4 章：频率 100 Hz 以上交流的影响；第 5 章：特殊波形电流的影响；第 6 章：短持续时间单向单脉冲电流的影响

附 录 C
（规范性附录）
地下设备的长期试验

C.1 长期性能的评价

评价长期性能需要考虑的方面：

——装配的热机械性能；

——外壳的腐蚀防护。

C.1.1 热机械性能

热机械力能导致GIL的机械损坏以及可能的外壳破损，除非有适当的解释。因此，尤其是对外壳，不论采用任何装置抵消热膨胀和收缩效应，在地下条件时也需要估算。试验设备的长度应足以保证任何热机械运动能够代表运行中可能出现的情况。

注：回填材料的性能：

整个GIL上的土壤性能的评估是困难的，除非使用已知性能的回填土。假定正常的土壤材料在温度50 ℃～60 ℃之间有一个干燥的热阻率数值和低于该温度的非干燥数值。这些数值用于附录A中的额定值计算。假设已知热阻率的数值，可以计算出干燥数值允许的系统额定值（适用时）和土壤温度。

C.1.2 外壳的防腐

运行中外壳防护涂层不被渗透是重要的。涂层的性能可以通过长期水浸试验或长期埋入潮湿土壤中的试验来评估。在这段时间内，GIL应承受热循环以检查温度循环对水的转移的影响。涂层的劣化可以通过定期施加试验电压和测量流过的泄漏电流来探测。

C.2 长期试验摘要

在进行长期试验之前，制造厂应完成型式试验。这些试验的目的是为了确认整个GIL装置的长期性能且只需进行一次（除非GIL装置在材料、工艺和设计方面有重大改动）。试验布置应由50 m～100 m GIL组成，包括辅助设备（气体监控，局部放电探测和压力释放装置）。用在装置中的每个单元至少有一种型式应被试验，且试验布置应能代表设备的设计。长期试验应历时12个月。

试验程序的确定正在考虑中。下述是一些指导。

长期试验开始之前和终了后应进行下述试验：

a） 外壳和设定距离处的回填材料的温升测量（按照4.4.2和GB/T 11022—1999）；

b） 主回路电阻的测量；

c） GIL内的局部放电水平；

d） 绝缘耐受试验；

e） 气体泄漏率；

f） 完成上述试验后，可以进行击穿电压试验。

长期试验可包括：

a） 长期热循环；

母线和任何膨胀装置承受热机械力。

b） 腐蚀防护性能；

这是在热循环时进行的测评，且应包括完整的布置和所有的辅助设备。

c） 回填土的性能；

只有在回填土的性能不明或无法保证时，才须进行该项试验。

附 录 D
（规范性附录）
内部故障产生电弧的条件下GIL的试验方法

D.1 简介

内部故障导致GIL内部电弧的出现伴随着各种各样的物理现象，例如：外壳内部电弧发展产生的能量会引起内部过压力和局部过热，它们会导致GIL的热的和机械的应力。

该试验考虑了内部过压力的效应和电弧的热效应或电弧根部对外壳的热效应，但没有包括可能对公众构成威胁的所有效应，例如：有毒气体溢出等。

D.2 短路电弧试验

D.2.1 试验布置

选择被试对象时，应参照GIL的设计文件。应选择最没有可能耐受电弧发生时的压力和温升的隔室。

无论任何情况，应当注意下列各点：

a) 每次试验应在没有预先承受过电弧试验的试品上进行。进行过电弧试验的试品应予以修复，以便再次电弧试验的条件既不加重也不减轻。

b) 试品应完整装配和安装，并包括制造厂为限制电弧效应提供的所有保护装置（例如：压力释放装置、短路装置）。

如果具有相同的容积和外部材料，以及在耐受电弧方面与原件的状况相同，则可以使用“模型”。

c) 试品应充有额定充入压力的正常绝缘气体。

D.2.2 施加的电流和电压

单相外壳应进行单相试验，三相外壳应进行三相试验。

D.2.2.1 电压

如果满足下述条件，试验可以在外施电压低于试品的额定电压时进行。

a) 电弧电流为正弦波；

b) 电弧不应提前熄灭。

D.2.2.2 电流

a) 交流分量

试验起始时的交流分量应在0～+10%的偏差范围内。

在第一段保护的持续时间内，偏差为±10%；在第二段保护的持续时间内，电流的平均交流分量不小于规定的试验电流，且不应低于80%的规定值。

注：如果试验站不允许这样，试验持续时间可以延长，但不应超出20%，进行评估时，对时间进行适当的调节。

b) 直流分量

短路关合瞬间的选择应保证电弧电流第一个半波的峰值为规定的试验电流交流分量有效值的1.7倍。

对于三相试验，至少应有一相电流满足上述要求。

D.2.2.3 频率

试验开始时的频率应在48 Hz～52 Hz之间。

D.2.2.4　试验的持续时间

电流的持续时间应包括第二段保护的动作持续时间。

注：作为资料，第一段保护的故障切除时间对 40 kA 及以上的电流为 0.1 s，对于小于 40 kA 的电流为 0.2 s。第二段保护的时间对 40 kA 及以上的电流不超过 0.3 s，对于小于 40 kA 的电流为 0.5 s。

D.2.3　试验程序

D.2.3.1　试验连接

选择施加电流的点应是极苛刻条件下的点。

应注意接线不应减轻试验条件。通常，在电流引入试品的同一侧的外壳都被接地。

D.2.3.2　电弧的引燃

电弧应由适当直径的金属线引燃。

选择的引燃点应为电弧最有可能在试品内建立起最高应力的点。通常，当电弧在远离送电点和压力释放装置(如果装有的话)的隔板附近引燃时，就认为达到了这一要求。

注：电弧不应通过固体绝缘隔板的气孔引燃。

D.2.3.3　试验性能的测量和记录

下述参数应给予绘图和记录：

——试验电流和试验持续时间；

——电弧电压；

——试品的隔室两端的压力。

应通过适当的方法(例如：摄影机、发光检测仪等)记录下述现象：

——压力释放(不论是压力释放装置动作还是外壳穿孔)瞬间；

——外部效应。

注：推荐延长外部效应的记录，直到故障切除后 120 s。

D.2.4　试验报告

试验报告中应给出下列资料：

——试品的额定值和描述，外壳和导体的材料，以及表明主要尺寸和压力释放装置(如果有的话)布置的图纸；

——试验接线的布置，电弧的引燃点和压力测量传感器的位置；

——示波图测得的电流、电压、能量、压力和时间；

——试验结果和观察的准确描述；

——压力释放(如果有的话)的瞬间；

——外部效应(如果有的话)的出现；

——其他相关的要点；

——试验前后的试品状态的照片。

ICS 29.020
F 21

中华人民共和国国家标准

GB/T 22384—2008

电力系统安全稳定控制系统检验规范

Testing specification of security and stability control system for power system

2008-09-24 发布　　2009-08-01 实施

中华人民共和国国家质量监督检验检疫总局
中国国家标准化管理委员会　发布

前　言

本标准由中国电力企业联合会提出。

本标准由中国电力企业联合会归口并负责解释。

本标准主要起草单位:南方电网技术研究中心、中国南方电网电力调度通信中心、南京南瑞继保电气有限公司。

本标准主要起草人:吴小辰、曾勇刚、黄河、杨晋柏、宗洪良、陈松林、孙光辉。

电力系统安全稳定控制系统检验规范

1 范围

本标准规定了电力系统安全稳定控制系统(简称稳控系统)验收检验、定期检验及补充检验等的种类、周期、内容及要求。

本标准适用于电网企业、并网运行的发电企业及用户负责稳控系统(装置)管理和运行维护的单位。有关规划设计、研究制造、安装调试单位及部门亦应遵守本标准。

对于单个厂站的安全稳定控制装置(简称稳控装置)可以参照执行。

2 规范性引用文件

下列文件中的条款通过本标准的引用而成为本标准的条款。凡是注日期的引用文件,其随后所有的修改单(不包括勘误的内容)或修订版均不适用于本标准,然而,鼓励根据本标准达成协议的各方研究是否可使用这些文件的最新版本。凡是不注日期的引用文件,其最新版本适用于本标准。

DL/T 527—2002 静态继电保护装置逆变电源技术条件

DL/T 623 继电保护和电网安全自动装置检验规程

3 总则

3.1 为了加强和规范安全稳定控制系统的验收检验、定期检验、补充检验工作,提高稳控系统运行的可靠性、安全性,保证电力系统安全稳定运行,特制定本标准。

3.2 所有稳控系统(装置)及其回路接线,应按本标准的要求进行验收检验和定期检验,以确定装置的元件是否良好,二次回路接线、控制策略功能、定值等是否正确,动作特性及电气性能等是否满足设计要求和相关技术标准。

3.3 本标准未涉及的继电器及其辅助设备、电流互感器或电压互感器及回路、直流回路、断路器或隔离开关传动装置内的有关装置及回路等元件或设备的检验,按照 DL/T 623 等有关标准执行。

3.4 双套稳控系统(装置)均应进行检验。

3.5 未按本标准要求进行验收检验、或检验结果不满足本标准要求的新安装及改造装置禁止投入运行。

4 检验的分类和周期

4.1 检验的分类

稳控系统(装置)的检验分为四种:

a) 出厂验收检验;

b) 新安装验收检验;

c) 运行中的稳控系统(装置)的定期检验(简称“定期检验”);

d) 运行中的稳控系统(装置)的补充检验(简称“补充检验”)。

4.1.1 出厂验收检验

下列情况应进行出厂验收检验:

a) 新安装的稳控系统(装置)设备出厂前;

b) 已运行的稳控系统更换软件后。

4.1.2 **新安装验收检验**

下列情况应进行新安装验收检验：

a) 新安装稳控系统投入运行前；

b) 不论何种原因，稳控系统(装置)停止运行达一年及以上，再次投入运行时。

4.1.3 **运行中的稳控系统(装置)的定期检验**

定期检验分为两种：

a) 全部检验(简称“全检”)；

b) 部分检验(简称“部检”)。

4.1.4 **运行中的稳控系统(装置)的补充检验**

补充检验分为五种：

a) 稳控装置硬件或外部回路更改后的检验；

b) 检修或更换一次设备后的检验；

c) 运行中的稳控装置软件更改(含软件升级)后；

d) 运行中发现异常情况后的检验；

e) 事故后检验。

4.2 定期检验内容和周期

4.2.1 稳控系统(装置)的全检及部检周期见表1和表2。

表1 全检期限表

编号	设备类型	全检期限(年)	检验范围说明
1	稳控系统(装置)	6	相关站点尽量同时检验
2	装置交、直流及操作回路	6	涵盖装置引入端子外的相关连接回路以及涉及的辅助继电器、操作机构的辅助触点、直流控制回路的自动开关等
3	光纤通道	6	指站端装置连接用光纤通道及其接口设备，与对应稳控系统一起检验
4	载波通道	6	含(1)高频电缆(2)结合滤波器(3)载波机(4)保护接口(5)线路阻波器。结合线路停电检验

表2 部检期限表

编号	设备类型	部检期限(年)	检验范围说明
1	稳控系统(装置)	2	相关站点尽量同时检验
2	装置交、直流及操作回路	2	涵盖装置引入端子外的相关连接回路以及涉及的辅助继电器、操作机构的辅助触点、直流控制回路的自动开关等
3	光纤通道	2	指光头擦拭、收信裕度测试等(指稳控专用光纤芯)
4	载波通道	2	指传输衰耗、收信裕度、传输时间测试等(在通信设备年检中做)

4.2.2 设备运行维护单位可根据装置的质量、运行环境、工况等条件，适当缩短其定期检验期限。

4.2.3 新安装装置投运后一年内应进行一次全检。如发现装置运行情况较差或已暴露出了需予以监督的缺陷，可考虑适当缩短其检验周期，并有目的、有重点地选择检验项目。

4.2.4 利用装置进行断路器的跳闸、合闸试验宜每年检验一次或与一次设备检修结合进行，或随定期检验周期进行，必要时，可进行补充检验。在系统运行方式不具备条件的情况下，稳控装置切机、切负荷等功能的跳、合断路器的试验，可利用装置内部的自检逻辑或导通方法分别检验到每个断路器及其相关回路接线的正确性。

4.2.5 涉及远方厂站的稳控系统（装置）的定期检验由运行维护单位根据规定时间及设备具体情况提出申请，相应调度机构统一安排。

4.2.6 单个厂站的稳控装置的定期检验、涉及远方厂站稳控装置的就地功能的定期检验，由运行维护单位根据规定时间及设备具体情况提出申请，相应调度机构批准后执行。

4.3 补充检验

4.3.1 运行中的装置硬件或外部回路更改后，均应由运行维护单位进行补充检验，并按其工作性质，确定其检验项目。

4.3.2 因检修或更换一次设备（断路器、电流和电压互感器等）所进行的补充检验，应由运行维护单位根据一次设备检修（更换）的性质，确定其检验项目。

4.3.3 运行中的稳控系统（装置）软件更改（含软件升级）后，其检验范围可由运行维护单位根据厂家提供的具体更改情况及试验方案确定，其检验范围应事先征得相应调度机构的同意。

4.3.4 装置运行中发生异常，或装置不正确动作且原因不明时，均应由运行维护单位根据异常或事故情况，有目的地拟定具体检验项目及检验顺序，尽快进行补充检验。检验工作结束后，应及时提出报告，并上报相应调度机构备查。

5 检验前应具备的条件

5.1 检验仪器、仪表应满足 DL/T 623 的规定。

5.2 检验前的准备工作

5.2.1 在现场进行检验工作前，应认真了解被检验装置的一次设备情况及其相邻的一、二次设备情况，与本站稳控装置相连的远方厂站稳控装置的详细情况，据此制定在检验工作进行的全过程中确保系统安全运行的技术措施。

5.2.2 应具备与实际状况一致的图纸、上次检验的记录、最新整定通知单、合格的仪器仪表、备品备件、工具和连接导线等。

5.2.3 对新安装系统的验收检验，还应先进行如下的准备工作：

a) 了解设备的一次接线及投入运行后可能出现的运行方式和设备投入运行的方案。

b) 检查装置的原理接线图（设计图）及与之相符合的二次回路安装图，电缆敷设图，电缆编号图，断路器操作机构图，电流、电压互感器端子箱图及二次回路分线箱图等全部图纸以及稳控装置的技术说明及断路器操作机构说明书，电流、电压互感器的出厂试验书等。以上技术资料应齐全、正确。

c) 根据设计图纸，到现场核对所有装置的安装位置及接线是否正确，各装置所使用的电流互感器的安装位置是否合适等。

5.2.4 设备维护人员在运行设备上进行检验工作时，应事先取得发电厂或变电站运行人员的同意，遵照电业安全工作规程的规定履行工作许可手续，并在运行人员利用专用的连片将装置的所有出口回路断开、且在远方厂站稳控装置采取安全措施后，才能开始检验工作。

5.2.5 检验现场应提供安全可靠的检修试验电源，禁止从运行设备上接取试验电源。现场应具备能提供电压为 80%额定值的直流试验电源。

5.2.6 检查装设保护和通信设备的室内的所有金属结构及设备外壳均应连接于等电位地网。

5.2.7 检查装设稳控装置屏柜间敷设的接地铜排的首末端已可靠连接于等电位地网。

5.2.8 检查室内等电位地网已与主接地网可靠连接。

6 检验项目

稳控系统各阶段检验项目见表 3。

表 3 稳控系统(装置)检验项目

序号	检验项目		出厂[a]	新安装	全部检验	部分检验	检验方法
1	现场开箱检验			√			7
2	外部检查		√	√	√	√	8
3	绝缘及耐压检验		√[b]	√	√		9
4	逆变电源检验		√	√	√	√	10
5	装置本体功能调试检验	记录并核对程序版本号(校验码)及生成日期	√	√	√	√	11.1
		硬件系统时钟校核	√	√	√		11.2
		核对定值及有关参数		√	√	√	11.3
		数据采集的精确度和线性度范围	√	√	√	√	11.4
		开入和开出回路检验	√	√	√	√	11.5
		系统运行方式识别的检验	√	√	√		11.6
		控制策略表功能逐项检查	√	√	√		11.7
		装置异常报警功能检验	√	√	√	√	11.8
		中央信号、后台通信信息输出功能检查	√	√	√	√	11.9
		定值准确性校验及掉电重启后定值检查	√	√	√	√	11.10
		检验定值区切换功能	√	√	√	√	11.11
		报告完整性检验	√	√	√		11.12
		其他功能检验	√	√	√	√	11.13
6	与其他厂站稳控装置(系统)的联合调试	通道连接检验	√	√	√		12.1
		系统(装置)的通信通道交换信息检验	√	√	√		12.2
		系统运行方式识别的检验	√	√	√		12.3
		通信报文正确性检验	√	√	√		12.4
		远方控制命令确认帧数检查检验	√	√	√		12.5
		策略表功能系统联合调试	√	√	√		12.6
7	载波通道及光纤通道的检验			√	√	√	13
8	整组检验	主备(主辅)装置的配合及切换	√	√	√	√	14.1
		出口传动检验		√	√	√	14.2
		整组动作时间测试	√	√	√		14.3
9	装置投运检查			√	√	√	15

[a] 运行中的稳控系统(装置)软件更改(含软件升级)后,出厂检验可只包含装置本体功能调试检验、与其他稳控厂站装置(系统)的联合调试、整组检验等检验项目。

[b] 绝缘及耐压检验在出厂验收检验中只需检查厂家出厂检验报告。

注 1:运行中的稳控装置软件更改(含软件升级)后,其检验范围可由运行维护单位根据厂家提供的具体更改情况及试验方案确定,宜包含新安装验收检验项目中装置本体功能调试检验、与其他厂站稳控装置(系统)的联合调试、整组检验等检验项目进行。其检验范围应事先征得相应调度机构的同意。

注 2:其他类型的补充检验由设备运行维护单位依据工作性质确定检验项目。

7 现场开箱检验

7.1 检验设备的完好性:设备在现场开箱后应立即检验设备装箱是否符合运输的有关规定,检验设备的型号、数量及各技术参数是否与订货合同一致。检验设备外壳、面板、铭牌、开关及背后端子等是否完好无损。如有损坏则应立即与制造厂联系,由制造厂家负责更换或修理,经确认合格后方可安装。

7.2 核查技术资料及备品备件:核对图纸资料、出厂试验记录及备品备件是否与装箱清单一致。如不齐全则应向制造厂家索取。

7.3 检查产品的合格证。如无合格证,则应立即与制造厂家联系,要求制造厂家给予确切解释。

8 装置的外部检查

8.1 装置外部检查的范围

8.1.1 装置屏上的主、辅切换设备及其光电指示信号灯(牌)、连接片、交直流及其他设备连接回路中的内外配线、电缆、端子、接地线的安装连接及外观、标识情况。

8.1.2 涉及装置用交直流回路中电流、电压互感器及开关、刀闸端子箱中相应设备和电缆端子安装连接及外观、标识情况。

8.1.3 通信连接回路中有关设备及其连接线、接地线的安装工艺质量及外观、标识情况。

8.2 装置外部检查的内容

a) 装置的实际构成情况是否与设计要求相符。

b) 装置中设备安装的工艺质量,以及导线、端子的材质是否满足国家有关要求。

c) 装置外部检查范围内的设备标志应正确、完整、清晰,表计、信号灯及信号继电器、光字牌的计量正确。

d) 涂去装置上闲置压板的原有标志或加标“备用”字样,该闲置压板的连线应与图纸相符合,图上没有的应拆掉。

e) 压板、把手、按钮的安装应端正、牢固,接触良好。定值整定小开关、拨轮开关、微动开关操作灵活可靠,通、断位置明确,接触良好。

f) 装置外部检查范围内各设备及端子排的螺丝应紧固可靠,无严重灰尘、无放电痕迹,端子箱内应无严重潮湿、进水现象。

g) 装置屏附近应无强热源、强电磁干扰源。有空调设备,环境温度、湿度满足相关规定。

h) 装置外部检查范围内端子排上内部、外部连接线,以及沿电缆敷设路线上的电缆标号是否正确完整,与图纸资料吻合。

i) 装置外部检查范围内设备及回路的接地情况是否符合国家规程和反事故措施要求。

9 绝缘及耐压检验

9.1 在装置屏的端子排处将外部引入的回路及电缆全部断开,分别将电流、电压、直流控制信号回路的所有端子各自连接在一起,用 1 000 V 摇表测量下列绝缘电阻,其阻值均应大于 10 MΩ。检验项目包括各回路对地和各回路相互间。

9.2 在装置屏的端子排处将所有电流、电压、直流回路的端子连接在一起,并将电流回路的接地点拆开,用 1 000 V 摇表测量回路对地的绝缘电阻,其绝缘电阻应大于 1 MΩ。

此项检验只有在被保护设备的断路器、电流互感器全部停电及电压回路已在电压切换把手或分线箱处与其他单元设备的回路断开后方可进行。

如果不允许所有回路同时停电,其绝缘电阻的检验只能分段进行,即哪一个单元停电,就测定这个单元所属回路的绝缘电阻。

9.3 对信号回路,用 1 000 V 摇表测量电缆每芯对地及对其他各芯间的绝缘电阻,其绝缘电阻应不小于 1 MΩ。定期检验只测量芯线对地的绝缘电阻。

9.4 运行的设备及其回路全检时应进行一次耐压试验，当绝缘电阻大于 1 MΩ 时，允许用 2 500 V 摇表测试绝缘电阻的方法代替。

10 逆变电源检验

10.1 逆变电源的检验按照 DL/T 623 的有关标准执行，检验结果应符合 DL/T 527—2002 的具体要求。

10.2 定期检验时还应检查逆变电源是否达到 DL/T 527—2002 所规定的使用年限。

11 装置本体功能检验

11.1 记录并核对程序版本号(校验码)及生成日期。

11.2 硬件系统时钟校核

11.2.1 在有 GPS 对时信号条件下，先设定装置时钟，过 24 h 后，确认装置时钟误差在 10 ms 以内。

11.2.2 在无 GPS 对时信号条件下，先设定装置时钟，过 24 h 后，确认装置时钟误差在 10 s 以内。

11.3 核对定值及有关参数

11.3.1 检查装置输入定值是否与调度下发的定值单相符；核对各线路、主变、机组的额定线电压、额定相电压和额定相电流等参数以及元件位置与定值是否对应；核对压板投退方式、通道投退与定值是否对应。

11.4 数据采集的精确度和线性度范围

11.4.1 零点漂移检验。

装置不输入交流电流、电压量，观察装置在一段时间内(10 s)的零漂值应小于额定值的 5‰。

11.4.2 各电流、电压输入的幅值和相位精度检验。

a) 出厂验收及新安装验收检验时，按照装置技术说明书规定的试验方法，分别输入不同幅值和相位的电流、电压量，观察装置的电流、电压、功率采样值满足装置技术条件及满足下述要求：
   1) 交流电压有效值测量误差≤±1%U_N 或 2%；
   2) 交流电流有效值测量误差≤±1%I_N 或 2%；
   3) 功率测量误差≤±2%P_N 或 3%；
   4) 频率测量误差≤±0.01 Hz。

b) 全部检验时，可仅分别输入不同幅值的电流、电压量。

c) 部分检验时，可仅输入额定电流、电压量。

11.5 开入和开出回路检验

11.5.1 开入回路检验

11.5.1.1 出厂验收及新安装验收检验时

a) 在保护屏柜端子排处，按照装置技术说明书规定的试验方法，对所有引入端子排的开关量输入回路依次加入激励量，观察装置的行为。

b) 按照装置技术说明书所规定的试验方法，分别接通、断开连片及转动把手，观察装置的行为。

c) 各开入量定义由各站根据本厂站实际自行填写，如线路跳闸信号、HWJ 信号，各种功能压板如策略功能投退压板、通道压板、方式压板、旁代压板等。

11.5.1.2 全部检验时，仅对已投入使用的开关量输入回路依次加入激励量，观察装置的行为。

11.5.1.3 部分检验时，可随装置的整组试验一并进行。

11.5.2 开出及出口跳闸回路检验

11.5.2.1 新安装验收检验

在装置屏柜端子排处，按照装置技术说明书规定的试验方法，依次观察装置所有输出触点及输出信号的通断状态。

11.5.2.2 全部检验时，在装置屏柜端子排处，按照装置技术说明书规定的试验方法，依次观察装置已投入使用的输出触点及输出信号的通断状态。

11.5.2.3 部分检验时，可随装置的整组试验一并进行。

11.5.3 在11.5.1～11.5.2检验项目中，如果几种稳控装置、继电保护装置共用一组出口连片或共用同一告警信号时，应将几种装置分别传动到出口连片和稳控(继电保护)屏柜端子排。如果几种装置共用同一开入量，应将此开入量分别传动至各种装置。

11.6 系统运行方式识别的检验

模拟就地线路投停、机组开停、功率变化等运行方式变化，确认装置能正确识别。

11.7 控制策略表功能逐项检查

11.7.1 控制策略表功能逐项检查应基于书面确认的策略表。

11.7.2 检验动作条件完全满足时稳控装置的每个策略都能正确动作。

11.7.3 检验验收人员根据设备生产厂家提供的建议协商确定装置的防误动测试方案，测试方案宜抽查策略动作条件不完全满足、或就地判据等防误措施不满足时稳控装置不会误动。检验验收人员按照测试方案进行检验验收。参考记录表格如表4。

表4 控制策略表检查项目

策略(功能)	故障元件及类型	动作条件	断面潮流	控制措施	结 论
策略(功能)1					
策略(功能)2					
策略(功能)*					

11.8 装置异常报警功能检验

运行维护单位应参考装置设计规范书、厂家技术说明书及有关技术资料，根据装置的具体情况，确定装置应具有的异常报警功能，并采用适当方法进行验证。参考记录表格如表5。

表5 异常报警功能检验项目

序号	检验项目	检验方法	检验结果
1	TV 异常		
2	TA 异常		
3	HWJ 异常		
4	开入异常		
5	运行方式异常		
6	频率异常		
7	电压异常		
8	频率变化率异常		

表 5（续）

序号	检验项目	检验方法	检验结果
9	电压变化率异常		
*	***		
注：该表仅为示例说明，现场应根据具体装置情况确定检验项目。			

11.9 中央信号、后台通信信息输出功能检查

检查稳控装置到厂站就地监控的中央信号，包括接点给出的信号或通过计算机通信口给到就地监控系统的信号，是否能够正确显示。同时还应检查稳控装置到远方后台管理系统的信息，如定值、装置告警信号、动作数据(录波)记录是否能够能在远方后台管理系统正确显示。现场应根据装置具体情况确定检验项目，参考记录表格如表 6。

表 6 中央信号、后台通信信息输出功能检查项目

序　　号	类　　型	检验方法	结　　果
1	装置动作		
2	装置故障(闭锁)		
3	装置异常		
4	直流消失		
5	通道故障		
6	动作报告		
*			
注：该表仅为示例说明，现场应根据具体装置情况确定检验项目。			

11.10 定值准确性校验及掉电重启后定值检查

11.10.1 电气特性的检验项目和内容应根据检验的性质，装置的具体构成方式和动作原理拟定。

11.10.2 检验装置的特性时，在原则上应符合实际运行条件，并满足实际运行的要求。每一检验项目都应有明确的目的，或为运行所必须，或以用判别元件、装置是否处于良好状态和发现可能存在的缺陷等。

11.10.3 稳控装置的定值检验要求如下：

a) 应按照整定通知单上的整定项目，按照装置技术条件或制造厂所规定的试验方法，对稳控装置的每一功能元件进行逐一检验。如要求检查当动作量为整定值的 1.05～1.1 倍(反映过定值条件动作的)或 0.9～0.95 倍(反映低定值条件动作的)时各装置动作是否可靠动作，以及检查当动作量为整定值的 0.9～0.95 倍(反映过定值条件动作的)或 1.05～1.1 倍(反映低定值条件动作的)时各装置动作是否可靠不动作；若装置带方向，还需检验正反两个方向装置动作行为是否与策略一致。

b) 核实稳控装置在断电或故障重启后定值不会发生变化。

11.11 检验定值输入及定值区切换功能

如稳控装置具备定值区切换功能，应测试定值区间能够可靠切换，且对每个定值区的定值都应进行完整测试。

11.12 报告完整性检验

11.12.1 向安全稳定控制装置发送 1 或 2 帧指定内容的报文，安全稳定控制装置应能有相应变位记录。

11.12.2 模拟安全稳定控制装置本地策略或接收远方命令动作，安全稳定控制装置应有完整的动作数

据(录波)记录。

11.12.3　装置记录的信息,能通过通信接口送出;信息不应丢失并可重复输出,记录信息内容至少应满足判别装置各部分工作是否正常、动作是否正确的要求。

11.13　其他功能检验

参照装置的技术说明书,对装置的打印、键盘、各种切换开关等其他功能进行检验,现场应根据具体装置情况确定检验项目,参考记录表格如表7。

表7　其他功能检验项目

序　　号	类　　型	检验方法	结　　果
1	打印功能		
2	键盘功能		
3	各切换开关功能		
4	定值"禁止"、"允许"功能		
5	装置掉电不出口		
6	电源电压低不出口		
*			
注:该表仅为示例说明,现场应根据具体装置情况确定检验项目。			

12　与其他厂站稳控装置(系统)的联合调试

稳控系统各控制站和执行站装置按照第11章的要求完成装置本体功能调试检验以后,还应按照以下规定进行整个系统的联合调试检验。联合调试检验应在统一指挥下各站相互配合进行。

12.1　通道连接检验

检验前应首先通过通、断通道检查通道与对端厂站是否对应,以确保远方命令不会发送至正常运行中的远方厂站。通道连接检验应包括通道异常告警功能检查、通道衰耗检测、通道切换检查等项目,参考记录表格如表8。

表8　通道连接检验项目

编号	项目	检验结果
1	通道与对端厂站是否对应检查	
2	通道异常告警功能检查	
3	通道衰耗检测	
4	通道切换检查	
*	***	

12.2　系统(装置)的通信通道交换信息检验

有通信连接的两个厂站的稳控装置,应对照装置技术说明书,在本地加入各种模拟量及开关量,检查是否将有关信息正确传送到对侧的稳控装置。现场应根据具体装置情况确定检验项目,参考记录表格如表9。

表9　通道交换信息检验项目

站 I→站 J	测试结论	站 J→站 L	测试结论
线路功率		发电功率	
最大可切机组容量		直流单极运行	

表 9（续）

站 I→站 J	测试结论	站 J→站 L	测试结论
线路 1 检修		直流双极运行	
线路 2 检修		线路 1 检修	
转发线路检修		线路 2 检修	
方式 1		联变检修	
方式 X		转发线路检修	
***		***	
注：该表仅为示例说明，现场应根据具体装置情况确定检验项目。			

12.3 系统运行方式识别的检验

应在远方厂站稳控装置模拟线路投停、机组开停、功率变化等运行方式变化，检查本地装置是否正确识别。现场应根据具体装置情况确定检验项目，参考记录表格如表 10。

表 10 运行方式识别检验项目

远方厂站设置情况	本站装置显示结果	测试结论
断面功率		
线路 1 检修		
线路 2 检修		
线路 1、2 同时检修		
直流 1 单极停运检修		
直流 2 单极停运检修		
方式 1		
方式 X		
***		

12.4 通信报文正确性校验检验

供货商提供报文发送装置，其发送报文全部内容均可任意设置或按指定规律变化，检验人员改变正常报文的任意部分，然后发送给安全稳定控制装置，检查安全稳定控制装置对报文是否严格实现了预定的校验。现场应根据具体装置情况确定检验项目，参考记录表格如表 11。

表 11 报文正确性校验检验

测试通道	地址码乱码测试		校验码乱码测试		***
站 I — 站 J	包含正确报文	不含正确报文	包含正确报文	不含正确报文	
A					
B					

12.5 远方控制命令确认帧数检查检验

供货商提供测试软件，控制远方命令发信的次数，检查安稳装置是否按照规定的确认次数进行确认。参考记录表格如表 12。

表 12 控制命令确认帧检验

编号	测试内容	A 系统	B 系统
1	一帧命令		
2	二帧命令		
3	三帧命令		
4	不连续命令(两帧正确+一帧错误+两帧正确)		
5	远方命令持续发送时间		

12.6 策略表功能系统联合调试

12.6.1 检验动作条件完全满足时稳控装置的每个策略都能正确动作。需要动作的远方装置也能够正确动作,其他的稳控装置不会误动。

12.6.2 检验验收人员根据设备生产厂家提供的建议协商确定系统的防误动测试方案,测试方案宜对每一个策略抽查动作条件不完全满足、或就地判据等防误措施不满足时稳控系统不会误动。检验验收人员按照测试方案进行检验验收。

参考记录表格如表 13。

表 13 控制策略表功能系统联合测试项目

策略(功能)	故障元件及故障类型	运行方式	动作条件	断面潮流	控制措施	结论
策略(功能)1						
策略(功能)2						
策略(功能)*						
注:该表仅为示例说明,应根据具体策略表功能确定检验项目。						

13 载波通道及光纤通道的检验

通信部门在稳控系统运行维护单位、专业管理部门配合下,按照通信专业有关规定及相关设备技术说明书进行载波通道、光纤通道的检验。

13.1 载波通道的检验

13.1.1 稳控系统(装置)专用载波通道中的阻波器、结合滤波器、高频电缆等加工设备的检验项目与电力线载波通信规定的相一致(符合国际标准)。通道的整组试验特性除满足通信本身要求外,应满足稳控系统(装置)安全运行的有关要求。

13.1.2 检查稳控装置与复用载波机的接口不是采用电位直接连接,而是用继电器接点或光耦配合,确认接点容量、时间配合能否满足启动、传送和切断功率的要求。

13.1.3 载波通道检验项目如下：线路阻波器、结合滤波器、高频电缆、电力线载波机及其复用的保护接口等。其中：线路阻波器主要进行阻塞阻抗、分流损耗的测量和外观检查；结合滤波器主要进行回波损耗的测量；高频电缆主要对整条电缆外观、绝缘情况及两端接头焊接情况的检查；电力线载波机的常规参数及其保护接口的主要参数的检查，站间命令的传输时间、展宽时间的测量；双套稳控系统的接口设备直流电源是否独立。

13.1.4 对稳控系统（装置）专用高频收发信机，其检验项目如下。

a) 绝缘电阻测定。

b) 附属仪表的校验。

c) 检验回路中各规定测试点的工作参数。

d) 检验机内各调谐槽路调谐频率的正确性。

e) 测试发信振荡频率，部分检验时，只检测工作频率的正确性。

f) 发信输出功率及输出波形的检测。

g) 收发信机的输出阻抗及输入阻抗的测定。

h) 检验通道监测回路工作应正常。

i) 收信机收信回路通频带特性的检测。

j) 收信机收集灵敏度的检测，定期检验时，可与高频通道的检测同时进行。

k) 检验发信、收信回路应不存在寄生振荡。

l) 发信、收信回路展宽时间为零。

13.2 光纤通道的检验

13.2.1 采用自环的方式检查光纤通道是否完好。

13.2.2 对于与复用 PCM 或 SDH 设备相连的安全稳定控制装置附属接口设备应检查其继电器输出接点和其逆变电源，还应检查双套稳控系统的通信接口设备直流电源是否独立。

13.2.3 应对光纤通道的误码率和传输时间进行检查，误码率应小于 10^{-9}，传输时间小于 20 ms。对跨省网、通信节点多的超长通道，传输时间可放宽到 30 ms。

13.2.4 对于利用专用光纤通道传输信息的远方传输设备还应测试发信电平、收信灵敏电平，以保证通道的裕度满足厂家要求。

14 整组试验

14.1 厂站主备（主辅）装置的配合及切换检验

对双系统（双机）配置的稳控系统（装置），两套系统（装置）之间有主备（辅）配合关系的，在完成两套系统（装置）独立的调试检验后，应根据技术说明书检验主备（主辅）系统（装置）间配合关系及切换的正确性。

14.2 出口传动试验

稳控装置各种功能检验完成以后，应带上实际控制对象（断路器或其他控制命令执行装置）进行传动试验，以检验出口控制回路的正确性和可靠性。

利用装置进行断路器的跳闸、合闸试验宜每年检验一次或与一次设备检修结合进行，或随定期检验周期进行，必要时，可进行补充检验。在系统运行方式不具备条件的情况下，稳控装置切机、切负荷等功能的跳、合断路器的试验，允许利用装置内部的自检逻辑或导通方法分别检验到每个断路器及其相关回路接线的正确性。

14.3 整组动作时间测试

在稳控系统（装置）全部检验项目完成以后，最后应进行安全稳定控制系统（装置）的整组动作时间测试。

对安全稳定控制系统应利用GPS对时设备测量从故障判据满足→控制策略查询→控制命令发出→命令的传送→远方执行厂站出口跳闸的整个过程的动作时间。对就地稳控装置应直接测量从故障判据满足到装置出口跳闸的整个过程的动作时间。整组动作时间应小于100 ms。

应注意此整组动作时间不含开关动作时间。同时整组试验宜测试开关动作时间，以校核整组动作时间是否满足稳定计算要求。

15 装置投运检查

15.1 投入运行前的准备工作

15.1.1 填写稳控装置试验记录，详细记载试验结果及结论，核实试验结论、数据是否完整正确。

15.1.2 现场工作结束后，现场负责人应检查试验记录有无漏试项目，试验定值是否完全清零，核对装置的整定值是否与定值通知单相符。盖好所有继电器及辅助设备的盖子，对必要的元件采取防尘措施。

15.1.3 拆除在检验时使用的试验设备、仪表及一切连接线，清扫现场，所有被拆动的或临时接入的连接线应全部恢复正常，所有信号装置应全部复归，并应清除装置内的所有报告。

15.1.4 对变动部分、设备缺陷及运行注意事项应加以说明并修改值班人员所保存的有关图纸资料。

15.1.5 向运行值班负责人交代检验结果，并写明该装置是否可以投入运行，办理工作票结束手续。

15.1.6 值班人员在将装置投入前，应根据信号灯指示或者用高内阻电压表以一端对地测端子电压的方法检查并证实被检验的稳控装置确实未给出跳闸或合闸脉冲，才允许将装置的连片接到投入的位置。

15.1.7 检验人员应在规定期间内(1周)提出书面报告，经基层局、厂负责人审核、批准并存档。

15.2 用一次电流及工作电压的检验

生产(或运行)部门应派验收人员参加用一次电流及工作电压的检验，以了解掌握检验情况。

15.2.1 对新安装的装置，各有关部门需分别完成下列各项工作后，才允许进行本章所列的检验工作：

15.2.1.1 符合实际情况的图纸与装置的技术说明及现场使用说明。

15.2.1.2 运行中需由运行值班员操作的连片、电源开关、操作把手等的名称、用途、操作方法等应在现场使用说明中详细注明。

15.2.2 对新安装的或设备回路变动过的装置，在投入运行以前，应用一次电流和工作电压测量电压、电流的幅值及相位关系。

15.2.3 对用一次电流及工作电压进行的检验结果，应按当时的负荷情况加以分析，拟订预期的检验结果，凡所得结果与预期的不一致时，应进行认真细致的分析，查找确实原因，不允许随意改动稳控装置回路的接线。

15.2.4 宜使用钳形电流表检查流过稳控装置二次电缆屏蔽层的电流，以核实100 mm^2 铜排是否有效起到抗干扰的作用，当检测不到电流时，应检查屏蔽层是否良好接地。

ICS 27.120.20
P 13

中华人民共和国国家标准

GB/T 22385—2008

大坝安全监测系统验收规范

Specification for acceptance of dam safety monitoring system

2008-09-24 发布　　　　2009-08-01 实施

中华人民共和国国家质量监督检验检疫总局
中国国家标准化管理委员会　发布

前　言

本标准的附录C、附录G、附录H、附录J、附录K为规范性附录。本标准的附录A、附录B、附录D、附录E、附录F、附录I为资料性附录。

本标准由中国电力企业联合会提出并归口。

本标准负责起草单位：国家电力监管委员会大坝安全监察中心。

本标准参加起草单位：中国长江三峡工程开发总公司、长江空间信息技术工程有限公司（武汉）、华东勘测设计研究院、杭州国电水利电力工程有限公司、杭州华东工程检测技术有限公司。

本标准主要起草人：於三大、杨爱明、裴灼炎、陈绪春、赵花城、严建国、马能武、杜俊慧、冯兴常、姚红兵、欧阳代俊、王小清、史可军、聂金生、杨东升。

大坝安全监测系统验收规范

1 范围

本标准规定了大坝安全监测系统验收的要求及质量标准。

本标准适用于1级、2级、3级以及坝高70 m以上的高坝或者监测系统复杂的中坝、低坝安全监测系统验收。

其他水工建筑物可参照使用。

2 规范性引用文件

下列文件中的条款通过本标准的引用而成为本标准的条款。凡是注日期的引用文件，其随后所有的修改单(不包括勘误的内容)或修订版均不适用于本标准，然而，鼓励根据本标准达成协议的各方研究是否可使用这些文件的最新版本。凡是不注日期的引用文件，其最新版本适用于本标准。

GBJ 138 水位观测标准

GB 12897 国家一、二等水准测量规范

GB 12898 国家三、四等水准测量规范

GB/T 16818 中、短程光电测距规范

GB/T 17942 国家三角测量规范

GB 50201 防洪标准

3 术语和定义

下列术语和定义适用于本标准。

3.1

验收 acceptance

在施工、监理单位质量评定的基础上，由有关单位组织对安全监测的分项工程、阶段工程和竣工工程的质量进行检验。根据相关标准，以书面形式对工程质量达到合格与否做出确认。

3.2

检验 inspection

对检验项目中的性能进行量测、检验、试验等，并将结果与标准规定要求进行比较，以确定每项性能是否合格所进行的活动。

3.3

重要监测部位(断面) important monitoring location(section)

能反映工程运行安全的控制性监测部位(断面)。

3.4

一般监测部位(断面) general monitoring location(section)

除重要监测部位(断面)以外的监测部位(断面)。

3.5

主控项目 dominant item

项目中对工程质量起决定性作用的检验项目。

3.6

一般项目 general item

除主控项目以外的检验项目。

3.7

缺陷 defect

项目质量中不符合规定要求的检验项或检验点。按其程度可分为严重缺陷和一般缺陷。

3.8

一般缺陷 common defect

对工程质量或使用性能无决定性影响的缺陷,或有严重影响但可补救或修复的缺陷。

3.9

严重缺陷 serious defect

对工程质量或使用性能有决定性影响的缺陷。

4 总则

4.1 为加强我国大坝安全监测系统的建设管理,使大坝安全监测系统验收工作制度化、规范化,特制定本标准。

4.2 大坝安全监测系统验收分为分部(工程部位)工程验收、阶段验收、竣工验收。

4.3 验收工作的依据是有关法律、规章和技术标准,主管部门有关文件,批准的设计文件及相应设计变更、修改文件,施工合同,监理签发的施工图纸和说明,设备技术说明书等。

4.4 本标准未涉及的其他专项监测项目以及大坝安全监测系统中采用的新技术、新材料、新工艺、新设备,由验收委员会(组)根据具体实际情况参照本标准进行质量评定和验收。有关库水位、气温、降水量等环境量监测设施的质量评定和验收参见相关的 GBJ 138 和气象观测规范。

5 工程验收

5.1 一般规定

5.1.1 当大坝安全监测系统具备验收条件时,应及时组织验收。未经验收或验收不合格的工程不得交付使用。

5.1.2 验收工作由验收委员会(组)负责,验收结论必须经 2/3 以上验收委员会(组)成员同意。验收委员会(组)成员必须在验收成果文件上签字。验收委员(组员)的保留意见应在验收鉴定书或签证中明确记载。

5.1.3 验收资料制备由项目法人负责统一组织,有关单位应按项目法人的要求及时完成。验收所需提供资料参见附录 A,所需备查资料参见附录 B,附录 A 和附录 B 中资料在竣工移交时一并移交给项目法人存档。

5.1.4 验收工作的主要内容

a) 检查工程是否按照批准的设计文件进行建设。

b) 根据工程实际情况以及土建工程面貌,确定重点监测部位(断面)和一般监测部位(断面)。

c) 检查已完建工程在设计、仪器检验、埋设安装、监测及其资料整理分析等方面的质量,并对验收遗留问题提出处理要求。

d) 检查工程是否具备运行或进行下一阶段建设的条件。

e) 对工程质量作出评价,形成验收鉴定书或签证。

5.1.5 验收方法

验收委员会(组)根据工程特点,确定重点监测部位(断面)和一般监测部位(断面)以及抽查比例,抽查比例一般不低于 10%。采用查阅资料和现场测试的方法进行检验,并对抽检资料进行统计。根据统计结果评定监测系统施工质量,提出鉴定意见,形成验收鉴定书或签证。

5.1.6 工程验收的遗留问题,各有关单位应按验收委员会(组)所提要求,负责按期处理完毕。

5.1.7 有关验收鉴定书及签证纸张规格统一为 A4(210 mm×297 mm)。正本不得采用复印件。

5.2 分部工程验收

5.2.1 当监测工程以工程部位划分进行单独招标或根据工程的规模及复杂性要求进行分部工程验收。分部工程验收以分项工程(监测项目)为基础,分项工程以单元工程(单个监测仪器设备)为基础,分部、分项工程的划分和检验项目按附录C执行。

5.2.2 分部工程验收应具备的条件:

a) 该分部工程的所有单元工程已经完建,并已通过质量评定;

b) 验收资料已经齐备。

5.2.3 分部工程验收由验收工作组负责。工作组由项目法人或监理主持,设计、施工、运行管理单位有关专业技术人员参加。

5.2.4 分部工程验收的主要工作

a) 检查工程是否达到设计标准;

b) 确定重点监测部位(断面)和一般监测部位(断面);

c) 检查工程是否具备运行或进行下一阶段建设的条件;

d) 对验收遗留问题提出处理意见;

e) 对工程质量作出评价,形成验收签证书。

5.2.5 分部工程质量验收合格标准

5.2.5.1 土建及安装项目

监测仪器设备总体完好率应达到:混凝土坝可更换和修复的仪器设备和表面设施完好率100%,埋入式不可更换仪器设施完好率85%以上,为合格;土石坝可更换和修复的仪器设备和表面设施完好率100%,埋入式不可更换仪器设施完好率80%以上,为合格。

a) 重要监测部位(断面)

主控项目的质量经抽样检验应全部合格,无严重缺陷。

一般项目的质量经抽样检验应无严重缺陷,存在一般缺陷的项目比例小于30%。

b) 一般监测部位(断面)

主控项目的质量经抽样检验宜全部合格,无严重缺陷。

一般项目的质量经抽样检验宜无严重缺陷,存在一般缺陷的项目比例小于30%。

5.2.5.2 监测和资料处理

a) 主控项目的质量经抽样检验合格率在95%以上;

b) 一般项目的质量经抽样检验合格率在90%以上。

5.2.5.3 资料整编及初步分析

对抽样检验质量进行定性评价。

5.2.6 分部工程验收的成果是“分部工程验收签证”,其格式参见附录D。

5.3 阶段验收

5.3.1 水库蓄水前,应进行安全监测系统阶段验收。当工程建设达到截流、基础处理完毕等关键阶段时,可根据工程的规模及复杂性确定是否应进行验收,其验收工作可参照蓄水阶段验收要求进行。

5.3.2 蓄水阶段验收应具备的条件

a) 设计和规范要求完成的监测仪器设备已安装和调试完毕并取得基准值,并运行正常;个别因特殊原因暂未完成的项目,在蓄水前可完成,并已经落实施工措施;

b) 完工的分部工程已通过验收;

c) 未完工的分部工程中已完成的单元工程质量已通过质量评定;

d) 阶段验收资料已经齐备。

5.3.3 阶段验收委员会(组)由项目法人、设计、施工、监理、运行管理、有关上级主管等单位组成。

5.3.4 蓄水阶段验收的主要工作

a) 检查已完建大坝安全监测系统工程的建设情况；

b) 检查蓄水期大坝安全监测系统监测方案、措施及监测工作准备落实情况；

c) 研究验收中发现的问题，并提出处理要求；

d) 对工程质量作出评价，形成阶段验收鉴定书。

5.3.5 蓄水阶段验收合格的标准

a) 已通过验收的分项工程运行正常；

b) 未验收的分部工程，其主控项目和一般项目的质量经抽样检验全部合格；

c) 蓄水期间的监测方案和措施满足安全监测要求；

d) 监测资料满足工程蓄水阶段安全鉴定的需要。

5.3.6 阶段验收的成果是“阶段验收鉴定书”，其格式参见附录 E 。

5.4 竣工验收

5.4.1 竣工验收应在全部监测系统完建后 3 个月内进行。进行验收确有困难的，经工程验收主持单位同意，可以适当延长期限。

5.4.2 竣工验收应具备的条件

a) 大坝安全监测系统建设内容已按设计完成；

b) 历次验收所发现的问题已基本处理完毕；

c) 归档资料符合工程档案资料管理的有关规定；

d) 参建各方的工作报告已完成。主要报告编制大纲参见附录 F。

5.4.3 若 5.4.2 规定的条件尚未完全具备，但属下列情况者仍可进行竣工验收：

a) 个别分项工程尚未建成，但不影响监测系统正常运行和作用的发挥。竣工验收时作出完建的安排。

b) 由于特殊原因致使少量尾工不能完成，但不影响监测系统正常运行。竣工验收时应对尾工进行审核，责成有关单位限期完成。

5.4.4 竣工验收工作由项目法人按照有关规定，委托大坝安全技术监督单位对大坝安全监测系统进行专项竣工验收。大坝安全技术监督单位根据工程规模和特点组织有关专家成立竣工验收委员会。

5.4.5 工程项目法人、设计、施工、监理、运行管理单位作为被验收单位不参加验收委员会，但应列席验收委员会会议，负责解答验收委员的质疑。

5.4.6 项目法人应提前 28 d 将“竣工验收申请报告”送达验收主持单位。

5.4.7 大坝运行主管单位在接到项目法人“竣工验收申请报告”后，应同有关单位进行协商，拟定验收时间、地点及验收委员会组成单位、成员等有关事宜，批复验收申请报告。

5.4.8 竣工验收的主要工作

a) 审阅参建各方的工作报告；

b) 检查工程建设和运行情况；

c) 协调处理有关问题；

d) 讨论并通过“竣工验收鉴定书”。

5.4.9 竣工验收会一般工作程序

5.4.9.1 召开预备会，听取项目法人有关竣工验收准备情况汇报，确定竣工验收委员会成员名单。

5.4.9.2 召开大会。

a) 宣布验收会议程；

b) 宣布竣工验收委员会成员名单；

c) 听取各参建单位的工作汇报；

d) 看工程声像、文字资料等。

5.4.9.3 现场检查。

5.4.9.4 召开验收委员会会议，协调处理有关问题，讨论并通过“竣工验收鉴定书”。

5.4.9.5 召开大会。

a) 宣读“竣工验收鉴定书”；

b) 竣工验收委员会成员在“竣工验收鉴定书”上签字；

c) 被验收单位代表在“竣工验收鉴定书”上签字。

5.4.10 在验收过程中发现重大问题，验收委员会可采取停止验收移交或部分验收等措施，并及时报上级主管部门。

5.4.11 竣工验收的成果是“竣工验收鉴定书”，格式见附录 G。

6 变形监测

6.1 一般规定

6.1.1 变形监测项目包括坝体变形、裂缝、接缝以及坝基变形、近坝区滑坡体和高边坡的位移等，应根据土建工程的进度，按施工规划和设计要求，及时尽早实施。

6.1.2 变形监测项目土建、安装、监测应依据作业程序和工序进行，并进行工序质量的检验。

6.1.3 实施过程中和结束后，应按有关规定准确填写监测设施基本资料表，记录、收集、整理各类监测项目的测点、仪器设备的各种参数、资料数据及观测基准值等。

6.1.4 监测精度等应符合设计、规范和本标准的规定。

6.1.5 量测用的仪器、仪表及自检项目所使用的检验器具应按规范和设计的要求，送具有相应资质的计量鉴定单位进行检验、鉴定，或按规定进行自检。

6.1.6 各项监测设施安装就位后，应及时读取初始读数或基准值。各项监测应严格按照规程规范和设计要求进行，相关监测项目力求同时监测；做到监测连续、数据可靠、记录真实、注记齐全、整理及时。

6.1.7 监测和数据处理质量评定的主要内容

a) 监测方案的合理性；

b) 仪器、仪表选择的合理性；

c) 仪器、仪表、标尺的检验、率定的正确性，资料是否齐全；

d) 基准值取得时间、监测频次和监测时机选择的合理性；

e) 各项误差与限差、精度是否符合要求；

f) 数据处理和各监测物理量计算的正确性；

g) 监测资料归档的完整性；

h) 监测成果能否反映监测对象的变化规律。

6.1.8 变形监测仪器设备的土建及安装、监测及数据处理质量缺陷分为严重缺陷和一般缺陷，合格的项目或仪器设备应无严重缺陷。有关项目的严重缺陷和一般缺陷分类见附录 H，监测项目检验示例参见附录 I，主控项目土建及安装验收质量评定见附录 J，监测工程验收质量评定汇总表见附录 K。

6.2 土建及安装

6.2.1 主控项目

6.2.1.1 变形监测项目应满足规范和设计要求，监测点和仪器设备埋设安装的数量与位置应与设计相符合，其埋设数量不应少于设计要求的数量，设备完好率应不低于 5.2.5 的规定。

检验数量：抽查；

检验方法：依据设计、监理、施工的统计报表和基本资料图表对照检查，测试组现场进行实物观察。

6.2.1.2 用于变形监测项目土建及安装的原材料的质量必须符合有关标准的规定，并满足设计规定的要求。

检验数量：抽查；

检验方法：检查出厂合格证、质量检验报告等，检查产品的质量合格证明文件、中文标志及检验报告。

6.2.1.3　各类监测项目的测点和仪器设备应按设计要求与建筑物或被监测对象牢固结合，能正确反映被监测对象的监测信息。

检验数量：全数检查；

检验方法：依据监理认证的质量评定记录、检查验收记录，施工单位原始记录数据、基本资料表。

6.2.1.4　用于变形监测的钻孔、预留预埋孔（如正垂孔、倒垂孔、双金属标孔、钢管标孔、多点位移计孔、钻孔测斜仪孔等）其孔位、孔深、倾斜度、有效孔径应满足设计技术和有关规范要求，保护管埋设应符合规范和设计要求。

检验数量：全数检查；

检验方法：依据监理认证的质量评定记录、终孔检查验收记录，施工单位原始记录数据、基本资料表、地质描绘资料等。有条件进行检验测试的，可抽查测试。

6.2.1.5　仪器设备各项技术指标应满足设计和有关要求。埋设前应按要求进行检验和率定，并提交检验、率定记录和报告。埋设后及时读取初始值，检验仪器设备的完好情况。

检验数量：抽查；

检验方法：检查出厂合格证、质量检验报告等，检查产品的质量合格证明文件、中文标志及检验、率定记录和报告。

6.2.1.6　电缆及其连接检验要素

a) 连接仪器的专用电缆应耐酸、耐碱、防水、质地柔软，其芯线应为镀锡铜丝。采用的电缆应进行性能及参数检验。
b) 电缆及电缆接头在使用温度为－25 ℃～60 ℃、承受水压为1.0 MPa时，绝缘电阻应不小于100 MΩ。对耐水压有特殊要求的，应满足相应有关技术要求。
c) 电缆芯线应在100 m内尽量减少接头。
d) 三芯或四芯电缆每100 m单芯电阻应不超过1.5 Ω，每100 m电缆芯线之间的电阻差值应不大于单芯电阻的10%，五芯电缆每100 m单芯电阻应不超过3.0 Ω。
e) 电缆内通入0.1 MPa～0.15 MPa气压时，其漏气段不得使用。
f) 电缆连接时应保持各芯线长度一致，并使各芯线接头错开，焊后检查芯线连接质量。
g) 电缆接头应进行硫化或用热缩材料搭接。对于橡胶电缆，当采用硫化器连接时，芯线搭接部位用黄蜡绸、电工绝缘胶布和橡胶带包裹，电缆外套与橡胶带连接处应锉毛并涂补胎胶水，外层用橡胶带包扎直径应大于硫化器钢模槽2 mm。

检验数量：抽查。

检验方法：依据监理认证的质量评定记录，施工单位原始记录数据、基本资料表；测试组现场察看。

6.2.2　**一般项目**

6.2.2.1　监测基准网和监测近坝区岩体水平位移的边角网布设（包括三角网、测边网和测边测角网）应保证测点在指定方向的位移量中误差不大于变形监测的精度要求，网可靠性因子γ值不宜小于0.2。如因条件限制，个别监测量不能满足此要求时，则应在监测中采取特殊措施，以排除监测值蕴含粗差的可能性。

检验数量：全数检查；

检验方法：依据监理认证的质量评定记录，施工单位原始记录数据、基本资料表；设计及监测资料计算检验成果。

6.2.2.2　变形监测强制对中基座（盘）对中精度应符合设计要求，安装应水平，当其监测仪器规定方向时，基座（盘）的位置方向应使监测仪器测量位移的方向与位移坐标轴线平行。

检验数量：全数检查；

检验方法：依据监理认证的质量评定记录，施工单位原始记录数据、基本资料表。

6.2.2.3　用于变形监测仪器设备及传感器的电缆安装应按设计线路敷设，接口接头处应按设计和有关要求进行处理，埋设于混凝土、砂土中以及暴露于空气中的电缆应按设计和有关要求加防护与保护装置，端点亦应按规定进行处理加防护和保护装置，并提供线路敷设竣工图。

检验数量：抽查；

检验方法：依据监理认证的质量评定记录，施工单位原始记录数据、基本资料表；测试组现场察看和检测。

6.2.2.4　所有外露监测点应有必要的保护措施。

检验数量：全数检查；

检验方法：依据监理认证的质量评定记录，施工单位原始记录数据、基本资料表；测试组现场观察。

6.2.2.5　所有监测点应统一按设计和有关规定进行编号，在测点附近设置醒目的编号标牌，与监测点传感器对应的电缆端头应用特制的专用的永久性（金属或有机塑料）编号标牌，监测设施附近应设置保护监测标志和仪器设备的警示牌，上刻警示语和损坏、故障报警电话。

检验数量：全数检查；

检验方法：依据监理认证的质量评定记录，测试组现场观察。

6.2.2.6　变形监测项目的土建检查要素

a）依据工程进度及时进行土建施工，其实施时间应满足设计和有关要求；

b）土建预留预埋尺寸应符合设计和待安装的仪器设备要求；

c）土建完工后的形状尺寸应符合设计和有关要求；

d）观测室（房、窗）、观测墩（台）及保护装置的结构应符合设计要求。

检验数量：抽查；

检验方法：依据监理认证的质量评定记录，施工单位原始记录数据、基本资料表；测试组现场察看和检测。

6.2.2.7　垂线安装检查要素

6.2.2.7.1　正垂线安装

a）支点、固定夹线和活动夹线装置，应与竖井墙壁上留孔或预埋型钢结合牢固。

b）正垂线铅垂时，阻尼装置应位于正垂油桶中心，阻尼装置与油桶壁最小间距应不小于设计要求。

6.2.2.7.2　倒垂线安装

a）垂线造孔的有效孔径应符合设计要求；

b）采用固定锚块时，应用水泥浆或水泥砂浆将锚块浇固在钻孔保护管底；

c）浮体组安装，应使浮子水平、连杆垂直，浮子应位于浮桶中心，处于自由状态，浮力满足设计要求。若采用恒力浮子，应使整个浮子没入液体中，但不可触及浮桶底部。

6.2.2.7.3　正、倒垂线不应有弯（折）痕。

6.2.2.7.4　正、倒垂线观测墩制作时应使墩边线平行位移坐标轴线。

6.2.2.7.5　防风管的中心应尽量和测线一致，以保证测线在管中有足够的位移范围。

6.2.2.7.6　坐标仪基座位置应符合仪器的量程或位移量变化的要求，基座应使仪器导轨平行于监测方向，并调整水平。

6.2.2.7.7　遥测垂线坐标仪安装后，不得影响垂线独立运行功能和人工观测。

检验数量：全数检查；

检验方法：依据监理认证的质量评定记录，施工单位原始记录数据、基本资料表；测试组现场察看和检测。

6.2.2.8　引张线安装检查要素

a）定位卡的“V”形槽槽底应水平，方向与测线一致。

b） 安装滑轮时，应使滑轮槽的方向及高度与定位卡的“V”形槽一致。

c） 同一条引张线的读数尺零方向必须统一，尺面应保持水平；分划线应平行于测线；尺的位置应根据尺的量程和位移量的变化范围而定。

d） 仪器基座应水平，位置及方向应满足监测要求。

e） 浮船水箱液面应有足够的调节余地，以便调整测线高度满足量测工作的需要。寒冷地区应采用防冻液。

f） 保护管安装时应保证测线在管内有足够的活动范围。保护管和测点保护箱应封闭防风。

g） 金属材料应作防锈处理。

h） 遥测引张线仪安装后，不得影响引张线独立运行功能和人工观测。

检验数量：全数检查；

检验方法：依据监理认证的质量评定记录，施工单位原始记录数据、基本资料表；测试组现场察看和检测。

6.2.2.9 视准线安装检查要素

a） 视准线应旁离障碍物 1.0 m 以上。

b） 观测墩宜高出地面 1.2 m 以上，顶部的强制对中基座倾斜度应小于 4′。

c） 视准线各测点基座中心应埋设在两端点基座中心的连线上，其偏差应小于 10 mm。

检验数量：全数检查；

检验方法：依据监理认证的质量评定记录，施工单位原始记录数据、基本资料表；测试组现场察看和检测。

6.2.2.10 真空激光准直系统安装检查要素

a） 真空管道轴线高程放样时，应加地球弯曲差改正。

b） 真空管道的内壁应进行清洁处理，除去锈皮、杂物和灰尘，达到规定要求。

c） 测点箱和法兰短管的焊接，应采用内外两面焊；长管道的焊接，应在两端打出坡口，采用两层焊。每一测点箱和每段管道焊接完成后，必须单独检测，不得有漏气现象。

d） 每根钢管焊接前或一段管道焊好后，均应作平直度检查，不平直度不得大于 10 mm。

e） 每段管道的中部应该用管卡将管道固定在支墩上，其余支墩上设活动滚杠，以便管道向两端均匀变化。

f） 激光点光源、激光探测仪和波带板的安装要求应满足 6.2.2.11 的要求。

检验数量：全数检查；

检验方法：依据监理认证的质量评定记录，施工单位原始记录数据、基本资料表；测试组现场察看和检测。

6.2.2.11 大气激光准直系统安装检查要素

a） 点光源的小孔光栅和激光探测仪必须和端点观测墩牢固结合，保证两者相对位置长期稳定不变。

b） 波带板应垂直于准直线。波带板中心应调整到准直线上，其偏离值不得大于 10 mm 距点光源最近的几个测点应从严要求，偏离值不得大于 3 mm～5 mm。

检验数量：全数检查；

检验方法：依据监理认证的质量评定记录，施工单位原始记录数据、基本资料表；测试组现场察看和检测。

6.2.2.12 变形监测网点和监测点检查要素

a） 标点（墩）埋设应按设计要求进行基础开挖和处理，需进行钻孔的，其钻孔及钢管埋设应满足规范和设计要求。

b） 标点应与被监测物体紧密结合。

c) 水平位移观测墩宜高出地面 1.2 m，结构、保护设置应符合设计要求。监测点(包括网点、交会点、基准线测点等)应安置强制对中底盘(基座)，底盘应安装水平，其倾斜度应小于 4′。

d) 在基座上设置棱镜或觇牌时，镜(牌)面应与交会角的分角线垂直，目标图案的轴线或设置的塔式照准杆应调整铅直，不铅直度应小于 4′。

e) 水准基准点和水准测点的结构及保护装置建造与安装应符合规范和设计要求，钢管标、双金属标的安装应按不同的结构设计及其安装要求进行，保证芯管底板和根络与孔底牢固结合，使保护管、芯管各分段连接稳固，芯管与保护管间有效隔离，保护管与孔壁间充填或灌浆应满足要求。

检验数量：抽查；

检验方法：依据监理认证的质量评定记录，施工单位原始记录数据、基本资料表；测试组现场察看。

6.2.2.13 测斜管安装检查要素

a) 终孔直径应符合设计和规范的要求，钻孔应按设计要求获取岩芯或钻孔摄像，并进行岩芯描述，孔壁要求平整。

b) 钻孔完毕后应全面冲洗，除净孔内残留岩粉，测定钻孔偏斜度。

c) 测斜管材质和技术参数应满足设计要求。

d) 相邻两根管需紧密连接，连接时应使导槽严格对正，不得偏扭。管接头处用生胶带密封防止水泥浆进入。

e) 测斜管下放孔内时，应采取措施防止导管接头受力。

f) 测斜管安装时，导槽槽口应对准所需测位移的方向。

g) 测斜管吊装到位后，应先测量导管扭角，扭角大于规定的数值时，应设法纠正或取出重装；满足要求后，在导管与孔壁间隙需进行回填灌浆，孔口需设保护装置。

检验数量：全数检查；

检验方法：依据监理认证的质量评定记录，施工单位原始记录数据、基本资料表。

6.2.2.14 多点位移计的安装检查要素

a) 造孔直径根据测头的数量决定，孔深应符合设计要求。钻孔宜取岩芯或钻孔摄像，并进行岩芯描述，造孔完毕应全面冲洗。

b) 仪器的传递杆、锚头、护管、支架、排气管及注浆管等应按设计要求组装，送入钻孔中，并进行灌浆。传感器安装应符合仪器安装程序和设计要求。

检验数量：全数检查；

检验方法：依据监理认证的质量评定记录，施工单位原始记录数据、基本资料表。

6.2.2.15 静力水准仪安装检查要素

a) 静力水准仪的测点和标定点的仪器墩应与被测物体紧密结合，各墩面高程误差不应大于 10 mm。

b) 钵体、水管、浮子应用规定的清洁液体进行清洗干净。

c) 在钵体内注入液体后，应仔细排除水管、三通、钵体内气泡，连通管路后不应存有气泡现象。

检验数量：全数检查；

检验方法：依据监理认证的质量评定记录，施工单位原始记录数据、基本资料表；现场察看。

6.2.2.16 引张线式水平位移计安装检查要素

a) 钢丝安装前应进行强度检测，对钢丝进行预拉，预拉强度为破坏强度的 2/3。

b) 安装时钢丝一端应与坝体牢固连接，另一端用挂砝码方法进行张拉。

c) 钢丝安装应保持水平，采用钢管保护，并保持钢丝与保护管不接触。

检验数量：抽查；

检验方法：依据监理认证的质量评定记录，施工单位原始记录数据、基本资料表；现场察看和检测。

6.2.2.17 水管式沉降仪安装检查要素

a) 测点墩底部应碾压密实，并整平。

b) 仪器测点周围应立模浇混凝土加以保护。

c) 进水管、排水管和通气管用护管保护，并按1%坡度引向观测站。

检验数量：全数检查；

检验方法：依据监理认证的质量评定记录，施工单位原始记录数据、基本资料表；现场察看和检测。

6.2.2.18 沥青混凝土位移计的埋设安装检验要素

a) 埋设水平方向位移计时，仪器两端应分别固定在混凝土基座和沥青混凝土心墙内，先在混凝土基座挖80 cm×20 cm×20 cm的槽，仪器套筒尾部焊Φ16 mm长20 cm的钢筋，在槽内打孔将套筒与钢筋埋入钻孔内。孔内和槽内回填砂浆，将套筒预埋，待砂浆凝固后再埋设位移计。

b) 埋设时测缝计的波纹管应用套管保护，将仪器旋入套筒内，并在保护套管两端用棉纱封堵，防止填料进入波纹管影响仪器自由变形。

c) 仪器的另一端固定在带有夹板的夹具上，并对仪器预拉5 mm，然后回填沥青混凝土，回填时不得撞击夹板。

d) 埋设垂直方向位移计时，仪器两端用锚板分别固定在沥青混凝土心墙和过渡料层内，上锚板固定在沥青混凝土心墙内，锚板夹具固定仪器上端，而仪器周围应用套管保护，与过渡料隔离开，下锚板埋设在过渡层填料内。

检验数量：抽查；

检验方法：依据监理认证的质量评定记录，施工单位原始记录数据、基本资料表。

6.2.2.19 测缝计、裂缝计安装时应确保仪器能自由伸缩，且测缝计和套筒应与缝两边物体紧密结合。

检验数量：抽查；

检验方法：依据监理认证的质量评定记录，施工单位原始记录数据、基本资料表。

6.3 监测和数据处理

6.3.1 主控项目

6.3.1.1 监测精度应符合设计和规范要求。

检验数量：全数检查；

检验方法：依据施工资料和监测资料，评价每类监测项目采用的方法、手段或设备能否达到规定的精度。

6.3.1.2 各项监测设施，应随主体工程土建施工的进展及时埋设安装，并在首次蓄水前取得基准值。各种基准值至少应连续测读2次，合格后取均值使用。

检验数量：全数检查；

检验方法：依据监测资料、对主要项目基准值的取得时间进行统计，评价其是否满足相应阶段设计和规范的要求。

6.3.2 一般项目

6.3.2.1 监测频次应符合设计和规范要求，宜按表1和表2的规定执行。遇特殊情况（如高水位、库水位骤降、特大暴雨、强地震等）和工程出现不安全征兆时应增加测次。

表1 混凝土坝变形监测项目测次表

监测项目	施工期	初次蓄水期	运行期
位移、倾斜、大坝外部接缝和裂缝变化	1次/旬～1次/月	1次/旬～1次/月	1次/月
近坝区岸坡稳定	1次/月～2次/月	1次/月	1次/季
坝区水平、垂直位移监测网	取得初始值	1次/年	1次/年

表 2 土石坝变形监测项目测次表

监测项目	施工期	初蓄期	运行期
表面变形	6 次/月～3 次/月	10 次/月～4 次/月	6 次/年～2 次/年
内部变形、裂缝及接缝	10 次/月～4 次/月	30 次/月～10 次/月	12 次/年～4 次/年
岸坡位移、混凝土面板变形	6 次/月～3 次/月	10 次/月～4 次/月	12 次/年～4 次/年
坝区水平、垂直位移监测网	取得初始值	1 次/年	1 次/年

检验数量：抽检；

检验方法：依据监测资料、对主要项目的监测频次进行统计，评价其是否满足设计和规范的要求。

6.3.2.2 垂线监测

a) 监测过程中，垂线必须处于自由状态，倒垂线浮体的浮力应满足设计要求。

b) 用光学垂线坐标仪人工监测前后，必须检测仪器零位，并计算其与首次零位之差，取前后零位差之平均值作为本次测值的改正数。

c) 一条垂线上各测点的监测，应从上而下，或从下而上，依次在尽量短的时间内完成。

d) 每测次应观测两测回，两测回观测值之差应小于 0.15 mm。

检验数量：抽检；

检验方法：检查垂线坐标仪出厂合格证，零位检测资料，原始观测记录和计算资料，测试组现场检测。

6.3.2.3 引张线监测

a) 各测点与两端点间距的测定相对中误差应小于 1/1 000。

b) 严禁单纯目视直接读数。

c) 测读过程中，浮船和测线应处于自由状态，测线高于读数尺 0.3 mm～3 mm（依仪器性能而定），定位卡处于固定位置。

d) 每测次应测读两测回，使用读数显微镜时，两测回观测值之差应不得大于 0.15 mm；当使用两线仪、两用仪或放大镜时，两测回观测值之差应不得大于 0.3 mm。

检验数量：抽检；

检验方法：检查原始观测记录和计算资料，测试组现场检测。

6.3.2.4 视准线监测

a) 观测时，宜在两端工作基点上监测邻近的 1/2 的测点。

b) 每一测次应观测二测回，每测回包括正、倒镜各照准觇标两次并读数两次，取均值作为该测回之观测值。限差应符合表 3 的规定。

表 3 视准线观测限差

方式	正镜或倒镜两次读数差	两测回观测值之差
活动觇牌法	2.0 mm	1.5 mm
小角法	4.0″	3.0″

c) 当采用小角法监测时，各测次均应使用同一个读盘分划线。

检验数量：抽查；

检验方法：检查经纬仪、觇牌的检验、检测资料，原始观测记录和计算资料，测试组现场检测。

6.3.2.5 真空激光准值监测

a) 测读过程中，管道内压强应优于设计书规定的真空度。

b) 用激光探测仪测读时，每测次应往返测，两个“半测回”测得偏离值之差小于 0.3 mm。

检验数量：抽查；

检验方法:检查原始观测记录和计算资料,测试组现场检测。

6.3.2.6 大气激光准值监测

a) 应在大气稳定、光斑抖动微弱时进行测读。若在坝顶,宜在夜间进行。

b) 首次测读前应调整点光源位置和方向,使激光束与第一块波带板中心基本重合。

c) 每测次应观测两测回(每测回由往、返测组成。由近至远,依次观测完各测点,称为往测;由远至近,依次观测各测点,称为返测),观测限差应符合表3中"活动觇牌法"的限差规定。

检验数量:抽查;

检验方法:检查原始观测记录和计算资料。测试组现场检测。

6.3.2.7 水平位移监测网

6.3.2.7.1 水平角观测

a) 水平角监测仪器的测角标称精度应不低于 J_1 型经纬仪,照准目标应使用具有调平装置的棱镜或觇牌。

b) 采用方向法测量水平角,应至少观测12个测回;全部测回应在两个异午的时间段内各完成约一半,在全阴天,可适当变通。

c) 全组合测角法、垂直轴倾斜改正数的测量和计算按照GB/T 17942有关的规定执行。

d) 水平方向的观测限差应符合应符合表4的规定。

表4 水平方向观测的限差

序号	项目	限差
1	光学测微器两次重合读数之差	1″
2	半测回归零差	5″
3	一测回2c互差	9″
4	测回差	5″
5	三角形闭合差	2.5″
6	按菲列罗公式计算的测角中误差	0.7″
7	极条件闭合差	$1.4\sqrt{[\delta\delta]}$
8	边条件闭合差	$2\sqrt{0.49[\delta\delta]+m_{\lg s1}^2+m_{\lg s2}^2}$

e) 当方向总数多于9个时,应分两组进行观测。两组观测结果分别取中数后,共同方向之间的角值互差应不超过1.4″。

f) 方向的垂直角度超过±2°时,须读记水准器,进行垂直轴倾斜改正。

6.3.2.7.2 边长观测

a) 边长测量宜采用测距标称精度应优于1 mm+1/1 000 000×D(式中 D 为所测距离,单位mm)的测距仪或全站仪直接测量。

b) 观测要求和测站限差应符合GB/T 16818中的规定。

检验数量:抽查;

检验方法:检查仪器仪表的检验、检测资料,原始观测记录和计算资料。

6.3.2.8 垂直位移监测网

a) 宜采用 S_{05} 或 S_1 型水准仪和因瓦水准尺进行观测。

b) 观测要求和测站限差根据大坝类型的不同而异,应符合GB 12897、GB 12898的规定。

检验数量:抽查;

检验方法:检查仪器和设备的检验、检测资料,原始观测记录和计算资料。

6.3.2.9 **测角交会**

a) 水平角观测仪器的测角标称精度应不低于 J_1 型经纬仪，照准目标应使用具有调平装置的棱镜或觇牌。

b) 采用方向法观测法测量水平角，应至少观测 4 测回。

c) 每一方向均应采用“双照准法”观测，两次照准目标读数之差应小于 4″。

d) 观测方向的垂直角超 ±3°时，该方向的观测值应加入垂直轴倾斜改正。

检验数量：抽查；

检验方法：检查经纬仪、觇牌的检验、检测资料，原始观测记录和计算资料。

6.3.2.10 测边交会

a) 边长测量宜采用测距标称精度应优于 1 mm+1/1 000 000×D(式中 D 为所测距离，单位 mm)的测距仪或全站仪直接测量。对于土石坝和边坡监测，仪器精度可适当降低。

b) 观测要求和测站限差应符合 GB/T 16818 中的规定。

检验数量：抽查；

检验方法：检查测距仪、气象仪表的检验、检测资料，原始观测记录和计算资料。

6.3.2.11 垂直位移监测

6.3.2.11.1 水准测量

a) 宜采用 S_{05} 或 S_1 型水准仪和因瓦水准尺进行观测。

b) 精密水准的观测要求和测站限差应符合 GB 12897、GB 12898 中的规定。

6.3.2.11.2 三角高程测量

a) 推算高程的边长应小于 600 m，每条边的中误差应小于 3 mm。

b) 天顶距观测宜采用 J_1 型经纬仪或 J_1 型经纬仪的全站仪进行观测。

c) 天顶距应对向(宜同时)观测 6 测回，测回差不得大于 6″。

d) 仪器高的量测误差应小于 0.1 mm。

检验数量：抽查；

检验方法：检查仪器和设备的检验、检测资料，原始观测记录和计算资料。

6.3.2.12 机械测缝标点

每测次均进行两次量测，两次观测值之差应小于 0.2 mm。

检验数量：抽查；

检验方法：检查游标卡尺的合格证书，原始观测记录和计算资料。测试组现场检测。

6.3.2.13 周期观测结束后，应及时进行数据处理。数据处理包括各种原始测值的检验、计算，含位移量的计算、异常值的处理、监测成果汇总。

6.3.2.13.1 位移量的计算

a) 位移量的计算宜采用数据处理软件计算。数据处理软件可以是在电子表格中设置计算公式计算，也可以是专用的数据处理软件。

b) 对于存在数据平差处理的计算，应使用专用的数据平差处理软件。

c) 数据处理软件应使用经批准的有效版本。

d) 首次测值应是独立、连续两次观测计算成果的平均值。

e) 因受损后恢复的监测点的本次位移量可按设计、监理认可的或者其他有关规范要求的计算，以保证监测成果的连续性。

f) 计算成果至少要经过计算、校核和审查三个过程。

6.3.2.13.2 异常值的处理

a) 位移量计算完成后，应采用合适的方法进行异常值的判别。

b) 对于异常值，应分析测值产生异常的原因，并填写测值异常报告。

c) 对于非监测对象变形或环境变化原因而引起的异常值应予以标记，在监测资料分析时应剔除。

6.3.2.13.3 监测成果

a) 位移量计算结束后，应及时编制监测成果。

b) 监测成果的基本内容包括：计算方案、起始点（基点或工作基点）数据（对于大地测量法）、原始观测数据清单、重要中间成果、位移量表等。

c) 监测数据应编制表格，对关键测点的位移应绘制过程线图。

检验数量：抽查；

检验方法：检查计算和成果资料。

7 渗流监测

7.1 一般规定

7.1.1 渗流监测项目包括扬压力、渗透压力、渗流量、绕坝渗流及水质监测等。应根据主体工程土建施工进度，按施工规划和设计要求，及时尽早实施。

7.1.2 渗流监测项目土建、安装、测读应依据作业程序和工序进行，并进行工序质量的检验。

7.1.3 实施过程中和结束后，应按有关规定准确填写基本资料表，记录、收集、整理各类监测项目的测点、仪器设备的各种参数、资料数据及观测基准值等。

7.1.4 各项监测设施安装就位后，应及时读取初始值或基准值。各项监测应严格按照规程规范和设计要求进行，相关监测项目力求同时监测；做到监测连续、数据可靠、记录真实、注记齐全、整理及时。

7.1.5 监测和数据处理质量评定的主要内容见6.1.7的规定。

7.1.6 渗流监测仪器设备的土建及安装、观测及数据处理质量缺陷分为严重缺陷和一般缺陷，合格的项目或仪器设备应无严重缺陷。有关项目的严重缺陷和一般缺陷分类见附录H，监测项目检验示例参见附录I，渗流监测主控项目土建及安装验收质量评定表见附录J，监测工程验收质量评定汇总表见附录K。

7.2 土建及安装

7.2.1 主控项目

7.2.1.1 渗流监测项目的设置应满足规范和设计要求，监测点的位置、埋设数量应符合设计要求，设备完好率应不低于5.2.5的规定。

检验数量：抽查。

检验方法：依据设计、施工、监理的统计报表和基本资料表对照检查，测试组现场实物观察。

7.2.1.2 渗流监测项目的土建及安装的原材料质量必须符合有关标准的规定，并不低于设计要求。

检验数量：抽查；

检验方法：检查出厂合格证、质量检验报告等检查产品的质量合格证明文件、中文标志及检验报告。

7.2.1.3 埋设安装渗流监测仪器设备前应进行检验和率定，并提交检验、率定记录和报告。各项技术指标应满足设计要求。

检验数量：抽查；

检验方法：检查出厂合格证、质量检验报告等检查产品的质量合格证明文件、中文标志及检验报告。

7.2.1.4 电缆及其连接检验见6.2.1.6。

7.2.2 一般项目

7.2.2.1 用于渗流监测仪器设备及传感器的电缆埋设安装要求同6.2.2.3。

7.2.2.2 所有监测点应统一按设计和有关规定进行编号，相关要求同6.2.2.5。

7.2.2.3 渗流监测的土建检验要素

a) 依据主体工程进度及时进行土建施工，其实施时间应满足设计和有关要求。

b) 各类监测项目的测点和仪器设备应按设计要求埋设安装，能正确反映被监测对象的监测信息。

c) 土建预留预埋尺寸应符合设计和仪器设备要求。

d) 土建完工后的形状尺寸、保护装置结构应符合设计和有关要求。

检验数量：抽查；

检验方法：依据监理认证的质量评定记录，施工单位原始记录数据、基本资料表；测试组现场察看。

7.2.2.4 渗流监测仪器设备的安装检验要素

a) 仪器设备应及时进行埋设安装。

b) 仪器设备安装前应检查技术指标参数是否符合设计要求。

c) 仪器设备安装前，必须按设计图纸做好放样工作。

d) 仪器设备安装完成后，应及时测读初始值，各项指标及精度应符合仪器说明书及设计、规范要求。

检验数量：抽查；

检验方法：依据监理认证的质量评定记录，施工单位原始记录数据、基本资料表；测试组现场察看和测试。

7.2.2.5 测压管安装检验要素

a) 测压孔（含地下水位监测孔）的打孔位置应依设计而定，孔径、孔深（孔底高程）、角度以及测压管的结构、回填材料等应符合设计要求。扬压力监测孔在建基面以下的深度应符合设计要求。

b) 导管段与进水管段应处于同一铅垂线上。

c) 若需要埋设水平管段时，水平管段应略有倾斜，靠近进水管端应略低，坡度约为5%。管口应引到不被淹没处。

d) 采用钻孔式测压管时，宜下套管，套管与孔壁间的间隙用设计要求的材料填封。

e) 管口装置应根据测压管水位的测量方式进行设置，以满足无压、有压和自动化监测要求。管口保护装置，要求结构简单、牢固、能防止雨水流入和人畜破坏，并能锁闭且开启方便。

f) 多管式测压管进水管段应分别安装在不同的岩层内，再用导管分别引到管口。

g) 多管式测压管各岩层的进水管之间应以水泥浆或水泥膨润土的混合浆封闭隔离。

h) 测压管进水管的反滤应安装反滤保护装置，并符合设计和规范要求。

i) 采用预埋式测压管时，应防止灌浆时测压管被浆液堵塞。

j) 安装测压管时，应准确地量测并记录进水管底和孔口高程、平面坐标。

k) 扬压力监测孔与排水孔不应互相代用。

检验数量：抽查；

检验方法：依据监理认证的质量评定记录，施工单位原始记录数据、基本资料表；测试组现场察看。

7.2.2.6 渗压计的安装检验要素

a) 渗压计量程应选择与测点实际（或预测）压力相适应。

b) 渗压计在埋设前，应进行检验率定，合格后方可使用。

c) 取下仪器端部的透水石，在钢膜片上涂一层黄油或凡士林以防生锈。

d) 按设计要求接长电缆，接长时必须将同型号同色芯线接在一起，并用锡焊牢，采用硫化或双层热塑型套管进行热塑处理连接电缆，电缆接长后须用测试仪器进行量测，并做好记录。

e) 安装前需将渗压计在水中浸泡 2 h 以上，使其达到饱和状态，再在测头上包上装有干净的饱和细砂袋，使仪器进水口通畅，防止水泥浆进入渗压计内部。

f) 渗压计预留孔或钻孔的孔位、孔径、孔深应符合规范和设计要求。

g) 渗压计应埋入孔内细砂中或裹入细砂包中，细砂或细砂包的体积及埋设方法应符合规范和设计要求。

h) 渗压计埋设完后，按设计要求走向敷设电缆，电缆尽可能向高处引，通过露天处需进行保护。

检验数量:抽查;

检验方法:依据监理认证的质量评定记录,施工单位原始记录数据、基本资料表;测试组现场察看和检测。

7.2.2.7 量水堰的安装检验要素

a) 量水堰应设在排水沟的直线上,堰槽段应采用矩形断面,堰槽两侧应平行和铅直,堰槽段全长应大于7倍堰上水头,但不小于2 m。堰板应与水流方向垂直,并直立。

b) 量水堰一般选用三角堰,三角堰缺口为等腰三角形,底角为直角,堰口下游边缘呈45°。矩形堰堰板应严格保持堰口水平,水舌两侧的堰墙上应留通气孔。

c) 测读堰上水头的水尺或测针,应设在堰口上游3～5倍堰上水头处。尺身应铅直,其零点高程与堰口高程之差不得大于1 mm。

d) 堰口水流形态必须为自由式。

检验数量:抽查;

检验方法:依据监理认证的质量评定记录,施工单位原始记录数据、基本资料表;测试组现场察看和检测。

7.3 监测和数据处理

7.3.1 主控项目

7.3.1.1 监测精度应符合设计要求。

检验数量:全数检查;

检验方法:依据施工资料和监测资料,评价每类监测项目采用的方法、手段或设备能否达到规定的精度。

7.3.1.2 渗流监测设施,应随施工的进展及时埋设安装,并在首次蓄水前取得基准值。

检验数量:全数检查;

检验方法:依据监测资料、对主要项目基准值的取得时间进行统计,评价其是否满足相应阶段设计和规范的要求。

7.3.2 一般项目

7.3.2.1 监测频次应符合设计和规范要求,宜按表5和表6执行。遇特殊情况(如高水位、库水位骤降、特大暴雨、强地震等)和工程出现不安全征兆时应增加测次。

表5 混凝土坝渗流监测项目测次表

监测项目	施工期	初次蓄水期	运行期
渗流量、扬压力	2次/旬～1次/旬	2次/旬～1次/旬	1次/旬～2次/月
渗透压力	2次/旬～1次/月	2次/旬～1次/旬	1次/旬～2次/月
绕坝渗流	1次/旬～1次/月	1次/旬～1次/月	1次/月
水质分析	1次/季	1次/季	1次/年

表6 土石坝渗流监测项目测次表

观测项目	施工期	初次蓄水期	运行期
渗流量、坝基渗流压力、坝体渗流压力、绕坝渗流	10次/月～4次/月	30次/月～10次/月	6次/月～3次/月
孔隙水压力	6次/月～3次/月	30次/月～4次/月	6次/月～3次/月
水质分析	1次/季	1次/季	1次/年

检验数量:抽查;

检验方法:依据监测资料、对主要项目的监测频次进行统计,评价其是否满足设计和规范的要求。

7.3.2.2 渗透压力监测

a) 当采用压力表测量测压管内水压时，应根据管口可能产生的最大压力值，选用量程合适的精密压力表，使读数在1/3～2/3量程范围内，精度应符合要求。压力值应读到最小估读单位；每年应对压力表进行校验。测压管的管口高程在施工期和初蓄期应每隔1～3个月校测一次；运行期至少应每年校测一次。

b) 采用电测水位计量测测压管（含绕坝渗流监测孔）内水位时，应测读两次，两次读数之差应不大于2 cm。电测水位计的测绳长度标记，应每隔1～3个月用合格的钢尺校正一次。

c) 采用用渗压计量测监测孔的水位时，需根据不同类型的渗压计，采用相应的读数仪进行测读，精度不得低于满量程的0.5%。两次读数之差应不大于仪器的最小读数。

检验数量：抽查；

检验方法：检查仪器仪表检验、检测资料、监测及其成果资料；测试组现场测试。

7.3.2.3 渗流量监测

a) 容积法观测渗流时，需将渗漏水引入容器内，测定渗漏水的容积和充水时间，即可求得渗透量，充水时间不得少于10 s，两次测值之差应小于平均值的5%。

b) 用量水堰观测渗流量时，水尺的水位读数应精确至1 mm；测针的水位读数应精确至0.1 mm。堰上水头两次观测值之差不得大于1 mm。水头值应读到最小估读单位。

c) 采用流量计监测渗流量时，须将渗漏水引入流量计，直接测读渗漏量。

检验数量：抽查；

检验方法：检查仪器仪表检验、检测资料、监测及其成果资料；测试组现场测试。

8 应力、应变及温度监测

8.1 一般规定

8.1.1 应力、应变及温度监测项目包括混凝土应力、应变监测、锚杆（锚索）应力监测、钢筋应力监测、钢板应力监测、温度监测等，应按施工规划和设计要求，紧随土建工程的进度，及时实施。

8.1.2 监测仪器的埋设安装、监测应依据作业程序和工序进行，并进行工序质量的检验。

8.1.3 实施过程中和结束后，应按有关规定准确填写基本资料表，记录、收集、整理各类监测项目的测点、仪器设备的各种参数、资料数据及监测基准值等。

8.1.4 应按照规定的测次和时间进行监测，各种互相有关的项目应同时进行。

8.1.5 使用直读式接收仪表进行监测时，每月应对仪表进行一次准确度检验。

8.1.6 监测和数据处理质量评定的主要内容见6.1.7的规定。

8.1.7 及时填写监测记录，注明仪器异常、仪表或装置故障、电缆剪短或接长及集线箱检修等情况。

8.1.8 仪器的土建及安装、监测和数据处理质量缺陷分为严重缺陷和一般缺陷，合格的项目或仪器设备应无严重缺陷。其有关项目的严重缺陷和一般缺陷分类见附录H，监测项目检验示例参见附录I，应力、应变及温度主控项目土建及安装验收质量评定表见附录J，监测工程验收质量评定汇总表见附录K。

8.2 土建及安装

8.2.1 主控项目

8.2.1.1 应力、应变及温度监测项目依大坝级别不同以及坝型、结构特点、应力状况及分层分块的施工方法等不同而布设不同，应符合规范和设计的要求。监测断面及测点的布置、测点数量应符合有关规范和设计要求，仪器总体完好率应不低于5.2.5的规定。

检验数量：抽查；

检验方法：依据设计、监理、施工的统计报表和基本资料表对照检查，测试组现场察看。

8.2.1.2 应力、应变及温度监测的土建及安装的原材料质量必须符合有关标准的规定，并不低于设计要求。

检验数量:抽查;

检验方法:检查出厂合格证、质量检验报告等检查产品的质量合格证明文件、中文标志及检验报告。

8.2.1.3 应力、应变及温度监测仪器在埋设安装前应进行检验和率定,包括力学性能检验、温度性能检验、防水性能检验,并提交检验、率定记录和报告。各项技术指标应符合设计要求。读数仪表应按规范要求进行检验。

检验数量:抽查;

检验方法:检查出厂合格证、性能检验报告等检查产品的质量合格证明文件、中文标志及检验报告。

8.2.1.4 电缆及其连接检验见 6.2.1.6。

8.2.2 **一般项目**

8.2.2.1 所有监测点应统一按设计和有关规定进行编号,相关要求同 6.2.2.5。

8.2.2.2 埋设仪器前,应编制施工进度计划和操作细则(包括仪器检验、电缆连接和走向、埋设方法、现场监测及资料整理等方面的技术要求),应根据监测设计完成预留槽孔、导管、集线箱壁龛及各种预埋件的施工和加工,并对埋设点进行测量放样。

检验数量:抽查;

检验方法:依据监理认证的质量评定记录;测试组现场察看。

8.2.2.3 按设计和规范要求进行各种仪器埋设,保证仪器埋设的位置和方向正确,并防止仪器受到损坏。仪器周围混凝土回填时应剔除大于 8 cm 的骨料,由人工分层振捣密实。混凝土下料时应距仪器 1.5 cm 以上,振捣时振捣器与仪器的距离应大于振动半径,一般不小于 1.0 m。埋设后,及时记录仪器的坐标位置和方向、电缆走向、埋设时间及埋设前后的检查和监测数据、混凝土入仓温度、气温及浇筑块周围环境情况等资料,填写基本资料表。

检验数量:抽查;

检验方法:依据监理认证的质量评定记录,施工单位原始记录数据、基本资料表。

8.2.2.4 电缆牵引应按设计要求实施;水平牵引可直接埋设在混凝土内或加槽钢或穿钢管保护;向上牵引时可沿混凝土柱或钢筋上引;向下牵引时宜预埋电缆或导管,导管中应设钢丝绳或其他承受电缆自重的附件。埋设电缆时应避免电缆承受过大拉力或接触毛石和振捣器,电缆在导管的出口和入口处应用橡皮或麻布包扎;混凝土浇筑后电缆未引入永久测站前,应用胶管或木箱加以保护,并设临时测站和防雨棚,严禁将电缆端头浸入水中。跨缝时,应采取措施使电缆有伸缩的余地。

检验数量:抽查;

检验方法:依据监理认证的质量评定记录,施工单位原始记录数据、基本资料表。

8.2.2.5 应力、应变及温度监测的土建检验要素

a) 依据工程进度及时进行土建施工,其实施时间应满足设计和有关要求。

b) 各类仪器设备应按设计和规范要求埋设安装。

c) 预留预埋坑、预留预埋(钻)孔尺寸应符合设计和仪器设备要求。

d) 测站完工后的形状尺寸应符合设计和有关要求。

检验数量:抽查;

检验方法:依据监理认证的质量评定记录,施工单位原始记录数据、基本资料表。

8.2.2.6 应力、应变及温度监测仪器设备的安装检验要素

a) 宜及时进行仪器及设备安装。

b) 仪器及设备安装前应检查技术指标参数是否符合设计要求。

c) 埋设安装前需要检验率定的仪器设备,应检查是否进行了检验率定。

d) 各种仪器设备安装前,必须按设计图纸做好放样工作。

e) 仪器附近的混凝土应人工振捣密实。

f) 仪器设备安装完成后，应及时读取初始值，各项指标及精度应符合仪器说明书及规范、设计要求。

检验数量：抽查；

检验方法：依据监理认证的质量评定记录，施工单位原始记录数据、基本资料表；测试组现场察看和测试。

8.2.2.7 应变计埋设检验要素

a) 单向应变计可在混凝土浇筑时或在埋设部位造孔埋设。埋设仪器的角度误差和位置误差应满足设计和规范要求。

b) 二向应变计的两支应变计应保持相互垂直，其间距为 8 cm～10 cm。两支应变计的中心线与结构表面的距离应相同。

c) 应变计组应固定在支座及支杆上埋设，支杆伸缩量应大于 0.5 mm，支座定向孔应能固定支杆的位置和方向。应设置无底保护木箱，并随混凝土的升高而逐渐提升，直至取出。严格控制仪器方位，角度误差应小于规范的限差。

d) 基岩应变计标距长度、埋设孔径应符合设计和规范的要求，仪器应位于埋设孔中心。孔内杂质要清除，并冲洗干净，排除积水。埋设时应用膨胀水泥砂浆填孔，如用普通水泥，需掺适量膨胀剂。为了防止砂浆对仪器变形的影响，应在仪器中间嵌一层橡皮或油毛毡。

e) 无应力计安装应加工无应力计筒。埋设时在无应力计筒内填满相应应变计组附近的混凝土，人工振捣密实。无应力计埋设在坝内部时，应将无应力计筒的大口向上；无应力计位置靠近坝面时，应尽量使无应力计筒的轴线与坝面垂直。

f) 钢板计夹具与钢板焊接时应采用模具定位。夹具焊接后，应冷却至常温后安装应变计。埋入混凝土内的钢板计应设保护盖，夹具表面应涂沥青。

检验数量：抽查；

检验方法：依据监理认证的质量评定记录，施工单位原始记录数据、基本资料表。

8.2.2.8 压应力计埋设检验要素

a) 垂直方向埋设时，应使仪器的承压面保持水平，并与建筑物密切结合。

b) 水平方向和倾斜方向埋设时应注意振捣密实，使建筑物与仪器承压面密切结合，保证仪器的正确位置和方向。

检验数量：抽查；

检验方法：依据监理认证的质量评定记录，施工单位原始记录数据、基本资料表。

8.2.2.9 土压力计的埋设检验要素

a) 埋设在土石坝中的土压力计，埋设前应在埋设点填筑设置基准面，基准面铺埋砂砾或中细砂，但必须平整、均匀、密实，并符合规定的埋设方向。

b) 埋设时仪器感应膜应与基准面紧密结合，回填铺料时应采用薄层回填，并逐层压实(夯实)，一般人工回填 1.0 m 以上，方可进行机械碾压，以防止仪器损坏。

c) 仪器周围的回填料级配、含水量、密度(孔隙比)等应尽量与邻近填料接近。

d) 土压力计埋设在混凝土防渗墙表面时，可采用挂布法或水压活塞式法埋设，应尽量使仪器紧靠槽孔壁面，应防止仪器埋入回填混凝土防渗墙内。

e) 在混凝土基座上埋设土压力计时，宜混凝土基座上铺 1 cm 厚水泥砂浆，将仪器放在水泥浆上，与水泥浆紧密结合，然后回填土料，并分层夯实，土料中应去掉大于 5 cm 的石块。

检验数量：抽查；

检验方法：依据监理认证的质量评定记录，施工单位原始记录数据、基本资料表。

8.2.2.10 沥青混凝土心墙应变计的埋设检验要素

a) 预埋仪器夹具时，应尽量靠近心墙表面。

b) 待过渡料超过仪器高程时，挖开过渡料，埋设安装仪器，安装时仪器轴线应平行心墙表面，且仪器离表面不要超过 5 cm。

c) 为防止仪器受过渡料变形影响，仪器应加保护罩隔离过渡料。

d) 仪器安装隔离保护罩后，回填过渡料，并分层压实。

检验数量：抽查；

检验方法：依据监理认证的质量评定记录，施工单位原始记录数据、基本资料表。

8.2.2.11 锚索测力计的埋设安装检验要素

a) 检查仪器的力学性能等参数是否符合规范要求，张拉时使用的千斤顶及其油缸压力表是否同步进行标定。

b) 检查锚固垫板是否平整光滑。

c) 检查锚索与垫板间的间隙是否过大。

d) 锚索张拉时，检查测力计是否偏心受压。

e) 零点读数确定后应分级进行加荷张拉，逐级进行张拉测试，一般每级荷载应测读 1 次，最后 1 级荷载应进行稳定性测试，以 5 min 测读 1 次，连续测读 3 次，最大值与最小值之差小于 2% F.S. 时，则认为稳定。

f) 张拉荷载稳定后，应及时锁定荷载。

g) 设置锚索测力计及其电缆保护装置。

检验数量：抽查；

检验方法：依据监理认证的质量评定记录，施工单位原始记录数据、基本资料表。

8.2.2.12 锚杆应力计的埋设安装检验要素

a) 检查锚杆孔径是否符合要求、孔内是否冲洗干净。

b) 检查锚杆应力计的各项力学性能是否符合规范规定。

c) 检查锚杆应力计的焊接是否符合相关规范。

d) 检查埋设时锚杆应力计是否用专用胶带等包裹好。

e) 检查锚杆孔的灌浆情况是否按要求进行。

检验数量：抽查；

检验方法：依据监理认证的质量评定记录，施工单位原始记录数据、基本资料表。

8.2.2.13 钢筋计应焊接在同一直径的受力钢筋并保持在同一轴线上。焊接可采用对焊、坡口焊或熔槽焊，可在仪器部位浇水冷却，使仪器温度不超过 60 ℃，但不得在焊缝处浇水。

检验数量：抽查；

检验方法：依据监理认证的质量评定记录，施工单位原始记录数据、基本资料表。

8.2.2.14 温度计埋设在坝体内位置误差应符合设计和规范的要求。埋设在上游面附近的库水温度计，应使温度计轴线平行坝面。埋设在钻孔中的基岩温度计，应预先绑扎在细木条等导温性能较差的物体上，以便于控制仪器位置。

检验数量：抽查；

检验方法：依据监理认证的质量评定记录，施工单位原始记录数据、基本资料表。

8.3 监测和数据处理

8.3.1 一般项目

8.3.1.1 电缆的编号牌应防止锈蚀、混淆或丢失。改变电缆长度时，应在改变长度前后读取监测值，并作好记录。集线箱及测控装置应保持干燥。

检验数量：抽查；

检验方法：检查监测记录、维护记录；测试组现场察看。

8.3.1.2 仪器埋设后，必须确定基准值。基准值应根据混凝土的特性、仪器的性能及周围的温度等，从初期各次合格的观测值中选定。

8.3.1.3 现场测值质量控制应符合设计和规范要求。

检验数量：抽查；

检验方法：检查仪器仪表检验、率定资料、现场测试成果资料。

8.3.1.4 监测的频次应符合设计和规范要求，宜按表7的规定执行。遇特殊情况（如高水位、库水位骤降、特大暴雨、强地震等）和工程出现不安全征兆时应增加测次。

表7 应力、应变及温度监测项目测次表

监测项目	施工期	初次蓄水期	运行期
混凝土应力应变 大坝及坝基的温度 钢筋、钢板、锚索、锚杆应力 土压力（应力）、接触土压力	1次/旬～1次/月	1次/旬～1次/月	1次/月～1次/季

检验数量：抽查；

检验方法：依据监测资料，对主要项目的观测频次进行统计，评价其是否满足设计和规范的要求。

9 监测自动化系统

9.1 一般规定

9.1.1 监测自动化系统各项要求应符合设计、规范的规定。

9.1.2 监测自动化系统竣工验收应提供的专项报告

a) 设备安装调试单位应提交"竣工验收申请报告"，并提交系统安装调试报告，系统硬软件设备清单、系统硬软件使用说明书；

b) 设计单位应提交"监测自动化系统设计报告"，报告中应包含在工程实施中发生的增补变更内容；

c) 土建施工单位应提交"监测自动化系统土建工程施工报告"；

d) 工程监理单位应提交"监测自动化系统工程监理报告"；

e) 运行管理单位应提交"监测自动化系统试运行报告"。

9.1.3 监测自动化系统的质量缺陷分为严重缺陷和一般缺陷，合格的项目或仪器设备应无严重缺陷。其有关项目的严重缺陷和一般缺陷分类见附录H，监测项目检验示例参见附录I，监测自动化系统主控项目验收质量评定表见附录J，监测工程验收质量评定汇总表见附录K。

9.2 系统设备安装和调试

9.2.1 主控项目

9.2.1.1 接入自动化系统的监测仪器（传感器）各项技术指标应满足设计和规范的要求，并符合国家计量法的规定。监测仪器的安装方向应与人工测量装置、规范规定的方向一致。接入监测自动化系统的监测仪器应具有人工比测装置。

检验数量：抽查；

检验方法：依据监理认证的质量评定记录，检查出厂合格证，出厂前的检验测试报告、埋设或安装调试过程中的检验记录、监测资料；测试组现场测试。

9.2.1.2 数据采集装置的性能技术指标应符合设计、规范的要求，防雷接地系统安全、可靠。能实现数据采集装置与监测管理站采集计算机之间的双向数据通信，以及监测管理站和监测管理中心站内部及其同系统外部的网络计算机之间的双向数据通信。

检验数量：全数检查；

检验方法：依据监理认证的质量评定记录，检查出厂合格证、说明书、出厂前的检验测试报告、埋设或安装调试过程中的检验记录、监测资料;测试组现场测试。

9.2.1.3 监测信息管理软件应具有在线监测、离线分析、图表制作功能、测值预报、数据库管理、网络通信功能、安全保密等功能。

检验数量:全数检查;

检验方法:检查软件说明书;测试组现场测试。

9.2.2 一般项目

9.2.2.1 接入自动化系统的监测仪器(传感器)检验要素

9.2.2.1.1 与自动化同时设置的监测仪器(传感器)的性能要求

a) 与自动化系统同时设置的传感器的技术指标应满足设计和规范的要求,并符合国家计量法的规定。

b) 接入自动化系统的监测仪器,其输入输出信号标准应开放。

9.2.2.1.2 监测仪器设备的安装要求

a) 外露监测设施应有防护措施,电缆布线应整齐。

b) 监测仪器的安装方向应与人工测量装置、规范规定的方向一致。

c) 支座及支架应安装牢固,并作防锈处理。

d) 接入监测自动化系统的监测仪器应进行检验或人工比测。

检验数量:抽查;

检验方法:依据监理认证的质量评定记录,检查出厂合格证,出厂前的检验测试报告、埋设或安装调试过程中的检验记录、监测资料;测试组现场测试。

9.2.2.2 数据采集装置的性能和安装检验要素

9.2.2.2.1 性能技术指标应符合设计、规范的要求。

9.2.2.2.2 安装要求

a) 设备安装及电缆布线应整齐,监测设施应有防护措施。

b) 支座及支架应安装牢固,并作防锈处理。

c) 外露电缆(光缆)应按设计和规范要求加钢管防护。

检验数量:全数检查;

检验方法:依据监理认证的质量评定记录,检查出厂合格证、说明书、出厂前的检验测试报告、埋设或安装调试过程中的检验记录、监测资料;测试组现场测试。

9.2.2.3 电源线路敷设

a) 系统供电电源应根据系统功率需求和技术指标规定进行配置,宜采用专线供电。线路的走向应满足设计的要求。

b) 电缆、线槽、保护管、支架、电缆沟的规格应满足设计要求。

c) 供电线路敷设应整齐、美观,现场标示明晰,安装质量满足设计和规范要求。

d) 供电线路应具有完善的接地设施,有条件的应接入工程的接地网。单独接地时,接地电阻应符合规范的要求。

e) 供电线路应具有必要安全保护措施,能满足监测系统的长期、稳定运行需要。

f) 系统应具有稳定的工作电源。

检验数量:抽查;

检验方法:依据监理认证的质量评定记录,检查竣工资料、竣工图,测试组现场察看。

9.2.2.4 通讯线路

a) 通讯线路的布置应符合设计要求。

b) 信号线、通讯线的规格、型号及质量应满足设计和规范要求。

c) 通讯线路敷设应整齐、美观,现场标示明晰,安装质量应满足设计和规范要求。

d) 通信线路布设时应做好接地防护。有条件的应接入工程的接地网。单独接地时，接地电阻应符合规范的要求。

e) 通讯线路应具有必要安全保护措施，能满足监测系统的长期、稳定运行需要。

检验数量：抽查；

检验方法：依据监理认证的质量评定记录，检查竣工资料、竣工图、监理质量评定记录，测试组现场察看。

9.2.2.5 网络通讯、计算机、存储设备和软件

a) 产品的规格、性能应满足规范和设计的要求。

b) 产品的质量应满足相应的标准。

c) 系统软件应基于通用的操作环境，具有图文并茂的用户界面。

d) 网络通讯、计算机、存储设备的布置应满足设计要求，各种设备、电缆排列整齐美观，安装稳固，设备间连接正确。

e) 具有完善的接地设施。

f) 具有安全保护设施。

g) 能实现数据采集装置与监测管理站采集计算机之间的双向数据通信，以及监测管理站和监测管理中心站内部及其同系统外部的网络计算机之间的双向数据通信。通讯速率应满足设计的要求。

h) 通讯系统应能稳定可靠地不间断运行，满足自动化系统应具备的功能和性能对通讯和网络管理的需要。

检验数量：抽查；

检验方法：依据监理认证的质量评定记录，检查出厂合格证、说明书、出厂前的检验测试报告、安装调试记录；测试组现场测试。

9.2.2.6 计算机外部设备

a) 产品的规格、型号、性能应满足设计和规范的要求。

b) 产品的质量应满足相应的行业标准要求。

c) 应排列整齐美观、安装稳固、连接正确。

检验数量：抽查；

检验方法：依据监理认证的质量评定记录，检查产品合格证、说明书，测试组现场测试。

9.2.2.7 现场监测站

a) 应布置在所测监测仪器的附近，其布置的部位、建筑和装饰质量应满足设计和相关要求。

b) 应有防止电磁干扰措施。

c) 应具备一定的工作空间和稳定可靠的电源，并应有良好的接地。

d) 具有适当的安全防护设施。

检验数量：抽查；

检验方法：依据监理认证的质量评定记录，施工单位竣工资料；测试组现场察看。

9.2.2.8 监测管理站

a) 建筑和装饰质量应满足设计和相关规范的要求。

b) 应有良好的照明、通风条件，并应有稳定可靠的电源和接地装置，以满足室内计算机和通讯设备正常运行的环境要求。

c) 应有防止电磁干扰措施。

d) 具有适当的安全防护设施。

检验数量：全数检查；

检验方法：依据监理认证的质量评定记录，施工单位竣工资料；测试组现场察看。

9.2.2.9 监测管理中心站

a) 应具备足够的设备空间和工作空间，并具备良好的照明、通风和温湿度调节环境。

b) 应配置可靠的供电线路和防雷接地设施，以满足室内计算机和通讯设备正常运行的环境要求。

检验数量：全数检查；

检验方法：依据监理认证的质量评定记录，施工单位竣工资料；测试组现场察看。

9.3 系统试运行一般项目

9.3.1 系统运行和维护

a) 自动化系统的监测频次试运行期一般1次/天，常规监测不少于1次/周，非常时期可加密测次。

b) 所有原始实测数据必须全部入库。

c) 监测数据至少每6个月作1次备份。

d) 宜每年对自动化系统的部分或全部测点进行1次人工比测。

e) 运行单位应针对本工程特点制订监测自动化系统运行管理规程。

f) 每3个月对主要自动化监测设施进行1次巡视检查，汛前应进行1次全面检查。

g) 每1个月校正1次系统时钟。

检验数量：全数检查；

检验方法：查阅自动化监测系统试运行报告、监测数据、原始记录等。

9.3.2 系统运行的稳定性、可靠性检验要素

a) 试运行期监测数据的连续性、规律性好，无系统性偏移，能反映工程监测对象的变化规律。

b) 在被监测物理量基本不变的条件下，系统数据采集装置对每个测点进行连续15次数据采集，根据实测值计算观测中误差，精度应达到监测仪器的技术指标要求。

c) 在系统中对不同类型的采集模块抽取一定比例数量的模块，同一模块抽取3～5个测量通道进行准确性测试。测试时，采用一定的方式，人工给予一个标准物理量变化，检查自动化系统测值与标准物理量的较差，以检验系统的测值准确性，应满足设计和规范要求。

d) 根据系统运行以来所有历史监测数据资料，以及运行、维护、维修情况记录，计算系统平均无故障工作时间和数据缺失率，以检验系统的可靠性和长期稳定性，应满足规范要求。

检验数量：抽查；

检验方法：依据监测自动化系统试运行报告、试运行期监测数据、现场测试成果。

10 监测资料整理整编和初步分析

10.1 一般规定

10.1.1 埋设、安装、观测以及巡视检查结束后，应将相应的记录、计算成果按规范要求进行整理和分析，按档案管理要求进行归档。

10.1.2 整理归档的资料

a) 设计资料；

b) 仪器采购、率定资料；

c) 仪器埋设安装施工资料；

d) 监测记录资料；

e) 物理量计算资料；

f) 巡视检查资料；

g) 环境量资料；

h) 数据整编资料；

i） 数据分析资料等。

10.1.3 资料分析分初步分析和综合分析两类。资料初步分析一般以简报、周报、月报等形式反映。工程阶段性验收或安全鉴定时，应对已取得的安全监测资料进行综合分析。

10.2 监测资料整理整编一般项目

10.2.1 所有资料均应按规范要求进行整理、整编和归档。

检验数量：抽查。

检验方法：依据提供的资料，对相关要求进行检查。

10.2.2 资料整理按分部工程、分项工程、单元工程等顺序依次进行整理。

检验数量：分部工程及分项工程全数检查、单元工程抽查。

检验方法：检查所有分部工程、分项工程的资料是否已经按要求整理；抽查1～2个分项工程的单元工程是否按顺序整理。

10.2.3 各种质量评定与成果记录应保存齐全。

检验数量：抽查。

检验方法：检查设备的设计资料、埋设资料、率定资料、首次监测资料、周期监测资料、计算资料、分析资料、整编资料等。

10.2.4 整编资料的内容、项目、测次等应齐全，各类图表的内容、规格、符号、单位、标注方式和编排顺序应符合规定要求。

检验数量：抽查。

检验方法：检查整编资料。

10.2.5 各项监测资料整编的时间与前次整编应衔接，整编所选工程部位、测点及坐标系统等与历次整编应保持一致。

检验数量：抽查。

检验方法：检查整编资料。

10.2.6 各监测物理量的计(换)算和统计应正确、合理，特征值数据无遗漏、无错误，有关图件应准确、清晰。

检验数量：抽查。

检验方法：检查整编和分析资料。

10.2.7 整编说明应反映实施过程中出现的变化情况，尤其注重说明工程存在的问题，分析意见和处理措施，以及需要说明的其他事项等。

检验数量：抽查。

检验方法：通过查看其他文件，包括月报、会议纪要以及询问监理和相关人员，了解工程监测中曾经发生的问题，然后对照整编说明进行检查。

10.3 监测资料初步分析

10.3.1 每次监测结束后，应及时对监测资料进行初步分析判断，对异常值应作出分析、解释，对测量粗差应予以剔除。

检验数量：抽查。

检验方法：检查异常值是否在月报、简报等文件中得到分析说明。

10.3.2 资料分析应对照环境变化情况和主体工程施工情况对监测成果进行定性对比分析，判断变化情况是否与环境及施工情况一致。有条件时，宜进行定量的相关分析。

检验数量：抽查。

检验方法：检查月报、简报、周报、分析报告等是否提供了效应量测值与原因量之间定性的相关分析。

10.3.3 资料分析应按观测项目及部位统计特征值，并对特征值进行分析，包括累计变化的最大值、最小值。对于周期观测之后的成果分析，还应统计本次变化的最大值、最小值。

检验数量：抽查。

检验方法：检查月报、简报、周报、年报等是否统计了特征值，并对特征值出现的合理性进行了分析。

10.3.4 资料分析时对所有测点绘制测值变化过程线图和分布图，分析时空分布、变化规律。必要时，对主要效应量进行时间效应分析。

检验数量：抽查。

检验方法：检查月报、简报、周报、年报等。

附　录　A
（资料性附录）
验收应提供的资料目录

A.1　验收应提供的资料见表 A.1

表 A.1　验收应提供的资料目录表

序号	资　料　名　称	分部工程验收	阶段验收	竣工验收	提 供 单 位
1	工程安全监测系统建设管理工作报告		√	√	项目法人
2	工程安全监测系统建设大事记			√	项目法人
3	验收鉴定书(草稿)			√	项目法人
4	工程安全监测系统建设监理工作报告	√	√	√	监理单位
5	工程安全监测系统设计报告			√	设计单位
6	工程安全监测系统施工报告	√	√	√	施工单位
7	工程安全监测资料整编与分析报告		√	√	项目法人
8	重大技术问题专题报告	√	√	√	项目法人
9	工程安全监测系统运行管理准备工作报告			√	管理单位、施工单位
10	工程安全监测系统档案资料归档报告			√	项目法人

附 录 B
（资料性附录）
验收应准备的备查资料目录

B.1 验收应提供的资料见表 B.1

表 B.1 验收应提供的资料目录

序号	资 料 名 称	分部工程验收	阶段验收	竣工验收	提 供 单 位
1	各阶段设计报告及相应审查意见		√	√	项目法人
2	工程招投标文件	√	√	√	项目法人
3	工程承包合同及协议书(包括设计、施工、监理等)	√	√	√	项目法人
4	单元工程质量评定资料	√	√	√	监理单位
5	分项工程质量评定资料		√	√	监理单位
6	阶段验收质量评定资料			√	监理单位
7	工程建设有关会议记录、记载重大事件的声像资料及文字说明		√	√	项目法人
8	工程建设监理资料	√	√	√	监理单位
9	工程运用及管理方案		√	√	设计单位
10	施工图纸、设计变更、施工技术说明	√	√	√	设计单位
11	竣工图纸		√	√	施工单位
12	重大事故处理记录	√	√	√	施工单位
13	设备产品出厂资料、图纸说明书、验收、安装调试、性能鉴定及试运行资料	√	√	√	施工单位
14	监测仪器检验、率定资料	√	√	√	施工单位
15	监测设施土建及安装的施工记录	√	√	√	施工单位
16	施工质量技术措施文件	√	√	√	施工单位
17	监测数据记录以及现场巡视检查资料	√	√	√	施工单位
18	数据处理及相关报告等文件	√	√	√	施工单位
19	监测设施维护记录	√	√	√	施工单位
20	竣工决算报告及有关资料			√	项目法人
21	其他有关资料	√	√	√	有关单位

附 录 C
（规范性附录）
大坝安全监测系统分项工程划分

C.1 混凝土坝安全监测系统分项工程划分和检验项目见表 C.1

表 C.1 混凝土坝安全监测系统分项工程划分和检验项目

分部工程	分项工程	子分项工程	检验项目条文号	
			主控项目	一般项目
建筑物（部位、区域）	巡视检查	坝体、坝基、坝肩及近坝库岸		
	变形	1）坝体位移		
		2）倾斜		
		3）接缝变形		
		4）裂缝变形		
		5）坝基位移		
		6）近坝岸坡位移		
	渗流	1）渗流量		
		2）扬压力		
		3）渗透压力		
		4）绕坝渗流		
	应力、应变及温度	1）应力		
		2）应变		
		3）混凝土温度		
		4）坝基温度		
	环境量	1）上下游水位		
		2）气温		
		3）降水量		
		4）库水温		
	监测自动化系统			
	监测资料整理整编和初步分析			

C.2 土石坝安全监测系统分项工程划分和检验项目见表 C.2

表 C.2 土石坝安全监测系统分项工程划分和检验项目

分部工程	分项工程	子分项工程	检验项目条文号	
			主控项目	一般项目
建筑物（部位、区域）	巡视检查	坝体、坝基、坝肩及近坝库岸		
	变形	1）表面变形		
		2）内部变形		
		3）裂缝及接缝		
		4）岸坡位移		
		5）混凝土面板变形		
	渗流	1）渗流量		
		2）坝基渗流压力		
		3）坝体渗流压力		
		4）绕坝渗流		
	压力（应力）	1）孔隙水压力		
		2）土压力（应力）		
		3）接触土压力		
		4）混凝土面板应力		
	环境量	1）上下游水位		
		2）降水量		
		3）气温		
		4）库水温		

附 录 D
（资料性附录）
分部工程验收签证

D.1 分部工程验收签证封面见表 D.1

表 D.1 分部工程验收签证封面

编号：______________________

分 部 工 程 验 收 签 证

分部工程名称：__________________________

年　　月　　日

D.2 分部工程验收签证内容见表 D.2

表 D.2 分部工程验收签证

开、完工日期： 主要工程量： 工程内容及施工经过： 质量事故及缺陷处理： 主要工程质量指标（主要设计指标，施工单位自检统计结果，监理单位抽检统计结果）： 质量评定（单元工程、主要单元工程个数和优良率，分项工程质量等级）： 存在问题及处理意见： 验收结论：
保留意见： 保留意见人签字
参验单位（全称） 项目法人（监理）： 设计单位： 施工单位： 运行管理单位：
附件：分部工程验收组成员签字

附　录　E
（资料性附录）
阶段验收鉴定书格式

E.1　阶段验收鉴定书封面见表 E.1

表 E.1　阶段验收鉴定书封面

××工程 安全监测系统××阶段验收 鉴　定　书 （封面格式） 年　　月 ××工程××阶段验收委员会（组）

E.2　阶段验收鉴定书内容见表 E.2

表 E.2　阶段验收鉴定书

××工程安全监测××阶段验收鉴定书

前言
一　工程及安全监测系统简介
（一）工程及安全监测系统设计简介
（二）安全监测系统施工简要情况
二　阶段验收的项目、范围和内容
三　与在建和续建监测工程的关系
四　监测工程质量鉴定
五　安全监测工程阶段验收后技术措施
六　对监测工程建设与运行管理的意见
七　监测工作存在问题及处理意见
八　结论
九　阶段性验收委员会(组)成员签字(签字表格参见附录 D)
十　附录
（一）分发验收委员会(组)的资料目录
（二）备查资料目录
（三）分部工程验收签证目录
（四）保留意见(应有本人签字)

附　录　F
（资料性附录）
竣工验收主要报告编制大纲

F.1　工程安全监测系统建设管理工作报告

F.1.1　工程概况

工程位置、工程布置、主要技术经济指标、工程安全监测系统主要建设内容等。

F.1.2　主要项目施工过程及重大问题处理

主要项目以及重要临建设施的开工完工日期、重大技术问题处理、施工期防汛度汛、重大设计变更以及对工程建设有较大影响的事件等。

F.1.3　项目管理

a)　机构设置及工作情况。包括建设、设计、监理、施工单位、上级主管部门、质量监督部门和地方政府等为工程建设服务的机构设置及工作情况。

b)　主要项目招投标过程。

c)　工程安全监测系统概算与投资计划。主要反映批准概算与实际执行情况，年度计划安排、投资来源及完成情况，概算调整的主要原因。

d)　合同管理。主要反映工程所采用的合同类型、合同执行结果。

e)　价款结算。包括合同价款的结算方法和特殊问题的处理情况、至竣工时有无工程款拖欠情况。

F.1.4　工程安全监测系统施工质量

工程质量管理体系、主要工程质量控制标准、单元工程和分部工程质量数据统计、质量事故处理结果等。

F.1.5　工程安全监测系统初期运用

施工期间工程运用情况，施工期间按规范要求对工程进行监测及监测资料分析结果，以及对工程安全鉴定的作用等。

F.1.6　工程安全监测系统历次验收情况

历次分部工程和阶段验收以及遗留问题的处理情况等。

F.1.7　工程安全监测系统移交及遗留问题处理

已完工程移交情况，到验收时为止尚存在的遗留问题和处理意见。

F.1.8　竣工决算

列出竣工决算结论、批准设计与实际完成的主要工程量对比、增减原因分析等。

F.1.9　经验与建议

F.1.10　附件

a)　项目法人的机构设置及主要工作人员情况表。

b)　立项、可研、初设批准文件及调整批准文件。

c)　历次验收鉴定书。

F.1.11　主要图纸

如工程位置图、工程布置图、主要建筑物布置图（包括平面图、立面图、剖面图）、监测系统布置图（包括平面图、立面图、剖面图）等。

F.2　工程安全监测系统建设大事记

主要记载从项目法人委托设计、报批立项直到竣工验收过程中工程安全监测系统建设有较大影响的事件，包括有关批文、上级有关批示、设计重大变化、有关合同协议的签定、建设过程中的重要会议、施工期防汛抢险及其他重要事件、主要项目的开工和完工情况、历次验收等情况。

工程安全监测系统建设大事记可单独成册，也可作为“工程安全监测系统建设管理”。

F.3 工程安全监测系统设计报告

F.3.1 工程概况

F.3.2 工程设计要点

工程设计要点以及坝体应力、变形、渗流等设计计算成果，包括采用工况、荷载和参数等。

F.3.3 工程安全监测系统布置

F.3.4 设计变更

F.3.5 根据现有监测成果对大坝运行状态作出评价

F.3.6 经验与建议

F.3.7 附件

a) 设计机构设置和主要工作人员情况表。

b) 设计变更与原设计对比。

c) 工程安全监测系统设计大事记。

F.4 工程安全监测系统建设监理工作报告

F.4.1 工程概况

F.4.2 监理规划

监理规划及监理制度的建立、组织机构的设置、检测采用的方法和主要设备等。

F.4.3 监理过程

主要叙述“三控制”、“两管理”、“一协调”情况。

F.4.4 监测工程监理情况

对监测工程投资、质量、进度控制进行综合评价，存在的问题等。

F.4.5 根据现有监测成果对大坝工作状态的评价

F.4.6 经验与建议

F.4.7 附件

a) 监理机构的设置与主要工作人员情况表。

b) 工程安全监测系统建设监理大事记。

F.5 工程安全监测系统施工报告

F.5.1 工程概况

F.5.2 监测工程投标

投标过程，投标书编制原则等。

F.5.3 监测仪器设备和完成的主要工程量

监测仪器设备生产厂家、型号、数量；完成的主要工程量，与设计布置以及数量对比；设备完好率等。

F.5.4 施工质量管理

施工质量保证体系及实施情况，监测仪器设备现场检验、率定情况，工程施工质量自检情况等。

F.5.5 主要施工方法

施工中采用的主要施工方法及应用于本工程的新技术、新设备、新方法和施工科研情况等。

F.5.6 文明施工与安全生产

F.5.7 监测成果分析

绘制各测点监测物理量过程线图，以及能表示各监测物理量在时间和空间上的分布特征图和与有关因素的相关关系图。在此基础上，对监测资料进行初步分析，阐述各监测物理量的变化规律以及对工程安全的影响，对异常现象进行分析和解析，提出运行和处理意见。

F.5.8 经验与建议

F.5.9 附件

a） 施工管理机构设置及主要工作人员情况表。

b） 投标时计划投入的资源与施工实际投入资源情况表。

c） 工程安全监测系统施工管理大事记。

d） 监测系统竣工图。

e） 监测仪器埋设基本资料、监测记录表、现场巡视检查记录表等。

F.6 工程安全监测资料整编与分析报告

F.6.1 概况

a） 工程概况。

b） 监测系统布置。

F.6.2 监测资料分析

a） 监测资料概况。

b） 监测资料分析内容和方法。

c） 环境量监测资料分析。

d） 变形监测资料分析。

e） 渗流监测资料分析。

f） 应力应变及温度监测资料分析。

g） 其他。

F.6.3 结论与建议

a） 监测资料分析结论。

b） 对大坝工作状态评价。

c） 对下一步监测工作的建议。

F.6.4 附件

a） 监测系统布置图。

b） 监测资料分析有关附图、附表等。

F.7 工程安全监测系统运行管理准备工作报告

F.7.1 工程概况

F.7.2 管理单位筹建及参与工程建设情况

F.7.3 工程安全监测系统初期运行情况

是否达到设计标准，观测情况，已发挥的作用等，出现的问题及原因分析等。

F.7.4 对工程安全监测系统建设的建议

包括对设计、施工、项目法人的建议（从建设为管理创造条件出发提出建议）。

F.7.5 运行管理

包括人员培训情况，已接管工程运行维护情况，规章制度建立情况，如何发挥工程效益等。

F.7.6 附件

a) 运行管理机构设立的批文。

b) 机构设置情况和主要工作人员情况。

c) 规章制度目录。

F.8 工程安全监测系统竣工验收申请报告

F.8.1 工程完成情况

F.8.2 验收条件检查结果

F.8.3 验收组织准备情况

F.8.4 建议验收时间、地点和参加单位

附 录 G
（规范性附录）
竣工验收鉴定书格式

G.1 竣工验收鉴定书封面见表 G.1

表 G.1 竣工验收鉴定书封面

××工程 安全监测系统竣工验收 鉴 定 书 （封面格式） 年 月 ××工程竣工验收委员会

G.2　竣工验收鉴定书扉页见表G.2

表G.2　竣工验收鉴定书扉页

××工程 安全监测系统竣工验收 **鉴　定　书** （扉页格式） 验收主持单位： 项目法人： 监理单位： 设计单位： 施工单位： 运行管理单位： 质量监督单位： 竣工验收日期：　　年　月　日　至　年　月　日 竣工验收地点：

G.3 竣工验收鉴定书内容见表 G.3

表 G.3 竣工验收鉴定书

××工程安全监测系统竣工验收鉴定书

前言(简述竣工验收主持单位、参加单位、时间、地点等)

一 工程概况

(一) 工程名称、位置及主要建设内容

(二) 工程安全监测系统主要内容

(三) 工程安全监测系统建设有关单位

包括项目法人、设计、施工、监理、咨询、主要设备制造、质量监督、运行管理等单位。

(四) 工程安全监测系统施工过程

包括开工日期及完工日期、主要项目的施工情况及开工和完工日期、施工中发现的主要问题及处理情况等。

(五) 工程安全监测系统完成情况及主要工程量

包括竣工验收时工程安全监测系统形象面貌、实际完成工程量与批准设计工程量对比等。

二 工程安全监测系统概算执行情况及分析

包括投资计划执行、概算及调整、竣工决算等情况。

三 工程安全监测系统阶段验收、单位工程验收及移交情况

包括验收时间、主持单位、遗留问题处理、项目移交单位和时间。

四 工程安全监测系统初期运用

包括初期观测情况及安全鉴定评价情况。

五 工程安全监测系统质量评定

包括分部工程、单位工程质量情况,评定质量等级。

六 存在的主要问题及处理意见

包括竣工验收遗留问题处理责任单位、完工时间、存在问题的处理建议,对工程运行管理的建议等。

七 验收结论

包括对工程安全监测系统规模、工期、质量、投资控制、能否按批准设计投入使用,以及相应档案资料整理等作出明确的结论。

八 验收委员会(组)成员签字表

九 被验收单位代表签字表

十 附件

(一) 分发验收委员会的资料目录

(二) 保留意见(应有本人签字)

(三) 竣工验收委员会成员签字表

(四) 被验收单位代表签字表

附 录 H
（规范性附录）
监测项目缺陷分类表

H.1 监测项目土建及安装质量缺陷分类见表 H.1

表 H.1 监测项目土建及安装质量缺陷分类表

序号	项目	严重缺陷	一般缺陷
1	倒垂	1. 倒垂孔保护管内有效孔径小于设计要求； 2. 倒垂线触及保护管壁，不处于自由状态； 3. 倒垂线与保护管壁间距小于必须的距离或设计允许值； 4. 垂线必须的自由活动空间内有不可排除的阻碍垂线处于自由状态的物体； 5. 倒垂终孔位置及岩层地质构造不符合设计要求； 6. 垂线材质严重不符合设计要求； 7. 观测墩或基座未能与建筑物或被监测对象牢固结合	1. 垂线有弯(折)痕； 2. 倒垂保护管内或四周孔壁内因密封、灌浆不好有渗漏现象； 3. 倒垂浮子触及浮桶四壁或有物体阻碍浮子处于自由状态或浮子距浮桶上下左右间距小于必要的距离等现象； 4. 垂线必须的自由活动空间内有可排除的阻碍垂线处于自由状态的物体； 5. 坐标仪基坐位置不符合仪器的量程或位移量变化的要求，基座方向不正确，坐标仪基座不水平； 6. 浮体及浮桶有漏油现象； 7. 垂线孔没有可靠的保护装置； 8. 观测墩形状、结构、装饰、位置不满足设计要求； 9. 坐标仪或遥测坐标仪量程小于测点位移量及变幅
2	正垂	1. 正垂线保护管内有效孔径小于设计要求； 2. 正垂线与保护管壁(井、孔壁)间距小于必须的距离或设计允许值； 3. 垂线必须的自由活动空间内有不可排除的阻碍垂线处于自由状态的物体； 4. 正垂线支点、固定夹线装置未与井(孔)壁牢固结合； 5. 垂线材质严重不符合设计要求； 6. 观测墩或基座结构未能与建筑物或被监测对象牢固结合	1. 垂线有弯(折)痕； 2. 阻尼箱内有阻碍重锤处于自由状态可排除的物体或重锤距浮桶上下左右间距小于必要的距离等现象； 3. 垂线必须的自由活动空间内有可排除的阻碍垂线处于自由状态的物体； 4. 坐标仪基坐位置不符合仪器的量程或位移量变化的要求，基座方向不正确，坐标仪基座不水平； 5. 观测墩形状、结构、装饰、位置不满足设计要求； 6. 油桶有漏油现象； 7. 坐标仪或遥测坐标仪量程小于测点位移量及变幅
3	引张线	1. 定位线卡不能保证换线前后位置不变； 2. 引张线材质严重不符合设计要求； 3. 引张线在全线保护管内和测点上有不可排除的阻碍引张线处于自由状态的物体； 4. 引张线端点未设置倒垂线和其他校核基点； 5. 测点未能与建筑物或被监测对象牢固结合	1. 定位卡的“V”型槽底不水平、方向与测线方向不一致； 2. 滑轮槽的方向及高度与定位卡的“V”型槽不一致； 3. 同一条引张线读数尺零方向不统一； 4. 读数尺面应水平，分划线应平行于测线，尺的位置有效量程小于测点位移量及变幅； 5. 水箱液面没有足够的调节余地，以便调整测线高度满足测量工作的需要和满足测点水平位移及变幅的要求； 6. 金属材料未作防锈处理； 7. 引张线钢丝直径、抗拉强度、重锤重量不符合设计要求； 8. 测线不位于保护管中心并不能保证测线在管内有足够的活动空间； 9. 引张线保护管和测点保证箱不能起防风作用； 10. 有水箱的引张线，在寒冷地区未采用防冻液； 11. 重锤距地面没有足够的距离，以适应线体热胀时的轴向变形

表 H.1（续）

序号	项目	严重缺陷	一般缺陷
4	视准线	1. 视准线工作基点建造不符合设计要求； 2. 强制对中底盘对中精度低于 0.2 mm； 3. 测点观测墩未能与建筑物或被监测对象牢固结合	1. 视准线旁离障碍物小于 1.0 m； 2. 照准目标离地面距离小于 1.2 m； 3. 观测墩上强制对中底盘安装不水平，没有保护盖； 4. 测点底盘中心与两端点底盘连线的偏差大于 10 mm； 5. 测点观测墩建造不符合设计要求
5	真空激光准直系统	1. 真空管内漏气速率大于 120 Pa/h 或设计允许值； 2. 点光源的小孔光栏和激光探测仪没有和端点观测墩牢固结合，不能保证两者相对位置长期稳定不变； 3. 抽真空系统不能正常工作； 4. 激光准直系统不能正常工作； 5. 两平晶密封段没有足够刚度或没有与两端观测墩牢固结合，不能保证在长期受压的情况下，其变形对测值的影响可忽略不计； 6. 真空激光系统设备与材质型号规格不能满足设计要求； 7. 激光探测仪的量程和精度不能满足位移观测的要求； 8. 测点箱未能与被测物体牢固结合	1. 真空激光管道轴线与设计轴线偏差大于 2 mm； 2. 波带板未垂直于准直线；波带板中心与准直线的偏离值大于 10 mm 或不满足设计要求； 3. 真空激光管道与测点箱未设软连接段，或软连接段安装不能满足温度等因素影响对管道长度变化的调节； 4. 真空泵应配有的电磁阀、真空表等配件不齐； 5. 管道系统接头部位未设置密封法兰，或法兰与设计要求不符，或无有效真空密封物； 6. 相邻两测点管道的不平直度大于 10 mm； 7. 每段钢管中部未用管卡固定在支墩上，其余支墩上未设活动滚杠； 8. 波带板不能正常运转； 9. 真空管道内壁清洁处理未达到要求； 10. 真空管道系统中有较严重的漏气现象； 11. 波带板制造不符合设计要求
6	大气激光准直系统	1. 点光源的小孔光栏和激光探测仪没有和端点观测墩牢固结合，不能保证两者相对位置长期稳定不变； 2. 激光准直系统不能正常工作； 3. 激光探测仪的量程和精度不能满足位移观测的要求； 4. 测点箱未能与被测物体牢固结合	1. 激光准直轴线与设计轴线偏差大于 2 mm； 2. 波带板未垂直于准直线；波带板中心与准直线的偏离值不大于 10 mm 或不满足设计要求； 3. 相邻两测点的管道的不平直度大于 10 mm； 4. 波带板不能正常运转； 5. 波带板制造不符合设计要求
7	监测网点及交会点	1. 基准点观测墩不稳固，位于不稳定区域； 2. 观测墩基础处理未达到设计要求； 3. 精度估算和可靠性达不到设计要求； 4. 未安置强制对中底盘	1. 观测墩没有保护盖； 2. 强制对中底盘不水平，倾斜度大于 4′； 3. 观测墩结构不符合设计要求； 4. 测边和测角交会时，其边长、方向数和交角大小不能满足设计要求； 5. 固定觇牌图案轴线或照准杆不铅直
8	测斜管	1. 测斜管导槽严重偏扭； 2. 导管与孔壁间隙未进行回填灌浆或回填灌浆不密实未起到固结的作用； 3. 测斜仪探头无法在导槽中自由滑动； 4. 测斜管内有阻碍测斜仪观测的且无法排除的物体； 5. 孔底锚固端不满足设计要求	1. 未按规定获取岩芯或钻孔录像，并进行岩芯描述； 2. 未按造孔规定进行钻孔； 3. 不能提供钻孔质量记录资料； 4. 未按安装要求进行安装； 5. 不能提供安装质量记录； 6. 孔口保护装置设置不符合要求； 7. 测斜管未测扭

表 H.1（续）

序号	项目	严重缺陷	一般缺陷
9	多点位移计	1. 孔深未达到设计要求的位置； 2. 传感器及其传递连接件安装不正确； 3. 灌浆后未将锚头与被测物体牢固结合； 4. 锚头位置不满足设计要求	1. 未按规定获取岩芯或钻孔录像，并进行岩芯描述； 2. 未按多点位移计造孔规定进行钻孔； 3. 未按设计要求提供钻孔质量记录资料； 4. 未按多点位移计安装要求进行安装； 5. 未能提供多点位移计安装质量记录； 6. 孔口保护装置设置不符合要求
10	精密水准	1. 水准标志未能与被测物体牢固结合	1. 没有设置有效保护盖； 2. 标芯顶与保护盖面直接接触； 3. 标芯材质或加工工艺不符合设计要求； 4. 水准标志设置位置与设计偏差较大
11	静力水准	1. 测试精度、灵敏度达不到设计要求； 2. 仪器墩未与被测物体牢固结合	1. 钵体内水质或液体不符合要求； 2. 连通管、三通、钵体内有气泡未排除； 3. 管路有漏液现象； 4. 目测值与自动遥测数据不一致； 5. 目视观测标尺有效量程小于垂直位移量及变幅； 6. 自动遥测传感器的有效量程小于垂直位移量及变幅
12	测缝标点	1. 测缝标点未牢固与被测物体结合； 2. 测量精度未达到 0.1 mm	1. 测缝标点未加装有效保护装置； 2. 测缝标点的测值方向，与被测物体位移量方向不一致
13	测压管	1. 安装测压管时未准确测量或计算出其管底和孔口高程、平面坐标，并做记录； 2. 测压管进水段结构不满足设计要求； 3. 测压管管口和孔口装置存在渗漏现象	1. 测压管钻孔未按其钻孔要求进行； 2. 不能提供钻孔质量记录； 3. 未按要求安装反滤装置； 4. 管口装置不符合测压管水位测量方式和监测要求； 5. 管口保护装置不符合设计要求
14	渗压计	1. 不能提供渗压计埋设部位及高程； 2. 渗压计埋设前没有率定或不能提供埋设前率定资料； 3. 无法测读数据或数据明显不符合实际； 4. 渗压计量程与测点实有压力不相适应	1. 渗压计埋设前未按安装要求做相应的准备工作（如浸泡、包装细砂袋等）； 2. 接长电缆未按同型号同色芯线并焊的要求； 3. 接长电缆未认真进行硫化或热缩； 4. 电缆拉长后未用测试仪器进行量测，并做记录； 5. 砂垫层、孔口盖或固定砂包的砂浆等安装有缺陷； 6. 电缆走向和保护不符合设计要求
15	量水堰	1. 量水堰的结构与设计不符； 2. 量水堰量测范围与流量不相适应	1. 堰槽段断面形状，长度不符合设计要求； 2. 堰槽段两侧不平行； 3. 堰板与水流方向不垂直或不直立； 4. 水尺或水位计装置安装位置不合适； 5. 矩形堰口不水平或三角形堰口下游边缘不成 45°
16	应变计	1. 未进行检验或不能提供检验证书、检验记录和必须的数据； 2. 电缆连接及检验不符合要求； 3. 不能测读数据或数据明显不符合实际； 4. 仪器位置和方向埋设不正确	1. 电缆走向和保护不符合设计要求； 2. 仪器埋设不及时； 3. 仪器角度、位置误差超过设计要求

表 H.1（续）

序号	项目	严重缺陷	一般缺陷
17	无应力计	1. 电缆连接及检验不符合要求； 2. 不能测读数据或数据明显不符合实际； 3. 筒内应变计受外力作用； 4. 埋设点位处混凝土及桶内混凝土料不相同	1. 电缆走向和保护不符合设计要求； 2. 仪器埋设不及时； 3. 筒内泌水没有清理干净； 4. 筒内混凝土未进行人工捣实
18	压应力计	1. 未进行检验或不能提供检验证书、检验记录和必须的数据； 2. 电缆连接及检验不符合要求； 3. 不能测读数据或数据明显不符合实际； 4. 仪器位置和方向埋设不正确	1. 电缆走向和保护不符合设计要求； 2. 仪器埋设不及时； 3. 仪器埋设时不水平或垂直； 4. 仪器底板接触不良有气泡
19	钢筋计	1. 焊接强度未达到钢筋强度； 2. 未进行检验或不能提供检验证书、检验记录和必须的数据； 3. 电缆连接及检验不符合要求； 4. 不能测读数据或数据明显不符合实际； 5. 仪器位置和方向埋设不正确	1. 电缆走向和保护不符合设计要求； 2. 仪器埋设不及时； 3. 焊接时仪器中心线与钢筋中心线不在一直线上
20	测缝计	1. 测缝计波纹管不能自由伸缩； 2. 电缆连接及检验不符合要求； 3. 不能测读数据或数据明显不符合实际； 4. 埋设方法不正确	1. 测值方向与被测物体位移量方向不一致； 2. 埋设位置与设计的部位有偏差较大； 3. 电缆走向和保护不符合设计要求
21	裂缝计	1. 裂缝计波纹管不能自由伸缩； 2. 电缆连接及检验不符合要求； 3. 不能测读数据或数据明显不符合实际	1. 测值方向与被测物体位移量方向不一致； 2. 埋设位置与设计的部位有偏差较大； 3. 电缆走向和保护不符合设计要求
22	锚杆应力计	1. 锚杆孔径不符合设计要求； 2. 锚杆应力计的各项力学性能是未达到规范规定要求； 3. 锚杆应力计的焊接不符合相关规范要求； 4. 锚杆孔灌浆不密实	1. 锚杆孔内未冲洗干净； 2. 传感器与连接钢筋不在同一轴线上； 3. 锚杆应力计入孔时，将电缆线擦伤； 4. 锚杆应力计及其电缆没进行保护
23	锚索测力计	1. 仪器的力学性能等参数不符合要求； 2. 张拉时使用的千斤顶及其油缸压力表未同步进行标定； 3. 安装测力计与传力板孔轴线没有垂直对中，出现偏心； 4. 张拉结束后，没有读取锁定后的稳定测值； 5. 不能测读数据或数据明显不符合实际	1. 孔口垫板没有进行打磨清理； 2. 孔口垫板与测力计的接触面不够平整光滑； 3. 锚索与垫板间的间隙过大； 4. 张拉过程中，每次连续测读少于 3 次，且最大值与最小值之差大于 2% F.S.； 5. 张拉机具读数与仪器读数不一致； 6. 锚索测力计及其电缆没进行保护

表 H.1（续）

序号	项目	严重缺陷	一般缺陷
24	温度计	1. 电缆连接及检验不符合要求； 2. 仪器位置埋设不正确； 3. 不能测读数据或数据明显不符合实际	1. 温度测读时，未能记录周边环境资料； 2. 没有计算混凝土水化热温升资料； 3. 埋设位置与设计的部位偏差较大； 4. 埋设在与外界相通的金属上； 5. 电缆走向和保护不符合设计要求
25	引张线式水平位移计	1. 两端点未能固定在被测物体上； 2. 钢丝断裂，导致失效，无法补埋； 3. 监测精度未满足规范要求	1. 加重砝码重量不够； 2. 加重砝码长期固定； 3. 仪器安装前未进行加载试验； 4. 观测时未能及时测量观测房自身位移
26	水管式沉降仪	1. 测点墩底部坝体未严密碾压； 2. 进水管断裂导致测量失效； 3. 未按设计要求埋设安装； 4. 连通管装置存在漏水现象	1. 测点处的量杯未精确测量其高程； 2. 观测时水压不够； 3. 观测时未能及时测量观测房自身位移； 4. 通气管被堵塞； 5. 排水管排水不畅
27	沉降环	1. 沉降环未能与坝体紧密结合； 2. 孔口高程未及时测量，导致沉降环埋设位置高程不精确； 3. 导管堵塞	1. 观测时未能同时用精密水准测量管口高程； 2. 未按规范定期观测
28	沥青混凝土应变计	1. 电缆连接及检验不符合要求； 2. 仪器位置埋设不正确； 3. 不能测读数据或数据明显不符合实际	1. 仪器轴线与心墙表面未完全平行； 2. 仪器检验参数不完全合格； 3. 电缆未按设计图牵引
29	三向测缝计	1. 仪器两端固定不牢； 2. 未加保护罩； 3. 仪器参数未检测； 4. 不能测读数据或数据明显不符合实际	1. 仪器与缝交角测量误差较大； 2. 仪器长度测量误差较大(应精度到 1 mm)； 3. 电缆牵引未按设计图进行
注1：针对某些个别严重缺陷，经设计、监理、专家认证认为对工程实际的正常运行不造成严重影响时，提交认证文件后，可作视为一般缺陷处理。 注2：表中未列监测项目或仪器，有关缺陷分类可在现场根据实际情况确定。			

H.2 监测和数据处理质量缺陷分类见表 H.2

表 H.2 监测和数据处理质量缺陷分类表

项目	严重缺陷	一般缺陷
垂线	1. 在垂线未处于自由状态、倒垂浮体的浮力不能满足要求的情况下，进行观测； 2. 未检测仪器零位； 3. 测回差超限	1. 观测频次不满足设计和规范要求； 2. 记录、计算、检查、资料整理不符合规定

表 H.2（续）

项目	严　重　缺　陷	一　般　缺　陷
引张线	1. 浮船和测线未处于自由状态的情况下，进行观测； 2. 单纯直接目视直接读数； 3. 测回差超限	同上
视准线	1. 工作基点的稳定性检测不满足要求； 2. 经纬仪(全站仪)标称精度不满足要求； 3. 仪器未经计量检验或经检验不符合要求； 4. 测回差超限； 5. 位移量中误差超限	1. 正或倒镜两次读数差超限； 2. 观测频次不满足设计和规范要求； 3. 记录、计算、检查、资料整理不符合规定
真空激光准值	1. 观测时，管道内真空度达不到设计要求	1. 测点测回差超限； 2. 观测频次不满足设计和规范要求； 3. 记录、计算、检查、资料整理不符合规定
大气激光准值	1. 工作基点的稳定性检测不满足要求； 2. 测回差超限	1. 观测时间段选择不合理； 2. 观测频次不满足设计和规范要求； 3. 记录、计算、检查、资料整理不符合规定
边角交会及水平位移监测网	1. 基准点不稳定或使用错误； 2. 仪器的精度不能满足要求； 3. 仪器未经计量检验或经检验不符合要求； 4. 距离观测时未加入气象等必要的改正； 5. 测角、测边中误差超限； 6. 三角形闭合差超限； 7. 平差计算不合理； 8. 位移量中误差超限	1. 仪器、仪表检验项目不全，检验结果有少量不符合规定； 2. 成果取舍、重测不合理； 3. 观测条件的选择、时段分配不合理； 4. 测站限差、极(边)条件闭合差、边长测回差超限； 5. 成果资料不完整； 6. 其他严重的差、错、漏
精密水准及垂直位移监测网	1. 基准点不稳定或使用错误； 2. 水准仪和标尺的精度不能满足要求； 3. 水准仪和标尺未经计量检验或经检验不符合要求； 4. 测段往返测高差不符值超限； 5. 路线或环线闭合差超限； 6. 每公里水测量的偶然中误差超限； 7. 平差计算不合理； 8. 位移量中误差超限	1. 仪器、仪表检验项目不全，检验结果有少量项目不符合规定； 2. 成果取舍、重测不合理； 3. 观测条件的选择、光段分配不合理； 4. 测站限差超限； 5. 成果资料不完整
内部埋设仪器	1. 二次仪表检验不合格； 2. 观测精度不满足设计和规范的要求； 3. 基准值取得不及时	1. 一般监测项目中有少量项目观测频次不够； 2. 基准值取值不合理； 3. 异常值未进行加密观测与判别； 4. 物理量计算方法不当； 5. 观测记录不全； 6. 失效仪器未经过审核而停测

H.3 监测自动化系统缺陷分类见表 H.3

表 H.3 监测自动化系统缺陷分类表

项目	严重缺陷	一般缺陷
监测仪器（传感器）	1. 精度指标不满足设计和规范要求； 2. 不能适应现场工作环境	1. 对监测仪器未设置安全防护且存在安全隐患； 2. 仪器支座及支架锈蚀严重
数据采集装置	1. 不具备设计和规范要求的基本功能； 2. 测量精度和范围不符合所连接监测仪器的要求； 3. 不能适应现场工作环境； 4. 防雷电感应装置不符合设计和规范要求	1. 对数据采集装置未设置安全防护且存在安全隐患； 2. 采集装置支架不牢固或锈蚀严重
监测信息管理软件	1. 数据处理软件不满足要求，计算公式有误； 2. 信息管理软件功能不全，不能满足要求	1. 软件操作不方便； 2. 输出成果不规范

H.4 资料整编和初步分析缺陷分类见表 H.4

表 H.4 资料整编和初步分析缺陷分类表

项目	严重缺陷	一般缺陷
资料整编和初步分析	1. 未按规范要求及时进行资料整理和整编； 2. 整编资料不齐全； 3. 基本资料不全； 4. 无完整的整理说明； 5. 监测成果计算不正确； 6. 异常值未做出处理、解释； 7. 资料分析未与环境和施工变化情况相结合	1. 资料归档分类不够清晰； 2. 整编图表规格不统一； 3. 测量粗差未剔除； 4. 资料分析未进行全面特征值统计、分析； 5. 资料分析未按成果绘制分布图； 6. 过程线代表性不够

附 录 I
（资料性附录）
监测项目检验示例表

I.1 倒垂线检查验收见表 I.1

表 I.1 倒垂线检查验收表

检查者：　　　　　　　　　　　　　　　　　　　　　　　　　　年　月　日

编号或名称	严重缺陷	一般缺陷	备注或评价
现象	1. 倒垂孔保护管内有效孔径小于75 mm； 2. 倒垂线触及保护管壁，不处于自由状态； 3. 倒垂线与保护管壁间距小于必须的距离或设计允许值； 4. 垂线必须的自由活动空间内有不可排除的阻碍垂线处于自由状态的物体； 5. 倒垂终孔位置及岩层地质构造不符合设计要求； 6. 垂线材质严重不符合设计要求； 7. 观测墩或基座未能与建筑物或被监测对象牢固结合	1. 垂线有弯(折)痕； 2. 倒垂保护管内或四周孔壁内因密封、灌浆不好有渗漏现象； 3. 倒垂浮子触及浮桶四壁或有物体阻碍浮子处于自由状态或浮子距浮桶上下左右间距小于必要的距离等现象； 4. 垂线必须的自由活动空间内有可排除的阻碍垂线处于自由状态的物体； 5. 坐标仪基座位置不符合仪器的量程或位移量变化的要求，基座方向不正确，坐标仪基座不水平； 6. 浮体及浮桶有漏油现象； 7. 垂线孔没有可靠的保护装置； 8. 观测墩形状、结构、装饰、位置不满足设计要求； 9. 坐标仪或遥测坐标仪量程小于测点位移量及变幅	
IPXXX	1□2□3□4□5□6□7□	1□2□3□4□5□6□7□8□9□	□合格 □不合格
IPXXX	1□2□3□4□5□6□7□	1□2□3□4□5□6□7□8□9□	□合格 □不合格
IPXXX	1□2□3□4□5□6□7□	1□2□3□4□5□6□7□8□9□	□合格 □不合格
IPXXX	1□2□3□4□5□6□7□	1□2□3□4□5□6□7□8□9□	□合格 □不合格
IPXXX	1□2□3□4□5□6□7□	1□2□3□4□5□6□7□8□9□	□合格 □不合格
IPXXX	1□2□3□4□5□6□7□	1□2□3□4□5□6□7□8□9□	□合格 □不合格
IPXXX	1□2□3□4□5□6□7□	1□2□3□4□5□6□7□8□9□	□合格 □不合格
IPXXX	1□2□3□4□5□6□7□	1□2□3□4□5□6□7□8□9□	□合格 □不合格

共计 $\underline{X}$ 支，抽检 $\underline{Y}$ 支，抽检比例为 $\underline{X/Y}\times 100\%$。

检查结果：严重缺陷 $\underline{M}$ 支，有一般缺陷仪器数量 $\underline{N}$ 支，一般缺陷率 $=\underline{N/Y}\times 100\%$。

附 录 J
（规范性附录）
安全监测工程主控项目土建及安装验收质量评定表

J.1 安全监测工程主控项目土建及安装变形监测项目验收质量评定见表J.1。

表J.1 安全监测工程主控项目土建及安装变形监测项目验收质量评定表

检查者： 年 月 日

检 查 内 容	单项质量评价
变形监测项目应满足规范和设计要求，监测点和仪器设备埋设安装的数量与位置应与设计相符合，其埋设数量不应少于设计要求的数量，设备完好率应不低于5.2.5的规定	□合格 □不合格
用于变形监测项目土建及安装的原材料的质量必须符合有关标准的规定，并满足设计规定的要求	□合格 □不合格
各类监测项目的测点和仪器设备应按设计要求与建筑物或被监测对象牢固结合，能正确反映被监测对象的监测信息	□合格 □不合格
用于变形监测的钻孔、预留预埋孔（如正垂孔、倒垂孔、双金属标孔、钢管标孔、多点位移计孔、钻孔测斜仪孔等）其孔位、孔深、倾斜度、有效孔径应满足设计技术和有关规范要求，保护管埋设应符合设计和规范要求	□合格 □不合格
仪器设备各项技术指标应满足设计和有关要求。埋设前应按要求进行检验和率定，并提交检验、率定记录和报告。埋设后及时读取初始值，检验仪器设备的完好情况	□合格 □不合格
电缆及其连接检验要素 1. 连接仪器的专用电缆应耐酸、耐碱、防水、质地柔软，其芯线应为镀锡铜丝。采用的电缆应进行性能及参数检验。 2. 电缆的连接及检验应符合有关的要求	□合格 □不合格

J.2 安全监测工程主控项目土建及安装渗流项目验收质量评定见表J.2。

表J.2 安全监测工程主控项目土建及安装渗流项目验收质量评定表

检查者： 年 月 日

检 查 内 容	单项质量评价
渗流监测项目的设置应满足规范和设计要求，监测点的位置、埋设数量应符合设计要求，设备完好率应不低于5.2.5的规定	□合格 □不合格
渗流监测项目的土建及安装的原材料质量必须符合有关标准的规定，并不低于设计要求	□合格 □不合格
埋设安装渗流监测仪器设备前应进行检验和率定，并提交检验、率定记录和报告。各项技术指标应满足设计要求	□合格 □不合格
电缆及其连接检验见6.2.1.6	□合格 □不合格

J.3　安全监测工程主控项目土建及安装应力应变及温度项目验收质量评定见表J.3。

表J.3　安全监测工程主控项目土建及安装应力应变及温度项目验收质量评定表

检查者：　　　　　　　　　　　　　　　　　　　　　　　　　　　　　年　月　日

检　查　内　容	单项质量评价
应力、应变及温度监测项目依大坝级别不同以及坝型、结构特点、应力状况及分层分块的施工方法等不同而布设不同，应符合规范和设计的要求。监测断面及测点的布置、测点数量应符合有关规范和设计要求，仪器总体完好率应不低于5.2.5的规定	□合格 □不合格
应力、应变及温度监测的土建及安装的原材料质量必须符合有关标准的规定，并不低于设计要求	□合格 □不合格
应力、应变及温度监测仪器在埋设安装前应进行检验和率定，包括力学性能检验、温度性能检验、防水性能检验，并提交检验、率定记录和报告。各项技术指标应符合设计要求。读数仪表应按规范要求进行检验	□合格 □不合格
电缆及其连接检验见6.2.1.6	□合格 □不合格

J.4　安全监测工程主控项目土建及安装监测自动化系统目验收质量评定见表J.4。

表J.4　安全监测工程主控项目土建及安装监测自动化系统目验收质量评定表

检查者：　　　　　　　　　　　　　　　　　　　　　　　　　　　　　年　月　日

检　查　内　容	单项质量评价
接入自动化系统的监测仪器(传感器)各项技术指标应满足设计和规范的要求，并符合国家计量法的规定。监测仪器的安装方向应与人工测量装置、规范规定的方向一致。接入监测自动化系统的监测仪器应具有人工比测装置	□合格 □不合格
数据采集装置的性能技术指标应符合设计、规范的要求，防雷接地系统安全、可靠。能实现数据采集装置与监测管理站采集计算机之间的双向数据通信，以及监测管理站和监测管理中心站内部及其同系统外部的网络计算机之间的双向数据通信	□合格 □不合格
监测信息管理软件应具有在线监测、离线分析、图表制作功能、测值预报、数据库管理、网络通信功能、安全保密等功能	□合格 □不合格

附　录　K
（规范性附录）
安全监测工程验收质量评定汇总表

K.1　安全监测工程验收质量评定见表 K.1

表 K.1　安全监测工程验收质量评定汇总表

	分项工程	子分项工程		仪器分类质量汇总		单项质量评价（缺陷率）
				检查一般缺陷仪器总点数	一般缺陷点	
分部工程	变形	主控项目		□合格	□不合格	
		一般项目	1）坝体位移			
			2）倾斜			
			3）接缝变化			
			4）裂缝变形			
			5）坝基位移			
			6）近坝岸坡位移			
			小计			
	渗流	主控项目		□合格	□不合格	
		一般项目	1）渗流量			
			2）扬压力			
			3）渗透压力			
			4）绕坝渗流			
			5）水质分析			
			小计			
	应力应变及温度	主控项目		□合格	□不合格	
		一般项目	1）应力			
			2）应变			
			3）混凝土温度			
			4）坝基温度			
			小计			
	环境量	1）上下游水位				
		2）气温				
		3）降水量				
		4）库水温				
		小计				
	监测自动化系统			□合格	□不合格	
	监测资料整理整编和初步分析			□合格	□不合格	
	总计					

ICS 29.120.70
F 21

中华人民共和国国家标准

GB/T 22386—2008/IEC 60255-24:2001

电力系统暂态数据交换通用格式

Common format for transient data exchange (COMTRADE) for power systems

(IEC 60255-24:2001,IDT)

2008-09-24 发布　　2009-08-01 实施

中华人民共和国国家质量监督检验检疫总局
中国国家标准化管理委员会　发布

前　　言

本标准等同采用 IEC 60255-24:2001《电力系统暂态数据交换通用格式》(英文版),等同翻译 IEC 60255-24:2001。

在起草过程中,本标准作了下列编辑性修改:

a) “本国际标准”一词改为“本标准”;

b) 用小数点“.”代替作为小数点的逗号“,”;

c) 删除国际标准的前言;

d) 更正 2.3 节中“ANSI/IEEE standard”为“IEC 60044-1”;

e) 更正 7.9.2 节中“CB”为“CG”;

f) 对与国内标准不一致处“相电压 70 V”、“345 kV”等添加注,加以说明;

g) 对原文中一些明显文字错误进行了更正或说明。

本标准附录 A、附录 B、附录 C、附录 D 和附录 E 为资料性附录。

本标准由中国电力企业联合会提出。

本标准由中国电力企业联合会归口并解释。

本标准主要起草单位:南京南瑞继保电气有限公司、北京四方继保自动化有限公司、国电南京自动化有限公司、许继集团公司。

本标准主要起草人:黄健、郑蔚、陈伟、王兴安。

引　言

本标准规定了数据文件以及各种类型故障、测试和仿真数据相互交换所需的交换媒介的通用格式。

故障和暂态数据记录数字式装置迅速发展和实现以及在电力工业中的试验，提出数据交换格式标准化的要求。各种装置使用电力系统故障和暂态数据，增强了故障和扰动条件下，电网和有关保护配置的分析、测试、评估和仿真并使之自动化。由于每一数据源可能使用不同的专用数据格式，所以，为便利这些数据在各应用间的交换，通用数据格式标准非常必要。这方便了专用数据在多种多样应用中的使用，并允许专用系统的用户使用来自其他系统的数字数据。

电力系统暂态数据交换通用格式

1 范围

本标准规定了文件的一种格式。该文件包含有从电力系统或电力系统模型收集来的暂态波形和事件数据。本标准适用于存储在物理媒介的文件,例如,存储在数字硬盘和软盘上文件。本标准不是一个在通信网络上传输数据文件的标准,它拟为数据交换应用,提供一个便于解释的格式,且格式本身并没有利用专用格式所依赖的具有竞争性优点的数据编码和压缩带来的经济性。

2 术语和定义

下列术语和定义适用于本标准。

2.1

数据表示 data representations

以一系列二进制位存储在文件中的数据。

注:每位可以是"1"或"0"。这些位以8位分组组织,称之字节。当计算机读文件中数据时,以一系列字节读入。

2.1.1

二进制数据 binary data

以字节形式组织的数据。

注:字节中8位可形成256种不同组合,可表达0～255之间的数。若需表示更大的数,可用若干个字节表示,例如,2个字节(16位)可代表0～65535之间的数。字节以这样形式解释时,它们便被称之为二进制数据。以二进制形式存储数字数据常有多种不同形式。

2.1.2

ASCII(美国国家标准信息交换代码)数据 (American National Standard Code for Information Interchange) data

匹配8位二进制位的127种组合的符号。

注:作为表示0～255个数的字节另一种表示方法,一个字节可用以表示255个不同符号。美国国家标准信息交换代码是匹配8位二进制位的127种组合符号列表的标准,如,字节01000001表示大写字母"A",而01100001则表示小写字母"a"。127种不同组合,可表示键盘上全部按键和许多其他特殊符号。8位256种组合的其余部分用于表示绘图和别的特殊应用字符。以ASCII形式表示一个数,该数的每个数字须用一个字节表示。

2.2

必要/可选数据 critical/non-critical

配置文件中某些数据对于采样数据再现,并不是必不可少;配置文件中一些变量可能与特定应用无甚相关。这样一些数据可称之为可选数据,可省略。记录装置通道名就是可选数据的一个示例。然而,为保持文件的完整性,一般须保留可选变量占据的位置。如果数据在本部分任何一处被描述为可选数据,则可预留其位置,即紧接着前一数据分隔符,无插入字符或空格,添加空格字符和对应数据分隔符。

采样数据再现所必须的数据称之为必要数据。若缺少必要数据,则文件可能不可用。

2.3

一次/二次变比 primary/secondary ratios

用于测量和记录高压电网事件的装置不能直接采集电网的高电压及大电流。这些装置按照能够接受易于处理、危险等级较低,称之为二次量的输入的方式制造。电压和电流互感器用来降低来自电网的电压和电流信号,使之达到适合装置处理的水平。选择互感器变比,使电网运行在额定,即标称一次值时,二次值为标称二次值。互感器变比规定为一次对二次之比,习惯上,一次值最接近电网实际值。一次额定值为电网常见的电压和负荷值。二次常用额定值范围是:相电压 70 V[1],电流 1 A 或 5 A。IEC 60044-1[2]标准[12][3]描述和规定了互感器的额定值。

因而,对用于馈线,额定变比为 800:5 的电流互感器,仅当一次电流为 800 A 时,二次电流为标称值 5 A。较低的一次负荷将产生相应较小的二次电流。

三相应用,以线电压而不是相电压表示电压互感器的标准额定值。额定变比为 345 kV:120 V 的电压互感器仅当电网线电压一次值为 345 kV[4]时,二次输出是 120 V 线电压(70 V 相电压[5])。术语“线间”常用与术语“相间”互换,类似术语“线对地”替换“相对地”。

2.4

浮点计数法　floating point notation

实数可以数种方法保存。有限范围的一个实数可以带有小数点的数字串形式输入。对非常大或特别小的数值,数字串长度合理限制将使精度受限。这种情况下,要求允许采用有效数字(尾数)加指数的表示方式存储数字。电子数据表和其他数学程序常使用浮点计数法表示这样的数。COMTRADE 允许使用浮点计数法表示 CFG 文件中常规因子实数。术语“指数计数”或“科学计数”有时用于这种形式,并且这种形式解释有所不同。由于设计专用于读“COMTRADE”文件的程序必须能认识和解释以这种格式表示的数,故须规定一种唯一解释格式。该格式数解释和显示如下:

带符号的浮点数由正负号(可选)、带有小数的十进制数字并紧跟着一个可选指数域构成。指数域含有字符“e”或“E”,其后跟着带符号(“+”或“-”)的整数指数。指数以 10 为底数,如 3E2 意思是:3 乘以 100(10 的平方),即 300。负数和负指数的正确解释要求包含负号,正数或正指数的正号可省略。

格式为:[±]dd[.]dddd[E[±]ddd]

这里:

- 方括号中是可选项;
- d 表示 0~9 之间任何数字;
- 域中至少有一个数字;
- 大写字母“E”表示以 10 为底数的指数;
- 如果有指数符号,则其后至少有一位数字。插入字符加号/减号必须写为“+”或“-”,不能写为±。对正指数,插入符号可选;
- “E”后数值必须是整数;
- 若使用小数点,则小数点左右至少出现一位数字。

示例:

可接受的:

1E2(=100)、1.23E4(=12300)、0.12345E-5(=0.0000012345)、-1.2345E2(=-123.45)

不可接受的:

.123(在小数点之前,必须有一位数字);

123E(字母“E”后至少有一位数字);

±0.123E±4(正/负号使数值不确定);

0.123 E4(字母“E”之前不允许有空)。

---

1)　国内相电压为 57.7 V。

2)　采标注:原文为 ANSI/IEEE,与参考文献 12 不符。

3)　[ ]中数字为参考文献编号。

4)　国内无此电压等级。

5)　见 1)。

2.5

文件分类　categories of files

存储在数字装置和介质中的文件由若干字节组成。这些字节表示字母、数字、符号、标点和其他格式字符的组合。格式的不同，一个字节、字节的一部分或数个字节可能用于表示字母、数字或符号(如，A 或 3 或＋)。用在计算机系统中的文件有三类：可执行文件、文本文件和数据文件。文件用途决定分类。

2.5.1

可执行文件　executable files

含有一系列适合计算机处理的指令的文件。计算机程序以可执行文件(. EXE)形式存储。COMTRADE 不规定可执行文件。

2.5.2

文本文件　text files

文本文件蕴含人可读数据形式。如果文本文件格式严格规定的话，可用于控制计算机程序。COMTRADE 文本文件采用美国字符信息交换标准规定[8]6) 的字符表示方式，这常称之为“ASCII 格式”或“文本格式”，被字处理程序使用。

COMTRADE 定义——严格约束人们解释的自由形式 ASCII 文本文件，即头文件。COMTRADE 也规定了三个格式受到严格控制的文件，它们是配置文件、信息文件和 ASCII 形式数据文件，这些文件人机均可读。

大多数字处理程序可以两种或更多格式保存文本文件。文本格式仅含实际打印字符，包括标点以及标准格式字符，例如，回车/换行。其他格式含有具体所用字处理程序特定的字符。用于 COMTRADE 记录文本文件的文本格式消除了字处理程序特定字符或代码。拟读 COMTRADE 文件的程序仅需处理绝大多数字处理可读或打印的打印字符。

如果字处理程序无以 ASCII 形式保存文本文件的命令，代替的方法是用打印命令打印该文本到磁盘上，创建文件。

2.5.3

数据文件　data files

数据文件可能含有用数字表示的数据、文本数据或两者兼有。数据可以二进制或 ASCII 格式保存。ASCII 格式数据文件中的域，采用由逗号或其他的一些通用的限定符分隔的规定文本，以便人机可读。大多数字处理不能格式化、读写二进制格式数据文件。然而，如果格式已知，大多数电子数据表和数据处理程序能够读二进制数据文件。为使人容易解释，二进制数必须由特定应用软件处理。COMTRADE 规定了一种二进制文件：数据文件的二进制格式。这种二进制格式通常用于存储大量数据，因为这种格式占用较少存储空间(例如，3 字节二进制数可表示 0～16777215 之间任一个数，而 3 字节 ASCII 数据仅能表示 0～999 间任一个数)。ASCII 形式表示的数具有能被人、标准计算机硬软件所解释的优点。

2.6

存取文件中数据方法　methods of accessing data in files

存取文本和数据文件有两种方法：随机存取和顺序存取。

2.6.1

随机存取文件　random access files

随机存取文件中数据可随机顺序存取。每个记录的存取时间与数据位置无关。每一数据域有一用于数据读写的特定地址。COMTRADE 不使用随机存取文件。

6）采标注：原文如此，与参考文献 8 不符。

2.6.2

顺序文件　sequential files

顺序文件通过顺序读写数据域方式进行访问。各个数据域无特定地址,其在文件中的位置与其他变量相关。在文件中,准确的字节计算定位,取决于前面变量的长度。COMTRADE 使用顺序文件。

2.7

数据分隔、限定符、域长度、数据最大最小值　data separators, delimiters, field lengths, data minimum and maximum values

文件中的数据域或数据的子集必须与其他数据域分隔开来,使之可读取或操作。例如,书写一段文字,采用空格作为字间限定符。计算机文件采用多种限定符。COMTRADE 数据文件的二进制形式中,唯一的限定是严格规定每个数据变量的长度和位置。为确定数据条目的边界,必须对文件中数据位置进行字节计数。COMTRADE 定义的 ASCII 文件采用逗号和回车/换行作为数据分隔符,尽管这允许不同长度域,但是,这意味着逗号和回车/换行不能在数据条目中使用。假定不超过允许最大字符数,允许 ASCII 数字域前有空格和若干个零。

2.7.1

回车/换行　carriage return/line feed delimiter

COMTRADE 采用符号〈CR/LF〉表示一行或一组数据末端终结的数据分隔。该限定符由两个 ASCII 格式字符组合而成:

CR=回车。回车使光标或插入点返回到当前行的始端;

LF=换行。换行将光标或插入点移至当前行下新的一行。

在本标准中,CR/LF 两侧的符号"〈"和"〉"用于将 CR/LF 限定符与其附近的文字区分开来,它并不是 CR/LF 限定符的一部分。

现代计算机程序或应用环境中,当"回车"键或"换行"键按下时,自动产生 CR/LF 这两个限定符的组合。

2.7.2

逗号限定符　comma delimiter

逗号用作 COMTRADE 中配置(.CFG)、信息(.INF)、ASCII 格式数据(.DAT)文件中样本数据条目的限定符。

2.7.3

域长度、数据最大最小值　field lengths, data maximum and minimum values

COMTRADE 标准中,为众多字母或数字变量规定了域长度,这一限制便于阅读含有许多变量的多行数据。对于整形数字变量,域长度比所要求在该域中保留的最大值长一个字符。这额外的空字符用于在有符号数前添加"—"号。对无符号数,也可应用简单地编程技术,自动打印出无符号数之前空格。早期 CONTRADE 版本中,数据、时标和采样编号 6～10 个字符域长,保持向前兼容。

3 COMTRADE 文件

每一个 COMTRADE 记录有一套多达四个与之关联的文件。(文件和数据存储背景信息参见 2.5.3),四个文件中每一个文件带有不同类的信息。这四个文件是:头文件、配置文件、数据文件和信息文件。这套文件中每一个文件应具有相同的文件名,仅通过说明不同类型文件的扩展名加以区分。

文件名格式是 xxxxxxxx.yyy。"xxxxxxxx"部分是用于标识记录的名称(例,FAULT1 或 TEST_2),文件名的".yyy"部分用以标识文件的类型,看作为扩展名。".HDR"作为头文件的扩展名,".CFG"作为配置文件的扩展名,".DAT"用于数据文件,".INF"用于信息文件。文件名应遵从 IBM 兼容磁盘操作系统关于文件名中合法字符的惯例(例如,文件名不许有"."和空格),文件名限定为 8 个字符长度,扩展名限定为 3 个字符。

3.1 头文件(XXXXXXXX.HDR)

头文件是可选 ASCII 文本文件,它由 COMTRADE 数据组织者通常使用字处理程序创建。该数据可被使用者打印和阅读。头文件创建可以任何所要的次序包含任何信息。包含的信息示例见 4.1。头文件格式是 ASCII。

3.2 配置文件(XXXXXXXX.CFG)

配置文件是一种 ASCII 文件,拟由计算机读取,从而以特定格式保存。配置文件中含有由计算机程序合理解释数据文件(.DAT)所需的信息。该信息包含的条目有:采样速率、通道数、电网频率,通道信息等。

配置文件的第一行的一个域标识与该文件相一致的 COMTRADE 标准版本的年号,如,1996,2000 等。若无这个域,或该域为空,那么,假定该文件与本标准的原始版本(1991)相一致。配置文件也含有另外一个域,该域用以标识配套数据文件是以 ASCII 格式还是二进制格式存储。配置文件的确切内容和格式详见第 5 章。

配置文件可用字处理程序创建,也可使用计算机程序创建。该计算机程序从暂态记录源数据中获得的信息创建配置文件。若使用字处理程序创建配置文件,则该程序应以 ASCII 格式保存文件。

3.3 数据文件(XXXXXXXX.DAT)

数据文件含有暂态记录中每一采样的每一输入通道的值。采样存储的数是提交给采集输入波形装置值的换算值。数据文件还包含每组采样的顺序号和时标。

存储的数据可以零为基数,也可以零偏。以零为基数的数据跨越负数和正数(如,-2000~+2000)。零偏的数全为正数,选择其中一个正数代表零(如,0~4000,以 2000 代表零)。配置文件中规定的转换因子规定怎样将数值转换为工程单位值。

除代表模拟输入的数据外,也常常记录代表分/合信号的输入,包括数字输入、数字通道、数字子通道、事件输入、逻辑输入、二进制输入、触点输入或状态输入等。本标准中,该类型的输入看作为状态输入。数据文件中,用“1”或“0”表示状态输入的状态。

数据文件可以是 ASCII 格式,也可以是二进制格式。配置文件中的域说明使用哪一种格式。第 6 章详细说明数据文件格式。

3.4 信息文件(XXXXXXXX.INF)

信息文件是一可选文件,它含有文件起草者和使用者期待交换的以及数据集最小应用所要求的额外信息。格式提供任何使用者可读和使用的公共信息,还提供仅供特定类的使用者或制造商存取的专用信息。第 7 章详细说明信息文件。

4 头文件

头文件是一 ASCII 文本文件,存储补充叙述性信息,帮助使用者更好地理解暂态记录条件。头文件不被应用程序所使用。

4.1 内容

可能包含的信息有:

- 扰动前电网描述;
- 厂站名;
- 经历暂态的线路、变压器、电抗器、电容器或断路器的标识;
- 故障线路的长度;
- 正序和零序电阻、感抗和容抗;
- 平行线路间互耦(感);
- 并联电抗和串联电容的位置和额定值;
- 互感器绕组的标称电压等级,尤其是电压和电流互感器;

- 变压器功率额定值和接线组别；
- 记录数据所在节点之后的电网参数(等效电源正序和零序阻抗)；
- 数据获得描述。数据是从变电站得到的，还是利用计算机程序，如，EMTP，仿真电网条件获得的；
- 所用抗混叠滤波器说明；
- 模拟电路说明；
- 输入相序；
- 存储记录的磁盘编号。

4.2 文件名

头文件名应有.HDR扩展名，以便与同一文件集中配置文件、数据文件和信息文件相区别，约定俗成，易于记忆和识别。

4.3 格式

头文件应是长度不限的自由格式ASCII文本文件。

5 配置文件

配置文件是ASCII文本文件，提供给人或计算机程序阅读和解释相关数据文件中数据值所必须的信息。配置文件具有预定义、标准的格式，这样不必为每一个配置文件编制计算机程序。

5.1 内容

配置文件包括下列内容：

a) 厂站名、记录装置标识、COMTRADE标准版本年号；

b) 通道类型和编号；

c) 通道名、单位和变换因子；

d) 电网频率采样率和每一采样率下的采样数；

e) 第一个数据点的日期和时间；

f) 触发点的日期和时间；

g) 数据文件类型；

h) 时标倍率因子。

5.2 文件名

配置文件名具有.CFG扩展名，用以区分同一组文件中头文件、数据文件和信息文件，约定俗成，易于记忆和识别。

5.3 格式

配置文件是标准格式的ASCII文件，每一文件集都应包含此文件，以定义数据文件格式。

配置文件分为数行。每一行用回车/换行结束，逗号被用于分隔一行中各个域。即使某一个域中，没有数据输入，也要求使用数据分隔符逗号。由于逗号、回车和换行用作数据分隔符，它们不再是任何域中的合法字符。例如："Pacific West，Line number two"通道名被解释为两个分开的域。数据分隔符的使用，允许域长度可变，不要求前导和填充的零或空格。然而，一些程序语言为负号保留了一个前导字符位置，编写阅读COMTRADE文件的程序应至少容许域中一个前导空格。

文件中每一行应按5.3.1～5.3.9所示准确的顺序列表。行按照5.5所示准确顺序先后出现。不符合该格式的文件集是无效的。

5.3.1 厂站名、标识和版本年号

配置文件的第一行含有厂站名、记录装置标识和COMTRADE标准版本年号。

station_name，rec_dev_id，rev_year〈CR/LF〉

这里：

station_name:所在变电站名,可选字、字母数字、最小长度=0 个字符,最大长度=64 个字符;

rec_dev_id:记录装置的标识编号或名称、可选字、字母数字、最小长度=0 个字符、最大长度=64 个字符;

rev_year:由标准版本的年号规定的 COMTRADE 标准文件版本,如,2000。必要字、数值、最小长度=4 个字符、最大长度=4 个字符。该域指明文件结构是否不同于原始 C37.111-1991 COMTRADE 标准。域缺省或空,被解释为文件同 COMTRADE 标准的 1991 年版本相一致。

5.3.2 通道编号和类型

本条叙述在数据文件每条记录中出现的通道编号和类型。

TT,##A,##D〈CR/LF〉

这里:

- TT:通道总编号。必要字、数字、整数、最小长度=1 个字符,最大长度=7 个字符,最小值=1,最大值=999999,TT 应等于下面##A 和##D 的和;
- ##A:模拟通道编号,其后跟着标识"A"。必要字、字母数字、最小长度=2 个字符、最大长度=7 个字符、最小值=0A、最大值=999999A;
- ##D:状态通道编号,其后跟着标识"D"。必要字、字母数字、最小长度=2 个字符、最大长度=7 个字符、最小值=0D、最大值=999999D。

5.3.3 模拟通道信息

模拟通道行内容含有模拟通道信息。每一个通道占一行,模拟通道行的总数应等于##A(见 5.3.2)。如果模拟通道计数=0,无模拟通道信息行。模拟通道行信息格式如下:

An,ch_id,ph,ccbm,uu,a,b,skew,min,max,primary,secondary,PS〈CR/LF〉

这里:

An:模拟通道索引编号、必要字、数字、整数、最小长度=1 个字符、最大长度=6 个字符、最小值=1、最大值=999999。不要求前导零或空格。顺序计数从 1 到模拟通道的总数,不必考虑记录装置通道的数目。

ch_id:通道标识。可选字、字母数字、最小长度=0 字符、最大长度=64 字符。

ph:通道相别标识。可选字、字母数字、最小长度=0 字符、最大长度=2 字符。

ccbm:被监视的电路元件。可选字、字母数字、最小长度=0 字符、最大长度=64 字符。

uu:通道单位(例如,kV、kA)。必要字、字母、最小长度=1 字符、最大长度=32 字符。如果存在物理量标准名称,物理量的单位应使用标准名称或 IEEE/ANSI 或 IEC 标准[5,6]中规定的名称或缩写。数字倍率不应包括在内,可采用标准的倍率,如,k(千)、m(千分之一)、M(百万)。

a:通道增益系数。必要字、实数、数字、最小长度=1 字符、最大长度=32 字符。可使用标准浮点标记法[4]。

b:通道偏移因子。必要字、实数、数字、最小长度=1 字符、最大长度=32 字符。可使用标准浮点标记法[4]。

通道转换因子是 ax+b。数据文件(.DAT)中"x"的存储数据值对应于采用上述规定单位(uu)的 ax+b 采样值。按数学分析规则,采样数据"x"乘以增益系数"a",加上偏移因子"b"。通过转换因子对数据值处理还原为原始采样值。示例参见附录 E。

skew:从采样时段起始的通道时间时滞(单位:μs)。可选字、实数、数字、最小长度=1 字符、最大长度 32 字符。可能使用标准浮点计数法[4]。

这个域提供在记录的采样时段内,各个通道的采样间时间差信息。如,在一个具有一个 A/D 转换器和 8 个通道的装置中,没有同步采样,保持以 1 ms 的采样率运行。第一次采样在时标 timestamp 表示的时间开始,在采样时段内,相邻通道的采样时间相互依次滞后 125 μs。这种情况下,相继通道的采样时滞为:0 μs、125 μs、250 μs、375 μs 等。

min:该通道数值范围中的最小值(可能数值范围内的下限)。必要字、整数、数字、最小长度=1个字符、最大长度=6个字符、最小值=-99999、最大值=99999(在二进制数据文件中,数值范围限制在-32767~+32767之间)。

max:该通道数值范围中的最大值(可能数值范围内的上限)。必要字、整数、数字、最小长度=1个字符、最大长度=6个字符、最小值=-99999、最大值=99999(在二进制数据文件中,数值范围限制在-32767~+32767之间)。

primary:通道电压或电流互感器变比一次因子。必要字、实数、数字、最小长度=1个字符、最大长度=32字符。

secondary:通道电压或电流互感器变比二次因子。必要字、实数、数字、最小长度=1个字符、最大长度=32字符。

PS:说明通道转换因子方程ax+b得到的值还原为一次(P)还是二次(S)值的标识。必要字、字母、数字、最小长度=1个字符、最大长度=1字符。有效字符仅为:p、P、s、S。

数据文件中数据、通道转换因子和通道单位可引用一次侧或二次侧单位,所以,对于一个互感器345kV转换为120V,单位为kV的通道,一次因子为345,二次因子为0.12(345,0.12)。提供一次或二次变量(PS),作为在要求一、二次值的应用中计算等效一、二次值的手段,输出一个替代值。如果数据起源于没有一次对二次关系的环境,例如,模拟电网仿真,一次和二次变比应设为1∶1。利用方程ax+b确定一次(P)或二次(S)值,使用者可确定分析或回放所要求的值。

表1 ax+b方程提供

要求的值	一次	二次
一次	使用值	乘以一次值,被二次值除
二次	被一次值除,乘以二次值	使用值

5.3.4 状态(数字)通道信息

状态通道行包括有状态通道信息。每个状态有一行,状态通道行总数应等于##D(见5.3.2)。如果状态通道计数=0,没有状态通道信息行。使用下列格式:

Dn,ch_id,ph,ccbm,y〈CR/LF〉

这里:

Dn:状态通道索引编号。必要字、整数、数字、最小长度=1个字符、最大长度=6个字符、最小值=1、最大值=999999。不要求前导零或空格。顺序计数范围从1到状态通道(##D)总数,不必考虑记录装置通道编号。

ch_id:通道名。可选字、字母数字、最小长度=0个字符、最大长度=64个字符。

ph:通道相别标识。可选字、字母数字、最小长度=0个字符、最大长度=2个字符。

ccbm:被监视电路元件。可选字、字母数字、最小长度=0个字符、最大长度=64个字符。

y:状态通道正常状态(仅应用于状态通道),即一次设备处于稳定运行时的输入状态。必要字、整数、数字、最小长度=1个字符、最大长度=1个字符。有效值仅为0或1。

状态通道的正常状态没有携带有关状态输入的实际表示信息,仅仅表示是无源触点(分或合)或是电压(带电或不带电)。其目的是规定"1"代表正常还是异常状态。

5.3.5 通道频率

通道频率在文件中单独列一行:

lf〈CR/LF〉

这里:

lf:标称通道频率,单位:Hz(如,50、60、33.333)。可选字、实数、数字、最小长度=0个字符、最大长度=32个字符。可采用标准浮点标记[4]。

5.3.6 采样速率信息

本条含有采样速率信息和给定速率下数据采样数。

对于具有一个或多个预定义采样速率的文件，采样速率信息包含采样速率总数行、各采样速率及该采样速率下最终采样数行。在数据文件中，对于每一采样速率，有一行采样速率和最终采样数信息。

对具有连续可变采样时段的文件，如，事件触发文件，采样速率信息由两行组成：一行带有零标识，没有固定采样时段或速率；另一行含有一零标识，采样时段不固定以及数据文件中最终采样数。

注：如果nrates 和samp 为零，数据文件中timestamp 则为必要字，endsamp 应设为文件中最终采样数。

nrates 〈CR/LF〉

samp，endsamp 〈CR/LF〉

这里：

nrates：数据文件中采样速率数。必要字、整数、数字、最小长度=1 个字符、最大长度=3 个字符、最小值=0、最大值=999。

samp：采样速率，单位：赫兹。必要字、实数、数字、最小长度=1 个字符、最大长度=32 个字符。可使用标准浮点标记法[4]。

endsamp：在采样速率下，最终采样数。必要字、整数、数字、最小长度=1 个字符、最大长度=10 个字符、最小值=0、最大值=9999999999。

5.3.7 日期/时标

配置文件中有两种日期/时标。第一个是数据文件中第一个数值的时间，第二个触发点的时间。这两个标记以下列格式显示：

dd/mm/yyyy，hh：mm：ss. ssssss 〈CR/LF〉

dd/mm/yyyy，hh：mm：ss. ssssss 〈CR/LF〉

这里：

dd：一个月中的一天。可选字、整数、数字、最小长度=1 个字符、最大长度=2 个字符、最小值=1、最大值=31。

mm：月。可选字、整数、数字、最小长度=1 个字符、最大长度=2 个字符、最小值=1、最大值=12。

yyyy：年。可选字、整数、数字、最小长度=4 个字符、最大长度=4 个字符、最小值=1900、最大值=9999。年的四个字符一个不能少。

变量 dd、mm、yyyy 组成一组变量，作为一个域。数目之间用"/"字符分开，不插入空格字符。

hh：小时。可选字、整数、数字、最小长度=2 个字符、最大长度=2 个字符、最小值=00、最大值=23。所有时间以 24 小时格式显示。

mm：分钟。可选字、整数、数字、最小长度=2 个字符、最大长度=2 个字符、最小值=00、最大值=59。

ss. ssssss：秒。可选字、十进制数、分辨率=1ms、最小长度=9 个字符、最大长度=9 个字符、最小值=00. 000000、最大值=59. 999999。

按要求，日期和时间的值前加零和填写零。若无时间和日期时标数据，使用域分隔符"/〈CR/LF〉"，中间无插入字符，或者，准确格式化的域可能是填写零代替数值。

5.3.8 数据文件类型

采用下列格式的文件类型标识，标识数据文件类型为 ASCII 文件，或是二进制文件。

ft 〈CR/LF〉

这里：

ft：文件类型。必要字、字母、大小写无关、最小长度=5 个字符、最大长度=6 个字符。文本仅允许=ASCII 或 ascii，BINARY 或 binary。

5.3.9 时标倍率因子

该域用作数据文件中时标(timestamp)域倍率因子,容许以 COMTRADE 格式存放长持续时间记录。时标以微秒为基本单位。从数据文件中第一个数据采样到该数据文件中任一个时标的该数据采样所经过的时间等于该数据采样时标乘以配置文件中时标倍率因子(timestamp * timemult)。

Timemult〈CR/LF〉

这里:

Timemult:数据文件中时间差域的倍率因子。必要字、实数、数字、最小长度=1 个字符、最大长度=32 个字符。可使用标准浮点标记法[4]。

5.4 配置文件缺失数据

配置文件格式给出了某些数据可能无法得到的事实。由于,缺少必要数据使得文件集成为无效,故规定某些数据是可选数据、某些是必要数据。配置文件中必要数据缺少致使文件集无效,看作与标准不符。配置文件中可选数据的缺失仍符合标准,文件集仍可用。数据缺失时,数据分隔符彼此跟着,中间无插入字符,除非本章中另外规定。编写读 COMTRADE 文件的程序应允许数据分隔符彼此跟着,中间无插入字符(空域)。

5.5 配置文件布置

station_name,recdev_id,rev_year〈CR/LF〉
TT,##A,##D〈CR/LF〉
An,ch_id,ph,ccbm,uu,a,b,skew,min,max,primary,secondary,PS〈CR/LF〉
An,ch_id,ph,ccbm,uu,a,b,skew,min,max,primary,secondary,PS〈CR/LF〉
An,ch_id,ph,ccbm,uu,a,b,skew,min,max,primary,secondary,PS〈CR/LF〉
An,ch_id,ph,ccbm,uu,a,b,skew,min,max,primary,secondary,PS〈CR/LF〉
Dn,ch_id,ph,ccbm,y〈CR/LF〉
Dn,ch_id,ph,ccbm,y〈CR/LF〉
lf〈CR/LF〉
nrates〈CR/LF〉
samp,endsamp〈CR/LF〉
samp,endsamp〈CR/LF〉
dd/mm/yyyy,hh:mm:ss.ssssss〈CR/LF〉
dd/mm/yyyy,hh:mm:ss.ssssss〈CR/LF〉
ft〈CR/LF〉
timemult〈CR/LF〉

6 数据文件

数据文件包含着被采样暂态事件按比例表示的数据值。数据应完全符合配置文件所定义的格式,使计算机程序能够阅读。配置文件中所定义的数据文件类型(ft)域规定了数据文件类型,对于二进制数据文件集,ft=二进制;对于 ASCII 数据文件集,ft=ASCII。

6.1 内容

对于数据文件中的每个采样,数据文件包含着每个通道的采样编号,时标和数据值。数据文件中所有数据都为整数格式。在 ASCII 数据文件中,用逗号将一个采样中各个通道的数据隔开。这通常称作“逗号限定符格式”。连续多个采样,在前一采样的最后一个通道数据值与下一个采样的采样编号之间使用〈CR/LF〉隔开。在 BINARY 文件中,在一个采样的每个通道数据之间或在连续采样周期间隔之间没有分隔符。数据文件中不包含其他信息。

6.2 数据文件名

数据文件名具有“.DAT”扩展名，区分同一文件集中的头文件、配置文件和信息文件，并约定俗成，易于记忆和识别。为关联头文件、配置文件、数据文件和信息文件，这些文件采用相同名称。

对于一个文件集所要求的总存储空间超过1.44M字节（可以保存在一张双密度3.5"软盘的数据量）事件，数据文件可以被分为多个文件，每个文件的长度小于1.44M字节，以便保存在软盘上。此时，.DAT扩展名的最后两个字符应由“AT”改为文件的顺序号，维持文件扩展名的长度仍为三个字符。这样，文件顺序号可以从.D00编至.D99，最多允许分为100个数据文件。

6.3 ASCII数据文件格式

ASCII数据文件分为行和列。数据行的数量根据记录的长度而变化，影响文件的长度。每一行分为TT+2列，其中TT是记录中模拟通道和状态通道的总数，另外两个是记录中采样编号和时标。列的数量取决于记录系统，也影响文件的长度。为ASCII数据文件所规定的域长是最大值，而不是固定长度。包括符号的所有数字字符总长不应超过域长限值。

第一列是采样编号。第二列是采样编号的数据时标。第三大列是代表模拟信息的数据。第四大列是状态通道的数据。

如果包含数值的所有列不能在同一行上列出，不用“回车/换行”分隔，保持连续，直至该采样的所有数值均被显示。最后一个数值应以“回车/换行”终止。

下一行以新的采样编号开始，紧跟着该采样的数据集。

ASCII数据文件的最后一个数据行〈CR/LF〉之后，应紧跟着ASCII文件结束(EOF)标志(16进制数“1A”)。

每个数据采样记录应包含着排列如下的整数：

n，timestamp，A1，A2，……Ak，D1，D2，……Dm〈CR/LF〉

其中：

n— 采样编号，必要，整数，数字，最小长度=1字符，最大长度=10字符，最小值=1，最大值=9999999999。

timestamp— 时标。如果.CFG文件中的nrates和samp变量为非零，则为可选，如果.CFG文件中的nrates和samp变量为零则为必要，整数、数字，最小长度=1字符，最大长度=10字符，时间的基本单位是微秒(μs)。数据文件中第一个数据采样至任意一个时标域标志的采样所经过的时间是配置文件中的时标与时间倍率因子(timestamp * timemult)的积，单位为微秒。

注：当nrates变量和samp变量还有times tamp变量都可用时，由于timestamp变量为整数，故，精确定时，更愿意使用nrntes变量和nsamp变量。

A_1 … A_k 模拟通道数据值。用逗号分隔，显示所有模拟通道的数据。非必需，整数，数字，最小长度=1字符，最大长度=6字符，最小值=-99999，最大值=99998。应将缺失模拟值的域赋值99999代表丢失的模拟值。

D_1 … D_m 状态通道数据值。用逗号分隔，显示所有状态通道的数据。非必需，整数，数字，最小长度=1字符，最大长度=1字符，有效值仅为0或1。对标识丢失的状态数据未作规定，在此情况下，该域应设为“1”或“0”。采样中的最后一个数据值应以“回车/换行”(〈CR/LF〉)终止。

6.4 ASCII数据采样示例

图1给出本标准所规定的数据采样的示例。它有6个模拟值和6个状态值，取自附录C。

5,667,-760,1274,72,61,-140,-502,0,0,0,0,1,1〈CR/LF〉

图1 ASCII格式数据采样示例

6.5 二进制数据文件

二进制数据文件采用与ASCII数据文件相同的基本结构，但状态通道数据按下述方法压缩。其格式是采样编号、时标、每个模拟通道的数据值、文件中每个采样的分组状态通道数据。不使用数据分隔符，二进制采样记录中的数据不用逗号隔开，采样记录的末尾不使用“回车”和“换行”符标注。二进制数据文件是二进制数据的连续流。数据解释由文件中的顺序位置来确定。如果数据元素缺失或被破坏，变量的序列也被破坏，文件可能无法使用。在此情况下，对恢复未做规定。

数据用二进制格式存储，但是方便起见，其值用十六进制形式来表示。数据不按十六进制数字的ASCII表示法存储。当存储一个二字节(16 位)的字时，该字的低字节(LSB)先存储，然后是高字节(MSB)。二字节数据值“1234”将以“3412”格式存储。在存储一个四字节(32 位)的字时，该字的最低字节(LSB)先被存储，其次是次低字节，然后是次高字节，最后是最高字节(MSB)。四字节数据值“12345678”将被以“78563412”格式存储。一个字节内的位的编号为 0(最低位)至 7(最高位)。

二进制数据文件中数据的顺序为：

——采样编号和时标。每一个以 4 字节、无符号的二进制数格式存储；

——模拟通道采样数据。每个数据以 2 字节、二进制补码格式存储。数据 0 存储为十六进制 0000，－1 存为 FFFF，最大正值存为 7FFF，最大负值存为 8001，十六进制 8000 保留用于表示缺失数据；

——状态通道采样数据。每 16 个状态通道分为两字节一组存储，字的最低位对应该组 16 个状态通道中最小编号通道。这样，第 1 个状态字(S1)的位 0 是数字输入编号 1 的状态。而第 2 个状态字(S2)的位 1 是数字输入编号 18 的状态。缺失状态数据的标志未做规定，但是，为保持字的完整性，一个置为 1 或 0 的位(替代缺失状态数据的位)必须包括在内。

文件的长度将随着文件中通道和采样数量而变化。文件中每个采样所要求的字节数量为：(Ak * 2)＋(2 * INT(Sm/16))＋4＋4。其中：Ak 是模拟通道数，Sm＝状态通道数，INT(Sm/16)为状态通道数量除以 16 后，按进“1”法取整，4＋4 代表采样编号和时标的各 4 个字节。

每个数据采样记录应由如下排列的整数组成：

n timestamp A1 A2……Ak S1 S2……Sm

其中：

n— 采样编号，必要，整数，数字，最小长度＝4 字节，最大长度＝4 字节，最小值＝00000001，最大值＝FFFFFFFF。

timestamp— 时标，如果.CFG 配置文件中的 nrates 和 samp 变量非零时，可选；如果.CFG 配置文件中的 nrates 和 samp 变量为零时，必要。最小长度＝4 字节，最大长度＝4 字节，最小值＝00000000，最大值＝FFFFFFFE。缺失时标值应将值 FFFFFFFF 置放于该域代替，以维持文件结构的完整性。时间的基本单位是微秒(μs)。从数据文件中第一个数据采样到由时标域所标志的采样所经过的时间是时标和配置文件中时间倍率因子(timestamp * timemult)的积，单位是微秒(μs)。

A_1 . . . A_k 模拟通道数据值，以 2 字节为单位连续显示，直至所有模拟通道的数据显示完毕。非必需，整数，二进制补码格式，最小长度＝2 字节，最大长度＝2 字节，最小值＝8001，最大值＝7FFF。缺失模拟数值应以该域赋值 8000 来表示。

S_1 . . . . S_m 状态通道数据值，以每 16 通道 2 字节(16 位)为单位，即 16 个状态通道为一组连续显示，直至显示所有状态通道的数据。非必需，无符号二进制整数格式，最小长度＝2 字节，最大长度＝2 字节，最小值＝0000，最大值＝FFFF。
对缺失状态数据的标记未做规定，在此情况下，该位可以设为 1 或 0。但是，为了保持字和文件的完整性，该位应置为 0 或 1 后存储。

如果状态通道数不可被 16 整除，超出状态通道数编号的通道位应置为 0。

例如:第 6.4 中 ASCII 数据文件所示的一组 6 个状态输入(0,0,0,0,1,1)

- 将这 6 个状态输入写为二进制数 110000。在 ASCII 数据文件中,诸通道的排列以低位为先。
- 然后将该数扩为 16 位(0000 0000 0011 0000)。
- 将其转换为 16 进制值(00 30)。
- 该数据以 LSB/MSB 格式存储(30 00)。

6.6 二进制数据采样示例

图 2 所示为本标准所规定的数据采样示例。它有 6 个模拟值和 6 个状态值。它是二进制的,等效于图 1 所示的 ASCII 采样文件。

05 00 00 00 9B 02 00 00 08 FD FA 04 48 00 3D 00 74 FF 0A FE 30 00

图 2 二进制格式数据采样示例

7 信息文件

信息文件(.INF)是可选文件。.INF 文件用于 COMTRADE 记录中关于事件记录的信息交换,增强这些数据的处理和分析。该可选信息存储于单独文件中,可在当前和未来使用 COMTRADE 文件的程序间保持前后兼容。从信息文件阅读数据的任何程序应能识别公用部分头,条目或在此定义的其他数据,并对该数据做出响应。不能识别某些数据的程序不得以任何方式改变那些数据。

文件格式与 Windows™“.INI”[16] 文件格式类似。当前大多数编程语言包括读写这些文件的功能,许多程序员和用户都熟悉这些文件的结构。

信息文件中的区的某些内容复制存储于.CFG 配置文件中的信息,配置“.CFG”和数据“.DAT”文件是主要 COMTRADE 文件,这两个文件中任一个定义的变量的数据必须存储于相应的文件中,即使已复制于.INF 信息文件中。

7.1 内容

信息文件是一个具有计算机可读规定格式的 ASCII 文本文件。文件包含着普通用户可读的信息,以及针对特定用户,普通用户可能不可读的信息。这两类信息按公用和专用分类,分别放于文件的不同区中。当一个合适的公用区被定义后,存放于信息文件中的数据应存于该公用区。如果一个合适的预定义的公用区不可用,可使用专用区。条目应与下面定义的格式完全相符,这样数据才可被计算机程序读取。

7.2 信息文件名称

信息文件名带有“.INF”扩展名,以区别于同组的头文件、配置文件和数据文件,约定俗成,易于记忆和识别。文件名本身应与其关联的头文件、配置文件和数据文件名相同。

7.3 信息文件结构

信息文件分为数个区,每区由一个头行和紧随其后的数个条目行组成。区的数目不限,但每个文件至少应有一区。数据不能在区外。每一个区由唯一区头行标识,文件中所有数据属于其上方最近的区头。

通常,信息文件结构如下:

公用记录信息区头(与整个记录有关的信息)

　　为公用定义的记录信息条目行

公用事件信息区头(与记录中特定通道和采样有关的信息)

　　为公用定义的事件信息条目行

公用文件描述区头(等同于与整个记录有关的.CFG 文件信息)

　　为公用定义的文件描述条目行

公用模拟通道 #1 区头(等同于与记录中第一个模拟通道有关的.CFG 文件信息)

　　为公用定义的模拟通道条目行

公用模拟通道＃n区头(与记录中＃n模拟通道有关的信息，记录中每一模拟通道有一新区，直至全部模拟通道)

为公用定义的模拟通道条目行

公用状态通道＃1区头(与记录中第一个状态通道有关的信息)

为公用定义的状态通道条目行

公用状态通道＃n区头(与记录中＃n状态通道有关的信息，记录中每一状态通道有一新区，直至全部状态通道)

为公用定义的状态通道条目行

专用信息头

为专用定义的记录信息条目行

专用信息头

为专用定义的记录信息条目行

7.3.1 公用区

公用区包含有信息。该信息形式可供多个厂家制造的设备和/或编制的软件所使用。本标准定义了具体的公用区条目行。本标准的修订版本将更新公用区变量，并包含当时使用的已公开配置的专用区条目。

7.3.2 专用区

专用区包含制造厂商特定的信息，该信息仅同特定销售商的软件或硬件在一起使用，或者具有对该制造厂商唯一的格式。每个制造商允许有多个专用区，一个信息文件可以包含多个制造商的专用区。预计制造商将为特定目的创建专用区。如果两个或更多制造商使用相似的专用区，可对专用区的公用格式进行认可，在将来本标准修订版本中作为公用区使用。

7.4 文件特征

信息文件应使用2.1.2所定义的ASCII格式，并具有下列附加限制：

- 任何行不允许有前导空格。
- 文件不应包括用户附加文件终止(EOF)标志，比如“1A”HEX。
- 文件长度不应超过64K。

7.5 区头

7.5.1 公用和专用区的头名称格式化规则

区名称由方括弧限定。区名称独占一行，任何数据不得与区名称同处一行。该行以〈CR/LF〉终止。区名应以字母开头，数字和符号不得作为区名称的第一个字符。区名称必须以“Public”一词开始，或者对于专用区，则以明确表示该区所属的组织的一个词开始，随后是一个空格，然后是任意数量标志该区的词。在公司所有者或组织名称或商标中包含多个词时，应删去词之间的空格，将各个词级联起来。

第一区头后的区头应以一个空行与前一行区头或条目行分隔。

对于一个具有有限的计算机知识的电力系统工程师来说，公用区头名称应意思清楚。

7.5.2 公用区头命名举例

示例(可接受的)：

[Public File_Description]〈CR/LF〉

示例(不可接受的)：

[Public Datasource]〈CR/LF〉(前导空格)

[Datasource Public]〈CR/LF〉(必须以Public一词开始)

7.5.3 专用区头命名举例：

示例(可接受的)：

[Company1 Input_Ranges]〈CR/LF〉

[Company2 IsolatorType]〈CR/LF〉

示例(不可接受的):

[Company Name Input Ranges]〈CR/LF〉(拥有者识别符内不得有空格)

[12]〈CR/LF〉(以数字开始)

{Bad Section}〈CR/LF〉(错误的括弧格式)

[Bad Section〈CR/LF〉(缺少括弧)

[Bad Section] Extra Data=Not Allowed〈CR/LF〉(括弧结束后同一行内有多余的文字或条目)

7.6 条目行

条目行应以一个有3-32个字符的词开始,随后是一个等号标记(=)。第一个词是“条目名”。条目名是对随后数值串的功能描述,这与许多编程语言中变量和常量的命名类似。当与区名一起阅读时,条目名应意义清楚。条目名不需完整描述,可以包含ASCII值为32至127十进制数之间的任何可打印字符。行以〈CR/LF〉终止。

示例(可接受的):

[Public File_Description]〈CR/LF〉

Recording_Device_ID=Unit 123〈CR/LF〉

[Company2 Calibration]〈CR/LF〉

Ch1=2044.5,—7,1〈CR/LF〉

Ch2=2046.2,5.3,1〈CR/LF〉

Ch3=2042.0,—0.4,—1〈CR/LF〉

示例(不可接受的):

[Company3 Calibration]〈CR/LF〉

cl33421thvlst=2044.5,—7,1,2046.2,5.3,1,2042.0,—0.4,—1〈CR/LF〉(条目名无意义)

Ch 1=2044.5,—7,1〈CR/LF〉(多余的空格)

[Company3 Device Type]〈CR/LF〉(前一部分最后条目之间无空格)

7.6.1 注释行

以有分号(;)开始的条目行看作注释行,用作注释或注释某些条目。注释行将被文件阅读算法跳过。注释行可由用户或程序创建。注释行不应引用大量文档或过度解释,这将增加文件长度、阅读时间、使读者难以弄清文件结构。

如果对区头注释,对该部分的所有条目行也应注释。如果区头被注释而同一部分的条目行未被注释,将会使该部分未被注释的条目行归入上一部分区头。

示例(可接受的):

[Company2 Calibration]〈CR/LF〉

;Seqnence is gain,offset,polarity〈CR/LF〉

Ch1=2044.5,—7,1〈CR/LF〉

Ch2=2046.2,5.3,1〈CR/LF〉

;Channel2 replaced 7/16/95〈CR/LF〉

Ch3=2042.0,—0.4,—1〈CR/LF〉

示例(不可接受的):

;[Company3 Calibration]〈CR/LF〉(区头注释,留下孤单数据)

Ch 1=2044.5,—7,1〈CR/LF〉(多余的空格)

;This recorder uses 8-bit data and has 64 channels, test points on the card are high impedance and not galvanically isolated.〈CR/LF〉(过度和错误放置的文件)

7.6.2 值串

值串定义为条目行从等号至行结束依次排列的所有字符。值串可以包括一个数据项或多个数据项。多个数据项可用逗号隔开。数字值应紧接在等号或逗号限定符后,而不带前导空格。等号或逗号限定符后的包含着一个空格的文字串应认为该空格是该值的一部分。对于公用区,此信息在本标准中已有规定。对于专用区,每条目行的数据类型、格式和项目数量由用户定义。

7.7 增加、修改和删除信息

因为几个程序都可以独立地读写或修改.INF信息文件,故需要有管理删除和增加信息的规则,以减少程序运行导致潜在的破坏,而无需人的介入。通过用户条目域慎重的介入,能增加或删除任何区的信息,但是,这可能会使信息文件变得不适于预定应用。

7.7.1 删除信息

一个程序不应删除不是该程序创建的专用区,也不应修改或删除这些区的条目。一个程序不应删除公用区或公用区中的条目,但公用区的条目可被修改,也可增加。

7.7.2 增加信息

任何程序可以增加公用区条目。一个程序不应对不是它创建的专用区增加条目。格式上对公用和专用区数不限,对任一区中条目数也不限。

7.8 公用区头和条目行定义

本标准规定了某些公用区头和条目行。如果一个为公用定义的区头包括在内,该区的所有被定义的条目行应按列表顺序包括在内。等号"="后紧跟着行结束符号〈CR/LF〉的条目行应解释为空串(无字符)或零数值。如果没有合适的公用格式可用,可以创建新的、补充的专用区定义,限于原制造厂商或用户使用。本标准的未来修订本将在修改时增添那些普遍接受使用的区。

7.9 公用记录信息区

公用数据区定义了一个文本串,用来描述软件。该软件写文件、COMTRADE事件,指明包括在信息文件内的公用事件信息区的数量。

[Public Record_Information]〈CR/LF〉(区头,必须包括括弧)

Source=Value〈CR/LF〉

Record Information=Value〈CR/LF〉

Location=Value〈CR/LF〉

max_current=Value〈CR/LF〉(条目行)

min_current=Value〈CR/LF〉

max_voltage= Value〈CR/LF〉(条目行)

min_voltage= Value〈CR/LF〉

EventNoteCount= Value〈CR/LF〉

7.9.1 区头定义

下列文本串为公用定义为应用于整个文件参数的区头:

[Public Record_Information]〈CR/LF〉

7.9.2 公用记录信息条目行定义

下列条目行和条目值变量为公用定义为:

Source=Value〈CR/LF〉

一个可选条目行提供一个位置,留给描述写该记录软件的机读文本。值是一个可打印的ASCII字符和空格构成的字符数字串,多个条目用逗号分开。串包含程序名称和版本号。

Record Information=Value 1,Value 2,Value 3,…〈CR/LF〉

一个可选条目行提供一个位置,留给描述事件的机读文本。值是一个可打印的ASCII字符和空格构成的字符数字串,多个条目用逗号分开,对其条目值有如下公用定义:

Value1：故障，未知，误操作，合闸，跳闸，重合，系统振荡，仿真。

Value2：AG(A 相)，BG(B 相)，CG(C 相)[7]，ABCG，AB(线)，BC(线)，CA(线)，ABC，或任何类似的系列相标识符，例如，12N，RS 等等。

Value3：不属于上述条目的变量，有助于描述事件的任意文本串。

Value4：唯一的装置或装置类型标识的任意文本串。例如，输电线、变压器。

Location= Value1，Value2〈CR/LF〉

一个可选的条目，提供有关输电线上故障定位信息，如果能有此信息的话。下列条目公用定义为：

Value1：实数。一个以下列参数表示的故障距离。

Value2：英里，千米，线路百分比，整定值百分比，欧姆。

max_current=Value〈CR/LF〉

min_cnrrent=Value〈CR/LF〉

max_voltage=Value〈CR/LF〉

min_voltage=Value〈CR/LF〉

作为一个整体，可选条目行用于该记录记录的电压、电流最大和最小值。

记录的值是一次值还是二次值，采用.CFG 配置文件所指定的单位，由通道定义中的 P/S 变量加以规定。这些值不同于.CFG 配置文件中的最小和最大变量，它们表示最大的可能范围或物理限值。值是经相应通道标度系数 ax+b 转换后，详见第 5.3.3，对应数据文件中最大值(max_vale)或最小值(min_vale)的实数。

EventNoteCount=Value〈CR/LF〉

仅当包括事件信息区时，才要求在.INF 信息文件中有一公用事件信息区数的条目行。

该值是一个等于信息文件中总的公用事件信息数的整数值。如果此数为零或 EventNoteCount 条目行不存在，可认为没有公用事件信息区待读。

7.10 公用事件信息定义

此公用数据区定义了与 COMTRADE 记录中特定事件、采样、通道有关的说明。这允许记录的特定部分有数据和附加描述性文本，并在以后读取。

7.10.1 区头定义

[Public Event_Inforation_#n]〈CR/LF〉

区头是"Public Event-Inforation-#n"与信息编号"n"一起构成的串(信息编号之前不允许插入空格字符)。信息编号是正整数，从 1 开始，连续，最大为[Public Record Inforation]区中 EventNoteCount 的值。

7.10.2 公用事件信息条目行定义

Channel_number= Value〈CR/LF〉

max_value =Value〈CR/LF〉

min_value =Value〈CR/LF〉

max_sample_ number =Value〈CR/LF〉

min_sample_ number =Value〈CR/LF〉

Sample_ number_Text# =Value1，Value2〈CR/LF〉

Sample_ number_Text# =Value1，Value2〈CR/LF〉

数据定义：

在串"Sample_number "出现下列任意条目处，Value 或 Value1 是信息所属 COMTRADE 记录的采样编号。Sampl_number 是 ASCII 格式整数，存储在 ASCII 数据文件中。二进制文件采样编号在匹

7) 译者注：原文为"CB"，有误。

配前应转换为 ASCII 格式整数。

Channel_number ：

信息所属 COMTRADE 记录通道编号的条目行。

max_value 和 min_value：

为信息所属通道记录的电压、电流最小值和最大值的条目行。所记录数值是一次值还是二次值，由通道定义中的 P/S 变量所规定，单位采用. CFG 配置文件所规定的单位。它们不同于. CFG 配置文件中的min 和max 变量。min 和max 变量表示最大的可能的范围或物理限值。

该数值表示经相应通道标度 ax+b 转换后，数据文件中最大值一次值的实数。

max_sample_ number 和 min_sample_ number ：

出现最小或最大记录值的采样编号的条目行。

Sample_ number_Text# =Value1，Value2：

关于事件文本说明的条目行。#是文本条目数量的顺序计数，从 1 开始，至 99 止(2 个字符)；Value1 是上述采样编号；Value2 是可打印 ASCII 字符和空格构成的字母数字串。回车和换行是终止符，不允许出现在串中。

7.11 公用文件描述区

此公用数据区定义整体上描述记录的信息，等同于存储在. CFG 配置文件中的数据。. CFG 文件必不可少。在任何情况下都应提供包含相应信息的. CFG 配置文件，即便配置信息复制在可选的. INF 信息文件中。这些可选的数据复制使得. INF 信息文件的使用者可存取. CFG 配置文件中的数据而无需打开配置文件。

7.11.1 区头定义：

[Public File_Description]

区头是串"Public File_Description"(不允许中间插入空格符)。每个记录只允许有一个 Public File_Description 区。条目行复制. CFG 文件中整体定义该记录的条目行，通道具体定义包含在不同区中。如果此区被使用，该区应有等同于. CFG 配置文件中每行的条目行，除模拟通道和状态通道定义行外，"Value"条目应遵循第 5 章规定的等值数据规则。

7.11.2 公用文件描述条目行定义

Station_Name= Value〈CR/LF〉

Recording_Device_ID= Value〈CR/LF〉

Revision_Year= Value〈CR/LF〉

Total_Channel_Count= Value〈CR/LF〉

Analog_Channel_Count= Value〈CR/LF〉

Status_Channel_Count= Value〈CR/LF〉

Line_Frequency= Value〈CR/LF〉

Sample_Rate_Count= Value〈CR/LF〉

Sample_Rate_#1= Value〈CR/LF〉

End_Sample_Rate_#1= Value〈CR/LF〉

•

•

•

Sample_Rate_#n= Value〈CR/LF〉

End_Sample_Rate_#n= Value〈CR/LF〉

File_Start_Time= Value〈CR/LF〉

Trigger_Time= Value〈CR/LF〉

File_Type= Value〈CR/LF〉

Time_Multiplier= Value〈CR/LF〉

7.12 公用模拟通道区

此公用区定义了记录的模拟通道的条目变量，提供了等同于存储在.CFG配置文件中的信息。.CFG文件必不可少。在任何情况下都应提供包含相应信息的.CFG配置文件，即使此信息复制于可选的.INF文件中。这些可选的数据复制允许使用.INF信息文件的使用者存取.CFG配置文件中的数据而无需打开.CFG配置文件。

7.12.1 区头定义

[Public Analog_Channel_#n]

区头是串“Public Analog_Channel_#n”(不允许中间插入空格符)，其中“n”从1至记录的模拟通道总数。记录的每个模拟通道需要一个公用通道描述区。区内条目行复制.CFG配置文件中处理各个模拟通道的各行信息。如果此区被使用，.CFG配置文件中模拟通道行的每一个变量应在该区中有一条目行。“Value”的条目应遵守第5章规定的等同变量规则。

7.12.2 公用模拟通道条目行定义

Channel_ ID= Value〈CR/LF〉

Phase_ID= Value〈CR/LF〉

Monitored_Component= Value〈CR/LF〉

Channel_Units= Value〈CR/LF〉

Channel_Multiplier= Value〈CR/LF〉

Channel_Offset= Value〈CR/LF〉

Channel_Skew= Value〈CR/LF〉

Range_Minimum_Limit_Value= Value〈CR/LF〉

Range_Maximum_Limit_Value= Value〈CR/LF〉

Channel_Ratio_Primary= Value〈CR/LF〉

Channel_Ratio_Secondary= Value〈CR/LF〉

Channel_ Primary_Secondary= Value〈CR/LF〉

7.13 公用状态通道区

此公用区定义了记录中的状态通道的条目变量，提供了等同存储在.CFG配置文件中的信息。.CFG配置文件必不可少。在任何情况下都应提供包含相应信息的.CFG配置文件，即使该信息复制在可选的.INF文件中。这可选的数据复制允许.INF信息文件的使用者存取.CFG配置文件所包含的数据而无需打开配置文件。

7.13.1 区头定义

[Public Status_Channel_#n]

区头是串“Public Status_Channel_#n”(不允许中间插入空格符)，其中“n”从1至记录的状态通道数。记录的每个状态通道需要一个公用通道区。区内条目行复制.CFG配置文件中处理各个状态通道的各行信息。如果此区被使用，.CFG文件中状态通道行每个变量应在该区中有一条目行。“Value”的条目应遵守第5节规定的等同变量规则。

7.13.2 公用状态通道条目行定义

Channel_ ID= Value〈CR/LF〉

Phase_ID= Value〈CR/LF〉

Monitored_Component= Value〈CR/LF〉

Normal_State= Value〈CR/LF〉

7.14 采样.INF 信息文件

[Public Record_Information] 〈CR/LF〉
Source=COMwriter,V1.1〈CR/LF〉
Record_Information=Fault,AG,,Transmission Line〈CR/LF〉
Location=189.2 miles〈CR/LF〉
max_current=3405.5〈CR/LF〉
min_current=−3087.2〈CR/LF〉
max_voltage=208.6〈CR/LF〉
min_voltage=−206.4〈CR/LF〉
EventNoteCount=2〈CR/LF〉
〈CR/LF〉
[Public Event_Information_#1] 〈CR/LF〉
Channel_number=2〈CR/LF〉
max _value=204.5[8]〈CR/LF〉
min _value=−205.1〈CR/LF〉
max_sample_number=168〈CR/LF〉
min_sample_numbler=15〈CR/LF〉
Sample_number_Text_#1=168,Transient on reclose〈CR/LF〉
Sample_number_Text_#2=15,Minimum during normal load〈CR/LF〉
〈CR/LF〉
[Public Event_Information_#2] 〈CR/LF〉
Channel_number=1〈CR/LF〉
max _value=206.5〈CR/LF〉
min _value=−205.1〈CR/LF〉
max_sample_number=159〈CR/LF〉
min_sample_numbler=9〈CR/LF〉
Sample_number_Text_#1=159,Transient on reclose〈CR/LF〉
Sample_number_Text_#2=9,Minimum during normal load〈CR/LF〉
〈CR/LF〉
[Public File_Description] 〈CR/LF〉
Station_Name=Condie〈CR/LF〉
Recording_Device_ID=518〈CR/LF〉
Revision_Year=2000〈CR/LF〉
Total_Channel_Count=12〈CR/LF〉
Analog_Channel_Count=6〈CR/LF〉
Status_Channel_Count=6〈CR/LF〉
Line_Frequency=60〈CR/LF〉
Sample_Rate_ Count=1〈CR/LF〉
Sample_Rate_ #1=6000.000〈CR/LF〉
End_Sample_Rate_ #1=885〈CR/LF〉
File_Start_Time=11/07/95,17:38:26.663700〈CR/LF〉

---

8) 译者注:原文如此,有误。

```
Trigger_Time=11/07/95,17:38:26.687500〈CR/LF〉
File_Type=ASCII〈CR/LF〉
Time_Multiplier=1〈CR/LF〉
〈CR/LF〉
[Public Analog_Channel_#1]〈CR/LF〉
Channel_ID=Popular Va-g〈CR/LF〉
Phase_ID=〈CR/LF〉
Monitored_Component=〈CR/LF〉
Channel_Units=kV〈CR/LF〉
Channel_Multipier=0.14462〈CR/LF〉
Channel_Offset=0.0000000000〈CR/LF〉
Channel_Skew=0〈CR/LF〉
Range_Minimum_Limit_Value=-2048〈CR/LF〉
Range_Maximum_Limit_Value=2048〈CR/LF〉
Channel_Ratio_Primary=2000〈CR/LF〉
Channel_Ratio_Secondary=1〈CR/LF〉
Channel_ Primary _Secondary=P〈CR/LF〉
〈CR/LF〉
[Public Status_Channel_#1]〈CR/LF〉
Channel_ID=Va over〈CR/LF〉
Phase_ID=〈CR/LF〉
Monitored_Component=〈CR/LF〉
Normal_State=0〈CR/LF〉
〈CR/LF〉
[Company1 event_rec] 〈CR/LF〉
recorder_type=1〈CR/LF〉
trig_set=0,0,0,0,6048,6272,0,0,0,0,0,0,0,0,0,0〈CR/LF〉
ch_type=1,1,1,1,1,1,1,1,0,0〈CR/LF〉
〈CR/LF〉
[Company1 analog_rec_#1] 〈CR/LF〉
op_limit=15〈CR/LF〉
trg_over_val=f〈CR/LF〉
trg_under_val=f〈CR/LF〉
trg_roc=f〈CR/LF〉
inverted=0〈CR/LF〉
〈CR/LF〉
```

附　录　A
（资料性附录）
暂态数据源和交换媒介

暂态数据可以被转换成COMTRADE标准格式用于数据交换，它有几种可能来源，下面举例说明：

A.1　数字故障录波器

数字故障录波器监视电力系统电压、电流及事件。数个厂家提供这种设备。数字故障录波器通过对模拟信号周期性采样，并把测量得到的信号转换成数字量，记录模拟信号。一般录波器监视16～128路模拟通道和较多的事件（接点状态）输入。采样速率、模数转换分辨率、记录格式以及其他参数都没有标准化。

A.2　磁带录波器

磁带录波器通常是利用频率调制技术把模拟信号记录在磁带上。为直观查看磁带记录波形，可回放磁带，在示波器上显示或用绘图仪打印出来。通常这种设备可监视多达32路模拟信号。

通过使用合适的软硬件，记录在磁带上的信号可以转换成任何所需格式的数字记录。这个最后输出的保真度取决于磁带录波器和数字转换系统两者的限制。选择合适的采样系统可以减少保真度的损失。

A.3　数字式保护

基于微机的新型保护正在开发并投入市场。这类保护中的一些能够以数字形式捕捉和存储保护输入信号，并可将该数据传送给其他装置。进行这些功能中，这种保护类似数字故障录波器，除所记录数据的特性可能受到保护算法的影响。与数字故障录波器一样，记录格式和其他参数都未标准化。

A.4　暂态仿真程序

与上述记录实际电力系统事件的设备不同，暂态仿真程序是通过分析电力系统数学模型产生暂态数据。由于分析是利用数字式计算机实现的，所以分析结果继承了数字格式，适合数字式数据发布。

这些程序初始开发用来评估电力系统暂态过电压，现在其他类型研究方面扩展其应用，包括数字保护算法的测试研究。由于研究的输入条件易于改变，所以暂态仿真程序可以为保护提供许多不同的测试案例。

A.5　模拟仿真

模拟仿真采用成比例的电阻、感抗和容抗，在很低的电压、电流下运行，模拟电力系统的运行和暂态现象。这些元件通常被组成类似的线路段，这些线路段可连接在一起形成更长的线路。模拟仿真的频率响应主要受到模型段等效长度的限制，典型频率范围为1 kHz～5 kHz。与磁带录波器一样，模拟仿真的输出可通过适当滤波和采样转换成数字记录。

A.6　数据交换媒介

A.6.1　引言

电力公司记录故障数据用于故障后分析，确定故障的性质及位置，还保存为将来使用。数据通常以波形图的方式存储在磁带或纸上，或以计算机数据文件保存。波形图包含有电流电压的波形，用于研究与分析。数字计算机不能直接记录电流电压的波形，这些波形被量化后以计算机文件形式保存。当前，已使用个人计算机将故障数据记录到软盘和盒式磁带中。

在电力部门与用户之间传递计算机用卷式或盒式磁带不是件容易的事，尤其是用户分散在很远的地方或居住在不同的国家。此外，磁带的接收者还必须有一套与磁带制作系统相兼容的计算机系统。比起卷式磁带，盒式磁带传递要方便些，然而，盒式磁带数据录制和读出是一个缓慢的过程。

A.6.2 推荐媒介

现在最通用的计算机系统是个人计算机，并且都带有软驱。1.44 M双面、高密度3.5英寸软盘是最流行的文件传递形式。软盘可以非常容易的装入信封，从一个地方邮寄到另一个地方。因为软盘广泛使用且邮寄方便，所以建议用1.44 M，3.5寸软盘交换故障数据。当然，个别交换数据也可使用相互都可接受的媒介。

附 录 B
（资料性附录）
数据交换采样率

B.1 引言

本附录主要关注采样率、滤波以及用于被交换的暂态数据采样率转换，尤其是较高采样率得到的数据，而使用数据的设备或软件要求较低的采样率的情况下。每隔 n 点取样的权宜之计不是进行转换好的方法。本附件将讨论实现这种通用功能恰当的方法，以及其他相关内容。

由于难以预计到本标准未来使用所有测试情况（例如，将来的算法，体系结构，微处理器），故，很清楚：高精度、高采样率对测试用例来说是理想的选择，也就是说，虽然现有的数字式保护使用 12 位 A/D，但在不久的将来可能会使用 16 位或更高分辨率的 A/D 转换。

采样率问题也类似。例，使用抗混叠的截止频率为 120 Hz 的滤波器，得到以 240 Hz 采样频率获得的采样。将这些采样转换成更高频率的采样较为容易，但抗混叠滤波器的效果不能消除。换言之，可能得到等同于 120 Hz 抗混叠滤波器输出的 960 Hz 采样频率的采样，但不可能获得原始（未滤波）信号 960 Hz 采样频率的采样。

B.2 采样处理结构

在给定的设备中，建议以尽可能高的精度和采样率获得原始采样（如果必要，进行抗混叠滤波）。不过，具体的采样率选择宜便于数据将来的使用（见表 B.1 和 B.2 中的采样率）。考虑以采样率 f_S(Hz)采集的数据，如果有某种标准技术能够把此数据转换成用户的目标系统所要求的数据，如图 B.1 所示，那将是非常方便的。

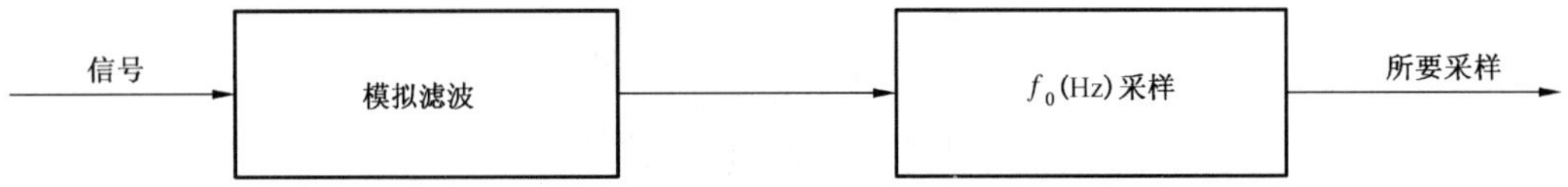

图 B.1 典型信号处理

数字信号处理的发展为解决这个问题提供了一个有效的方法。如果存在这样的两个实数 L、M 且有：

$$Lf_S = Mf_0 = f_{LCM} \quad \cdots\cdots (B.1)$$

f_{LCM}为最小公倍数

解决方案如图 B.2 所示。

图 B.2 中的 FIR 方框是有限脉冲响应，相当于图 B.1 中的 Lf_S 频率采样率的模拟滤波器。方程(B.1)是解决方案的关键，能够把采样率限定在一定的范围内。

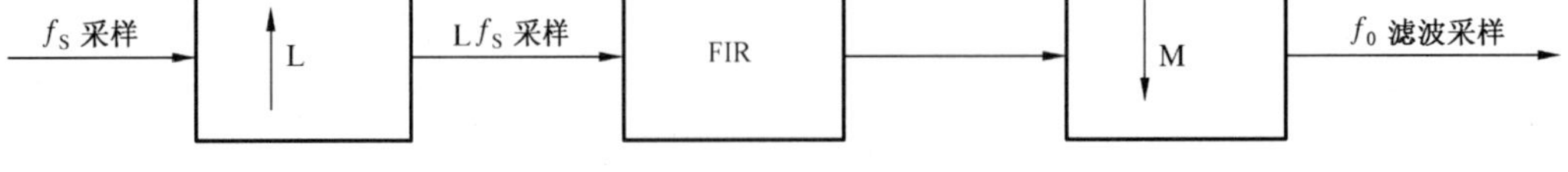

图 B.2 DSP 方案

将频率 f_S 采样转换为频率为 f_0 的采样的过程就是确定频率 f_{LCM}，满足方程(B.1)，提供所要模拟滤波器的 FIR 描述，实现图 B.2。模拟滤波器的 FIR 描述对应于采样频率为 f_{LCM} 的数字滤波器描述数表。FIR 设计的标准技术可能使用等效脉冲滤波器，它在表中的第 n 条目就是第 n 次采样时刻模拟滤波器的脉冲响应。其他 FIR 滤波器也可用[3]，附录 D 提供了图 B.2 的一个实现程序。

也必须考虑 FIR 滤波器在数据开始时刻的暂态响应。如果 FIR 持续时间是电力系统的一个工频周期，总共两个周期的故障前数据必须包括在标准情况中。如果响应没有提供故障前的数据，那么可人工提供。FORTAN 程序 CONVERT(见附录 D)是实现图 B.2，文献[3]程序的另一选择。该程序阐明了二阶低通滤波脉冲无变化 FIR 滤波器。图 B.3 给出了输入采样频率 4 320 Hz 的采样，输出采样频率 720 Hz 的采样转换示例。

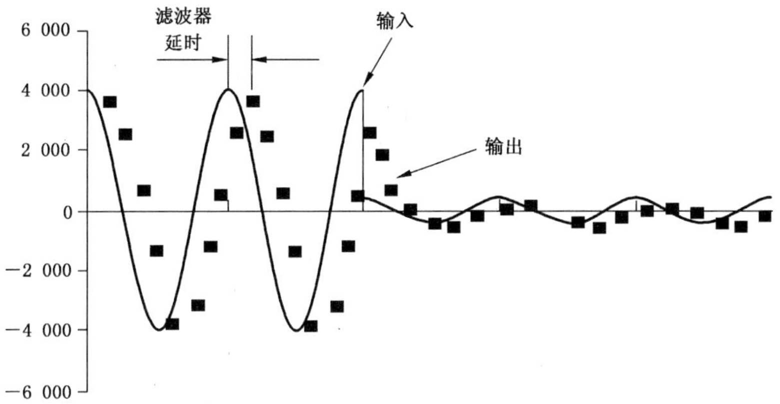

图 B.3　采样速率转换示例

表 B.1　对应的频率 f_{LCM}

f_{LCM} = 384 x fbase 采样/周

Samples/cycle	f for 60 Hz	f for 50 Hz
384	23 040	19 200
192	11 520	9 600
128	7 680	6 400
96	5 760	4 800
64	3 840	3 200
48	2 880	2 400
32	1 920	1 600
24	1 440	1 200
16	960	800
12	720	600
8	480	400
6	360	300
4	240	200

表 B.2　对应的频率 f_{LCM}

f_{LCM} = 3 200 x fbase 采样/周

Samples/cycle	f for 60 Hz	f for 50 Hz
3 200	192 000	160 000
1 600	96 000	80 000
800	48 000	40 000
640	38 400	32 000

表 B.2（续）

Samples/cycle	f for 60 Hz	f for 50 Hz
400	24 000	20 000
320	19 200	16 000
200	12 000	10 000
160	9 600	8 000
128	7 680	6 400
100	6 000	5 000
80	4 800	4 000
64	3 840	3 200
50	3 000	2 500
40	2 400	2000
32	1 920	1 600
20	1 200	1 000
16	960	800
10	600	500
8	480	400
4	240	200

注：表 B.1、表 B.2 中较高的采样率是采样率转换与数据共享技术的人为现象。并不是要用这样高的采样率来捕捉行波现象，而是希望表 B.1、表 B.2 中较低的频率能成为规范。

如果规定 f_{LCM}，那么将会进一步简化。这种简化就是用户仅需要规定在指定 f_{LCM} 下模拟滤波器的 FIR 表达。不幸的是，对已知工作组，一个满足所有的采样率的 f_{LCM} 如此之大，使得 FIR 滤波器描述非常不便。解决的方法是使用两个不同的公倍频率 f_{LCM}^1 和 f_{LCM}^2。每个公倍频率能够产生一个短的采样频率列表，对应于标准工频下每周整数采样次数。在单一列表中频率间转换将会特别简单。如果不在一个单一列表中频率间的转换，那么就需要用户根据应用确定合适的 f_{LCM}，再经过同样的过程。推荐采样频率的两个表如表 B.1、B.2，对应于 50 Hz 和 60 Hz 基频。假设采样频率与实际的电力系统频率无关，两个表中的“每周采样”列，指的是在标准 50 Hz 和 60 Hz 工频下每周的采样数。

B.3 插值法

前述基于这样假设，原始数据直接取自适当设计的抗混叠滤波器滤波后的采样。应考虑到对待共享数据数字化处理的可能性。如果数字化处理能够表示为保留原始采样率 f_S(Hz)的线性不变转换，则数字处理反变换是一简单事情。

例如，有原始采样系列 x(n)，并假设系列 y(n)等于原始采样 4 个连续采样的均值，即：

$$y(n)=[x(n)+x(n-1)+x(n-2)+x(n-3)]/4 \quad \cdots\cdots(B.2)$$

给定 y(n)，就有可能用下式得出 x(n)，即：

$$x(n)=4y(n)-x(n-1)-x(n-2)-x(n-3) \quad \cdots\cdots(B.3)$$

如果在数字处理中进行采样抽取，可能遇到一个比较严重的问题，也就是说，采样被消除，产生低采样率数据。在前面示例中，每 4 点的 y(n)采样，有下面相应的式子：

$$z(n)=y(4n) \quad \cdots\cdots(B.4)$$

文献[3]给出最小二乘(least-squares)插值法程序，用于从序列 y(n)中恢复丢失的采样。然而，它假设序列 y(n)限于具有与较低的采样率相一致带宽的频带。如果数字滤波有效的减少带宽，那么插值法可能有效。方程(B.2)提供的数字滤波(平均),事实上是可以接受的;而且,对于时间要求严格的应用,这可能是唯一实用技术。如果无适当数字滤波,抽取采样将引入混叠。在前述示例中,如果对原始序列x(n)每隔4个进行抽取,那相当于在采样频率为 $f_S/4$ 下对原始信号采样,且采用具有非常大带宽的抗混叠滤波器。波形中的非基频分量由于混叠产生畸变。建议:若可能的话,尽量不用抽取,仅在适当模拟或数字滤波后使用抽取。

附 录 C
（资料性附录）
采样文件

本附录提供了可能在电力公司变电站中记录的，与 COMTRADE 事件关联的数个文件副本：ASCII 和二进制格式的头文件、配置文件、数据文件和信息文件。头文件（SAMPLE. HDR）、配置文件（SAMPLE. CFG）、信息文件（SAMPLE. INF）是字母数字，数据文件（SAMPLE. DAT）包含有数字信息。虽然在所示的数据文件是 ASCII 和二进制格式的，实际只有数据文件才能与任何给定的配置文件相关。这里所示的配置文件规定相关数据文件是 ASCII 格式。如果规定为二进制格式文件，示例中，配置文件读“ASCII”会改为读“二进制”。

<u>SAMPLE. HDR</u>

文件中的电流电压以及数字输出采样自编号为 907 的 230 kV 输电线（从 Condie 到 Popular River）Condie 端。此线路在 Condie 端分支成“T”形。分支的每侧都有一个断路器。每条支路的电流以及总电流（即，线路电流）都被采样。

故障类型与故障点未知。故障所在电网元件参数是经验值，电源阻抗也未知。

扰动发生前的运行状况没有记录。但是，文件中记录了扰动前 6 个周波数据，运行情况可以从这些数据中计算得出。

扰动发生在 1995 年 7 月 11 日，17:38:26.687500

扰动前 6 个周期和扰动后 8 个周期的暂态数据记录在文件中。总的来说，有 14 个周期的数据记录在文件中。

数据采样的频率是 6 000 Hz。所用抗混叠滤波器是二阶巴特沃斯滤波器，截止频率为 2 000 Hz。

在每个数据集记录的时间偏移为 0。每列的数据特性以及每个运行参数的标度系数在配置文件中规定。

<u>SAMPLE. CFG</u>

Condie,518,1997 〈CR/LF〉

12,6A,6D 〈CR/LF〉

1 ,Popular Va-g,,,kV,0.14462,0.0000000000,0,−2048,2047,2000,1,P 〈CR/LF〉

2,Popular Vc-g,,,kV,0.14462,0.0000000000,0,−2048,2047,2000,1,P 〈CR/LF〉

3, Popular Vb-g,,,kV,0.14462,0.0000000000,0,−2048,2047,2000,1,P 〈CR/LF〉

4, Popular Ia,,,A, 11.5093049423,0.0000000000,0,−2048,2047,1200,5,S 〈CR/LF〉

5, Popular Ib,,,A, 11.5093049423,0.0000000000,0,−2048,2047,1200,5,S 〈CR/LF〉

6,Popular Ic,,,A,11.5093049423,0.0000000000,0,−2048,2047,1200,5,S 〈CR/LF〉

1,Va over,,,0 〈CR/LF〉

2,Vb over,,,0 〈CR/LF〉

3,Vc over,,,0 〈CR/LF〉

4,Ia over,,,0 〈CR/LF〉

5,Ib over,,,0 〈CR/LF〉

6,Ic over,,,0 〈CR/LF〉

60 〈CR/LF〉

1 〈CR/LF〉

6000.000,885 〈CR/LF〉

11/07/1995,17:38:26.663700 〈CR/LF〉

11/07/1995,17:38:26.687500 〈CR/LF〉
ASCII 〈CR/LF〉
1
ASCII SAMPLE. DAT
1, 0, −994, 1205, 100, 29, −135, −197,0,0,0,0,0,0 〈CR/LF〉
2, 167, −943, 1231, 94, 37, −137, −275,0,0,0,0,0,0 〈CR/LF〉
3, 333, −886, 1251, 87,45, −139, −351,0,0,0,0,0,1 〈CR/LF〉
4, 500, −826, 1265, 80, 52, −140, −426,0,0,0,0,1,0 〈CR/LF〉
5, 667, −760, 1274, 72, 61, −140, −502,0,0,0,0,1,1 〈CR/LF〉
6, 833, −689, 1279, 64, 68, −140, −577,0,0,0,0,0,0 〈CR/LF〉
7, 1000, −613, 1279, 56, 76, −139, −651,0,0,0,0,0,0 〈CR/LF〉
8, 1167, −537, 1275, 48, 83, −139, −723,0,0,0,0,0,0 〈CR/LF〉
...
...
883, 147000, 394, −446, −1, 0, −1, −345,0,0,0,0,0,0 〈CR/LF〉
884, 147167, 378, −417, −2, 0, −1, −366,0,0,0,0,0,0 〈CR/LF〉
885, 147333, 360, −387, −2, 0, −1, −385,0,0,0,0,0,0 〈CR/LF〉
〈1A〉〈CR/LF〉

BINARY SAMPLE. DAT

注意:所示的采样文件是以 16 进制格式显示,与用通用二进制文件阅读器看到的形式一样。字节之间的空与一行字符数由所用程序决定。4 字节采样编号被人为的加粗,方便文件阅读。

01 00 00 00 00 00 00 00 1E FC B5 04 64 00 ID 00 79 FF 3B FF
00 00 **02 00 00 00** A7 00 00 00 51 FC CF 04 5E 00 25 00 77 FF
ED FE 00 00 **03 00 00 00** 4E 01 00 00 8A FC E3 04 57 00 2D 00
75 FF A1 FE 20 00 **04 00 00 00** F5 01 00 00 C6 FC F1 04 50 00
34 00 74 FF 56 FE I0 00 **05 00 00 00** 9C 02 00 00 08 FD FA 04
48 00 3D 00 74 FF 0A FE 30 00 **06 00 00 00** 43 03 00 00 4F FD
FF 04 40 00 44 00 74 FF BF FD 00 00 **07 00 00 00** EA 03 00 00
9B FD FF 04 38 00 4C 00 75 FF 75 FD 00 00 **08 00 00 00** 91 04
00 00 E7 FD FB 04 30 00 53 00 75 FF 2D FD 00 00 ....
.... 73 0C 00 00 38 3E 00 00 8A 01 42 FE FF FF 00 00 FF FF
A7 FE 00 00 74 03 00 00 DF 3E 00 00 7A 01 5F FE FE FF 00 00
FF FF 92 FE 00 00 75 03 00 00 85 3F 00 00 68 01 7D FE FE FF
00 00 FF FF 7F FE 00 00

SAMPLE. INF

[Public Record_Information] 〈CR/LF〉
Source=COMwriter, v1. 0〈CR/LF〉
Record_Information=Fault, AG, Trip, Transmission Line〈CR/LF〉
Location=189. 2 miles〈CR/LF〉
max_current=3405. 5〈CR/LF〉
min_current=−3087. 2〈CR/LF〉
max_voltage=208. 6〈CR/LF〉
min_voltage=−206. 4〈CR/LF〉

EventNoteCount=2〈CR/LF〉
〈CR/LF〉
[Public Event_Information_＃1] 〈CR/LF〉
Channel_number=4〈CR/LF〉
max_value=504.5〈CR/LF〉
min value=405.1 〈CR/LF〉
max_sample_number=168〈CR/LF〉
min_sample_number=15〈CR/LF〉
Sample number_Text ＃1=168,Transient on reclose〈CR/LF〉
Sample_number_Text_＃2=15,maximum on normal load 〈CR/LF〉
〈CR/LF〉
[Public Event_Information_＃2] 〈CR/LF〉
Channel_number=5〈CR/LF〉
max_value=406.5〈CR/LF〉
min value=405.1 〈CR/LF〉
max_sample_number=159〈CR/LF〉
min_sample_number=9〈CR/LF〉
Sample_number_Text_＃1=159,Transient on reclose〈CR/LF〉
Sample_number_Text_＃2=9,maximum on normal load 〈CR/LF〉
〈CR/LF〉
[Public File_Description] 〈CR/LF〉
Station_Name=Condie〈CR/LF〉
Recording_Device_lD=518〈CR/LF〉
Revision_Year=2000〈CR/LF〉
Total_Channet_Count=l2〈CR/LF〉
Analog Channel_Count=6〈CR/LF〉
Status_Chan nel_Count=6〈CR/LF〉
Line Frequency=60〈CR/LF〉
Sampte_Rate_Count=l 〈CR/LF〉
Sample_Rate_＃1=6000.000〈CR/LF〉
End_Sample_Rate_＃1=885〈CR/LF〉
File_Start_Time=l1/07/95,17:38:26.663700 〈CR/LF〉
Trigger_Time=l1/07/95,17:38:26.687500 〈CR/LF〉
File_Type=ASCII 〈CR/LF〉
Time_Multiplier=l〈CR/LF〉
〈CR/LF〉
[Public Analog Channel_＃1] 〈CR/LF〉
Channel_lD=Popular Va-g〈CR/LF〉
Phase_ID=〈CR/LF〉
Monitored_Component=〈CR/LF〉
Channel_Units=kV〈CR/LF〉
Channel_M ultiplier=0.14462〈CR/LF〉
Channel_Offset=0.0000000000〈CR/LF〉

Channel_Skew=0〈CR/LF〉
Range_Minimum_Limit_Value=-2048〈CR/LF〉
Range_Maximum_Limit_Value=2047〈CR/LF〉
Channel_Ratio_Primary =2000〈CR/LF〉
Channel_Ratio_Secondary=1 〈CR/LF〉
Data Primary Secondary=P〈CR/LF〉
〈CR/LF〉
[Public Analog Channel_#2] 〈CR/LF〉
Channel_lD=Popular Vc-g〈CR/LF〉
Phase_ID=〈CR/LF〉
Monitored_Component=〈CR/LF〉
Channel_Units=kV〈CR/LF〉
Channel_Multiplier=0. 14462〈CR/LF〉
Channel_Offset=0. 0000000000〈CR/LF〉
Channel_Skew=0〈CR/LF〉
Range_Minimum_Limit_Value=-2048〈CR/LF〉
Range_Maximum_Limit_Value=2047〈CR/LF〉
Channel_Ratio_Primary =2000〈CR/LF〉
Channel_Ratio_Secondary=1 〈CR/LF〉
Data Primary Secondary=P〈CR/LF〉
〈CR/LF〉
[Public Analog Channel_#3] 〈CR/LF〉
Channel_lD=Popular Vb-g〈CR/LF〉
Phase_ID=〈CR/LF〉
Monitored_Component=〈CR/LF〉
Channel_Units=kV〈CR/LF〉
Channel_Multiplie r=0. 14462 〈CR/LF〉
Channel_Offset=0. 0000000000〈CR/LF〉
Channel_Skew=0〈CR/LF〉
Range_Minimum_Limit_Value=-2048〈CR/LF〉
Range_Maximum_Limit_Value=2047〈CR/LF〉
Channel_Ratio_Primary =2000〈CR/LF〉
Channel_Ratio_Secondary=1 〈CR/LF〉
Data Primary Secondary=P〈CR/LF〉
〈CR/LF〉
[Public Analog_Channel_#4] 〈CR/LF〉
Channel_lD=Popular la〈CR/LF〉
Phase_ID=〈CR/LF〉
Monitored_Component=〈CR/LF〉
Channel_Units=A〈CR/LF〉
Channel_Multiplier=11. 5093049423〈CR/LF〉
Channel_Offset=0. 0000000000〈CR/LF〉
Channel_Skew=0〈CR/LF〉

Range_Minimum_Limit_Value=−2048〈CR/LF〉
Range_Maximum_Limit_Value=2047〈CR/LF〉
Channel_Ratio_Primary =1200〈CR/LF〉
Channel_Ratio_Secondary=5〈CR/LF〉
Data Primary Secondary=P〈CR/LF〉
〈CR/LF〉
[Public Analog_Channel_#5] 〈CR/LF〉
Channel_ID=Popular Ib〈CR/LF〉
Phase_ID=〈CR/LF〉
Monitored_Cormponent=〈CR/LF〉
Channel_Units=A〈CR/LF〉
Channel_Multiplier=11. 5093049423〈CR/LF〉
Channel_Offset=0. 0000000000〈CR/LF〉
Channel_Skew=0〈CR/LF〉
Range_Minimum_Limit_Value=−2048〈CR/LF〉
Range_Maximum_Limit_Value=2047〈CR/LF〉
Channel_Ratio_Primary =1200〈CR/LF〉
Channel_Ratio_Secondary=1〈CR/LF〉
Data Primary Secondary=P〈CR/LF〉
〈CR/LF〉
[Public Analog_Channel_#6] 〈CR/LF〉
Channel_ID=Popular Ic〈CR/LF〉
Phase_ID=〈CR/LF〉
Monitored_Component=〈CR/LF〉
Channel_Units=kV〈CR/LF〉
Channel_Multiplier=11. 5093049423〈CR/LF〉
Channel_Offset=0. 0000000000〈CR/LF〉
Channel_Skew=0〈CR/LF〉
Range_Minimum_Limit_Value=−2048〈CR/LF〉
Range_Maximum_Limit_Value=2047〈CR/LF〉
Channel_Ratio_Primary =1200〈CR/LF〉
Channel_Raltio_Secondary=1〈CR/LF〉
Data Primary Secondary=P〈CR/LF〉
〈CR/LF〉
[Public Status_Channel_#1] 〈CR/LF〉
Channel_ID=Va over〈CR/LF〉
Phase_ID=〈CR/LF〉
Monitored_Component=〈CR/LF〉
Normal_State=0〈CR/LF〉
〈CR/LF〉
[Public Status_Channel_#2] 〈CR/LF〉
Channel_ID=Vb over〈CR/LF〉
Phase_ID=〈CR/LF〉

Monitored_Component=〈CR/LF〉
Normal_State=0〈CR/LF〉
〈CR/LF〉
[Public Status_Channel_#3]〈CR/LF〉
Channel_ID=Vc over〈CR/LF〉
Phase_ID=〈CR/LF〉
Monitored_Component=〈CR/LF〉
Normal_State=0〈CR/LF〉
〈CR/LF〉
[Public Status_Channel_#4]〈CR/LF〉
Channel_ID=Ia over〈CR/LF〉
Phase_ID=〈CR/LF〉
Monitored_Component=〈CR/LF〉
Normal_State=0〈CR/LF〉
〈CR/LF〉
[Public Status_Channel_#5]〈CR/LF〉
Channel_ID=Ib over〈CR/LF〉
Phase_ID=〈CR/LF〉
Monitored_Component=〈CR/LF〉
Normal_State=0〈CR/LF〉
〈CR/LF〉
[Public Status_Channel_#6]〈CR/LF〉
Channel_ID=Ic over〈CR/LF〉
Phase_ID=〈CR/LF〉
Monitored_Component=〈CR/LF〉
Normal_State=0〈CR/LF〉
〈CR/LF〉
[Company1 event_rec]〈CR/LF〉
recorder_type=1〈CR/LF〉
trig_set=0,0,0,0,6048,6272,0,0,0,0,0,0,0,0,0,0〈CR/LF〉
ch_type= 1,1,1,1,1,1,1,0,0〈CR/LF〉
〈CR/LF〉
[Company1 analog_rec_1]〈CR/LF〉
op_limit=15〈CR/LF〉
trg_over_val=f〈CR/LF〉
trg_under_val=f〈CR/LF〉
trg_roc=f〈CR/LF〉
inverted=0〈CR/LF〉

附　录　D
（资料性附录）
采样频率转换采样程序

```
C      PROGRAM CONNVERT
C      CONVERTS SAMPLES TAKEN AT ONE RATE TO A SECOND RATE
C      USER SUPPLIED FILTER IS IN FOR020. DAT
C      DATA IS IN FOR021. DAT
C      OUTPUT IS IN FOR025. DAT
C
C      NFMAX =THE MAXIMUM LENGTH OF THE FILTER
       PARAMETE NFMAX = 3600
C      3600 CONRESPODS TO ONE CYCLE
C
C      LFAC =THE NUMBER OF TENTH OF A DEGREE BETWEEN SAMPLES IN INPUT
C      PARAMETER LFAC=50
C      FSAMP=THE INPUT SAMPLING FREQUENCY
C      PARAMETER FSAMP = 4320
C      NSIZE = THE MAXIMUM LENGTH OF THE INPUT DATA
       PARAMETER NSIZE = 720
       INTEGER * 2 DBUF(NSIZE)
       DIMENSION HFIL(NFMAX) ,ZTD1(NFMAX)
       DATA N0/0/
C
C      GET FILTER RESPONSE
       READ(20, * ) NA,NB
       IF(NB. LE. NFMAX) GO TO 6
       WRITE(6,5)
5      FORMAT(3X, 'DECIMATION FILTER IS TOO LONG')
       STOP
6      NBF=NB/LFAC
       IF(NB. EQ. NBF * LFAC) GO TO 10
       WRITE(6, * ) 'FILTER LENGTH INDIVISIBLE BY LFAC'
       STOP
C
10     READ (20, * ) (HFIL(JJ),JJ=1,NB)
C
C
C***********************************************
C
C      WRITE (6,18)
18     FORMAT(1H $ , 'ENTER TOTAL NUMBER OF SAMPLES TO BE
```

```
  $  PROCESSED')
     READ(6, *)ITIME
C
     READ (21, *) (DBUF (JJ) , JJ=1, ITIME)
     IPTR=1
C
30   WRITE (6,35)
35   FORMAT(1H$, 'ENTER THE DESIRED PROCESSING RATE')
     READ (6, *) DRATE
     MFAC = IFIX ( FSAMP * LFAC / DRATE )
     IF(MFAC * DRATE. EQ. FSAMP * LFAC) GO TO 40
     WRITE (6, *) 'RATE IS UNACHIEVABLE - TRY AGAIN'
     GO TO 30
C
     WRITE (6, *) ' INTERPOLATION FACTOR =' ,LFAC
     WRITE(6, *) 'DECIMATION FACTOR =' ,MFAC
C***********************************************
C
     DO 500 I=1,ITIME
     DT= (I-10/4320)
     X=FLOAT (DBUF (IPTR))
     WRITE (26, *) DT,X
C
C
     DO 120 J=1,NBF-1
     INDX=NBF+1-J
120  ZTD1 (INDX) =ZTD1 (INDX-1)
     ZTD1 (1) =X
C
C
     NO =NO + LFAC
     IF(NO. LT. MFAC) GO TO 500
C
     NO=NO-MFAC
C
     ZOUT= 0.
     DO 130 J=1,NBF
     INDX=J * LFAC-N0
130  ZOUT=ZOUT+HFIL (INDX) * ZTD1 (J)
     ZOUT=ZOUT/FSAMP
     WRITE (25, *) DT, ZOUT
C
500  CONTINUE
```

```
      STOP
      END
C*********************************************************
      PROGRAM FIR
C*********************************************************
C     IMPULSE INVARIANT DESIGN FOR SECOND ORDER
C     LOW PASS FILTER WITH REAL POLES AT-S1 AND-S2
C     TRANSFER FUNCTION = A*S1*S2/ (S+S1)(S+S2)
C
C     SAMPLE RATE OF 216000 AT 60 HZ
C         180000 AT 50 HZ
C
C     ONE CYCLE DURATION FINITE IMPULSERESPONSE FILTER OBTAINED BY WRITING
C     THE PARTIAL FRACTION
C     EXPANSION OF THE TRANSFER FUNCTION AND FORMING
C     THE IMPULSE RESPONSE IN THE FORM
C     H(T) =SUM{ CI*EXP (-SI*T) }
C
      DIMENSION H(3600)
      S1=394.
      S2=2620.
C     MAKE GAIN AT 60HZ = 1
C     G60=INVERSE OF THE 60HZ GAIN
      G60= (SQRT ( (S1**2+ (377) **2) * (S2**2+ (377) **2) ) ) / (S1*S2)
      C1=G60*S1*S2/(-S1+S2)
      C2=G60*S1*S2/(S1-S2)
      WRITE(20,*)1,3600
C
      DO 100 I=1,3600
      DT= (I-1) /21600
      H(I) =C1*EXP(-DT*S1)+C2*EXP(-DT*S2)
      WRITE (20,*)H(I)
100   CONTINUE
      STOP
      END
```

附 录 E
（资料性附录）
转换因子采样应用

本附录考虑通道转换系数(ax+b)，一次对二次的变比系数以及一次/二次的数据因子(PS)。

对数据源与格式作以下假设：

- 采样值表示电压互感器的一次值，电压互感器的标称范围为±40 kV，变比为400；
- 数据以一次值的形式存储；
- 采样系统分辨率12位。为保证精度，必须选择大于4 096(±2 048)采样系统的最大/最小范围；
- 为简化，从设备所得的数字是易读的，建立了.CFG文件中转换系数(ax+b)中所有转换系数，但来自记录设备数据将“0”表示为是数“3 000”，意味着数据可能有最大值5 048，最小值952；
- 采样装置满刻度范围是120V(二次值)；
- ASCII文件的合法数据范围在6.3中定义，从－99 999到99 999，范围大约是200 000。对于二进制文件，范围是32 767到－32 767，大约是65 000。

数据以一次值单位存储，因此：

- .CFG文件中“PS”变量应该设“P”；
- .CFG文件中“primary”变量应设“400”；
- .CFG文件中“secondary”变量应设“1”；

转换系数“a”由下所得：

- 数据最大是x=5 048，数据最小是x=952；
- 采样设备数据范围最大/最小是4 096；
- 二次数据范围是±120V，或一次数据范围是±120＊400(变比)=±48 000 V；
- 一次电压采样范围是±48 000=96 000；
- 转换系数“a”是一次电压采样范围/数据范围：

$$“a” = 96\ 000/4\ 096 = 23.437\ 5 \qquad (E.1)$$

转换系数“b”由下所得：

- 转换系数“b”值必须加上中间值a乘以数据(x)，才能获得原始采样值；
- 代表一次电压零值的数据(x)=3 000；
- 转换系数“a”=23.437 5(见上述E.1)；
- 中间值ax=3 000 * 23.437 5 = 70 312.5；
- ax=70 312.5，ax+“b”= 0，因此：

$$“b” = (0 - 70\ 312.5) = -70\ 312.5 \qquad (E.2)$$

转换检测

- 采样最大=+4 800 V；
- 数据最大(x)=5 048；
- a、b分别满足(E.1)、(E.2)；
- 采样=“ax+b”= (23.437 5 * 5 048) + (－70 312.5) = (118 312.5) + (－70 312.5) = 48 000。

参 考 文 献

[1] 'Digital Protection Techniques and Substation Functions', Final report, CIGRE Working Group 34.01, A.G. Phadke (Convener), France, June 1989.

[2] Duncan, R. Advanced MS DOS, Microsoft Press, 1986.

[3] 'Programs for Digital Signal Processing', Edited by DSP Committee of the IEEE ASSP Society, 0-87942-128-2, IEEE Press, 1979.

[4] "Advanced Engineering Mathematics" by Erwin Kreyszig, John Wiley & Sons, New York 6TH Ed. 1988.

[5] ISO 31-5:1992, Quantities and units—Part 5: Electricity and magnetism.

[6] IEC 60027-1:1992, Letter symbols to be used in electrical technology—Part 1:Genera.

[7] IEC 60027-2:1972, Letter symbols to be used in electrical technology—Part 2:Telecommunications and electronics.

[8] IEC 60027-2A:1975, Letter symbols to be used in electrical technology—Part 2:Telecommunications and electronics—First supplement.

[9] IEC 60027-2B:1980, Letter symbols to be used in electrical technology—Part 2:Telecommunications and electronics—Second supplement.

[10] IEC 60027-3:1989, Letter symbols to be used in electrical technology—Part 3:Logarithmic quantities and units.

[11] IEC 60027-4:1985, Letter symbols to be used in electrical technology—Part 4:Symbols for quantities to be used for rotating electrical machines.

[12] IEC 60044-1:1996, Instrument transformers—Part 1 Current transformers.

[13] ISO/IEC 8859-1:1998, Information technology- 8-bit single-byte coded graphic charactersets—Part 1:Latin alphabet No. 1.

[14] ANSI X3.4-1986 (R1992): Coded Character Set 7-Bit American National Standard Code for Information Interchange.

[15] MS-DOS Version 6 Operating System User's Guide, Microsoft Corporation 1993.

[16] Microsoft Windows™ Version 3.1 Operating System User's Guide, Microsoft Corporation 1994.

ICS 29.120.50
K 31

中华人民共和国国家标准

GB/T 22387—2008

剩余电流动作继电器

Residual current operated relay

2008-09-24 发布　　　　2009-08-01 实施

中华人民共和国国家质量监督检验检疫总局
中国国家标准化管理委员会　发布

前　言

本标准的技术内容参考 GB 6829—1995《剩余电流动作保护器的一般要求》、GB 14048.5—2008《低压开关设备和控制设备　第5-1部分：控制电路电器和开关元件 机电式控制电路电器》和 GB 14048.2—2008《低压开关设备和控制设备　第2部分：断路器》等标准的相关要求。

本标准由中国电器工业协会提出。

本标准由全国低压电器标准化技术委员会（SAC/TC 189）归口。

本标准负责起草单位：上海电器科学研究所（集团）有限公司。

本标准参加起草单位：苏州万龙集团有限公司、浙江德力西电器股份有限公司、北京 ABB 低压电器有限公司、施耐德电气（中国）投资有限公司、南京电力高等专科学校附属工厂、上海安科瑞电气有限公司。

本标准主要起草人：周积刚、陈颖、刘金琰、龚骏昌。

本标准参与起草人：程玉标、黄蓉蓉、刘丽萍、何巍伟、朱遵义、李家贤、周中。

剩余电流动作继电器

1 范围

本标准规定了剩余电流动作继电器(以下简称剩余电流继电器)的型式、分类、特性、结构、电气机械性能要求、试验方法和检验规则等。

本标准规定的剩余电流继电器适用于在交流 50 Hz,额定电压为 400 V 及以下的配电线路中使用,用来检测线路中的接地故障电流。

注:本标准的相关部分也可用来指导交流额定电压至 1 200 V 的剩余电流继电器。

本标准规定的剩余电流继电器是指能同时完成检测剩余电流,将剩余电流与基准值相比较,以及当剩余电流超过基准值时,发出一个机械开闭信号的装置,包括剩余电流互感器和控制部分成为一体的整体式剩余电流继电器以及剩余电流互感器和控制部分分开安装,但通过电气连接组合在一起使用的分体式剩余电流继电器。

本标准规定的剩余电流继电器可与低压断路器或低压接触器等组装成组合式的剩余电流保护器,用来对电气线路进行接地故障保护,防止接地故障电流引起的设备和电气火灾事故,也可用来对人身触电危险提供间接接触保护。

本标准规定的剩余电流继电器也可与声光报警装置组成剩余电流监视器,用来监视电气线路中的接地故障电流。当额定剩余动作电流小于或等于 0.5 A 时,也可作为剩余电流式火灾监控装置,用于监视系统的接地故障电流,防止由于接地故障电流引起的电气火灾。

本标准不适用于兼有过载保护功能的继电器。

2 规范性引用文件

下列文件中的条款通过本标准的引用而成为本标准的条款。凡是注日期的引用文件,其随后所有的修改单(不包括勘误的内容)或修订版均不适用于本标准,然而,鼓励根据本标准达成协议的各方研究是否可使用这些文件的最新版本。凡是不注日期的引用文件,其最新版本适用于本标准。

GB/T 2423.4—2008 电工电子产品环境试验 第 2 部分:试验方法 试验 Db:交变湿热(12 h+12 h 循环)(IEC 60068-2-30:2005,IDT)

GB/T 4207—2003 固体绝缘材料在潮湿条件下相比电痕化指数和耐电痕化指数的测定方法(IEC 60112:1979,IDT)

GB 4824—2004 工业、科学和医疗(ISM)射频设备电磁骚扰特性 限值和测量方法(CISPR 11:2003,IDT)

GB/T 5169.10—2006 电工电子产品着火危险试验 第 10 部分:灼热丝/热丝基本试验方法 灼热丝装置和通用试验方法(IEC 60695-2-10:2000,IDT)

GB 6829—1995 剩余电流动作保护器的一般要求(eqv IEC 60755:1992)

GB 14048.1—2006 低压开关设备和控制设备 第 1 部分:总则(IEC 60947-1:2001,MOD)

GB 14048.2—2008 低压开关设备和控制设备 第 2 部分:断路器(IEC 60947-2:2006,IDT)

GB 14048.5—2008 低压开关设备和控制设备 第 5-1 部分:控制电路电器和开关元件 机电式控制电路电器(IEC 60947-5-1:2003,IDT)

GB 16916.1—2003 家用和类似用途的不带过电流保护的剩余电流动作断路器(RCCB) 第 1 部分:一般规则(IEC 61008-1:1996,MOD)

GB/T 17626.2—2006 电磁兼容 试验和测量技术 静电放电抗扰度试验(IEC 61000-4-2:2001,

IDT)

GB/T 17626.3—2006 电磁兼容 试验和测量技术 射频电磁场辐射抗扰度试验(IEC 61000-4-3:2001,IDT)

GB/T 17626.4—2008 电磁兼容 试验和测量技术 电快速瞬变脉冲群抗扰度试验(IEC 61000-4-4:2004,IDT)

GB/T 17626.5—2008 电磁兼容 试验和测量技术 浪涌(冲击)抗扰度试验(IEC 61000-4-5:2005,IDT)

GB/T 17626.6—2008 电磁兼容 试验和测量技术 射频场感应的传导骚扰抗扰度(IEC 61000-4-6:2006,IDT)

3 术语和定义,符号和代号

3.1 术语和定义

除另有规定外,凡规定"电压"和"电流"值处,均指它们的均方根值(有效值)。

除了引用标准规定的术语外,本标准补充规定以下术语。

3.1.1

剩余电流 residual current

流过剩余电流继电器主回路电流瞬时值的矢量和(用有效值表示)。

3.1.2

剩余动作电流 residual operating current

使剩余电流继电器在规定条件下动作的剩余电流值。

3.1.3

额定剩余动作电流 rated residual operating current

制造商规定的剩余电流继电器在规定条件下必须动作的剩余动作电流值。

3.1.4

剩余不动作电流 residual non-operating current

在该电流或低于该电流时,剩余电流继电器在规定条件下不动作的剩余电流值。

3.1.5

额定剩余不动作电流 rated residual non-operating current

制造商规定的剩余电流继电器在规定条件下必须不动作的剩余电流值。

3.1.6

剩余电流动作继电器 residual current operated relay

由剩余电流互感器来检测剩余电流,并在规定条件下,当剩余电流达到或超过给定值时使电器的一个或多个电气输出电路中的触点产生开闭动作的开关电器。

3.1.7

AC 型剩余电流继电器 type AC residual current operated relay

对突然施加或缓慢上升的剩余正弦交流电流能确保脱扣的剩余电流继电器。

3.1.8

A 型剩余电流继电器 type A residual current operated relay

对突然施加的或缓慢上升的剩余正弦交流电流和剩余脉动直流电流能确保脱扣的剩余电流继电器。

3.1.9

剩余电流继电器的动作时间 operating time of a residual current operated relay

从对剩余电流继电器突然施加剩余动作电流时刻起至剩余电流继电器的输出触头状态发生变化时

刻之间的时间。

3.1.10

剩余电流继电器与机械开关电器配合的全部动作时间(组合动作时间)　total operating time of residual current operated relay associated with mechanical switching device (associated operating time)

从对剩余电流继电器突然施加剩余动作电流时刻起至配合的机械开关电器触头的电弧熄灭时刻之间的时间。

3.1.11

极限不驱动时间　limiting non-actuating time

对剩余电流继电器施加一个规定的剩余动作电流而不引起剩余电流继电器动作的最大延时时间。

3.1.12

延时型剩余电流继电器　time-delay residual current operated relay

对应于规定的剩余动作电流值能达到一个预定的极限不驱动时间的剩余电流继电器。

3.1.13

试验装置　test device

为了检查剩余电流继电器能否正常工作,模拟一个剩余电流使剩余电流继电器动作的装置。

3.1.14

主电路中不导致误动作的过电流极限值　limiting value of non-operating overcurrents in the main circuit

在没有任何剩余电流的情况下,流过剩余电流继电器检测装置主电路(一次侧电路)而不导致误动作的最大电流值。

3.1.15

短时耐受电流　short-time withstand current

在规定的使用和性能条件下,并在规定的时间内,剩余电流继电器能承载而不导致损坏的电流。

3.1.16

辅助电源电压　voltage of the auxiliary source

为使剩余电流继电器的剩余电流检测装置正常工作或使剩余电流继电器正确动作所必需的电源电压。

3.2　符号和代号

3.2.1　符号

本标准采用了下列符号:

I_{cw}　额定短时耐受电流;

I_e　输出触头额定工作电流;

I_n　额定电流;

I_{th}　约定发热电流;

$I_{\Delta w}$　额定剩余短时耐受电流;

$I_{\Delta n}$　额定剩余动作电流;

$I_{\Delta no}$　额定剩余不动作电流;

N　中性线;

P_e　输出触头额定控制容量;

U_e　输出触头额定工作电压;

U_i　额定绝缘电压;

U_n　额定工作电压;

U_{sn}　额定辅助电源电压;

U_x　　动作功能与电源电压有关的剩余电流继电器仍能动作的电源电压极限值；

α　　电流滞后角。

3.2.2 使用类别代号

剩余电流继电器输出触头的使用类别代号见表1。

表1 剩余电流继电器输出触头的使用类别

使用类别	典　型　用　途
AC-14	控制小容量交流电磁铁负载(小于等于72 VA)
AC-15	控制交流电磁铁负载(大于72 VA)
DC-13	控制直流电磁铁

4 型式、分类和特性

4.1 型式和分类

4.1.1 根据运行方式分

4.1.1.1 不需要辅助电源的剩余电流继电器。

4.1.1.2 需要辅助电源的剩余电流继电器。

4.1.1.2.1 辅助电源电压故障时能自动动作的剩余电流继电器：

a) 辅助电源电压恢复时能自动复位；

b) 辅助电源电压恢复时不能自动复位。

4.1.1.2.2 辅助电源电压故障时不能自动动作的剩余电流继电器，但发生剩余电流故障时，能按预期要求动作。

注：就本标准而言，“动作”是指剩余电流继电器输出触点的状态发生变化，即由断开变为闭合或由闭合变为断开。

4.1.2 根据剩余电流含有直流分量时的动作特性分

4.1.2.1 AC型剩余电流继电器。

4.1.2.2 A型剩余电流继电器。

4.1.3 按动作时间分

4.1.3.1 一般型(非延时型)。

4.1.3.2 延时型。

4.1.4 按结构形式分

4.1.4.1 整体式剩余电流继电器(剩余电流互感器和控制部分形成一个整体)。

4.1.4.2 分体式剩余电流继电器(剩余电流互感器和控制部分是两个独立的元件)。

4.1.5 按主电路导线接线方式分

4.1.5.1 贯穿式。

4.1.5.2 接线端子式。

4.1.6 按有无自动重合闸分

4.1.6.1 无自动重合闸的剩余电流继电器。

4.1.6.2 有自动重合闸的剩余电流继电器。

4.1.7 按剩余动作电流是否可调分

4.1.7.1 剩余动作电流可调的剩余电流继电器。

4.1.7.2 剩余动作电流不可调的剩余电流继电器。

4.1.8 按延时时间是否可调分

4.1.8.1 延时时间可调的延时型剩余电流继电器。

4.1.8.2 延时时间不可调的延时型剩余电流继电器。

4.2 特性

4.2.1 特性概述

剩余电流继电器的特性应由以下几个项目来说明：

a) 型式；

b) 额定电流(I_n)；

c) 额定电压(U_n)；

d) 额定辅助电源电压(U_{sn})；

e) 额定剩余动作电流($I_{\Delta n}$)；

f) 额定剩余不动作电流($I_{\Delta no}$)；

g) 额定频率；

h) 输出触头额定工作电压(U_e)、使用类别、额定工作电流(I_e)或输出触头额定控制容量(P_e)以及触头元件型式等；

i) (输出触头的)约定发热电流(I_{th})；

j) 额定剩余短时耐受电流($I_{\Delta w}$)；

k) 额定短时耐受电流(I_{cw})；

l) 动作时间和延时时间；

m) 外壳防护等级；

n) 剩余电流含有直流分量时的动作特性；

o) 需要辅助电源还是不需要辅助电源。

4.2.2 额定值

4.2.2.1 额定电压

4.2.2.1.1 额定工作电压(U_n)

制造商规定的与剩余电流继电器工作性能有关的电压值(以下简称额定电压)。

额定电压的优先值为:400 V(380 V),230 V(220 V)。

注：用于负载端的剩余电流继电器可采用括号中的值。

4.2.2.1.2 额定绝缘电压(U_i)

制造商规定的与剩余电流继电器的介电试验电压和爬电距离及电气间隙有关的电压值,除非另有规定,额定绝缘电压是最大额定工作电压值,任何情况下,最大额定工作电压不应超过额定绝缘电压。

额定绝缘电压为 400 V、690 V。

4.2.2.1.3 额定辅助电源电压(U_{sn})

制造商规定的与剩余电流继电器的检测装置正常工作有关的电压值。

额定辅助电源电压的优先值为:400 V(380 V),230 V(220 V)。

注：用于负载端的剩余电流继电器可采用括号中的值。

4.2.2.2 额定电流(I_n)

制造商规定的剩余电流继电器检测装置的主电路(一次侧回路)在不间断工作制下能够承载的电流。

额定电流的优先值为 50 A,63 A,100 A,160 A,200 A,250 A,315 A,400 A,600(630)A,800 A,1 000 A,1 250 A,1 600 A,2 000 A,2 500 A。

4.2.2.3 额定剩余动作电流($I_{\Delta n}$)

制造商规定的剩余电流继电器在规定的条件下,必须动作的剩余动作电流值。

额定剩余动作电流的优先值为：

0.006 A,0.01 A,0.03 A,0.05 A,0.1 A,0.3 A,0.5 A,1 A,2 A,3 A,5 A,10 A,20 A,30 A。

4.2.2.4 **额定剩余不动作电流($I_{\Delta no}$)**

制造商规定的剩余电流继电器在规定的条件下必须不动作的剩余电流值。

额定剩余不动作电流的优先值为 $0.5I_{\Delta n}$。

注：对脉动直流剩余电流，剩余不动作电流值与电流滞后角 α 有关(见 8.3.5.1 中表 11)。

4.2.2.5 **额定频率**

设计剩余电流继电器时所采用供电电源频率，这频率与其他特性值有关。

额定频率的优先值为 50 Hz。

4.2.2.6 **额定短时耐受电流(I_{cw})**

制造商规定的剩余电流继电器检测装置的主电路(一次侧回路)在规定的条件和短时间内能承受的电流。

额定短时耐受电流的优先值为：3 000 A，4 500 A，6 000 A，10 000 A，20 000 A，50 000 A。

额定短时耐受电流的最小值为 $10I_n$ 或 3 000 A，两者取较大值。

4.2.2.7 **额定剩余短时耐受电流($I_{\Delta w}$)**

制造商规定的剩余电流继电器检测装置的主电路(一次侧回路)在规定的条件和短时间内能承受的剩余短路电流。

额定剩余短时耐受电流的最小值为 $10I_n$ 或 3 000 A，两者取较大值。

4.2.2.8 **主电路过电流时，不动作电流的极限值**

剩余电流继电器的不动作过电流的标准最小值如下：

a) $I_n \leqslant 800$ A 为 $6I_n$；

b) $I_n > 800$ A 为 $4I_n$(最小 4 800 A)。

4.2.2.9 **动作时间和不驱动时间**

4.2.2.9.1 **一般型(非延时型)剩余电流继电器的最大动作时间**

一般型(非延时型)的剩余电流继电器的最大动作时间的标准值见表 2。

表 2 一般型(非延时型)的最大动作时间

型式	剩余电流等于下列值时的动作时间/s			
	$I_{\Delta n}$	$2I_{\Delta n}$	$5I_{\Delta n}$ [a]	$10I_{\Delta n}$ [a]
一般型(非延时型)	0.3	0.15	0.04	0.04
a 对于 $I_{\Delta n} \leqslant 0.030$ A 的剩余电流继电器，用 0.25 A 代替 $5I_{\Delta n}$，用 0.5 A 代替 $10I_{\Delta n}$。				

对制造商规定的 $I_{\Delta n} \leqslant 0.030$ A，并且与特定的机械开关电器配合用于直接接触补充保护的剩余电流继电器，其组合动作时间应符合表 2 的要求。

4.2.2.9.2 **延时型剩余电流继电器的最大动作时间和极限不驱动时间**

对于延时型剩余电流继电器，极限不驱动时间按 $2I_{\Delta n}$ 来规定，并且由制造商从下列优先值中选取：0.06 s，0.1 s，0.2 s，0.3 s，0.4 s，0.5 s，1 s。

注：在 GB 16916.1—2003 中，极限不驱动时间为 0.06 s 的延时型产品又称为 S 型，标志符号 [S]。

延时型剩余电流继电器的最大动作时间和极限不驱动时间的推荐值如表 3 所示。

对专门用作与声光报警装置组成剩余电流监视器的剩余电流继电器，极限不驱动时间可延长到 5 s，其相应的在 $I_{\Delta n}$ 或大于 $I_{\Delta n}$ 时的最大动作时间不应超过 10 s，具体的极限不驱动时间和最大动作时间由制造商按上述要求规定。

表 3 延时型剩余电流继电器的最大动作时间和极限不驱动时间

极限不驱动时间	剩余电流	$I_{\Delta n}$	$2I_{\Delta n}$	$5I_{\Delta n}$	$10I_{\Delta n}$
0.06 s	最大动作时间	0.5 s	0.2 s	0.15 s	0.15 s
	极限不驱动时间		0.06 s		
0.1 s	最大动作时间	0.8 s	0.3 s	0.3 s	0.3 s
	极限不驱动时间		0.1 s		
0.2 s	最大动作时间	1 s	0.4 s	0.4 s	0.4 s
	极限不驱动时间		0.2 s		
0.3 s	最大动作时间	1.5 s	0.5 s	0.5 s	0.5 s
	极限不驱动时间		0.3 s		
0.4 s	最大动作时间	2 s	0.8 s	0.8 s	0.8 s
	极限不驱动时间		0.4 s		
0.5 s	最大动作时间	3 s	1 s	1 s	1 s
	极限不驱动时间		0.5 s		
1 s	最大动作时间	5 s	2 s	2 s	2 s
	极限不驱动时间		1 s		
注：延时型只适用于 $I_{\Delta n}>0.030$ A 的剩余电流继电器。					

表 3 中仅对 $2I_{\Delta n}$ 规定了极限不驱动时间，对其他剩余电流的极限不驱动时间不作规定，由制造商在具体产品标准中规定，对这些剩余电流的极限不驱动时间暂不考核。

4.2.2.9.3 A 型剩余电流继电器在脉动直流电流时的动作时间和不驱动时间

对 A 型剩余电流继电器，在脉动直流剩余电流时表 2 和表 3 的最大动作时间和极限不驱动时间也适用，但电流值应乘以系数 1.4（对 $I_{\Delta n}>0.015$ A 的剩余电流继电器）或乘以系数 2（但试验电流不小于 0.03 A）（对 $I_{\Delta n}\leqslant 0.015$ A 的剩余电流继电器）。

4.2.2.10 输出触头额定参数

制造商应在具体产品标准中规定输出触头的下列参数：

a) 使用类别；

b) 约定发热电流；

c) 额定工作电压和额定工作电流或额定控制容量。

注：对制造商规定的专门与某一特定型号的开关电器配合使用的剩余电流继电器，可不规定输出触头参数，只规定配匹的开关电器型号、规格。有关试验可将剩余电流继电器与受控开关电器配合起来进行。

5 标志

5.1 剩余电流继电器的标志

每个剩余电流继电器应用耐久的方法在清晰易见的表面标志下列内容：

a) 制造商名称或商标；

b) 型号名称或目录号；

c) 产品编号或制造日期；

d) 额定电压；

e) 额定频率(频率不是 50 Hz 时);

f) 额定电流和/或剩余电流互感器贯穿孔尺寸;

g) 额定辅助电源电压;

h) 输出触头额定工作电压、额定工作电流或触头额定控制容量,或匹配的开关电器的型号、规格;

i) 额定剩余动作电流;

j) 动作时间;

k) 对延时型,$2I_{\Delta n}$时的极限不驱动时间,用 Δt 表示,并在其后标志极限不驱动时间(以 ms 表示)。对极限不驱动时间超过 1 s 的剩余电流继电器,应标明仅适用于组装成剩余电流报警装置;

l) 当极限不驱动时间为 0.06 s 时,可标志符号 $\boxed{S}$;

m) 剩余电流动作特性分类:

AC 型剩余电流继电器标志符号:$\boxed{\sim}$;

A 型剩余电流继电器标志符号: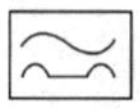;

n) 试验装置的操作工具,用"T"或文字表示;

o) 额定短时耐受电流;

p) 符合标准号。

如果对于小型剩余电流继电器要标志上述全部内容有困难时,至少应在剩余电流继电器安装后清晰易见的正面标志 f)、i)、m)和 n)四项,而 a)、b)、d)、g)、h)、k)和 l)等项可以标志在剩余电流继电器的侧面,但在安装前必须看得见,其余内容可以写入随产品提供的样本或使用说明书中。

5.2 接线端子标志

剩余电流继电器的所有接线端子应有清晰的标志,以指导用户正确接线。

检测装置的主电路(一次侧回路)如采用接线端子接线方式,则进线端用 1、3、5 表示,出线端用 2、4、6 表示,或分别用"电源侧"和"负载侧"表示。

专门用于连接中性线回路的接线端子应标志字母"N"。

辅助电源的接线端子应标明"电源"或用字母"U_{sn}"表示。

输出触头的接线端子应用两位数字标志和识别:

个位数是功能数,1、2 表示常闭触头电路,3、4 表示常开触头电路,转换触头元件电路接线端子用 1、2 和 4 标志;

十位数是序列数,属于同一触头元件的接线端子应用相同的序列数表示,所有具有相同功能的触头元件应有不同的序列数。

输出触头接线端子的标志示例见图 1。

用于保护导体的接线端子应标志符号⏚。

其他功能的接线端子应由制造商提供明确的标志。

除非接线方式是明确的,制造商应提供接线示意图。

注:也可在产品的接线示意图中用易于识别的方式对接线端子进行标识。

5.3 操作件标志及其他标志

试验装置的操作件不应采用红色或绿色,推荐采用浅色。

剩余电流继电器应有表示剩余电流动作的指示装置,可采用指示灯或机械指示装置,其色泽应鲜明,并用"剩余电流动作指示"或类似文字标明。

用以使剩余电流继电器复位的操作件或复位按钮应标明"复位"或类似的文字。

用辅助电源的剩余电流继电器应有表示辅助电源接通和断开的指示。

6 正常工作条件和安装条件

6.1 正常工作条件

6.1.1 周围空气温度

a) 周围空气温度上限不超过+40 ℃,24 h内平均值不超过+35 ℃;

b) 周围空气温度下限不低于−5 ℃。

注：剩余电流继电器应能在正常工作条件和安装条件下正常工作,超出正常使用和安装条件应由用户与制造商协商。

6.1.2 海拔

安装地点的海拔不超过2 000 m。

6.1.3 大气条件

安装地点最高温度为+40 ℃时,空气的相对湿度不超过50%,在较低的温度下可以允许有较高的相对湿度,例如20 ℃时达90%。对由于温度变化可能偶尔产生适度的凝露,应注意采取适当的措施(例如排水孔)。

6.1.4 使用场所的外磁场,任何方向都不应超过地磁场的5倍。

6.1.5 电源正弦波形畸变不超过5%。

6.1.6 污染等级为3级。

6.1.7 安装类别(过电压类别)为Ⅲ、Ⅳ类。

6.2 安装条件

剩余电流继电器应按制造商说明书的要求安装使用。

7 结构和性能要求

7.1 结构要求

7.1.1 材料

剩余电流继电器应使用性能稳定的适用材料,制作精细、操作灵活,电气接触良好,接线方便,并且还必须符合下列要求。

7.1.1.1 用于电路中的电子元件及材料应符合有关的国家标准。

7.1.1.2 剩余电流继电器所采用的绝缘材料的相比电痕化指数(CTI)值应不小于100。绝缘材料的相比电痕化指数按8.2.4规定的方法进行测定。

7.1.1.3 剩余电流继电器使用的绝缘材料部件遭到非正常热和着火危险时,应不危及安全及蔓延火灾。

通过8.2.5的试验进行验证。

7.1.2 一般结构

7.1.2.1 操作剩余电流继电器时,容易触及的外部零件应是绝缘材料制成的。

7.1.2.2 剩余电流继电器所有黑色金属零件,除机构中的磨擦零件外,均须有防蚀层。

7.1.2.3 剩余电流继电器的金属零件不应有裂纹、严重麻点及镀层脱落。塑料压制件表面应光滑,不应有气泡裂纹、严重麻点等缺陷。

7.1.2.4 释放式剩余电流脱扣器等在尘埃影响下易受损害的部件应设计成尘埃难以进入的结构。

7.1.2.5 对于分体式的剩余电流继电器,检测装置与控制部分的连接线应小于10 m,超过10 m时应采取特殊的屏蔽措施。

7.1.3 机构

机构操作应灵活可靠,剩余电流继电器输出电路的触头只能置于闭合位置或断开位置,并有表示剩余电流继电器工作状态的指示装置。

剩余电流继电器应具有自动动作后可手动复回的装置。

剩余电流继电器可以有一个专门用来指示剩余电流动作的指示装置，剩余电流继电器只有在使剩余电流指示装置复位以后才能重新复位。剩余电流指示装置的色泽应鲜明，并用“剩余电流动作指示”或其他合适的文字标明，并且该指示装置不可用作剩余电流继电器的复位操作工具。

7.1.4　电气间隙和爬电距离

7.1.4.1　电气间隙：安装类别Ⅲ时，应不小于 3 mm；安装类别Ⅳ时，应不小于 5.5 mm。

7.1.4.2　爬电距离见表 4。

表 4　爬电距离

额定电压/V	爬电距离(污染等级为 3 时)/mm		
	材料组别		
	Ⅰ	Ⅱ	$Ⅲ_a$、$Ⅲ_b$
220	3.2	3.6	4
380	5.0	5.6	6.3

注 1：绝缘材料组别可按其相比电痕化指数(*CTI*)划分为四个组别：

绝缘材料组别Ⅰ　　600≤*CTI*

绝缘材料组别Ⅱ　　400≤*CTI*<600

绝缘材料组别$Ⅲ_a$　　175≤*CTI*<400

绝缘材料组别$Ⅲ_b$　　100≤*CTI*<175

注 2：爬电距离应不小于相应部位的最小电气间隙。

7.1.5　螺钉、载流部件及其连接

7.1.5.1　剩余电流继电器的机械连接和电气连接应能承受正常使用所产生的机械应力。

接线时使用的螺钉不应采用螺纹切削型自攻螺钉。

7.1.5.2　对与绝缘材料螺纹啮合的，并且是在安装时，装配剩余电流继电器所使用的螺钉，必须确保螺钉正确导入螺钉孔或螺母。

注：如果能防止螺钉倾斜导入，例如用一个固定的部件、阴螺纹的凹槽或使用一个去掉前端导入螺纹的螺钉等即可达到正确导入的目的。

7.1.5.3　电气连接的接触压力不应通过绝缘材料(但陶瓷或其他性能相当的材料除外)来传递，除非在金属部件中有足够的弹性措施来补偿绝缘材料的变形和收缩。

7.1.5.4　载流部件，包括接线端子的载流部件，应由能满足设备所能遇到的条件下，预期使用所需的机械强度、导电率和耐腐蚀性能要求的金属制成。

合适的金属有：

a)　铜；

b)　冷冲压弯曲部件至少为含铜 58%的合金；其他部件则至少为含铜 50%的合金；

c)　含铬至少为 13%，而含碳不大于 0.09%的不锈钢；

d)　其他能满足所需性能的金属或适当的涂覆金属。

本条要求不适用于触头、磁路、电子器件以及接线端子的螺钉、螺母、垫圈、夹紧板或类似部件和试验回路的部件等。

通过检查和 8.2.6 的试验进行验证。

7.1.6　连接外部导线的接线端子

7.1.6.1　连接外部导线的接线端子应使连接导体能持久地保持接触压力，在预期的使用条件下，应能方便地接近接线端子。

接线端子与外部导线的连接可以用螺钉或其他等效的方法实现，剩余电流继电器的接线端子应能把表5所示标称截面积的铜导体夹紧在金属表面之间，既要长期保持必需的接触压力，又不会过度损坏导线。

接线端子应能连接未经特殊加工的导线，例如，多股导线的锡焊，使用电缆接头及弯成环形等，但允许在导线插入端子前将导线端部整形或捻紧以增强端部强度。

7.1.6.2 接线端子中用于夹紧导线的部件不得再用于固定其他部件，即使它们只用于接线端子定位或防止端子转动也不允许。

连接外部导线的接线端子螺钉或螺母应与金属螺纹啮合，并不应是自攻螺钉。

7.1.6.3 如果接线端子不是用来连接电缆，也可制成专门连接母线的结构，这种装置可以是螺栓连接式也可以是插入式。

通过8.2.6的试验进行验证。

表5 接线端子可连接的铜导体截面积

额定电流/A	可连接的导线标称截面积范围/mm^2
$I_n \leqslant 10$	1～2.5
$10 < I_n \leqslant 16$	1.5～4
$16 < I_n \leqslant 25$	2.5～6
$25 < I_n \leqslant 32$	4～10
$32 < I_n \leqslant 50$	6～16
$50 < I_n \leqslant 80$	10～25
$80 < I_n \leqslant 100$	16～35
$100 < I_n \leqslant 125$	25～50
$125 < I_n \leqslant 200$	50～95
注：对额定电流超过上述范围的接线端子的连接导线的能力可按GB 14048.1—2006中7.1.7.2的规定。	

7.2 性能要求

7.2.1 试验装置

7.2.1.1 剩余电流继电器应具有带自复式按钮的用来模拟剩余电流的试验装置。操作试验装置时不应使保护导体带电。

7.2.1.2 剩余电流继电器在额定电压下，操作试验装置时所产生的安匝数，应不超过在剩余电流继电器主电路的一极或剩余电流互感器贯穿孔中的一根导线通以$I_{\Delta n}$的剩余电流时所产生的安匝数的2.5倍。

当剩余电流继电器的额定剩余动作电流可调时，除具体产品标准另有规定外，应采用最小的$I_{\Delta n}$。

7.2.1.3 试验装置在辅助电源额定电压的0.85～1.1倍时，均应能可靠的动作。

7.2.1.4 试验装置的按钮应能承受100 N静压力1 min不损坏。试验装置的操作按钮应标有字母“T”或用文字说明，按钮的颜色不能用红色或绿色，推荐采用浅色。

通过8.4的试验进行验证。

7.2.2 剩余电流动作特性

7.2.2.1 剩余动作电流

在正常工作条件下，剩余电流继电器的剩余动作电流应小于或等于额定剩余动作电流，并大于额定剩余不动作电流。

通过 8.3 的试验进行验证。

7.2.2.2 **剩余电流继电器的动作时间**

剩余电流继电器的动作时间应符合表 2 或表 3 的规定。

通过 8.3 的试验进行验证。

7.2.2.3 **具有自动重合闸功能的剩余电流继电器的附加要求**

自动重合闸功能只适用于额定电流大于 63 A 和额定剩余动作电流大于 0.03 A 的剩余电流继电器。具有自动重合闸功能的剩余电流继电器因剩余电流脱扣动作后，经过 20 s～60 s 的时间间隔后才能自动重合闸，但手动合闸不受此时间限制。

具有自动重合闸功能的剩余电流继电器只能自动重合闸一次，如自动重合闸后，剩余电流继电器因接地故障未排除而再次动作后，则自动重合闸功能应自行闭锁，不能再自动重合闸。

延时型剩余电流继电器(极限不驱动时间为 0.06 s 的 S 型产品除外)不应具有自动重合闸功能。

通过 8.3.6 的试验进行验证。

7.2.2.4 **用辅助电源的剩余电流继电器的附加要求**

对采用辅助电源的剩余电流继电器应能在额定辅助电源电压的 0.85～1.1 倍之间正常运行。

按 4.1.1.2.1 分类的辅助电源故障时能自动动作的剩余电流继电器，当辅助电源故障时，剩余电流继电器必须自动动作，其动作时间应符合具体产品标准的规定。如果是延时动作的，在延时时间内其动作特性仍应能符合要求。

按 4.1.1.2.2 分类的辅助电源故障时不能自动动作的剩余电流继电器，其电源故障时的动作特性应符合 8.5.3 的要求。

通过 8.3 和 8.5 的试验进行验证。

7.2.3 **温升**

剩余电流继电器按 8.6 规定的条件下进行温升试验时，其各部件的极限温升应符合表 6 的规定。

表 6 各部件的温升极限

部件名称	温升极限/K
连接外部导线的接线端子	65
正常操作时易触及的外部零件:金属件	30
绝缘件	40
金属材料操作件	15
绝缘材料操作件	25
其他外部零件，包括与安装面直接接触的表面	60
注：其他部件的温升不作规定，但不应引起相邻绝缘材料部件的损坏，并不影响剩余电流继电器的运行。	

7.2.4 **介电性能**

剩余电流继电器应具有足够的介电性能。通过 8.7 的试验进行验证。

7.2.4.1 **绝缘耐冲击电压性能**

剩余电流继电器的中性极与相线极之间应能承受 6 kV 的冲击电压。相线极和中性极连接在一起与安装剩余电流继电器的金属支架之间应能承受 8 kV 的冲击电压。

7.2.4.2 **耐湿热性能**

剩余电流继电器应具有适应湿热环境的能力。

7.2.4.3 **工频耐压**

在 8.7.2 的湿热试验前和湿热试验后，剩余电流继电器应能承受规定的工频耐压试验而无击穿和闪络现象。

7.2.5 剩余电流继电器在冲击电压作用下,防止误脱扣的能力

剩余电流继电器应有足够的承受冲击电压的能力而不引起误动作。

通过 8.8 的试验进行验证。

7.2.6 机械电气寿命

剩余电流继电器电气输出电路的触头按表 7 规定的条件进行试验时,应能承受 6 050 次操作循环而不发生电气、机械故障,每个操作循环次数包括一次接通操作和一次分断操作。

通过 8.9 的试验进行验证。

表 7 输出触头在正常条件下的接通分断能力

使用类别	接通			分断			操作参数		
AC	I/I_e	U/U_e	$\cos\phi$	I/I_e	U/U_e	$\cos\phi$	操作循环次数[b]	每分钟操作数	通电时间
AC-14	6	1	0.3	1	1	0.3	6 050	6	≥0.04 s
AC-15	10	1	0.3	1	1	0.3	6 050	6	≥0.04 s
DC	I/I_e	U/U_e	$T_{0.95}$	I/I_e	U/U_e	$T_{0.95}$	—	—	—
DC-13	1	1	$6\times P$[a]	1	1	$6\times P$[a]	6 050	6	$\geq T_{0.95}$

a $6\times P$ 是经验公式,它是从代表大多数直流电磁铁负载的上限为 $P=50$ W,即 $6\times P=300$ ms 的经验关系中求得。对于功率消耗大于 50 W 的负载,可假定是由并联的较小的负载组成。因此,不管功率消耗值为多少,300 ms 可用为上限值。

b 头 50 次操作循环应在 $U/U_e=1.1$ 的条件下进行。

7.2.7 输出触头的接通分断能力

剩余电流继电器电气输出电路的触头接通分断能力应符合表 8 规定。

通过 8.10 的试验进行验证。

表 8 输出触头在非正常条件下的接通分断能力

使用类别	接通			分断			操作参数		
AC	I/I_e	U/U_e	$\cos\phi$	I/I_e	U/U_e	$\cos\phi$	操作循环次数	每分钟操作数	通电时间
AC-14	6	1.1	0.7	6	1.1	0.7	10	6	≥0.04 s
AC-15	10	1.1	0.3	10	1.1	0.3	10	6	≥0.04 s
DC	I/I_e	U/U_e	$T_{0.95}$	I/I_e	U/U_e	$T_{0.95}$	—	—	—
DC-13	1.1	1.1	$6\times P$[a]	1.1	1.1	$6\times P$[a]	10	6	$\geq T_{0.95}$

a $6\times P$ 是经验公式,它是从代表大多数直流电磁铁负载的上限为 $P=50$ W,即 $6\times P=300$ ms 的经验关系中求得。对于功率消耗大于 50 W 的负载,可假定是由并联的较小的负载组成。因此,不管功率消耗值为多少,300 ms 可用为上限值。

7.2.8 短路条件下的工作性能

剩余电流继电器应有足够的承受短路电流的能力。在短路试验时,不应对操作者产生危害,剩余电流继电器不能发生电气机械故障。

通过 8.11 的试验进行验证。

7.2.9 输出触头的额定限制短路电流

剩余电流继电器电气输出电路的触头的额定限制短路电流为 1 000 A。

通过 8.12 的试验进行验证

7.2.10 主电路不导致误动作的过电流极限值

剩余电流继电器的主电路在没有剩余电流的情况下，不导致误动作的过电流极限值应符合4.2.2.8的要求。

通过8.13的试验进行验证。

7.2.11 耐机械振动和机械撞击性能

剩余电流继电器应能承受在正常安装和使用过程中产生的机械应力。

通过8.14的试验进行验证。

7.2.12 可靠性

剩余电流继电器应考虑到元件等老化因素，在预期的寿命周期内即使长期工作后也应能可靠工作。

通过8.15和8.16的试验进行验证。

7.2.13 抗电磁骚扰性能

剩余电流继电器对电磁骚扰应有良好的抗扰性。

通过8.17的试验进行验证。

7.2.14 电磁发射要求

剩余电流继电器的发射应不超过GB 4824—2004(环境A或环境B)规定的极限。

通过8.18的试验进行验证。

7.2.15 外部剩余电流互感器的连接故障时的工作状况

如果使用外部剩余电流互感器，在互感器二次回路线圈断线或故障时剩余电流继电器应立即自动动作或报警指示互感器断线。应能通过操作试验装置检验互感器断线。

通过8.3.7的试验进行验证。

8 试验方法

8.1 试验条件

8.1.1 试品应符合经规定程序批准的图样及技术文件。

8.1.2 除有特殊规定外，每一试验顺序应在新的剩余电流继电器上进行。

8.1.3 除有特殊规定外，试验在正常工作条件下进行。

8.1.4 在试验前允许在空载或负载条件下操作数次剩余电流继电器。

8.1.5 试验量允差

除在试验方法中已规定之外，试验参数允许误差规定如下：

电压：±5%；

功率因数：0～−0.05；

电流：0～+5%。

在制造商同意的前提下为试验方便，用比规定更严酷的试验参数和试验方法时同样有效。

8.1.6 试品在试验中不允许更换零部件或进行维修。

8.1.7 对制造商规定的专门与某一特定型号的开关电器配合使用的剩余电流继电器，在8.6、8.9和8.10的试验时，可将剩余电流继电器与受控开关电器配合起来进行试验，试验条件由具体产品标准规定。

8.2 验证机械结构

8.2.1 一般检查

a) 剩余电流继电器的零件是否齐全，应符合其产品的图纸；

b) 剩余电流继电器采用的材料和结构应符合7.1.1.1、7.1.2、7.1.3和7.1.5的要求。

8.2.2 验证标志及标志耐久性

检查铭牌、标牌及有关技术文件标志的内容是否符合第5章的要求。

对剩余电流继电器外壳上或铭牌上的标志，用手拿一块浸湿蒸馏水的脱脂棉在大约 15 s 内来回各擦 15 次，接着再用一块浸湿汽油的脱脂棉在大约 15 s 内来回各擦 15 次，标志仍应能容易辨认。

对用压印、模压等方法制造的标志可以不进行本试验。

在本标准规定的所有试验之后外壳或铭牌上标志应仍能容易辨认，而且没有任何翘曲现象。

8.2.3 测量电气间隙和爬电距离

电气间隙和爬电距离的计算和测量方法按 GB 14048.1—2006 的附录 G，其测量值应符合 7.1.4 的要求。

8.2.4 验证绝缘材料的相比电痕化指数(*CTI*)

剩余电流继电器所用的绝缘材料按 GB/T 4207—2003 规定的试验方法、试验设备和试验程序等来验证相比电痕化指数。

绝缘材料的相比电痕化指数(*CTI*)值不应小于制造商规定的绝缘材料组别的要求。

如果制造商从绝缘材料制造商或其他可靠方面获得的数据确实能证明绝缘材料的 *CTI* 值大于规定的要求，可不进行本试验。

8.2.5 验证耐非正常热和着火危险

剩余电流继电器的绝缘材料(陶瓷材料除外)制作的部件，应按 GB/T 5169.10—2006 的规定进行耐非正常热和着火危险试验。灼热丝顶端的温度如下：

a) 用以将载流部件和接地电路部件保持在正常位置所必须的绝缘材料部件，在 960 ℃±15 ℃温度下进行试验；

b) 不是用以将载流部件和接地电路部件保持在正常位置所必须的绝缘材料部件，即使与其接触，均在 650 ℃±10 ℃温度下进行试验。

如果几种绝缘材料零件由同一种材料制成而试验温度要求又不同时，只对其中一个零件按较高温度进行试验。

本试验仅在一台试品的零件上进行试验。

在有疑问的情况下，再用二台试品重复进行本试验。

施加灼热丝一次，试验时间为 30 s±1 s。

试验时，试品应放置在预期使用的最不利的位置(被试表面在垂直位置)。

考虑预期使用的发热元件或灼热元件可能与试品接触的条件，应把灼热丝的顶端施加到试品上规定的表面。

如果符合下列条件之一，则认为灼热丝试验合格：

1) 无可见的火焰和无持续的辉光；

2) 灼热丝移开后 30 s 内，试样上的火焰熄灭或辉光消失。

此外，试品下面的薄纸不应着火或松木板不能灼焦。

8.2.6 验证连接外部导线接线端子的可靠性

8.2.6.1 剩余电流继电器的接线端子分别连接表 5 规定的最大和最小截面积的导线，以表 9 规定值的 110%力矩来拧紧接线螺钉，然后拧松其螺钉，将导线拆下，用新的导线重复上述试验。本试验分别用表 5 规定的最大和最小截面积的导线对两个接线端子各进行 5 次。每次试验时，导线不应切断或损坏，全部试验结束后，接线端子应无妨碍其继续使用的损坏。

8.2.6.2 剩余电流继电器的接线端子连接表 5 规定的最大和最小截面积的导线，并用表 9 规定值的三分之二力矩来拧紧接线端子螺钉，然后对每一接线端子连接的导线逐渐增加其轴向拉力到表 10 规定值，保持 1 min，施加轴向力时应无冲击，试验过程中导线不应滑出或产生明显的移动。

8.2.6.3 对分体式的剩余电流继电器，在剩余电流互感器与控制部分的连接导线上施加一个逐渐增加到 50 N 的轴向拉力保持 1 min，连接导线不应脱落或损坏。

试验后，对剩余电流继电器检测装置主电路的一极通以 1.25$I_{\Delta n}$ 的剩余电流，剩余电流继电器应能动作，试验时测量动作时间，应不大于表 2 或表 3 对 $I_{\Delta n}$规定的最大动作时间。

表 9 验证接线端子机械强度的拧紧力矩

螺钉直径/mm	拧紧力矩/N·m		
	Ⅰ	Ⅱ	Ⅲ
$\phi \leqslant 2.8$	0.2	0.4	0.4
$2.8 < \phi \leqslant 3.0$	0.25	0.5	0.5
$3.0 < \phi \leqslant 3.2$	0.3	0.6	0.6
$3.2 < \phi \leqslant 3.6$	0.4	0.8	0.8
$3.6 < \phi \leqslant 4.1$	0.7	1.2	1.2
$4.1 < \phi \leqslant 4.7$	0.8	1.8	1.8
$4.7 < \phi \leqslant 5.3$	0.8	2.0	2.0
$5.3 < \phi \leqslant 6.0$	1.2	2.5	3.0
$6.0 < \phi \leqslant 8.0$	2.5	3.5	6.0
$8.0 < \phi \leqslant 10$	—	4.0	10.0
$10 < \phi \leqslant 12$	—	—	14.0
$12 < \phi \leqslant 14$	—	—	19.0

注 1：表中第Ⅰ栏数据适用于拧紧时不能伸出孔的螺钉，以及不能用宽度比螺钉根部直径宽的螺丝刀来拧紧的其他螺钉。第Ⅱ栏数据适用于用螺丝刀来拧紧的螺钉和螺母。第Ⅲ栏数据适用于其他更好的工具，如扳手等来拧紧的螺钉和螺母。

注 2：螺纹直径超过上述范围时，按 GB 14048.1—2006 中表 4 的规定。

表 10 验证接线端子机械强度时对导线施加的轴向拉力

接线端子能容纳的导线截面积/mm^2	≤4	≤6	≤10	≤16	≤50	≤95
拉力/N	50	60	80	90	100	110

注：导线截面积超过上述范围时，GB 14048.1—2006 中表 5 规定。

8.3 验证剩余电流动作特性

8.3.1 试验条件

剩余电流继电器按正常使用条件安装，分别在图 2～图 4 的基本上无电感的电路里进行试验。

测量电压和电流的仪表精度至少为 0.5 级，并能正确地显示（或能测定）真有效值。测量时间的仪表相对误差不大于 10%，必要时可以用示波器或电子计时器来测量时间。

对用辅助电源的剩余电流继电器，应在相应的接线端子上施加 1.1 倍和 0.85 倍的辅助电源额定电压 U_{sn}重复每组试验。

AC 型剩余电流继电器在图 2 所示的试验电路里进行试验。

A 型剩余电流继电器除了在图 2 的试验电路里进行试验外，还要在图 3 和图 4 的试验电路里进行试验。

注：如制造商规定剩余电流继电器与特定的机械开关电器组合起来使用，则应验证组装成剩余电流保护器后的剩余电流动作特性，并应符合表 2 或表 3 相应的要求。

8.3.2 在基准温度 20 ℃±5 ℃下，剩余电流继电器不带负载，剩余电流为交流正弦波电流时，验证剩余动作特性

对剩余电流继电器主电路的一极或剩余电流互感器贯穿孔中的一根导线在图 2 的试验电路里进行下列试验。

除非另有规定，剩余动作电流整定值连续可调或分级可调的剩余电流继电器，应在最小整定值、最大整定值和一个中间的整定值进行试验。

8.3.2.1 逐渐增加试验电流验证剩余电流继电器动作特性

对可调延时的剩余电流继电器，应在最小延时整定值进行试验。

试验开关 S_{w1}、S_{w2}、S_{w3} 处于闭合位置，剩余电流继电器处于运行状态，其常开输出触头在闭合位置，S_{wA} 断开，不带负载。调节电阻 R_1 使剩余电流从小于 $0.2I_{\Delta n}$ 开始，在 30 s 内稳定地增加到 $I_{\Delta n}$ 值。测量剩余电流继电器动作时的剩余电流值，测量 3 次，剩余电流继电器应在大于 $I_{\Delta no}$ 且小于等于 $I_{\Delta n}$ 之间动作。

8.3.2.2 用剩余电流继电器接通剩余电流测量动作时间

对可调延时的剩余电流继电器，应在最小延时整定值进行试验。

试验电路调节到通以额定剩余电流值 $I_{\Delta n}$。试验开关 S_{w1}、S_{w2}、S_{w3} 先闭合，然后通过复位装置使剩余电流继电器处于运行状态，使其常开输出触头闭合接通剩余电流，测量动作时间，测量 3 次，每次测量值均应符合表 2 或表 3 对 $I_{\Delta n}$ 规定的极限值。

8.3.2.3 突然出现剩余电流时测量动作时间

对可调延时的剩余电流继电器，应在最小延时整定值进行试验。

试验电路依次调节到表 2 或表 3 规定的每个 I_{Δ} 电流值，试验开关 S_{w1}、S_{w3} 处于闭合位置，剩余电流继电器处于运行状态，其常开输出触头在闭合位置，然后闭合试验开关 S_{w2} 使电路中突然产生一个剩余电流，测量动作时间，对每一个剩余电流值测量 3 次，每次测量值均应符合表 2 或表 3 的规定。

8.3.2.4 验证延时型剩余电流继电器的极限不驱动时间

试验电路调节到 $2I_{\Delta n}$ 值，试验开关 S_{w1}、S_{w3} 处于闭合位置，剩余电流继电器处于运行状态，其常开输出触头在闭合位置，然后闭合试验开关 S_{w2} 使电路中突然产生一个剩余电流，S_{w2} 闭合时间为制造商规定的极限不驱动时间，允许误差为 0～－5%。试验三次，每次施加剩余电流至少应与前一次间隔 1 min。每次试验时，剩余电流继电器均不应动作。

如果剩余电流继电器具有可调剩余动作电流整定值和/或可调延时，则应在最小剩余动作电流整定值及最大延时整定值下进行试验。

8.3.3 在基准温度 20 ℃±5 ℃下，剩余电流继电器带负载时的动作特性

在基准温度下，闭合 S_{wA}，调节 R_2 使主电路通以额定电流，重复 8.3.2.1 和 8.3.2.3 的试验。

剩余电流继电器的主电路在任何合适的电压下，通以额定电流至热稳定状态，然后重复 8.3.2.2 的试验。

8.3.4 在正常使用的极限温度下验证剩余动作特性

剩余电流继电器依次在下列条件下，进行 8.3.2.3 和 8.3.2.4 的试验：

a) 环境温度为－5 ℃，剩余电流继电器的主电路不接负载；

b) 环境温度为＋40 ℃，剩余电流继电器的主电路在任何合适电压下，通以其额定电流负载，直至达到热稳定状态。对用辅助电源的剩余电流继电器，考虑到与辅助电源有关元件的发热，应在辅助电源的接线端子上施加辅助电源额定电压达到热稳定状态。

8.3.5 剩余电流含有直流分量时，验证剩余电流继电器的动作特性

A型剩余电流继电器除了按8.3.2、8.3.3和8.3.4验证动作特性外，还要按下列要求验证剩余电流含有直流分量时的动作特性。

除非另有规定，剩余动作电流整定值连续可调或分级可调的剩余电流继电器，应在最小整定值、最大整定值和一个中间的整定值进行试验。对可调延时的剩余电流继电器，应在最小延时整定值进行试验。

8.3.5.1 在基准温度20 ℃±5 ℃下，剩余电流继电器不带负载，脉动直流剩余电流连续上升时，验证剩余电流继电器的动作特性。

在图3的试验电路里进行试验。

S_{w1}、S_{w2}、S_{w3}处在闭合位置，剩余电流继电器处于运行状态，其常开输出触头在闭合位置，S_{wA}断开，主电路不接负载。控制可控硅使电流滞后角分别为0°，90°，135°。剩余电流继电器主电路的一极在每个电流滞后角和开关S_{w4}分别在位置Ⅰ和位置Ⅱ各试验2次。

试验时，电流从零开始，逐步增加直至剩余电流继电器动作。电流上升率，对$I_{\Delta n}$>0.015 A的剩余电流继电器约为(1.4$I_{\Delta n}$/30)A/s，对$I_{\Delta n}$≤0.015 A的剩余电流继电器约为(2$I_{\Delta n}$/30)A/s。

测量剩余电流继电器动作时的剩余电流值，每次测量值均应符合表11的规定。

表11 剩余电流含有直流分量时剩余动作电流范围

电流滞后角 α	剩余动作电流范围	
	下限	上限
0°	0.35$I_{\Delta n}$	1.4$I_{\Delta n}$($I_{\Delta n}$>0.015 A) 2$I_{\Delta n}$($I_{\Delta n}$≤0.015 A)
90°	0.25$I_{\Delta n}$	
135°	0.11$I_{\Delta n}$	

8.3.5.2 在基准温度20 ℃±5 ℃下，剩余电流继电器不带负载，突然施加脉动直流剩余电流时，验证剩余电流继电器的动作特性

剩余电流继电器在图3的试验电路里进行试验，S_{wA}断开，不接负载。

试验电路依次调节到下面规定的电流值，S_{w1}、S_{w3}处在闭合位置，剩余电流继电器处于运行状态，其常开输出触头在闭合位置，闭合S_{w2}突然接通剩余电流。

对表2或表3规定的每一个剩余电流值进行试验，电流滞后角为α=0°，对$I_{\Delta n}$>0.015 A的剩余电流继电器，每个I_{Δ}值乘以1.4，对$I_{\Delta n}$≤0.015 A的剩余电流继电器，每个I_{Δ}值乘以2(但试验电流不小于0.03 A)。测量2次动作时间，第一次测量S_{w4}在位置Ⅰ，第二次测量S_{w3}在位置Ⅱ。

每次测量值均不应超过表2或表3规定的极限值。

8.3.5.3 在基准温度20 ℃±5 ℃下，剩余电流继电器带负载，验证剩余电流继电器的动作特性

在图3的试验电路里进行试验，在试验开始前不久，闭合S_{wA}，对剩余电流继电器的被试极和另一极通以额定电流负载，然后重复8.3.5.1的试验。

8.3.5.4 在基准温度20 ℃±5 ℃下，脉动直流剩余电流迭加0.006 A平滑直流电流时，验证剩余电流继电器正确动作。

剩余电流继电器在图4的试验电路里，用半波整流剩余直流(0°)迭加0.006 A平滑直流电流进行试验。

对剩余电流继电器主电路的一极在S_{w4}处于位置Ⅰ和位置Ⅱ时各试验2次。半波电流I_1从零开始稳定地增加，电流增加的速率，对$I_{\Delta n}$>0.015 A的剩余电流继电器约为(1.4$I_{\Delta n}$/30)A/s，对$I_{\Delta n}$≤0.015 A的剩余电流继电器约为(2$I_{\Delta n}$/30)A/s。剩余电流继电器应在电流分别达到1.4$I_{\Delta n}$或2$I_{\Delta n}$前动作。

8.3.6 验证自动重合闸功能

对具有自动重合闸功能的剩余电流继电器在图2的试验电路里进行试验，分别在1.1U_{sn}和

0.85U_{sn}重复进行试验。

对剩余动作电流整定值可调的剩余电流继电器，应在最小的电流整定值下进行试验。

8.3.6.1 **验证自动重合闸**

在任何合适的温度下不带负载进行试验。

试验电路分别调节到$I_{\Delta n}$和10$I_{\Delta n}$的电流值，试验开关S_{w1}、S_{w3}处在闭合位置，剩余电流继电器处于运行状态，其常开输出触头在闭合位置，然后闭合试验开关S_{w2}使电路中突然产生一个剩余电流，测量动作时间，每次测量值均应符合表2或表3相应于$I_{\Delta n}$和10$I_{\Delta n}$规定的时间。然后打开S_{w2}，经过一定时间间隔后剩余电流继电器应能自动重合闸(自动复位)。测量剩余电流继电器动作至自动复位接通电路的间隔时间，这时间应不小于20 s，也不大于60 s。

接着把试验开关S_{w1}、S_{w2}、S_{w3}处于闭合位置，然后通过复位装置使剩余电流继电器处于运行状态，使其常开输出触头闭合接通剩余电流，按上述同样方法测量动作时间和重合闸的间隔时间，仍应符合上述要求。

8.3.6.2 **验证自动重合闸的闭锁功能**

在任何合适的温度下不带负载进行试验。

试验电路分别调节到$I_{\Delta n}$和10$I_{\Delta n}$的电流值，试验开关S_{w1}、S_{w3}处在闭合位置，剩余电流继电器处于运行状态，其常开输出触头在闭合位置，然后闭合试验开关S_{w2}使电路中突然产生一个剩余电流，使剩余电流继电器动作，此时S_{w2}仍处在闭合位置，经过一定的时间间隔后，剩余电流继电器应自动重合闸(自动复位)，测量剩余电流继电器动作至自动复位的时间间隔，这时间不应小于20 s也不应大于60 s。此时因电路中仍有$I_{\Delta n}$和10$I_{\Delta n}$的剩余电流存在，剩余电流继电器应动作，测量剩余电流继电器复位瞬间至再次动作瞬间的间隔时间，这时间应不大于表2或表3相应于$I_{\Delta n}$和10$I_{\Delta n}$规定的最大动作时间。这时剩余电流继电器应保持在断开位置，不应再重合闸。

经过10 min后，断开S_{w2}，用手动复位装置使剩余电流继电器复位后，重复上述试验，但剩余电流继电器第一次动作后，S_{w2}断开，待剩余电流继电器自动重合闸后约5 s左右，闭合S_{w2}，接通剩余电流，剩余电流继电器应动作，测量电流接通瞬间至电流断开瞬间的间隔时间，这时间应不大于表2或表3相应于$I_{\Delta n}$和10$I_{\Delta n}$规定的最大动作时间。这时剩余电流继电器应保持在断开位置，不应再重合闸。

8.3.7 **验证外接剩余电流互感器**

8.3.7.1 **概述**

本试验仅适用于具有外部剩余电流互感器的剩余电流继电器。

剩余电流互感器按制造商规定的正常使用方式连接。按图2的试验电路接线并施加相应的额定辅助电源电压，如果辅助电源有几个额定电压，应对每个额定电压进行试验。

延时时间可调的剩余电流继电器，设定至最大的延时整定值。剩余动作电流可调的剩余电流继电器，设定至最小的剩余动作电流值。

8.3.7.2 **试验方法**

剩余电流继电器接至外部剩余电流互感器，并依次施加每个额定电压，剩余电流互感器中没有剩余电流流过，剩余电流继电器应不动作。断开外部剩余电流互感器二次回路的电路，剩余电流继电器应动作或发出一个报警信号指示互感器断开。测量互感器断开与输出状态改变之间的时间间隔。测量三次，测量值不应大于5 s。

然后再用试验装置进行检验。依次对剩余电流继电器施加每个额定电压，剩余电流互感器中没有剩余电流流过，剩余电流继电器应不动作。操作试验装置，剩余电流继电器应动作。然后使剩余电流继电器复位处于工作状态，断开外部剩余电流互感器二次回路的电路，剩余电流继电器应动作或发出一个报警信号指示互感器断开。此时操作试验装置，剩余电流继电器的输出状态不应变化。重复试验三次，均应符合要求。

上述试验后，按8.3.2.3的试验验证剩余电流继电器的正确动作，仅在$I_{\Delta n}$下进行试验，试验时测量动作时间，动作时间应符合表2或表3规定的时间。

8.4 验证试验装置的性能

8.4.1 检查和操作剩余电流继电器的试验装置，验证试验装置是否符合7.2.1的规定，然后对试验装置的操作按钮在操作方向施加100 N静压力1 min试验装置应不损坏，并应能自动复位。

8.4.2 剩余电流继电器按正常使用条件接线，进行下列试验：

a) 在0.85倍额定电压下操作试验按钮25次，每两次试验之间的时间间隔1 s，剩余电流继电器应可靠动作；

b) 在1.1倍额定电压下操作试验按钮25次，每两次试验之间的时间间隔1 s，剩余电流继电器应可靠动作；

c) 在1.1倍额定电压下操作试验按钮1次，但试验装置的按钮保持在闭合位置30 s，剩余电流继电器应能可靠动作，并且试验装置的任何零件不能发生损坏。

8.4.3 验证试验装置产生的安匝数不超过剩余电流继电器主电路的一极通以$I_{\Delta n}$的剩余电流时所产生安匝数的2.5倍。

根据试验装置电路的结构，测量试验回路的阻抗，然后根据试验装置的工作电压计算试验电流来进行校核。

8.5 验证辅助电源故障时，剩余电流继电器的工作状况

对剩余动作电流的可调的剩余电流继电器，试验应在最小动作电流整定值时进行。对延时时间可调的剩余电流继电器，试验在任一延时整定值时进行。

8.5.1 按4.1.1.2.1分类的辅助电源故障时能自动动作的剩余电流继电器，应按下列要求验证辅助电源故障时剩余电流继电器的工作性能。

剩余电流继电器相应的接线端子上施加辅助电源额定电压U_{sn}，使剩余电流继电器处于运行状态，然后以在30 s内将电压降到零的速度，逐步降低辅助电源电压直至剩余电流继电器自动动作，测量剩余电流继电器自动动作时的辅助电源电压值，测量5次，每次测量值均应小于$0.85U_{sn}$。

然后把辅助电源电压调节到比5次测量值中最大值大5%的电压值，使剩余电流继电器处于运行状态，接着对检测装置的一极通以$I_{\Delta n}$，剩余电流继电器应在表2或表3的规定时间内动作。

8.5.2 按4.1.1.2.1分类的剩余电流继电器在辅助电源中断时，验证自动动作的时间

剩余电流继电器相应的接线端子上施加辅助电源额定电压U_{sn}，使剩余电流继电器处于运行状态，然后断开辅助电源的电压，测量从辅助电源中断开始至剩余电流继电器自动动作之间的时间，测量5次，动作时间应在具体产品标准规定的范围内。

对辅助电源中断时延时动作的剩余电流继电器，在延时时间内，对检测装置的一极通以$I_{\Delta n}$，剩余电流继电器应在表2或表3的规定时间内动作。

继上述试验后重新闭合辅助电源的电压，4.1.1.2.1a)分类的剩余电流继电器应能自动复位。4.1.1.2.1b)分类的剩余电流继电器不应自动复位。

8.5.3 按4.1.1.2.2分类的辅助电源故障时不能自动动作的剩余电流继电器，应按下列要求验证辅助电源故障时剩余电流继电器的工作性能。

剩余电流继电器相应的接线端子上施加额定辅助电源电压U_{sn}，并使剩余电流继电器处于运行状态，然后断开辅助电源的电压，剩余电流继电器不应自动动作。

重新闭合辅助电源电压，辅助电源电压按如下方式减少：

a) 辅助电源如采用三相电源：降至最低额定电压的70%；

b) 辅助电源如采用单相电源：降至85 V。

然后按a)或/和b)(如适用)规定的方式施加辅助电源电压，对剩余电流继电器主电路的一极通以$I_{\Delta n}$的电流值，剩余电流继电器应动作。试验时测量动作时间，动作时间应符合表2或表3规定的时间。

8.6 验证温升

温升试验的试验程序和试验方法按 GB 14048.1—2006 中 8.3.3.3 的规定。试验结果应符合 7.2.3 的要求。

试验时，剩余电流继电器主电路的相线极在任何合适电压下通以额定电流 I_n，剩余电流继电器的输出触头通以约定发热电流 I_{th}（对用辅助电源的剩余电流继电器应施加辅助电源额定电压）。通电时间应足以使温升达到稳定值，当温升变化每小时不超过 1 K 时，即可认为已达到稳定条件。

温升试验导线的截面积和长度按 GB 14048.1—2006 中 8.3.3.3 及表 9、表 10 和表 11 的规定。

注：如制造商规定剩余电流继电器与指定型号的机械开关电器组合起来使用，则温升试验时，剩余电流继电器的输出触头应同正常工作时一样，与指定的机械开关电器的控制线圈连接进行试验。

8.7 验证介电性能

8.7.1 验证绝缘耐受冲击电压性能

剩余电流继电器按正常使用安装在金属支架上进行试验，分体式剩余电流继电器的剩余电流互感器和控制部分应连接在一起。

冲击电压由能产生正负冲击电压的发生器供给，冲击电压发生器的要求及冲击电压波形按 GB 16916.1—2003 中 9.20 的规定。

施加电压部位：

剩余电流继电器各极连接在一起与中性极之间施加峰值为 6 000 V 的冲击电压。

剩余电流继电器的各极与中性极及输出触头回路连接在一起和金属支架之间（保护导体接线端子及检测装置和控制部分的外壳连接到金属支架上）施加 8 000 V 的冲击电压。

上述二组试验各施加 5 次正向冲击电压和 5 次负向冲击电压，相邻两次试验之间的时间间隔至少为 10 s。

试验过程中不能发生击穿放电。如果只发生一次击穿放电，则要增加 10 次冲击电压试验，增加试验的冲击电压的极性和施加电压部位与发生击穿放电时的极性和施加电压部位相同。增加试验时不能再发生击穿放电。

8.7.2 耐湿热性能试验

8.7.2.1 试验条件

按 GB/T 2423.4—2008 规定的试验 Db 进行湿热试验。

试验严酷等级：高温温度＋40 ℃，试验周期 6 天。

8.7.2.2 试验准备

试品如有进线孔，则全部打开，如有敲落孔，则打开其中一只。不借助工具能拆卸的部件应拆卸并与主部件一起进行湿热试验，剩余电流继电器如有盖罩都应打开，分体式剩余电流继电器的检测装置与控制部分应一起进行试验。试品在放入试验箱（室）前至少应在室温条件下放置 4 h。

8.7.2.3 试验方法

试验方法按 GB/T 2423.4—2008 的要求。

8.7.2.4 试后要求

湿热试验结束前的最后 1 h～2 h，剩余电流继电器仍在试验室内，温度为 25 ℃±3 ℃，相对湿度控制在 95%～98%，在试品上应不出现凝露，再进行 8.7.3 和 8.7.4 试验。

8.7.3 测量绝缘电阻

在 8.7.2 试验的最后 1 h～2 h，试品仍在试验箱（室）内，用电压等级为 500 V 的兆欧表测量如下部位的绝缘电阻：

a) 剩余电流继电器的电气上分开的每一个接线端子与连接至框架的其他接线端子之间（输出回路的断开触头之间除外）；
b) 剩余电流继电器所有的接线端子连接在一起与框架之间。

试验时，连接在电流回路之间的电子元件应拆下，分体式剩余电流继电器的检测装置与控制部分应电气上连接在一起进行试验。

术语“框架”包括：

a) 所有容易触及的金属部件和按正常使用条件安装后易触及的绝缘材料表面覆盖的金属箔；

b) 安装剩余电流继电器底座的表面，剩余电流继电器检测装置外表面及贯穿孔的内壁，必要时，该表面可覆盖金属箔；

c) 固定底座到框架上的螺钉及其他零件，安装剩余电流继电器时必须取下的盖子的固定螺钉等零件。

绝缘电阻应不小于 1 MΩ。

8.7.4 工频耐压试验

工频耐压试验应在分别在 8.7.2 的试验前和试验后进行。

工频耐压试验电压的施加部位同 8.7.3，以及输出回路的断开触头之间。

试验电压如下：

a) 8.7.2 的湿热试验前，试验电压值：额定电压为 220 V 时，试验电压为 2 000 V；额定电压为 380 V 时，试验电压为 2 500 V。输出回路断开触头之间，额定工作电压为 60 V 及以下时，试验电压为 1 000 V，额定工作电压为 220 V 时，试验电压为 1 500 V；额定工作电压为 380 V 时，试验电压为 1 890 V。

b) 8.7.2 的湿热试验后，试验电压值：额定电压为 220 V 时，试验电压为 1 500 V；额定电压为 380 V 时，试验电压为 1 800 V。输出回路断开触头之间，额定工作电压为 60 V 及以下时，试验电压为 800 V，额定工作电压为 220 V 时，试验电压为 1 200 V；额定工作电压为 380 V 时，试验电压为 1 500 V。

试验电压应基本上为正弦波，频率在 45 Hz～65 Hz 之间。试验电源至少应能输出 0.2 A 的短路电流，试验电路的过电流继电器整定在 100 mA。

试验开始时，施加电压应不大于规定值的一半，然后在 5 s 内将电压升至规定值。

试验过程中，剩余电流继电器应无击穿和闪络现象。

8.8 验证冲击电压作用下防止误脱扣的能力

剩余电流继电器应能经受下列试验而不产生误动作。

8.8.1 验证 0.5 μs/100 kHz 振铃波浪涌电流试验

剩余电流继电器用一个浪涌电流发生器进行试验，浪涌电流发生器能产生一个图 5a）所示的衰减的振荡电流波。剩余电流继电器接线的试验电路图的示例见图 5b）。

对剩余电流继电器主电路的任选一极施加 10 次浪涌电流，每施加两次变换浪涌电流的极性，连续两次施加浪涌电流之间的时间间隔约 30 s。

用一个适当的装置测量浪涌电流，并用另外一个相同型式、相同 I_n 和相同 $I_{\Delta n}$ 的剩余电流继电器调节电流以满足下列要求：

——峰值电流：200 A^{+10}_{0} %；

——前沿时间：0.5(1±30%)μs；

——后续振荡电流波形周期：10(1±20%)μs；

——相邻波形的峰值：约为前一个波形峰值的 60%。

在试验过程中，剩余电流继电器不应脱扣。振铃波试验后，按 8.3.2.3 的要求验证剩余电流继电器的正确动作，仅在 $I_{\Delta n}$ 的下进行试验，试验时测量动作时间，动作时间应符合表 2 或表 3 规定的时间。

8.8.2 验证 8/20 μs 浪涌电流试验

剩余电流继电器用一个电流发生器进行试验，电流发生器能产生一个图 6a）所示的 8/20 μs 衰减浪涌电流。剩余电流继电器接线的试验电路图的示例见图 6b）。

对剩余电流继电器主电路的任选一极施加 10 次浪涌电流，每施加两次变换浪涌电流的极性，连续两次施加浪涌电流之间的时间间隔约 30 s。

用一个适当的装置测量浪涌电流，并用一个附加的相同型式、相同 I_n 和相同 $I_{\Delta n}$ 的剩余电流继电器调节电流以满足下列要求：

——峰值电流：3 000 A$^{+10}_{0}$%；

——前沿时间：8(1±20%)μs；

——至半值时间：20(1±20%)μs；

——反向电流峰值：小于峰值的 30%。

在试验过程中，剩余电流继电器不应动作。在浪涌电流试验后，按 8.3.2.3 的试验验证剩余电流继电器的正确动作，仅在 $I_{\Delta n}$ 下进行试验，试验时测量动作时间，动作时间应符合表 2 或表 3 规定的时间。

8.9 验证机械电气寿命

8.9.1 试验方法

机械电气寿命按下列要求进行，输出触头的电气寿命的试验参数、操作循环次数和操作频率按表 7 的要求，允许误差如下：

a) 电流：0～+5%；

b) 电压：±5%；

c) 功率因数：0～−0.05。

试验在剩余电流继电器的互感器主电路空载条件下进行。如制造商规定剩余电流继电器与指定型号的机械开关电器组合起来使用，试验时，可以把制造商指定的机械开关电器的控制线圈作为输出触头的负载进行试验。

输出触头的试验电路按 GB 14048.5—2008 中 8.3.3.5.1 图 5、图 6 和图 7 的规定。如剩余电流继电器的输出触头回路有几对触头，并且其结构及试验参数相同，则只需对其中一对触头进行试验。

电气寿命试验时，500 次由操作试验装置动作，500 次由剩余电流继电器主电路的一极通以 $I_{\Delta n}$ 的剩余电流动作。对于 $I_{\Delta n}$≤0.01 A 的剩余电流继电器，上述操作次数分别为 750 次，其余次数由剩余电流继电器的操作件操作(如无操作件也可由试验装置操作)。用复位按钮或其他合适的方法使剩余电流继电器复位。

8.9.2 试后要求

机械电气寿命试验后，剩余电流继电器应没有妨碍其继续使用的损坏，触头不发生熔焊或持续燃弧。不经维修，应能承受 8.7.4 的工频耐压试验，试验电压为 2 倍触头额定工作电压(U_e)，但不小于 1 000 V，试前不经过湿热试验。然后对剩余电流继电器主电路的一极通以 1.25$I_{\Delta n}$ 的剩余电流，剩余电流继电器应能动作，试验时测量动作时间，应不大于表 2 或表 3 对 $I_{\Delta n}$ 规定的最大动作时间。

8.10 验证输出触头的非正常接通分断能力

8.10.1 试验方法

试验条件按 8.9.1 的要求，但采用试验装置或其他相应操作装置操作，试验参数按表 8 的要求。

8.10.2 试后要求

试后要求同 8.9.2。

8.11 验证剩余电流继电器在短路条件下的工作性能

8.11.1 短时耐受电流试验

试验电路按图 7。

剩余电流继电器的辅助电源接线端子施加 1.1 倍辅助电源额定电压，检测装置主电路各极(或剩余电流互感器贯穿孔中的每根导线)在任何合适电压下通以额定短时耐受电流(I_{cw})，功率因数如表 12 所示。

共试验 2 次，两次试验之间的时间间隔 3 min，每次通电时间 0.02 s。

表 12 短时耐受电流试验的功率因数

试验电流 I_c/ A	功率因数
$I_c \leqslant 500$	0.95
$1\ 500 < I_c \leqslant 3\ 000$	0.90
$3\ 000 < I_c \leqslant 4\ 500$	0.80
$4\ 500 < I_c \leqslant 6\ 000$	0.70
$6\ 000 < I_c \leqslant 10\ 000$	0.50
$10\ 000 < I_c \leqslant 20\ 000$	0.30
$20\ 000 < I_c$	0.25

试验后，剩余电流继电器不应有妨碍其继续使用的损坏。不经维修，应能承受 8.7.4 的工频耐压试验，试验电压按 8.7.4b）的规定，试前不经过湿热试验。然后对剩余电流继电器互感器的一极通以 $1.25I_{\Delta n}$的剩余电流，剩余电流继电器应能动作，试验时测量动作时间，应不大于表 2 或表 3 对 $I_{\Delta n}$规定的最大动作时间。

8.11.2 验证额定剩余短时耐受电流

试验电路和试验条件与 8.11.1 相同，但仅对检测装置主电路的一极（或剩余电流互感器贯穿孔中的一根导线）通以额定剩余短时耐受电流（$I_{\Delta w}$）的试验电流，功率因数按表 12 的规定。

共试验 3 次，两次试验之间的时间间隔为 3 min，每次通电时间 0.5 s（对延时型为 0.5 s 或相应于 $2I_{\Delta n}$的最大动作时间，两者取较大值），每次试验时剩余电流继电器均应正确动作。

试验后，剩余电流继电器不应有妨碍其继续使用的损坏。不经维修，应能承受 8.7.4 的工频耐压试验，试验电压按 8.7.4b）的规定，试前不经过湿热试验。然后对剩余电流继电器主电路的一极通以 $1.25I_{\Delta n}$的剩余电流，剩余电流继电器应能动作，试验时测量动作时间，应不大于表 2 或表 3 对 $I_{\Delta n}$规定的最大动作时间。

8.12 验证输出触头的额定限制短路电流

8.12.1 试验方法

剩余电流继电器按正常使用条件安装，被试输出触头在空载的条件下操作数次。

试验电路按图 8 接线，被试触头元件在单相电路中与短路保护电器（SCPD）、负载阻抗和一个独立的开关电器串联。

短路保护电器的型号和额定值由制造商在具体产品标准中规定。

试验负载采用空心电抗器，被试触头连接导线的长度为 1 m，导线截面积与被试触头的额定工作电流相对应。试验电压为输出触头额定工作电压的 1.1 倍，功率因数为 0.5～0.7，不并联阻尼负载。预期短路电流为 1 000 A。

试验时用一单独的接通开关接通电路，试验电流应保持到短路保护电器（SCPD）动作。

试验应在同一触头元件上进行 3 次，每次试验后，SCPD 应更换或复位，两次试验的间隔时间应不少于 3 min，每次试验的实际间隔时间应在试验报告中说明。

对于转换触头元件，上述试验应在常闭和常开两种触头上分别进行。

8.12.2 试后要求

试验以后，剩余电流继电器不应有妨碍其继续使用的损坏。触头不发生熔焊或持续燃弧。不经维修，应能承受 8.7.4 的工频耐压试验，试验电压为 2 倍触头额定工作电压（U_e），但不小于 1 000 V，试前不经过湿热试验。然后对剩余电流继电器互感器的一极通以 $1.25I_{\Delta n}$ 的剩余电流，剩余电流继电器应能动作，试验时测量动作时间，应不大于表 2 或表 3 对 $I_{\Delta n}$ 规定的最大动作时间。

8.13 验证剩余电流继电器主电路不导致误动作的过电流极限值

8.13.1 多相电路不平衡负载时的试验

剩余电流继电器按正常使用条件安装，在图 7 的试验电路里进行试验。

剩余电流继电器的主电路在任何合适的电压下通以 4.2.2.8 规定的电流，辅助电源接线端子施加辅助电源额定电压。

辅助开关 S_{W1} 闭合，剩余电流继电器处于运行状态，S_{W2} 断开。辅助开关 S_{W3}、S_{W4}、S_{W5} 和 S_{W6} 中任两个开关闭合，调节电阻 R_1，使电路中流过上述规定的电流。试验时，闭合 S_{W2} 接通电流，1 s 后再断开。对每个可能组成的回路重复试验 3 次。两次操作之间的时间间隔不小于 1 min。试验过程中剩余电流继电器应不动作。

8.13.2 平衡负载时的试验

剩余电流继电器按正常使用条件安装，辅助电源接线端子施加辅助电源额定电压，检测装置的主电路连接一个基本上无感的负载，在任何合适的电压下通以 4.2.2.8 规定的对称电流。用一个多极辅助开关接通负载，1 s 后再断开，重复进行 3 次试验。两次试验之间的时间间隔不小于 1 min。试验过程中，剩余电流继电器应不动作。

8.14 机械振动和机械撞击试验

本试验仅适用于额定电流 200 A 及以下的剩余电流继电器。

8.14.1 机械振动试验

剩余电流继电器安装在 GB 16916.1—2003 中 9.12.1.1 规定的机械振动设备上，辅助电源接线端子施加辅助电源额定电压，并处于闭合位置，检测装置的主电路不通电。每个方向进行 50 次振动试验，四个方向共 200 次，每次变换位置前，用手动操作方式使剩余电流继电器断开，闭合数次，在试验过程中，剩余电流继电器应不动作。试验后，对剩余电流继电器主电路的一极通以 $1.25I_{\Delta n}$ 的剩余电流，剩余电流继电器应能动作，试验时测量动作时间，应不大于表 2 或表 3 对 $I_{\Delta n}$ 规定的最大动作时间。

8.14.2 机械撞击试验

剩余电流继电器安装在 GB 16916.1—2003 中 9.12.2.1 规定的机械撞击装置上共进行 10 次试验（分体式剩余电流继电器的检测装置和控制部分可分别进行试验）。试验后，外壳及操作件等绝缘材料零件应无影响剩余电流继电器继续使用的碎裂现象。允许有小块碎片落下或有小的凹痕和裂缝。但不能使带电部件变得易于触及并不使电气间隙和爬电距离降到规定值以下。试验后，对剩余电流继电器主电路的一极通以 $1.25I_{\Delta n}$ 的剩余电流，剩余电流继电器应能动作，试验时测量动作时间，应不大于表 2 或表 3 对 $I_{\Delta n}$ 规定的最大动作时间。

8.15 验证可靠性

8.15.1 28 周期通电试验

8.15.1.1 试验条件

剩余电流继电器安装在一块涂有无光泽黑漆厚约 20 mm 的层压板上，按温升试验要求接线，周围环境温度为 40 ℃±2 ℃。

8.15.1.2 试验过程

剩余电流继电器检测装置的主电路在任何合适电压下通以额定电流，动作功能与电源电压有关的剩余电流继电器的辅助电源施加额定电压，进行 28 周期通电试验，每周期为 21 h 通电，3 h 不通电，只对三个相线极通以电流进行试验，试验过程中不操作剩余电流继电器，而用另一个开关来接通和断开电流。在最后 21 h 通电结束时，测量接线端子的温升，其值不应超过 7.2.3 的规定。然后不通电使剩余电流继电器冷却至室温，接着对剩余电流继电器主电路的一极通以 $1.25I_{\Delta n}$ 的剩余电流，剩余电流继电器应能动作，试验时测量动作时间，应不大于表 2 或表 3 对 $I_{\Delta n}$ 规定的最大动作时间。

8.15.2 耐气候环境试验

8.15.2.1 试验方法

按 GB/T 2423.4—2008 规定的试验 Db 进行气候环境试验。

试验严酷等级：高温温度＋55 ℃，试验周期为：

——对于 $I_{\Delta n}$＞1 A 的剩余电流继电器，为 6 周期；

——对于 $I_{\Delta n}$≤1 A 的剩余电流继电器，为 28 周期。

注：对具有多个剩余动作电流整定值的剩余电流继电器，当其中有一个整定值 $I_{\Delta n}$≤1 A 时，试验周期应为 28 周期。

8.15.2.2 恢复

在试验周期结束后，剩余电流继电器不从试验箱(室)内取出，切断加温加湿电源，打开试验箱(室)门，使试品在箱(室)内恢复到大气环境条件，然后再过 2 h～5 h，进行最后检测。

8.15.2.3 最后检测

对剩余电流继电器检测装置主电路的一极通以 $1.25I_{\Delta n}$ 的剩余电流，剩余电流继电器应能动作，试验时测量动作时间，应不大于表 2 或表 3 对 $I_{\Delta n}$ 规定的最大动作时间。

8.16 验证电子元件抗老化性能

本试验仅适用于采用电子元件的剩余电流继电器。

剩余电流继电器按正常使用条件安装，剩余电流继电器检测装置的主电路在任何合适电压下通以额定电流，在 40 ℃±2 ℃的环境温度下放置 168 h。试验时，剩余电流继电器辅助电源接线端子上施加 1.1 倍辅助电源额定电压。

试验电路和试验方法按 GB 16916.1—2003 中 9.23 的规定。

试验以后，剩余电流继电器仍在试验箱内，不通电流，冷却至室温，电子元件不应损坏。然后对剩余电流继电器检测装置主电路的一极通以 $1.25I_{\Delta n}$ 的剩余电流，剩余电流继电器应能动作，试验时测量动作时间，应不大于表 2 或表 3 对 $I_{\Delta n}$ 规定的最大动作时间。

8.17 验证抗扰度性能

8.17.1 试验条件

验证抗扰度试验时，对剩余动作电流和/或延时可调的剩余电流继电器，应在其最低整定值时进行试验。剩余电流继电器应施加额定工作电压，如有几个额定工作电压，则任选一个合适的电压进行试验。

试验在主电路没有负载的情况下进行，但有剩余电流(适用时)。

抗扰度试验的性能判别标准规定如下：

性能标准 A：试验时，对剩余电流继电器主电路的任选的一极通以 $0.3I_{\Delta n}$ 时，剩余电流继电器不应动作。如有报警或状态指示装置，则应正确指示状态。接着对主电路的任选一极通以 $1.25I_{\Delta n}$ 的电流时，在每个试验频率时剩余电流继电器应动作，每个频率的停留时间应不小于表 2 或表 3 中规定的 $I_{\Delta n}$ 时的最大动作时间。

试验后，应按 8.3.2.3 的规定，在突然出现剩余电流的条件下验证正确动作，但仅在 $I_{\Delta n}$ 时试验，试验时测量动作时间，动作时间应符合表 2 或表 3 规定的时间。

性能标准 B：试验时，对剩余电流继电器主电路的任选的一极通以 $0.3I_{\Delta n}$ 时，剩余电流继电器不应动作。如有报警或状态指示装置，可以暂时受到影响。

试验后，应按 8.3.2.3 的规定，在突然出现剩余电流的条件下验证正确动作，但仅在 $I_{\Delta n}$ 时试验，试验时测量动作时间，动作时间应符合表 2 或表 3 规定的时间。

8.17.2 静电放电抗扰度

剩余电流继电器应按 GB/T 17626.2—2006 的要求进行试验，试验等级：空气放电 8 kV，接触放电 8 kV。

剩余电流继电器应在图 9 所示的专用的金属外壳中进行试验，试验装置应符合图 10 的要求。

直接放电和间接放电应按 GB/T 17626.2—2006 施加，应在剩余电流继电器正常使用时，操作人员可接触的部位，例如，整定装置、键盘、显示器、按钮等上进行直接放电试验。试验点应记录在试验报告中。直接放电每极性 10 次，间隔≥1 s。间接放电应施于外壳表面上的选定点，在每一个选定点每极性试验 10 次，间隔≥1 s。

8.17.1 的性能标准 B 适用。但在试验期间，剩余电流继电器可动作，如出现这种情况，后续试验应在最接近的较低的试验等级下进行，这时剩余电流继电器不应再动作。

8.17.3 电快速瞬变/脉冲群抗扰度试验

剩余电流继电器应按 GB/T 17626.4—2008 要求进行试验，采用共模试验，试验等级 4，即

——电源端口：4 kV；

——信号端口(例如，通信口、外接互感器的连接线等)：2 kV。

剩余电流继电器应分别按图 11(电源端口试验)、图 12(信号端口试验)和图 13(对带分离互感器的剩余电流继电器)安装。

试验接线应按 GB/T 17626.4—2008 中图 4，并考虑制造商的安装说明。

对电源和辅助电源端口应采用耦合—去耦网络。对信号端口应采用耦合—去耦网络或耦合夹注入法(如适用的话)。

除非另有规定，骚扰应施加 1 min。

8.17.1 的性能标准 B 适用。

8.17.4 浪涌抗扰度试验

剩余电流继电器应按 GB/T 17626.5—2008 的要求进行试验，试验电压应为：

——电源端口(线-线，线-地)：4 kV；

——信号端口：2 kV(线-地)、1 kV(线-线)。

剩余电流继电器应分别按图 11(电源端口试验)、图 12(信号端口试验)和图 13(对带分离互感器的剩余电流继电器)安装，但接地参考板的使用可任选。

试验条件应符合 GB/T 17626.5—2008 中图 6、图 7、图 8 或图 9，并考虑到制造商的安装说明。

应施加正负两极性脉冲，相位角为 0°和 90°。

每个极性和每个相位角各施加 5 个脉冲(脉冲总数：20)，两个脉冲之间间隔约 1 min。如制造商同意，可采用更短的时间间隔。

8.17.1 的性能标准 B 适用。

8.17.5 射频电磁场辐射抗扰度试验

剩余电流继电器应按 GB/T 17626.3—2006 的要求进行试验，试验等级 3，即 10 V/m 的要求。

剩余电流继电器应在自由空气中试验，除非剩余电流继电器指定仅用于一特定单独外壳中，这种情况下剩余电流继电器可装于这种外壳中试验，其细节包括外壳的尺寸应记录在试验报告中。

试验装置应按图 14 和图 15(对带分离互感器的剩余电流继电器)。

本试验接线应按 GB/T 17626.3—2006 中图 5 或图 6(如适用时)，并考虑到制造商的安装说明，所用电缆的类型应记录在试验报告中。

当使用发射极化信号的天线，例如，双锥形天线或对数周期天线，试验应进行二次，一次在水平极性，另一次在垂直极性，并考虑到的二个面应有最大灵敏度。为了试验能有重复性，应把实际的试验装置详细记录在试验报告中。

按以下要求进行试验：

首先在整个频率范围内对试品进行误动作试验，接着试品在各个频率点进行正确动作试验。

误动作试验，频率应按 GB/T 17626.3—2006 第 8 章的要求在 80 MHz～1 000 MHz 和 1 400 MHz～

2 000 MHz 范围内扫描。对每个频率的幅度调制波的停顿时间应在 500 ms～1 000 ms 之间，步长为先前频率的 1%，实际停顿时间应载于报告中。

正确动作试验，为验证动作特性，试验应在如下每个频率进行：80 MHz，100 MHz，120 MHz，180 MHz，240 MHz，320 MHz，480 MHz，640 MHz，960 MHz，1 400 MHz 和 1 920 MHz，在每个频率的电磁场稳定后验证其动作。每个频率的停留时间应大于表 2 或表 3 对 $I_{\Delta n}$规定的最大动作时间。

8.17.1 的性能标准 A 适用。

8.17.6 射频电磁场感应的传导骚扰抗扰度试验(共模)

剩余电流继电器应按 GB/T 17626.6—2008 的要求进行试验，试验电平：10 V(电源端和信号端)

剩余电流继电器应在自由空气中试验，除非剩余电流继电器指定仅用于一特定单独外壳中，在此情况下剩余电流继电器可装于这种外壳中试验，其细节包括外壳的尺寸应纪录在试验报告中。

电源线应通过耦合-去耦网络 M1、M2 或 M3(适用时)注入骚扰。

信号线应通过耦合-去耦网络注入骚扰。若不可行，可采用电磁夹。

对带分离互感器的剩余电流继电器，通过互感器连接线注入骚扰的试验装置如图 16。

特定的试验装置应详细记录在试验报告中。

本试验接线应按 GB/T 17626.6—2008 的要求，并考虑到制造商的安装说明，所用电缆的类型应记录在试验报告中。

按下列要求进行试验：

首先在整个频率范围内对试品进行误动作试验，接着试品在各个频率点进行正确动作试验。

误动作试验：频率应按 GB/T 17626.6—2008 第 8 章的要在 150 kHz～80 MHz 的范围内扫描。对每个频率的幅度调制波的停顿时间应在 500 ms～1 000 ms 之间，步长为先前频率的 1%，实际的停顿时间应记录在试验报告中。

正确动作试验：为验证功能特性，应在如下每个频率进行试验：0.150 MHz，0.300 MHz，0.450 MHz，0.600 MHz，0.900 MHz，1.20 MHz，1.80 MHz，2.40 MHz，3.60 MHz，4.80 MHz，7.20 MHz，9.60 MHz，12.0 MHz，19.2 MHz，27.0 MHz，49.4 MHz，72.0 MHz 和 80.0 MHz。在每个频率的骚扰电压水平稳定后验证其动作。每个频率的停留时间应大于表 2 或表 3 对 $I_{\Delta n}$规定的最大动作时间。

8.17.1 的性能标准 A 适用。

8.18 电磁发射试验

8.18.1 试验条件

具有电子线路的剩余电流继电器(例如：与开关电源、具有高频时钟微处理器电路连接的电器)可能产生不间断的电磁骚扰。当这类剩余电流继电器的控制电路和/或辅助电路的电子线路的基本开闭频率大于 9 kHz 时，应按 GB 4824—2004 进行发射试验，其发射应不超过规定的极限。

剩余电流继电器应在自由空气中试验，除非剩余电流继电器指定仅用于专用单独外壳中，在这种情况下试品应在此外壳中试验，包含外壳尺寸等细节的说明应记录在试验报告中。

剩余电流继电器施加额定工作电压，或额定工作电压范围内的任一方便电压。

在不带负载、并且没有剩余电流的条件下进行试验。

8.18.2 射频传导发射(150 kHz～30 MHz)

试验方法和试验布置说明见 GB 4824—2004。详细的试验装置，包括电缆型式，应记录在试验报告中。

剩余电流继电器传导发射应符合 GB 4824—2004 的 A 级或 B 级(相应于 GB 14048.1—2006 中的环境 A 或环境 B)传导发射限值的要求。

8.18.3 射频辐射发射(30 MHz～1 000 MHz)

试验装置见图 17，详细的试验装置，包括母排、变压器等细节应记录在试验报告中。

试验方法和试验布置说明见 GB 4824—2004。

高频发射的测量在 30 MHz～1 000 MHz 范围内进行，利用准峰值探测器(guasi-peak detector)测量。为加速试验可利用峰值探测器，持续时间至少 0.1 s。然后，如在一定频率时测得的值等于或大于其规定值时，则用准峰值探测器重复进行该试验，持续时间至少 1 s。

剩余电流继电器辐射发射应符合 GB 4824—2004 的 A 级或 B 级(相应于 GB 14048.1—2006 中的环境 A 或环境 B)辐射发射限值的的要求。

9 检验规则

9.1 试验的分类

剩余电流继电器的试验分为型式试验，常规试验。

9.2 型式试验

9.2.1 型式试验规则

型式试验是新产品研制单位或新产品试制单位所必须进行的试验。型式试验只需进行一次。但在生产过程中零部件结构、制造工艺以及使用的原材料有重大更改时，如这些更改可能影响剩余电流继电器的性能，则应对有关型式试验项目进行试验。

剩余电流继电器的型式试验在下列情况下进行：

a) 当剩余电流继电器的样品试制完成后；

b) 当剩余电流继电器转厂重复试制完成后；

c) 当剩余电流继电器的材料或工艺有改变，而这种改变可能影响其性能时，则对型式试验的全部或部分试验项目进行考核。

用作型式试验的剩余电流继电器必须是制造工艺装备齐全的，常规试验合格的正式试制样品。试验顺序见 9.2.3 的规定，所有试验项目都能通过和所有承受试验的试品都合格或允许的重复试验的试品都合格，才能认为剩余电流继电器的型式试验合格。否则必须分析原因，采取技术措施，甚至改进设计、工艺、工装等。重新试制，直到型式试验合格为止。

9.2.2 型式试验项目

型式试验项目如下：

a) 一般检查(8.2.1)；

b) 验证标志及标志耐久性(8.2.2)；

c) 测量电气间隙和爬电距离(8.2.3)；

d) 验证绝缘材料的相比电痕化指数(CTI)(8.2.4)；

e) 验证耐非正常热和着火危险(8.2.5)；

f) 验证连接外部导线接线端子的可靠性(8.2.6)；

g) 验证剩余电流动作特性(8.3)；

h) 验证试验装置性能(8.4)；

i) 验证辅助电源故障时，剩余电流继电器的工作状况(8.5)；

j) 验证温升(8.6)；

k) 验证介电性能(8.7)；

l) 验证冲击电压作用下防止误脱扣的能力(8.8)；

m) 验证机械电气寿命(8.9)；

n) 验证输出触头的非正常接通分断能力(8.10)；

o) 验证剩余电流继电器在短路条件下的工作性能(8.11)；

p) 验证输出触头的额定限制短路电流(8.12)；

q) 验证剩余电流继电器主电路不导致误动作的过电流极限值(8.13)；

r) 机械振动和机械撞击试验(8.14)；

s) 验证可靠性(8.15)；

t) 验证电子元件抗老化性能(8.16)；

u) 验证抗扰度性能(8.17)；

v) 电磁发射试验(8.18)。

9.2.3 型式试验顺序

型式试验顺序，试品数量和规格见表 13。

除非另有规定，每一个试验顺序在新的和清洁的试品上进行。

9.3 常规试验

9.3.1 常规试验规则

常规试验是指产品出厂前制造商必须在每台产品上进行的试验和检查，其目的是检查材料、工艺、装配上的缺陷。

常规试验可以在型式试验相同条件下或经过验证被认为是等效的条件下进行，并可采用等效或快速试验方法。等效试验方法和快速试验方法应在有关技术文件中规定。

9.3.2 常规试验项目

a) 一般检查及手动操作检查；

b) 剩余电流动作特性试验；

c) 试验装置试验；

d) 1 s 工频耐压试验；

e) 验证剩余电流继电器在电源电压故障时的工作性能。

9.3.3 常规试验方法

9.3.3.1 一般检查及手动操作检查

检查剩余电流继电器的包装、外观质量、外形尺寸、标志以及装配的零部件是否符合产品图纸及有关技术文件的要求。通过手动操作检查剩余电流继电器的操作机构，应能可靠地动作，机构操作灵活、无卡死和滑扣现象。指示装置的位置应与输出触头的位置相对应。

表 13 型式试验的试验顺序和试品规格及数量

试验顺序	试验项目	技术要求条款	试验方法条款	试品规格及数量	至少应通过的试品数量[a]	重复试验的试品数量[a]
A[b]	一般检查	7.1.1.1、7.1.2、7.1.3 和 7.1.5	8.2.1	最大 I_n 及最小 $I_{\Delta n}$ 1	1	—
	验证标志及标志耐久性	5	8.2.2			
	验证连接外部导线接线端子的可靠性	7.1.6	8.2.6			
	测量电气间隙和爬电距离	7.1.4	8.2.3			
	验证相比电痕化指数(*CTI* 值)	7.1.1.2	8.2.4			
	验证耐非正常热和着火危险	7.1.1.3	8.2.5			
B	验证介电性能	7.2.4	8.7	最大 I_n 及最小 $I_{\Delta n}$ 3	2	3
	验证温升	7.2.3	8.6			
	28 周期通电试验	7.2.12	8.15.1			
	验证电子元件抗老化性能	7.2.12	8.16			
C	验证机械电气寿命	7.2.6	8.9	最大 I_n 及最小 $I_{\Delta n}$ 3	2	3
	验证输出触头的非正常接通分断能力	7.2.7	8.10			

表 13（续）

试验顺序	试 验 项 目	技术要求条款	试验方法条款	试品规格及数量	至少应通过的试品数量[a]	重复试验的试品数量[a]
D_0+D_1	验证剩余电流动作特性 辅助电源故障时的工作状况 验证冲击电压下防止误脱扣能力 验证含有直流分量时的动作特性 验证试验装置性能 验证耐机械振动和机械撞击性能 验证不导致误动作的过电流的极限值	7.2.2 7.2.2.4 7.2.5 7.2.2 7.2.1 7.2.11 7.2.10	8.3 8.5 8.8 8.3 8.4 8.14 8.13	最大 I_n 及 最小 $I_{\Delta n}$ 3	2[c]	3
D_0	验证剩余电流动作特性	7.2.2	8.3	其他 $I_{\Delta n}$ 各 1		
E	验证短时耐受电流 验证额定剩余短时耐受电流	7.2.8 7.2.8	8.11.1 8.11.2	最大 I_n 及 最小 $I_{\Delta n}$ 3 最小 I_n 及 最大 $I_{\Delta n}$ 3[d]	2[c]	3
F	验证输出触头的额定限制短路电流	7.2.9	8.12	最大 I_n 及 最小 $I_{\Delta n}$ 3	2[c]	3
G	耐气候环境试验	7.2.12	8.15.2	最大 I_n 及 最小 $I_{\Delta n}$ 3	2	3
H	验证抗扰度性能和电磁发射试验	7.2.13 和 7.2.14	8.17 和 8.18	最大 I_n 及 最小 $I_{\Delta n}$ 3	2	3

[a] 总共最多可重复 3 个试验顺序。没有通过试验的试品，必须是由于制造和装配缺陷造成的，而不是由于设计造成的，才能进行复试。重复试验时，所有的试品必须通过试验。

[b] 如果试验时必须拆开试品，可用另外的试品，这时可由制造商提供一个特殊准备的试品。

[c] 在 8.3.2、8.3.3、8.11.2 和 8.12 的试验中，所有试品必须通过试验。此外，在 8.12 的试验中，任何试品的极间、极与框架之间不能发生闪络和持续燃弧现象。

[d] 如果只有一个 I_n 提交试验时，这些试品不需要。

9.3.3.2 剩余电流动作特性试验

剩余电流继电器按正常使用条件安装，对剩余电流继电器检测装置主电路的一极通以剩余电流，电流从小于 $0.2I_{\Delta n}$ 逐渐增加至 $I_{\Delta n}$，测量剩余电流继电器动作时的剩余电流值。剩余电流继电器应在 $I_{\Delta no}$ 和 $I_{\Delta n}$ 之间动作。每极至少试验 5 次，试验在施加辅助电源额定电压，检测装置主电路空载以及任何合适温度下进行。为保证剩余电流继电器在正常使用的环境温度下均能符合上述要求，制造商可对试验电流值作适当修正，修正系数由制造商在有关技术文件中规定。然后测量 $I_{\Delta n}$ 时的动作时间，试验在施加辅助电源额定电压和合适的环境温度下进行。试验时，剩余电流继电器处于闭合位置，用辅助开关接通剩余电流，试验5次，剩余电流继电器应在对 $I_{\Delta n}$ 规定的极限时间内动作。

对延时型剩余电流继电器还应测量 $2I_{\Delta n}$ 时的极限不驱动时间，试验方法按8.3.2.4，但试验在施加辅助电源额定电压和合适的环境温度下进行。剩余电流继电器在规定的极限不驱动时间内不应动作。

9.3.3.3 试验装置试验

剩余电流继电器按正常使用条件安装和接线，施加辅助电源额定电压，操作试验装置按钮10次，剩余电流继电器均应能可靠动作，试验装置的操作按钮应能自动复位。

9.3.3.4 1 s工频耐压试验

常规试验的工频耐压试验的试验电压和试验方法同8.7.4a)，耐压试验前不进行湿热试验，试验时间缩短至1 s。

施加电压部位如下：

剩余电流继电器的电气上分开的每一个接线端子与连接至框架的其他接线端子之间；

剩余电流继电器所有的接线端子连接在一起与框架之间；

输出回路的断开触头之间。

连接有电子元件的接线端子之间不进行工频耐试验，分体式剩余电流继电器的检测装置与控制部分应电气上连接在一起进行试验。

9.3.3.5 剩余电流继电器在线路电压故障时的工作性能

按8.5规定的试验方法进行试验。

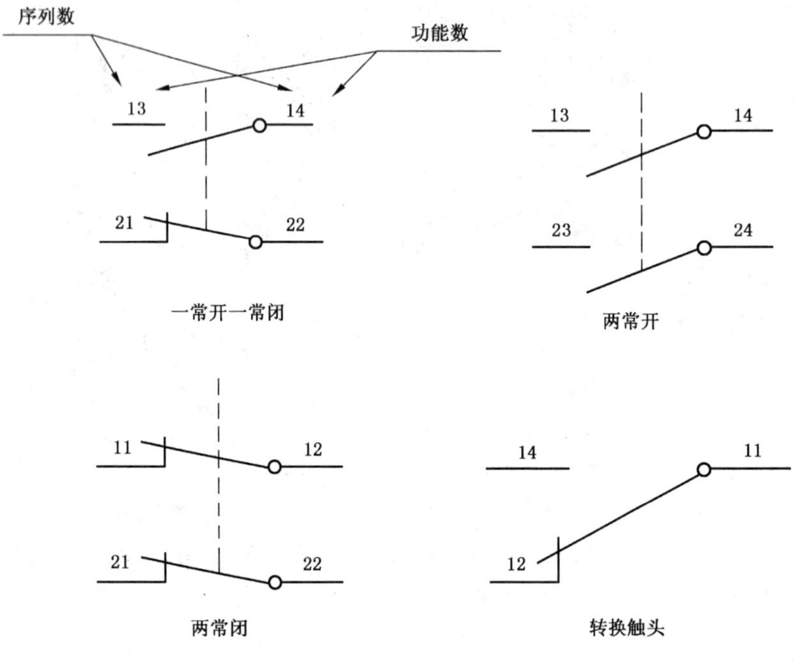

图1 输出触头接线端子标志示例

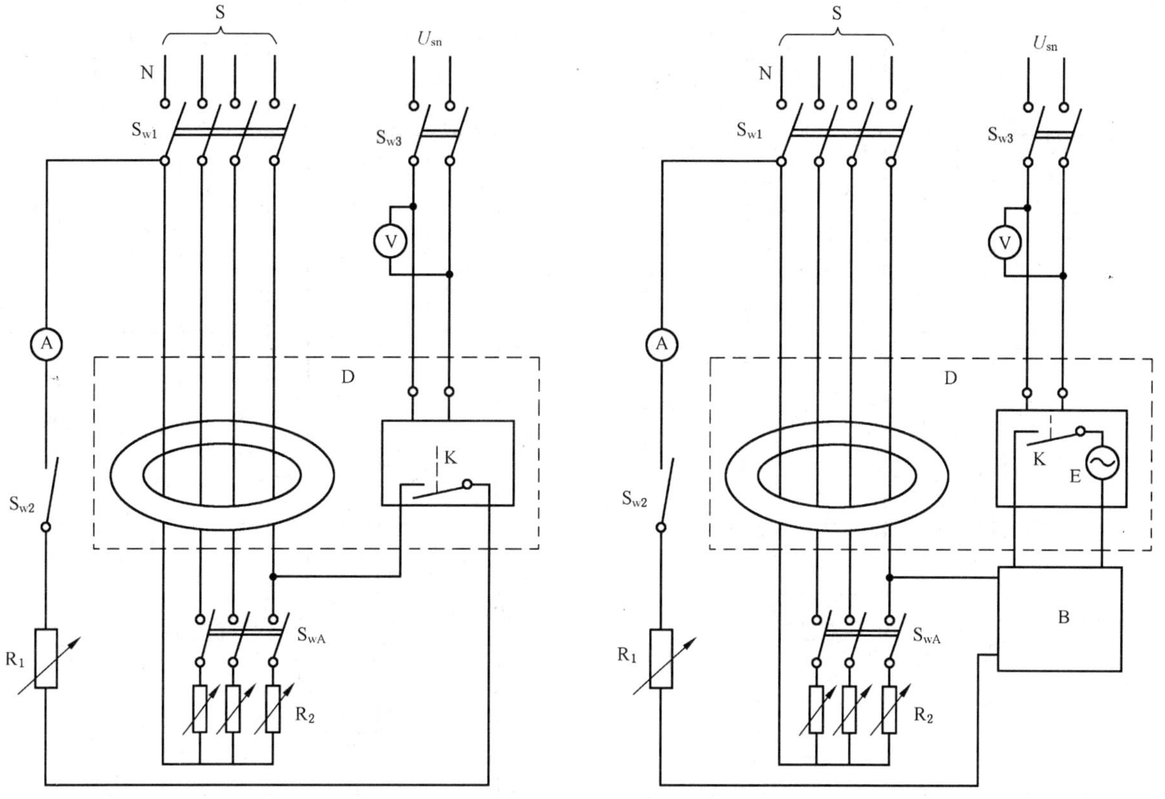

a) 无源输出触头回路　　　　b) 有源输出触头回路

S——试验电源；
U_{sn}——辅助电源电压；
S_{w1}——辅助开关；
S_{w2}——辅助开关；
B——开关装置；
S_{w3}——辅助开关；
S_{wA}——辅助开关；
R_1——可调电阻器；
R_2——可调电阻器；
E——有源输出信号。
A——电流表；
V——电压表；
K——输出常开触头；
D——被试剩余电流继电器；

图 2　剩余电流动作特性试验电路图

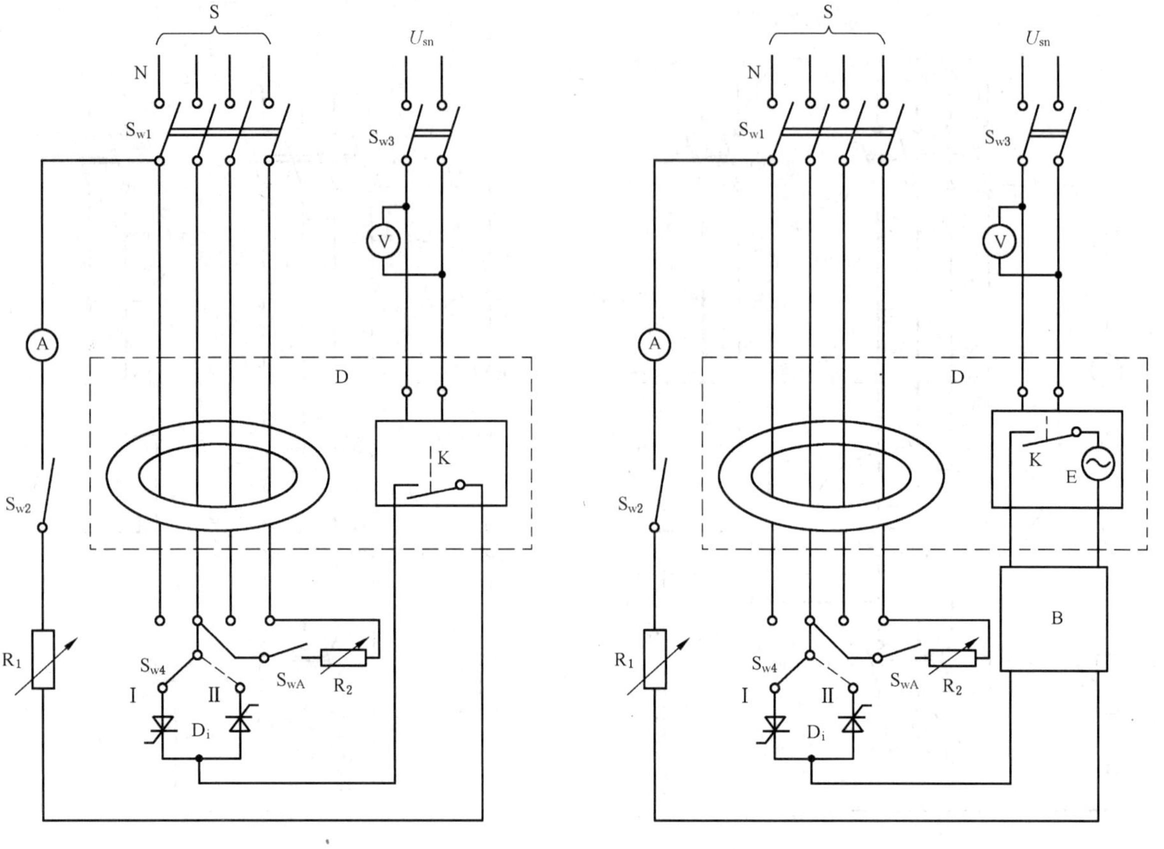

a）无源输出触头回路　　　　b）有源输出触头回路

S——试验电源；
U_{sn}——辅助电源电压；
S_{w1}——辅助开关；
S_{w2}——辅助开关；
S_{w3}——辅助开关；
S_{wA}——辅助开关；
R_1——可调电阻器；
R_2——可调电阻器；
A——电流表；
V——电压表；
K——输出常开触头；
D——被试剩余电流继电器；
D_i——可控硅；
S_{w4}——单极双向开关；
E——有源输出信号；
B——开关装置。

图3　验证在脉动直流剩余电流时正确动作的试验电路图

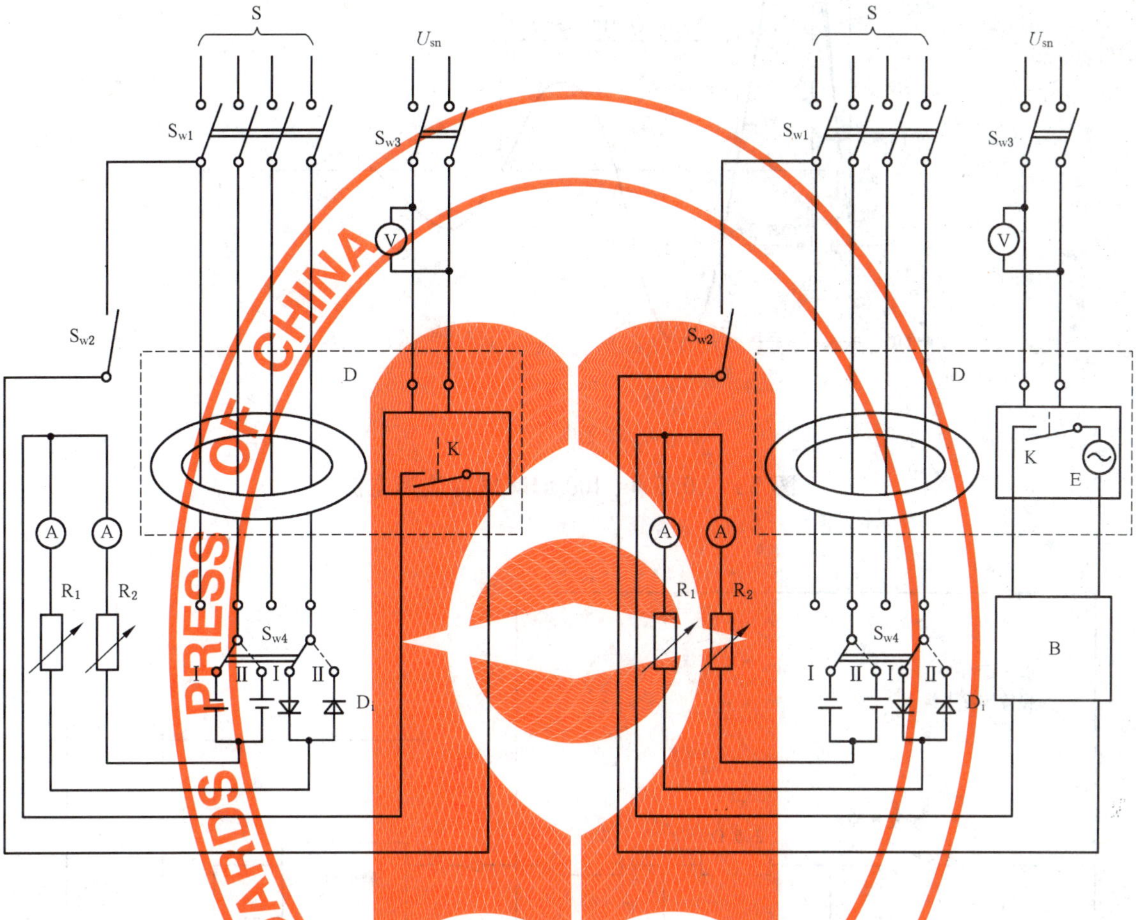

a) 无源输出触头回路　　　　b) 有源输出触头回路

S——试验电源；
U_{sn}——辅助电源电压；
S_{w1}——辅助开关；
S_{w2}——辅助开关；
S_{w3}——辅助开关；
S_{wA}——辅助开关；
R_1——可调电阻器；
R_2——可调电阻器；
A——电流表；
V——电压表；
K——输出常开触头；
D——被试剩余电流继电器；
D_i——两极管；
S_{w4}——单极双向开关；
E——有源输出信号；
B——开关装置。

图 4　验证在迭加平滑直流电流时正确动作的试验电路图

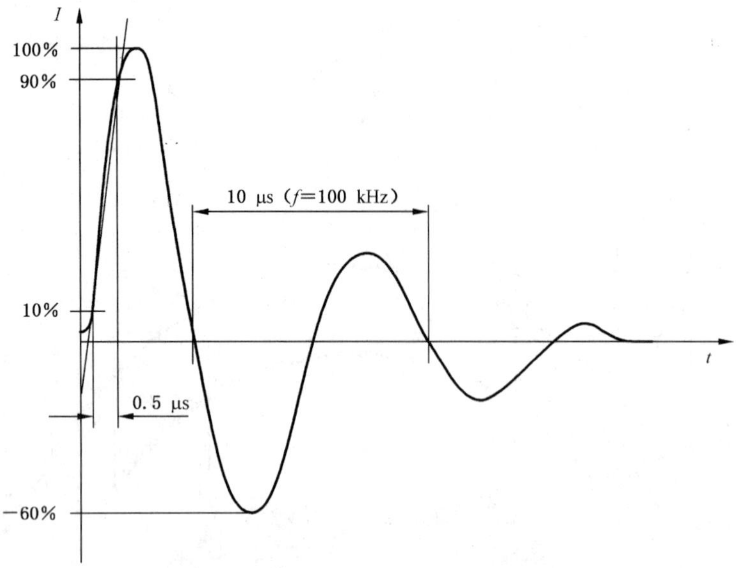

图 5a) 0.5 μs/100 kHz 振铃波形电流

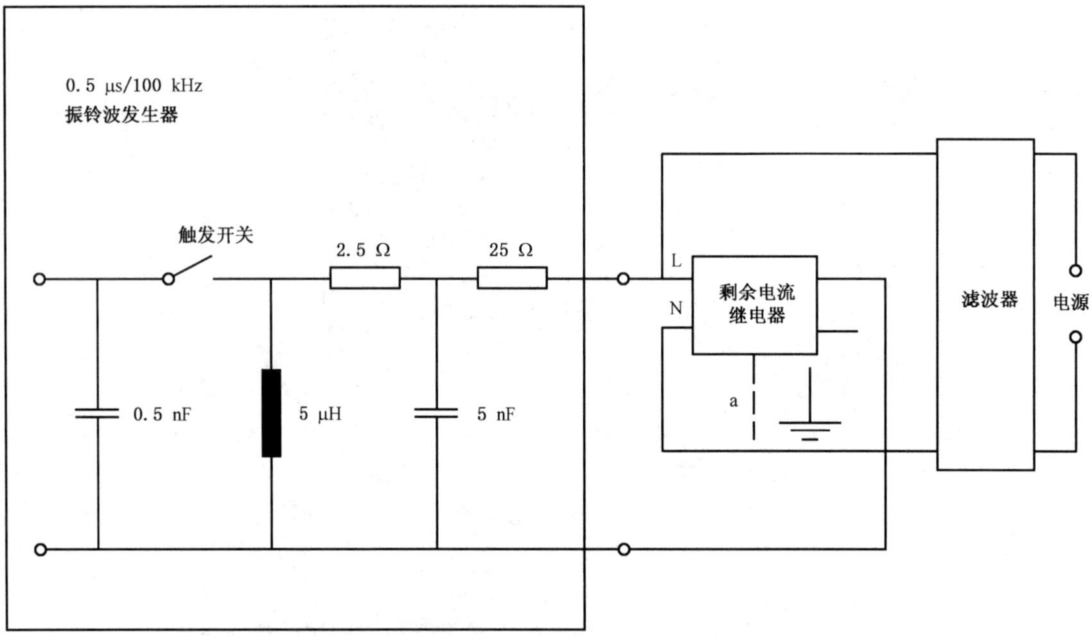

a 如果剩余电流继电器有接地端子，应接到中性线端子上(如果有的话，并且在剩余电流继电器上有这样标志)，如果没有标志，则应接到任何相线端子上。如剩余电流继电器的主电路和辅助电源分开，则辅助电源直接与滤波器的输出端连接。

图 5b) 剩余电流继电器振铃波试验电路

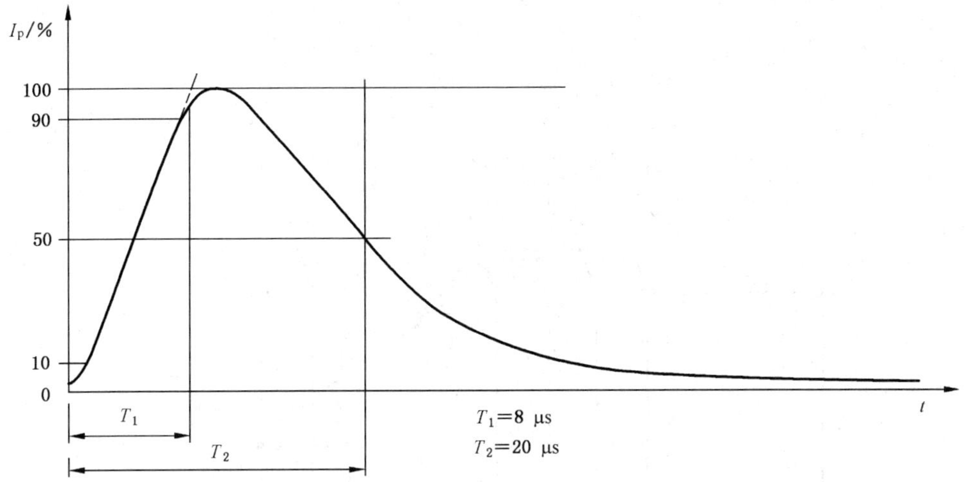

图 6a） 8/20 μs 浪涌电流脉冲

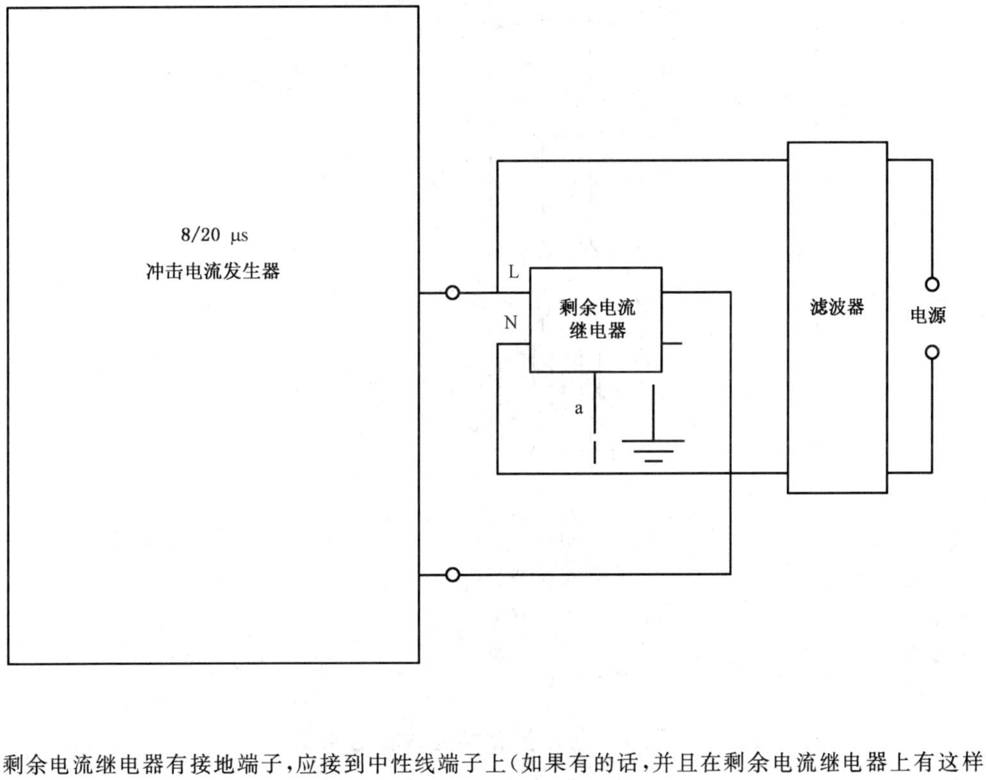

[a] 如果剩余电流继电器有接地端子，应接到中性线端子上（如果有的话，并且在剩余电流继电器上有这样标志），如果没有标志，则应接到任何相线端子上。如剩余电流继电器的主电路和辅助电源分开，则辅助电源直接与滤波器的输出端连接。

图 6b） 剩余电流继电器浪涌电流试验电路

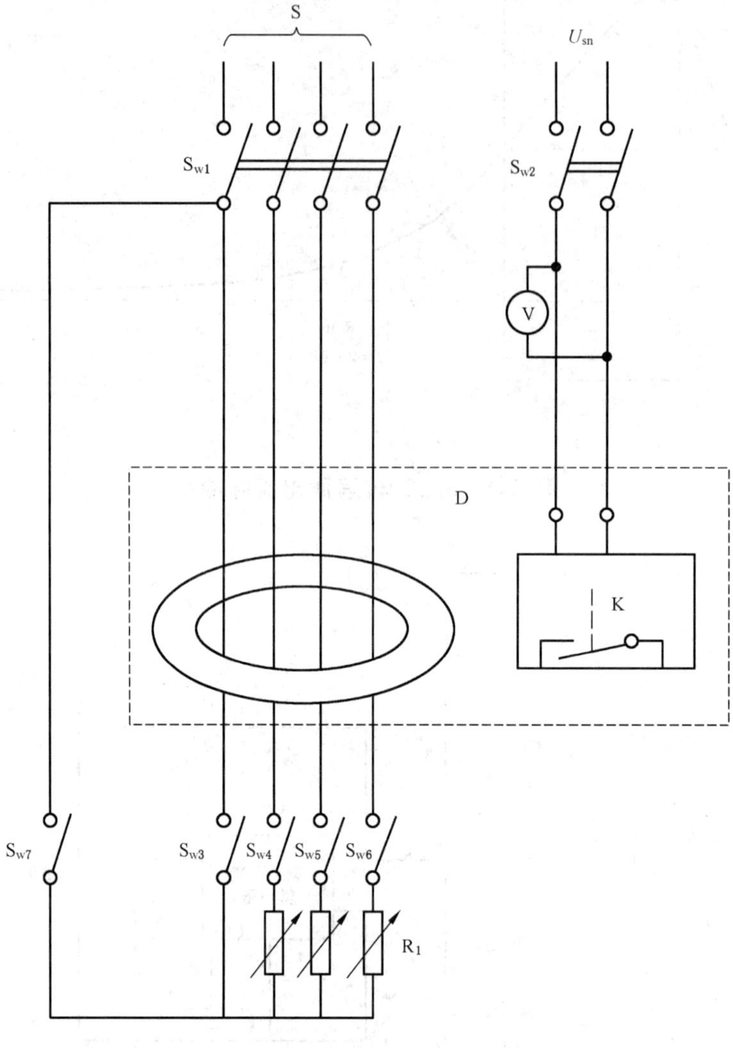

S——试验电源；
U_{sn}——辅助电源电压；
S_{w1}——辅助开关；
S_{w2}——辅助开关；
S_{w3}——单极开关；
S_{w4}——单极开关；
S_{w5}——单极开关；
S_{w6}——单极开关；
S_{w7}——单极开关；
V——电压表；
R_1——可调电阻器；
D——被试剩余电流继电器。

图 7　验证短路性能试验电路图

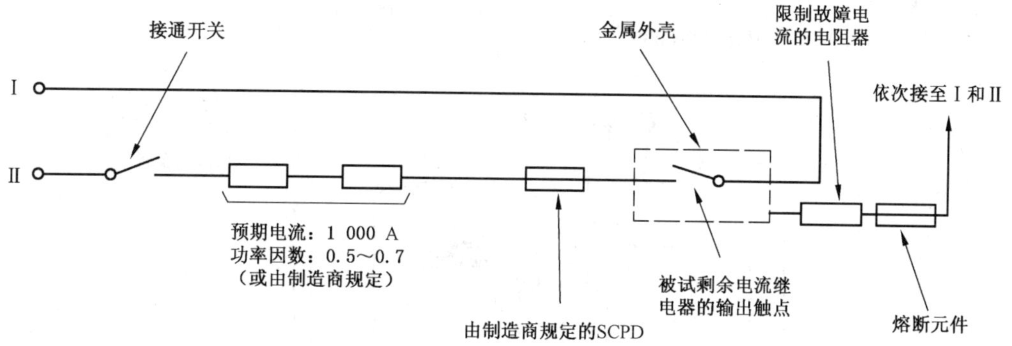

图 8 限制短路电流试验电路

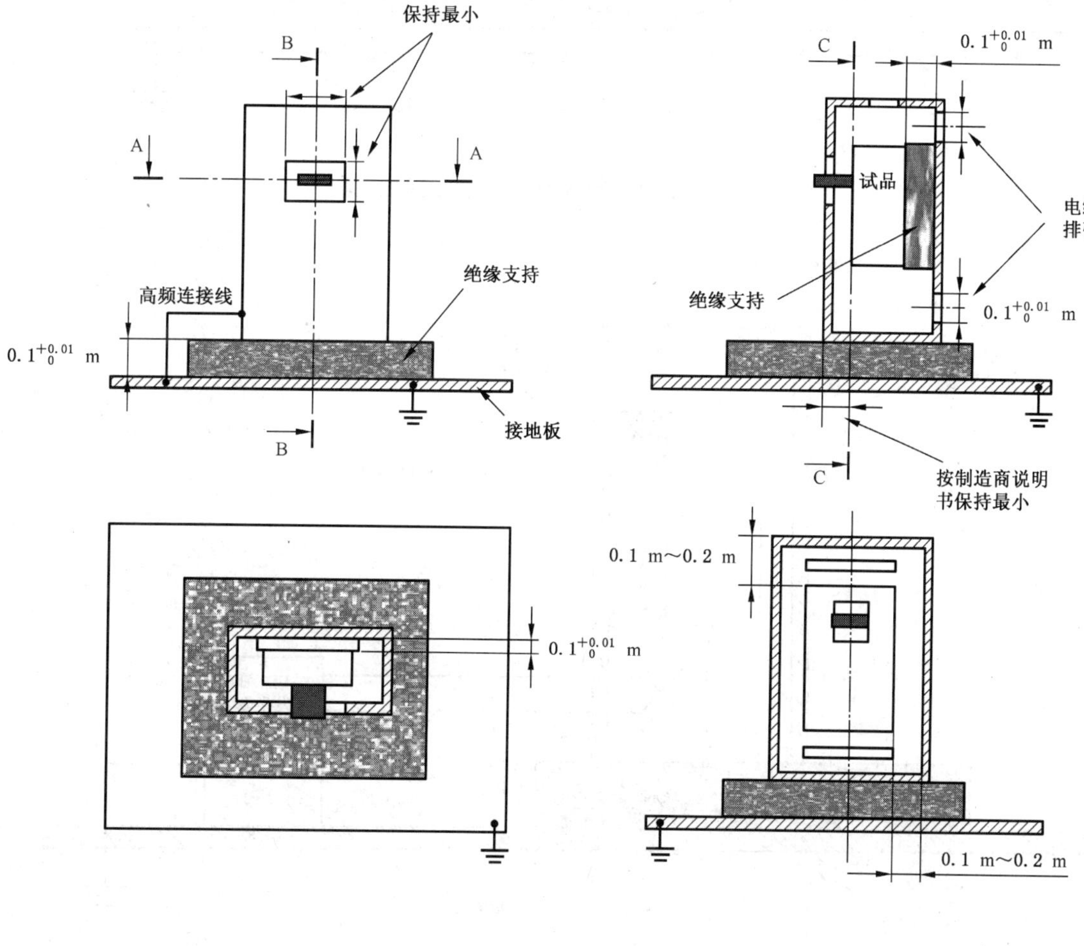

图 9 试品安装在金属外壳中的试验

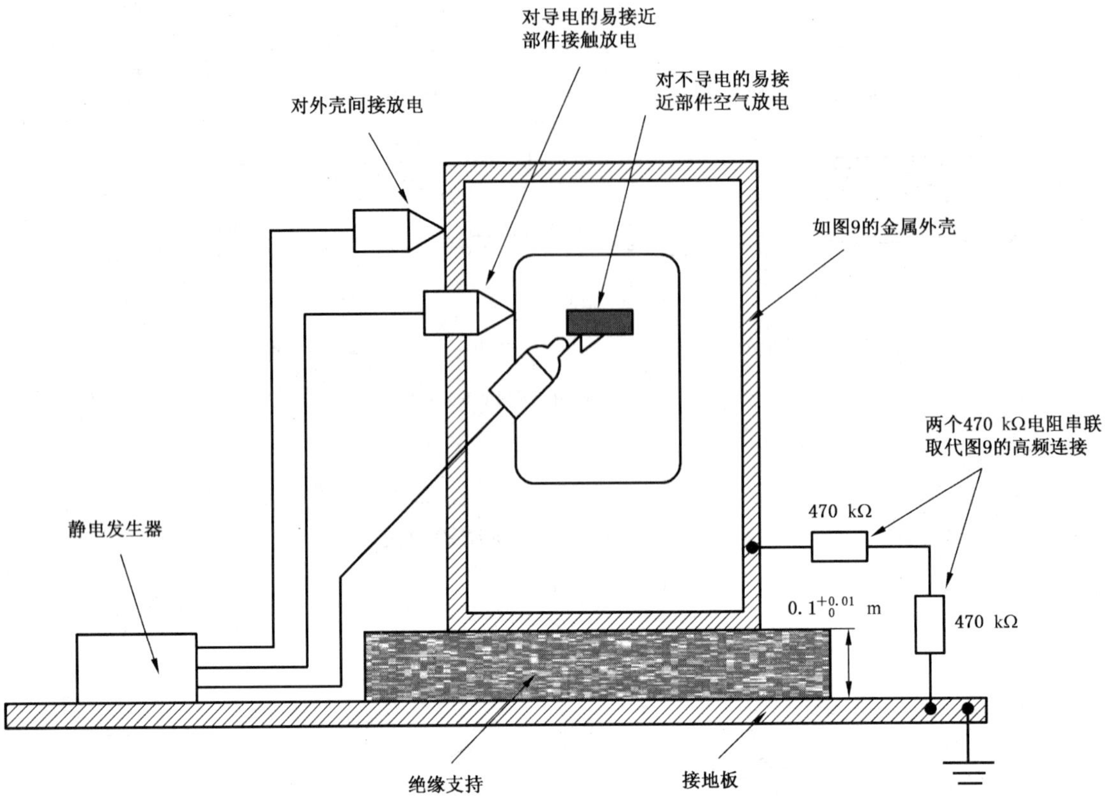

图 10　验证静电放电抗扰度的试验装置

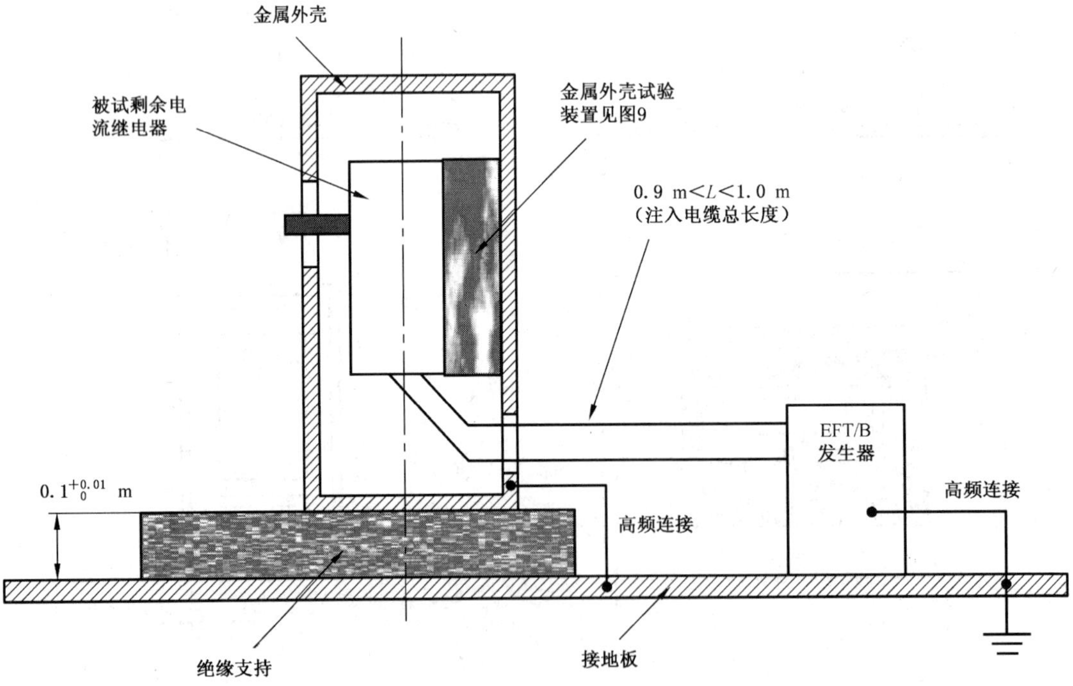

图 11　对电源线验证电快速瞬变/脉冲群(EFT/B)抗扰度的试验装置

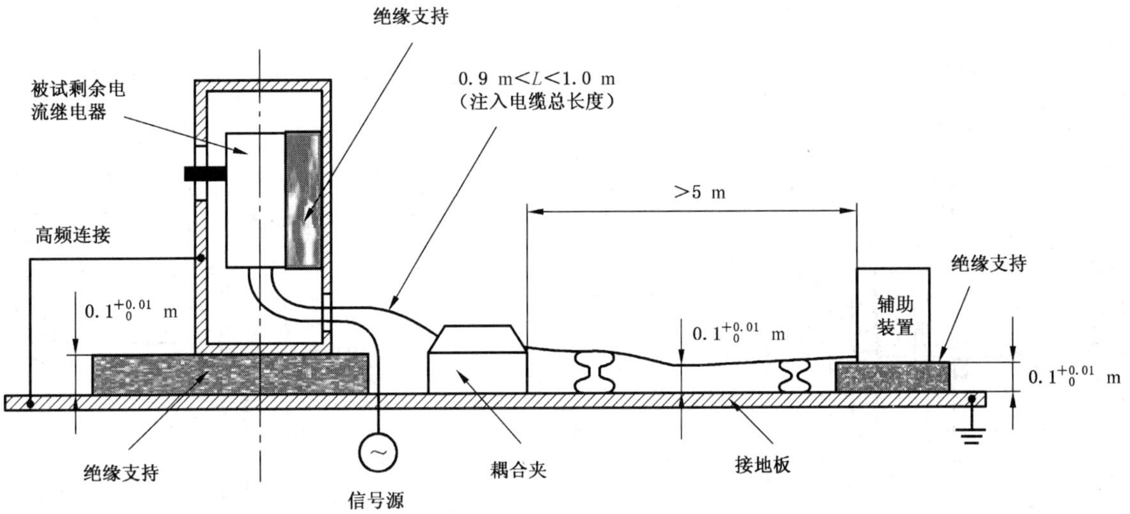

图 12 对信号线验证电快速瞬变/脉冲群(EFT/B)抗扰度的试验装置

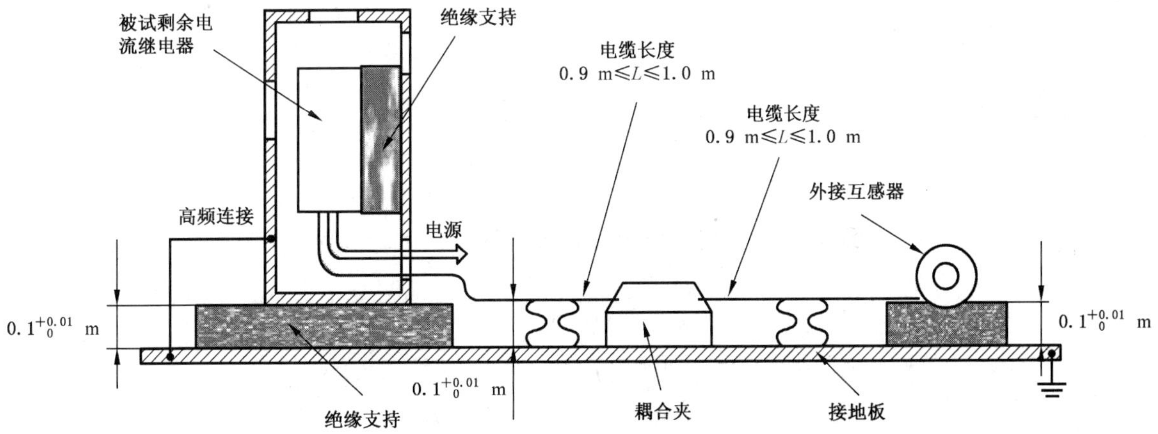

图 13 对带分离互感器的剩余电流继电器的互感器连接导线验证电快速瞬变/脉冲群(EFT/B)的抗扰度

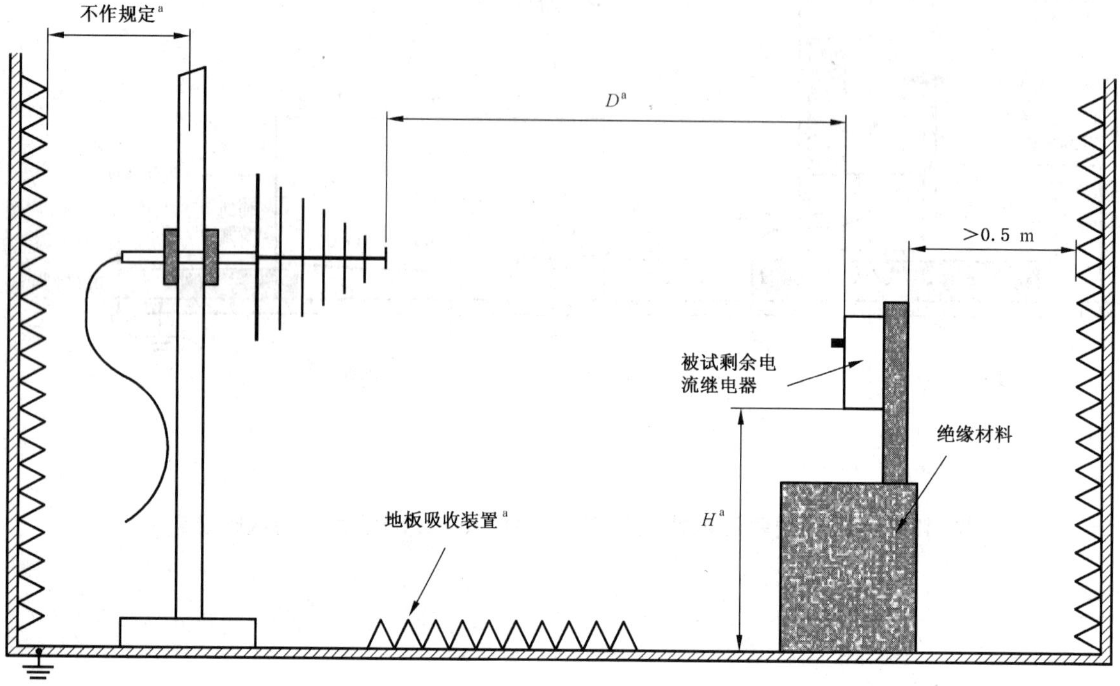

[a] 见 GB/T 17626.3—2006。

图 14 验证射频电磁场辐射抗扰度的试验装置

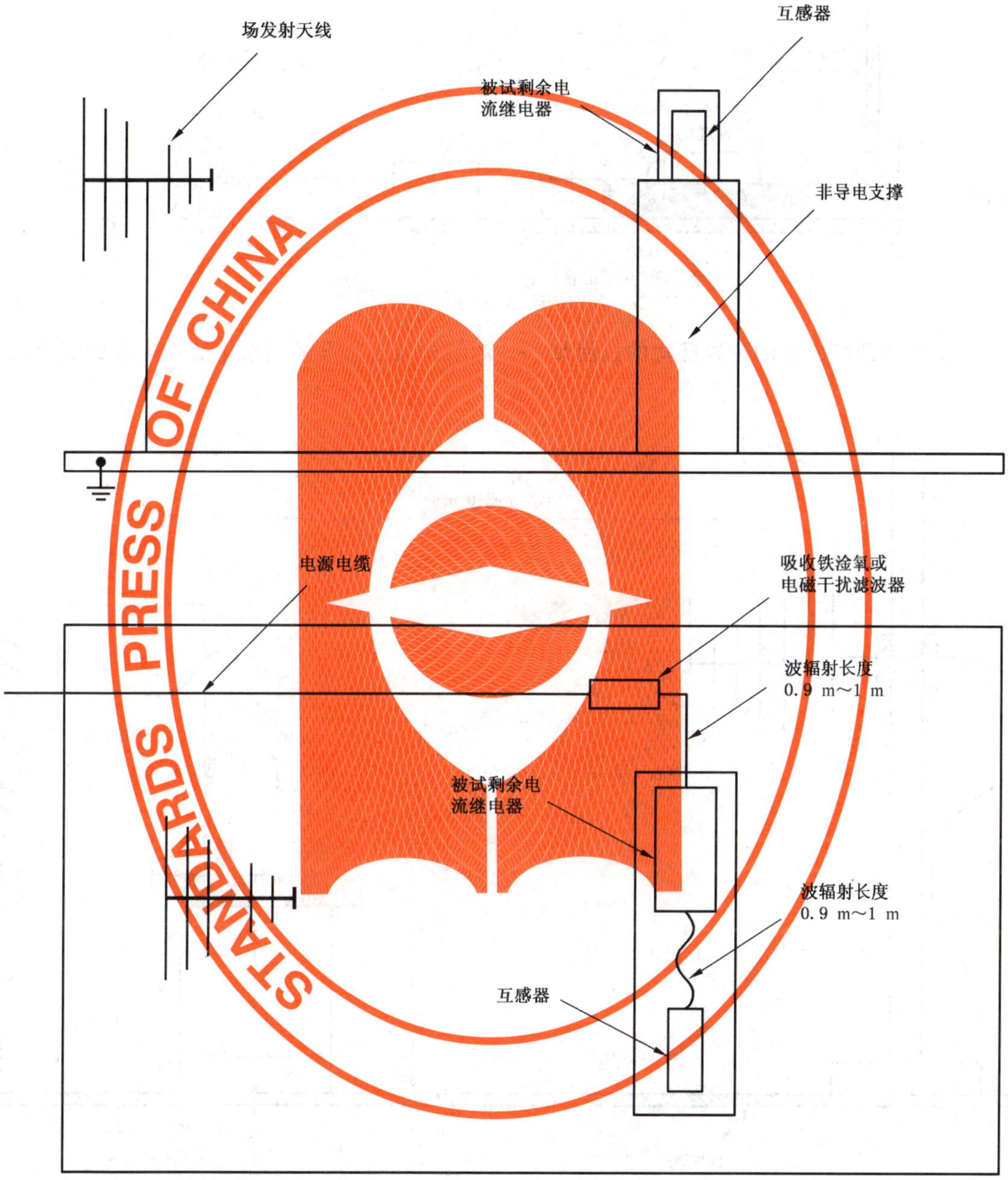

图 15　验证射频电磁场辐射抗扰度——对带分离互感器的剩余电流继电器的试验装置

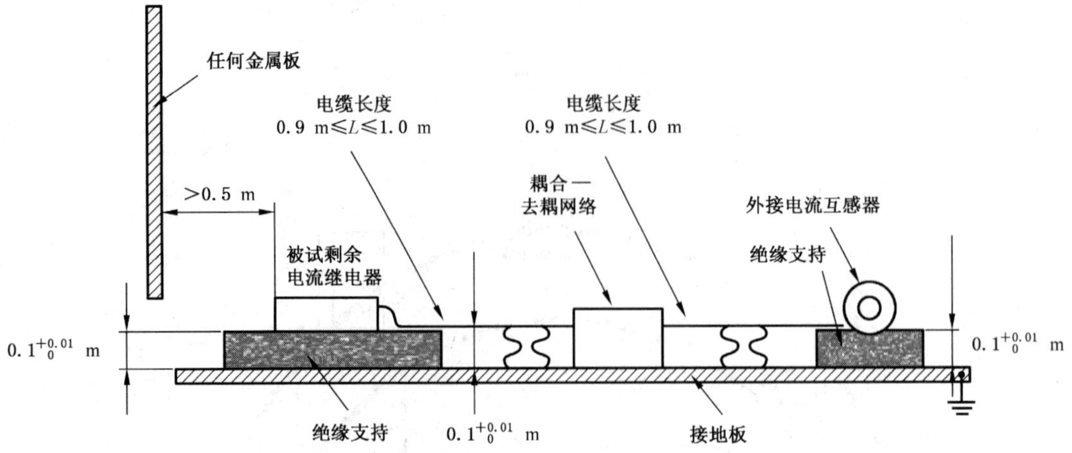

图 16 验证射频场感应的传导骚扰的抗扰度——对带分离互感器的剩余电流继电器的试验装置

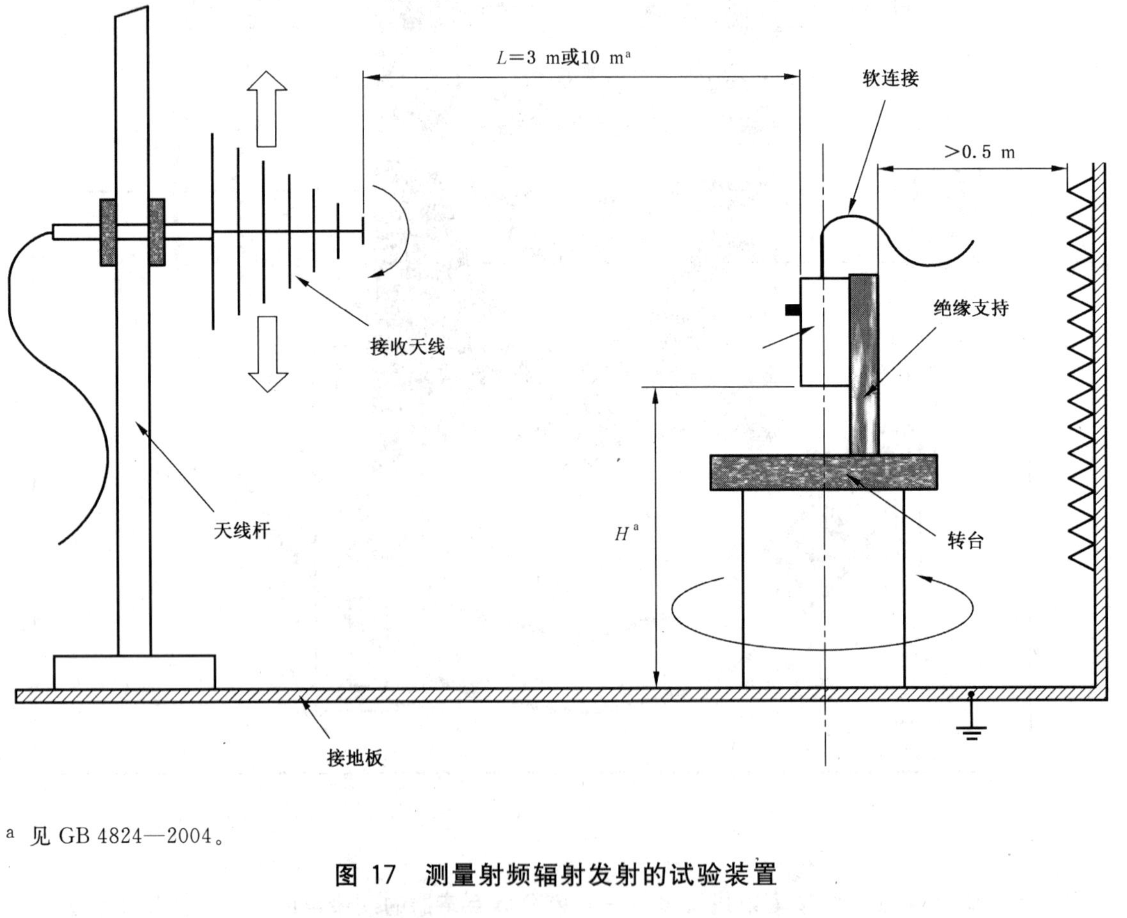

[a] 见 GB 4824—2004。

图 17 测量射频辐射发射的试验装置